21 世纪全国高职高专机电系列技能型规划教材

机械加工工艺编制

主　编　于爱武
副主编　赵菲菲　杨雪青
参　编　庞　红　高淑娟
主　审　刘和山

北京大学出版社
PEKING UNIVERSITY PRESS

内 容 简 介

本书以新的课程体系对机电类专业所必需的切削机理、机床设备、加工方法及制造工艺等方面的知识，重新进行了科学的解构与重构。本书结合企业生产实际，通过典型的轴类零件、套筒类零件、箱体类零件、齿轮类零件、叉架类零件的加工及减速器的装配等工作任务，以机械加工工艺规程编制为主线，全面介绍了机械制造过程中的相关制造技术以及典型零部件的机械加工工艺规程、装配工艺规程的制定原则与方法。主要内容包括：机械加工工艺及规程基础，零件典型表面（外圆、内孔、平面、齿形等）的加工工艺系统（机床、工件、刀具、夹具），常用机械装配方法及装配尺寸链的计算等知识。各项目后均附有思考练习题。此外，根据生产实际情况，本书还介绍了部分现代加工工艺及工艺装备等知识。

本书适合作为高等职业院校、高等专科院校、成人高校机电类专业的教材，也可作为教改力度较大的数控技术及相关专业用教材，还可供专业技术人员、社会从业人士参考。

图书在版编目(CIP)数据

机械加工工艺编制/于爱武主编. —北京：北京大学出版社，2010.8

(21 世纪全国高职高专机电系列技能型规划教材)

ISBN 978-7-301-17608-5

Ⅰ. ①机…　Ⅱ. ①于…　Ⅲ. ①机械加工—工艺—高等学校：技术学校—教材　Ⅳ. ①TG506

中国版本图书馆 CIP 数据核字(2010)第 151585 号

书　　　　名：	机械加工工艺编制
著作责任者：	于爱武　主编
策 划 编 辑：	赖　青
责 任 编 辑：	张永见
标 准 书 号：	ISBN 978-7-301-17608-5/TH · 0211
出　版　者：	北京大学出版社
地　　　　址：	北京市海淀区成府路 205 号　　100871
网　　　　址：	http://www.pup.cn　　http://www.pup6.cn
电　　　　话：	邮购部 62752015　发行部 62750672　编辑部 62750667　出版部 62754962
电 子 邮 箱：	pup_6@163.com
印　刷　者：	北京虎彩文化传播有限公司
发　行　者：	北京大学出版社
经　销　者：	新华书店
	787mm×1092mm　16 开本　24.75 印张　580 千字
	2010 年 8 月第 1 版　　2019 年 8 月第 3 次印刷
定　　　　价：	59.00 元

前　　言

　　结合职业教育理论的发展和职业教育的特征，本书编写时本着以培养学生综合职业能力为宗旨，努力贯彻以职业实践活动为导向，以项目教学为主线，以工业产品为载体的编写方针，突出职业教育的特点，结合提高高职学生就业竞争力和发展潜力的培养目标，对理论知识和生产实践进行了有机整合，着重培养学生机械加工工艺编制能力、专业知识综合应用能力及解决生产实际问题的能力。

　　本书是在高职机电类专业教学改革实践的基础上，将金属切削原理与刀具、金属切削机床、机床夹具设计、机械制造工艺学、材料成形工艺等课程进行了解构和重构，实现了多门课程内容的有机结合。

　　根据行业企业发展需要和完成职业实践活动所需要的知识、能力、素质要求，本书制造理论知识内容力求贴近零件制造和产品装配的生产实际，突出知识的实用性、综合性和先进性，以职业能力培养为核心，不断提高学生专业知识的综合应用能力，促进学生职业素质的养成，使学生具有较强就业竞争力和发展潜力。

　　本书共分七个项目：机械加工工艺及规程、轴类零件机械加工工艺规程编制、套筒类零件机械加工工艺规程编制、箱体零件机械加工工艺规程编制、圆柱齿轮零件机械加工工艺规程编制、叉架类零件机械加工工艺规程编制、减速器机械装配工艺规程编制等。各项目内容以强化学生机械加工工艺编制能力为主线，依据机械制造中的工艺系统，详细介绍机械制造所需的机床、刀具、夹具、制造工艺等相关知识，并将国家标准、行业标准和职业资格标准贯穿其中。根据内容需要，每个项目下设一个或几个工作任务，通过运用相关知识，按照实际生产中机械加工工艺规程编制工作流程，实施、完成工作任务并进行小结。同时，增加了部分与项目有关的拓展知识，以满足学生、实际生产的不同需求。

　　本书授课参考学时（含针对各项目的单项实训课时）如下：

序　号	教　学　内　容	建　议　学　时
	前言、概述	1
项目 1	机械加工工艺及规程	7
项目 2	轴类零件机械加工工艺规程编制	34
项目 3	套筒类零件机械加工工艺规程编制	16
项目 4	箱体零件机械加工工艺规程编制	16
项目 5	圆柱齿轮零件机械加工工艺规程编制	20
项目 6	叉架类零件机械加工工艺规程编制	8
项目 7	减速器机械装配工艺规程编制	8
合计学时		110

本书由淄博职业学院于爱武任主编，赵菲菲、杨雪青任副主编，山东大学刘和山教授任主审。具体编写分工如下：项目 1、3、5 由于爱武编写；项目 2 由杨雪青编写；项目 4 由庞红编写；项目 6 由赵菲菲编写；项目 7 由高淑娟编写。此外，参加本书编写工作的还有孙传兵、王晶、王振、陈哲及多名具有丰富实践经验的合作企业工作人员。

本书编写过程中，北京大学出版社、淄博职业学院各级领导及同仁们给予了诸多支持和热情帮助，在此一并表示衷心感谢！

作为课程解构和重构以及教材改革的一次探索，更限于编者的水平，书中难免有错误和不当之处，敬请广大读者批评指正。

编　者

2010 年 5 月

目　　录

概　　述

　　制造业为人类创造着辉煌的物质文明。世界经济发展的趋势表明，制造业是一个国家经济发展的基石。据统计，1990 年 20 个工业化国家制造业所创造的财富占国民生产总值(GDP)的比例平均为 22.15%，制造业是一个国家的立国之本。

　　制造技术是使原材料变成产品的技术的总称，是国民经济得以发展，也是制造业本身赖以生存的关键基础技术。先进的制造技术使一个国家的制造业乃至国民经济处于有竞争力的地位。

　　新中国成立以来，我国的制造技术与制造业得到了长足的发展，一个自立的机械工业体系基本形成。中国的制造业主要分三类：

　　(1) 轻纺工业。包括食品、饮料、烟草加工、服装、纺织、皮革、木材加工、家具、印刷等，占我国制造业比重为 30.2%。

　　(2) 资源加工工业。包括石油化工、化学纤维、医药制造业、橡胶、塑料、黑色金属等，占我国制造业比重为 33%。

　　(3) 机械、电子制造业。其中包括机床、专用设备、交通运输工具、机械设备、电子通信设备、仪器等，约占我国制造业比重为 35.5%。

　　改革开放以来，开放与引进在一定程度上促进了我国制造业的发展及制造技术的提高。但与工业发达国家相比，我们还存在着明显的差距。因此必须加强对制造技术领域的研究，大胆进行技术创新，同时积极引进和消化国外的先进制造技术和理念，尽快形成我国自主创新和跨越式发展的先进制造技术体系，使我国制造业在国内、国外市场竞争中立于不败之地。

机械制造与制造系统

机械制造业是一个历史悠久的产业，主要是通过对金属原材料物理形状的改变、组装，成为产品，使其增值。它主要包括机械、机床等加工、组装性行业。按照企业组织生产的特点，可以把机械行业企业的生产类型划分为备货型生产(MTS)，订货型生产(MTO)，订货装配型生产(ATO)和订单设计型生产(ETO)。而传统的机械过程亦是一个离散的生产过程，是一个以制造技术为核心的狭义的制造过程。随着科学技术的发展，特别是微电子技术和计算机技术的发展，机械制造业焕发了新的活力，充实了新的内涵。无论是在生产组织的系统性方面，还是制造装备的先进性、制造方法的多样性、制造加工的自动化及制造精度的日益提高等方面均发生了巨大的变化，迅速改变着传统机械制造业的面貌。

1. 生产系统

一种符合市场需求的合格的机械产品的问世，要经过从市场调查研究、产品功能定位、结构设计、生产制造、销售服务到信息反馈、改进功能的一个复杂的过程。这个过程包含了一个企业全部的活动。从系统观点出发，这些活动形成了一个将生产要素转变为生产财富，并创造效益的输入/输出系统，即生产系统，如图1所示。

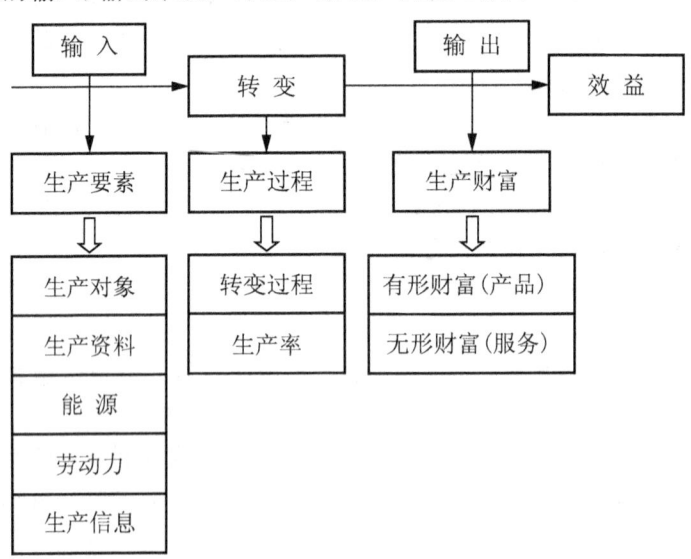

图1 生产系统示意图

1) 生产要素

生产系统输入的是生产要素。生产要素根据其基本作用可分为五类。

(1) 生产对象：指完成生产活动所需的原材料，包括主要材料和辅助材料。主要材料是指构成产品的材料(如减速器产品的主要材料是各种牌号的钢材和铸铁)；辅助材料是指加于主要材料上的材料(如减速器产品外表涂的油漆)，也指生产过程中消耗的辅助材料(如加工机床使用的润滑油、冷却液等)。

(2) 生产资料：指生产过程所需的各种手段(硬件)。生产资料可分为直接生产资料和间接生产资料两类。直接生产资料指生产过程直接使用的手段,例如设备、工具等。间接生产资料在生产过程中不直接使用,但其构成对生产过程必不可少的辅助和支持,如厂房、道路等。

(3) 能源:指生产过程中所需的各种动力来源。

(4) 劳动力:是指生产过程中生产者所付出的脑力劳动和体力劳动。

(5) 生产信息:指有效进行生产活动所需的知识、技能、情报、资料等。在科学技术高度发展的今天,生产信息在生产活动中所起的作用越来越大。

在上述五类生产要素中,前三类要素属于硬件范畴,生产信息要素属于软件范畴,而劳动力要素既有硬件特性,又有软件特性。在诸生产要素中,人的要素是最重要的,处于主导地位,其他要素都要通过人来起作用。

2) 生产财富

生产系统输出的是生产财富,包括有形的财富(产品)和无形的财富(服务)。

在创造生产财富的同时,必然伴随着一定的经济效益和社会效益的产生。效益有"正效益"和"负效益"之分:正效益指生产的财富能够满足人们物质生活和精神生活的需要,生产活动本身能够促进社会健康发展;而负效益则指生产活动给社会带来的负面影响,如对于自然生态环境的破坏,各种各样的污染(其中也包括精神污染)等。对于生产活动中的负效益,必须加以严格的限制。

3) 生产过程

有效地将生产要素转变成生产财富是十分重要的。转变过程效率的度量标准是生产率,生产率可以被定义为系统输出与输入之比。获得尽可能高的生产率,始终是生产企业经营者追求的目标,也是企业在激烈的市场竞争中得以生存和发展的重要条件。

2. 制造系统

1) 制造

对于生产有形产品的企业,根据其生产过程的特点,可分为三种生产类型,即连续型生产、离散型生产和混合型生产。

(1) 连续性生产:如石油、化工、冶金等企业,其生产方式为连续型,即从原材料到成品的转变过程呈流水方式,连续不断,工序之间通常没有在制品存储,生产的产品、工艺流程及生产设备均相对固定不变,生产设备24h不间断运行。

(2) 离散型生产:如机械、电子、轻工等企业,其生产的产品由离散的、相互联系的零部件组装而成。此类生产的转变过程较复杂,生产工序及中间环节较多,工序之间有在制品存储,产品生产周期较长,生产管理难度较大。

(3)混合型生产:如食品、造纸等企业,兼有上述两种生产类型的特点。

离散型的生产企业,通常称为"制造企业"。制造可以理解为离散型生产,即制造也是一个输入/输出系统,其输入也是生产要素,输出是具有离散特征的产品。这是一个"大制造"的概念,是对"制造"的广义理解。按照这样的理解,制造应包括从市场分析、经营决策、工程设计、加工装配、质量控制、销售运输直至售后服务的全过程,如图2所示。在当今的信息时代,广义制造的概念已为越来越多的人所接受。

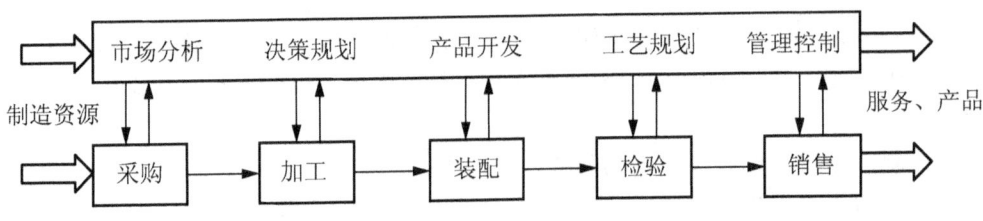

图 2　广义制造示意图

2) 制造系统

制造系统是生产系统的一个重要组成部分。为有效完成机械产品、零件的制造任务，机械制造企业必须将人力、设备等组合成一个系统，而这个系统受到制造材料流(物料流)和信息流的约束，因此，制造系统是将毛坯、刀具、夹具、量具和其他辅助物料作为原材料输入，经过存储、运输、加工、检验等环节，最后输出机械制造成品或半成品的系统，系统的运作又离不开能源、制造理论、工艺技术及制造信息的利用。即制造系统是一个通过物料、设备、工装、能源等制造硬件与制造理论、工艺、信息等制造软件的集成，将制造资源转化为产品的系统。从结构上看，机械制造系统是一个制造硬件、软件及制造人员所组成的具有一定功能的统一整体；从功能上看，机械制造系统是一个输入各种制造资源、输出市场所需产品的输入/输出系统；从运作过程看，制造系统可看成是产品的生命周期全过程，包括市场分析、产品设计、工艺规划、制造装配、检验、产品销售及售后服务等各环节的制造全过程。制造系统通过整体的计划、协调使系统内容各环节有序运作，以获得最佳的生产效果。

3) 制造系统基本组成

(1) 功能组成。制造作为一个系统，由若干个具有独立功能的子系统构成，其主要子系统及其功能如下。

① 经营管理子系统：确定企业经营方针和发展方向，进行战略规划、决策。

② 市场与销售子系统：市场研究与预测，销售计划，销售与售后服务。

③ 研究与开发子系统：开发计划，基础研究与应用研究，产品开发。

④ 工程设计子系统：产品设计，工艺设计，工程分析，样机试制，试验与评价，质量保证计划。

⑤ 生产管理子系统：生产计划，作业计划，库存管理，生产过程控制，质量控制，成本管理。

⑥ 采购供应子系统：原材料及外购件的采购，验收，存储。

⑦ 资源管理子系统：设备管理与维护，工具管理，能源管理，环境管理。

⑧ 质量控制子系统：收集用户需求与反馈信息，质量监控，统计过程控制。

⑨ 财务子系统：财务计划，企业预算，成本核算，财务会计。

⑩ 人事子系统：人事安排，招工与裁员。

⑪ 车间制造子系统：零件加工，部件及产品装配，检验，物料存储与输送，废料存放与处理。

上述各功能子系统既相互联系又相互制约，形成一个有机的整体，如图 3 所示，从而实现从用户订货到产品发送和售后服务的生产全过程。

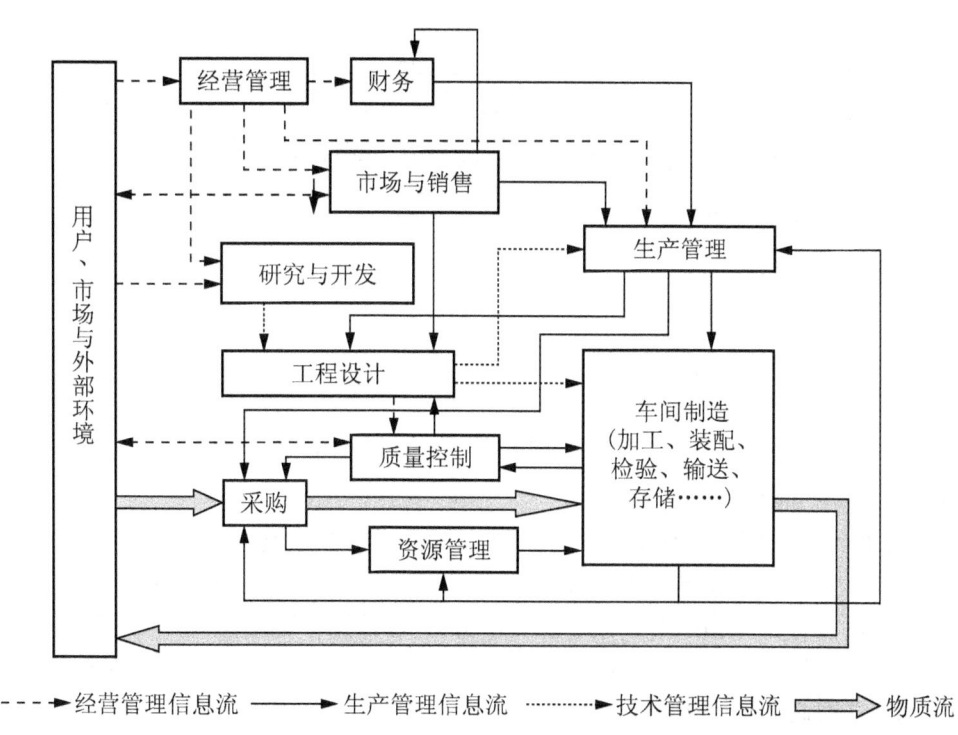

- - - -▶ 经营管理信息流　　────▶ 生产管理信息流　　·······▶ 技术管理信息流　　⇒ 物质流

图 3　制造系统功能结构

(2) 组织组成。组织指责任人和工作的联系，流程－人－技术三角形是制造系统运行管理中的三个基本方面，项目管理、人力资源管理和技术资源管理三方面的密切合作支撑制造系统中各功能的正常运行。图 4 所示为一个典型制造系统的组织组成，该图反映出制造系统的层次性。

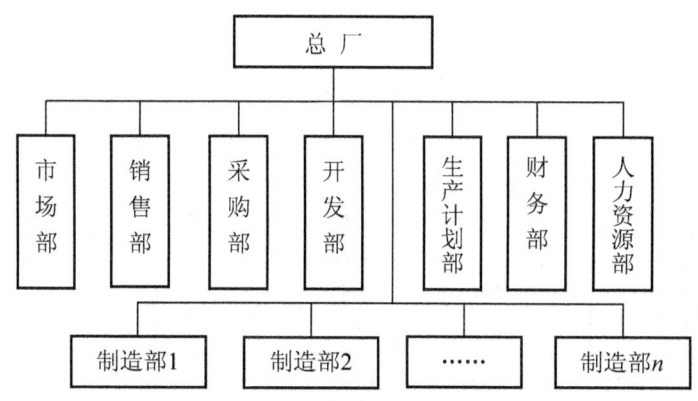

图 4　制造系统组织组成

(3) 资源组成。制造资源是为完成特定任务而需要的内容，主要包括材料、人、技术、设备、信息、资金、能源和时间。图 5 为一个制造企业的资源布局图。

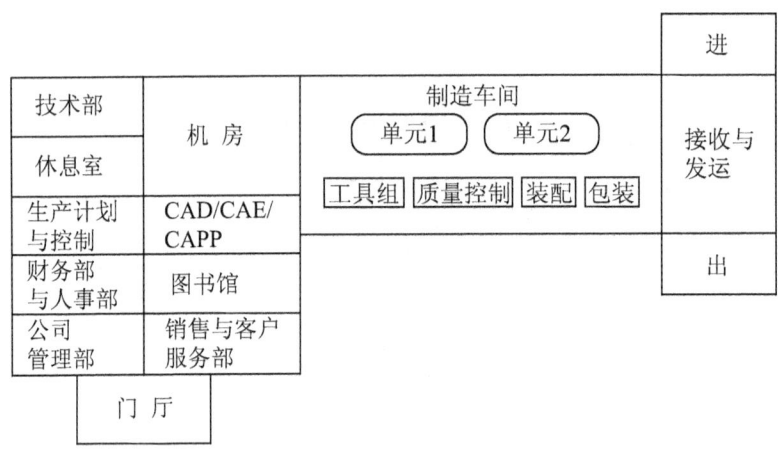

图 5　制造系统的资源布局图

4) 制造系统的基本特性

(1) 结构特性。制造系统可视为若干硬件(生产设备、工具、运输装置、厂房、劳动力等)的集合体。为使硬件充分发挥其效能，必须有相应的软件作支持，如图 6 所示。

这里说的软件主要指生产信息，即生产方法(包括生产管理在内)和生产工艺。工厂设计中，有关人员和设备的合理配置和布局等，即是从系统结构方面对制造系统进行研究,目的在于保证获得高的生产率。

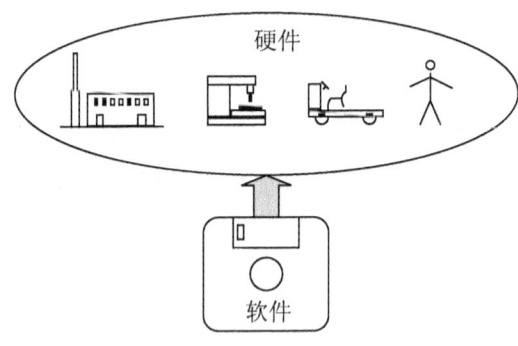

图 6　制造系统结构特性

(2) 转变特性。如前所述，制造系统是一个将生产要素转变成离散型产品的输入/输出系统，研究制造系统的转变特性，着眼于系统物料的转变过程，即系统的物质流，如图 7 所示。研究系统的转变特性的目的主要是从技术角度，如何使转变过程更有效地进行。

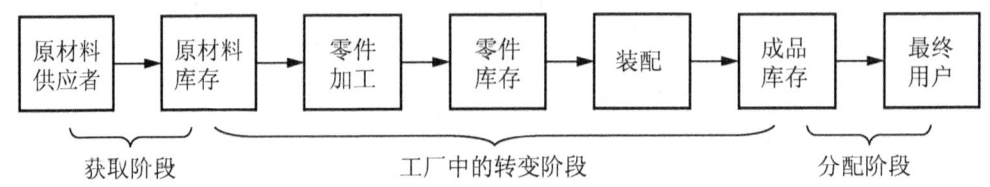

图 7　制造系统的物质流

(3) 程序特性。所谓"程序"系指一系列按时间和逻辑安排的步骤。从这个意义出发，制造系统可视为是一个生产离散型产品的工作程序。研究制造系统的程序特性，着眼于制造系统的信息流，主要从管理角度研究如何使生产活动达到最佳化。

生产程序主要包括两个方面：一是全局生产规划，用于处理生产系统及生产系统与外部环境之间关系的全局性的问题，如确定生产目标，规划生产资源，确定企业经营方针和发展战略等；二是具体生产管理(运行管理)，用于对具体的生产活动进行管理和控制，如图 8 所示。

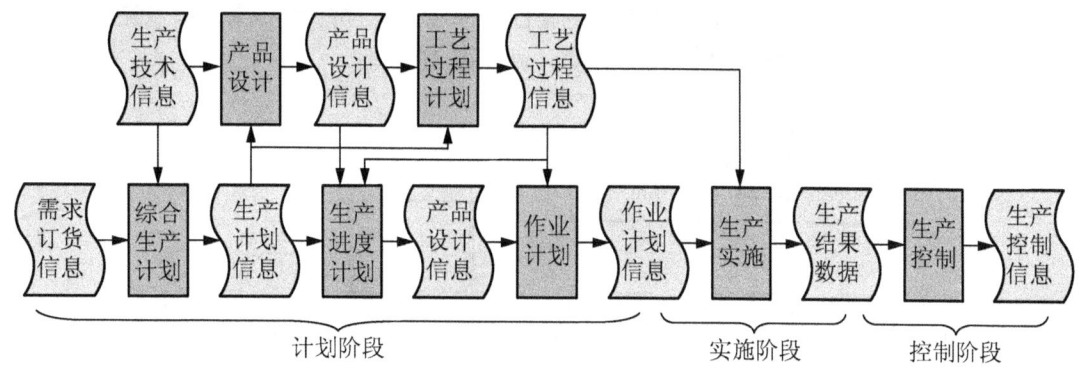

图 8　制造系统的程序特性

运行管理通常包括以下五个阶段。

① 综合生产计划：确定产品的种类和一定时间内的产量。

② 生产进度计划：又可细分为主控进度计划和物料需求计划。主控进度计划根据综合生产计划和市场(用户)需求，确定最终产品的进度计划，物料需求计划则根据主控进度计划、产品构成以及生产周期，确定零部件的生产进度计划和原材料及外购件的订货计划。

③ 作业计划：根据物料需求计划、零件加工和机器装配工艺过程以及原材料和毛坯的供应情况，进行具体的任务分配和顺序的安排。

④ 生产实施：按作业计划进行实际生产作业活动。

⑤ 生产控制：对生产实施过程中的偏差进行测定与调整。

综合考虑技术与管理两个方面的信息，常常将物料生产过程划分为产品设计、生产准备和生产实施三个阶段，如图 9 所示。

产品设计阶段	研究与开发
	确定产品技术规格
	功能设计
	产品设计
	样机试制
	产品修改设计与定型
生产准备阶段	工艺过程设计
	工艺过程优化
	工艺装备设计
	工艺装备制造(购买)
	工艺装备调整
	生产计划制定
生产实施	原材料与毛坯准备
	零件加工
	部件与产品装配
	检验
	包装与运输

图 9　产品生产过程的三个阶段

5) 制造系统的分类

针对不同的特定制造任务，需要有不同类型的制造系统，因此，亦有许多方法对制造系统进行分类。如：按生产批量大小分，有小批量制造系统(产品品种多、生产量小，柔性好，但生产效率低)、中批量制造系统、大批量制造系统(按流水线方式组织生产)；按生产策略不同分，有按订货设计、按订货制造、按订货装配、按库存的制造；按生产布局不同分，有功能布局、项目布局、流水线、成组布局；按生产计划模式分，有 MRP Ⅱ 系统(将库存管理和生产进度计划综合考虑，按需求下达指令至各工序，工序间由库存作缓存以应

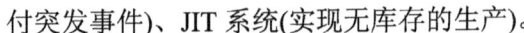

付突发事件)、JIT 系统(实现无库存的生产)。

6) 现代制造观

与传统的制造观念以机械技术为核心,只注重生产中物料流与能量流,技术与管理分离相比,现代制造除融入不断发展的新技术外,更提升了信息在制造中的重要作用和地位,形成了由系统论、信息论、控制论角度系统分析制造过程的现代制造观。

(1) 制造系统的三流结构论。制造系统运行过程中,总伴随物料流、信息流和能量流三流的运动。机械制造系统的"三流"运动,可用图 10 表示。

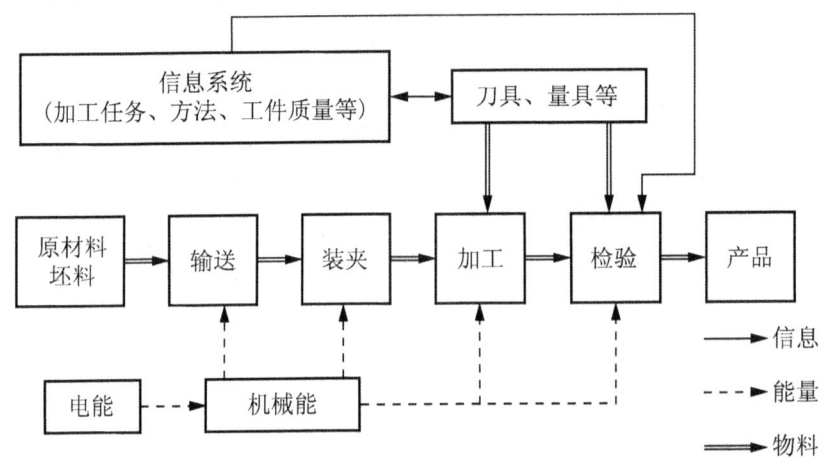

图 10 制造中的"三流"运动

① 物料流:系统输入原材料或坯料,以及相应的刀具等工装、润滑油、冷却液及其他辅料等,经输送、装夹、加工、检验等过程输出半成品或成品,这种制造中物料的输入、输出的动态过程便是物料流。

② 信息流:制造中所集成的加工任务、加工工序、加工方法、刀具状态、零件要求、质量指标、切削参数等所有静态与动态信息的交换和处理过程构成制造中的信息系统,信息系统通过与制造中各状态进行信息交换,有效控制制造中的效率与质量。该信息在制造中的作用过程便是信息流。

③ 能量流:能量流是一切运动的基础,制造中维持各运动时,能量的传递、转换、消耗等能量运动便是能量流。

任何制造中均存在这基本"三流","三流"之间互相联系、影响,形成不可分割的有机整体。

(2) 现代制造的信息制造观。现代制造中,信息的作用越来越重要。首先,信息是连接各系统要素使系统形成一定生产组织结构的纽带;其次,制造中信息投入已成为决定产品价值的主要因素;再者,信息已成为制造系统中与设备同样重要的资源;现代制造也要求不断提高信息处理能力。因此,制造过程的实质是对制造中各种信息资源的采集、输入和处理的过程,而最终所形成的产品可看成是信息的物质表现。由信息角度看,制造过程是一个使原材料的价格降低,使产品信息含量提高的过程。

(3) 制造系统的人机一体化。人在制造自动化系统中有着机器不可替代的作用,尤其是对信息与知识的处理及对生产方面的控制等。而发挥人的核心作用,将人作为系统结构中的有机组成部分，采用人机一体化的技术路线，使人与机器处于优化合作的地位，实现制造系统中人机一体化的人机集成决策机制，使人与机器协作工作，取得制造系统的最佳效益。

(4) 制造系统的集成决策观。制造系统是复杂的大系统，其决策优化必须通过集成途径解决。集成决策观的思想主要有如下体现：

① 时间、成本、质量、柔性和环境性是系统总体优化目标，进行系统这些目标的总体决策时应用集成思想加以考虑。

② 制造中人(或组织)、技术和经营管理三大要素应在集成基础上互相协调，共同发挥主要作用。

③ 通过信息集成提高制造系统的信息处理能力。

④ 通过功能集成使系统内各功能更加完善合理。

⑤ 通过过程集成优化制造系统运行。

⑥ 通过企业间集成，实现资源共享、优势互补、提高企业市场竞争力。

研究制造系统的功能结构和系统特性，其目的都是为了使制造系统中的物质流与信息流有机地结合起来，使系统的硬件和软件有机地结合起来，使制造工艺和生产管理有机地结合起来，以达到系统的最佳配置，最佳组合和最佳运行状态，获得整体最优效果。这便是从系统的观点研究制造和制造技术的基本出发点。

机械制造业的发展及其在国民经济中的地位

1. 机械制造业的发展

(1) 人类文明的发展与制造业的进步密切相关。早在石器时代，人类就开始利用天然石料制作工具，用其猎取自然资源为生。到了青铜器和铁器时代，人们开始采矿、冶炼、铸锻工具，并开始制作纺织机械、水利机械、运输车辆等，以满足以农业为主的自然经济的需要。此时，采用的是作坊式的以手工劳动为主的生产方式。

(2) 直至 18 世纪 70 年代，以瓦特改进蒸汽机为代表，引发了第一次工业革命，产生了近代工业化的生产方式，手工劳动逐渐被机器生产所代替，机械制造业逐渐形成规模。到 19 世纪中叶，电磁场理论的建立为发电机和电动机的产生奠定了基础，从而迎来了电气化时代。以电力作为动力源，使机械结构发生了重大的变化。与此同时，互换性原理和公差制度应运而生。所有这些使机械制造业发生了重大变革，并进入了快速发展时期。

(3) 20 世纪初，内燃机的发明，使汽车开始进入欧美家庭，引发了机械制造业的又一次革命。流水生产线的出现和泰勒科学管理理论的产生，标志机械制造业进入了"大批量生产"(Mass Production)的时代。以汽车工业为代表的大批量自动化生产方式使得生产率有了很大提高，从而使机械制造业有了更迅速的发展，并开始成为国民经济的支柱产业。

(4) 第二次世界大战后，电子计算机和集成电路的出现，以及运筹学、现代控制论、系统工程等软科学的产生和发展，使机械制造业产生了一次新的飞跃。传统的自动化生产方式只有在大批量生产的条件下才能实现，而数控机床的出现则使中小批量生产自动化成为可能。科学技术的高速发展，促进了生产力的极大提高。传统的大批量生产方式已难以

满足市场多变的需要，多品种、中小批量生产日渐成为制造业的主流生产方式。

(5) 20世纪80年代以来，信息产业的崛起和通信技术的发展加速了市场的全球化进程，市场竞争更加激烈。为了适应新的形势，在机械制造领域提出了许多新的制造哲理和生产模式，如计算机集成制造(CIM)、精良生产(LP)、并行工程(CE)、敏捷制造(AM)等。

① 计算机集成制造是信息技术和传统制造技术相结合的产物，其宗旨是提高制造企业生产率和对市场的响应能力，其核心在于利用信息技术使企业的各个"自动化孤岛"和生产全过程集成起来，以取得更大的效益。

② 精良生产是对日本丰田公司生产方式的一种描述，其实质是除掉生产活动中的一切"冗余"，实行准时生产(Just In Time，JIT)。

③ 并行工程是对产品及相关过程(制造过程和支持过程)进行并行、一体化设计的一种系统化的工作模式。这种工作模式力图使设计者从一开始就考虑到产品全生命周期中所有因素，以最大限度地缩短产品开发周期，减少设计失误。

④ 敏捷制造提出"虚拟企业"的概念，意在建立柔性化、模块化的设计方法和制造系统的基础上，实现企业内部与外部更广泛的集成，以进一步增强快速响应市场能力和形成竞争优势。

(6) 进入21世纪，机械制造业正向自动化、柔性化、集成化、智能化和清洁化的方向发展。

2. 机械制造业在国民经济中的地位

(1) 如前所述，制造业是生产离散型产品的企业，而离散型产品又是具有直接使用价值的产品，与生产活动和人民生活息息相关。当今制造业不仅是科学发现和技术发明转换为现实规模生产力的关键环节，并已成为为人类提供生活所需物质财富和精神财富的重要基础。良好的人居环境，充分的能源供给，便捷的交通和通信设施，丰富多彩的印刷出版、广播影视和网络媒体，优良的医疗保健手段，可靠的国家和社区安全以及抵抗自然灾害的能力等，均需要制造业的支持。图11所示显示了当今制造业的社会功能。

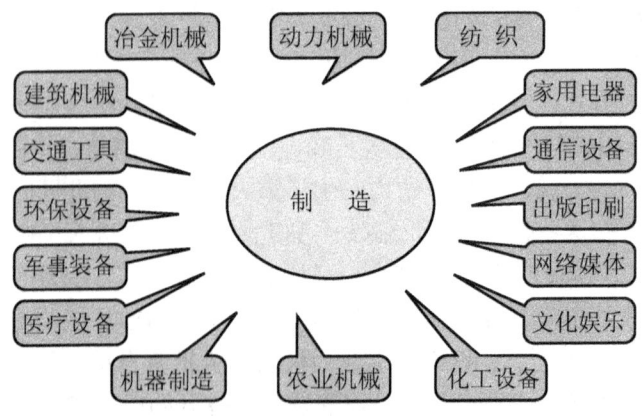

图11 当今制造业的社会功能

(2) 制造业在国民经济中的地位可以用以下几个简单的数字来进行说明：美国68%的财富来源于制造业；日本，国民经济总产值的约49%由制造业提供。在先进的工业化国家中，约有1/4的人口从业于制造业，在非制造业部门中，又有约半数人员的工作性质与制

造业密切相关。

(3) 在整个制造业中，机械制造业占有特别重要的地位。因为机械制造业是国民经济的装备部，国民经济各部门的生产水平和经济效益在很大程度上取决于机械制造业所提供的装备的技术性能、质量和可靠性。因而，各发达国家都把发展机械制造业放在了突出的位置上。

(4) 纵观世界各国，任何一个经济发达的国家，无不具有强大的机械制造业，许多国家的经济腾飞，机械制造业功不可没。其中，日本最具有代表性。第二次世界大战后，日本先后提出"技术立国"和"新技术立国"的口号，对机械制造业的发展给予全面的支持，并抓住机械制造的关键技术 —— 精密工程、特种加工和制造系统自动化，使日本在战后短短 30 年里，一跃成为世界经济大国。

(5) 与此相反，美国自 20 世纪 50 年代以后，曾在相当的一段时间内忽视了制造技术的发展。美国政府历来认为生产制造是企业界的事，政府不必介入。而美国学术界则只重视理论成果，忽视实际应用，一部分学者还错误地主张应将经济重心由制造业转向高科技产业和第三产业。结果导致美国经济严重衰退，竞争力明显下降，在汽车、家电等行业不敌日本。

(6) 直到 20 世纪 80 年代，美国政府才开始认识到问题的严重性，白宫的一份报告指出：美国在重要的、高速增长的技术市场上失利的一个重要原因是美国没有把自己的技术应用到制造上。自此，美国政府在进行深刻反省之后，重新确立了制造业的地位，并对制造业给予了实质性的和强有力的支持，制定并实施了一系列振兴美国制造业特别是机械制造业的计划。其效果十分显著，至 1994 年，美国汽车产量重新超过日本，并重新占领了欧美市场。

3. 我国机械制造业面临的机遇和挑战

(1) 我国是一个文明古国。早在 50 万年以前的远古时代，已开始使用石器和钻木取火的工具。公元前 16 到 11 世纪的商代，已出现可转动的琢玉工具。车削加工和车床雏形在我国出现早于欧洲近千年。到了明代，在古天文仪器加工中，已采用铣削和磨削加工方法，并出现了铣床、磨床和刀刃刃磨机床的雏形。但近百年来，由于帝国主义的侵入和腐朽的半封建半殖民地社会制度，严重束缚了中国社会的发展，使中国几千年的文明失去了光芒。至中华人民共和国成立前夕，中国的机械制造业几乎为零。

(2) 新中国成立以来，我国机械制造业有了很大地发展，开始拥有了自己独立的汽车工业、航天航空工业等技术难度较大的机械制造工业。特别是改革开放以来，我国机械制造业充分利用国内外两方面的资金和技术，进行了较大规模的技术改造，使制造技术、产品质量和水平及经济效益有了很大提高，为推动国民经济发展起了重要作用。

(3) 但与工业发达的国家相比，我国机械制造业的水平还存在阶段性的差距，主要表现在产品质量和水平不高，技术开发能力不强，基础元器件和基础工艺不过关，生产率低下，科技投入严重不足等。例如，我国机械制造业拥有 300 多万台机床，2 000 多万职工，堪称世界之最。但由于产品结构和生产技术相对落后，致使我国许多高精尖设备和成套设备仍需大量进口，机械制造业人均产值仅为发达国家的几十分之一。

(4) 面对越来越激烈的国际市场竞争，我国机械制造业面临着严峻的挑战。我们在技术上已经落后，加上资金不足，资源短缺，以及管理体制和周围环境还存在许多问题，需要改进和完善，这些都给我们迅速赶超世界先进水平带来极大的困难。但另一方面，随着我国改革的不断深入，对外开放的不断扩大，为我国机械制造业的振兴和发展提供了前所未有的良好条件。当今，制造业的世界格局已经和正在发生重大的变化，欧、亚、美三分天下的局面已经形成，世界经济重心开始向亚洲转移已出现征兆，制造业的产品结构、生产模式也在迅速变革之中。所有这些又给我们带来了难得的机遇。挑战与机遇并存，我们应该正视现实，面对挑战，抓住机遇，深化改革，以振兴和发展中国的机械制造业为己任，励精图治，奋发图强，以使我国的机械制造业在不太长的时间内，赶超世界先进水平。

项目 1

机械加工工艺及规程

⬇ 教学目标

最终目标	能正确理解并掌握生产过程、工艺过程及相关的机械加工工艺及规程基础知识，正确理解金属切削加工参数
促成目标	1. 能正确划分、分析零件机械加工和装配工艺过程； 2. 能正确认识机械加工工艺规程的作用、格式及其内容； 3. 能正确理解、分析金属切削运动； 4. 能根据实际加工要求选择金属切削加工参数； 5. 能查阅并贯彻相关国家标准和行业标准； 6. 能注重培养学生的职业素养与习惯

⬇ 引言

　　机械加工工艺就是利用机械加工的方法改变毛坯的形状、尺寸、相对位置和性能等，使其成为合格零件的全过程。规定零件机械加工工艺过程和操作方法等的工艺文件就是机械加工工艺规程，它是在具体的生产条件下，把较为合理的工艺过程和操作方法，按照规定的形式书写成工艺文件，经审批后用来指导生产。机械加工工艺规程一般包括下列内容：零件加工的工艺路线、各工序的具体内容及所用的设备和工艺装备、零件的检验项目及检验方法、切削用量、时间定额等。

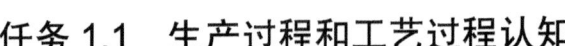

任务 1.1　生产过程和工艺过程认知

1.1.1　任务引入

某产品的生产过程及其零、部件的加工工艺路线分别如图 1.1、图 1.2 所示。

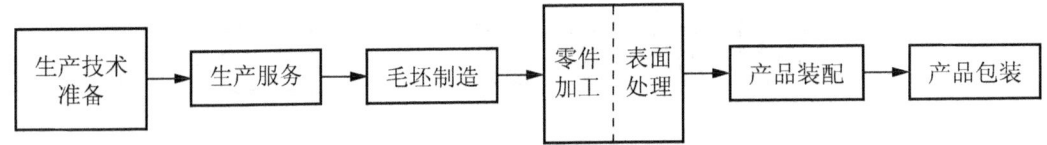

图 1.1　某产品的生产过程图

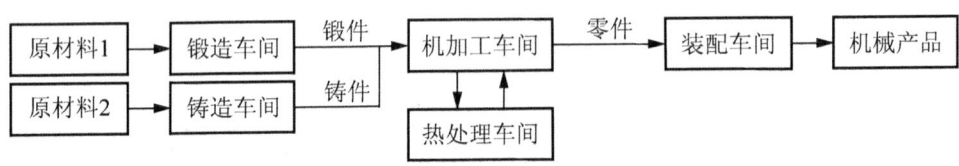

图 1.2　某产品零、部件加工工艺路线

通过分析上述两个图，认知生产过程和工艺过程，同时理解工艺过程中的机械加工工艺过程和装配工艺过程的概念。

1.1.2　相关知识

1. 常用的机械加工工艺基本术语

1）工件

机械加工中的加工对象称为工件。它可以是单个零件，也可以是固定在一起的几个零件的组合体。

2）毛坯

根据零件(或产品)所要求的形状、工艺尺寸等而制成的供进一步加工用的生产对象称为毛坯。

3）工艺装备

工艺装备简称工装，指的是用来保证某种产品生产的一些设施。在机械加工中主要指夹具、刀具和量具。

4）机械加工

利用机械力对各种工件进行加工的方法称为机械加工。

5）切削加工

金属切削加工是利用刀具从工件切除多余的金属材料，从而使工件达到规定要求的几何形状、尺寸精度和表面质量的机械加工方法。在切削加工过程中，刀具与工件之间始终存在着相对运动和相互作用。

2. 常用的毛坯种类

1) 铸件

毛坯的铸造方法有砂型铸造和特种铸造(如金属型铸造、离心铸造、压力铸造和熔模铸造等)，常用材料有铸铁、钢、铜、铝等，其中铸铁因其成本低廉、吸振性好和容易加工而获得广泛应用。铸件适宜做形状复杂的零件毛坯，如箱体、床身、机架、壳体等。

根据铸造方法的不同，铸件可分为如下几种。

(1) 砂型铸造铸件。这是应用最为广泛的一种铸件。它又有木模手工造型和金属模机器造型之分。木模手工造型铸件精度低，加工表面需留较大的加工余量；木模手工造型生产效率低，适用于单件小批量生产或大型零件的铸造。金属模机器造型生产效率高，铸件精度也高，但设备费用高，铸件的重量也受限制，适用于大批量生产的中小型铸件。

(2) 金属型铸造铸件，如图1.3所示。将熔融的金属浇注到金属模具中，依靠金属自重充满金属铸型腔而获得的铸件。这种铸件比砂型铸造铸件精度高、表面质量和力学性能好，生产效率也较高，但需专用的金属型腔模，适用于大批量生产形状简单且尺寸不大的有色金属铸件。

(3) 离心铸造铸件。将熔融金属注入高速旋转的铸型内，在离心力的作用下，金属液充满型腔而形成的铸件。这种铸件晶粒细，金属组织致密，零件的力学性能好，外圆精度及表面质量高，但内孔精度差，且需要专门的离心浇注机，适用于批量较大的黑色金属和有色金属的管、套类旋转体铸件。

(4) 压力铸造铸件。将熔融的金属在一定的压力作用下，以较高的速度注入金属型腔内而获得的铸件。这种铸件精度高，可达IT11~IT13；表面粗糙度值小，可达Ra为3.2~0.4μm；铸件力学性能好，可铸造各种结构较复杂的零件，铸件上各种孔眼、螺纹、文字及花纹图案均可铸出。但需要一套昂贵的设备和型腔模。适用于批量较大、形状复杂、尺寸较小的有色金属铸件。

(5) 熔模铸造铸件。将石蜡通过型腔模压制成与工件一样的蜡制件，再在蜡制工件周围粘上特殊型砂，凝固后将其烘干焙烧，蜡被蒸化而放出，留下工件形状的模壳，用来浇铸。熔模铸造铸件精度高，表面质量好。一般适用于制造形状复杂，难以加工的高熔点合金及有特殊要求的精密铸件，可节省材料，降低成本，是一项先进的毛坯制造工艺。

2) 锻件

锻件适于制作力学性能要求高、形状较为简单的零件毛坯。采用先进的精密锻造方法可使毛坯形状及尺寸非常接近成品，从而使机械加工工作量大为减少。根据生产规模的不同，目前应用最广泛的锻造方法有自由锻(见图1.4)和模锻两种。

(1) 自由锻造锻件可用手工锻打(小型毛坯)、机械锤锻(中型毛坯)或压力机压锻(大型毛坯)等方法获得。这种锻件的精度低，生产率不高，加工余量较大，而且零件的结构必须简单；适用于单件小批生产及制造大型锻件。

(2) 模锻件是在锻锤或压力机上，通过专用锻模锻制成形的锻件。它的精度和表面粗糙度均比自由锻造得好，可以使毛坯形状更接近工件形状，加工余量小。同时，由于模锻件的材料纤维组织分布好，锻件的机械强度高。模锻的生产效率高，但需要专用的模具，且锻锤的吨位也要比自由锻造的大。主要适用于批量较大的中小型零件。

3) 型材

型材按其截面形状可分为圆钢、方钢、六角钢、扁钢、角钢、槽钢以及其他特殊截面的型材。型材主要通过热轧或冷拉而成。热轧的型材精度低，但价格便宜，用于一般零件的毛坯。冷拉的尺寸小，精度高，易于实现自动送料，但价格较高，多用于批量较大的生产，适用于自动机床加工。

4) 焊接件

焊接件是根据需要将型材–型材、型材–锻件、型材–铸钢件焊接而成的毛坯件，焊接件的优点是制造方便、简单，加工周期短，节省材料，毛坯重量轻；缺点是抗振性较差，热变形较大，需经时效处理后才能进行机械加工。图 1.5 所示为熔焊示意图。

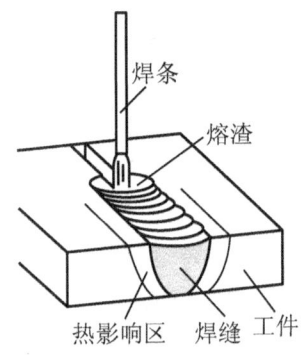

图 1.3　金属型铸造图　　　图 1.4　自由锻　　　图 1.5　熔焊

5) 冲压件

冲压件是通过冲压设备对薄钢板进行冷冲压加工而得到的零件，它可以非常接近成品要求，冲压零件可以作为毛坯，有时还可以直接成为成品。冲压件的尺寸精度高。但因冲压模具昂贵，故多用于批量较大而零件厚度较小的中小型零件。

6) 冷挤压件

冷挤压件是在压力机上通过挤压模挤压而成。其生产效率高。冷挤压毛坯精度高，表面粗糙度值小，可以不再进行机械加工，但要求材料塑性好，主要为有色金属和塑性好的钢材。适用于大批量生产中制造形状简单的小型零件。

7) 粉末冶金件

粉末冶金件是以金属粉末为原料，在压力机上通过模具压制成形后经高温烧结而成。其生产效率高，零件的精度高，表面粗糙度值小，一般可不再进行精加工，但金属粉末成本较高，适用于大批大量生产中压制形状较简单的小型零件。

除此之外，还有工程塑料制品、新型陶瓷、复合材料制品等其他毛坯，在机械加工中有一定范围的应用，并且随着技术的发展，这些新型毛坯的应用数量和范围会越来越大。

3. 机床夹具

在机床上装夹工件所使用的工艺装备称为机床夹具。它的主要功用是实现工件的定位和夹紧，使工件在加工时相对于机床和刀具处于一个正确的加工位置，以保证加工精度。使用机床夹具的技术经济效果十分显著。

1) 机床夹具功用和分类

(1) 夹具主要有以下作用。

①　稳定地保证工件的加工精度。采用夹具安装，可以准确地确定工件与机床、刀具之间的相互位置，工件的位置精度由夹具保证，不受工人技术水平的影响，其加工精度高而且稳定。

②　缩短加工时间，提高生产率，降低生产成本。用夹具装夹工件，无需划线、找正便能使工件迅速地定位和夹紧，显著地减少了辅助工时；用夹具装夹工件提高了工件的刚性，因此可加大切削用量，减少机动时间；可以使用多件、多工位夹具装夹工件，并采用高效夹紧机构，这些因素均有利于提高劳动生产率。另外，采用夹具后，产品质量稳定，废品率下降，可以安排技术等级较低的工人进行工件加工，明显地降低了生产成本。

③　减轻劳动强度，改善工人劳动条件。用夹具装夹工件方便、快速、省力、安全，不仅可以减轻工人的劳动强度，还改善了劳动条件，同时降低了对工人技术水平的要求。

④　扩大机床的工艺范围，改变或扩大机床用途。由于工件的种类很多，而机床的种类和台数有限，采用不同夹具，可实现一机多能，提高机床的利用率。

(2)　夹具分类。机床夹具的几种分类如图1.6所示。

①　通用夹具：通用夹具是指结构、尺寸已规格化，且具有很大通用性的夹具，如三爪自定心卡盘、四爪单动卡盘、平口钳、万能分度头、中心架、磁力工作台等。其特点是适用性强、不需调整或稍加调整即可装夹一定形状范围内的各种工件。这类夹具已商品化，且成为机床附件。采用这类夹具可缩短生产准备周期，减少夹具品种，从而降低生产成本。其缺点是夹具的加工精度不高，生产率也较低，且较难装夹形状复杂的工件，故适用于单件小批量生产中。

②　专用夹具：专用夹具是针对某一工件的某一工序的加工要求而专门设计和制造的夹具。其特点是针对性极强，通用性差，是夹具设计研究的主要对象。通常可以设计得结构紧凑，操作方便、迅速、省力。在产品相对稳定、批量较大的生产中，常用各种专用夹具，可获得较高的生产率和加工精度。

③　可调夹具：可调夹具是针对通用夹具和专用夹具的缺陷而发展起来的一类新型夹具。对不同类型和尺寸的工件，只需调整或更换原来夹具上的个别定位元件和夹紧元件便可使用。可调夹具在多品种、小批量生产中得到广泛应用。它一般又分为通用可调夹具和成组夹具两种。

通用可调夹具的通用范围大，适用性广，加工对象不太固定。

成组夹具：是在采用成组加工技术基础上发展起来的一类夹具。它是根据成组加工工艺的原则，将零件按形状、尺寸和工艺特征等进行分组，专门为成组工艺中某组零件设计的可调整"专用夹具"，调整范围仅限于本组内的零件。使用时只需稍加调整或更换部分元件，即可加工同一组内的各个零件。这类夹具从外形上看，与通用可调夹具不易区别。但它与通用可调夹具相比，具有使用对象明确、设计科学合理、结构紧凑、调整方便等优点。

④　组合夹具：组合夹具是一种模块化的夹具，并已商品化。由许多标准的模块元件组合而成，可根据零件加工工序的需要拼装，组装成各种夹具，夹具用毕即可拆卸，留待组装新的夹具。由于使用组合夹具可缩短生产准备周期，元件能重复多次使用，并具有可减少专用夹具数量等优点，因此组合夹具既适合于单件小批生产，又适合于中批生产，特别适用于新产品的试制。

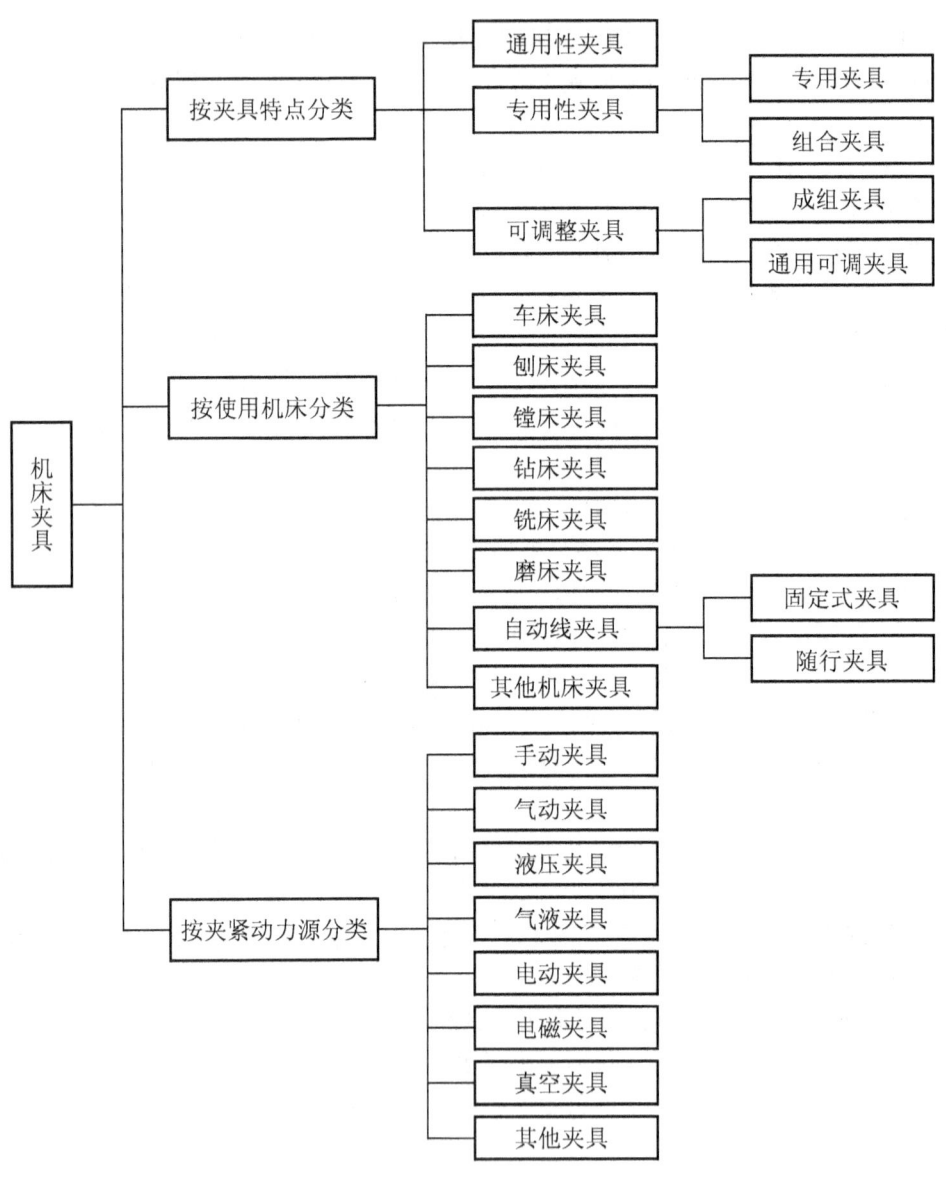

图 1.6　机床夹具的分类

2) 夹具组成

机床夹具通常由以下几部分组成。

(1) 定位装置：用于确定工件在夹具中的正确位置。图 1.7 所示钻床夹具中的挡销 6、圆柱销 4、菱形销 7 均为定位元件。

(2) 夹紧装置：将工件压紧夹牢，并保证工件在加工过程中正确位置不变。图 1.7 中的压板 3 是夹紧元件。

(3) 其他装置或元件：根据工件结构和工序要求的不同，一些夹具根据需要还要设计一些其他装置或元件，如分度装置、对刀元件、连接元件、导向元件等。图 1.7 中的钻套 2 为导向元件。

(4) 夹具体：夹具的基础件，是夹具的基座和骨架。用来配置、安装夹具中的定位元件、夹紧元件及其他装置或元件，使夹具组成一个整体。

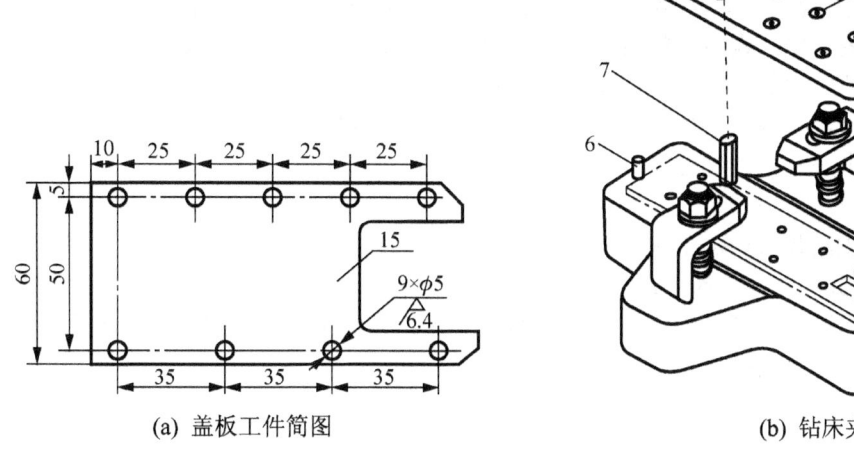

(a) 盖板工件简图　　　　　　　(b) 钻床夹具

图 1.7　钻床夹具

1-钻模板；2-钻套；3-压板；4-圆柱销；5-夹具体；6-挡销；7-菱形销

1.1.3　任务实施

　　机械产品的制造过程包括市场调查研究、产品功能定位、结构设计、生产制造、销售服务、信息反馈和改进功能等环节，如图 1.8 所示，其中产品的生产制造是整个制造过程的核心，是机械产品由设计向实际产品转化的过程，这一过程将直接影响产品的质量及其功能的实现。在产品的生产制造过程中，机械加工所使用的机床、刀具、夹具和工件组成了一个相对独立的统一体，通常称之为工艺系统。机械加工中工艺系统的各个环节通过共同配合实现预定加工要求，以确保产品生产的优质、高效、低成本。

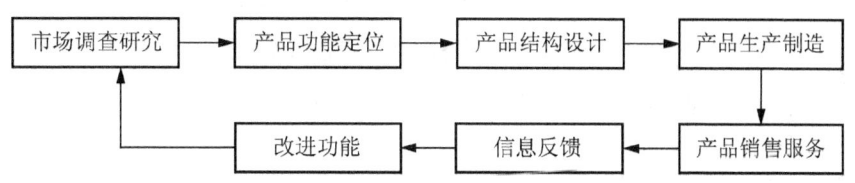

图 1.8　机械产品的制造过程

　　1. 生产过程

　　(1) 如图 1.8 所示，根据设计信息将原材料或半成品转变为产品的全部过程称为生产过程。机械产品的生产过程一般包括如下内容。

　　① 生产和技术准备：如生产计划的制订、生产资料的准备、工艺编制、专用工艺装备的设计和制造等。

　　② 生产服务：如原材料、外购件、外协件和工艺装备的供应、运输、保管等。

　　③ 毛坯制造：如铸造、锻造、焊接、冲压等。

　　④ 零件机械加工。

　　⑤ 热处理及其他表面处理。

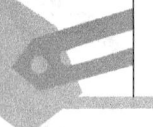

⑥ 产品装配：如部装、总装、试验、检验和油漆等。

⑦ 产品包装、入库。

(2) 在现代制造业中，通常是组织专业化生产的。如汽车制造，汽车上的发动机、底盘、轮胎、仪表、电气设备、标准件及其他许多零部件都是由其他专业厂生产的，汽车制造厂只生产一些关键零、部件和配套件，并最后组装成完整的产品——汽车。这样更有利于提高产品质量，提高劳动生产率和降低生产成本。因此，一个工厂或生产车间的生产过程可能只是整个产品生产过程的一部分。

(3) 各个车间的生产过程具有不同的特点，同时又相互关联。如图 1.2 所示，铸造车间或锻造车间的成品是机械加工车间的"原材料"，而机械加工车间的成品又是装配车间的"原材料"。由此可知，机械产品的生产过程是一个复杂的过程，产品按专业化组织生产，可使工厂的生产过程变得较为简单，便于组织生产，有利于保证产品质量，提高劳动生产率和降低成本，是现代机械工业的发展趋势。

2. 工艺过程

(1) 所谓"工艺"，就是制造零件、产品的方法。图 1.1 所示的某产品的整个生产过程中，毛坯制造、零件机械加工、表面处理和产品装配过程均直接改变生产对象的形状、尺寸、相对位置和性能等，使其成为成品或半成品，这个过程称为机械制造工艺过程，简称工艺过程。如毛坯制造工艺过程、机械加工工艺过程、热处理工艺过程、装配工艺过程等。工艺过程组成如图 1.9 所示。

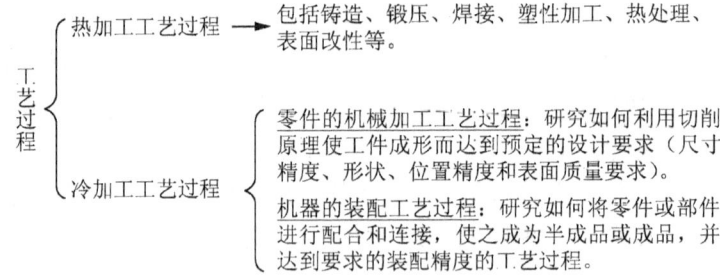

图 1.9 机械制造工艺过程组成

(2) 工艺过程是生产过程的主要组成部分，是生产过程的主体。这一过程将直接影响产品的质量，所以是整个生产过程的核心。

本课程重点学习机械加工工艺过程和装配工艺过程。

① 阶梯轴单件小批生产的机械加工工艺过程。表 1-1 中的阶梯轴加工工艺过程，是采用合理有序安排的机械加工的方法(主要是车削、铣削)逐步地改变毛坯的形状、尺寸和表面质量使其成为合格零件的过程，这一过程称为机械加工工艺过程。

表 1-1 阶梯轴单件小批生产的机械加工工艺过程

工序号	工序内容	设备	零件毛坯	零件简图
1	车端面，钻中心孔；调头车端面，钻中心孔	车床		
2	车大外圆及倒角；调头车小外圆及倒角	车床		
3	铣键槽；去毛刺	铣床		

② 部件和产品的装配是采用按一定顺序布置的各种装配工艺方法,把组成产品的全部零、部件按设计要求正确地结合在一起、形成产品的过程,这就是机械装配工艺过程。

见表 1-2,一级直齿圆柱齿轮减速器总成按规定的技术要求,将加工好的零件或部件进行配合和装配,使其成为成品或半成品,这个过程称为装配工艺过程。

表 1-2   一级直齿圆柱齿轮减速器的装配工艺过程

工序号	工序内容	减速器分解图
1	装配时按先内后外的顺序进行; 按合理顺序装配轴,齿轮和滚动轴承,注意方向;滚动轴承装配按其合理装拆方法;挡油环、封油环,按技术要求合理调整轴向游隙	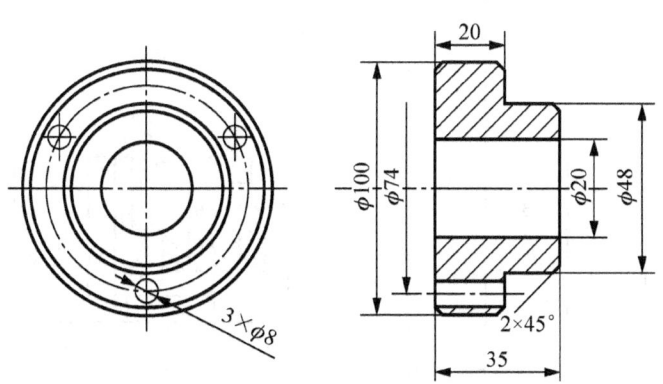
2	合上箱盖	
3	安装好定位销钉	
4	装配上、下箱之间的连接螺栓	
5	装配轴承盖、观察孔盖板	

3. 辅助过程

图 1.1 所示的生产过程中,生产和技术准备、生产服务以及产品包装过程与原材料变成成品间接有关,这些过程称为辅助过程。

任务 1.2   机械加工工艺过程的组成认知

 1.2.1   任务引入

图 1.10 所示为圆盘零件简图。单件小批生产时其加工工艺过程见表 1-3;成批生产时其加工工艺过程见表 1-4。分析圆盘的机械加工工艺过程,认识机械加工工艺过程的组成。

图 1.10   圆盘零件

表 1-3　圆盘零件单件小批机械加工工艺过程

工序号	工序名称	安装	工位	工步	工 序 内 容	进给次数	设备
1	车削	I		1	(用三爪自定心卡盘夹紧毛坯小端外圆) 工件 三爪自定心卡盘		车床
				1	车大端端面	2	
				2	车大端外圆至 $\phi100$	2	
				3	钻 $\phi20$ 孔	1	
				4	倒角	1	
		II		1	(工件调头，用三爪自定心卡盘夹紧毛坯大端外圆) 工件 三爪自定心卡盘		
				1	车小端端面，保证尺寸 35mm	2	
				2	车小端外圆至 $\phi48$，保证尺寸 20mm	2	
				3	倒角	1	
				3	(用可转位夹具装夹工件) 工件 可转位部分 固定部分		钻床
				1	依次加工三个 $\phi8$ 孔	1	
				2	在夹具中修去孔口的锐边及毛刺		锉刀

表 1-4　圆盘零件成批机械加工工艺过程

工序号	工序名称	安装	工位	工步	工 序 内 容	走刀次数	设备
1	车削	I	1		(用三爪自定心卡盘夹紧毛坯小端外圆)		车床 (第 1 台)
				1	车大端端面	2	
				2	车大端外圆至 $\phi100$	2	
				3	钻 $\phi20$ 孔		
				4	倒角		
2	车削	I	1		(以大端面及涨胎心轴) 		车床 (第 2 台)
				1	车小端端面，保证尺寸 35mm	2	
				2	车小端外圆至 $\phi48$，保证尺寸 20mm	2	
				3	倒角	1	
3	钻削	I	3		(用专用钻床夹具装夹工件) 同时钻孔 $3\times\phi8$		钻床
				1		1	
4	钳	I		1	修孔口的锐边及毛刺		风砂轮

1.2.2　相关知识

1. 生产类型及其工艺特征

1) 生产纲领

生产纲领是指企业在计划期内应当生产的产品产量和进度计划，因计划期常常定为一年，所以又称年产量。零件的生产纲领要记入备品和废品的数量，可按下式计算：

$$N=Qn(1+a\%)(1+b\%) \qquad (1-1)$$

式中：N——零件的年产量(件/年)；

　　　Q——产品的年产量(台/年)；

　　　n——每台产品中该零件的数量(件/台)；

　　　$a\%$——备品率；

　　　$b\%$——废品率。

生产纲领的大小决定了产品(或零件)的生产类型，不同的生产类型有不同的工艺特征，制定工艺规程时必须考虑这些工艺特征对零件加工过程的影响。因此，生产纲领是制定和修改工艺规程的重要依据。

2) 生产类型

生产类型是指企业(或车间、工段、班组、工作地)生产专业化程度的分类，一般分为单件生产、成批生产和大量生产三种类型。

(1) 单件生产。单件生产的基本特点是生产的产品种类很多，每种产品制造一个或少数几个，而且很少重复生产。例如，重型机器制造，专用设备制造和新产品试制等。

(2) 成批生产。成批生产指一年中分批轮流生产几种不同的产品，每种产品均有一定的数量，工作地的加工对象周期性地重复。例如，机床、机车、纺织机械的制造等多属于成批生产。每批制造的相同产品的数量称为批量，根据批量的大小，成批生产可分为小批生产、中批生产和大批生产。小批生产和单件生产相似，常合称为单件小批生产；大批生产和大量生产相似，常合称为大批大量生产。中批生产的工艺特点则介于单件小批生产和大批大量生产之间。

(3) 大量生产。大量生产的产量很大，大多数工作地点长期只进行某一工序的生产。例如，汽车、拖拉机、轴承、自行车的制造常属大量生产。

生产类型的划分，可根据生产纲领和产品的特点及零件的重量或工作地每月担负的工序数，参考表 1-5 确定。

表 1-5　生产类型与生产纲领的关系

生产类型	生产纲领/(台/年或件/年)			工作地每月担负工序数
	小型机械或小型零件(≤15kg)	中型机械或中型零件(15~50kg)	重型机械或重型零件(>50kg)	工序数/月
单件生产	≤100	≤10	≤5	不作规定
小批生产	>100~500	>10~150	>5~100	>20~40
中批生产	>500~5 000	>150~500	>100~300	>10~20
大批生产	>5 000~50 000	>500~5 000	>300~1 000	>1~10
大量生产	>50 000	>5 000	>1 000	1

注：小型、中型和重型机械可分别以缝纫机、机床(或柴油机)和轧钢机为代表。

3) 各种生产类型的工艺特征

生产类型不同，产品制造的工艺方法、所采用的加工设备、工艺装备以及生产组织管理形式均不同。对于简单零件的单件生产，一般只制定工艺路线；而对于重要零件的单件生产、各类零件的成批和大量生产，就要制定详细的工艺规程，以免造成质量事故和经济损失。各种生产类型的工艺特征见表 1-6。

表 1-6　各种生产类型的工艺特征

特点 \ 类型	单件生产	成批生产	大量生产
加工对象	经常改变	周期性改变	固定不变
毛坯的制造方法及加工余量	铸件用木模,手工造型;锻件用自由锻。毛坯精度低,加工余量大	部分铸件用金属模,部分铸件采用模锻。毛坯精度中等,加工余量中等	铸件广泛采用金属模机器造型。锻件广泛采用模锻以及其他高生产率的毛坯制造方法。毛坯精度高,加工余量小
机床设备及其布置形式	采用通用机床。机床按类别和规格大小采用"机群式"排列布置	采用部分通用机床和部分高生产率的专用机床。机床设备按加工零件类别分"工段"排列布置	广泛采用高生产率的专用机床及自动机床。按流水线形式排列布置
工艺装备	多标准夹具,很少采用专用夹具,靠划线及试切法达到尺寸精度 采用通用刀具与万能量具	广泛采用专用夹具,部分靠划线进行加工 较多采用专用刀具和专用量具	广泛采用先进高效夹具,靠夹具及调整法达到加工要求 广泛采用高生产率的刀具和量具
对操作人员的要求	需要技术熟练的操作工人	操作工人需要有一定的技术熟练程度	对操作工人的技术要求较低,对调整工人的技术要求较高
工艺文件	有简单的工艺过程卡片	有较详细的工艺过程卡片或工艺卡片,对重要零件需编制工序卡片	有工艺过程卡片、工艺卡片和工序卡片等详细的工艺文件
零件的互换性	广泛采用钳工修配	零件大部分有互换性,少数用钳工修配	零件全部有互换性,某些配合要求很高的零件采用分组互换
生产率	低	中等	高
单件加工成本	高	中等	低

1.2.3　任务实施

　　一个零件的加工工艺往往是比较复杂的,根据其技术要求和结构特点,在不同的生产条件下,常常需要采用不同的加工方法和设备,通过一系列的加工步骤,才能使毛坯变成零件。为了便于描述,需要对工艺过程的组成单元给予科学的定义。

　　表 1-3 中,圆盘小批生产的机械加工工艺过程有两道工序,工序 1 有两个安装,第一个安装有一个工位、四个工步;第二个安装有一个工位、三个工步;车端面和外圆工步因加工余量大需分二次车削,所以都有二次走刀。而工序 2 只有一个安装、三个工位、二个工步、一次走刀。

　　表 1-4 中,圆盘成批生产的机械加工工艺过程有四道工序,工序 1 有一个安装、一个工位、四个工步;工序 2 有一个安装、一个工位、三个工步。同理车端面和外圆工步都有二次走刀。而工序 3 只有一个安装、三个工位、一个工步、一次走刀。

　　由此可知,机械加工工艺过程均由若干个按顺序排列的工序组成,毛坯依次通过各工序变为成品。而工序又可分为若干个安装、工位、工步和走刀。

　　1. 工序

　　由表 1-3 可知,圆盘单件小批生产的机械加工工艺过程分车削和钻削二道工序,因为这二道工序的操作工人、加工设备及加工的连续性均已发生了变化,故划分为二道工序。而在车削工序中,虽然工件安装了二次,有多个加工表面和多种加工方法(如车、钻等),但其操作工人、加工设备及加工连续性(划分工序的要素)均未改变,所以属于同一工序。

在钻削工序中,工步2(修去三个孔口的毛刺)虽然使用的加工设备与工步1(依次钻 $3 \times \phi 8mm$ 孔)的不同,但操作工人、工作地和加工连续性均未改变,故与工步1仍属同一工序。

表1-4中的圆盘成批生产的机械加工工艺过程与单件小批生产不同,分为四道工序。虽然工序1和工序2同为车削,但由于操作工人、加工设备及加工连续性均已变化,因此划分为两道工序;同样工序3(钻削)与工序4(钳工)也因为操作工人、使用设备和工作地均不相同,因此划分为二道工序。

一个或一组工人,在一台机床或一个工作地,对一个或同时对几个工件所连续完成的那一部分工艺过程,称为工序。划分工序的主要依据是工作地点(或机床)是否变动和加工是否连续。这里的"连续"是指对一个具体的工件的加工是连续进行的,中间没有插入另一个工件的加工。

工序不仅是组成工艺过程的基本单元,也是制订时间定额,配备工人和设备,安排作业和进行质量检验的基本单元。

2. 安装

表1-3中的工序1,先用三爪自定心卡盘夹紧毛坯小端外圆完成四个工步的加工后,将工件调头,再用三爪自定心卡盘夹紧工件大端外圆,该工序共安装工件两次,共有二个安装。而工序2采用的是回转夹具,只安装一次就能完成工序2的全部工序内容。

工件加工前,在机床或夹具上先占据一个正确的位置(定位),然后再夹紧的过程称为装夹。工件(或装配单元)经一次装夹后所完成的那一部分工序内容称为安装。在一道工序中可以有一个或多个安装。

工件加工中应尽量减少装夹次数,因为多一次装夹就多一次装夹误差,而且增加了辅助时间。因此生产中常用各种分度头、回转工作台、回转夹具或移动夹具等,以便在工件一次装夹后,可使其处于不同的位置加工。

3. 工位

圆盘单件小批生产的机械加工工艺过程的钻削工序采用可转位夹具装夹工件,一次装夹工件后,可在三个位置钻孔,当钻完一个孔后,圆盘连同夹具的可转位部分一起转过120°,然后钻另一个孔,依次完成三个孔的钻削,共有三个工位。

为完成一定的工序内容,一次装夹工件后,工件(或装配单元)与夹具或设备的可动部分一起相对刀具或设备的固定部分所占据的每一个位置,称为工位。一道工序可以只有一个工位,也可以有多个工位。

如图1.11所示,为一利用回转工作台或回转夹具,在一次安装中顺次完成装卸工件、钻孔、扩孔、铰孔四个工位加工的实例。采用这种多工位加工方法,可以提高加工精度和生产率。

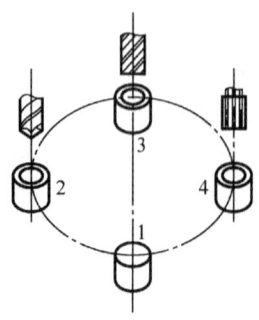

图1.11 多工位加工

1-装卸工件; 2-钻孔; 3-扩孔; 4-铰孔

4. 工步

在一个工序中往往需要采用不同的刀具来加工许多不同的表面。为了便于分析和描述较复杂的工序，可将工序再划分为若干工步。

表 1-3 中的工序 1，在安装Ⅰ中完成大端面、外圆的车削、钻 $\phi 20mm$ 孔、车倒角等加工，由于其加工表面和使用刀具均已不同，故划分为四个工步。

在加工表面(或装配时的连接表面)和加工(或装配)工具不变的情况下所连续完成的那一部分工序内容称为工步。一个工序可以包括几个工步，也可以只有一个工步。

一般来说，构成工步的任一要素(加工表面、刀具及加工连续性)改变后，即成为另一个工步。但下面指出的情况应视为一个工步。

(1) 一次装夹中连续进行的若干相同的工步，应视为一个工步。表 1-3 中的工序 2，一次装夹中连续完成钻三个 $\phi 8mm$ 孔，应作为一个工步。

(2) 为了提高生产率，有时用几把刀具同时加工几个表面或采用复合刀具加工，如图 1.12 所示，此时也应视为一个工步，称为复合工步。

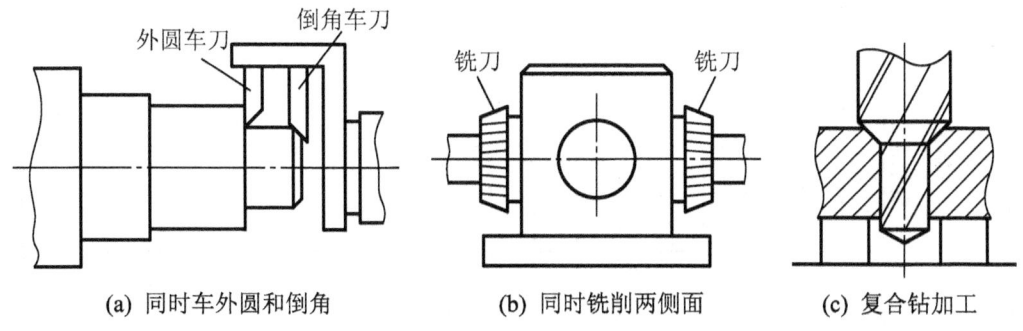

(a) 同时车外圆和倒角　　　(b) 同时铣削两侧面　　　(c) 复合钻加工

图 1.12　复合工步

5. 走刀

表 1-3 中的车削工序，车削端面和外圆时因切削余量较大，考虑到机床功率、刀具强度、切削振动等问题，所以分二次切削。

在一个工步内，若被加工表面的切削余量较大，需分几次切削，则每进行一次切削就称为一次走刀。一个工步可以包括一次走刀或几次走刀。

任务 1.3　机械加工工艺规程的格式认知

1.3.1　任务引入

工艺规程是规定产品或零、部件制造工艺过程和操作方法等的工艺文件。机械加工工艺规程的格式，常见的一般有以下几种，见表 1-7～表 1-11。据此认识机械加工工艺规程的格式和内容要求。

表 1-7 机械加工工艺过程卡片格式

(企业名称)		机械加工工艺过程卡片		产品型号		零(部)件图号			共 页
				产品名称		零(部)件名称			第 页
材料牌号		毛坯种类		毛坯外型尺寸		每毛坯件数		每台件数	备注
工序号	工序名称		工序内容		车间	工段	设备	工艺装备	工时
									准终	单件
								设计	审核	标准化	会签
								(日期)	(日期)	(日期)	(日期)
标记	处数	更改文件号	签字	日期		标记	处数	更改文件号	签字	日期

表 1-8 机械加工工艺卡片格式

（企业名称）	机械加工工艺过程卡片	产品型号		零（部）件图号		共 页
		产品名称		零（部）件名称		第 页

材料牌号		毛坯种类		毛坯外型尺寸		每毛坯件数		每台件数		备注	
工序	工步	工序内容	同时加工零件数	设备名称及编号	工艺装备名称及编号			切削用量				技术等级	工时	
					夹具	刀具	量具	背吃刀量 /mm	切削速度 /m·min^{-1}	每分钟转数或往复次数	进给量 /mm·r^{-1}		准终	单件

			设计（日期）	审核（日期）	标准化（日期）	会签（日期）
标记	处数	更改文件号	签字	日期	标记	处数	更改文件号	签字	日期

表 1-9　机械加工工序卡片格式

(企业名称)	机械加工工序卡片	产品型号		零(部)件图号		共　页
		产品名称		零(部)件名称		第　页

车间	工序号	工序名称	材料牌号
毛坯种类	毛坯外形尺寸	每坯件数	每台件数
设备名称	设备型号	设备编号	同时加工件数

工位器具编号	工位器具名称	冷却液	
夹具编号	夹具名称	工序工时	
		准终	单件

工步号	工步内容	工艺装备	主轴转速 $/r\cdot min^{-1}$	切削速度 $/m\cdot min^{-1}$	进给量 $/mm\cdot r^{-1}$	背吃刀量 /mm	走刀次数	定额 机动	定额 辅助
				设计(日期)	审核(日期)	标准化(日期)	会签(日期)		

标记	处数	更改文件号	签字	日期	标记	处数	更改文件号	签字	日期

表 1-10　装配工艺过程卡片格式

(企业名称)		装配工艺过程卡片		产品型号		零(部)件图号			共　页
				产品名称		零(部)件名称			第　页
工序号	工序名称	工序内容		车间	工段	设备	工艺装备	辅助材料	工时定额
						设计	审核	标准化	会签
						(日期)	(日期)	(日期)	(日期)
标记	处数	更改文件号	签字	日期	标记	处数	更改文件号	签字	日期

表 1-11　装配工序卡片格式

(企业名称)		装配工序卡片		产品型号		零(部)件图号			共　页
				产品名称		零(部)件名称			第　页
工序号	工序名称		车间		工段	设备		工序工时	

工步号	工步内容			工艺装备			辅助材料		工时定额	
									机动	辅助
					设计	审核	标准化	会签		
					(日期)	(日期)	(日期)	(日期)		

标记	处数	更改文件号	签字	日期	标记	处数	更改文件号	签字	日期

1.3.2 相关知识

1. 金属切削加工基本知识

金属切削加工是利用刀具从工件毛坯上切去一层多余的金属，从而使工件达到规定要求的几何形状、尺寸精度和表面质量的机械加工方法。在切削加工过程中，刀具与工件之间始终存在着相对运动和相互作用。

1) 切削运动

金属切削加工时，任何一个工件都是经过由毛坯加工到成品的过程，在这个过程中，要使刀具对工件进行切削加工形成各种表面，必须使刀具与工件间产生相对运动，这种在金属切削加工中必须的相对运动称为切削运动。以车床加工外圆柱面为例，图 1.13 表示出了车削运动、切削层及工件上形成的表面。切削运动按照在切削过程中的作用，一般分为主运动和进给运动。

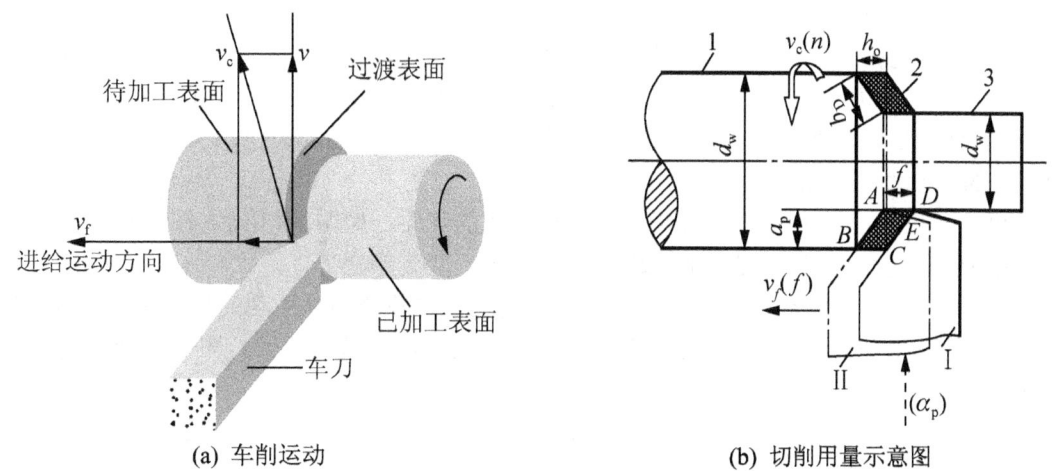

(a) 车削运动　　　　　　　　　　(b) 切削用量示意图

图 1.13　车削运动、切削层及工件上形成的表面

1-待加工表面；2-过渡表面；3-已加工表面

(1) 主运动。主运动是切除工件上多余金属层，形成工件新表面所必需的运动，它是切削加工中最基本、最主要的运动，通常它的速度最高、消耗的机床功率最多。在切削运动中，主运动只有一个，它可以由工件完成，也可以由刀具完成；可以是旋转运动，也可以是直线运动。

主运动的速度称为切削速度，可用 v_c 表示。车削外圆时的主运动是工件的旋转运动。

(2) 进给运动。进给运动是把被切削金属层间断或连续投入切削的一种运动，与主运动相配合即可不断地切除金属层，获得所需的表面。进给运动的特点是速度小，消耗功率少，可由一个或多个运动组成。图 1.13(a)所示外圆车削中沿工件轴向的纵向进给运动是连续的，沿工件径向的横向进给运动是间断的。

进给运动的速度称为进给速度，用 v_f 表示。车削外圆时的进给运动是车刀沿平行于工件轴线方向的连续直线运动。

(3) 切削层。切削层是指切削时刀具切削工件一个单行程所切除的工件材料层。如图 1.13(b)所示，工件旋转一周回到原来的平面时，由于刀具纵向进给运动是连续的，刀具

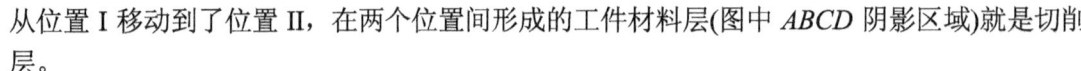

从位置 I 移动到了位置 II，在两个位置间形成的工件材料层(图中 *ABCD* 阴影区域)就是切削层。

切削层的参数有以下几个：

① 切削层公称厚度 h_D：垂直于切削表面度量的切削层尺寸。

② 切削层公称宽度 b_D：沿着切削表面度量的切削层的尺寸。

③ 切削公称横截面积 A_D：切削层尺寸平面内度量的横截面积，单位为 mm^2。

三者之间及它们与切削用量的关系如下：

$$h_D = f \sin K_r$$

$$b_D = \frac{a_p}{\sin K_r}$$

$$A_D = h_D b_D = a_p f \tag{1-2}$$

式中：a_p——背吃刀量；

f——进给量。

(4) 切削过程中工件上形成的表面。工件在切削过程中形成了三个不断变化着的表面。

① 待加工表面：指工件上即将被切除的表面，即图 1.13(b)中外圆表面 1；

② 切削表面(过渡表面)：是工件上切削刃正在切削的表面，为已加工表面和待加工表面之间的过渡表面，如图 1.13(b)中表面 2；

③ 已加工表面：指工件上经切削加工后形成的表面，如图 1.13(b)中外圆表面 3。

2) 切削用量三要素与切削用量选择

(1) 切削用量三要素。切削用量是表示切削过程中各个切削运动的重要工艺参数，它包括切削速度、进给量和背吃刀量(切削深度)，称为切削用量三要素。图 1.13(b)所示为车削外圆时的切削用量示意图。

① 切削速度 v_c。切削速度是指切削刃上选定点相对于工件的主运动的瞬时速度，可按下式计算：

$$v_c = \frac{\pi d_w n}{1000} \tag{1-3}$$

式中：v_c——切削速度(m/s 或 m/min)；

d_w——工件待加工表面直径(mm)；

n——工件的转速(r/s 或 r/min)。

② 进给量 f。指每转或每次往复行程中，工件与刀具间沿进给方向的相对位移量。

进给速度 v_f 是指单位时间内工件与刀具之间的相对位移量。可按下式计算：

$$v_f = nf \tag{1-4}$$

式中：v_f——进给速度(mm/s 或 mm/min)；

n——主轴转速(r/s 或 r/min)；

f——进给量(mm/r)。

③ 背吃刀量(切削深度)a_p。指在垂直于进给速度方向测量的切削层最大尺寸，又称切削深度。对于外圆车削，如图 1.13(b)所示，切削深度为工件上已加工表面和待加工表面之间的垂直距离，单位为 mm。即

$$a_p = \frac{d_w - d_m}{2} \tag{1-5}$$

式中：d_w——工件待加工表面直径(mm)；

d_m——工件已加工表面直径(mm)。

(2) 切削用量选择。在粗加工时，工件的加工精度和表面质量要求不高，毛坯的加工余量大，选择切削用量时，主要考虑提高切削加工的生产率和适当控制刀具的磨损，应选择较大的背吃刀量 a_p。采用一次或二次进给，就把本工序中的加工余量切除掉。

在精加工时，应重点保证工件的加工精度和表面质量，故应选较小进给量，并尽可能地选用较大的切削速度。进给量和切削速度的选择应与所用机床的功率和刀具情况相适应。具体可查手册。

3) 切削时间(机动时间) t_m

切削时间(机动时间)是切削时直接改变工件尺寸、形状等工艺过程所需的时间，它是反映切削效率的一个指标。

提高切削用量中任一要素，均可提高生产率。

2. 加工余量

由于毛坯不能达到零件所要求的精度和表面粗糙度，因此要留有加工余量，以便经过机械加工来达到这些要求。加工余量是指加工过程中所切去的金属层厚度。加工余量可分为总加工余量和工序加工余量。由毛坯转变为零件的过程中，在某加工表面上切除金属层的总厚度，称为该表面的总加工余量(又称毛坯余量)。一般情况下，总加工余量并非一次切除，而是分在各工序中逐渐切除，故每道工序所切除的金属层厚度称为该工序加工余量(简称工序余量)。

1) 工序余量

工序余量是相邻两工序的工序尺寸之差，即在一道工序中从某一加工表面切除的金属层厚度。对于如图 1.14 所示的平面等单边加工表面，加工余量就等于切除的金属层厚度，称为单边余量，其单边加工余量为

$$Z_1 = A_1 - A_2 \tag{1-6}$$
$$Z_2 = A_2 - A_1 \tag{1-7}$$

式中：A_1——前道工序的工序尺寸；

A_2——本道工序的工序尺寸。

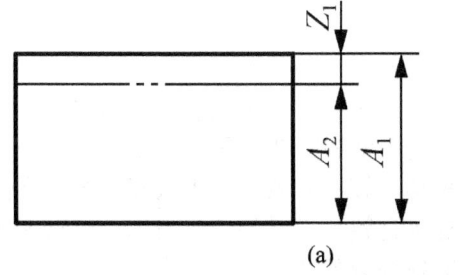
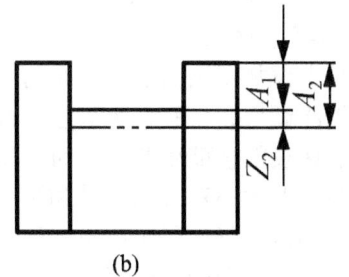

图 1.14　单边加工余量

对于外圆和孔等对称表面，其加工余量在直径方向是对称分布的，为双边加工余量，如图 1.15 所示。即

对于轴：$2Z_2=d_1-d_2$ (1-8)

对于孔：$2Z_2=D_2-D_1$ (1-9)

式中：$2Z_2$——直径上的加工余量；

      D_1、d_1——前道工序的工序尺寸(直径)；

      D_2、d_2——本道工序的工序尺寸(直径)。

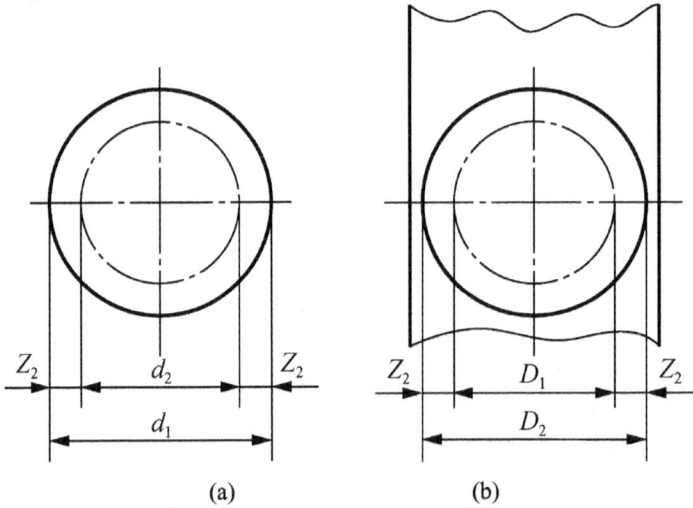

图 1.15 双边加工余量

当加工某个表面的工序是分几个工步时，则相邻两工步尺寸之差就是工步余量。它是某工步在加工表面上切除的金属层厚度。

2) 总加工余量

总加工余量是指零件从毛坯变为成品的整个加工过程中某一表面所切除金属层的总厚度，即零件毛坯尺寸与零件图上设计尺寸之差。总加工余量等于各工序加工余量之和，即

$$Z_{总}=\sum_{i=1}^{n}Z_i \qquad (1-10)$$

式中：$Z_{总}$——总加工余量；

      Z_i——第 i 道工序加工余量；

      n——该表面的工序数。

在工件上留加工余量的目的是为了切除上一道工序所留下来的加工误差和表面缺陷，如铸件表面冷硬层、气孔、夹砂层，锻件表面的氧化皮、脱碳层、表面裂纹，切削加工后的内应力层和表面粗糙度等，从而提高工件的精度和降低表面粗糙度。

加工余量的大小对加工质量和生产效率均有较大影响。加工余量过大，不仅增加了机械加工的劳动量，降低了生产率，而且增加了材料、工具和能量消耗，提高了加工成本。若加工余量过小，则既不能消除上道工序的各种缺陷和误差，又不能补偿本工序加工时的装夹误差，造成废品。其选取原则是在保证质量的前提下，使余量尽可能小。一般说来，越是精加工，工序余量越小。

3. 基准及其分类

机械零件是由若干个表面组成的,各组成表面之间有一定的相互位置和距离尺寸要求,在加工过程中必须以一个或几个基准为依据测量、加工其他表面,以保证零件图上所规定的要求。基准是零件图上用以确定其他点、线、面位置的那些点、线、面。根据基准的功用不同,可分为设计基准和工艺基准两大类。

1) 设计基准

在零件图上用以确定其他点、线、面位置的基准称为设计基准。

图 1.16(a)所示零件,对尺寸 20mm 而言,A、B 面互为设计基准;图 1.16(b)中,$\phi50mm$ 圆柱面的设计基准是 $\phi50mm$ 的轴线,$\phi30mm$ 圆柱面的设计基准是 $\phi30mm$ 的轴线。就同轴度而言,$\phi50mm$ 的轴线是 $\phi30mm$ 轴线的设计基准。图 1.16(c)所示零件,圆柱面的下素线 D 为槽底面 C 的设计基准。作为设计基准的点、线、面在工件上不一定具体存在,例如,表面的几何中心、对称线、对称平面等。

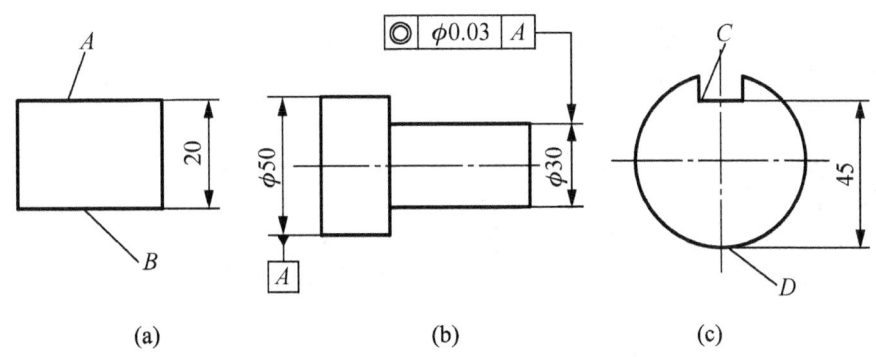

图 1.16   设计基准示例

2) 工艺基准

零件在机械加工和装配过程中所使用的基准,称为工艺基准。工艺基准按不同的用途可分为工序基准、定位基准、测量基准和装配基准。

(1) 工序基准。在工序图(或其他工艺文件)上用来确定本工序所加工表面加工后的尺寸、形状、位置的基准。所标定的被加工表面位置的尺寸,称为工序尺寸。

图 1.16(c)中,加工 C 表面时按尺寸 45 进行加工,则母线 D 为本工序的工序基准,加工尺寸 45 为工序尺寸。

(2) 定位基准。定位基准是在加工中用作工件定位的基准。它是工件上直接与夹具的定位元件相接触的点、线、面。在加工中用作定位时,它使工件在工序尺寸方向上获得确定的位置。定位基准是由技术人员编制工艺规程时确定的。

定位基准除了是工件的实际表面外,也可以是表面的几何中心、对称线或对称面,在工件上并不一定存在,但必须由相应的实际表面来体现,这些实际存在的表面统称为定位基面。

与之对应,定位元件上与定位基面相配合的表面称为限位基面,它的理论轴线称为限位基准。如图 1.17 所示的钻套,用内孔装在心轴上磨削 $\phi40h6$ 外圆表面时,内孔表面是定位基面,孔的中心线即为定位基准;心轴外圆表面称为限位基面,其轴线称为限位基准。当工件以平面定位时,定位基准和定位基面、限位基准和限位基面完全一致。

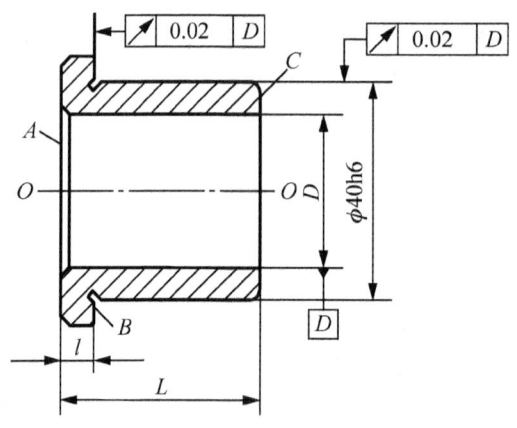

图 1.17　钻套

根据工件上定位基准的表面状态不同，定位基准又可分为粗基准和精基准。

① 粗基准：用未加工的毛坯表面作为定位基准，则该基准称为粗基准。

② 精基准：用加工过的表面作为定位基准，则该基准称为精基准。

(3) 测量基准。测量基准是工件在测量及检验时用来测量已加工表面尺寸及位置所使用的基准。例如，图 1.16(c)中检验 45 尺寸时，D 为测量基准；图 1.17 的钻套，以内孔 D 套在检验心轴上检验 $\phi40h6$ 外圆的径向跳动和端面 B 的端面跳动时，内孔即为测量基准。

(4) 装配基准。装配时，用来确定零件在部件或机器中的位置所用的基准称为装配基准。

图 1.18 所示的齿轮，以内孔和左端面确定安装在轴上的位置，内孔和左端面就是齿轮的装配基准。

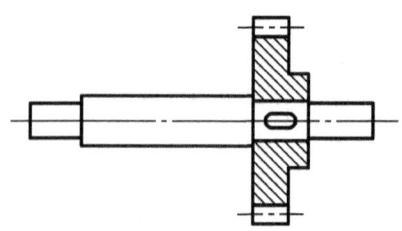

图 1.18　齿轮的装配基准

图 1.19 所示是表明各种基准及其相互关系的例子。

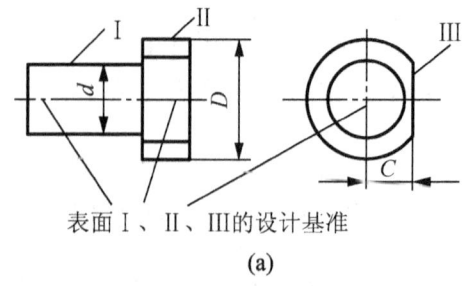

表面Ⅰ、Ⅱ、Ⅲ的设计基准

(a)

图 1.19　各种基准的示例

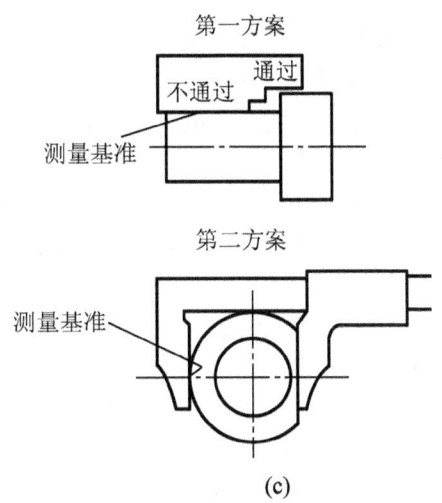

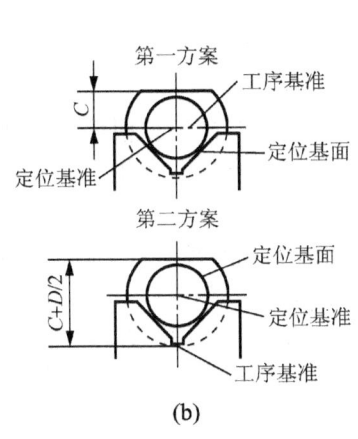

图 1.19　各种基准的示例(续)

1.3.3　任务实施

零件的工艺过程，往往是根据其不同的结构、不同的材料、不同的技术要求，采用不同的加工方法、加工设备、工装等。为确保零件的制造质量、生产效率和低成本，要认真研究和分析在不同的生产批量和生产条件下，工艺系统各环节间的相互影响，然后根据不同的生产要求制定合理的加工工艺规程，并将这些工艺规程的内容填入一定格式的卡片，成为工艺文件，以指导车间及工人的生产和操作。

1.　机械加工工艺规程

工艺规程是规定产品或零部件制造工艺过程和操作方法等的工艺文件。其中，规定零件机械加工工艺过程和操作方法等的工艺文件称为机械加工工艺规程。正确的工艺规程是在总结长期的生产实践和科学实践的基础上，依据科学理论和必要的工艺试验并考虑具体的生产条件而制定的。

工艺文件的基本内容包括：工件加工的工艺路线、各工序的具体内容及所用的设备和工艺装备、工件的检验项目和检验方法、切削用量等。

1) 制定工艺规程的原则

制定工艺规程的原则是：所制定的工艺规程应保证在一定生产条件下，以最高的生产率、最低的成本、可靠地生产出符合要求的产品。为此，应尽量做到技术上先进，经济上合理，并且有良好的劳动条件。另外还应该做到正确、统一、完整和清晰；所用的术语、符号、计量单位、编号等都要符合有关的标准。

2) 制定工艺规程的主要依据(原始资料)

(1) 产品的成套装配图和零件工作图。

(2) 产品验收的质量标准。

(3) 产品的生产纲领。

(4) 现有生产条件和资料，包括毛坯的生产条件、工艺装备及专用设备的制造能力，有关机械加工车间的设备和工艺装备的条件。

(5) 国内同类产品的有关工艺资料等。

3) 工艺规程的作用

(1) 工艺规程是指导生产的主要技术文件。按照工艺规程进行生产，可以保证产品质量和提高生产效率。

(2) 工艺规程是生产组织和管理工作的基本依据。在产品投产前可以根据工艺规程进行原材料和毛坯的供应，机床负荷的调整，专用工艺装备的设计和制造，生产作业计划的编排，劳动力的组织以及生产成本的核算等。

(3) 工艺规程是新建或扩建工厂或车间的基本技术文件。在新建或扩建工厂、车间时，只有根据工艺规程和生产纲领，才能准确确定生产所需机床的种类和数量，工厂或车间的面积，机床的平面布置，生产工人的工种、等级、数量以及各辅助部门的安排等。

(4) 工艺规程是进行技术交流的重要文件。先进的工艺规程起着交流和推广先进经验的作用，能指导同类产品的生产，缩短工厂摸索和试制的过程。

工艺规程是经过逐级审批的，因而也是工厂生产中的工艺纪律，有关人员必须严格执行。但工艺规程也不是一成不变的，它应不断地反映工人的革新创造，及时地吸取国内外先进工艺技术，不断予以改进和完善，以便更好地指导生产。

4) 工艺规程的格式与内容

将工艺规程的内容填入一定格式的卡片，成为工艺文件。工艺表格的格式可根据工厂具体情况自行确定，一般有三种：机械加工(或装配)工艺过程卡片、机械加工(或装配)工艺卡片和机械加工(或装配)工序卡片。

(1) 机械加工(或装配)工艺过程卡片：以工序为单位，列出零件加工所经的步骤(包括毛坯制造、机械加工和热处理等)，工序说明不具体。用于生产管理，不直接指导工人操作。该卡片适用指导单件小批生产。机械加工(或装配)工艺过程卡片格式见表 1-7 和表 1-10。

(2) 机械加工(或装配)工艺卡片：以工序为单位，详细说明工艺过程为基本内容的工艺文件。其特点是详细说明整个工艺过程，用于指导工人操作，帮助管理人员和技术人员掌握零件整个加工过程。适用于批量生产及单件小批生产的关键(重要)零件。

机械加工工艺卡片内容包括零件的材料、重量、毛坯种类、工序号、工序名称、工序内容、工艺参数、操作要求以及采用的设备和工艺装备等。机械加工工艺卡片格式见表 1-8。

(3) 机械加工(或装配)工序卡片：是在工艺过程卡片和工艺卡片的基础上，以一个工序为单位编制的工艺文件，其主要内容包括工序简图，该工序中每个工步的加工内容、工艺参数、操作要求、装夹定位说明以及所用的设备和工艺装备等。其用于具体指导工人操作，适用于大批大量生产、中批生产中的复杂产品的关键零件以单件及小批生产中的关键工序。机械加工(或装配)工序卡片格式见表 1-9 和表 1-11。

2. 识读机械加工工艺文件

工艺规程是企业加工产品的主要技术依据，只有按既定的工艺规程进行生产，才能保证产品的加工达到"优质、高效、低成本"，以获得最佳经济效益，所以首先应正确识读工艺文件的内容。

图 1.20 所示零件是某机床变速箱体中操纵机构上的拨动杆，用作把转动变为拨动，实现操纵机构的变速功能。本零件生产类型为中批生产。

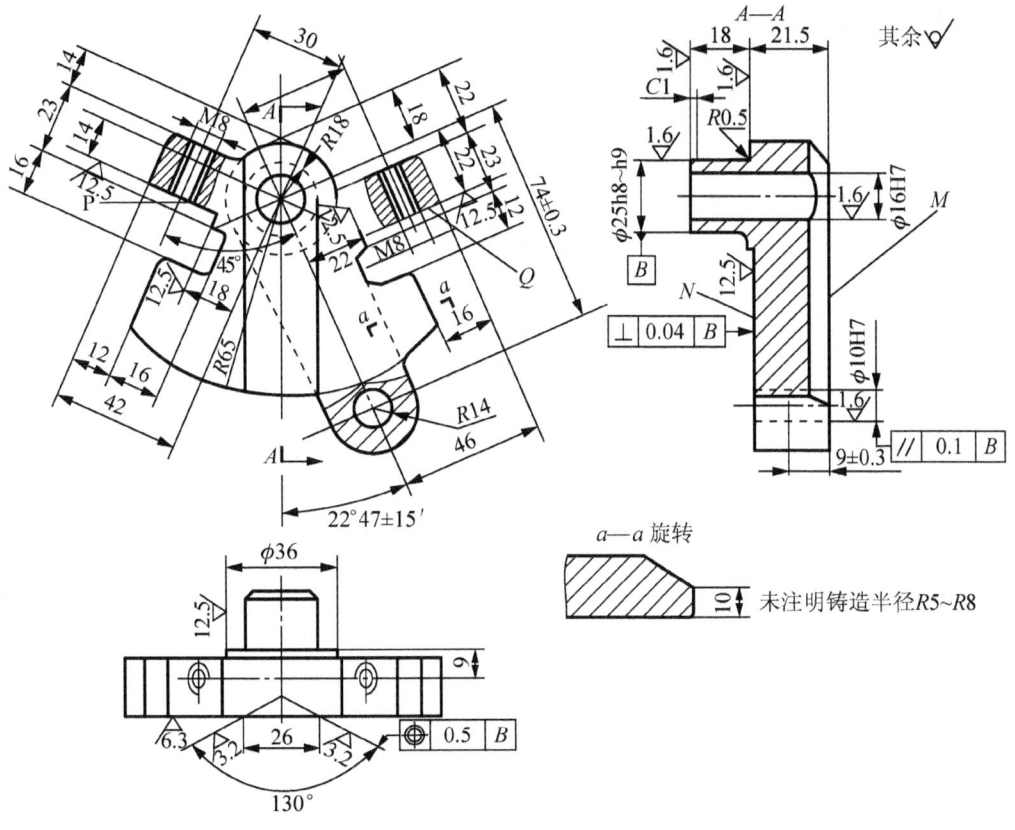

图 1.20　拨动杆零件简图

该零件的"机械加工工艺过程卡片"见表 1-12。其中第 5 工序的"机械加工工序卡片"见表 1-13。分析其中的内容，看懂工艺文件的加工要求。

1) 机械加工工艺过程卡片的识读

(1) 表头。由表 1-12 可知，该卡片是机床变速箱体中操纵机构上拨动杆的机械加工工艺过程卡片，机床变速齿轮箱体的图号是 CJ-BDG-2010(按零件图样填写)，该卡片有一页。

(2) 毛坯信息。零件材料牌号为 HT200 的灰铸铁(按零件图样填写)，毛坯种类是铸件。

(3) 加工工艺过程。因拨动杆是中批生产，具体指导其生产的工艺文件是机械加工工序卡片，所以其机械加工工艺过程卡片中的工序内容编写得比较简单。

从工艺过程卡片中可知，机床变速箱体拨动杆由金工车间负责加工，整个工艺过程共有 10 道工序，各工序的加工内容及最终加工尺寸简要明确，从设备型号可知，各工序所使用的设备一般为通用机床；卡片中填写的夹具说明，各工序所使用的夹具大多都是专用夹具。因刀具、量具和辅具的种类较多，且在工序卡片中已清楚说明，故在工艺过程卡片中可以不填写。由卡片中可以看出，各工序的工时不均衡，工序 4 的工序最长、工时最多，其次是工序 6 和工序 5，在安排加工设备和人员时应考虑如何解决工序均衡、工件流动及临时存放等问题。从其加工过程中可以看出，加工顺序的安排有以下特点：

① 先加工基准面后加工其他表面；

② 先加工面后加工孔；

③ 先加工主要表面后加工次要表面。

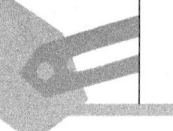

表 1-12 拨动杆机械加工工艺过程卡片

(企业名称)		机械加工工艺过程卡片	产品型号	JCBSX		零件图号	CJ-BDG-2010		共 1 页	第 1 页
			产品名称	机床变速箱		零件名称	拨动杆		1	备 注
材料牌号	HT200	毛坯种类	铸件	毛坯外形尺寸		每毛坯件数	每台件数 1		工 时	
工序号	工序名称	工 序 内 容		车间	工段	设 备	工 艺 装 备		准终	单件
1	铸	铸造		铸						
2	时效	时效		热						
3	铣	铣 M 平面		金工		X62	V 口虎钳、面铣刀			
4	车	车 φ25mm 外圆，钻、扩、铰 φ16H7mm 孔，车 N 面，倒角		金工		C6140	车夹具、锥柄钻头等			120
5	钻	钻、扩、铰 φ10H7mm 孔		金工		Z35	钻夹具、钻头等			
6	刨	粗刨、精刨 130°槽		金工		B665	刨夹具、成形刨刀			
7	铣	铣 P、Q 面		金工		X62	铣夹具、三面刃铣刀			
8	钻	钻 2×M8mm 的底孔 2×φ6.5mm		金工		Z35	回转钻模、钻头			
9	钻	攻螺纹 2×M8mm		金工		Z35	回转钻模、M8 丝锥			
10	检	检验、入库		检						
				设计(日期)	校对(日期)	审核(日期)	标准化(日期)		会 签(日期)	
标记	处数	更改文件号	签 字	日 期	标记	处数	更改文件号	签 字	日 期	

表1-13 拨动杆机械加工工序卡片

(企业名称)	机械加工工序卡片	产品型号	JCBSX	零件图号	CJ-BDG-2010	共 10 页 第 5 页
		产品名称	机床变速箱	零件名称	拨动杆	

车间	工序号 5	工序名称 钻一扩一铰孔	材料牌号 HT200
			每台件数 1
毛坯种类 铸件	毛坯外形尺寸	每毛坯可制件数 1	同时加工件数 1
设备名称 摇臂钻床	设备型号 Z35	设备编号	切削液
夹具编号	夹具名称 专用钻夹具		工序工时/min
工位器具编号	工位器具名称		准终 / 单件

图示尺寸：74±0.3，φ16H7，φ10H7，φ25h8~h9，// 0.1 B，B，M，N，1.6，3

工步号	工步内容	工艺装备	主轴转速 /r·min⁻¹	切削速度 /m·min⁻¹	进给量 /mm·r⁻¹	背吃刀量 /mm	进给次数	工步工时 机动	辅助
1	钻孔 φ10H7mm 至尺寸 φ9mm	钻夹具、φ9mm 钻头	195	13.5	0.3		1		
2	扩孔 φ10H7mm 至尺寸 φ9.8mm	扩孔刀 φ9.8mm	68	6.2			1		
3	铰孔 至 φ10H7mm	铰刀 φ10H7mm	68	7.5	0.18		1		

设计(日期)　校对(日期)　审核(日期)　标准化(日期)　会签(日期)

主轴转速 /r·min⁻¹ 表示为 $/r \cdot min^{-1}$，切削速度 $/m \cdot min^{-1}$，进给量 $/mm \cdot r^{-1}$

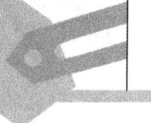

2) 机械加工工序卡片的识读

(1) 表头。机械加工工序卡片表头的填写内容与机械加工工艺过程卡片相同。

(2) 工序卡片。

① 工序基本信息和使用的设备及夹具。本工序的工序号和工序名称、加工零件的名称及材料、毛坯信息、使用设备及夹具等栏填写的内容均与工艺过程卡片的一致，只是加工设备和夹具栏更详细地说明了其型号、名称。通用或标准设备和夹具，除说明其型号和名称外，有时还说明其规格和精度。

② 加工内容。按加工顺序简明描述各个工步的加工内容、尺寸及精度要求，与工艺附图配合识读，工序的加工过程一目了然。

③ 工艺装备。工艺装备栏填写了工序或各工步所使用的刀具、量具和辅助工具，说明使用的专用工艺装备的编号(或名称)及标准的工艺装备的名称、规格和精度。

④ 切削用量。清楚说明了各工步的切削用量，以便指导操作者加工时选择。

⑤ 工时。各工步的机动时间、辅助时间及工序工时均清晰说明。

(3) 工艺附图。一般工序卡片都绘制工序图或工步示意图。

① 各工步的加工内容通过示意图清晰表达，图形按机械制图标准绘制，可采用各种视图和剖视图，允许不按比例绘制。当工步较少且加工内容较简单时，只需绘制工序最终加工示意图。

② 示意图中的粗实线表示该工序的加工表面，细实线表示非加工表面，突出表示加工部位。

③ 毛坯图的画法。在确定了毛坯种类、形状和尺寸后，还应绘制一张毛坯图，作为毛坯生产单位的产品图样。绘制毛坯图，是在零件图的基础上，在相应的加工表面上加上毛坯余量。但绘制时还要考虑毛坯的具体制造条件，如铸件上的孔、锻件上的孔和空档、法兰等的最小铸出和锻出条件；铸件和锻件表面的起模斜度(拔模斜度)和圆角；分型面和分模面的位置等。并用双点画线在毛坯图中表示出零件的表面，以区别加工表面和非加工表面。

④ 在示意图上清晰地标明了本工序各工步的加工尺寸及精度要求、表面粗糙度、测量基准等。

⑤ 示意图中的三处定位符号($\bigtriangledown$)和数字，说明以左端面和外圆定位，左端面限制三个自由度，外圆面限制二个自由度，另外在拨动杆的 N 面部分还有一处辅助支承，用符号($\overset{\downarrow}{\bigtriangleup}$)表示。夹紧符号($\downarrow$)指明夹紧部位。

有关机械加工的定位、夹紧符号应符合机械工业部标准 JB/T 5061—2006 的规定，见表 1-14。

表 1-14　机械加工定位、夹紧符号

标注位置 / 分类		独　立		联　动	
		标注在视图轮廓线上	标注在视图正面上	标注在视图轮廓线上	标注在视图正面上
定位点	固定式	$\bigwedge$ 2	$\diamondsuit$ 3	$\bigwedge\bigwedge$	$\diamondsuit\,\diamondsuit$
	活动式	$\bigwedge$	$\diamondsuit$	$\bigwedge\bigwedge$	$\diamondsuit\,\diamondsuit$

续表

标注位置 分类	独立		联动	
	标注在视图轮廓线上	标注在视图正面上	标注在视图轮廓线上	标注在视图正面上
机械夹紧				
液压夹紧	Y	Y	Y	Y
气动夹紧	Q	Q	Q	Q
电磁夹紧	D	D	D	D

 **特别提示**

毛坯图的绘制步骤如下:

(1) 用双点划线画出简化了次要细节的零件图的主要视图,将确定的加工余量叠加在各相应被加工表面上,即得到毛坯轮廓,轮廓线用粗实线表示。

(2) 为表达清楚零件的内部结构,可画出必要的剖视图。

(3) 在图上标出毛坯主要尺寸及公差,标出加工余量的名义尺寸。

(4) 标明毛坯的技术要求,如毛坯精度、热处理及硬度、圆角尺寸、起模斜度、表面质量要求(气孔、缩孔、夹砂等)等。

项 目 小 结

本项目通过循序渐进的三个工作任务,从完成任务角度出发,结合企业生产实例讲解生产过程和工艺过程、机械加工工艺过程的组成及机械加工工艺规程的格式等知识,从而全面认识机械加工工艺及规程,为后续学习及合理编制典型零件的机械加工规程和装配工艺规程奠定基础。

思 考 练 习

1. 机械零件常用毛坯种类有哪些?

2. 机床夹具的功用是什么?机床夹具一般有哪些类型?一般都由哪些元件组成?

3. 什么是生产过程、工艺过程、辅助过程?

4. 机械加工工艺过程和装配工艺过程有何差别?

5. 机械加工工艺过程中,工序、安装、工位、工步、走刀五个部分相互关系如何?

6. 如图 1.20 所示的六角螺钉,毛坯为棒料,其机械加工工艺过程见表 1-15。试分析其

工艺过程中的工序、安装、工位和工步。（注：中批生产）

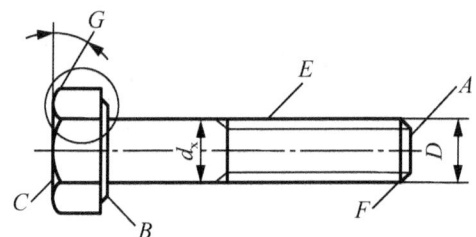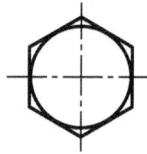

图 1.20 六角螺钉

表 1-15 六角螺钉的加工工艺过程

工序号	工序名称	工 序 内 容	设 备	工 装	备 注
1	车	车端面 A；车外圆 E、端面 B；倒角 F；切断	车床	三爪卡盘	
2	车	车端面 C；倒棱 G	车床	三爪卡盘	
3	铣	铣六方(复合工步)	铣床	旋转夹具	
4	车	(1) 车螺纹外径 D	车床	三爪卡盘	走刀 3 次
		(2) 车螺纹			走刀 6 次

7. 如何划分生产类型？各种生产类型的工艺特征是什么？

8. 何谓设计基准、定位基准、工序基准、测量基准、装配基准？各举例说明。

9. 切削用量三要素是什么？如何选择切削用量？

10. 什么是工艺规程？它在生产中有何作用？

11. 常用的工艺规程有哪几种？各适用在何场合？

12. 如何正确识读工艺文件的内容？

项目 2

轴类零件机械加工工艺规程编制

教学目标

最终目标	能编制典型轴类零件的机械加工工艺规程，正确填写机械加工工艺文件。
促成目标	1. 能根据实际生产需要合理选择刀具； 2. 能正确分析轴类零件的技术要求； 3. 能合理编制典型轴类零件的加工工艺规程 4. 能对零件的加工工艺进行合理性分析，并提出改进建议； 5. 能考虑轴类零件加工成本； 6. 能查阅并贯彻相关国家标准和行业标准

引言

轴类零件是机器常用零件之一，其主要功用是支承传动件(齿轮、带轮、离合器等)，传递转矩和承受载荷。常见轴的种类如图 2.1 所示。

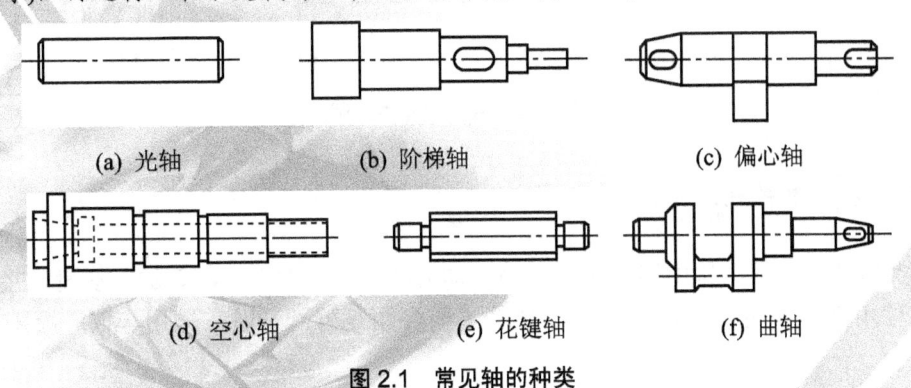

(a) 光轴　　　　(b) 阶梯轴　　　　(c) 偏心轴

(d) 空心轴　　　(e) 花键轴　　　　(f) 曲轴

图 2.1　常见轴的种类

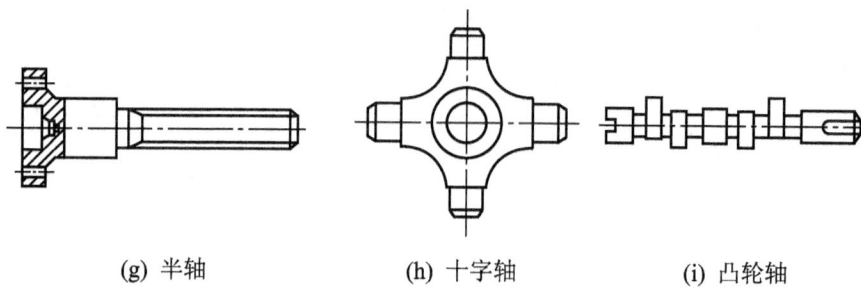

(g) 半轴   (h) 十字轴   (i) 凸轮轴

图 2.1　常见轴的种类(续)

从结构特征来看，轴类零件是长度 L 大于直径 d 的旋转体零件。其加工表面主要是内、外圆柱面，内、外圆锥面，螺纹，花键和沟槽等。

任务 2.1　编制台阶轴零件机械加工工艺规程

2.1.1　任务引入

编制图 2.2 所示的台阶轴的机械加工工艺规程。生产类型为小批生产。材料为 45 热轧圆钢，零件需调质。

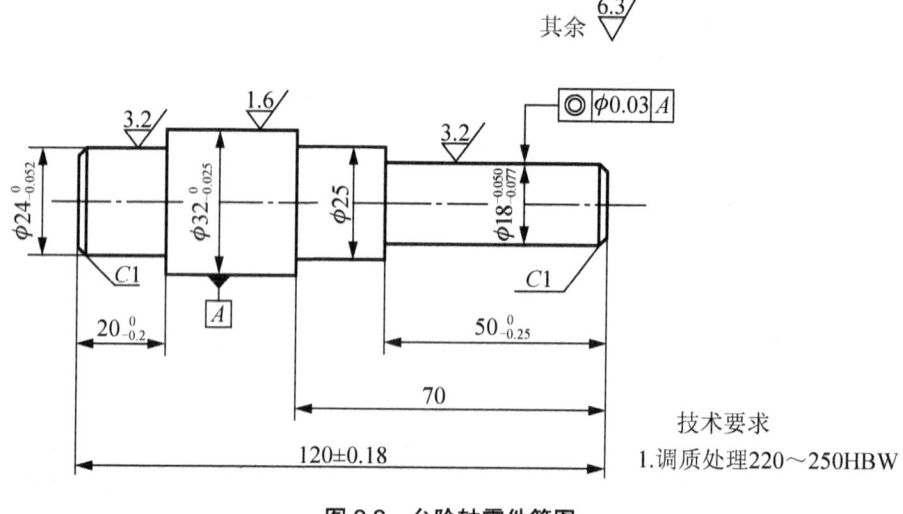

技术要求
1.调质处理220～250HBW

图 2.2　台阶轴零件简图

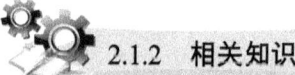

2.1.2　相关知识

轴类零件是机械结构中用于传递运动和动力的重要零件之一，其加工质量直接影响到机械的使用性能和运动精度。轴类零件的主要表面是外圆，通常采用车削、磨削等方法加工。

1．车床

1）车床类型

车床(lathe)是主要用车刀对旋转的工件进行车削加工的机床。车床按照用途和功能不同，主要分为以下几种类型。

(1) 卧式车床及落地车床，图 2.3 为卧式车床的实物外形图；图 2.4(a)为落地车床的实物外形图。

(2) 立式车床，图 2.4(b)为立式车床的实物外形图。

(3) 六角车床。

(4) 多刀半自动车床，图 2.4(c)为液压多刀半自动车床的实物外形图。

(5) 仿形车床及仿形半自动车床。

(6) 单轴自动车床，图 2.4(d)为单主轴双尾轴无油封式自动车床的实物外形图。

(7) 多轴自动车床及多轴半自动车床。

此外，还有各种专门化车床，例如凸轮车床、曲轴车床、高精度丝杠车床等。在所有车床中，以卧式车床应用最为广泛。卧式车床加工尺寸公差等级可达 IT8～IT7，表面粗糙度 Ra 值可达 1.6μm。下面主要介绍最常用的 CA6140 型卧式车床。

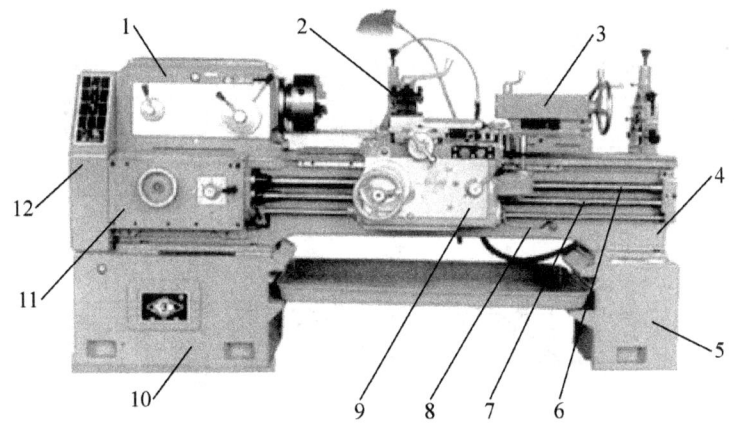

图 2.3　CA6140 型卧式车床

1-主轴箱；2-刀架；3-尾座；4-床身；5、10-床脚；6-丝杠；
7-光杠；8-操纵杆；9-溜板箱；11-进给箱；12-交换齿轮箱

(a) 落地车床

(b) 立式车床

图 2.4　其他车床类型

(c) 液压多刀半自动车床　　　　　　(d) 单主轴双尾轴无油封式自动车床

图 2.4　其他车床类型(续)

2) 车床的功能与型号

(1) 车床的功能。车床适用于加工各种轴类、套筒类和盘类零件上的回转表面，如内外圆柱面、内外圆锥面、成形回转表面，还可车削端面及各种常用螺纹，还可以进行钻孔、扩孔、铰孔、滚花等工作，如图 2.5 所示。

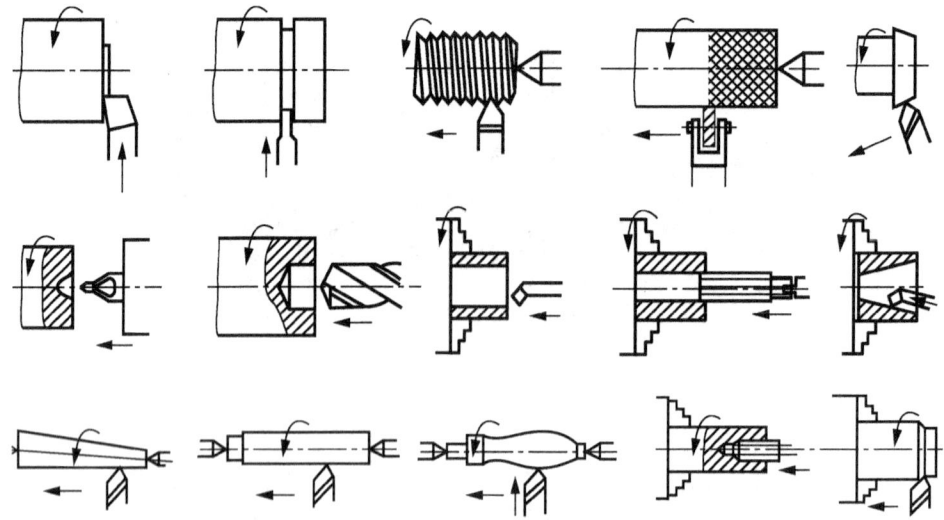

图 2.5　CA6140 型卧式车床加工的典型表面

(2) 车床的型号。金属切削机床(简称机床) 按万能性程度(机床工艺范围大小) 分为通用机床和专用机床。

通用机床型号的编制:

现行的金属切削机床型号是按国家标准 GB/T 15375—94《金属切削机床型号编制方法》编制的。通用机床按其产品工作原理、结构、性能特点及使用范围，划分为 11 类，每类划分 10 个组，每组又划分 10 个系(系列) 。

机床型号的编制是采用大写汉语拼音字母和阿拉伯数字按一定的规则组合排列的，用以表示机床的类别、类型、主参数、性能和结构特点等。其型号由基本部分和辅助部分组成，中间用 "/" 隔开，读作 "之"。前者需统一管理，后者纳入型号与否由企业自定。其型号构成如下:

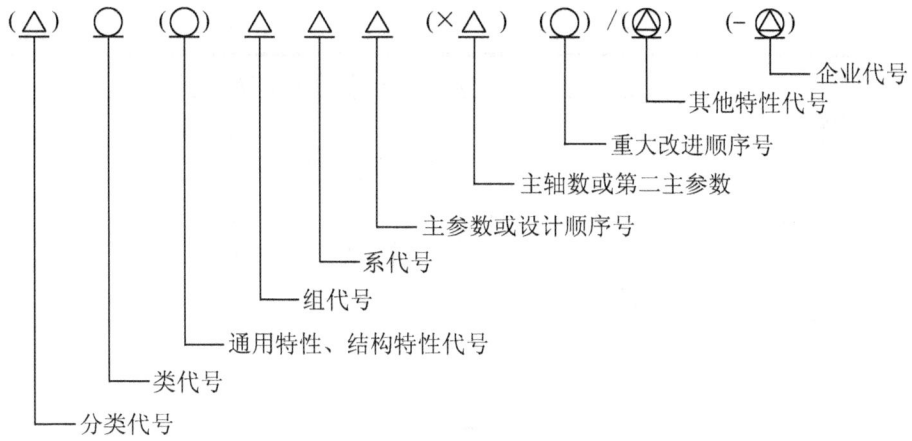

（△）　○　（○）　△　△　△　（×△）　（○）／（◇）　（-◇）

- 企业代号
- 其他特性代号
- 重大改进顺序号
- 主轴数或第二主参数
- 主参数或设计顺序号
- 系代号
- 组代号
- 通用特性、结构特性代号
- 类代号
- 分类代号

注：(1)有"（　）"的代号或数字，当无内容时，则不表示。若有内容则不带括号；

(2)有"○"符号者，为大写的汉语拼音字母；

(3)有"△"符号者，为阿拉伯数字；

(4)有"◇"符号者，为大写的汉语拼音字母，或阿拉伯数字，或两者兼有之。

如最常用的 CA6140 型卧式车床中，C 为类代号，表示车床；A 为结构特性代号，以示与 C6140、CY6140 等的区别；61 说明该机床属于车床类 6 组 1 系；40 为该车床的主参数，表示最大加工直径是 400mm。无第二主参数、重大改进顺序号及变型代号。

3) CA6140 型车床的组成与技术性能

(1) 图 2.3 所示为 CA6140 型车床，主要有以下组成部件。

① 主轴箱 1：又称床头箱，固定在床身 4 的左边，内部装有主轴和变速传动机构。工件通过卡盘装夹在主轴前端。主轴箱的功用是支承主轴并把动力经变速传动机构传给主轴，使主轴带动工件按需要的转速旋转，以实现主运动。

② 刀架 2：由纵溜板、横溜板、上溜板和方刀架组成。它可沿床身 4 上的导轨作纵向移动。它的功用是装夹车刀，实现纵向、横向或斜向进给运动。

③ 尾座 3：安装在床身 4 右边的导轨上，可沿导轨纵向调整其位置。它的功用是用顶尖支承长工件，也可以安装钻头、铰刀等孔加工刀具进行孔加工。

④ 床身 4：安装在左床腿 10 和右床腿 5 上。在床身上安装着机床的各个主要部件，其功用是支承各主要部件，并使它们在工作时保持准确的相对位置。

⑤ 溜板箱 9：位于床身 4 前面，固定在刀架部件 2 的最下层纵向溜板下面，可与刀架一起作纵向运动。溜板箱的功用是把进给箱通过光杠或丝杠传来的运动传递给刀架，使刀架实现纵向进给、横向进给、快速移动或车螺纹。其上有各种操作手柄和操作按钮，方便工人操作。

⑥ 进给箱 11：又称走刀箱，固定在床身 4 的左端前侧。箱内装有进给运动的变换机构，其功用是改变机动进给量或加工螺纹的导程。

(2) CA6140 型卧式车床主要技术性能参数，见表 2-1。

表 2-1　CA6140 型卧式车床的主要技术参数

床身上最大工件回转直径/mm	400
最大工件长度(4 种规格) /mm	750；1 000；1 500；2 000

最大车削长度/mm	650；900；1 400；1 900	
刀架上最大工件回转直径/mm	210	
主轴转速范围/r·min⁻¹	正转 24 级：10～1 400	
	反转 12 级：14～1 580	
进给量范围/mm·r⁻¹	纵向进给量 64 级：0.028～6.33；	
	横向进给量 64 级：0.014～3.16	
床鞍与刀架快速移动速度/m·min⁻¹	4	
车削螺纹范围	米制螺纹 44 种：$T=1～192mm$	
	英制螺纹 20 种：$a=2～24$ 牙/in	
	模数螺纹 39 种：$m=0.25～48mm$	
	径节螺纹 37 种：$DP=1～96$ 牙/in	
主电动机功率/kW	7.5	
主电动机最高转速/r·min⁻¹	1450	

(3) CA6140 型车床传动系统图。CA6140 型车床传动系统分为主运动传动系统、车螺纹传动系统和纵、横向机动进给传动系统及快速移动传动系统五部分，其传动系统如图 2.6 所示。

2. 车刀

车刀(turning tool 或 a lathe tool)是金属切削加工中应用最广的一种刀具，它可在各类车床上加工外圆、内孔、倒角、切槽与切断、车螺纹以及其他成形面。

1) 车刀切削部分的组成

图 2.7 所示为常见的外圆车刀，它由刀杆和刀头两部分组成：刀杆用来把刀固定在刀座上；刀头部分即切削部分，一般由三个表面、两个刀刃和一个刀尖组成，定义如下。

(1) 三个表面：即前刀面、后刀面和副后刀面。

① 前刀面 A_γ：切下的切屑沿其流出的表面。

② 后刀面 A_α：刀具上与工件过渡表面相对的表面(又称主后刀面)。

③ 副后刀面 A_α'：刀具上与工件已加工表面相对的表面。

(2) 两个刀刃：即主切削刃和副切削刃。

① 主切削刃 S：前刀面与后刀面的交线，完成主要的切削工作。

② 副切削刃 S'：前刀面与副后刀面的交线，配合主切削刃完成切削工作并形成已加工表面。

③ 刀尖：主切削刃和副切削刃相交的转折部分。为提高刀尖的强度，许多刀具都在刀尖处刃磨出曲线或折线过渡刃。

2) 车刀的几何角度

(1) 刀具角度参考系：用于定义和规定刀具角度的各基准坐标平面称为刀具角度参考系。最常用的是正交平面参考系。为了便于设计、制造刀具，要先假定刀具的运动条件和安装条件，以此来确定刀具的标注角度坐标系。例如，欲确定外圆车刀的标注角度，要做到以下假设：切削刃上选定点的主运动方向与刀具底面垂直，进给运动方向与刀体中心线垂直，该选定点与工件的轴线等高。

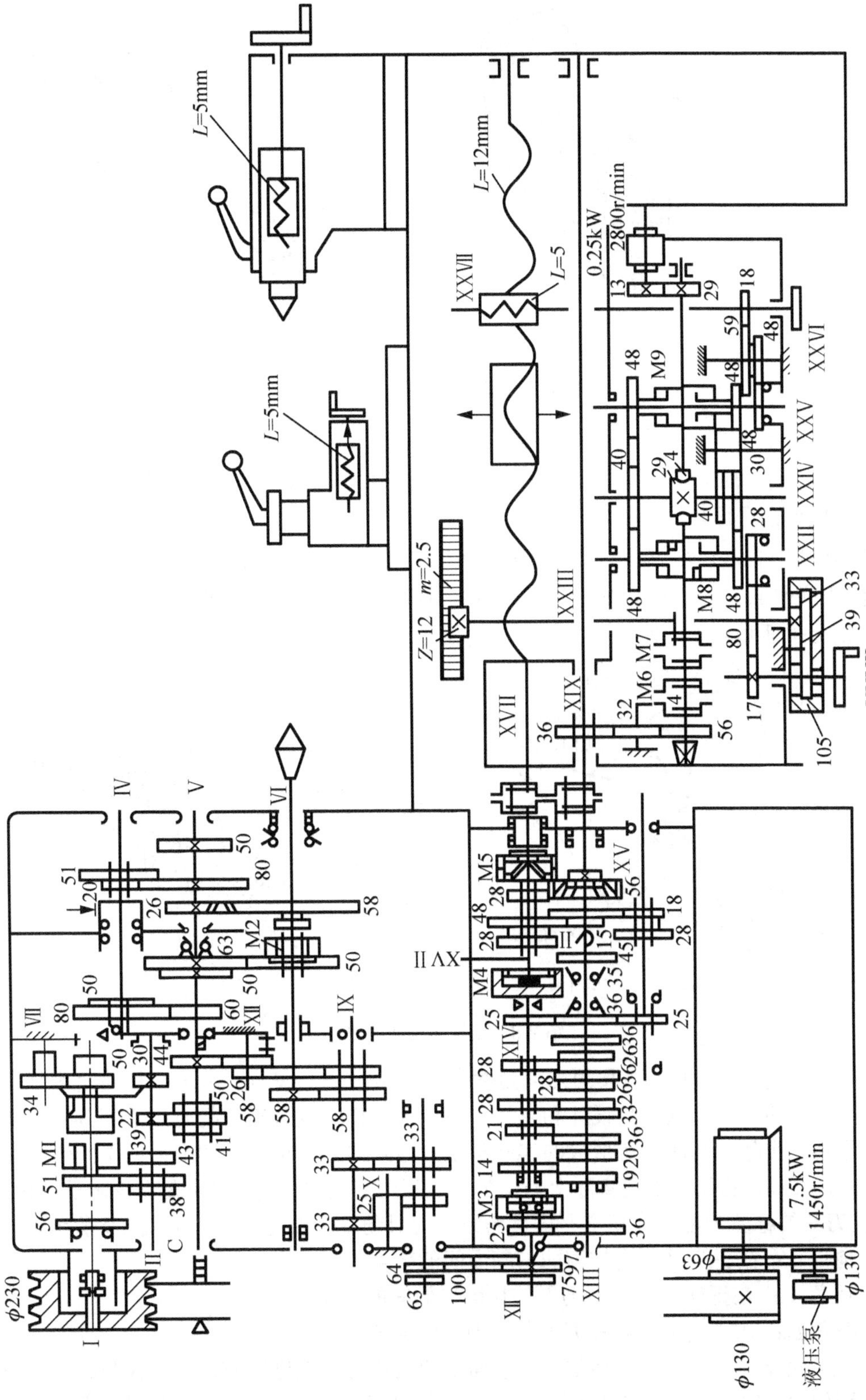

图2.6　CA6140型卧式车床传动系统图

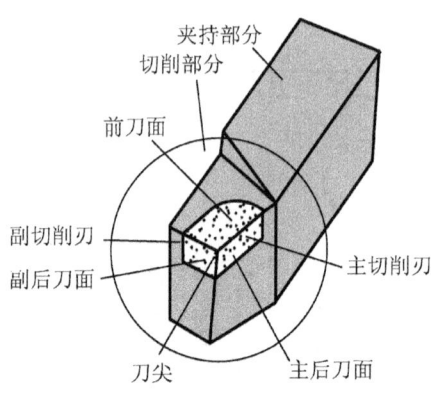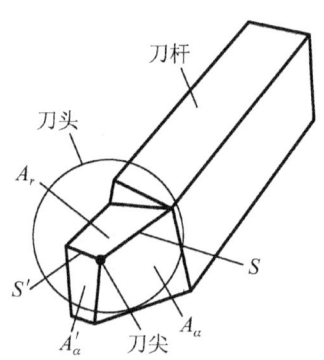

图 2.7　车刀切削部分的构成

正交平面参考系由基面、切削平面、正交平面(主剖面)组成，如图 2.8 所示。

① 基面 P_r：通过切削刃上选定点，且与该点的切削速度方向垂直的平面，可理解为平行于刀具底面的平面。

② 切削平面 P_s：通过切削刃上选定点，且与切削刃相切并垂直于基面的平面。

③ 正交平面 P_o：通过切削刃上选定点，且与该点的基面和切削平面同时垂直的平面。显然，正交平面垂直于主切削刃在基面上的投影。

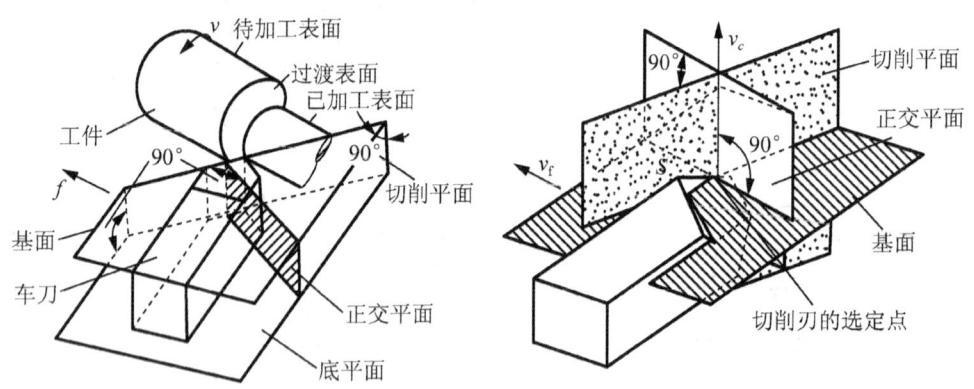

图 2.8　正交平面参考系

(2) 刀具的几何角度。刀具的几何角度有标注角度和工作角度之分。标注角度是在刀具图样上标注的角度，供刀具设计和制造使用。而工作角度是指切削时由于刀具安装和切削运动影响等实际切削情况所形成的实际角度。刀具的几何角度在切削刃的不同位置可能是变化的，故刀具的几何角度实际上是切削刃上某选定点的角度，通常是刀尖附近的角度。

① 刀具的标注角度。在正交平面参考系下刀具角度主要有七个，如图 2.9 所示。

a. 前角 γ_o：在正交平面内前刀面与基面间的夹角。

b. 后角 α_o：在正交平面内后刀面与切削平面间的夹角。

c. 楔角 β_o：在正交平面内前刀面与后刀面的夹角。

d. 主偏角 κ_r：在基面内主切削刃在基面上的投影与假定进给方向间的夹角。

e. 副偏角 κ_r'：在基面内副切削刃在基面上的投影与假定进给反方向间的夹角。

f. 刀尖角 ε_r：在基面内主切削刃和副切削刃的夹角。

g. 刃倾角 λ_s：在主切削平面内主切削刃与基面间的夹角。

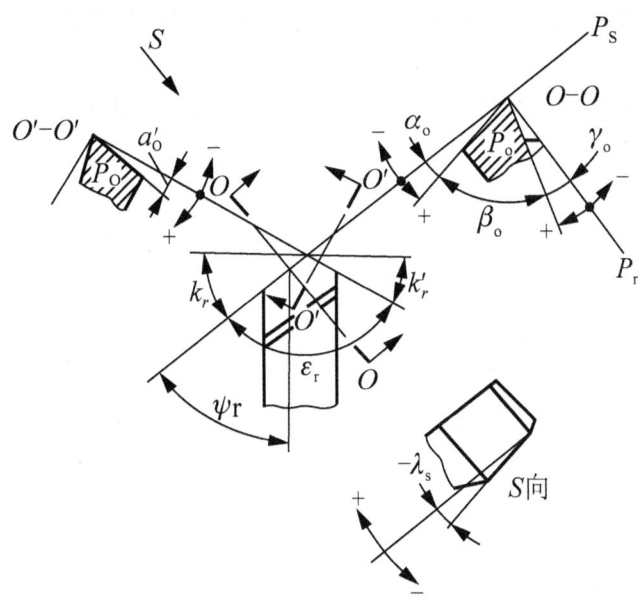

图 2.9　正交平面参考系刀具角度

如图 2.10 所示，前刀面与切削平面之间的夹角小于 90° 时，前角为正，用"+"表示；大于 90° 时，前角为负，用符号"−"表示；前刀面与基面平行时前角为零。后刀面与基面夹角小于 90° 时，后角为正，大于 90° 时，后角为负，分别用"+"、"−"表示。刃倾角的正、负方向按图示规定表示，即当刀尖为主切削刃上最高点时，为正值；当刀尖为主切削刃上最低点时，为负值。

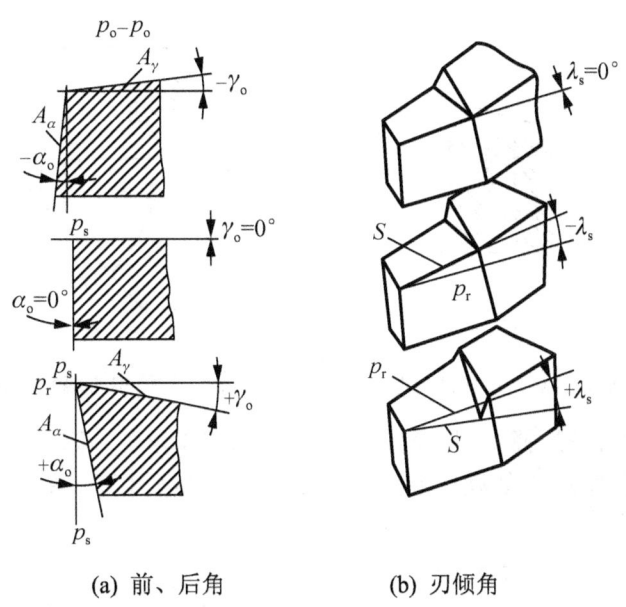

(a) 前、后角　　　　　(b) 刃倾角

图 2.10　刀具角度正负的规定

主偏角 κ_r 和副偏角 κ_r' 越小，刀头的强度越大，它的寿命越长。主偏角和副偏角偏小时，工件被加工后的表面粗糙度较小。但是，主偏角和副偏角减少时，会加大切削过程中的径向力，容易引起振动或把工件顶弯。

前角 γ_o 的大小将影响切削过程中的切削变形和切削力，同时也影响工件表面粗糙度和刀具的强度 α_o 与寿命。

后角 α_o 的大小将影响刀具后刀面与已加工表面之间的摩擦。

楔角 β_o 的大小将影响切削部分截面的大小，决定着切削部分的强度。

刀尖角 ε_r 的大小会影响刀头的强度和传热性能。

刃倾角 λ_s 的大小和正负影响刀尖部分的强度、切屑流出方向和切削分力间的比值。

② 刀具的工作角度：上述的刀具标注角度是在假设刀具处于理想状态下的角度，但是，在切削过程中，由于刀具的安装位置、刀具与工件间相对运动情况的变化，实际起作用的角度与标注角度往往有所不同，称这些角度为工作角度。现在仅就刀具安装位置对角度的影响叙述如下。

a. 刀刃安装高低对工作前、后角的影响。如图 2.11 所示，当切削点高于工件中心时，此时工作基面与工作切削面与正常位置相应的平面成 θ 角，由图可以看出，此时工作前角增大 θ 角，而工作后角减小 θ 角($\sin\theta = 2h/d$)。

如刀尖低于工件中心，则工作角度变化与之相反。内孔镗削时与加工外表面情况相反。

b. 刀杆中心与进给方向不垂直对工作主、副偏角的影响。如图 2.12 所示，当刀杆中心与正常位置偏 θ 角时，刀具标注工作角度的假定工作平面与现工作平面 p_{fe} 成 θ 角，因而工作主偏角 κ_{re} 增大(或减小)，工作副偏角 κ_{re}' 减小(或增大)，角度变化值为 θ 角($\kappa_{re} = \kappa_r \pm \theta$，$\kappa_{re}' = \kappa_r \pm \theta$)。

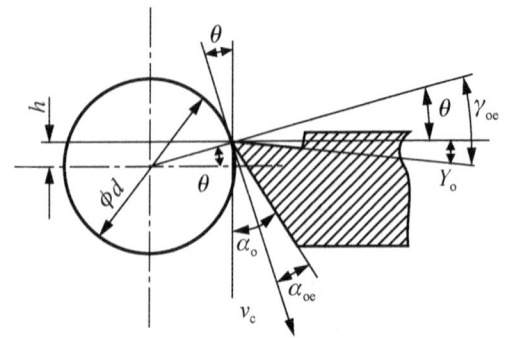

图 2.11　刀刃安装高低对前、后角的影响

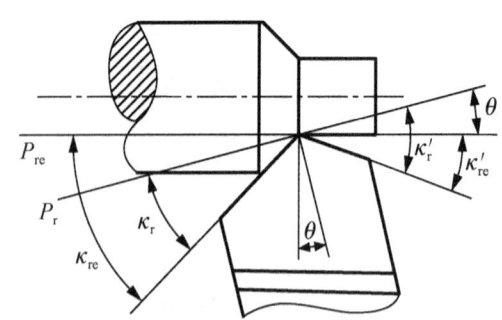

图 2.12　刀杆中心偏斜对主、副偏角的影响

(3) 刀具角度的合理选择。刀具的几何参数包括刀具角度、刀面的结构和形状、切削刃的形式等。刀具合理几何参数是指在保证加工质量的条件下，获得最高耐用度的几何参数。

① 前角和前刀面形式的选择。

a. 前角 γ_o 的选择。前角的选择原则是在保证加工质量和足够的刀具耐用度的前提下，尽量选取较大的前角。表 2-2 为硬质合金车刀合理前角的选择参考值。

表 2-2 　 硬质合金车刀合理前角参考值

工件材料	合理前角		工件材料	合理前角	
	粗车	精车		粗车	精车
低碳钢	18°～20°	20°～25°	纯铜	25°～30°	30°～35°
45 钢(正火)	15°～18°	18°～20°	40Cr(正火)	13°～18°	15°～20°
45 钢(调质)	10°～15°	13°～18°	40Cr(调质)	10°～15°	13°～18°
铸、锻件(45 钢、40Cr)断续切削	10°～15°	5°～10°	不锈钢	15°～25°	25°～30°
HT150、HT200	10°～15°	5°～10°	铝及铝合金	30°～35°	35°～40°
青铜、脆黄铜	10°～15°	5°～10°	淬火钢(40～50HRC)	−15°～−5°	

由表 2-2 可以看出，选择前角时要考虑以下问题：

切削钢等塑性材料应选取较大的前角；切削铸铁等脆性材料时，应选取较小的前角；工件材料的强度和硬度高，应选择较小前角。

刀具材料的抗弯强度和冲击韧度较差时，应选用较小前角。如高速钢刀具的抗弯强度和冲击韧度高于硬质合金，故其前角可比硬质合金刀具大一些；陶瓷刀具的脆性大于前两者，故其前角应小一些。

粗加工时，尤其是工件表面不连续、形状误差较大、有硬皮时，前角应取较小值；精加工时前角取较大值。成形刀具为了减小刃形误差，前角取较小值。数控机床和自动机、自动线用刀具应考虑刀具的尺寸耐用度及工作的稳定性，故选用较小前角。

b. 前面型式的选择。生产中常用的几种前面型式及其应用范围见表 2-3。

表 2-3 　 车刀前面型式及其应用范围

前刀面和倒棱刃形状		切削过程特点	应用范围
特 征	图 形		
正前角，平前刀面，没有负倒棱		切割作用强，刀刃强度较差，切削变形小，不易断屑	各种高速钢刀具，刃形复杂的成形刀具，加工铸铁、青铜、脆黄铜的硬质合金车刀，硬质合金，铣刀，刨刀
正前角，平前刀面，有负倒棱		切割作用较强，刀刃强度较好，切削变形较小，不易断屑	加工铸铁的硬质合金车刀、硬质合金，铣刀、刨刀
正前角，前刀面有卷屑槽，没有负倒棱		切割作用强，刀刃强度较差，切削变形小，容易断屑	各种高速钢刀具，加工紫铜、铝合金及低碳钢的硬质合金车刀

前刀面和倒棱刃形状		切削过程特点	应用范围
特 征	图 形		
正前角，前刀面有卷屑槽，有负倒棱		切割作用较强，刀刃强度较好，切削变形小，容易断屑	加工各种钢料的硬质合金车刀
负前角，平前刀面		切割作用减弱，刀刃强度好，切削变形大，容易断屑	加工淬硬钢、高锰钢的硬质合金车刀、铣刀、刨刀

② 后角、副后角的选择。

a. 后角 α_0 的选择。选择后角的原则是在不产生摩擦的前提条件下，适当减小后角。表 2-4 中为硬质合金车刀合理后角的选择参考值。

表 2-4　硬质合金车刀合理后角参考值

工件材料	合理后角	
	粗车	精车
低碳钢 σ_b＝0.392~0.491GPa	$8°\sim10°$	$10°\sim12°$
钢 σ_b＝0.687~0.785GPa	$6°\sim8°$	
钢 σ_b＝0.883~0.981GPa	$5°\sim7°$	
淬硬钢、高硅铸铁	$10°\sim15°$	
铸钢	$6°\sim8°$	
铜、铝及其合金	$8°\sim10°$	
不锈钢	$6°\sim10°$	
高强度钢	$10°\sim15°$	
钛及其合金	$14°\sim16°$	

b. 副后角 α_0' 的选择。副后角的作用主要是减少副后面与已加工表面的摩擦。其数值一般与主后角相同，也可略小一些。切断刀和切槽刀受刀头强度和重磨后刀具在槽宽方向的尺寸限制，副后角通常取得很小，一般取 $\alpha_0'＝1°\sim2°$。

③ 主偏角、副偏角的选择。

a. 主偏角 κ_r 的选择。主偏角的大小影响刀尖部分的强度与散热条件，影响切削分力之间的比例，当加工台阶或倒角时，还决定工件表面的形状。

b. 副偏角 κ_r' 的选择。副偏角的主要作用是减小刀具与工件加工表面的摩擦。同时，副偏角还是影响表面粗糙度的主要角度。副偏角的选择原则是在不引起振动的条件下，选取较小的角度值。

表 2-5 中为不同加工条件下主、副偏角的选用参考值。

表 2-5   主、副偏角参考值

适用范围	工艺系统刚度好	刀具从工件中间部分切入	工艺系统刚度较差	工艺系统刚度较差	切断、切槽
加工条件	淬硬钢、冷硬铸铁	外圆、端面、倒角	粗车、强力车削	台阶轴、细长轴、多刀车、仿形车	
主偏角	10°～30°	45°～60°	60°～70°	75°～90°	≥90°
副偏角	4°～6°	45°～60°	10°～15°	10°～15°	1°～2°

从表 2-5 中可以看出：

工艺系统刚性足够时，选较小的主偏角，以提高刀具的耐用度；工艺系统刚性不足时，应选较大的主偏角，以减小背向力 F_p。

工件材料的强度、硬度很高时，为了提高刀具的强度和耐用度，一般取较小的主偏角。

加工直角台阶时，选 $\kappa_r=90°$；进行车端面、车外圆和倒角的加工时可选用 $\kappa_r=45°$ 的弯头车刀，以减少刀具种类及换刀的次数。

副偏角的变化幅度不大，工艺系统刚性差时，应取较大的值。

④ 刃倾角的选择。刃倾角 λ_s 的大小和正负影响刀尖部分的强度、切屑流出方向和切削分力间的比值。刃倾角为正值时，刀尖位于主切削刃的最高点，刀尖部分强度较差；当刃倾角为负值时，刀尖位于主切削刃的最低点，刀尖部分强度较好，比较耐冲击。刃倾角为正切屑流向待加工表面，刃倾角为负切屑流向已加工表面，刃倾角为零切屑流向切削刃法线方向，如图 2.13 所示。

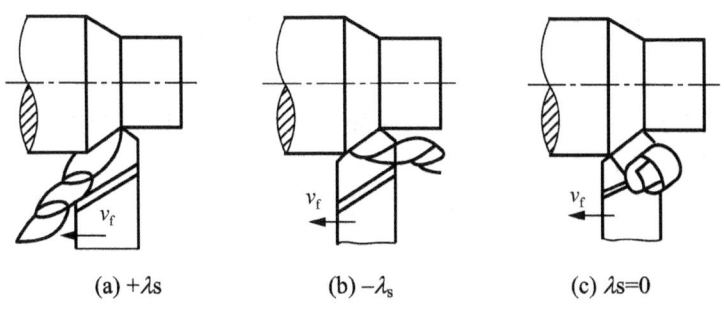

(a) +λs　　　　　(b) −λs　　　　　(c) λs=0

图 2.13   刃倾角对切屑流向的影响

表 2-6 中为刃倾角选用的参考值。

表 2-6   刃倾角数值选用表

λ_s 值	0°～+5°	+5°～+10°	0°～+5°	−5～−10°	−10～−15°	−10～−45°	−45°～−75°
应用范围	精车钢、车细长轴	精车有色金属	粗车钢和灰铸铁	粗车余量不均匀钢	断续车削钢、灰铸铁	带冲击切削淬硬钢	大刃倾角刀具薄切削

从表 2-6 中可以看出：

a. 通常粗加工时,应保证刀具有足够的强度,λ_s 多取负值;精加工时为使切屑不流向已加工表面被其擦伤,λ_s 取正值。

b. 加工余量不均匀或在其他产生冲击振动的切削条件下,应选取绝对值较大的负刃倾角。

⑤ 过渡刃。如图 2.14 所示,刀具主、副切削刃之间的连接通常是一段直线刃或圆弧刃,它们统称为过渡刃。

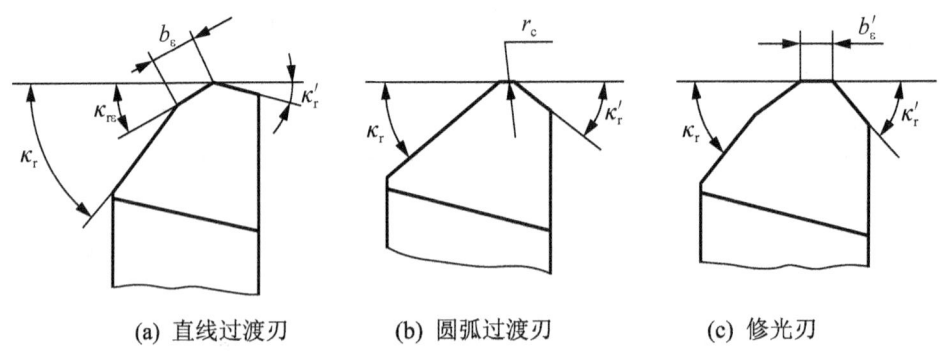

(a) 直线过渡刃   (b) 圆弧过渡刃   (c) 修光刃

图 2.14　各种刀尖和过渡刃

过渡刃的主要作用是增加刀尖强度,改善散热条件,提高刀具耐用度,降低加工表面粗糙度值。但是过渡刃增大了背向力 F_p。

a. 直线过渡刃。直线过渡刃主要适用于粗加工、半精加工、间断切削和强力切削时使用的车刀及可转位面铣刀和钻头。如图 2.14(a)所示,一般取 $\kappa_{r\varepsilon}=\kappa_r/2$, $b_\varepsilon=0.5\sim2$ mm。

b. 圆弧过渡刃。刀尖圆弧半径主要根据刀尖强度和加工表面质量要求进行选择,如图 2.14(b)所示。一般粗加时,取 $r_\varepsilon=0.5\sim2$ mm;精加工时,取 $r_\varepsilon=0.2\sim0.5$ mm。

c. 修光刃。当直线过渡刃平行于进给方向时即为修光刃,此时偏角 $\kappa_{r\varepsilon}=0°$,如图 2.14(c)所示。修光刃的作用是在大进给量条件下切削时,可获得较小的表面粗糙度值,通常取修光刃宽度 $b_\varepsilon'=(1.2\sim1.5)f$。生产中常用的精加工宽刃刨刀就是基于此原理进行加工的。用带有修光刃的车刀切削时,背向力很大,因此要求工艺系统要有较好的刚性。

2) 车刀类型与选用

(1) 车刀的类型。车刀的类型很多,既可按用途分,也可按刀具材料分,还可按结构分。

① 按用途可大致分:

a. 偏刀——以 90° 偏刀居多,如图 2.15(a)所示,用来车削外圆、台阶、端面。由于主偏角大,切削时产生的背向切削力小,故很适宜车细长的轴类工件

b. 弯头刀——以 45° 弯头刀最为常见,如图 2.15(b)所示,用来车削外圆、端面、倒角。完成上述加工表面不需转刀架,也不用换刀,可减少辅助时间,提高生产效率。

c. 切断刀(切槽刀)——如图 2.15(c)所示,用来切断工件或在工件上加工沟槽。

d. 镗刀——如图 2.15(d)所示,用来加工内孔。

e. 圆头刀——如图 2.15(e)所示,用来车削工件台阶处的圆角和圆弧槽。

f. 螺纹车刀——如图 2.15(f)所示,用来车削螺纹。

除此之外,还有端面车刀、直头外圆车刀和成形车刀,等等。

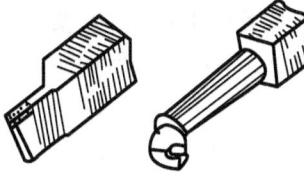

(a) 偏刀　　　　(b) 弯头刀　　　(c) 切断刀　　(d) 镗刀　　　(e) 圆头刀　　　(f) 螺纹车刀

图 2.15　按用途分的车刀种类

② 按结构、材料可分：

a. 整体式高速钢车刀——如图 2.16(a)所示，这种车刀刃磨方便，刀具磨损后可以多次重磨。但刀杆也为高速钢材料，造成刀具材料的浪费。刀杆强度低，当切削力较大时，会造成破坏。一般用于较复杂成形表面的低速精车。

b. 硬质合金焊接式车刀——如图 2.16(b)及表 2-7 所示，这种车刀是将一定形状的硬质合金刀片钎焊在刀杆的刀槽内制成的。其结构简单，制造刃磨方便，刀具材料利用充分，应用十分广泛。但其切削性能受工人的刃磨技术水平和焊接质量影响，且刀杆不能重复使用，材料浪费。

表 2-7　焊接式车刀类型和应用

45°外圆车刀(左或右)	45° 45°	切槽车刀(左或右)	
60°外圆车刀(左或右)	60° 60°	切圆弧车刀及宽槽车刀	R
90°外圆车刀(左或右)	90° 90°	切断车刀	
端面车刀(左或右)	5°	15°倒角车刀	15° 15°
端面车刀(左或右)	75° 15° 10° 20°	45°倒角车刀	45° 45°

c. 机夹车刀——采用普通硬质合金刀片,用机械夹固的方法将其夹持在刀杆上使用的车刀,切削刃用钝后可以重磨,经适当调整后仍可继续使用,如图 2.16(c)所示。其特点是刀片不用焊接(无刀片硬度的下降,产生裂纹等缺陷),提高了刀具的耐用度,换刀次数减少,生产效率得到了提高;刀杆可重复使用,节省了刀杆材料;刀片利用率增加,刀片使用到允许的最小尺寸限度后,可装在小一号刀杆上继续使用,最后刀片由制造厂收回;刀片重磨尺寸缩小,为增加刀片重磨次数,有刀片调整机构;压紧刀片所用的压板端部,可镶上硬质合金,起断屑作用;调整压板可改变压板端部至切削刃间的距离,扩大断屑范围。

d. 可转位车刀——用机械夹固的方式将可转位刀片固定在刀槽中而组成的车刀,如图 2.16(d)及表 2-8 所示。其优点是耐用度高、刀片更换方便、迅速,并可使用多种材料刀片,其缺点是结构复杂、刃磨较难、使用不灵活、一次性投入较大。

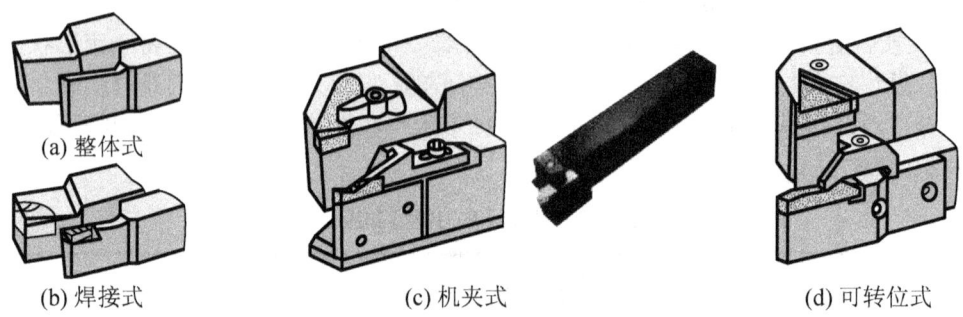

(a) 整体式   (b) 焊接式   (c) 机夹式   (d) 可转位式

图 2.16　车刀类型

表 2-8　可转位车刀分类

分　类	头 部 结 构	刀 具 几 何 角 度
外圆车刀	直头	90°、75°、45°、60°、63°、50°、72.5°
	偏头	90°、93°、95°、75°、45°、60°
端面车刀	直头	90°
	偏头	90°、75°、95°、93°、60°、85°

(2) 车刀的材料及选用。

① 刀具材料。刀具材料的性能直接影响着刀具的切削性能,因此要合理选择刀具材料。在金属切削过程中,刀具要承受切削力、高温、冲击和振动,并且受到磨损,因此刀具材料应该满足以下性能要求:

a. 高的硬度。硬度是刀具材料应具备的基本性能。为了从工件上切下切屑,刀具材料的硬度必须高于工件材料的硬度,在常温下硬度应在 60HRC 以上。

b. 高的耐磨性。耐磨性是指材料抵抗磨损的能力。通常情况下,刀具材料的硬度越高,则刀具的磨损量越小,刀具的耐用度越高。

c. 较高的耐热性。耐热性是指材料在高温下能够保持其硬度的性能,又称红硬性。它是衡量刀具切削性能的主要指标。

d. 足够的强度和韧性。为了使刀具在切削时能够承受各种切削力、冲击和振动,而不出现崩刃和断裂的情况,刀具材料必须具有足够的强度和韧性。

e. 良好的工艺性。为了便于制造刀具，要求刀具材料具有良好的工艺性，如热处理性能、可加工性能、可刃磨性能等。

f. 经济性。刀具材料的选用应该考虑到它的经济成本，必须资源丰富、价格合理。

② 刀具材料的种类。

a. 高速钢：高速钢是含有 W、Mo、Cr、V 等合金元素较多的合金工具钢，热处理后硬度为 62～66HRC，抗弯强度约为 3.3GPa，耐热性为 600℃左右。高速钢又可分为普通高速钢、高性能高速钢、粉末冶金高速钢及涂层高速钢。

b. 硬质合金：由硬度和熔点很高的碳化物(硬质相，如 WC、TiC、TaC、NbC 等)和金属(黏结相，如 Co、Ni、Mo 等)通过粉末冶金工艺制成的。硬质合金按加工对象和切削时排出切屑形状可分为四类：钨钴系列(K 类、YG 类)、钨钛钴系列(P 类、YT 类)、通用系列(M 类、YW 类)及碳化钛基系列(YN 类)，其中 YG 主要用于脆性材料，YT 用于碳钢类塑性材料，YW 用于不锈钢等难加工材料，YN 类用于铸铁、碳素钢、合金钢。

c. 陶瓷：是以氧化铝或以氧化硅为基体再添加少量金属，在高温下烧结而成。陶瓷刀具有很高的耐磨性和耐热性，良好的抗黏结性和较低的摩擦系数，化学性能稳定。陶瓷刀具在切削时不易粘刀、不易产生切屑瘤，但其强度和抗热冲击性较差，一般用于在高速下精加工硬材料，如氧化铝复合陶瓷适合于中速下切削冷硬铸铁、淬硬钢等；氮化硅基陶瓷能进行高速切削，故适宜精加工和半精加工，也可加工 51～54HRC 硬度的镍基合金、高锰钢等难加工材料。

d. 金刚石：金刚石的硬度和耐磨性很好，可用于切削硬度高的一些材料，但由于金刚石的耐热度较低，只有 700～800℃，故工作温度不能过高。另外，因其易与碳亲合，因此不宜用于加工含碳的黑色金属。

e. 立方氮化硼：其硬度与耐磨性仅次于金刚石，有较强的抗黏结能力，与钢的摩擦系数小，适用于高速切削钢材及耐热合金。因其价格高，一般用于加工高硬度材料或超精加工。

一般机加工中使用最多的刀具材料是高速钢和硬质合金。

③ 刀杆截面形状和尺寸的选用。车刀刀杆截面形状有矩形、方形和圆形三种。一般用矩形，切削力较大时采用方形，圆形多用于内孔车刀。刀杆高度 h 可按车床中心高选择，如图 2.17 所示。

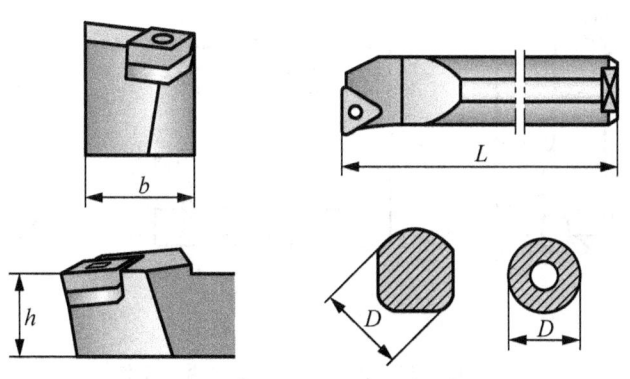

图 2.17　车刀刀杆截面形状

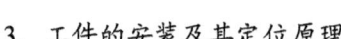

3. 工件的安装及其定位原理

1) 工件的安装

为了加工出符合规定技术要求的表面，必须在加工前将工件装夹在机床上。工件的定位与夹紧是工件装夹的两个过程：①定位：使工件在机床或夹具中占有正确位置的过程。②夹紧：工件定位后将其固定，使其在加工过程中不致因切削力、重力和惯性力的作用而偏离正确的位置，保持定位位置不变的操作。

因此，定位是让工件有一个正确加工位置，而夹紧是固定正确位置，两者是不同的。

(1) 工件定位。机床、刀具、夹具和工件组成了一个工艺系统。工件被加工表面的相互位置精度是由工艺系统间的正确位置关系来保证的。因此加工前，应首先确定工件在工艺系统中的正确位置，即是工件的定位。因此，工件定位的本质，是使工件加工面的设计基准在工艺系统中占据一个正确位置。即工件多次重复放置到夹具中时，都能占据同一位置。由于工艺系统在静态下的误差，会使工件被加工表面的设计基准在工艺系统中的位置发生变化，影响它与其设计基准的相互位置精度，但只要这个变动值在允许的误差范围以内，即可认定工件在工艺系统中已占据了一个正确的位置，即工件已正确定位。

(2) 工件定位的要求。工件定位的目的是为了保证工件被加工表面与其设计基准之间的位置精度(如同轴度、平行度、垂直度等)和距离尺寸精度。所以工件定位时，有以下两层要求：一是使工件与机床保持一正确的位置；二是使工件与刀具保持一正确的位置。

下面分别从这两方面进行说明。

① 为了保证工件相对于机床占据一正确的位置，必须保证其设计基准在机床上有一正确位置。如图 1.17 所示零件，为了保证外圆表面 $\phi 40h6$ 的径向圆跳动要求，工件定位时必须使其设计基准(内孔轴线 O—O)与机床主轴回转轴线重合。

② 为了保证工件相对于刀具有一正确的位置，通常有两种方法来获得：试切法和调整法。

a. 试切法是通过"试切→测量加工尺寸→调整刀具位置→试切"的反复过程来获得距离尺寸精度的。由于这种方法是在加工过程中，通过多次试切才能获得距离尺寸精度，所以加工前工件相对于刀具的位置可不必确定。如图 2.18(a)中为获得尺寸 z，加工前工件在三爪自定心卡盘中的轴向定位位置可不必严格规定。试切法多用于单件小批生产中。

b. 调整法是一种加工前按规定的尺寸调整好刀具与工件相对位置及进给行程，从而保证在加工时自动获得所需距离尺寸精度的加工方法，这种加工方法在加工时不再试切。生产率高，其加工精度决定于机床，刀具的精度和调整误差，用于大批量生产。

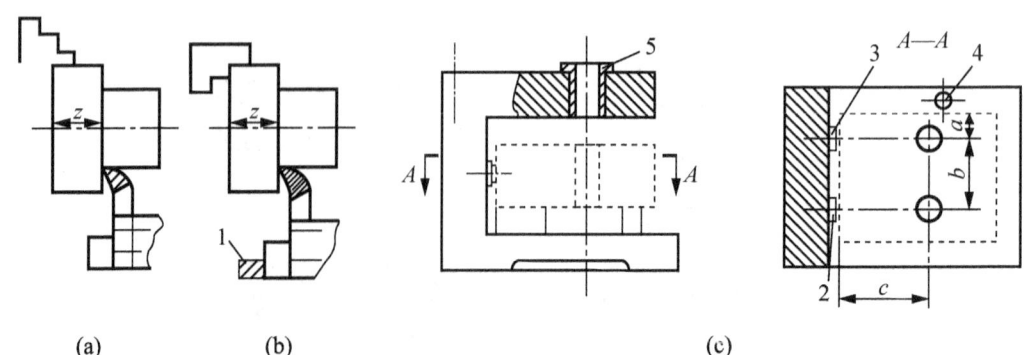

(a)   (b)   (c)

图 2.18　获得距离尺寸精度的方法示例

1-挡铁；2、3、4-定位元件；5-导向元件

图 2.18(b)所示是通过三爪反装和挡铁来确定工件和刀具的相对位置；图 2.18(c)所示是通过夹具中的定位元件与导向元件的既定位置来确定工件与刀具的相对位置。

工件从定位到夹紧的全过程称为工件的安装。安装工件时，一般是先定位后夹紧，而在三爪卡盘上安装工件时，定位与夹紧是同时进行的。

(3) 工件的安装。工件的安装一般有以下三种形式。

① 直接找正安装。用百分表、划针或用目测，在机床上直接找正工件，使工件获得正确位置的方法。

如图 2.19 所示，用四爪单动卡盘装夹工件加工内孔。要求待加工内孔与已加工外圆同轴。若同轴度要求不高(0.5mm 左右)，可用划针找正。若同轴度要求高(0.02mm 左右)，用百分表控制外圆的径向跳动，从而保证加工后零件外圆与内孔的同轴度要求。这种方式的定位精度和找正的快慢取决于找正工人的技术水平，生产效率低，只适用于单件小批生产或要求位置精度特别高的工件。

② 划线找正安装。当零件形状很复杂时，可先用划针在工件上划出中心线、对称线或各加工表面的加工位置，然后再按划好的线来找正工件在机床上的位置的方法，如图 2.20 所示。划线找正精度一般只能达到 0.2～0.5mm，定位精度低，而且增加一道划线工序，适用于单件小批生产、毛坯精度低及大型零件等的粗加工。

③ 用夹具安装。工件在夹具中定位并夹紧，不需要找正就能保证工件和机床、刀具间的正确位置。这种方式，只要使工件上的定位基准和夹具上的定位表面紧密配合，就能使工件迅速可靠定位。定位精度一般可达 0.01mm，适用于成批和大量生产。

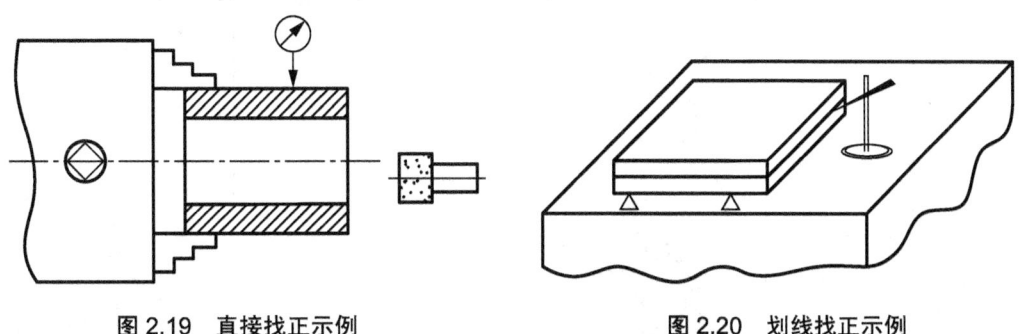

图 2.19　直接找正示例　　　　　　　　图 2.20　划线找正示例

2) 工件定位原理

(1) 六点定位原理。物体在空间的任何运动，都可以分解为相互垂直的空间坐标系中的六种运动。三个沿坐标轴的平行移动和三个绕三个坐标轴的旋转运动，分别以 $\vec{x}$、$\vec{y}$、$\vec{z}$、$\hat{x}$、$\hat{y}$、$\hat{z}$ 表示，如图 2.21 所示。这六种运动的可能性，称为物体的六个自由度。

在夹具中适当地布置六个支承，使工件与六个支承接触，就可限制工件的六个自由度，使工件的位置完全确定。这种采用布置恰当的六个支承点来限制工件六个自由度的方法，称为"六点定位"。如图 2.22 所示，xOy 坐标平面上的三个支承点共同限制了 $\vec{z}$、$\hat{x}$、$\hat{y}$ 三个自由度；yOz 坐标平面的两个支承点共同限制了 $\vec{x}$ 和 $\hat{z}$ 两个自由度；xOz 坐标平面上的一个支持点限制了 $\vec{y}$ 一个自由度。

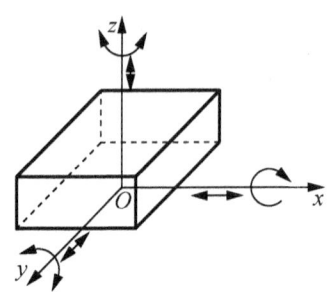

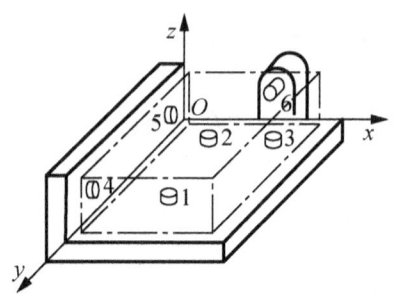

图 2.21　物体的六个自由度　　　　　　　图 2.22　工件在空间的六点定位

(2) 常见的定位方式所能限制的自由度。表 2-9 列出了一些常见定位方式所能限制的自由度。

表 2-9　常见典型定位方式及定位元件所限制的自由度

工件定位基面	定位元件	定位方式及所限制的自由度	工件定位基面	定位元件	定位方式及所限制的自由度
平面	支承钉	$\vec{x}\cdot\vec{z}$; $\vec{y}$; $\vec{z}\cdot\vec{x}\cdot\vec{y}$	外圆柱面	支承板或支承钉	$\vec{z}$; $\vec{z}\cdot\vec{y}$
平面	支承板	$\vec{x}\cdot\vec{z}$; $\vec{z}\cdot\vec{x}\cdot\vec{y}$			
平面	固定支承与自位支承	$\vec{x}\cdot\vec{z}$; $\vec{z}\cdot\vec{x}\cdot\vec{y}$		V 形块	$\vec{y}\cdot\vec{z}$; $\vec{y}\cdot\vec{z}$
平面	固定支承与辅助支承	$\vec{x}\cdot\vec{z}$; $\vec{z}\cdot\vec{x}\cdot\vec{y}$		V 形块	
圆孔	定位销(心轴)	$\vec{x}\cdot\vec{y}$			$\vec{y}$

续表

工件定位基面	定位元件	定位方式及所限制的自由度	工件定位基面	定位元件	定位方式及所限制的自由度
圆孔	定位销(心轴)		外圆柱面	定位套	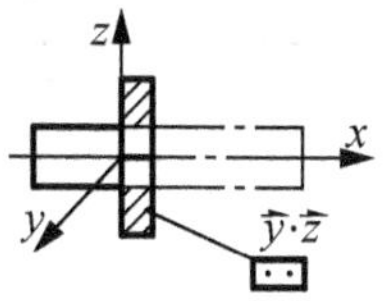
	锥销				
				半圆孔	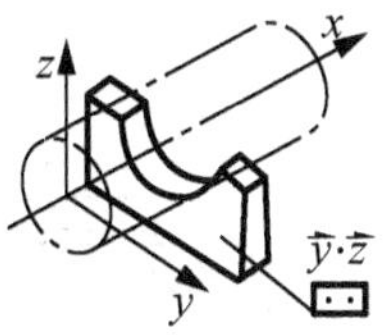
	顶尖				
锥孔	锥心轴			锥套	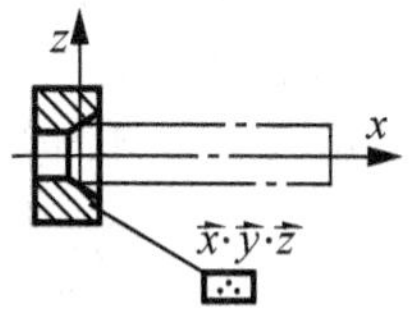

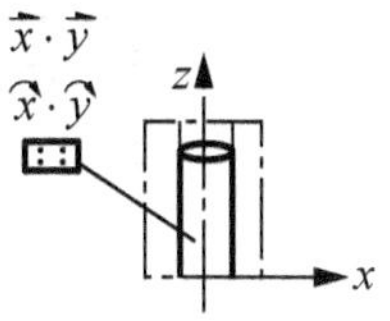

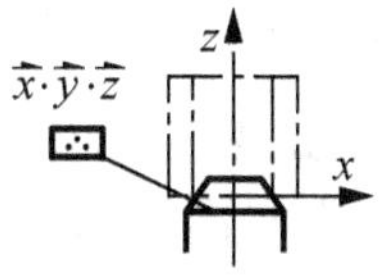

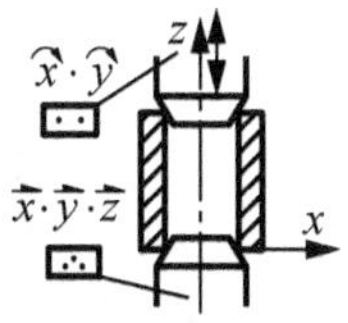

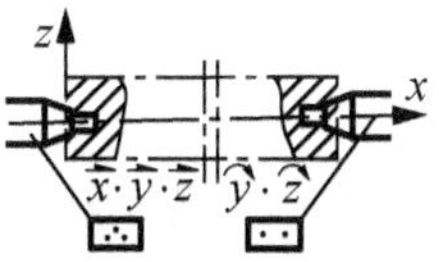

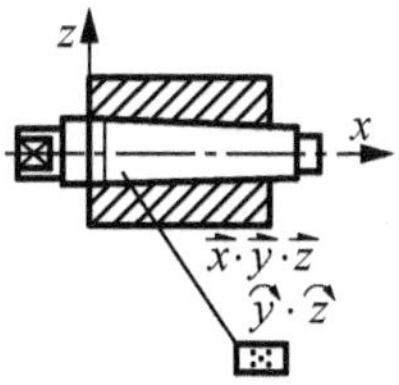

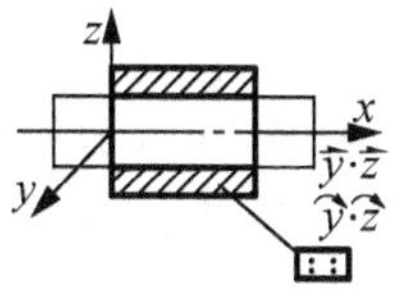

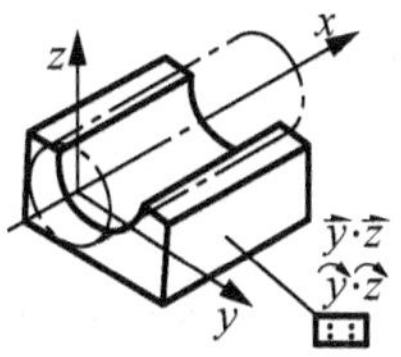

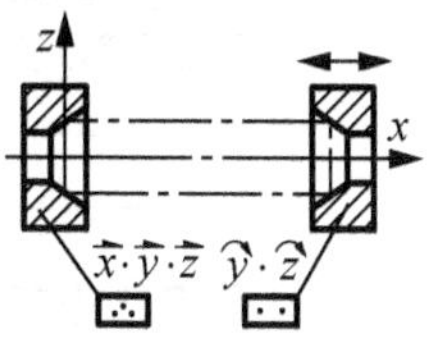

(3) 定位方式。按照工件加工要求确定工件必须限制的自由度是工件定位中应解决的首要问题。

① 完全定位。工件的六个自由度完全被不重复地限制的定位称为完全定位。图 2.22 中工件的定位方式是完全定位。

② 不完全定位。按实际加工要求,允许有一个或几个自由度不被限制的定位称为不完全定位。

图 2.23 所示为阶梯零件,需要在铣床上铣出阶梯面。其底面和左侧面为高度和宽度方向的定位基准,阶梯槽前后贯通,只需限制五个自由度(底面三个支承点,侧面二个支承点)。

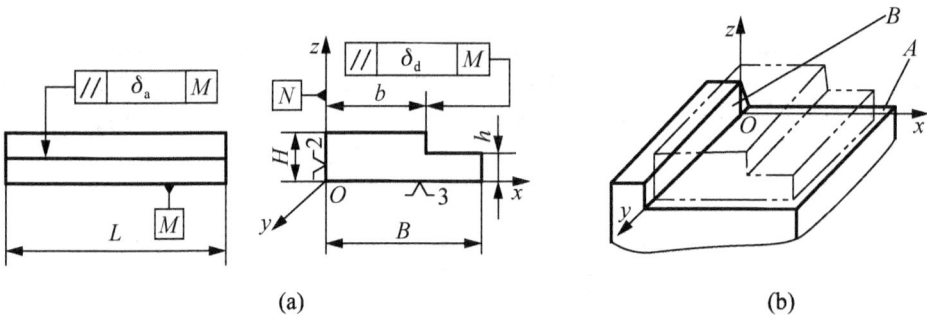

(a)   (b)

图2.23   工件在夹具中定位并铣阶梯面

图2.24所示工件为保证工件厚度 H 及平行度 δ_a,需在平面磨床的电磁吸盘上磨削平面,工件在吸盘上定位时,其前、后、左、右移动及在平面内的转动都不会影响加工要求,只需以工件底面定位,限制 $\bar{z}$、$\hat{x}$、$\hat{y}$ 三个自由度就可满足加工要求。

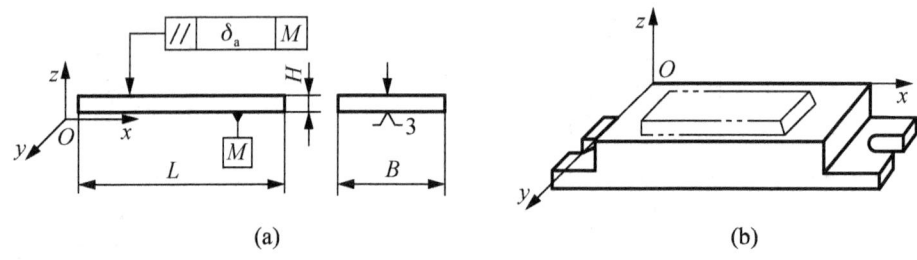

(a)   (b)

图2.24   工件在磁力工作台上磨平面

③ 欠定位。按工序的加工要求,工件应该限制的自由度而未予限制的定位,称为欠定位。欠定位不能保证加工精度要求,因此在确定工件定位方案时,欠定位是绝对不允许的。

图2.25所示零件,需在铣床上铣不通槽。如果端面没有定位点 C,铣不通槽时,其槽的长度尺寸就不能确定,因此不能满足加工要求,这是欠定位。

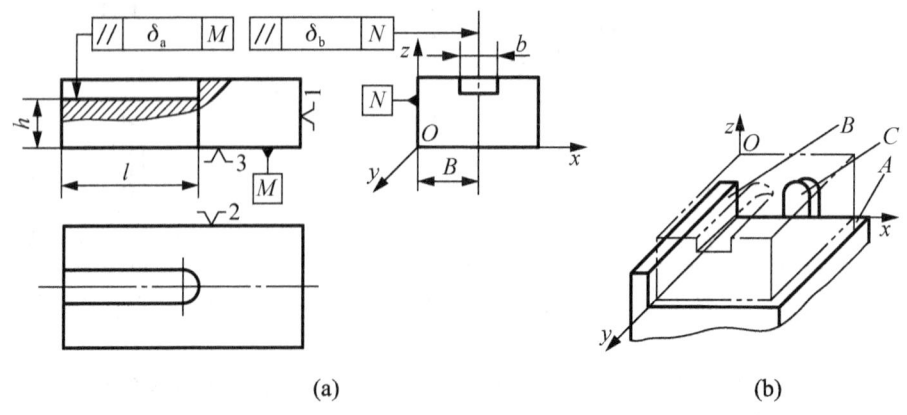

(a)   (b)

图2.25   工件在夹具中安装铣不通槽

④ 过定位。工件的同一自由度被两个或两个以上的支承点重复限制的定位,称为过定位或重复定位。图2.26所示是齿坯定位的示例。其中图2.26(c)是长销和大平面定位,大平面限制了 $\bar{z}$、$\hat{x}$、$\hat{y}$ 三个自由度,长销限制了 $\bar{x}$、$\bar{y}$、$\hat{x}$、$\hat{y}$ 四个自由度,其中 $\bar{x}$ 和 $\bar{y}$ 为两个定位元件所限制,所以产生了过定位。

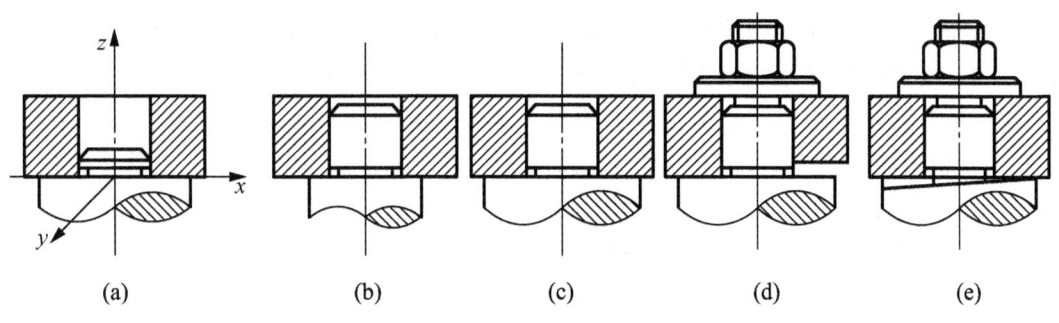

图 2.26　过定位情况分析

由图可知，过定位中由于元件都存在误差，工件的定位表面与两个重复定位的定位元件无法同时接触。此时，若强行夹紧，工件与定位元件将产生变形，甚至破坏，如图 2.26(d)、(e)所示。图 2.26(a)、(b)是改进后的定位方法。图 2.26(a)采用短销和大平面定位，大平面限制了 $\bar{z}$、$\hat{x}$、$\hat{y}$ 三个自由度，短销限制了 $\bar{x}$、$\bar{y}$ 两个自由度，避免了过定位，主要保证加工表面与大端面的位置要求。图 2.26(b)采用长销和小平面定位，长销限制了 $\bar{x}$、$\bar{y}$、$\hat{x}$、$\hat{y}$ 四个自由度，小平面仅限制了 $\bar{z}$ 一个自由度，避免了过定位，主要保证加工表面与内孔的位置精度。

实际生产中，可以采用过定位方式提高工件的定位刚度，但此时必须采取适当的工艺措施。如图 2.26(d)所示的装夹方法中，若工件孔与端面的垂直度误差以及长销与大平面的垂直度误差均较小时，可利用孔与长销的配合间隙补偿垂直度误差，保证工件孔与长销、工件端面与大平面能同时接触，不发生干涉，这样既提高了定位刚度，又有利于保证加工精度。在通常情况下，应尽量避免出现过定位。

(4) 常见定位方法和定位元件。在实际应用时，一般不允许将工件的定位基面直接与夹具体接触，而是通过定位元件上的工作表面与工件定位基面的接触来实现定位。

定位基面与定位元件的工作表面合称为定位副。

① 对定位元件的基本要求。

a. 足够的精度。由于工件的定位是通过定位副的接触(或配合)实现的。定位元件工作表面的精度直接影响工件的定位精度，因此定位元件工作表面应有足够的精度，以保证加工精度要求。

b. 足够的强度和刚度。定位元件不仅限制工件的自由度，还有支承工件、承受夹紧力和切削力的作用。因此还应有足够的强度和刚度，以免使用中变形和损坏。

c. 有较高的耐磨性。工件的装卸会磨损定位元件工作表面，导致定位元件工作表面精度下降，引起定位精度的下降。当定位精度下降至不能保证加工精度时则应更换定位元件。为延长定位元件更换周期，提高夹具使用寿命，定位元件工作表面应有较高的耐磨性。

d. 良好的工艺性。定位元件的结构应力求简单、合理，便于加工、装配和更换。

对于工件不同的定位基面的形式，定位元件的结构、形状、尺寸和布置方式也不同。下面按不同的定位基准分别介绍所用的定位元件的结构形式。

② 常见的定位方法有以下几种。

a. 工件以平面为定位基准。工件以平面作为定位基准时常用的定位元件有：平面、支承钉、支承板、可调支承、自位支承等。

I. 平面：用于与中小型零件上已加工过的基准面配合。一般采用 20 钢，表面渗碳淬火硬度为 58～62HRC；产量不大时，可用 45 钢，淬火硬度为 35～40HRC。

II. 支承钉：多用于三点定位或侧面支承定位。图 2.27 所示为支承钉的典型结构。当工件以粗糙不平的毛坯面定位时，采用球头支承钉[见图 2.27(b)]、齿纹头支承钉[见图 2.27(c)]，用在工件侧面，以增大摩擦系数，防止工件滑动；当工件以加工过的平面定位时，可采用平头支承钉[见图 2.27(a)]或支承板。

需要经常更换的支承钉应加衬套，如图 2.28 所示。一般支承钉与夹具体孔的配合可取过渡配合 H7/n6 或过盈配合 H7/r6。如用衬套则支承钉与衬套内孔的配合可取 H7/js6。

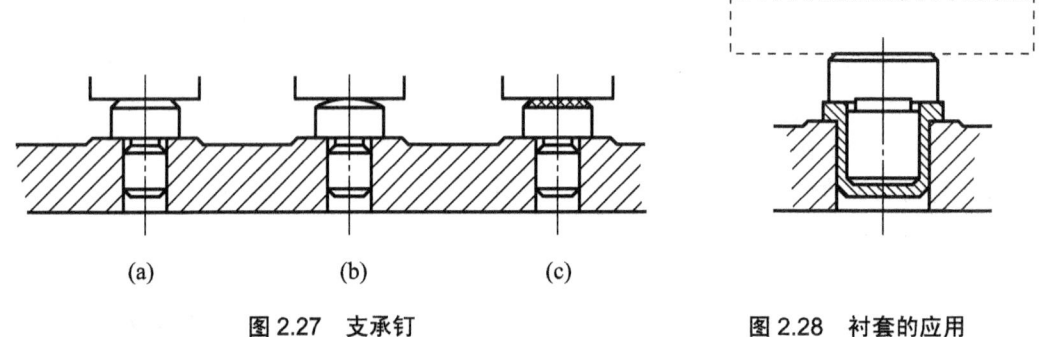

(a)	(b)	(c)

图 2.27 支承钉   图 2.28 衬套的应用

III. 支承板：支承板多用于与已经加工的平面配合定位，如图 2.29 所示。常装在以铸铁或其他不耐磨损的夹具体上。一般采用 T8 钢，淬火硬度 55～60HRC；20 钢，渗碳淬火 58～62HRC。

图 2.29(a)所示支承板结构简单，制造方便，但孔边切屑不易清除干净，故适用于侧面和顶面定位；图 2.29(b)所示支承板便于清除切屑，适用于底面定位。

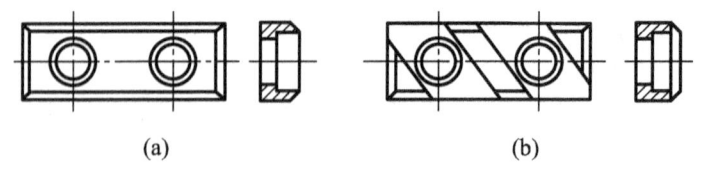

(a)   (b)

图 2.29 支承板

支承钉、支承板均已标准化，其公差配合、材料、热处理等可查行业标准：JB/T 8029.2 —1999《机床夹具零件及部件 支承钉》及 JB/T 8029.1—1999《机床夹具零件及部件 支承板》。

当要求几个支承钉或支承板装配后等高时，可采用装配后一次磨削法，以保证它们的工作面在同一平面内。

工件以平面定位时，除了采用上面介绍的标准支承钉和支承板，也可根据工件定位平面的不同形状设计相应的支承板。

IV. 可调支承：可调支承是指支承点的位置可调的定位元件。图 2.30 所示为几种可调支承的结构。

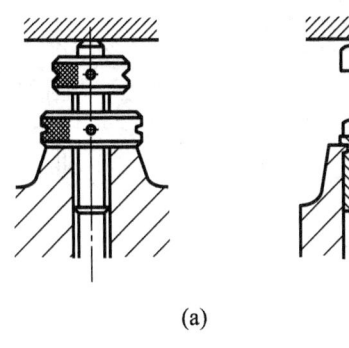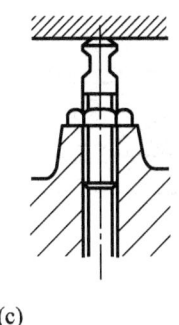

(a) (b) (c)

图 2.30 　可调支承

在图 2.31(a)中，工件为砂型铸件，先以 A 面定位铣 B 面，再以 B 面定位镗双孔。铣 B 面时若用固定支承，由于定位基面 A 的尺寸和形状误差较大，铣完后的 B 面与两毛坯孔(图 2.31 中的点画线)的距离尺寸 H_1、H_2 变化也大，致使镗孔时余量很不均匀，甚至可能使余量不够。因此可采用可调支承，定位时适当调整支承钉的高度，便可避免出现上述情况。对于中小型零件，一般每批调整一次，调整好后，用锁紧螺母拧紧固定，此时其作用与固定支承完全相同。若工件较大且毛坯精度较低时，也可能每件都要调整。

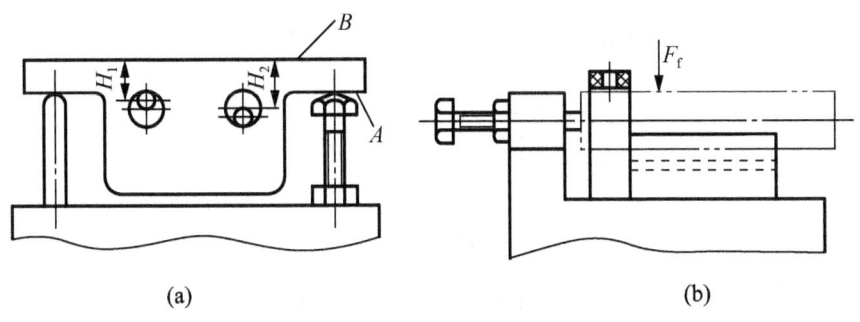

(a) (b)

图 2.31 　可调支承的应用

在同一夹具上加工形状相同但尺寸不同的工件时，可用可调支承，如图 2.31(b)所示，在轴上钻径向孔，对于孔至端面的距离不等的工件，只要调整支承钉的伸出长度，便可进行加工。

Ⅴ. 自位支承(浮动支承)：自位支承指在工件定位过程中，支承点的位置随工件定位基面位置的变化而自动与之适应的定位元件。这类支承的结构均是活动的或浮动的。自位支承无论与工件定位基面是几点接触，都只能限制工件的一个自由度。图 2.32 为部分自位支承的结构。

图 2.32(a)、(b)所示是两点式自位支承。图 2.32(c)所示是三点式自位支承。这类支承的工作特点是：支承点的位置能随着工件定位基面位置的变动而自动调整，定位基面压下其中一点，其余点便上升，直至各点均与工件接触。接触点数的增加，提高了工件装夹刚度和稳定性，但其作用相当于一个固定支承，只限制了工件的一个自由度。

自位支承适用于工件以毛坯面定位或定位刚性较差的场合。

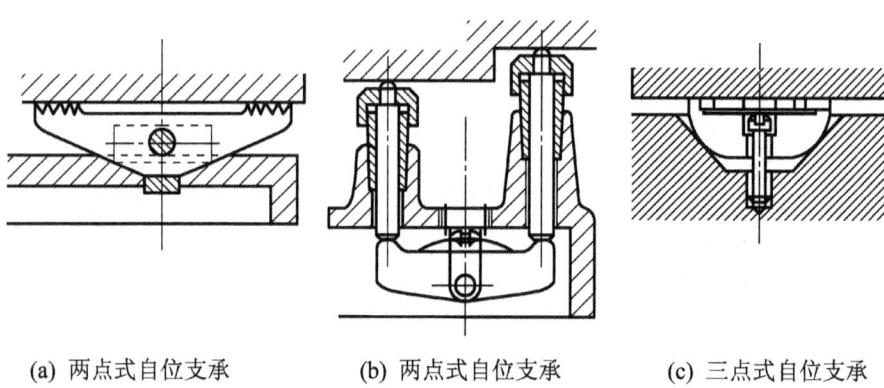

(a) 两点式自位支承   (b) 两点式自位支承   (c) 三点式自位支承

图 2.32　自位支承

图 2.33 所示的叉形零件，以加工过的孔 D 及端面定位，铣平面 C 和 E。用心轴及端面限制 $\bar{x}$、$\bar{y}$、$\bar{z}$、$\hat{x}$ 和 $\hat{z}$ 五个自由度，为了限制自由度 $\hat{y}$，需设一防转支承。此支承如单独设在 A 处或 B 处，都因工件刚性差而无法加工，若在 A、B 两处均设防转支承则属过定位，夹紧后使工件产生较大的变形，将影响加工精度。此时应采用图 2.32 所示的自位支承。

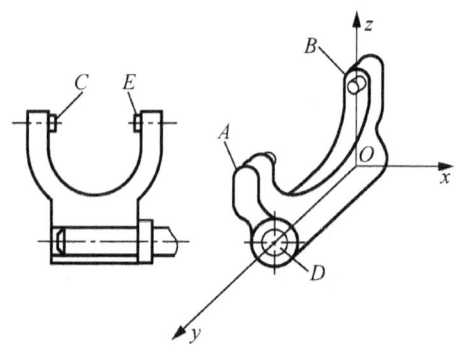

图 2.33　自位支承的应用

VI. 辅助支承。辅助支承用来提高装夹刚度和稳定性，不限制工件的自由度，不起定位作用。如图 2.34 所示，工件以内孔及端面定位钻右端小孔。若右端不设支承，工件装夹后，右臂为一悬臂，刚性差。若在 A 点设置固定支承则属过定位，有可能破坏左端定位。在这种情况下，宜在右端设置辅助支承。工件定位时，辅助支承是浮动的(或可调的)，待工件夹紧后再把辅助支承固定下来，以承受切削力。

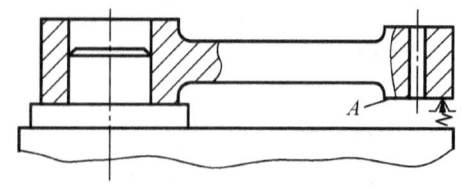

图 2.34　辅助支承的应用

螺旋式辅助支承。如图 2.35(a)所示螺旋式辅助支承的结构与可调式支承相近，但操作过程不同，前者不起定位作用，而后者起定位作用。

自位式辅助支承。如图 2.35(b)所示，弹簧 2 推动滑柱 1 与工件接触，用顶柱 3 锁紧，

弹簧力应能推动滑柱，但不可推动工件。

推引式辅助支承。如图 2.35(c)所示，工件定位后，推动手轮 4 使滑键 5 与工件接触，然后转动手轮使斜楔 6 开槽部分涨开锁紧。

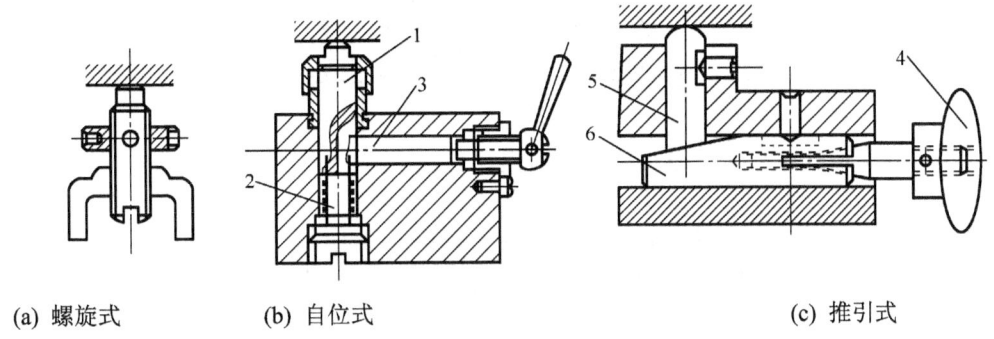

(a) 螺旋式　　　　(b) 自位式　　　　　　　　　(c) 推引式

图 2.35　辅助支承

1-滑柱；2-弹簧；3-顶柱；4-手轮；5-滑键；6-斜楔

b. 工件以外圆柱面为定位基准。当基准面是外圆柱面时，多采用定位套、V 形块、半圆套、圆锥套、自动定心装置等定位元件。

I. 定位套。图 2.36 为常用的几种定位套，其内孔表面是定位工作面。通常，定位套的圆柱面与端面结合定位，限制工件五个自由度。当用端面作为主要定位基面时，应控制长度，以免过定位而在夹紧时使工件产生不允许的变形。这种定位方式是间隙配合的中心定位，孔与工件外圆柱面配合采用间隙配合 G7/h6、F8/h7，二者配合长度短，可以限制工件两个移动自由度；二者配合长度长，限制工件四个自由度。孔常以衬套形式固定在本体上，使其制造和更换更方便。材料采用 20 钢，渗碳淬火硬度达到 55～60HRC。

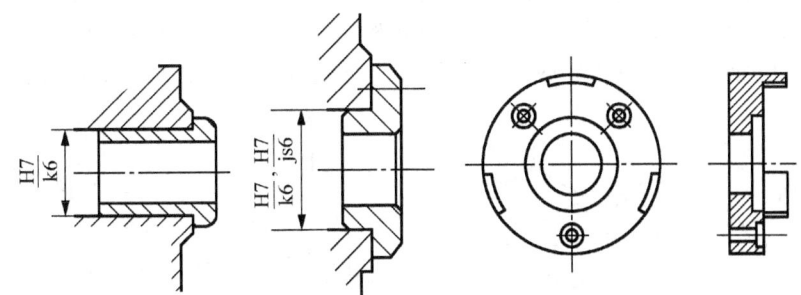

图 2.36　常用定位套

定位套结构简单，制造容易，但定心精度不高，常用于小型、形状简单零件的定位。

II. V 形块。V 形块是有两块互成一定角度的平面组成的定位件。用 V 形块定位，无论定位基准是否经过加工，只要是完整的圆柱面或圆弧面，均可采用。并且能使工件的定位基准轴线对中在 V 形块的对称平面上，而不受定位基准直径误差的影响，即对中性好，如图 2.37 所示，V 形块主要参数有：

d ——V 形块的设计心轴直径，其值等于工件定位基面的平均尺寸，其轴线是定位基准；

α ——V 形块两工作面间的夹角，有 60°、90°、120° 三种，以 90° 应用最广；

H ——V 形块的高度；

T——V 形块的定位高度。即 V 形块的定位基准至 V 形块底面的距离；

N——V 形块的开口尺寸。

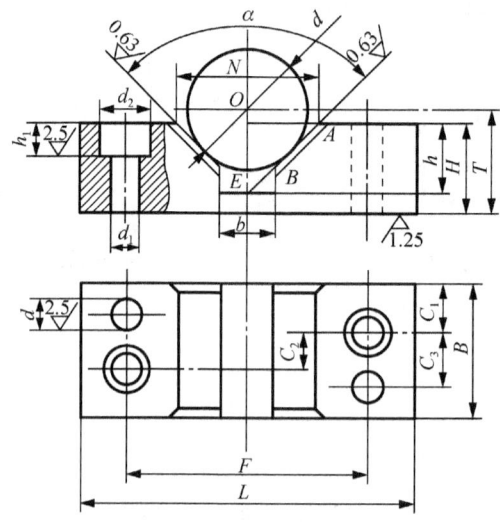

图 2.37　V 形块的结构尺寸

V 形块已标准化，H、N 等参数均可从国家标准 JB/T 8018.1—1999《机床夹具零件及部件　V 形块》中查得，但 T 必须计算。

由图 2.37 可知：当 $\alpha=90°$ 时，$T = H + 0.707d - 0.5N$。

V 形块定位的最大优点是对中性好。即使作为定位基面的外圆直径存在误差，仍可保证一批工件的定位基准轴线始终处在 V 形块的对称面上，并且使安装方便。

图 2.38 为常用 V 形块的结构。图 2.38(a)用于短的精定位基面；图 2.38(b)用于粗基面和阶梯定位面；图 2.38(c)用于较长的精基面和相距较远的两个定位基准面。V 形块不一定采用整体结构的钢体，可在铸铁底座上镶淬硬支承板或硬质合金板，如图 2.38(d)所示。

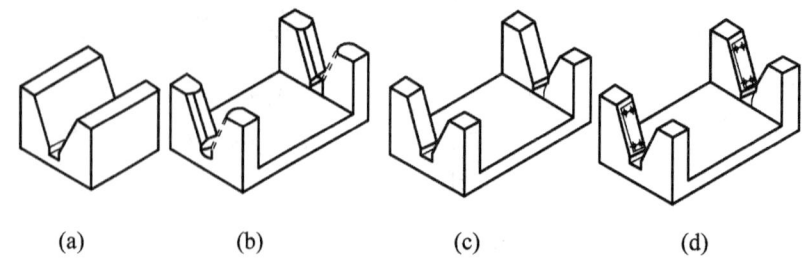

(a)　　　　(b)　　　　(c)　　　　(d)

图 2.38　常用 V 形块的结构形式

V 形块有活动式和固定式之分。活动 V 形块的应用见图 2.39(a)所示加工轴承座孔的定位方式，活动 V 形块除限制一个自由度外，同时还有夹紧作用。图 2.39(b)中的 V 形块只起定位作用，限制工件一个自由度。

固定 V 形块与夹具体的连接，一般采用 2 个定位销和 2~4 个螺钉，定位销孔在装配时调整好位置后与夹具体一起钻、铰，然后打入定位销。

V 形块既能用于精基面定位，又能用于粗基面定位；能用于完整的圆柱面定位，也能用于局部的圆柱面定位；而且具有对中性(使工件的定位基准总处于 V 形块两工作面的对称平面内)好的特点,活动 V 形块还可兼作夹紧元件。因此当工件以外圆定位时,V 形块是应用最多的定位元件。

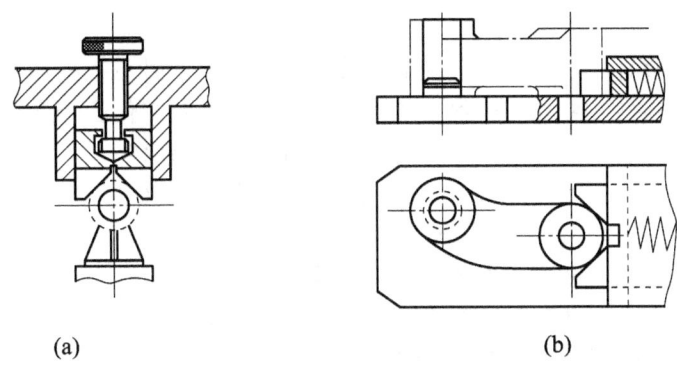

(a)   (b)

图 2.39   活动 V 形块的应用

V 形块可作为主要定位件,限制工件的四个自由度;也可作为次要定位件,限制工件的两个移动自由度;或作为浮定位件,限制工件一个转动自由度并兼做夹紧件。V 形块常采用的材料是 20 钢,渗碳淬火硬度达到 55~60HRC;或 45 钢,淬火 40~45HRC。

III. 半圆套:如图 2.40 所示,将在同一圆周上的表面的孔分为两半,下半孔固定在夹具体上,上半孔为可卸式或铰链式作为盖下面的半圆套是定位元件,上面的半圆套起夹紧作用。这种定位方式主要用于大型轴类零件及不便于轴向装夹的零件。定位基面的精度不低于 IT8~IT9,半圆套的最小内径应取工件定位基面的最大值。

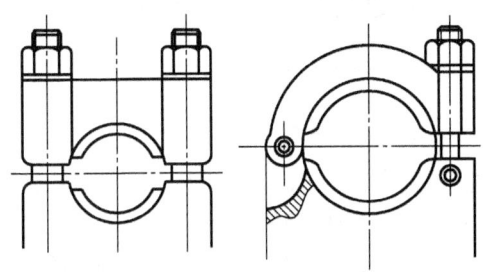

图 2.40   半圆套定位装置

为了便于维修、更换等,孔内常镶有衬套,一般采用 Cu(铜)、中碳钢调质到 35HRC,起到耐磨作用。

IV. 圆锥套。图 2.41 所示为常用的反顶尖,由顶尖体 1、螺钉 2 和圆锥套 3 组成。工件以圆柱面的端部在圆锥孔中定位,锥孔中有齿纹,以带动工件旋转。顶尖体 1 的锥柄部分插入机床主轴孔中,螺钉 2 用来传递转矩。

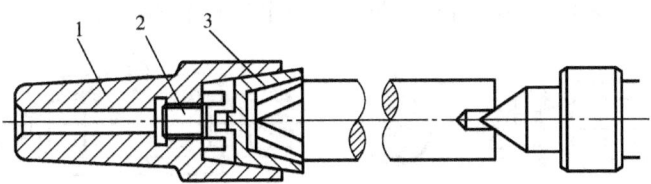

图 2.41   工件在圆锥套中定位

1-顶尖体;2-螺钉;3-圆锥套

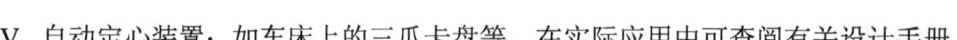

V. 自动定心装置：如车床上的三爪卡盘等，在实际应用中可查阅有关设计手册。

c. 工件以圆孔为定位基准。常用的定位元件有：圆柱销、圆柱心轴、圆锥销、圆锥心轴等。

I. 圆柱销(定位销)。图 2.42 所示为常用定位销结构。工件以圆孔用定位销定位时，应按孔、销工作表面接触相对长度来区分长、短销。长销限制工件四个自由度，短销限制工件二个自由度。常采用 20 或 T7A、T8A，淬火达到 53～60HRC。

当定位销直径 $D \leqslant 3 \sim 10$mm 时，为避免使用中折断或热处理时淬裂，通常将根部制成圆角 R。夹具体上应有沉孔，使定位销的圆角部分沉入孔内而不影响定位。大批大量生产时，为了便于定位销的更换，可采用图 2.42(d)所示的带有衬套的结构型式。为了便于工件装入，定位销头部有 15° 的倒角。此时衬套的外径与夹具体底孔采用 H7/n6 或 H7/r6 配合，而内径与定位销外径采用 H7/h6 或 H7/h5 配合。定位销的有关尺寸参数可查阅相关国家标准(GB/T 119.1—2000、GB/T 119.2—2000)。

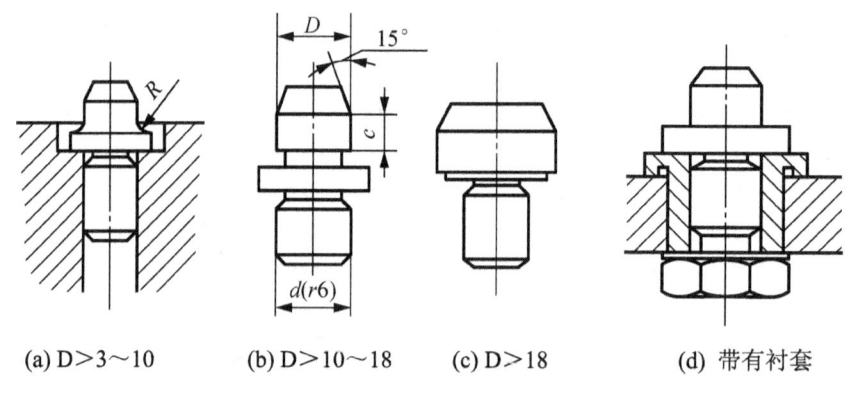

| (a) D>3～10 | (b) D>10～18 | (c) D>18 | (d) 带有衬套 |

图 2.42　定位销

II. 圆柱心轴。心轴主要用在车、铣、磨、齿轮加工机床上加工套类和盘类零件。图 2.43 所示为几种常用圆柱心轴的结构型式。

图 2.43(a)所示为间隙配合心轴。孔、轴配合采用 H7/g6(或 h6、f6)制造，结构简单，装卸方便，但因有装卸间隙，定心精度不高，只适用于同轴度要求不高的场合。为了减少因配合间隙而造成的工件倾斜，工件常以孔和端面联合定位，因而孔与端面垂直度要求高。可使用开口垫圈或球面垫圈。

图 2.43(b)所示为过盈配合心轴：限制工件四个自由度，采用 H7/r6 过盈配合。其有引导部分 3、配合部分 2、连接部分 1，制造简单、定心准确、不用另设夹紧装置，但装卸工件不方便，且容易损坏工件定位孔，适用于定心精度要求高的场合。

图 2.43(c)所示为花键心轴：用于以花键孔为定位基准的场合。

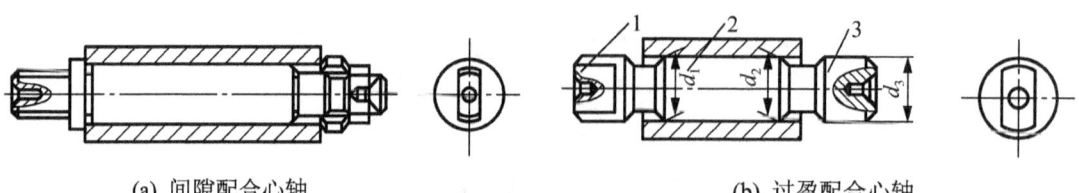

| (a) 间隙配合心轴 | (b) 过盈配合心轴 |

图 2.43　圆柱心轴

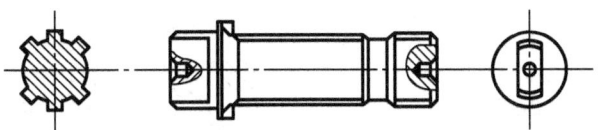

(c) 花键心轴

图 2.43　圆柱心轴(续)

图 2.44 所示为心轴在机床上的几种安装方式。

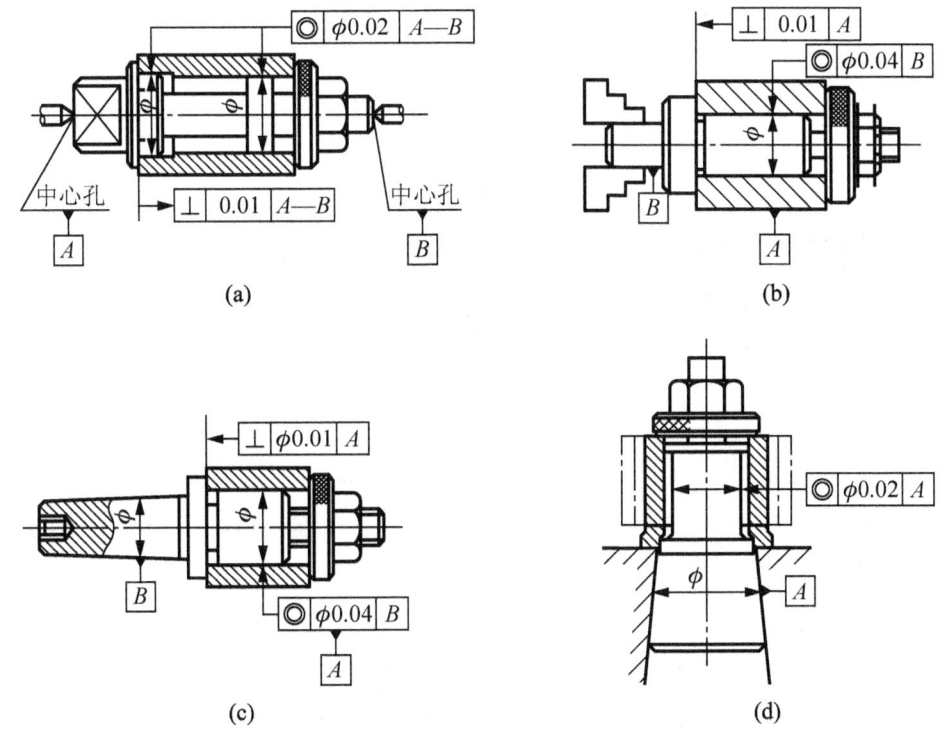

图 2.44　心轴在机床上的安装方式

　　Ⅲ. 圆锥销。如图 2.45 所示,工件以圆柱孔在圆锥销上定位。孔端与锥销接触,其交线是一个圆,相当于三个止推定位支承,限制了工件的三个自由度($\vec{x}$、$\vec{y}$、$\vec{z}$)。图 2.45(a)用于粗基准,图 2.45(b)用于精基准。工件在单个定位销上定位容易倾斜,为此圆锥销一般与其他元件组合定位。图 2.46(a)所示为圆锥–圆柱组合心轴,锥度部分使工件准确定位,圆柱部分可减小工件的倾斜。图 2.46(b)所示为工件以底面作主要定位基面,限制工件 $\vec{z}$、$\hat{x}$、$\hat{y}$ 三个自由度,而圆锥销在 z 向是可以活动的,限制工件 $\hat{x}$、$\hat{y}$ 两个自由度,由于圆锥销在上下方向能自由活动,即使工件孔径变化较大也能正确定位。图 2.46(c)所示为工件在双圆锥销上定位。以上三种定位方式均限制了工件的五个自由度。圆锥销的有关尺寸与规格可查阅国家标准 GB/T 117—2000。

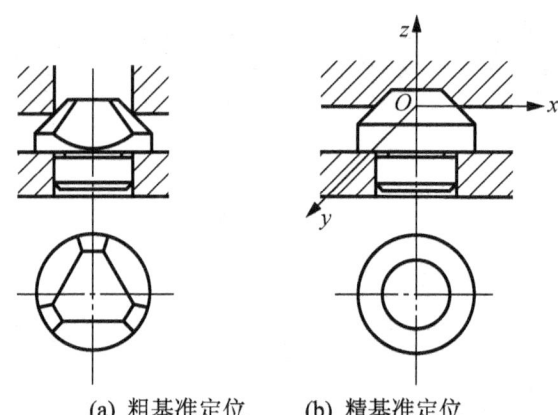

(a) 粗基准定位　　(b) 精基准定位

图 2.45　圆锥销定位

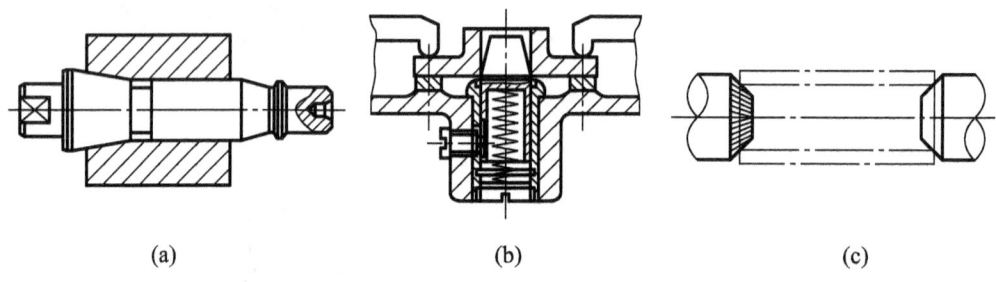

(a)　　　　　　　　(b)　　　　　　　　(c)

图 2.46　圆锥销组合定位

IV. 圆锥心轴(小锥度心轴)。如图 2.47 所示，工件在锥度心轴上定位，并靠工件定位基准孔与心轴工作圆锥表面的弹性变形夹紧工件。

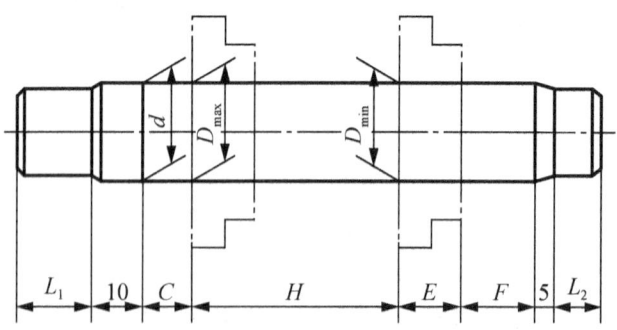

图 2.47　小锥度心轴

心轴锥度 K 见表 2-10。

表 2-10　高精度心轴锥度推荐值

工件定位孔直径 D/mm	8~25	20~50	50~70	70~80	80~100	>100
锥度 K	$\dfrac{0.01}{2.5D}$	$\dfrac{0.01}{2D}$	$\dfrac{0.01}{1.5D}$	$\dfrac{0.01}{1.25D}$	$\dfrac{0.01}{D}$	$\dfrac{0.01}{100}$

这种定位方式的定心精度较高，可达 $\phi 0.02\sim\phi 0.01$mm，但工件轴向位移误差较大，

适用于工件定位孔精度不低于 IT7 的精车和磨削，但不能作为轴向定位加工端面等有轴向尺寸精度的工件。小锥度心轴的结构尺寸见表 2-11。为保证心轴有足够的刚度，心轴的长径比 $L/D>8$ 时，应将工件按定位孔的公差范围分为 2～3 组，每组设计一根心轴。

表 2-11　小锥度心轴的结构尺寸

计算项目	计算公式及数据	说　明
心轴大端直径	$d = D_{max} + 0.25\delta_D \approx D_{max} + (0.01\sim0.02)$	
心轴大端公差	$\delta_d = 0.01 \sim 0.005$	
保险锥面长度	$c = \dfrac{d - D_{max}}{K}$	D ——工件孔的基本尺寸 D_{max} ——工件孔的上极限尺寸
导向锥面长度	$F = (0.3 \sim 0.5) D$	D_{min} ——工件孔的下极限尺寸
左端圆柱长度	$L_1 = 20\sim40$	δ_D ——工件孔的公差
右端圆柱长度	$L_2 = 10\sim15$	E ——工件孔的长度
工件轴向位置的变动范围	$N = \dfrac{D_{max} - D_{min}}{K}$	当 $L/D>8$ 时，应分组设计心轴
心轴总长度	$L = C + F + L_1 + L_2 + N + E + 15$	

　　d. 工件以圆锥孔定位。

　　I. 圆锥心轴。圆锥心轴(见图 2.48)限制了工件除绕轴线转动自由度以外的其他五个自由度。

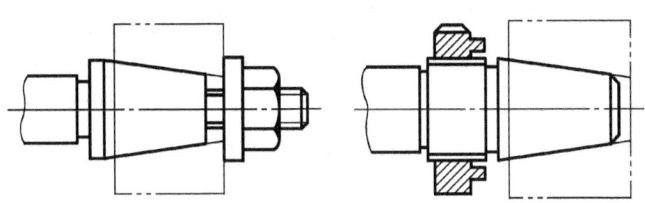

图 2.48　圆锥心轴

　　II. 顶尖。在加工轴类或某些要求准确定心的工件时，在工件上专为定位加工出工艺定位面——中心孔。中心孔与顶尖配合，即为锥孔与锥销配合。两个中心孔是定位基面，所体现的定位基准是由两个中心孔确定的中心线。图 2.49 所示为左中心孔用轴向固定的前顶尖定位，限制了 $\vec{x}$、$\vec{y}$、$\vec{z}$ 三个自由度；右中心孔用活动后顶尖定位，与左中心孔一起联合限制了 $\hat{y}$、$\hat{z}$ 两个自由度。中心孔定位的优点是定心精度高，还可实现定位基准统一，并能加工出所有的外圆表面或端面。这是轴类零件加工普遍采用的定位方式。但是，用中心孔定位时，轴向定位精度不高。

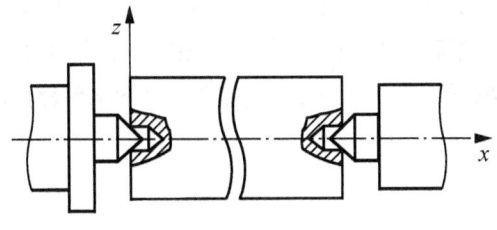

图 2.49　中心孔定位

(5) 工件的夹紧。在加工时为了防止工件在切削力、重力、惯性力等的作用下发生位移或振动，必须用一定的机构将其压紧夹牢，以免破坏工件的定位。这种机构称为夹紧装置。

① 夹紧装置的组成。夹紧装置主要由三部分组成，如图 2.50 所示。

a. 力源装置 1：产生夹紧力的装置，对机动夹紧机构来说，指气动、液压、电力等动力装置。

b. 中间传动机构 2：指把力源装置产生的力传给夹紧元件的中间机构。有如下作用。

I. 改变夹紧作用力的方向。上例气缸作用力的方向通过铰链杠杆机构后改变为垂直方向的夹紧力。

II. 改变夹紧作用力的大小。为了把工件牢固地夹住，有时往往需要有较大的夹紧力。这时可利用中间传动机构，将原始力增大，以满足夹紧工件的需要。

III. 当手动夹紧时，能保证安全自锁。

c. 夹紧元件 3：夹紧元件是夹紧装置的最终执行元件，它与工件直接接触，把工件夹紧。

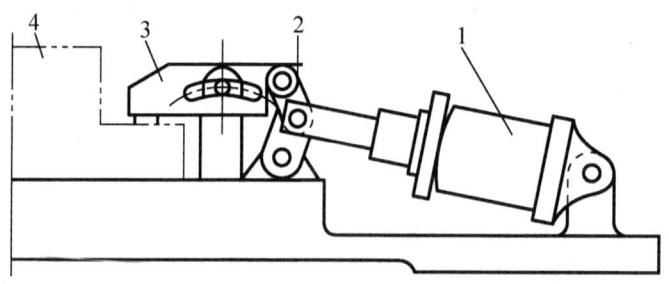

图 2.50　夹紧装置组成示意图

1-力源装置；2-中间传动机构；3-夹紧元件；4-工件

② 对夹紧装置的基本要求。

a. 牢：夹紧后，应保证工件在加工过程中的位置不发生变化。手动夹紧机构应具有自锁性能。

b. 正：夹紧时，应不破坏工件的正确定位。

c. 快：操作方便，安全省力，夹紧迅速。

d. 简：结构简单紧凑，有足够的刚性和强度，且便于制造和维修。

③ 夹紧力三要素的确定。根据上述的基本要求，正确确定夹紧力的三要素(方向、作用点、大小)不容忽视。

a. 夹紧力的方向。一般情况下，夹紧力的方向应符合下列基本要求：

I. 夹紧力的方向不应破坏工件定位。图 2.51(a)所示为不正确的夹紧方案，因夹紧力有向上的分力 F_{vz}，使工件离开原来的正确定位位置；而图 2.51(b)为正确夹紧方案。

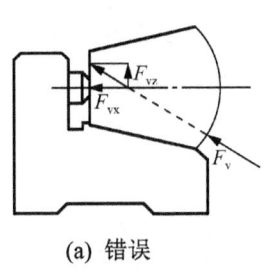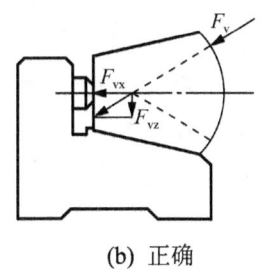

(a) 错误　　　　　　　　　　(b) 正确

图 2.51　夹紧力的方向应有助于定位

II. 夹紧力的方向应尽可能垂直于工件的主要定位表面，使定位基面与定位元件接触良好，保证工件定位准确可靠。

III. 夹紧力的方向应尽量与工件受到的切削力、重力等的方向一致，以减小夹紧力。

b. 夹紧力的作用点。

I. 夹紧力的作用点应落在定位元件的支承范围内。图 2.52 所示的夹紧力的作用点落到了定位元件的支承范围之外，夹紧时破坏了正确位置，因而是不正确的。

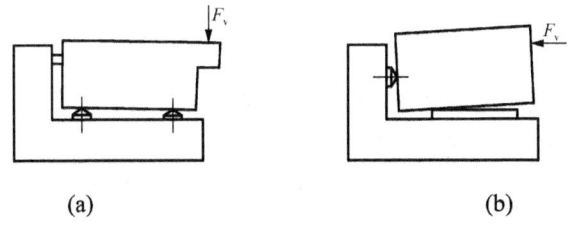

(a)　　　　　　　　　　(b)

图 2.52　夹紧力作用点的位置不正确

II. 夹紧力的作用点应位于工件刚性较好的部位。图 2.53(a)所示薄壁套筒的轴向刚性比径向刚性好，用卡爪径向夹紧时工件变形大，若沿轴向施加夹紧力，变形就会小得多。夹紧图 2.53(b)所示的薄壁箱体时，夹紧力不应作用在箱体的顶面，而应作用在刚性较好的凸边上。或如图 2.53(c)所示改为三点夹紧，改变着力点的位置，以减少夹紧变形。

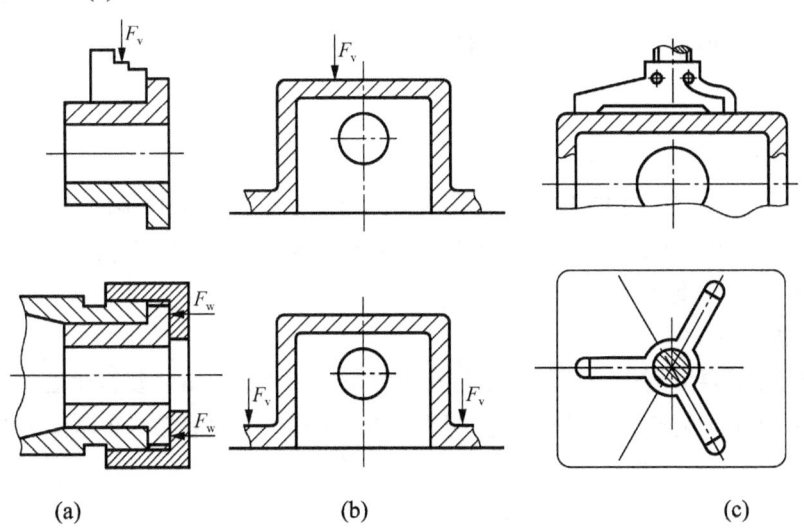

(a)　　　　　　　　　　(b)　　　　　　　　　　(c)

图 2.53　夹紧力作用点与夹紧变形的关系

III. 夹紧力的作用点应尽量靠近加工表面，以减小切削力对夹紧点的力矩，防止或减小工件的加工振动或弯曲变形。如无法靠近，就采用辅助支承。

如图 2.54 所示，夹紧力远离加工部位，因此应在加工部位加上辅助夹紧机构，以防止加工时产生振动，影响加工质量和安全。

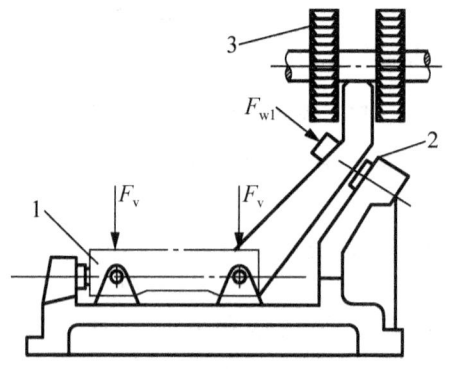

图 2.54　增设辅助支承和辅助夹紧力

1-工件；2-辅助支承；3-铣刀

④ 夹紧力的大小。加工过程中，工件受到切削力、离心力、惯性力及重力等的作用，夹紧力必须保证工件的位置不发生变化，但夹紧力也不能过大，过大会造成工件变形。理论上夹紧力的作用应与上述力(力矩)的作用相平衡。夹紧力的大小可以计算，但是切削力的大小和方向在加工过程中是变化的，因此夹紧力的大小一般只进行粗略估算。估算的方法如下：

I. 找出对夹紧最不利的瞬时状态，估算此状态下所需的夹紧力。

II. 为了简便，只考虑主要因素在力系中的影响，略去次要因素在力系中的影响。

III. 根据工件状态，列出力(力矩)的平衡方程式，解出夹紧力的大小，还应适当考虑安全系数。

IV. 类比法。根据同类夹具的使用情况进行估算。如需进行夹紧力估算可参阅有关资料。

4. 钻中心孔

中心孔是保证轴类零件加工精度的基准孔。因为中心孔的 60° 锥面既是加工时的定位基准，又是以后维修时的基准，因而中心孔是否合适是决定轴类零件加工质量的关键，可见中心孔的加工非常重要。

1) 中心钻

中心孔的加工要用到中心钻。中心钻有三种形式：带护锥 60° 复合中心钻－B 型[见图 2.55(a)]，无护锥 60° 复合中心钻－A 型[见图 2.55(b)]和弧型中心钻－R 型[(见图 2.55(c)]。

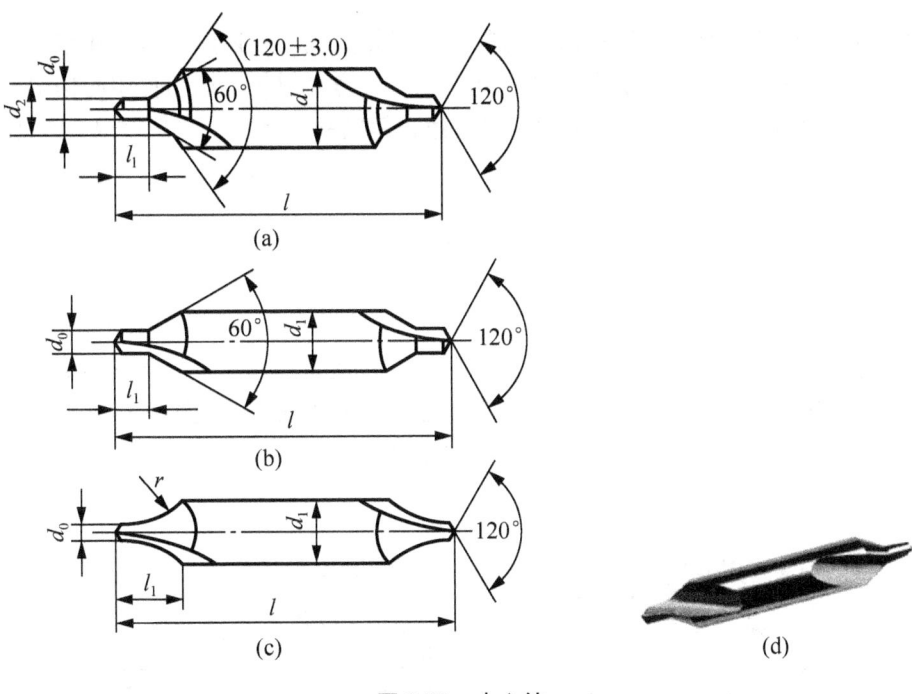

图 2.55　中心钻

2) 中心孔的型式

中心孔的型式由刀具的类型确定，有四种类型，已标准化，具体可查阅 GB/T 145—2001、GB/T 4459.5—1999 等相关标准。

(1) A 型中心孔。普通 A 型中心孔(又称不带护锥中心孔)，一般都用 A 型中心钻加工。这种中心孔仅在粗加工或不要求保留中心孔的工件上采用，它的直径尺寸 d 和 D 主要根据轴类工件的直径和质量来选定。

A 型中心孔的主要缺点是孔口容易碰坏，致使中心孔与顶尖锥面接触不良，从而引起工件的跳动，影响工件的精度。

(2) B 型中心孔。B 型中心孔(又称带护锥中心孔)，通常用 B 型中心钻加工。因为有了120°的保护圆锥体，所以 60°中心孔不会损伤与破坏。要求保留中心孔的工件应该采用 B 型中心孔，如机床的光杠和丝杠、铰刀等刀具上的中心孔，都应钻 B 型中心孔。

(3) C 型中心孔。C 型中心孔(又称带螺纹的中心孔)，它与 B 型中心孔的主要区别是在其上加工有一小段螺纹孔。所以要求把工件固定在轴上的中心孔采用 C 型。例如，铣床上用的锥柄立铣刀、锥柄键槽铣刀及其连接套等上面的中心孔都是 C 型中心孔。

(4) R 型中心孔。R 型中心孔(又称圆弧型中心孔)，用 R 型中心钻加工。R 型中心钻的主要特点是强度高，它可避免 A 型和 B 型中心钻在其小端圆柱段和 60°圆锥部分交接处产生应力集中现象，所以中心钻断头现象可以大大减少。

3) 中心钻的合理使用

目前，在生产中常用 A、B 型中心钻。在使用中心钻时，还要注意以下几点：

(1) 钻中心孔前，工件端面必须加工平整。否则，会使中心钻上的两个切削刃受力不均，钻头引偏而折断。

(2) 钻中心孔时进给量必须均匀，切削速度不能太低。若速度太低，不仅会使锥面上的表面粗糙度值增大，而且还会使中心钻切入困难，容易引起振动而使中心钻损坏。

(3) 对定位精度要求较高的轴类零件以及拉刀等精密刀具上，宜选用 R 型中心孔。

5. 车床附件及其使用方法

附件是用来支承、装夹工件的装置，通常称夹具。

1) 用四爪卡盘安装工件

四爪卡盘的外形如图 2.56(a)所示。它的四个爪通过四个螺杆独立移动。它的特点是能装夹形状比较复杂的非回转体如方形、长方形等，而且夹紧力大。由于其装夹后不能自动定心，所以装夹效率较低，装夹时必须用划线盘或百分表找正，使工件回转中心与车床主轴中心对齐，图 2.56(b)为用百分表找正外圆的示意图。

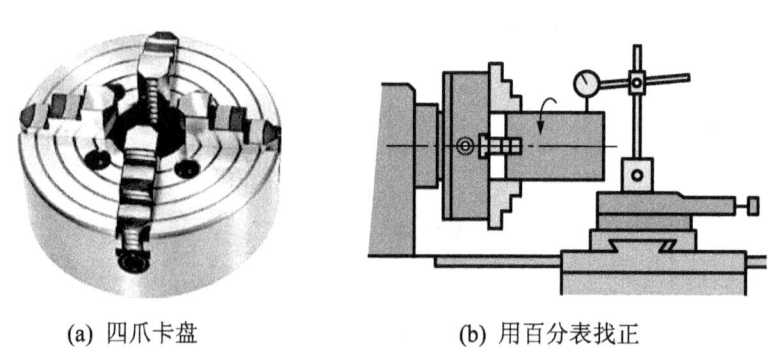

(a) 四爪卡盘　　　　　　　　(b) 用百分表找正

图 2.56　四爪卡盘装夹工件

2) 用双顶尖安装工件

在实心轴两端钻中心孔，在空心轴两端安装带中心孔的锥堵或锥套心轴，用车床主轴和尾座顶尖顶两端中心孔的工件安装方式，如图 2.57 所示，其前顶尖为普通顶尖，装在主轴孔内，并随主轴一起转动，后顶尖为活顶尖装在尾架套筒内。工件利用中心孔被顶在前后顶尖之间，并通过拨盘和卡箍随主轴一起转动。此时定位基准与设计基准统一，能在一次装夹中加工多处外圆和端面，并可保证各外圆轴线的同轴度以及端面与轴线的垂直度要求，是车削、磨削加工中常用的工件安装方法。

 **特别提示**

用顶尖安装工件应注意事项：

(1) 卡箍上的支承螺钉不能支承得太紧，以防工件变形。

(2) 由于靠卡箍传递转矩，所以车削工件的切削用量要小。

(3) 钻两端中心孔时，要先用车刀把端面车平，再用中心钻钻中心孔。

3) 用心轴安装工件

当工件以圆柱孔为定位基准时，并能保证外圆轴线和内孔轴线的同轴度要求，此时常用圆柱心轴和小锥度心轴定位；对于带有锥孔、螺纹孔、花键孔的工件定位，常用相应的锥度心轴、螺纹心轴和花键心轴。

圆柱心轴是以外圆柱面定心、端面压紧来装夹工件的，如图 2.58 所示。心轴与工件孔一般用 H7/h6、H7/g6 的间隙配合，所以工件能很方便地套在心轴上。但由于配合间隙较大，一般只能保证同轴度 0.02mm 左右。

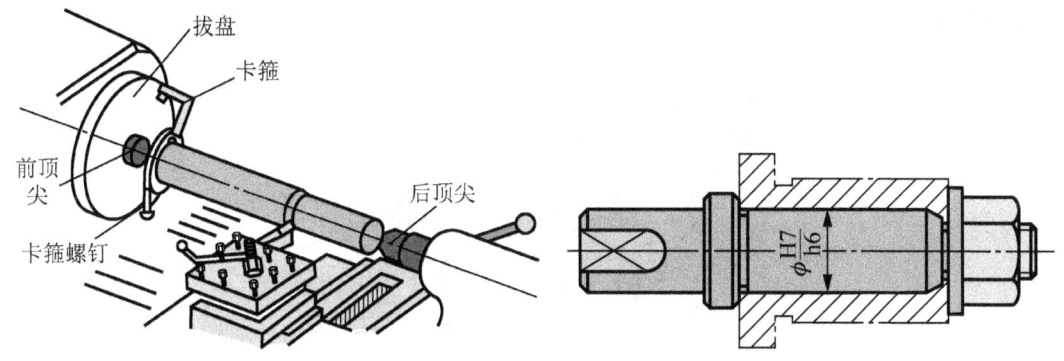

图 2.57 用双顶尖安装工件 　　　　　　　　　图 2.58 在圆柱心轴上定位

为了消除间隙，提高心轴定位精度，心轴可以做成锥体，但锥体的锥度很小，否则工件在心轴上会产生歪斜，如图 2.59(a)所示。常用的锥度为 $\kappa=1/5\,000\sim1/1\,000$。定位时，工件楔紧在心轴上，楔紧后孔会产生弹性变形，如图 2.59(b)所示，从而使工件不致倾斜。

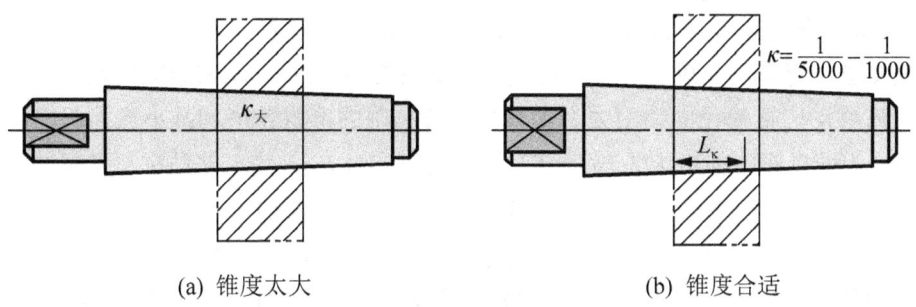

(a) 锥度太大 　　　　　　　　　　　　(b) 锥度合适

图 2.59 圆锥心轴安装工件的接触情况

小锥度心轴的优点是靠楔紧产生的摩擦力带动工件，不需要其他夹紧装置，定心精度高，可达 0.005～0.01mm。缺点是工件的轴向无法定位。

当工件直径不太大时，可采用锥度心轴(锥度 1:2 000～1:1 000)。工件套入压紧、靠摩擦力与心轴固紧。锥度心轴对中准确、加工精度高、装卸方便，但不能承受过大的力矩。当工件直径较大时，则应采用带有压紧螺母的圆柱形心轴。它的夹紧力较大，但对中精度较锥度心轴的低。

4) 中心架或跟刀架的使用

当工件长径之比大于 25(L/d >25)时，由于工件本身的刚性变差，在车削时，工件受切削力、自重和离心力的作用，会产生弯曲、振动，严重影响其圆柱度和表面粗糙度。同时，在切削过程中，工件受热伸长产生弯曲变形，车削很难进行，严重时会使工件在顶尖间卡住。此时需要用中心架或跟刀架来支承工件。

(1) 用中心架支承车细长轴。一般在车削细长轴时，用中心架来增加工件的刚性，当工件可以进行分段切削时，中心架支承在工件中间，如图2.60所示。在工件装上中心架之前，必须在毛坯中部车出一段支承中心架支承爪的沟槽，其表面粗糙度及圆柱度误差要小，并在支承爪与工件接触处经常加润滑油。为提高工件精度，车削前应将工件轴线调整到与机床主轴回转中心同轴。

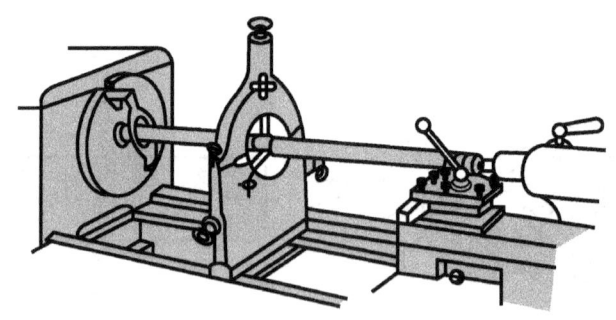

图 2.60　用中心架支承车细长轴

当车削支承中心架的沟槽比较困难或一些中段不需加工的细长轴时，可用过渡套筒，使支承爪与过渡套筒的外表面接触，过渡套筒的两端各装有四个螺钉，用这些螺钉夹住毛坯表面，并调整套筒外圆的轴线与主轴旋转轴线相重合。

(2) 用跟刀架支承车细长轴。对不适宜调头车削的细长轴，不能用中心架支承，而要用跟刀架支承进行车削，以增加工件的刚性，如图2.61所示。跟刀架固定在床鞍上，它可以跟随车刀移动，抵消径向切削力，提高车削细长轴的形状精度和减小表面粗糙度值，图2.61(a)所示为两爪跟刀架，因为车刀给工件的切削抗力 F_r'，使工件贴在跟刀架的两个支承爪上，但由于工件本身的向下重力，以及偶然的弯曲，车削时会瞬时离开支承爪、接触支承爪时产生振动。所以比较理想的跟刀架需要用三爪跟刀架，如图2.61(b)所示。此时，由三爪和车刀抵住工件，使之上下、左右都不能移动，车削时稳定，不易产生振动。

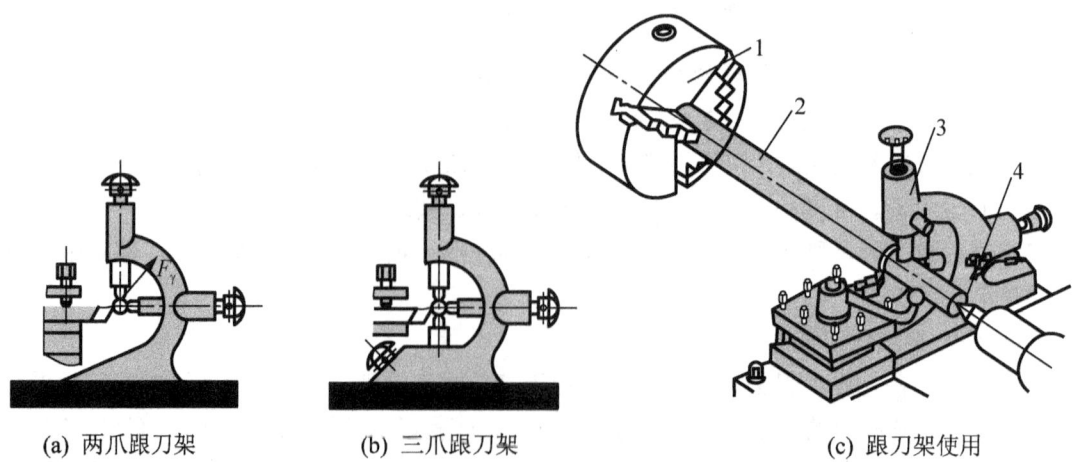

(a) 两爪跟刀架　　　　(b) 三爪跟刀架　　　　(c) 跟刀架使用

图 2.61　跟刀架支承长轴

1-三爪卡盘；2-工件；3-跟刀架；4-顶尖

5) 用花盘、弯板及压板、螺栓安装工件

形状不规则的工件，无法使用三爪或四爪卡盘装夹的工件，可用花盘装夹。花盘是安装在车床主轴上的一个大圆盘，盘面上的许多长槽用以穿放螺栓，工件可用螺栓直接安装在花盘上，如图 2.62 所示。也可以把辅助支承角铁(弯板)用螺钉牢固夹持在花盘上，工件则安装在弯板上。图 2.63 所示为加工一轴承座端面和内孔时，在花盘上用弯板装夹的情况。为了防止转动时因重心偏向一边而产生振动，在工件的另一边要加平衡铁。工件在花盘上的位置需经仔细找正。

图 2.62　在花盘上安装零件

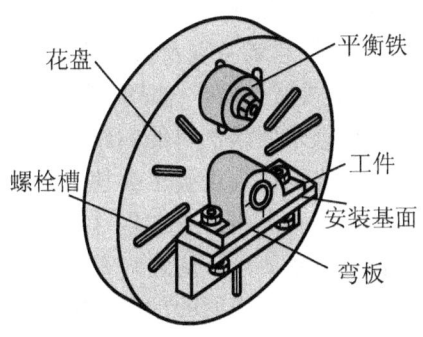

图 2.63　在花盘上用弯板安装零件

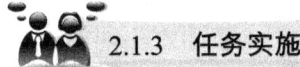

2.1.3　任务实施

按表 2-12 中步骤，编制如图 2.2 所示的台阶轴的机械加工工艺规程。生产类型为小批生产。材料为 45 热轧圆钢，零件需调质。

表 2-12　典型零件机械加工工艺规程编制实施步骤参考表

实施步骤	相　关　内　容		
1	分析零件的结构和技术要求		
2	明确毛坯状况		
3	拟定工艺路线 (含对工艺方案的 技术经济分析)	确定单个表面加工方法(外圆、内孔、平面等表面的加工方法)	
		划分加工阶段	
		选择定位基准	
		确定加工顺序	机械加工工序安排
			热处理工序安排
			辅助工序安排
4	设计工序内容	确定加工余量、工序尺寸及其公差(工艺尺寸链计算)	
		选择设备(机床)、工装(刀具、量具、夹具等)	
		确定切削用量、时间定额等	
5	填写工艺文件(工艺过程卡片、工艺卡片、工序卡片等)		

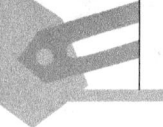

1. 分析台阶轴的结构和技术要求

1) 分析图样资料

对图样资料进行分析，包括零件技术要求分析和结构工艺性分析两个方面。这是制定机械加工工艺规程的重要步骤。

(1) 零件的技术要求分析包括以下几个方面：

① 加工表面的尺寸精度和形状精度。

② 各加工表面之间以及加工表面和不加工表面之间的相互位置精度。

③ 加工表面粗糙度以及表面质量方面的其他要求。

④ 热处理及其他要求(如动平衡等)。

分析零件技术要求的目的归结为一点，就是保证零件使用性能前提下的经济合理性。过高的精度和表面粗糙度要求会使工艺过程复杂、加工困难、成本提高。在工程实际中要结合现有生产条件分析能否实现这些技术要求。分析零件图还包括图样的尺寸、公差和表面粗糙度标注是否齐全。通过对零件形状和主要表面的了解之后，就可以基本形成零件的工艺流程，因为主要表面的加工确定了零件工艺过程的大致轮廓。

(2) 零件的结构工艺性分析。零件的结构工艺性是指所设计的零件在满足使用性能的前提下，制造的可行性和经济性。它包括零件的整个工艺过程的工艺性，如毛坯制作、切削加工、装配和维修时的拆装等的工艺性，涉及面很广，具有综合性。而且在不同的生产类型和生产条件下，同样一种零件制造的可行性和经济性可能不同。所以，在对零件进行工艺分析时，必须根据具体的生产类型和生产条件，全面、具体、综合地分析。下面将从零件的机械加工和装配两个方面，对零件的结构工艺性进行分析。

① 机械加工对零件结构的要求。

a. 便于装夹。零件的结构应便于加工时的定位和夹紧，并尽量减少装夹次数。如图2.64(a)所示零件，拟用顶尖和鸡心夹头装夹，但该结构不便于装夹。若改为如图 2.64(b)所示结构，则可以方便地装置夹头。

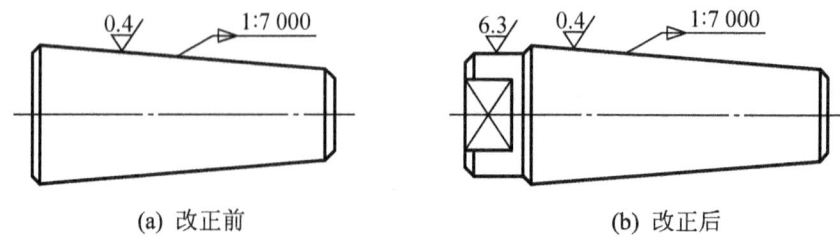

(a) 改正前   (b) 改正后

图 2.64　便于装夹的零件结构示例

b. 便于加工。刀具易于接近加工部位，便于进刀、退刀、越程和测量，以及便于观察切削情况等。尽量减少刀具调整和走刀次数；尽量减少加工面积及空行程，提高生产率；零件的结构应尽量采用标准化数值，以便使用标准化刀具和量具，尽可能减少刀具种类；尽量减少工件和刀具的受力变形；改善加工条件，便于加工，必要时应便于采用多刀、多件加工。

表 2-13 列举了生产中常见的零件结构工艺性定性分析的实例，供参考和借鉴。

表 2-13　常见的零件结构工艺性实例分析

主要要求	结构工艺性		工艺性好的结构的优点
	不好	好	
加工面积应尽量小			减少加工量 减少材料及切削刀具的消耗量
钻孔的入端和出端应避免斜面			避免刀具损坏 提高钻孔精度 提高生产率
避免斜孔			简化夹具结构 几个平行的孔便于同时加工 减少孔的加工量
孔的位置不能距壁太近			可采用标准刀具和辅具 提高加工精度
尽量减少进给次数			所有凸台高度相同，能在一次进给中加工 提高生产率，易保证精度
磨削时，各表面间的过渡部分应设计出越程槽			磨削时不易碰伤加工面、刀具
加工内螺纹或外螺纹时，螺纹根部应有退刀槽			刀具有足够的操作空间，可加工完整螺纹，避免刀具、机床的损伤，加工安全

续表

主要要求	结构工艺性		工艺性好的结构的优点
	不好	好	
退刀槽、过渡圆弧、锥面、键槽等同类要素在同一个阶梯轴上要尽量统一			使用同一把刀具可加工所有键槽，减少了刀具种类和换刀次数，节省了辅助时间
键槽布置在同一方向上			可减少安装、调整次数，也易于保证位置精度

c. 便于测量。有适宜的定位基准，且定位基准至加工面的标注尺寸应便于测量。图 2.65 所示要求测量孔中心线与基准面 A 的平行度。如图 2.65(a)所示结构，由于底面凸台偏置一侧而平行度难于测量。在图 2.65(b)中增加一对称的工艺凸台，并使凸台位置居中，此时测量则非常方便。

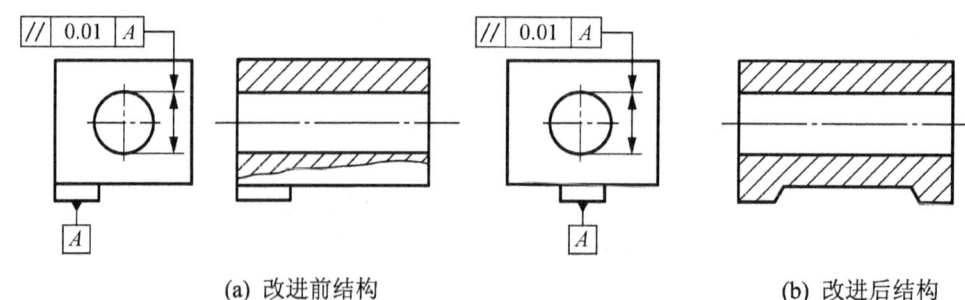

(a) 改进前结构　　　　　　　(b) 改进后结构

图 2.65　便于测量的零件结构示例

② 装配和维修对零件结构工艺性的要求。零件的结构应便于装配和维修时的拆装。如图 2.66(a)左图无透气口，销钉孔内的空气难于排出，故销钉不易装入。改进后的结构如图 2.66(a)右图。在图 2.66(b)中为保证轴肩与支承面紧贴，可在轴肩处切槽或孔口处倒角。图 2.66(c)为两个零件配合，由于同一方向只能有一个定位基面，故图 2.66(c)左图不合理，而右图为合理结构。在图 2.66(d)中，左图螺钉装配空间太小，螺钉装不进去。改进后的结构如图 2.66(d)右图。

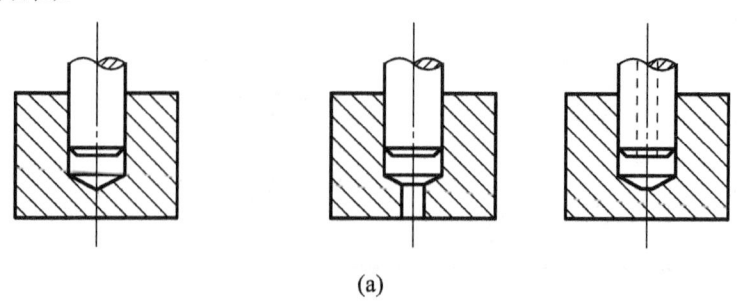

(a)

图 2.66　便于装配的零件结构示例

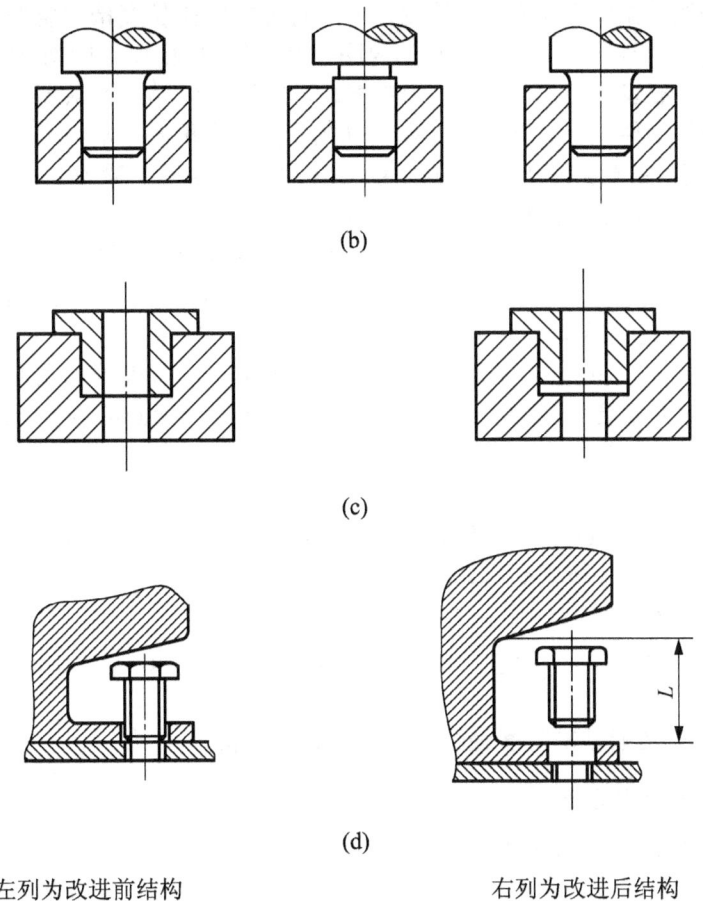

左列为改进前结构　　　　　　　　　右列为改进后结构

图 2.66　便于装配的零件结构示例(续)

图 2.67 所示为便于拆装的零件结构示例。在图 2.67(a)左图中，由于轴肩超过轴承内圈，故轴承内圈无法拆卸。图 2.67(b)所示为压入式衬套。若在外壳端面设计几个螺纹孔，如图 2.67(b)右图所示，则可用螺钉将衬套顶出。

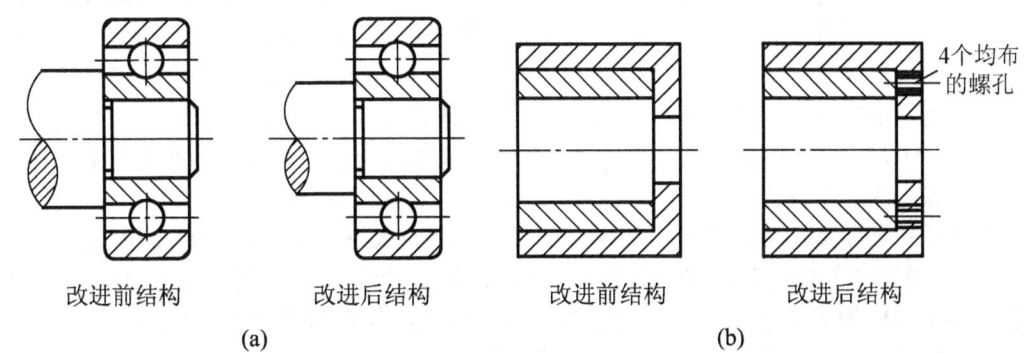

改进前结构　　　　　　改进后结构　　　　　　改进前结构　　　　　　改进后结构

(a)　　　　　　　　　　　　　　　　　(b)

图 2.67　便于拆装的零件结构示例

2) 轴类零件的主要技术要求

一般轴类零件加工以保证尺寸精度和表面粗糙度要求为主，对各表面间的位置有一定要求。

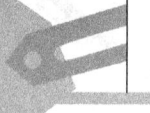

(1) 尺寸精度。指直径和长度的精度，一般直径精度比长度精度要严格得多。轴类零件的主要表面常为两类：一类是与轴承的内圈配合的外圆轴颈，即支承轴颈，支承轴颈通常是轴类零件的主要表面，它影响轴的旋转精度与工作状态，精度要求高，通常为 IT5～IT7；另一类为与各类传动件配合的轴颈，即配合轴颈，其精度稍低，常为 IT6～IT9。

(2) 形状精度。主要指支承轴颈的圆度、圆柱度。其误差一般限制在直径公差范围内。对精度要求较高的轴，应在图样上另行规定其形状公差。

(3) 位置精度。保证配合轴颈相对支承轴颈的同轴度或径向圆跳动、重要端面对轴心线的垂直度等，是轴类零件位置精度的普遍要求。一般精度的轴，径向圆跳动为 0.01～0.03mm；高精度的轴(如主轴)，径向圆跳动为 0.001～0.005mm。

(4) 表面粗糙度。轴的加工表面都有粗糙度的要求，一般根据加工的可行性和经济性来确定。支承轴颈和重要表面的表面粗糙度 Ra 常为 0.1～0.8μm；配合轴颈和次要表面的表面粗糙度 Ra 为 0.8～3.2μm。

3) 台阶轴的主要技术要求

如图 2.2(a)所示的实心台阶轴零件，主要由圆柱面组成，轴肩一般用来确定安装在轴上零件的轴向位置。其主要技术要求如下：

(1) $\phi 32_{-0.025}^{0}$ 为基准外圆。

(2) 主要尺寸 $\phi 18_{-0.077}^{-0.050}$、$\phi 24_{-0.05}^{0}$ 表面粗糙度 Ra 均为 3.2μm，$\phi 32_{-0.025}^{0}$ 表面粗糙度 Ra 为 1.6μm。

(3) $\phi 18$ 外圆轴线对基准外圆轴线同轴度为 $\phi 0.03$mm。

2. 明确台阶轴毛坯状况

1) 轴类零件的材料及热处理

轴类零件应根据不同工作条件和使用要求选用不同的材料和不同的热处理方式，以获得一定的强度、韧性和耐磨性。

(1) 轴类零件的材料。一般轴类零件常选用 45 钢，经过调质可得到较好的切削性能，而且能获得较高的强度和韧性等综合力学性能。重要表面经局部淬火后再回火，表面硬度可达 45～52HRC。

中等精度而转速较高的轴可选用 40Cr 等合金结构钢，经调质和表面淬火处理后，具有较好的综合力学性能。精度较高的轴，可用轴承钢 GCr15 和弹簧钢 65Mn，经调质和表面高频感应淬火后再回火，表面硬度可达 50～58HRC，并具有较高的耐疲劳性能和耐磨性。

高转速、重载荷等条件下工作的轴，可选用 20CrMnTi，20Mn2B，20Cr 等低碳合金钢或 38CrMoAlA 中碳合金渗氮钢。低碳合金钢经正火和渗碳淬火后可获得很高的表面硬度、较软的芯部，因此耐冲击韧性好，但热处理变形大。而对于渗氮钢，由于渗氮温度比淬火低，经调质和表面渗氮后，变形小而硬度却很高，具有很好的耐磨性和耐疲劳强度。

(2) 轴类零件的热处理。轴的性能除与所选钢材种类有关外，还与热处理有关。轴的锻造毛坯在机械加工之前，均需进行正火或退火处理，使钢材的晶粒细化(或球化)，以消除锻造后的残余应力，降低毛坯硬度，改善切削加工性能。

凡要求局部表面淬火以提高表面耐磨性的轴，须在淬火前安排调质处理(有的采用正火)。当毛坯加工余量较大时，调质放在粗车之后、半精车之前，使粗加工产生的残余应力能在调质时消除；当毛坯余量较小时，调质可安排在粗车之前进行。

表面淬火一般放在精加工之前,可保证淬火引起的局部变形在精加工中得以纠正。

对于精度要求较高的轴,在局部淬火和粗磨后,还需安排低温时效处理,以消除淬火及磨削中产生的残余奥氏体和残余应力,控制尺寸稳定;对于整体淬火的精密轴,在淬火粗磨后,要经过较长时间的低温时效处理;对于精度更高的轴,在淬火之后,还要采用冰冷处理的方法进行定性处理,以进一步消除加工应力,保持轴的精度。

2) 轴类零件的毛坯

毛坯的选择包括选择毛坯的种类和确定毛坯的制造方法两个方面。毛坯选择是否合理对零件质量、金属消耗、机械加工量、生产效率和加工过程等都有直接影响。一般来说,采用先进的高精度的毛坯制造方法,可制造出更接近于成品零件形状和尺寸的毛坯,使机械加工的劳动量减少,材料的消耗降低,从而使机械加工成本降低。但是,先进的毛坯制造工艺会使毛坯的制造费用增加。因此,在选择毛坯和确定毛坯种类、形状、尺寸及制造精度时,要综合考虑零件设计要求和经济性等方面的因素,以求毛坯选择的最佳合理性。

(1) 毛坯形状和尺寸的确定。毛坯形状和尺寸,基本上取决于零件形状和尺寸。零件和毛坯的主要差别,在于零件需要加工的表面上,加上一定的机械加工余量,即毛坯加工余量。毛坯制造时,同样会产生误差,毛坯制造的尺寸公差称为毛坯公差。毛坯加工余量和公差的大小,直接影响机械加工的劳动量和原材料的消耗,从而影响产品的制造成本。所以现代机械制造的发展趋势之一,便是通过毛坯精化,使毛坯的形状和尺寸尽量和零件一致,力求做到少、无切削加工。毛坯加工余量和公差的大小,与毛坯的制造方法有关,生产中可参考有关工艺手册或有关企业、行业标准来确定。

在确定了毛坯加工余量以后,除了将毛坯加工余量附加在零件相应的加工表面上外,毛坯的形状和尺寸还要考虑毛坯制造、机械加工和热处理等多方面工艺因素的影响。在这种情况下,毛坯的形状可能与工件的形状有所不同。下面仅从机械加工工艺的角度,分析确定毛坯的形状和尺寸时应考虑的问题。

① 合件毛坯的采用。为了提高生产率,便于加工过程中的装夹,对于一些形状比较规则的小型零件,如扁螺母、T 形键、垫圈等,应将多件合成一个毛坯,待加工到一定阶段后或者大多数表面加工完毕后,再加工成单件。图 2.68(a)所示为 T815 汽车上的一个扁螺母。毛坯取一长六方钢,图 2.68(b)表示在车床上先车槽、倒角;图 2.68(c)表示在车槽及倒角后,用 ϕ 24.5mm 的钻头钻孔,钻孔的同时也就切成若干个单件。图 2.69 所示的滑键为锻件,可以将若干零件先合成一件长形毛坯,待两侧面和平面加工后,再切割成单个零件。

合件毛坯,在确定其长度尺寸时,既要考虑切割刀具的宽度和零件的个数,还应考虑切成单件后,切割的端面是否需要进一步加工,若要加工,还应留有一定的加工余量。

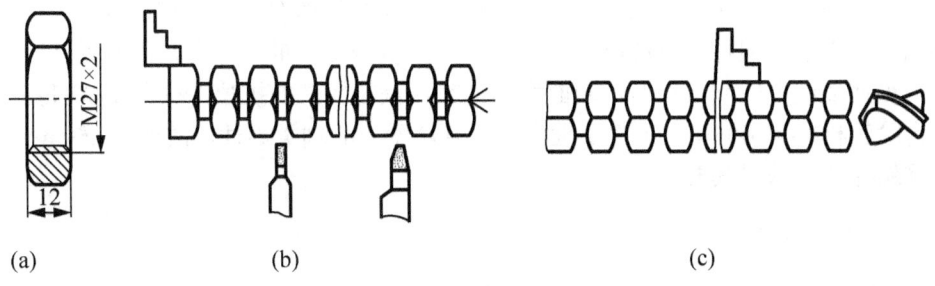

(a)　　　　　　　　(b)　　　　　　　　(c)

图 2.68　扁螺母的整体毛坯及加工

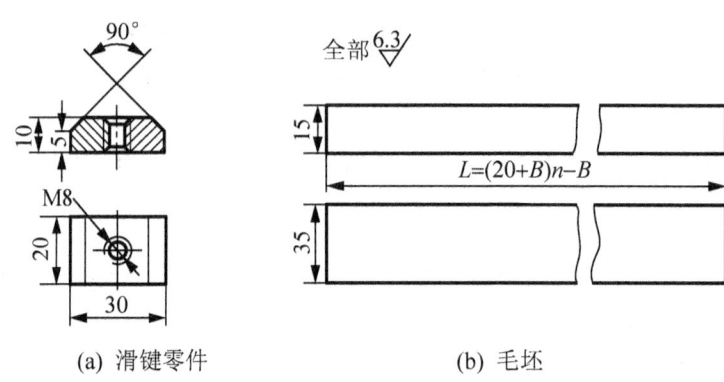

(a) 滑键零件　　　　　(b) 毛坯

图 2.69　滑键零件及毛坯

② 整体毛坯的采用。在机械加工中,有时会遇到如磨床主轴部件中的三瓦轴承、发动机的连杆和车床的开合螺母等类零件。为了保证这类零件的加工质量和加工时方便,常做成整体毛坯,加工到一定阶段后再切开。例如,车床开合螺母外壳(见图 2.70)零件的毛坯就是两件合制的。

③ 工艺凸台的设置。有些零件,由于结构的原因,加工时不易装夹稳定,为了装夹方便迅速,可在毛坯上制出必要的工艺凸台,如图 2.71 所示。工艺凸台只在装夹工件时用,零件加工完成后,一般都要切掉,但如果不影响零件的使用性能和外观质量时,可以保留。

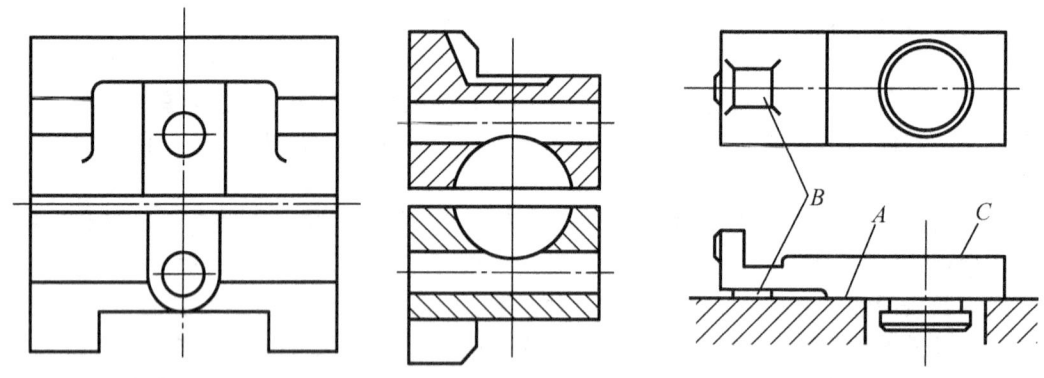

图 2.70　车床开合螺母外壳示意图　　　　**图 2.71　工艺凸台**

(2) 轴类零件的毛坯。轴类零件根据使用要求、生产类型、设备条件及结构,最常选用的毛坯形式是棒料和锻件,只有某些大型或结构复杂的轴(如曲轴),在质量允许时才采用铸件。对于外圆直径相差不大的轴,一般以棒料为主;而对于外圆直径相差大的阶梯轴或重要的轴,常选用锻件,这样既节约材料又减少机械加工的工作量,而且毛坯经过加热锻造后,可使金属内部纤维组织沿表面均匀分布,获得较高的抗拉、抗弯及抗扭强度。

该台阶轴材料为 45 钢,单件小批生产,且属于一般轴类零件,故选择 $\phi 35$mm 的 45 热轧圆钢做毛坯可满足其要求。

3. 拟定工艺路线

1) 确定加工方案

(1) 加工经济精度。表面加工方法的选择应满足加工质量、生产率和经济性各方面的

要求。了解和掌握各种加工方法的特点、加工经济精度及经济粗糙度的概念，是正确选择表面加工方法的前提条件。

所谓加工经济精度是指在正常加工条件下(采用符合质量标准的设备、工艺装备和标准技术等级的工人、不延长加工时间)所能保证的加工精度。在相同条件下，获得的表面粗糙度即为经济粗糙度。各种加工方法所能达到的加工经济精度和经济粗糙度等级，在有关机械加工的手册中可以查到。表 2-14 摘录了常用加工方法的加工经济精度和表面粗糙度供参考。

表 2-14　机械加工经济精度和表面粗糙度

加工方法	加工性质	加工经济精度(IT)	表面粗糙度 $Ra/\mu m$
车	粗车	13～12	80～10
	半精车	11～10	10～2.5
	精车	8～7	5～1.25
	(精细车)金刚车	6～5	1.25～0.02
外磨	粗磨	9～8	10～1.25
	半精磨	8～7	2.5～0.63
	精磨	7～6	1.25～0.16
	精密磨	6～5	0.32～0.08
	镜面磨	5	0.08～0.008
研磨	粗研	6～5	0.63～0.16
	精研	5	0.32～0.04
超精加工	精	5	0.32～0.08
	精密	5	0.16～0.01

满足同样精度要求的加工方法有很多，应先根据经验或查表法确定能够满足图样技术要求的加工方法，再根据实际情况或通过工艺验证进行修改。另外还需考虑以下问题：

① 工件材料的性质。各种加工方法对工件材料及其热处理状态有不同的适用性。淬火钢的精加工要采用磨削，有色金属的精加工为避免磨削时堵塞砂轮，则要用高速精细车削或精细镗(金刚镗)。

② 工件的形状和尺寸。工件的形状和加工表面的尺寸大小不同，采用的加工方法和加工方案往往不同。例如，一般情况下，大孔常常采用粗镗→半精镗→精镗的方法，小孔常采用钻→扩→铰的方法。

③ 生产类型、生产率和经济性。选择加工方法要与生产类型相适应。大批量生产时应选用高生产率和质量稳定的加工方法；单件小批生产时应尽量选择通用设备，避免采用非标准的专用刀具进行加工。例如，铣削或刨削平面的加工精度基本相当，但由于刨削生产率低，除特殊场合外(如狭长表面加工)，在成批以上生产中已逐渐被铣削所代替；对于孔加工来说，由于镗削加工刀具简单，通用性好，因而广泛应用于单件小批生产中；内孔键槽的加工方法可以选择拉削和插削，单件小批量生产主要适宜用插削，可以获得较好的经济性，而大批量生产中为了提高生产率大多采用拉削加工。

④ 具体的生产条件。工艺人员必须熟悉工厂现有的加工设备及其工艺能力，工人的技术水平，以充分利用现有设备和工艺手段。同时，也要注意不断引进新技术，对老设备进

行技术改造，挖掘企业潜力，不断提高工艺水平。

(2) 外圆表面的加工路线。确定外圆表面的加工方法，初学者一般可根据各表面的加工精度和粗糙度要求，从表 2-15 中选择合理的加工方法及加工路线。

表 2-15　常用的外圆表面加工路线

序号	加工方法	经济精度(IT)	经济表面粗糙度 Ra/μm	适用范围
1	粗车	13~11	50~12.5	适用于淬火钢以外的各种金属
2	粗车→半精车	10~8	6.3~3.2	
3	粗车→半精车→精车	8~7	1.6~0.8	
4	粗车→半精车→精车→抛光(滚压)	8~7	0.2~0.025	
5	粗车→半精车→磨削	8~7	0.8~0.4	适用于淬火钢和未淬火钢，但不宜加工强度低、韧性大的有色金属
6	粗车→半精车→粗磨→精磨	7~6	0.4~0.1	
7	粗车→半精车→粗磨→精磨→超精加工(或轮式超精磨)	5	0.1~0.012 (或 Rz0.1)	
8	粗车→半精车→精车→精细车(金刚车)	7~6	0.4~0.025	主要用于要求较高的有色金属加工
9	粗车→半精车→粗磨→精磨→超精磨(或镜面磨)	>5	0.025~0.006 (或 Rz0.1)	极高精度的外圆加工
10	粗车→半精车→粗磨→精磨→研磨(或光整加工)	>5	0.1~0.012 (或 Rz0.1)	

(3) 该台阶轴大多是回转面，且根据其基准外圆公差等级及表面粗糙度要求，采用车削加工，且各外圆表面采用粗车、(半)精车的加工方案。

2) 划分加工阶段

(1) 加工阶段划分。当零件精度和表面粗糙度要求比较高时，往往不可能在一两个工序中完成全部的加工工作，而必须划分几个阶段来进行加工。一般说来，整个加工过程可分为粗加工、半精加工、精加工等几个阶段；加工精度和表面质量要求特别高时，还可以增设光整加工和超精加工阶段。加工过程中将粗、精加工分开进行，由粗到精使工件逐步达到所要求的精度水平。各加工阶段的主要任务如下。

① 粗加工阶段：这一阶段的主要任务是切除毛坯的大部分余量，并制出精基准。该阶段的关键问题是如何提高生产率。

② 半精加工阶段：任务是减小粗加工留下的误差，为主要表面的精加工做好准备，同时完成零件上各次要表面的加工。

③ 精加工阶段：任务是保证各主要表面达到图样规定的加工精度和表面粗糙度要求。

这一阶段的主要问题是如何保证加工质量。

④ 光整加工阶段：对于零件尺寸精度和表面粗糙度要求很高的表面，还要安排光整加工阶段，这一阶段的加工余量极小，主要任务是减小表面粗糙度值和进一步提高精度，不能用于纠正表面形状误差及位置误差。

当毛坯余量较大、表面非常粗糙时，在粗加工阶段前还可以安排荒加工阶段。为能及时发现毛坯缺陷，减少运输量，荒加工阶段常在毛坯准备车间进行。

在生产中，对零件加工过程进行加工阶段划分有以下作用：

① 保证加工质量。工件划分阶段后，因粗加工的加工余量很大，切削变形大，会出现较大的加工误差，通过半精加工和精加工逐步得到纠正，以保证加工质量。

② 合理使用设备。划分加工阶段后，可以充分发挥粗、精加工设备的特点，避免以精干粗，做到合理使用设备。

③ 便于安排热处理工序。粗加工阶段前后，一般要安排去应力等预先热处理工序，精加工前则要安排淬火等最终热处理，最终热处理后工件的变形可以通过精加工工序予以消除。划分加工阶段后，便于热处理工序的安排，使冷热工序配合更好。

④ 便于及时发现毛坯缺陷。毛坯的有些缺陷往往在加工后才暴露出来。粗、精加工分开后，粗加工阶段就可以及时发现和处理毛坯缺陷。同时精加工工序安排在最后，可以避免已加工好的表面在搬运和夹紧中受到损伤。

划分加工阶段是对整个工艺过程而言的，以工件加工表面为主线进行划分，不应以个别表面和个别工序来判断。对于具体的工件，加工阶段的划分还应灵活掌握。对于加工质量要求不高，工件刚性好，毛坯精度高，余量较小的工件，就可少划分几个阶段或不划分加工阶段。

(2) 轴类在进行外圆加工时，会因切除大量金属后引起残余应力重新分布而变形。应将粗、精加工分开，先粗加工，再进行半精加工和精加工，主要表面精加工放在最后进行。

该台阶轴加工划分为两个加工阶段，即先粗车(粗车外圆、钻中心孔)、再精车(精车各处外圆、台肩等)。

3) 选择定位基准

制定机械加工工艺规程时，基准的选择是否合理，将直接影响零件加工表面的尺寸精度和相互位置精度。同时对加工顺序的安排也有重要影响。基准选择不同，工艺过程也将随之而异。

(1) 定位基准的选择。正确合理地选择定位基准是制定机械加工工艺规程的一项重要工作。

选择定位基准时，是从保证工件加工精度要求出发的，因此定位基准的选择应先选择精基准，再选择粗基准。

① 精基准的选择原则。精基准的选择主要应从保证零件的加工精度、减少定位误差及装夹方便，便于加工等方面来考虑。其选择原则如下。

a. 基准重合原则。选择设计基准作为定位基准，以避免定位基准与设计基准不重合而引起的基准不重合误差。

如图 2.72 所示，调整法加工 C 面时，以 A 面定位，定位基准 A 与设计基准 B 不重合。

如图 2.72(b)所示，此时尺寸 c 的加工误差不仅包括本工序所出现的加工误差(Δ_j)，而且还加进了由于基准不重合带来的设计基准和定位基准之间的尺寸误差，其大小为尺寸 a 的公差值(T_a)，这个误差称为基准不重合误差，如图 2.72(c)所示。从图中可以看出，欲加工尺寸 c 的误差包括 Δ_j 和 T_a，为了保证尺寸 c 的精度(T_c)要求，应使

$$\Delta_j + T_a \leqslant T_c \tag{2-1}$$

当尺寸 c 的公差值 T_c 已定时，由于基准不重合而增加了 T_a，就必将缩小本工序的加工误差 Δ_j 的值，也就是要提高本工序的加工精度，增加加工难度和成本。

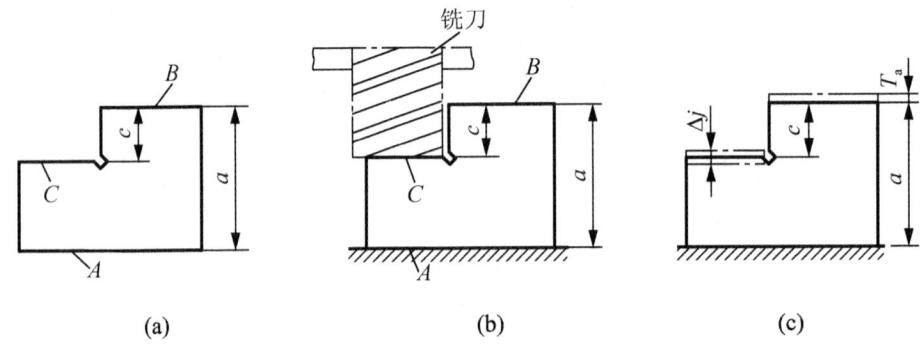

图 2.72　基准不重合误差示例

上面分析的是设计基准与定位基准不重合而产生的基准不重合误差，它是在加工的定位过程中产生的。同样，基准不重合误差也可引伸其他基准不重合的场合。如装配基准与设计基准、设计基准与工序基准、工序基准与定位基准、工序基准与测量基准等基准不重合时，都会有基准不重合误差。

 **特别提示**

应用本原则时，要注意应用条件，定位过程中的基准不重合误差是在用夹具装夹、调整法加工一批工件时产生的。若用试切法加工尺寸可直接测量得到，从而可以直接保证，就不存在基准不重合误差。

b. 基准统一原则。应尽可能选用统一的定位基准、加工各表面。如轴类零件的中心孔即为统一的定位基准；齿轮零件的内孔与端面也是基准统一的例子之一。优点：

I. 简化工艺过程的制定，使各工序所用的夹具相对统一，从而减少了设计、制造夹具的时间和成本，缩短生产准备周期。

II. 可在一次安装中加工更多的表面，提高了生产率。

III. 一次安装加工出的各表面，减少了基准转换，便于保证各加工面的相互位置精度。

基准统一时，若统一的基准面和设计基准一致，则又符合基准重合原则，此时能获得较高的精度，这是最理想的定位方案。

若出现基准不重合，不能保证加工精度时，应改用设计基准定位，不应强求基准统一。或在零件加工的整个过程中采用先统一，后重合的原则。

工件上存在多个加工面时，可设法在工件上找到一组基准或增加辅助基准。

一次装夹加工多个表面，多个表面间的尺寸及位置精度与定位基准的选择无关，而是

取决于加工多个表面的各主轴及刀具间的位置精度和调整精度。

　　c. 自为基准原则。选择加工表面本身作为定位基准。在加工余量要求小而均匀的精加工中常以加工表面本身为定位基准。遵循自为基准原则时，不能提高加工面的位置精度，只能提高加工面本身的精度。例如，磨削床身导轨面时，就以床身导轨面作为定位基准，如图 2.73 所示。此时床脚平面只是起一个支承平面的作用，它并非是定位基面。此外，用浮动镗刀镗孔、用拉刀拉孔、用无心磨床磨外圆等，均为自为基准的实例。

　　光整加工一般都是采用自为基准。如珩磨、研磨、超精加工等。

　　d. 互为基准原则。当对零件上两个相互位置精度要求很高的表面进行加工时，可以用两个表面互为基准，反复进行加工。

　　例如：精度较高的轴套零件，内、外圆的同轴度要求较高，此时内、外圆的加工就可以采取互为基准的原则。

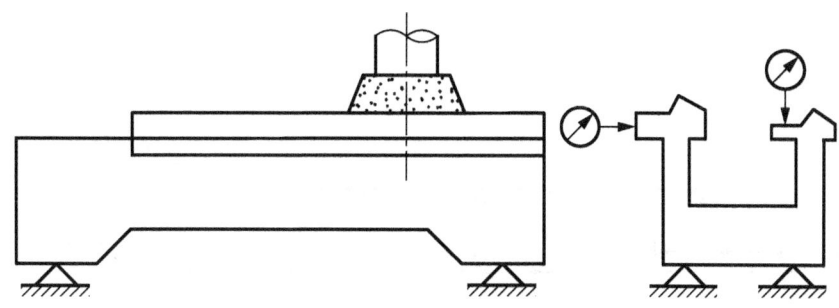

图 2.73　机床导轨面自为基准示例

　　e. 保证工件定位准确、夹紧可靠、操作方便的原则。选择精基准时还应考虑，使工件定位准确、夹紧可靠、夹具结构简单、操作方便等因素。

　　② 粗基准的选择原则。粗基准的选择很重要，因为它对以后加工表面余量的分配及表面相对位置的保证都有着很大的影响。其选择原则如下。

　　a. 相互位置要求的原则。对于具有不加工表面的零件，为保证非加工表面与加工表面之间的相对位置要求，一般应选择不加工表面作为粗基准。

　　如果零件上有几个不加工表面，应以其中与加工表面位置精度要求高的不加工表面为粗基准，以便于保证精度，使外形对称。

　　b. 余量分配原则。粗基准的选择应能合理的分配各加工表面的加工余量。余量分配时的几点要求：

　　I. 应保证各主要加工表面都有足够的加工余量。为满足这个要求，应选择毛坯余量最小的表面作为粗基准。如图 2.74 所示的阶梯轴，应选择 $\phi 55$mm 外圆表面作为粗基准。

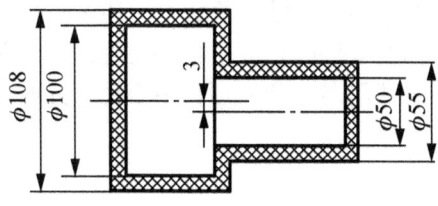

图 2.74　粗基准的选择

II. 应选重要表面自身为粗基准，保证其表面加工余量小而均匀。如图 2.75 所示的床身导轨表面是重要表面，要求耐磨性好，且在整个导轨面内具有大体一致的力学性能。因此，在加工导轨时，应选择导轨表面作为粗基准加工床身底面，如图 2.75(a)所示，然后以底面为基准加工导轨平面，如图 2.75(b)所示。

III. 如果零件上有多个重要表面都要求保证余量均匀时，则应选加工余量要求最严的表面作为粗基准，以避免该表面在加工时因余量不足而留下部分毛坯面，造成废品。

IV. 为使零件各加工表面总的金属切除量为最少，应选择零件上那些加工面积大、形状复杂、加工量大的表面为粗基准。如床身零件加工，应选择导轨表面为粗基准。

c. 保证定位可靠的原则。选作粗基准的表面应平整光洁，避开锻造飞边和铸造浇口、分型面、毛刺等缺陷，以保证定位准确、夹紧可靠。

d. 不重复使用粗基准的原则。粗基准应避免重复使用，在同一尺寸方向上只能使用一次，以免产生较大的定位误差。如图 2.76 所示的小轴加工，如重复使用 B 面加工 A 面、C 面，则 A 面和 C 面的轴线将产生较大的同轴度误差。

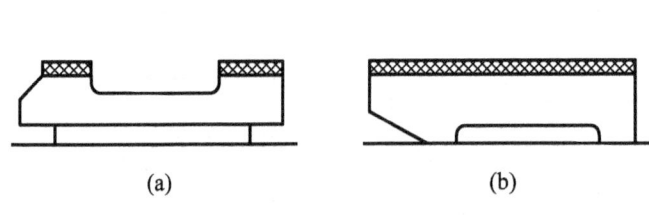

图 2.75 床身加工粗基准选择   图 2.76 重复使用粗基准示例

③ 辅助基准的应用。工件定位时，为了保证加工表面的位置精度，大多优先选择设计基准或装配基准作为主要定位基准，这些基准一般为零件上的主要表面。但有些零件在加工中，为装夹方便或易于实现基准统一，人为地制造一种定位基准。如毛坯上的工艺凸台和轴类零件加工时的中心孔。这些表面不是零件上的工作表面，只是为满足工艺需要在工件上专门设计的定位基准，即辅助基准。

此外，某些零件上的次要表面(非配合表面)，因工艺上宜作定位基准而提高其加工精度和表面质量以便定位时使用。这种表面也称为辅助基准。例如，丝杠的外圆表面，从螺纹副的传动来看，它是非配合的次要表面，但在丝杠螺纹的加工中，外圆表面往往作为定位基准，它的圆度和圆柱度直接影响到螺纹的加工精度，所以要提高外圆的加工精度，并降低其表面粗糙度值。

(2) 轴类零件各表面的设计基准一般是轴的中心线，其加工的定位基准，最常用的是两中心孔。采用两中心孔作为定位基准不但能在一次装夹中加工出多处外圆和端面，而且可保证各外圆轴线的同轴度以及端面与轴线的垂直度要求，符合基准统一的原则。

在粗加工外圆和加工长轴类零件时，为了提高工件刚度，常采用一夹一顶的方式，即轴的一端外圆用卡盘夹紧，一端用尾座顶尖顶住中心孔，此时是以外圆和中心孔同作为定位基准。

4) 确定加工顺序

一个零件的加工工艺路线包含机械加工工序、热处理工序以及辅助工序等，为使被加

工零件达到技术要求，并且做到零件生产的高效率、低成本，应合理划分工序并安排这些工序的顺序。

(1) 工序的划分。在确定了工件上各表面的加工方法以后，安排加工工序的时候可以采取两种不同的原则：工序集中和工序分散原则。

工序集中就是将工件的加工集中在少数几道工序内完成，每道工序的加工内容较多。工序分散就是将工件的加工分散在较多的工序内进行，每道工序的加工内容很少，最少时每道工序仅有一个简单的工步。

① 工序集中的特点：

a. 可以采用高效机床和工艺装备，生产率高。

b. 工件装夹次数减少，易于保证表面间相互位置精度，还能减少工序间的运输量。

c. 工序数目少，可以减少机床数量、操作工人数和生产面积，还可以简化生产。

d. 如果采用结构复杂的专用设备及工艺装备，则投资巨大，调整和维修复杂，生产准备工作量大，转换新产品比较费时。

② 工序分散的特点：

a. 设备及工艺装备比较简单，调整和维修方便，易适应产品更换。

b. 可采用最合理的切削用量，减少基本时间。

c. 设备数量多，操作工人多，占用生产面积大。

工序集中和工序分散各有特点，在拟定工艺路线时，工序是集中还是分散，即工序数量是多是少，主要取决于生产规模、零件的结构特点及技术要求。在一般情况下，单件小批生产时，多将工序集中；大批量生产时，既可采用多刀、多轴等高效率机床将工序集中，也可将工序分散后组织流水线生产。目前发展趋势是倾向于工序集中。

(2) 工序顺序的安排。

① 热处理工序安排。零件加工过程中的热处理按应用目的，大致可分为预备热处理和最终热处理。

I. 预备热处理：预备热处理的目的是改善力学性能、消除内应力、为最终热处理作准备，它包括退火、正火、调质和时效处理。铸件和锻件，为了消除毛坯制造过程中产生的内应力，改善机械加工性能，在机械加工前应进行退火或正火处理。对大而复杂的铸造毛坯件(如机架、床身等)及刚度较差的精密零件(如精密丝杠)，需在粗加工之前及粗加工与半精加工之间安排多次时效处理。调质处理的目的是获得均匀细致的索氏体组织，为零件的最终热处理作好组织准备，对于一些没有特别要求的零件，它也可以作为最终热处理，使零件获得良好的综合力学性能，一般安排在粗加工之后进行。当然，对淬透性好、截面积小或切削余量小的毛坯，为了方便生产也可把调质安排在粗加工之前进行。

II. 最终热处理：最终热处理的目的主要是为了提高零件材料的硬度及耐磨性，它包括淬火、渗碳及氮化等。淬火及渗碳淬火通常安排在半精加工之后、精加工之前进行；氮化处理由于渗氮层较薄，引起工件的变形极小，故应尽量靠后安排，一般安排在精加工或光整加工之前。为减小渗氮时的变形，在切削加工后一般需进行消除应力的高温回火。

如采用锻件毛坯，必须首先安排退火或正火处理。该轴毛坯为热轧钢，可不必进行正火处理。该轴没有特别要求，且 45 钢淬透性较好，需进行调质处理时，为方便生产可放在粗加工前进行。

② 机械加工工序安排。机械加工工序的安排，一般应遵循以下原则。

a. 先粗后精。零件分阶段进行加工时一般应遵守"先粗后精"的加工顺序，即先进行

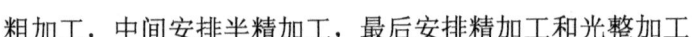

粗加工，中间安排半精加工，最后安排精加工和光整加工。

b. 先主后次。零件的加工先安排零件的装配基面和工作表面等主要表面的加工，后安排如键槽、紧固用的光孔和螺纹孔等次要表面的加工。

c. 基准先行。被选为精基准的表面，应安排在起始工序进行加工，以便尽快为后面工序的加工提供定位精基准。

d. 先面后孔。对于箱体、支架类零件，其主要加工面是孔和平面，一般先以孔作粗基准加工平面，然后以平面为精基准加工孔，以保证平面和孔的位置精度要求。

此外，安排加工顺序还要考虑设备布置情况。如当设备呈机群式布置时，应尽量把相同工种的工序安排在一起，避免工件在加工中往返流动。

③ 辅助工序安排。辅助工序一般包括检验、清洗、去毛刺、倒棱、防锈、退磁等。若辅助工序安排不当或有遗漏，将会给后续工序造成困难，甚至影响产品质量，所以对辅助工序的安排必须给予足够的重视。

a. 检验工序。检验是最主要的、也是必不可少的辅助工序，它对保证产品质量有极重要的作用。零件加工过程中除了安排工序自检之外，还应在下列场合安排检验工序：

I. 粗加工全部结束之后、精加工之前；

II. 工件转入、转出车间前后；

III. 重要工序加工前后；

IV. 全部加工工序完成后。

b. 清洗和去毛刺。零件在研磨、珩磨等光整加工之后，砂粒易附在工件表面上，在最终检验工序前应将其清洗干净。在气候潮湿的地区，为防止工件氧化生锈，在工序间和零件入库前，也应安排清洗上油工序。

对于切削加工后在零件上留下的毛刺，由于会对装配质量甚至机器的性能产生影响，故应当去除。

c. 其他工序。零件加工过程中还应根据需要安排动、静平衡、退磁等其他工序。

在拟定台阶轴工艺过程时，应考虑检验工序的安排、检查项目及检验方法的确定。

(3) 该轴应遵循加工顺序安排的一般原则，如先粗后精、先主后次等。另外还应注意：外圆表面加工顺序应为：先加工大直径外圆，然后再加工小直径外圆，以免一开始就降低了工件的刚度。

该轴的加工工艺路线为：毛坯及其热处理→粗车→(半)精车。

4. 设计工序内容

1) 确定加工余量、工序尺寸及其公差

零件加工工艺路线确定后，在进一步安排各个工序的具体内容时，应正确地确定工序的工序尺寸，为确定工序尺寸，首先应确定加工余量。

(1) 加工余量的确定。图 2.77 所示是轴和孔的毛坯余量及各工序余量的分布情况。图中还给出了各工序尺寸及其公差、毛坯尺寸及其公差。为了便于加工，工序尺寸都按"入体原则"标注极限偏差，即对于被包容面(轴)的工序尺寸取上极限偏差为零；对于包容面(孔)的工序尺寸取下极限偏差为零。中心距及毛坯尺寸的公差一般采用双向对称布置。

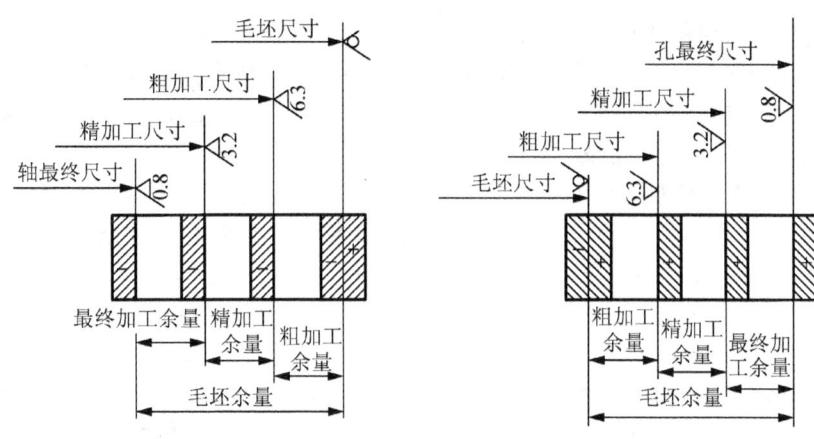

图 2.77　工序余量和毛坯余量

① 工序基本余量、最大余量、最小余量及余量公差。由于毛坯尺寸和工序尺寸都有制造公差，总余量和工序余量都是变动的。因此，加工余量有基本余量、最大余量、最小余量三种情况。图 2.78 所示的被包容面表面加工，基本余量是前工序和本工序公称尺寸之差；最小余量是前工序最小工序尺寸和本工序最大工序尺寸之差；最大余量是前工序最大工序尺寸和本工序最小工序尺寸之差。对于包容面则相反。

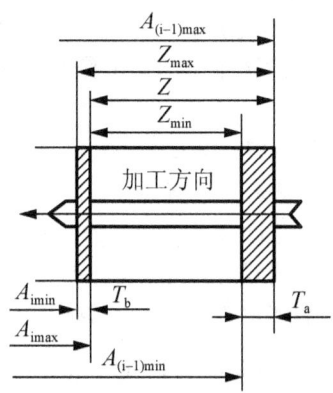

图 2.78　基本余量、最大余量、最小余量

由图 2.78 可知，工序余量的公称尺寸(简称基本余量或公称余量)Z 可按下式计算

对于被包容面　　Z=上工序公称尺寸−本工序公称尺寸

对于包容面　　Z=本工序公称尺寸−上工序公称尺寸

工序余量、工序尺寸及其公差的计算公式为

$$Z = Z_{min} + T_a \tag{2-2}$$

$$Z_{max} = Z + T_b = Z_{min} + T_a + T_b \tag{2-3}$$

式中：Z_{min}——最小工序余量；

$\quad\quad Z_{max}$——最大工序余量；

$\quad\quad T_a$——前工序尺寸的公差；

$\quad\quad T_b$——本工序尺寸的公差。

所以，余量公差为前工序与本工序尺寸公差之和。

② 确定加工余量的方法有三种。

a. 经验估计法：本方法是根据工厂的生产技术水平，依靠实际经验确定加工余量。此法简单易行，但有时为经验所限。为防止因余量过小而产生废品，经验估计的数值一般偏大，这种方法常用于单件小批量生产。

b. 查表修正法：本方法是根据各工厂长期的生产实践与试验研究所积累的有关加工余量数据，制成各种表格并汇编成手册，确定加工余量时，查阅有关手册，再结合本厂的实际情况进行适当修正后确定。查表法方便迅速，在生产中应用广泛。

c. 分析计算法：本方法是根据有关加工余量计算公式和一定的试验资料，对影响加工余量的各项因素进行分析和综合计算来确定加工余量。用这种方法确定加工余量比较经济合理，但必须有比较全面和可靠的试验资料，并且要对各项因素对加工误差的影响程度有清楚的了解。目前，只在材料十分贵重，以及军工生产或少数大量生产中采用。

(2) 工序尺寸和公差的确定方法。工序尺寸是工件在加工过程中各工序应保证的加工尺寸，工序尺寸和公差的确定对加工过程有较大的影响。例如，工序公差规定的严格，就要采用精确的加工方法和精确的定位装置，使加工费用增加；反之，如果工序公差规定的过大，会使后续工序加工余量的变化范围加大，出现后续工序加工余量过小、上道工序形成的缺陷无法纠正的情况。

工序尺寸和公差的确定分两种情况。

① 基准重合时工序尺寸及公差的确定。这种情况是指在对某一表面的加工中，各道工序(或工步)的定位基准相同，并与设计基准重合。此时，工序尺寸的计算只需在设计尺寸(即最后一道工序的工序尺寸)的基础上依次向前加上(或减去)各工序的余量，其公差则由该工序采用加工方法的经济精度决定。

如台阶轴加工外圆柱面，设计尺寸为 $\phi 32_{-0.025}^{0}$，表面粗糙度 Ra 为 1.6μm。加工的工艺路线为粗车→半精车→精车。用查表法确定毛坯尺寸、各工序尺寸及其公差。先从有关资料或手册查取各工序的基本余量及工序尺寸(见表 2-16)。最后一道工序的加工精度应达到外圆柱面的设计要求，其工序尺寸为设计尺寸。其余各工序的工序公称尺寸为相邻后工序的公称尺寸，加上该后续工序的基本余量。经过计算得各工序的工序尺寸见表 2-16。

表 2-16　加工 $\phi 32_{-0.025}^{0}$ 外圆柱面的工序尺寸计算　　　　　　　　　(mm)

工序	工序基本余量	工序尺寸公差	工序尺寸	工序尺寸及其公差
精车	0.5	0.025(IT 7)	$\phi 32$	$\phi 32_{-0.025}^{0}$
半精车	1	0.062(IT 9)	$\phi 32.5$	$\phi 32.5_{-0.062}^{0}$
粗车	1.5	0.25(IT 12)	$\phi 33.5$	$\phi 33.5_{-0.25}^{0}$
毛坯			$\phi 35$	$\phi 35 \pm 1$

② 基准不重合时，工序尺寸及公差的确定。在工序设计中确定工序尺寸及公差时，经常会遇到工序基准或测量基准等与设计基准不重合的情况，此时工序尺寸的求解需要借助尺寸链原理进行分析计算。计算方法详见任务 2.2。

③ 该轴工序尺寸和公差按第(1)种方法确定。

(3) 该轴工序尺寸的确定。

① 毛坯下料尺寸：$\phi 35 \times 125$；

② 粗车时，各外圆及各段尺寸按图样加工尺寸均留余量 0.5～1mm；

③ 精车时，各外圆及各段尺寸车到图样规定尺寸。

2）选择设备和工装

(1) 机床的选择。一个合理的机床选择方案应达到以下要求。

① 机床的加工规格范围与所加工零件的外形轮廓尺寸相适应。即小工件选小规格机床，大工件选大规格机床。

② 机床的精度与工序要求的精度相适应。即机床的加工经济精度应满足工序要求的精度。

③ 机床的生产率与工件的生产类型相适应。单件小批生产时，一般选择通用设备；大批量生产时，宜选用高生产率的专用设备。

④ 在中小批生产中，对于一些精度要求较高、工步内容较多的复杂工序，应尽量采用数控机床加工。

⑤ 机床的选择应与现有生产条件相适应。选择机床应当尽量考虑到现有的生产条件，充分发挥现有设备的作用，并尽量使设备负荷均衡。

该轴加工设备选择：普通车床 CA6140。

(2) 工艺装备的选择。工艺装备的选择主要指夹具、刀具和量具的选择。

① 夹具的选择。在单件小批生产中，应优先选择通用夹具，如卡盘、回转工作台、平口钳等，也可选用组合夹具。大批大量生产时，应根据加工要求设计、制造专用夹具。

② 刀具的选择。选择刀具时应综合考虑工件材料、加工精度、表面粗糙度、生产率、经济性及所选用机床的技术性能等因素。一般应优先选择标准刀具。在成批或大量生产时为了提高生产率，保证加工质量，应采用各种高生产率的复合刀具或专用刀具。此外，应结合实际情况，尽可能选用各种先进刀具，如可转位刀具、整体硬质合金刀具、陶瓷刀具等。

③ 量具的选择。选择量具的依据是生产类型和加工精度。首先，选用的量具精度应与加工精度相适应；其次，要考虑量具的测量效率应与生产类型相适应。在生产中，单件小批生产时通常采用游标卡尺、千分尺等通用量具；大批大量生产时，多采用极限量规和高生产率的专用量具。各种通用量具的使用范围和用途，可查阅有关的专业书籍或技术资料，并以此作为选择量具的依据。

此外，在工装选择中，还应重视对刀杆、接杆、夹头等机床辅具的选用。辅具的选择要根据工序内容、刀具和机床结构等因素确定，应尽量选择标准辅具。

3）确定切削用量及时间定额

确定切削用量及时间定额时可采用查表法或经验法。采用查表法时，应注意结合所加工零件的具体情况以及企业的生产条件，对所查得的数值进行修正，使其更符合生产实际。

(1) 确定合理的切削用量。切削用量不仅是在机床调整前必须确定的重要参数，而且其数值合理与否对加工质量、加工效率、生产成本等有着非常重要的影响。所谓合理的切削用量是指充分利用刀具切削性能和机床动力性能(功率、转矩)，在保证质量的前提下，获得高的生产率和低的加工成本的切削用量。

单件小批生产中，在工艺文件上常不具体规定切削用量，而由操作者根据具体情况确定。在成批生产时，则将经过严格选择确定的切削用量写在工艺文件上，由操作者执行。目前，许多工厂是通过切削用量手册、实践总结或工艺试验来选择切削用量的。

① 切削用量的选择原则。能达到零件的质量要求(主要指表面粗糙度和加工精度)，并

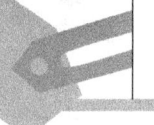

在工艺系统强度和刚性允许及充分利用机床功率和发挥刀具切削性能的前提下，选取一组最大的切削用量。

② 制定切削用量时考虑的因素。

a. 切削加工生产率。在切削加工中，金属切除率与切削用量三要素 a_p、f、v_c 均保持线性关系，即其中任一参数增大一倍，都可使生产率提高一倍。然而由于受刀具寿命的制约，当任一参数增大时，其余两参数必须减小。因此，在制定切削用量时，三要素获得最佳组合，此时的高生产率才是合理的。一般情况下尽量优先增大 a_p，以求一次进刀全部切除加工余量。

b. 机床功率。背吃刀量 a_p 和切削速度 v_c 增大时，均使切削功率成正比增加。进给量 f 对切削功率影响较小。所以，粗加工时，应尽量增大进给量。

c. 刀具寿命(刀具的耐用度 T)。切削用量三要素对刀具寿命影响的大小，按顺序为 v_c、f、a_p。因此，从保证合理的刀具寿命出发，在确定切削用量时，首先应采用尽可能大的背吃刀量 a_p；然后再选用大的进给量 f；最后求出切削速度 v_c。

d. 加工表面粗糙度。精加工时，增大进给量将增大加工表面粗糙度值。因此，它是精加工时抑制生产率提高的主要因素。在较理想的情况下，提高切削速度 v_c，能降低表面粗糙度值；背吃刀量 a_p 对表面粗糙度的影响较小。

综上所述，合理选择切削用量，应该首先选择一个尽量大的背吃刀量 a_p，其次选择一个大的进给量 f，最后根据已确定的 a_p 和 f，并在刀具耐用度和机床功率允许条件下选择一个合理的切削速度 v_c。

③ 切削用量制定的步骤。粗加工的切削用量，一般以提高生产效率为主，但也应考虑经济性和加工成本；半精加工和精加工的切削用量，应以保证加工质量为前提，并兼顾切削效率、经济性和加工成本。

a. 背吃刀量 a_p 的选择：根据加工余量多少而定。除留给下道工序的余量外，其余的粗车余量尽可能一次切除，以使走刀次数最小；当粗车余量太大或加工的工艺系统刚性较差时，则加工余量分两次或数次走刀后切除。

b. 进给量 f 的选择：可利用计算的方法或查手册资料来确定进给量 f 的值。

c. 切削速度 v_c 的确定：按刀具的耐用度 T 所允许的切削速度 v_T 来计算。除了用计算方法外，生产中经常按实践经验和有关手册资料选取切削速度。

d. 校验机床功率：

$$v_c \leqslant P_E \times \eta / (1\ 000 F_z) \mathrm{m/s}$$

式中：P_E——机床电动机功率；

η——机床传动效率；

F_z——主切削力。

④ 提高切削用量的途径：

a. 采用切削性能更好的新型刀具材料。

b. 在保证工件力学性能的前提下，改善工件材料加工性。

c. 改善冷却润滑条件。

d. 改进刀具结构，提高刀具制造质量。

 **特别提示**

切削用量(切削速度、背吃刀量及进给量)是一个有机的整体，选择切削用量是要选择切削用量的最佳组合，在保持刀具合理耐用度的前提下，使 a_p、f、v_c 三者的乘积值最大，以获得最高的生产率。因此选择切削用量的基本原则是：首先选取尽可能大的背吃刀量；其次根据机床动力和刚性限制条件或已加工表面粗糙度的要求，选取尽可能大的进给量；最后利用切削用量手册选取或者用公式计算确定切削速度。

⑤ 车削用量选择方法。粗车时的切削用量一般为 $a_p=2\sim 5mm$，$f=0.3\sim 0.7mm/r$，在确定 a_p、f 之后，可根据刀具材料和机床功率确定切削速度 v_c。

精车时，一般先选择切削速度 v_c，然后确定 f(精车 $f=0.08\sim 0.2mm/r$)，最后决定 a_p。

硬质合金外圆车刀切削速度选择可查表 2-17。粗、精车外圆及端面的进给量可参照车工工艺手册选取。

表 2-17　硬质合金外圆车刀切削速度参考表

工件材料	热处理状态	$a_p=0.3\sim 2mm$ $f=0.08\sim 0.3mm/r$	$a_p=2\sim 6mm$ $f=0.3\sim 0.6mm/r$	$a_p=6\sim 10mm$ $F=0.6\sim 1mm/r$
		v_c/m·min^{-1}		
低碳钢 易切钢	热轧	140~180	100~120	70~90
中碳钢	热轧	130~160	90~110	60~80
	调质	100~130	70~90	50~70
合金工具钢	热轧	100~130	70~90	50~70
	调质	80~110	50~70	40~60
工具钢	退火	90~120	60~80	50~70
灰铸铁	<190HBW	90~120	60~80	50~70
	190~225HBW	80~110	50~70	40~60
高锰钢			10~20	
铜及铜合金		200~250	120~180	90~120
铝及铝合金		300~600	200~400	150~200
铸铝合金		100~180	80~150	60~100

注：表中刀具材料切削钢及灰铸铁时耐用度约为 60min。

(2) 时间定额的制定。时间定额是指在一定生产条件下，规定生产一件产品或完成一道工序所需消耗的时间。它是安排生产计划、进行成本核算的重要依据，又是设计新厂和扩建工厂时计算设备和人员数量等的依据。

时间定额由以下项目组成：

① 基本时间 t_b。直接改变生产对象的尺寸、形状、相对位置、表面状态或材料性质等工艺过程所消耗的时间称为基本时间。对机械加工而言，基本时间就是直接切除工序余量

所消耗的机动时间(包括刀具的切出和切入时间)。基本时间可由公式计算求出。各种情况下机动时间的计算公式可参阅有关手册。

② 辅助时间 t_a。为了完成工艺过程所必须进行的各种辅助动作，如装卸工件、开停机床、改变切削用量、试切和测量工件等所消耗的时间称为辅助时间。

辅助时间的确定方法随生产类型不同而异。大批大量生产时，为使辅助时间规定得合理，需将辅助动作分解，再分别确定各分解动作的时间，最后予以综合计算；中批生产则可根据以往统计资料来确定；单件小批生产常用基本时间的百分比进行估算。

基本时间和辅助时间之和称为作业时间。它是直接用于制造产品或零部件所消耗的时间。

③ 布置工作地时间 t_s。为使加工正常进行，工人在一个工作班时间内，还要做一些照管工作地的工作，如更换工具、润滑机床、清除切屑、修整刀具和工具等。工人照管工作地所消耗的时间称为布置工作地时间。一般按作业时间的 2%～7%计算。

④ 休息与生理需要时间 t_r。工人在工作班内为恢复体力和满足生理需要所消耗的时间称为休息与生理需要时间。一般按作业时间的 2%计算。

⑤ 准备与终结时间 t_e。为了生产一批产品或零、部件，进行准备和结束工作所消耗的时间称为准备与终结时间。例如，在一批产品或零、部件开始加工前，工人需要熟悉工艺文件，领取毛坯和工艺装备，安装刀具与夹具，调整机床和刀具等；加工完一批工件后，需归还工艺装备，归还图样和工艺文件，送交成品等。准备与终结时间是消耗在一批工件上的时间，若一批工件的数量为 N，则分摊到每个工件上的时间为 t_e/N，当 N 很大时(大批大量生产)，t_e/N 就可以忽略不计。

综上所述，单件时间定额 T 为

$$T = t_b + t_a + t_s + t_r + t_e \tag{2-4}$$

对于成批生产，单件时间定额 T_p 为

$$T_p = T + t_e/N \tag{2-5}$$

对于大量生产，单件时间定额为

$$T_p = T \tag{2-6}$$

 **特别提示**

常用的时间定额制定方法有：

(1) 由工时定额员、工艺人员和工人相结合，在总结过去经验的基础上，参考有关资料估算确定。

(2) 以同类产品的时间定额为依据，进行对比分析后推算确定。

(3) 通过对实际操作时间的测定和分析确定。

需要注意的是，随着企业生产技术条件的改善和技术的发展，时间定额应定期进行修订，以保持定额的先进水平，使之起到不断促进生产发展的作用。

5. 填写工艺卡片

综上所述，确定的该台阶轴机械加工工艺过程卡片见表 2-18。

表 2-18　台阶轴机械加工工艺过程卡片

××职业学院	机械加工工艺过程卡片		产品型号			零(部)件图号		共 1 页
			产品名称			零(部)件名称 台阶轴		第 1 页

材料牌号	45	毛坯种类	棒料	毛坯外型尺寸	$\phi35\times125$	每毛坯件数		每台件数		

工序号	工序名称	工序内容	车间	工段	设备	工艺装备	备注	工时	
								准终	单件
1	下料	$\phi35\times125$	金工		锯床				
2	热处理	调质 220～250HBW	热处理						
3	车	(1) 车端面车平即可；钻中心孔	金工		CA6140	45°、90°外圆车刀，A2 中心钻			
		(2) 粗车、半精车外圆分别至 $\phi32.5$、$\phi25$ $(Ra6.3)$、$\phi18^{-0.050}_{-0.077}$ $(Ra3.2)$，保证长度 70 及 $50^{0}_{-0.25}$				三爪卡盘、顶尖			
		(3) 精车外圆至 $\phi32^{0}_{-0.025}$ $(Ra1.6)$($\phi32$、$\phi18$ 外圆必须一次装夹加工完成，确保二者同轴度公差要求)				游标卡尺、螺旋千分尺			
		(4) 倒角 C1，锐边倒钝							
4	车	(1) 车端面保证总长 120±0.18	金工		CA6140	45°、90°外圆车刀			
		(2) 粗车、精车 $\phi24^{0}_{-0.05}$ 外圆至尺寸 $(Ra3.2)$，保证长度 $20^{0}_{-0.2}$				三爪卡盘、铜皮			
		(3) 倒角 C1，锐边倒钝				游标卡尺、螺旋千分尺			
5	检	按零件图各项要求检验							

				设计 (日期)	审核 (日期)	标准化 (日期)	会签 (日期)
标记	处数	更改文件号	签字	日期			
标记	处数	更改文件号	签字	日期			

任务 2.2　编制传动轴零件机械加工工艺规程

2.2.1　任务引入

综合运用工艺规程的基础知识，编制如图2.79(a)所示的减速箱传动轴机械加工工艺规程。生产类型为小批生产。材料为45热轧圆钢，零件需调质。图2.79(b)为减速箱传动轴工作图样。

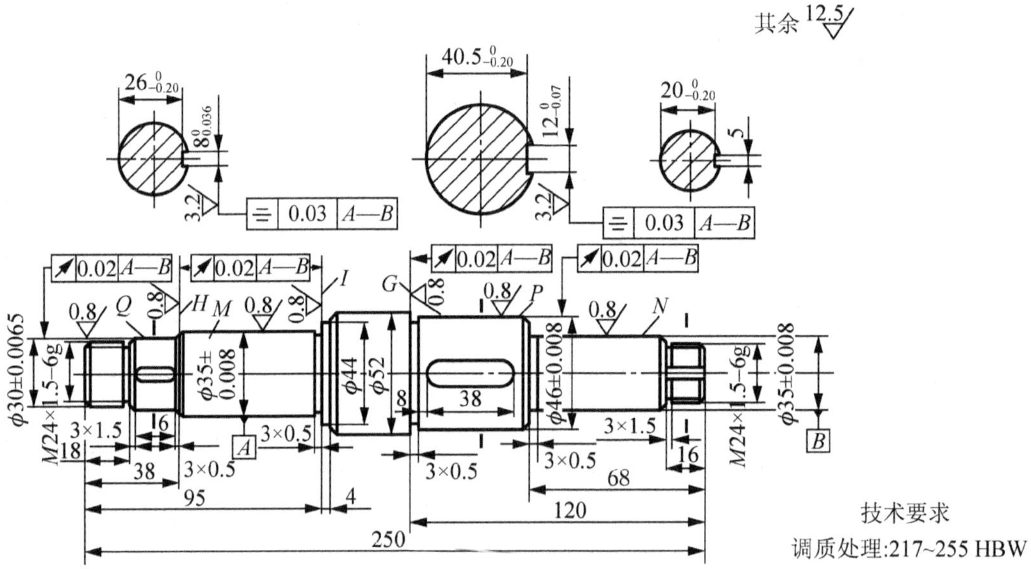

(a) 传动轴零件简图

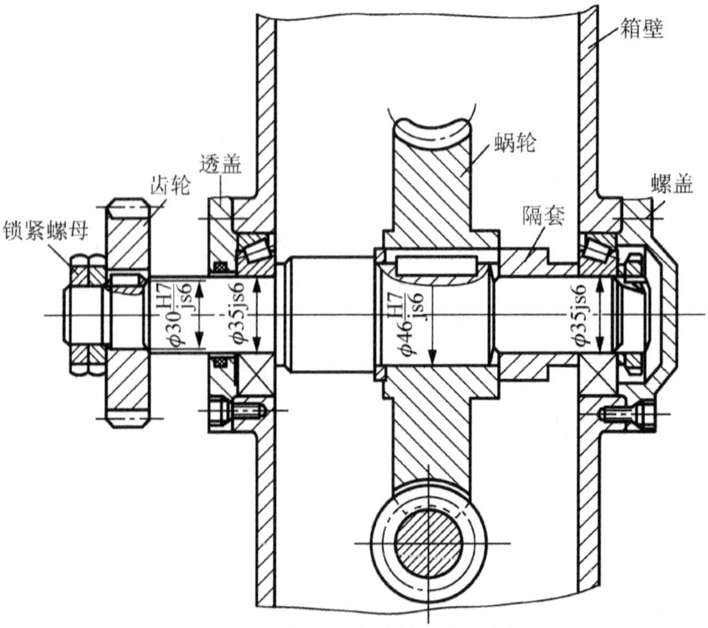

(b) 减速箱传动轴工作图样

图 2.79　减速箱传动轴零件图及其工作图样

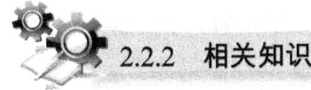 2.2.2　相关知识

1. 磨削

1) 磨床

(1) 磨床(grinder)简介。用磨料磨具(砂轮、砂带、油石或研磨料等)对工件表面进行磨削加工的机床。磨床是适应精加工和硬表面加工的要求而发展起来的,其加工精度可达 IT6～IT5,表面粗糙度 Ra 可达 0.8～0.2μm。

磨床可以加工各种表面,如内、外圆柱面和圆锥面,平面,螺旋面,渐开线齿廓面以及各种成形表面等,还可以刃磨刀具,应用范围非常广泛。

(2) 磨床分类。磨床的种类很多,其中主要类型有以下几种。

① 外圆磨床:包括万能外圆磨床、普通外圆磨床、无心外圆磨床等,主要用于磨削圆柱形和圆锥形外表面。图 2.80 所示为万能外圆磨床外形。

② 内圆磨床:包括普通内圆磨床、行星内圆磨床、无心内圆磨床等,主要用于磨削圆柱形和圆锥形内表面。

③ 平面磨床:包括卧轴矩台平面磨床、立轴矩台平面磨床、卧轴圆台平面磨床、立轴圆台平面磨床等,主要用于磨削工件的平面。

④ 刀具刃磨磨床:包括万能工具磨床、拉刀刃磨磨床、滚刀刃磨磨床等。

⑤ 工具磨床:包括工具曲线磨床、钻头沟槽磨床等,用于磨削各种工具。

⑥ 专门化磨床:包括花键轴磨床、曲轴磨床、齿轮磨床、螺纹磨床等。

⑦ 其他磨床:包括珩磨机、研磨机、砂带磨床、砂轮机等。

生产中应用最多的是外圆磨床、内圆磨床、平面磨床。

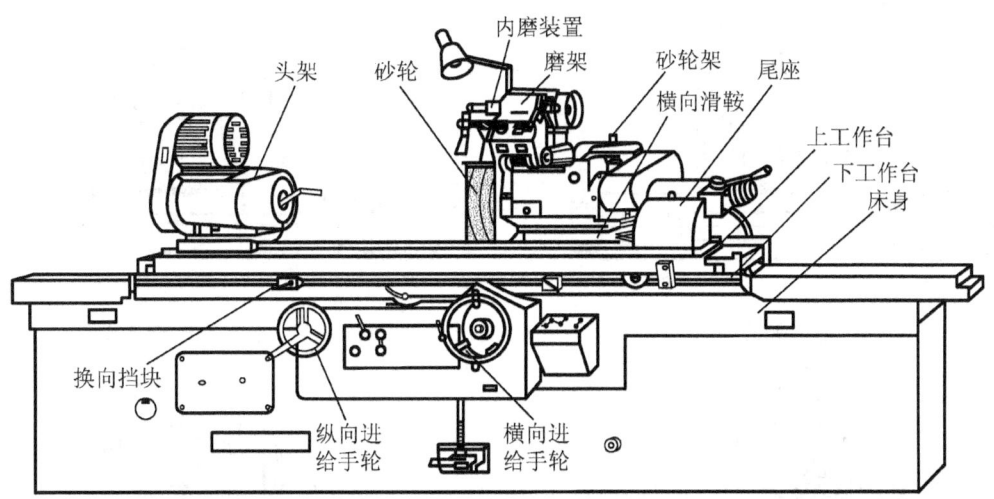

图 2.80　M1432A 型万能外圆磨床

(3) M1432A 型万能外圆磨床。

① 机床的用途。M1432A 型机床是普通精度级万能外圆磨床,经济精度为 IT6～IT7 级,加工表面的表面粗糙度 Ra 值可控制在 1.25～0.08μm 范围内。它主要用于内外圆柱表

面、内外圆锥表面的精加工，也可用于磨削阶梯轴的轴肩、端面、圆角等；最大磨削外圆直径为320mm。这种机床的工艺范围广，但生产效率较低，适用于单件小批生产。

② 机床的组成。图2.80所示为M1432A型万能外圆磨床，它由下列主要部件组成。

a. 床身：是磨床的基础支承件，在它的上面装有砂轮架、工作台、头架、尾座及横向滑鞍等部件，使这些部件在工作时保持准确的相对位置。床身内部装有液压缸及其他液压元件，用来驱动工作台和滑鞍的移动。

b. 头架：用于装夹工件，并带动其旋转，可在水平面内逆时针方向转动90°。头架主轴通过顶尖或卡盘装夹工件，它的回转精度和刚度直接影响工件的加工精度。

c. 工作台：由上下两层组成，上工作台可相对于下工作台在水平面内转动很小的角度（±10°），用以磨削锥度不大的长圆锥面。上工作台顶面装有头架和尾座，它们随工作台一起沿床身导轨作纵向往复运动。

d. 内磨装置：用于支承磨内孔的砂轮主轴部件，其主轴由单独的电动机驱动。

e. 砂轮架：用于支承并传动砂轮主轴高速旋转。砂轮架装在横向滑鞍上，当需磨削短圆锥面时，砂轮架可在水平面内调整至一定角度位置（±30°）。

f. 滑鞍及横向进给机构：转动横向进给手轮，可以使横向进给机构带动横向滑鞍及其上的砂轮架作横向进给运动。也可利用液压装置使砂轮架作快速进退或周期性自动切入进给。

g. 尾座：尾座的功用是利用安装在尾座套筒上的顶尖（后顶尖），与头架主轴上的前顶尖一起支承工件，使工件实现准确定位。尾座利用弹簧力顶紧工件，以实现磨削过程中工件因热膨胀而伸长时的自动补偿，避免引起工件的弯曲变形和顶尖孔的过度磨损。尾座套筒的退回可以手动，也可以液压驱动。

③ 机床的运动。图2.81所示是机床的几种典型加工方法。由图可以看出，机床必须具备以下运动：外磨或内磨砂轮的旋转主运动 n_0、工件圆周进给运动 $n_ω$、工件（工作台）往复纵向进给运动 f_a、砂轮周期或连续横向进给运动 f_r。此外，机床还有砂轮架快速进退和尾座套筒伸缩两个辅助运动。

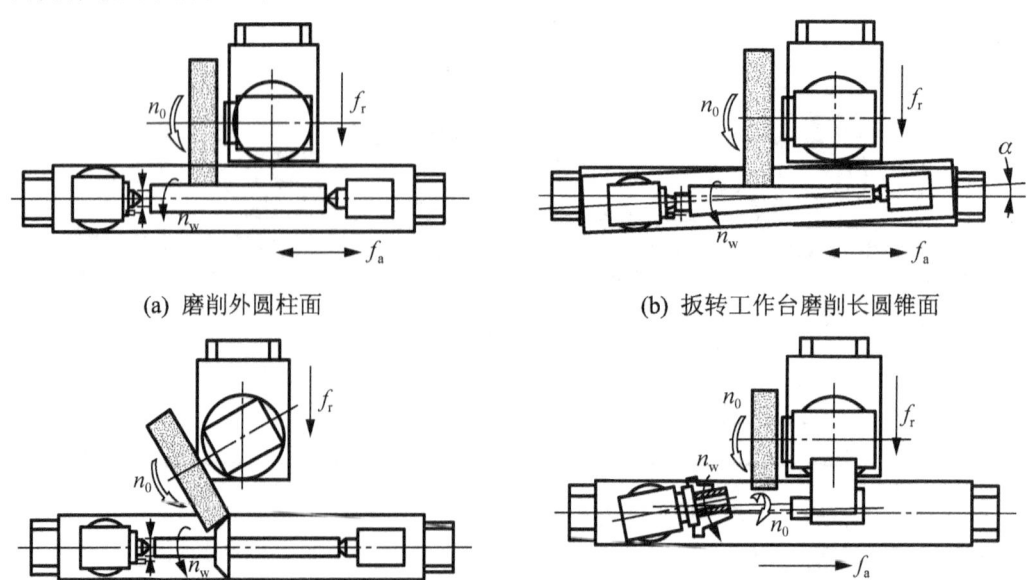

(a) 磨削外圆柱面   (b) 扳转工作台磨削长圆锥面

(c) 扳转砂轮架磨削短圆锥面   (d) 扳转头架磨削内圆锥面

图2.81 万能外圆磨床加工示意图

④ 机床的传动。图 2.82 所示为 M1432A 型万能外圆磨床传动系统图。工件(工作台)往复纵向进给运动 f_a、砂轮架快速进退和自动周期进给以及尾座套筒伸缩均采用液压传动，其余则为机械传动。

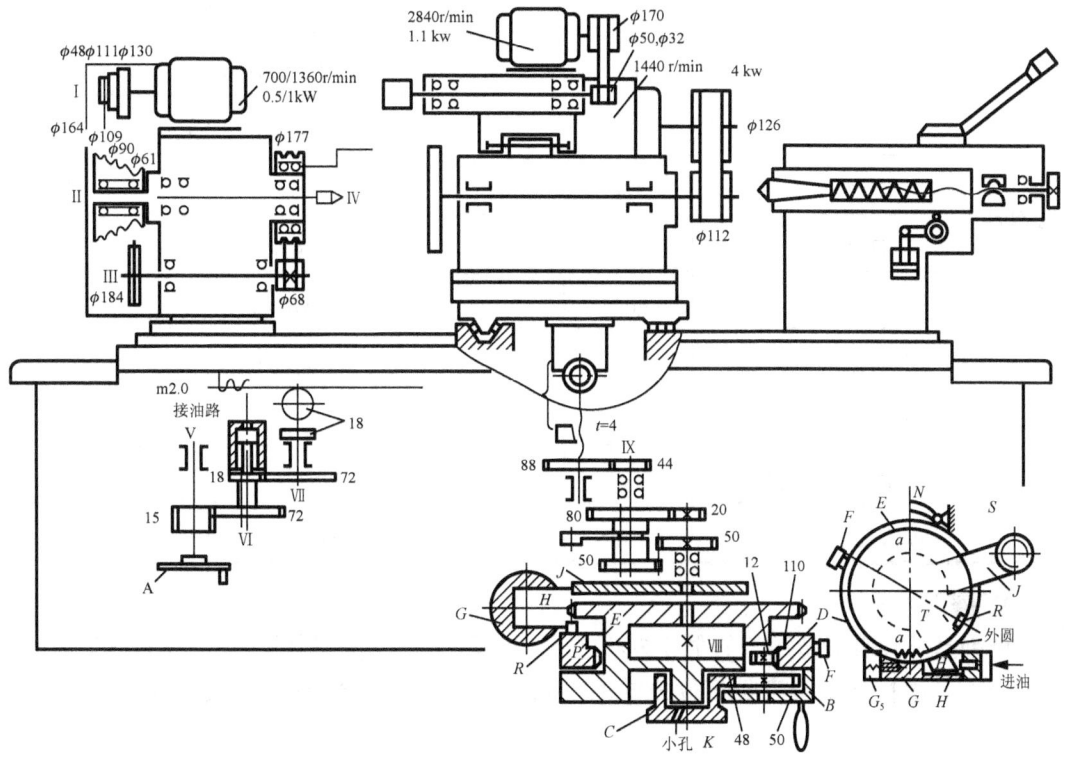

图 2.82　M1432A 型万能外圆磨床传动系统图

M1432A 型万能外圆磨床的主运动是砂轮的高速旋转运动，进给运动则取决于加工工件表面形状以及所采用的磨削方法，它可以由工件或砂轮来完成，也可以由两者共同来完成。

⑤ M1432A 型万能外圆磨床主要技术性能参数见表 2-19。

表 2-19　M1432A 型万能外圆磨床的主要技术参数

项　　目	单位	参　　数
最大磨削直径×最大磨削长度	mm	$\phi320×1\,000$、$1\,500$、$2\,000$
内圆可磨直径	mm	$\phi13\sim\phi100$
内圆可磨削长度	mm	$55\sim125$
主轴最高转速 n_{max}	r/min	$1\,670$
主轴转速级数		6
外形尺寸(长×宽×高)	mm	$\phi320×1\,000$：$3\,400×1\,690×1\,650$
		$\phi320×1\,500$：$4\,500×1\,690×1\,650$
		$\phi320×2\,000$：$5\,100×1\,690×1\,650$

项　　目	单位	参　　数
质量	kg	$\phi320\times1\,000$：3 600
		$\phi320\times1\,500$：4 800
		$\phi320\times2\,000$：5 300
工件精度 圆度	mm	0.005
圆柱度	mm	0.008
表面粗糙度 外圆	μm	*Ra* 0.32
内孔	μm	*Ra* 0.63
电动机功率 电动机总功率	kW	7.075
磨头电动机功率	kW	4
砂轮尺寸	mm	$\phi400\times50\times\phi203$

2) 磨削方法

磨削是外圆表面精加工的主要方法之一。它既可加工淬硬后的表面，又可加工未经淬火的表面。根据磨削时工件定位方式的不同，外圆磨削可分为：中心磨削和无心磨削两大类。

(1) 中心磨削。中心磨削即普通的外圆磨削，被磨削的工件由中心孔定位，在外圆磨床或万能外圆磨床上加工。磨削后工件尺寸精度可达 IT6～IT8，表面粗糙度 *Ra* 为 0.8～0.1μm。在外圆磨床上常用的磨削方法有以下几种。

① 纵磨法。如图 2.83(a)所示，砂轮高速旋转起切削作用，工件旋转作圆周进给运动，并和工作台一起作纵向往复直线进给运动。工作台每往复一次，砂轮沿磨削深度方向完成一次横向进给，每次进给(背吃刀量)都很小，全部磨削余量是在多次往复行程中完成的。当工件磨削接近最终尺寸时(尚有余量 0.005～0.01mm)，应无横向进给光磨几次，直到火花消失为止。纵磨法加工精度和表面质量较高，适应性强，用同一砂轮可磨削直径和长度不同的工件，但生产率低。在单件小批生产及精磨中应用广泛，特别适用于磨削细长轴等刚性差的工件。

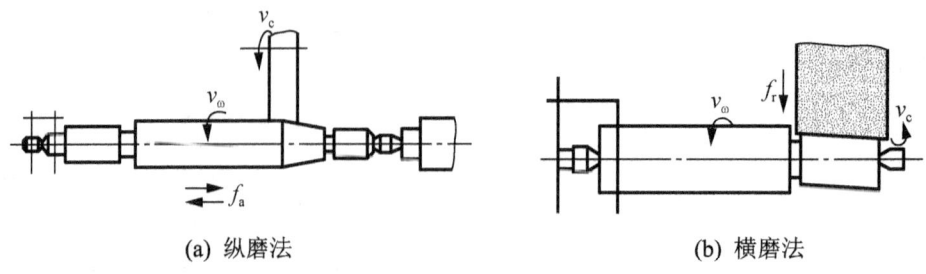

(a) 纵磨法　　　　　　　　　　　　　　(b) 横磨法

图 2.83　外圆磨床的磨削方法

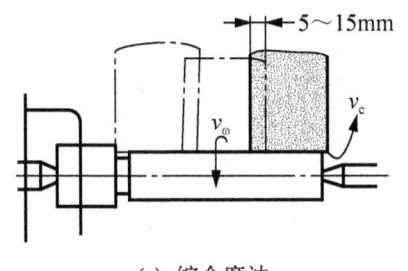 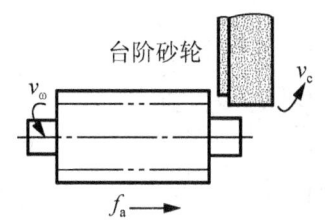 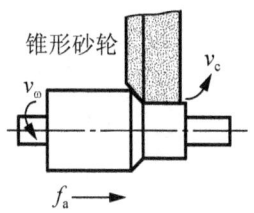

(c) 综合磨法　　　　　　　　　　　　　　(d) 深磨法

图 2.83　外圆磨床的磨削方法(续)

② 横磨法(切入法)。如图 2.83(b)所示，磨削时，工件不作纵向往复运动，砂轮以缓慢的速度连续或间断地向工件做横向进给运动，直到磨去全部余量。横磨时，工件与砂轮的接触面积大，磨削力大，发热量大而集中，所以易发生工件变形、烧刀和退火。横磨法生产效率高，适用于成批或大量生产中，磨削长度短、刚性好、精度低的外圆表面及两侧都有台肩的轴颈。若将砂轮修整成形，也可直接磨削成形面。

③ 综合磨法。如图 2.83(c)所示，先用横磨法将工件分段进行粗磨，相邻之间有 5～15mm 的搭接，每段上留有 0.01～0.03mm 的精磨余量，精磨时采用纵磨法。这种磨削方法综合了纵磨和横磨法的优点，适用于磨削余量较大(余量 0.7～0.6mm)的工件。

④ 深磨法。如图 2.83(d)所示，磨削时，采用较小的纵向进给量(1～2mm/r)和较大的背吃刀量(0.2～0.6mm)，在一次走刀中磨去全部余量。为避免切削负荷集中和砂轮外圆棱角迅速磨钝，应将砂轮修整成锥形或台阶形，外径小的台阶起粗磨作用，可修粗些；外径大的起精磨作用，修细些。深磨法可获得较高精度和生产率，表面粗糙度值较小，适用于在大批大量生产中加工刚性好的短轴。

(2) 无心磨削。无心磨削是一种高生产率的精加工方法。无心磨削时，工件尺寸精度可达 IT7～IT6，表面粗糙度 Ra 可达 0.8～0.2μm。

在无心磨床磨削工件外圆时，工件不用顶尖来定心和支承，而是直接将工件放在砂轮 1 和导轮 3(用橡胶结合剂作的粒度较粗的砂轮)之间，由托板 4 支承，工件被磨削的外圆面作定位面，如图 2.84(a)所示。无心外圆磨床有两种磨削方式。

① 贯穿磨削法(纵磨法)：如图 2.84(b)所示，磨削时将工件从机床前面放到托板 4 上，推入磨削区，由于导轮 3 轴线在垂直平面内倾斜 α 角(α=1°～6°)，导轮 3 与工件 2 接触处的线速度 $v_导$ 可以分解成水平和垂直两个方向的分速度 $v_{导水平}$ 和 $v_{导垂直}$，$v_{导垂直}$ 控制工件 2 的圆周进给运动；$v_{导水平}$ 使工件 2 作纵向进给。所以工件 2 进入磨削区后，便既作旋转运动，又做轴向移动，穿过磨削区，工件就磨削完毕。α 角增大、生产率高，但表面粗糙度值增大；反之，情况相反。为保证导轮 3 与工件 2 呈线接触状态，需将导轮 3 形状修整成回转双曲面形。这种磨削方法不适用带台阶的圆柱形工件。

② 切入磨削法(横磨法)：先将工件放在托板 4 和导轮 3 之间，然后由工件(连同导轮)或磨削砂轮横向切入进给，磨削工件表面。这时导轮的中心线仅倾斜很小角度(0.5°～1°)，以便对工件产生一微小的轴向推力，使它靠住挡板 5，得到可靠轴向定位，如图 2.84(c)所示。切入磨削法适用于磨削有阶梯或成形回转表面的工件，但磨削表面长度不能大于磨削砂轮宽度。

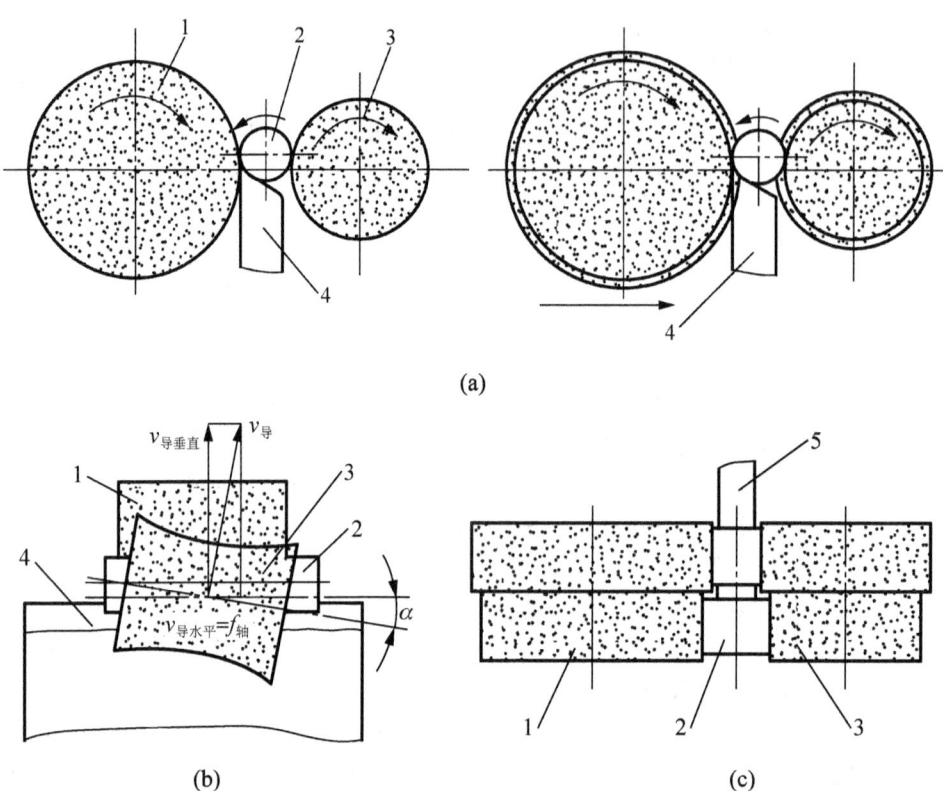

图 2.84　无心外圆磨削的加工示意图

1-磨削砂轮；2-工件；3-导轮；4-托板；5-挡板

无心磨削时，必须满足下列条件：

a. 由于导轮倾斜了一个 α 角度，为了保证切削平稳，导轮与工件必须保持线接触，为此导轮表面应修整成双曲线回转体形状。

b. 导轮材料的摩擦因数应大于砂轮材料的摩擦因数；砂轮与导轮同向旋转，且砂轮的速度应大于导轮的速度；托板的倾斜方向应有助于工件紧贴在导轮上。

c. 为了保证工件的圆度要求，工件中心应高出砂轮和导轮中心连线。高出数值 H 与工件直径有关。当工件直径 $d=\phi8\sim\phi30mm$ 时，$H\approx d/3$；当 $d=\phi30\sim\phi70mm$ 时，$H\approx d/4$。

d. 导轮倾斜一个 α 角度。如图 2.84(b)所示，当导轮以速度 $v_导$ 旋转时，可分解为：

$$v_{导垂直}=v_导\cos\alpha，\quad v_{导水平}=v_导\sin\alpha$$

粗磨时，α取 $3°\sim6°$；精磨时，α取 $1°\sim3°$。

在磨床上磨削外圆表面时，应采用充足的切削液，一般磨钢件多用苏打水或乳化液；铝件采用加少量矿物油的煤油；铸铁、青铜件一般不用切削液，而用吸尘器清除尘屑。

3) 砂轮

(1) 砂轮的组成及使用范围。砂轮是磨削的切削工具，它是用磨料和结合剂等经压坯、干燥和培烧而制成的中央有通孔的圆形固结磨具，如图 2.85 所示。砂轮使用时高速旋转，适于加工各种金属和非金属材料。砂轮的种类繁多，不同砂轮可分别对工件的外圆、内圆、平面和各种型面等进行粗磨、半精磨和精磨，以及切断和开槽等。砂轮的特性取决于磨料、粒度、结合剂、硬度和组织等五个参数。

图 2.85　各种砂轮外形图

① 磨料。磨料即砂粒，是砂轮的基本材料，直接承受磨削时的切削热和切削力，必须锋利并具有高的硬度、耐磨性、耐热性和一定的韧性。常用磨料代号、特点及适用范围见表 2-20。

表 2-20　常用磨料代号、特性及适用范围

系别	名称	代号	主要成分	显微硬度（HV）	颜色	特　性	适用范围
氧化物系	棕刚玉	A	Al_2O_3 91%～96%	2 200～2 288	棕褐色	硬度高，韧性好，价格便宜	磨削碳钢、合金钢、可锻铸铁、硬青铜
	白刚玉	WA	Al_2O_3 97%～99%	2 200～2 300	白色	硬度高于棕刚玉，磨粒锋利，韧性差	磨削淬硬的碳钢、高速钢
碳化物系	黑碳化硅	C	SiC >95%	2 840～3 320	黑色带光泽	硬度高于钢玉，性脆而锋利，有良好的导热性和导电性	磨削铸铁、黄铜、铝及非金属
	绿碳化硅	GC	SiC >99%	3 280～3 400	绿色带光泽	硬度和脆性高于黑碳化硅，有良好的导电性和导热性	磨削硬质合金、宝石、陶瓷、光学玻璃、不锈钢
高硬磨料	立方氮化硼	CBN	立方氮化硼	8 000～9 000	黑色	硬度仅次于金刚石，耐磨性和导电性好，发热量小	磨削硬质合金、不锈钢、高合金钢等难加工材料
	人造金刚石	MBD	碳结晶体	10 000	乳白色	硬度极高，韧性很差，价格昂贵	磨削硬质合金、宝石、陶瓷等高硬度材料

② 粒度。粒度是指磨料颗粒尺寸的大小。粒度分为磨粒和微粉两类。对于颗粒尺寸大于 40μm 的磨料，称为磨粒。用筛选法分级，粒度号以磨粒通过的筛网上每英寸长度内的孔眼数来表示。如 60 号的磨粒表示其大小刚好能通过每英寸长度上有 60 个孔眼的筛网。对于颗粒尺寸小于 40μm 的磨料，称为微粉。用显微测量法分级，用 W 和后面的数字表示粒度号，其 W 后的数值代表微粉的实际尺寸。如 W20 表示微粉的实际尺寸为 20μm。

砂轮的粒度对磨削表面的粗糙度和磨削效率影响很大。磨粒粗，磨削深度大，生产率高，但表面粗糙度值大。反之，则磨削深度均匀，表面粗糙度值小。所以粗磨时，一般选

粗粒度，精磨时选细粒度。磨软金属时，多选用粗磨粒，磨削脆而硬材料时，则选用较细的磨粒。粒度的选用见表 2-21。

表 2-21　磨料粒度的选用

粒度号	颗粒尺寸范围/μm	适用范围	粒度号	颗粒尺寸范围/μm	适用范围
12~36	2 000~1 600 500~400	粗磨、荒磨、切断钢坯、打磨毛刺	W40~ W20	40~28 20~14	精磨、超精磨、螺纹磨、珩磨
46~80	400~315 200~160	粗磨、半精磨、精磨	W14~ W10	14~10 10~7	精磨、精细磨、超精磨、镜面磨
100~280	165~125 50~40	精磨、成形磨、刀具刃磨、珩磨	W7~ W3.5	7~5 3.5~2.5	超精磨、镜面磨、制作研磨剂等

③ 结合剂。结合剂是用来固结磨粒形成磨具的材料。砂轮的强度、抗冲击性、耐热性及耐腐蚀性，主要取决于结合剂的种类和性质。常用结合剂的种类、性能及适用范围见表 2-22。

表 2-22　常用结合剂的种类、性能及适用范围

种类	代号	性　能	用　途
陶瓷	V	耐热性、耐腐蚀性好、孔隙率大、易保持轮廓、弹性差	应用广泛，适用于 $v<35m/s$ 的各种成形磨削、磨齿轮、磨螺纹等
树脂	B	强度高、弹性大、耐冲击、坚固性和耐热性差、孔隙率小	适用于 $v>50m/s$ 的高速磨削，可制成薄片砂轮，用于磨槽、切割等
橡胶	R	强度和弹性更高、孔隙率小、耐热性差、磨粒易脱落	适用于无心磨的砂轮和导轮、开槽和切割的薄片砂轮、抛光砂轮等
金属	M	韧性和成形性好、强度大、但自锐性差	可制造各种金刚石磨具

④ 硬度。砂轮硬度是指砂轮工作时，磨料在外力作用下脱落的难易程度。砂轮硬，表示磨料难以脱落；砂轮软，表示磨料容易脱落。砂轮的硬度等级见表 2-23。

表 2-23　砂轮的硬度等级及代号

硬度等级	大级	超软			软			中软		中		中硬			硬		超硬
	小级	超软			软1	软2	软3	中软1	中软2	中1	中2	中硬1	中硬2	中硬3	硬1	硬2	超硬
代号		D	E	F	G	H	J	K	L	M	N	P	Q	R	S	T	Y

砂轮的硬度与磨料的硬度是完全不同的两个概念。硬度相同的磨料可以制成硬度不同的砂轮，砂轮的硬度主要决定于结合剂性质、数量和砂轮的制造工艺。例如，结合剂与磨料黏结程度越高，砂轮硬度越高。

砂轮硬度的选用原则是：工件材料硬，砂轮硬度应选用软一些，以便砂轮磨钝磨粒及时脱落，露出锋利的新磨粒继续正常磨削；工件材料软，因易于磨削，磨粒不易磨钝，砂轮应选硬一些。但对于有色金属、橡胶、树脂等软材料磨削时，由于切屑容易堵塞砂轮，应选用较软砂轮。粗磨时，应选用较软砂轮；而精磨、成形磨削时，应选用硬一些的砂轮，以保持砂轮的必要形状精度。机械加工中常用砂轮硬度等级为 H～N(软 2～中 2)。

⑤ 组织。砂轮的组织是指组成砂轮的磨粒、结合剂、气孔三部分体积的比例关系。通常以磨粒所占砂轮体积的百分比来分级。砂轮有三种组织状态：紧密、中等、疏松；细分成 0～14 号，共 15 级。组织号越小，磨粒所占比例越大，砂轮越紧密；反之，组织号越大，磨粒比例越小，砂轮越疏松，见表 2-24。

表 2-24　砂轮组织分类

组织号	0	1	2	3	4	5	6	7	8	9	10	11	12	13	14
磨粒率(%)	62	60	58	56	54	52	50	48	46	44	42	40	38	36	34
类别	紧　密				中　等				疏　松						
应用	精磨、成形磨				淬火工件、刀具				韧性大和硬度低的金属						

砂轮在高速条件下工作，为了保证安全，在安装前应进行检查，不应有裂纹等缺陷；为了使砂轮工作平稳，使用前应进行动平衡试验。

砂轮工作一定时间后，其表面孔隙会被磨屑堵塞，磨料的锐角会磨钝，原有的几何形状会失真。因此必须修整以恢复切削能力和正确的几何形状。砂轮需用金刚石笔进行修整。

(2) 砂轮的代号与用途。砂轮的形状和尺寸是根据磨床类型、加工方法及工件的加工要求来确定的。常用砂轮名称、形状简图、代号和主要用途见表 2-25。

表 2-25　常用砂轮形状、代号和用途

形状代号	原代号	名　称	断面形状	主要用途
1	P	平形砂轮		外圆磨、内圆磨、平面磨、无心磨、螺纹磨和自由磨等
2	N	筒形砂轮		用于立轴平面磨
4	PSX	双斜边砂轮		磨齿轮、齿面、单线螺纹、磨处圆兼靠磨端面
6	B	杯形砂轮		刃磨铣刀、铰刀、扩孔钻、拉刀、切纸刀等，也可用于平面和内圆磨

形状代号	原代号	名 称	断 面 形 状	主 要 用 途
11	BW	碗形砂轮		刃磨铣刀、铰刀、拉刀、盘形车刀、插齿刀、扩孔钻等,也可用于磨机床导轨等
12	D	碟形砂轮		用于磨铣刀、铰刀、拉刀、插齿刀和其他刀具,大尺寸的一般用于磨齿轮齿面
41	PB	薄片砂轮		切断及磨槽
8	PDA	单面凹砂轮		用于内圆磨削和平面磨削,外径较大的作外圆磨削

砂轮的特性均标记在砂轮的侧面上,其顺序是:形状代号、尺寸、磨料、粒度号、硬度、组织号、结合剂和允许的最高线速度。例如,外径 300mm,厚度 50mm,孔径 75mm,棕刚玉,粒度 60,硬度 L,5 号组织,陶瓷结合剂,最高工作线速度 35m/s 的平行砂轮,其标记为:砂轮 1-300×50×75-A60L5V-35m/s(GB/T 2484—2006)。

2. 中心孔的修磨

因热处理、切削力、重力等影响,常常会损坏顶尖孔的精度,因此在热处理工序之后和磨削加工之前,对中心孔要进行修磨,以消除误差。常用的中心孔修磨方法有以下几种。

(1) 用铸铁顶尖研磨。可在车床或钻床上进行,研磨时加适量的研磨剂(W10~W12氧化铝粉和机油调和而成)。用这种方法研磨的中心孔,其精度较高,但研磨时间较长,效率很低,除在个别情况下用来修整尺寸较大或精度要求特别高的中心孔外,一般很少采用。

(2) 用油石或橡胶砂轮研磨。先将圆柱形状的油石或橡胶砂轮夹在车床的卡盘上,用装在刀架上的金刚石将它的前端修整成顶尖形状(60°圆锥体),接着将工件顶在油石或橡胶砂轮顶尖和车床后顶尖之间(见图 2.86),并加少量润滑油(柴油),然后开动车床使油石或橡胶砂轮转动,进行研磨。研磨时用手把持工件并连续而缓慢地转动。这种研磨中心孔方法效率高,质量好,也简便易行。

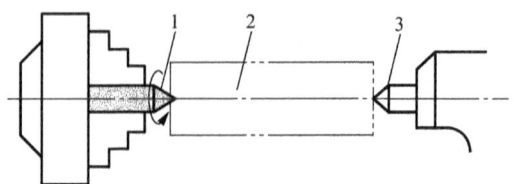

图 2.86 用油石研磨顶尖孔

1-油石顶尖;2-工件;3-后顶尖

(3) 用硬质合金顶尖刮研。把硬质合金顶尖的 60°圆锥体修磨成角锥的形状,使圆锥面只留下 4~6 条均匀分布的刃带(见图 2.87),这些刃带具有微小的切削性能,可对中心孔的几何形状作微量的修整,又可以起挤光的作用。这种方法刮研的中心孔精度较高,表面粗

糙度达 $Ra0.8\mu m$ 以下，并具有工具寿命较长、刮研效率比油石高的特点，所以一般主轴的顶尖孔可以用此法修研。

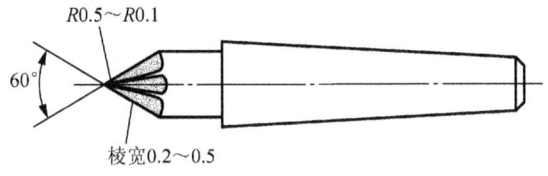

图 2.87　六棱硬质合金顶尖

上述三种修磨中心孔的方法，可以联合应用。例如，先用硬质合金顶尖刮研，再选用油石或橡胶砂轮顶尖研磨，这样效果会更好。

3. 螺纹零件的车削

在机械行业中，许多零件都具有螺纹。螺纹在机械零件中，通常具有连接、传动、坚固、测量零件等几种用途。

螺纹的种类很多，目前主要分成两大类：(1)标准螺纹；(2)特殊螺纹及非标准螺纹。标准螺纹具有较高的通用性及互换性，应用比较普遍。而特殊螺纹和非标准螺纹则较少采用，主要是根据实际需要应用在一些特殊机构里。

螺纹按牙形可分为三角形、方形、梯形、锯齿形和圆弧形螺纹；按螺旋方向分为左旋和右旋螺纹两种，右旋螺纹在实际应用场合中使用较多；按螺纹线数分为单线和多线螺纹。

1) 车三角(普通)螺纹

(1) 螺纹要素及标准螺纹代号。螺纹要素主要有：牙形、外径、螺距(或导程)、头数、精度和旋向。螺纹的形状、尺寸及配合性能都取决于螺纹要素，只有当内外螺纹的各个要素相同，才能互相配合。因此，加工螺纹，必须首先了解螺纹的各个要素。

标准螺纹的各个要素是用代号表示的。按国家标准，其顺序如下：牙形、外径×螺距(或导程/头数)－精度等级、旋向(见表 2-26)。国家标准规定：螺纹外径和螺距由数字表示。细牙普通螺纹、梯形螺纹和锯齿形螺纹必须加注螺距(其他螺纹不注)。多头螺纹在外径后面需要注"导程/头数"(单头螺纹不注)。左旋螺纹必须注出"左"字(右旋螺纹不注)。管螺纹的名义尺寸，由管螺纹所在管子孔径决定。各种标准螺纹的规定代号及具体示例见表 2-26 所示。

表 2-26　各种标准螺纹的规定代号及具体示例

螺纹类型		特征代号	示例		用途及说明
普通螺纹	粗牙	M	M 16－5g6g	表示粗牙普通螺纹，公称直径16，右旋，螺纹公差带中径 5g，大径 6g，旋合长度按中等长度考虑	最常用的一种联接螺纹，直径相同时，细牙螺纹的螺距比粗牙螺纹的螺距小，粗牙螺纹不注螺距
	细牙（属普通螺纹）		M16×1 LH－6G	表示细牙普通螺纹，公称直径16，螺距1，左旋，螺纹公差带中径、大径均为 6G，旋合长度按中等长度考虑	

续表

螺纹类型		特征代号	示例		用途及说明
梯形螺纹		Tr	Tr20×8(P4)	表示梯形螺纹，公称直径 20，双线，导程 8，螺距 4，右旋	常用的两种传动螺纹，用于传递运动和动力，梯形螺纹可传递双向动力，锯齿形螺纹用来传递单向动力
锯齿形螺纹		B	B20×2LH	表示锯齿形螺纹，公称直径 20，单线，螺距 2，左旋	
管螺纹	非螺纹密封	G	G1	表示英制非螺纹密封管螺纹，尺寸代号 1 in，右旋	管道联接中的常用螺纹，螺距及牙型均较小，其尺寸代号以 in 为单位，近似地等于管子的孔径。螺纹的大径应从有关标准中查出，代号 R 表示圆锥外螺纹，Rc 表示圆锥内螺纹，Rp 表示圆柱内螺纹
	螺纹密封	Rc	Rc1/2	表示英制螺纹密封锥管螺纹，尺寸代号 1/2 in，右旋	密封螺纹在一定压力下能保持管道联接处内外界的密封

特殊螺纹和非标准螺纹没有规定的代号，螺纹各要素一般都标注在工件图纸上。

(2) 普通螺纹的基本牙形和尺寸计算。

螺纹各部分尺寸的计算在螺纹加工前，必须按工件的要求，计算螺纹的各部分尺寸(图 9-5)，这是能否按规定要求车好螺纹的一个前提。

普通螺纹的基本牙形和尺寸计算见表 2-27。

表 2-27　普通螺纹的基本牙形和尺寸计算

基本牙形	尺寸计算
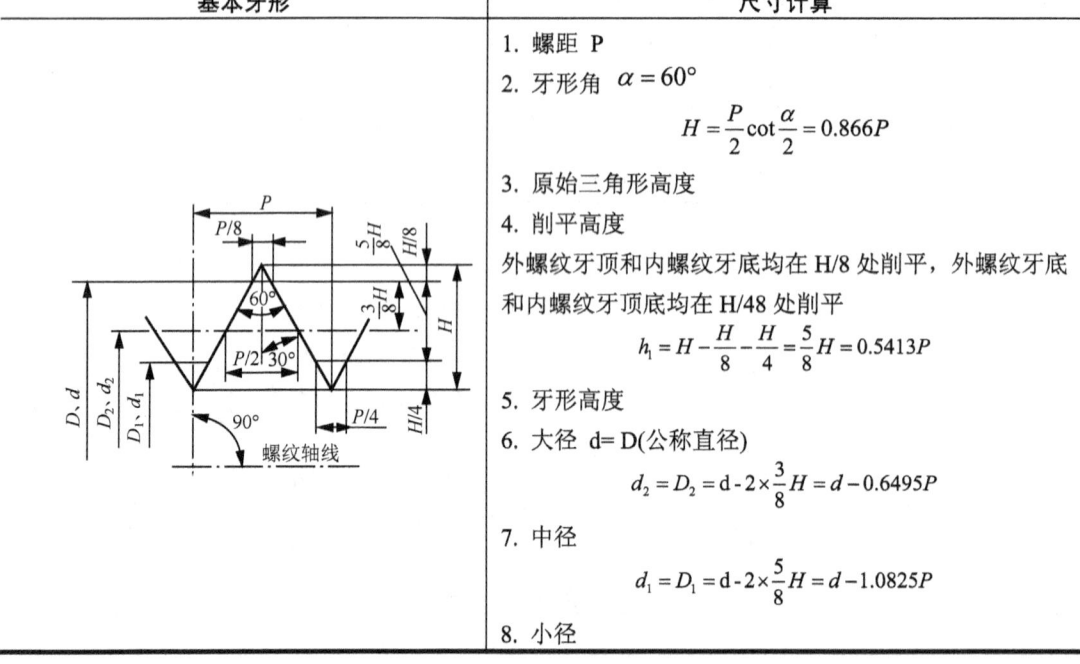	1. 螺距 P 2. 牙形角 $\alpha = 60°$ $$H = \frac{P}{2}\cot\frac{\alpha}{2} = 0.866P$$ 3. 原始三角形高度 4. 削平高度 外螺纹牙顶和内螺纹牙底均在 H/8 处削平，外螺纹牙底和内螺纹牙顶底均在 H/48 处削平 $$h_1 = H - \frac{H}{8} - \frac{H}{4} = \frac{5}{8}H = 0.5413P$$ 5. 牙形高度 6. 大径 d= D(公称直径) $$d_2 = D_2 = d - 2 \times \frac{3}{8}H = d - 0.6495P$$ 7. 中径 $$d_1 = D_1 = d - 2 \times \frac{5}{8}H = d - 1.0825P$$ 8. 小径

(3) 普通螺纹车刀。低速车削或精车螺纹使用高速钢螺纹车刀，其几何形状如图 2.88 所示。高速车削螺纹使用硬质合金螺纹车刀，其几何形状如图 2.89 所示。安装螺纹车刀时，刀尖应与工件中心等高，刀尖角的对称中心线必须垂直于工件轴线。

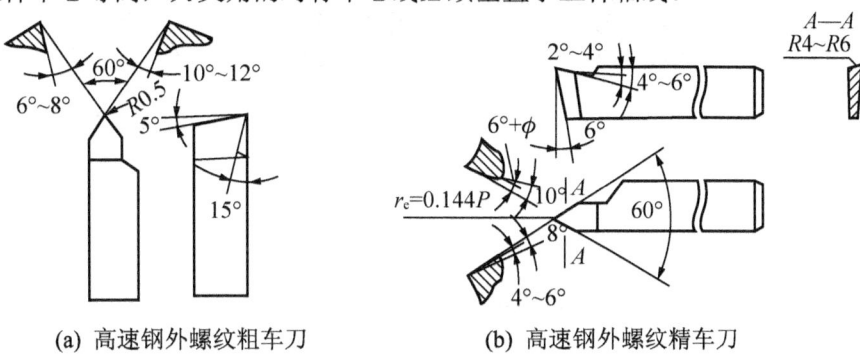

(a) 高速钢外螺纹粗车刀　　　　(b) 高速钢外螺纹精车刀

图 2.88　高速钢外螺纹车刀

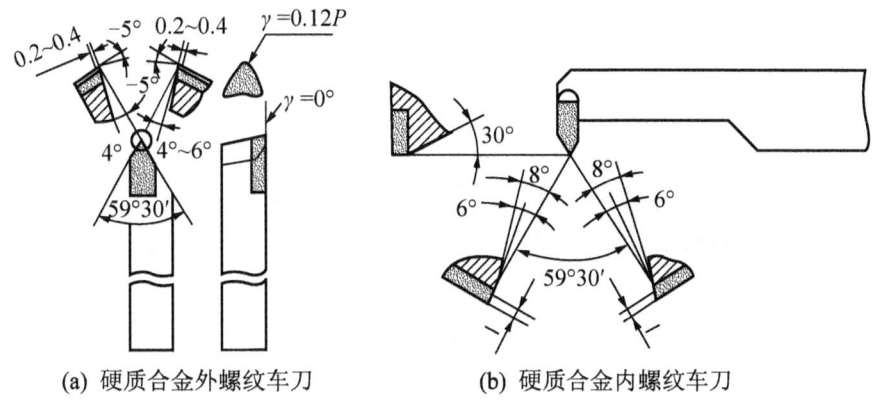

(a) 硬质合金外螺纹车刀　　　　(b) 硬质合金内螺纹车刀

图 2.89　硬质合金螺纹车刀

(4) 普通螺纹车削方法。

① 准备工作。车削螺纹之前，必须根据图纸和工艺要求，有效地选择和刃磨车刀、调整车床、挑选符合要求的工具和量具，以及做好安全等准备工作。按工件螺距调整交换齿轮和进给箱手柄，然后调整主轴转速。用高速钢螺纹车刀车塑性材料时，选择 12~150r/min 的低速；用硬质合金螺纹车刀车塑性材料时，选择 480r/min 左右的高速。工件螺纹直径小、螺距小（P≤2mm）时，宜选用较高转速；工件螺纹直径大、螺距大时，宜选用较低转速。

② 车削方法。车削螺纹的进刀方法有直进法、左右切削法、斜进法，如图 2.90 所示。车螺距较小的三角螺纹时，多采用直进法，车刀左、右两侧刀刃都参加切削，由中溜板作横向进给，其背吃刀量 a_p 与螺距 P 的关系是 $a_p \approx 0.65P$。高速车螺纹时，应根据总背吃刀量，分几次进给来控制中径尺寸。

如车 M24 外螺纹，螺距 P＝3mm，总背吃刀量是 1.95mm，螺纹中径公差为-0.25～-0.05mm。

第一次进给背吃刀量为 0.5mm，第二次为 0.75mm，第三次为 0.5mm，第四次为 0.2mm，螺纹车成后，需修去毛刺。

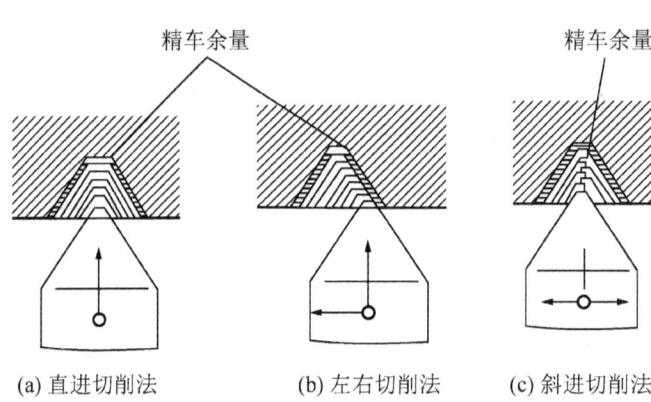

图 2.90　车螺纹时的进刀方法

③ 检验。用螺纹环规(见图 2.91)或螺纹千分尺对工件螺纹进行检验。螺纹环规是对螺纹各项精度要求进行一次性测量的综合性量具。分别用通规、止规旋入螺纹，通规顺利通过，止规旋不进，同时表面粗糙度 Ra≤3.2μm，螺纹合格。用螺纹千分尺检测螺纹中径尺寸时，要根据工件螺距选择合适的测量头，中径尺寸在公差范围内即算合格。

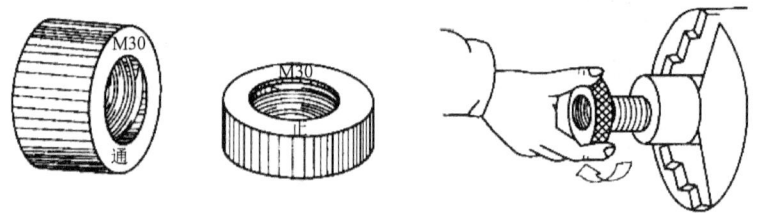

图 2.91　螺纹环规

2) 车梯形螺纹

(1) 梯形螺纹车刀。高速钢梯形螺纹车刀，其几何形状如图 2.92 所示。

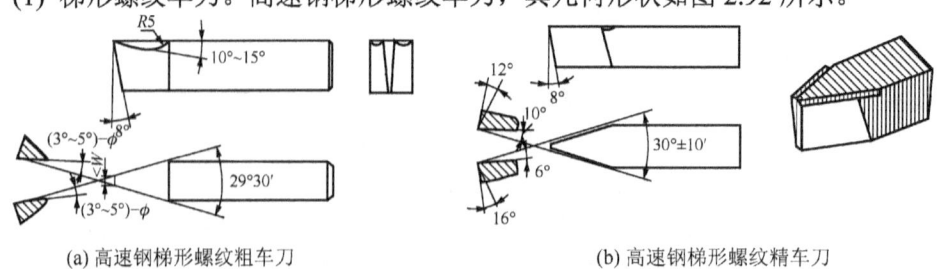

(a) 高速钢梯形螺纹粗车刀　　　　　　　　(b) 高速钢梯形螺纹精车刀

图 2.92　高速钢梯形螺纹车刀

(2) 梯形螺纹车削方法。

① 粗车梯形螺纹。可采用低速车削或高速车削。当导程小于 4mm 时，主轴转速为 30～50r/min，每次背吃刀量为 0.2mm 左右，采用直进法。当导程大于 5mm 时，每次背吃刀量为 0.5～2mm 左右，采用分层切削法，如图 2.93 所示。螺纹大径留 0.2mm 左右的精车余量，两侧各留 0.1～0.2mm 的精车余量。切削液一般选用乳化液，要加注充足。

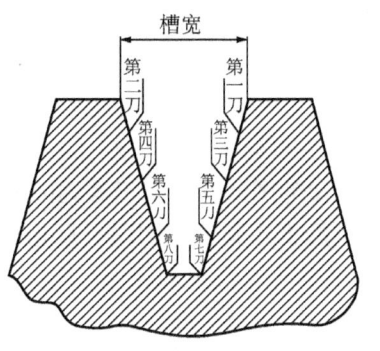

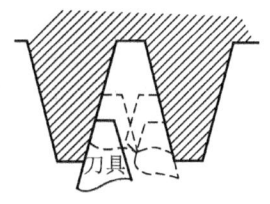

图 2.93 车梯形螺纹时的分层切削法

② 精车梯形螺纹。先精车螺纹大径和小径至尺寸。再用精车刀，采用中途对刀法对刀，移动小溜板精车两侧面。主轴转速选择 12~30r/min，选用乳化液，用三针测量或标准螺纹环规控制中径尺寸。

③ 检验。表面粗糙度 Ra≤1.6μm，螺纹中径尺寸对测量基准跳动误差小于 0.1mm，并用螺纹量规检验合格时，则工件梯形螺纹可算合格。

2.2.3 任务实施

如图 2.79(a)所示是一个典型的阶梯轴，工件材料为 45，生产类型为小批或中批生产，调质处理 24～38HRC(参考表 2–12 实施步骤)。

1. 分析传动轴的结构和技术要求

该轴为普通的实心阶梯轴，轴类零件一般只有一个主要视图，主要标注相应的尺寸和技术要求，而其他要素如退刀槽、键槽等尺寸和技术要求标注在相应的断面图中。

该轴由圆柱面、轴肩、螺纹、螺纹退刀槽、砂轮越程槽和键槽等组成。轴肩一般用来确定安装在轴上零件的轴向位置，各环槽的作用是使零件装配时有一个准确的位置，并使加工中磨削外圆或车螺纹时退刀方便；键槽用于安装键，以传递转矩；螺纹用于安装各种锁紧螺母和调整螺母。

安装轴承的支承轴颈和安装传动零件的配合轴颈表面，一般是轴类零件的重要表面，其尺寸精度、形状精度(圆度、圆柱度等)、位置精度(同轴度、与端面的垂直度等)及表面粗糙度要求均较高，是轴类零件机械加工时，应着重保障的要素。

如图 2.79(a)所示的传动轴，轴颈 M 和 N 处是装轴承的，各项精度要求均较高，其尺寸为 $\phi35js6(\pm0.008)$，且是其他表面的基准，因此是主要表面。配合轴颈 Q 和 P 处是安装传动零件的，与基准轴颈的径向圆跳动公差为 0.02(实际上是与 M、N 的同轴度)，公差等级为 IT6，轴肩 H、G 和 I 端面为轴向定位面，其要求较高，与基准轴颈的圆跳动公差为 0.02mm(实际上是与 M、N 的轴线的垂直度)，也是较重要的表面，同时还有键槽、螺纹等结构要素。

因此，该传动轴的关键工序是轴颈 M、N 和外圆 P、Q 的加工。

2. 明确传动轴毛坯状况

该传动轴材料为 45 钢，单件小批生产，且属于一般的中、小传动轴，故选择 $\phi60\times255$mm

的 45 热轧圆钢做毛坯可满足其要求。

3. 拟定工艺路线

1) 确定加工方案

传动轴大多是回转面，主要是采用车削和外圆磨削。由于该轴的 Q、M、P、N 段公差等级较高，表面粗糙度值较小，应采用磨削加工。其他外圆面采用粗车、半精车、精车加工的加工方案。

2) 划分加工阶段

该轴加工划分为三个加工阶段，即粗车(粗车外圆、钻中心孔)、半精车(半精车各处外圆、台肩和修研中心孔等)，粗、精磨 Q、M、P、N 段外圆。各加工阶段大致以热处理为界。

3) 选择定位基准

轴类零件各表面的设计基准一般是轴的中心线，其加工的定位基准，最常用的是两中心孔。采用两中心孔作为定位基准不但能在一次装夹中加工出多处外圆和端面，而且可保证各外圆轴线的同轴度以及端面与轴线的垂直度要求，符合基准统一的原则。

在粗加工外圆和加工长轴类零件时，为了提高工件刚度，常采用一夹一顶的方式，即轴的一端外圆用卡盘夹紧，一端用尾座顶尖顶住中心孔，此时是以外圆和中心孔同作为定位基准。

4) 确定加工顺序

(1) 热处理工序安排。该轴需进行调质处理。它应放在粗加工后，半精加工前进行。如采用锻件毛坯，必须首先安排退火或正火处理。该轴毛坯为热轧钢，可不必进行正火处理。

(2) 机械加工工序安排。应遵循加工顺序安排的一般原则，如先粗后精、先主后次等。另外还应注意以下问题。

外圆表面加工顺序应为：先加工大直径外圆，然后再加工小直径外圆，以免一开始就降低了工件的刚度。

轴上的花键、键槽等表面的加工应在外圆精车或粗磨之后、外圆精磨之前。这样既可保证花键、键槽的加工质量，也可保证精加工表面的精度。

轴上的螺纹一般有较高的精度，其加工应安排在工件局部淬火之后进行，避免因淬火后产生的变形而影响螺纹的精度。

该轴的加工工艺路线为：毛坯及其热处理→粗车→热处理→(半)精车→铣键槽等→修正基准→磨削。

(3) 辅助工序安排。在拟定工艺过程时，应考虑检验工序的安排、检查项目及检验方法的确定。

4. 设计工序内容

在确定工序内容中的工序尺寸及公差时，经常会遇到定位基准或测量基准等与设计基准不重合的情况，此时工序尺寸的求解需要借助尺寸链。

1) 尺寸链

尺寸链(dimensional chain)是在零件加工或机器装配过程中，由互相联系的尺寸按一定

顺序连接成一个封闭的尺寸组，如图 2.88 所示。

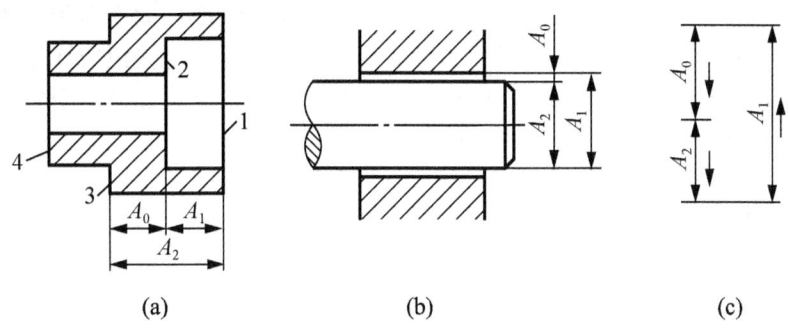

图 2.88　尺寸链示例

图 2.88(a)为一定位套，A_0 与 A_1 为图样上已标注的尺寸，当按零件图进行加工时，尺寸 A_0 不便直接测量，但可以通过测量尺寸 A_2 进行加工，间接保证 A_0 的要求。此时，尺寸 A_2 就需要应用工艺尺寸链来确定解决。

图 2.88(b)所示是一轴的装配图，其装配精度 A_0 是装配后间接形成的。为保证装配精度的要求，必须采用尺寸链理论，分析研究尺寸 A_1、A_2 与 A_0 的内在关系，确定 A_1、A_2 的尺寸。

(1) 尺寸链的组成。

① 环。列入尺寸链中的每一个尺寸均称为尺寸链的环。

② 封闭环。封闭环是在装配过程或加工过程中最后自然形成的尺寸，它的大小是由组成环间接保证的。一个尺寸链中只有一个封闭环。

③ 组成环。组成环是尺寸链中除封闭环以外的且对封闭环有影响的其他各环。根据组成环对封闭环的影响不同，又分为增环与减环：

a. 增环。若该环增大引起封闭环增大，该环减小引起封闭环减小，则该环为增环，用 $\vec{A_i}$ 表示。

b. 减环。若该环增大引起封闭环减小，该环减小引起封闭环增大，则该环为减环，用 $\overleftarrow{A_i}$ 表示。

尺寸链有多种分类形式。按环的几何特征，可分为全部环为长度尺寸的长度尺寸链和全部环为角度尺寸的角度尺寸链；按尺寸链的应用场合，可分为由有关装配尺寸组成的装配尺寸链和零件有关工艺尺寸组成的工艺尺寸链；按尺寸的空间位置，还可分为直线尺寸链、平面尺寸链和空间尺寸链。本部分将详细研究工艺尺寸链的计算，装配尺寸链将在项目 7 中介绍。

(2) 尺寸链的特征。

① 关联性：组成尺寸链的各尺寸之间必然存在着一定的关系，相互无关的尺寸不组成尺寸链。尺寸链中每一个组成环不是增环就是减环，其尺寸发生变化都要引起封闭环的尺寸变化。对尺寸链中的封闭环尺寸没有影响的尺寸，就不是该尺寸链的组成环。

② 封闭性：尺寸链必须是一组首尾相接并构成一个封闭图形的尺寸组，其中应包含一个间接得到的尺寸。不构成封闭图形的尺寸组合就不是尺寸链。

(3) 尺寸链计算公式。尺寸链的计算有极值法和概率法两种。极值法应用十分广泛，它考虑了组成环可能出现的最不利情况，因此计算结果可靠，而且计算方法简单。但是采用极值法计算工序尺寸时，当封闭环公差较小时，常使各组成环太小而使制造困难；而且在成批以上生产中，各环出现极限尺寸的可能性并不大，特别是在组成环数较多的尺寸链中，所有各环均出现极限尺寸的可能性更小，因此用极值法计算显得过于保守，此时可根据各环尺寸的分布状态，采用概率法计算公式。

① 极值法计算公式。

a. 封闭环的公称尺寸计算：

$$A_0 = \sum_{i=1}^{m} \vec{A}_i - \sum_{i=1}^{n} \overset{\leftarrow}{A}_i \qquad (2\text{-}7)$$

式中：m——增环数；

n——减环数。

b. 极限尺寸计算。

$$A_{0\max} = \sum_{i=1}^{m} \vec{A}_{i\max} - \sum_{i=1}^{n} \overset{\leftarrow}{A}_{i\min} \qquad (2\text{-}8)$$

$$A_{0\min} = \sum_{i=1}^{m} \vec{A}_{i\min} - \sum_{i=1}^{n} \overset{\leftarrow}{A}_{i\max} \qquad (2\text{-}9)$$

式中：$A_{0\max}$——封闭环的最大值；

$A_{0\min}$——封闭环的最小值；

$\vec{A}_{i\max}$——增环的最大值；

$\vec{A}_{i\min}$——增环的最小值；

$\overset{\leftarrow}{A}_{i\max}$——减环的最大值；

$\overset{\leftarrow}{A}_{i\min}$——减环的最小值。

c. 上、下极限偏差的计算。

$$\mathrm{ES}(A_0) = \sum_{i=1}^{m} \mathrm{ES}(\vec{A}_i) - \sum_{i=1}^{n} \mathrm{EI}(\overset{\leftarrow}{A}_i) \qquad (2\text{-}10)$$

$$\mathrm{EI}(A_0) = \sum_{i=1}^{m} \mathrm{EI}(\vec{A}_i) - \sum_{i=1}^{n} \mathrm{ES}(\overset{\leftarrow}{A}_i) \qquad (2\text{-}11)$$

式中：$\mathrm{ES}(A_0)$——封闭环的上极限偏差；

$\mathrm{EI}(A_0)$——封闭环的下极限偏差；

$\mathrm{ES}(\vec{A}_i)$——增环的上极限偏差；

$\mathrm{EI}(\overset{\leftarrow}{A}_i)$——减环的下极限偏差；

$\mathrm{EI}(\vec{A}_i)$——增环的下极限偏差；

$\mathrm{ES}(\overset{\leftarrow}{A}_i)$——减环的上极限偏差。

d. 各环公差的计算。

$$T_0 = \sum_{i=1}^{m+n} T_i \qquad (2\text{-}12)$$

式中：T_0——封闭环公差；

T_i——组成环公差。

　　e. 各环平均公差计算。

$$T_M = \frac{T_0}{m+n} \tag{2-13}$$

式中：T_M——组成环平均公差。

　　② 概率法计算公式。根据概率论原理，尺寸链概率法计算公式为

$$T_0 = \frac{1}{k_0} \sqrt{\sum_{i=1}^{m+n} \xi_i^2 k_i^2 T_i^2} \tag{2-14}$$

式中：k_0——封闭环的相对分布系数，对于直线尺寸链，当各组成环在其公差内呈正态分
　　　　　布时，封闭环也呈正态分布，此时 $k_0 = 1$；

　　　　ξ_i——第 i 个组成环的传递系数，对于直线尺寸链，$|\xi_i| = 1$；

　　　　k_i——第 i 个组成环的相对分布系数，当组成环呈正态分布时，$k_i = 1$。

　　因此，封闭环公差为

$$T_0 = \sqrt{\sum_{i=1}^{m+n} T_i^2} \tag{2-15}$$

　　各组成环的平均公差为

$$T_M = \frac{T_0}{\sqrt{m+n}} \tag{2-16}$$

　　与式(2-13)比较，可见概率法计算出的各组成环平均公差放大了 $\sqrt{m+n}$ 倍，从而使零件加工精度降低，加工成本下降。

　　(4) 工艺尺寸链的应用和解算方法

　　① 工艺尺寸链的建立。

　　a. 确定封闭环，即加工后间接得到的尺寸。在工艺尺寸链中，由于封闭环是加工过程中自然形成的尺寸，所以当零件的加工方案变化时，封闭环也将随之变化。如图 2.88(a)所示的零件，当分别采用以下两种方法加工时，尺寸链的封闭环将会发生相应变化。

　　方法 1：以表面 3 定位，车削表面 1 获得尺寸 A_2；然后再以表面 1 为测量基准，车削表面 2 获得尺寸 A_1；此时间接获得的尺寸 A_0 为封闭环。

　　方法 2：以加工过的表面 1 为测量基准，直接获得尺寸 A_1；然后调头以表面 2 为定位基准，采用定距装刀法车削表面 3，直接保证尺寸 A_0；此时尺寸 A_2 因间接获得而成了封闭环。

　　b. 组成环的查找。组成环是加工过程中直接获得的且对封闭环有影响的尺寸，在查找工作中一定要根据这一特点进行。如图 2.88(a)所示的零件中，当采用上述第一种加工方法时，A_1、A_2 为组成环；当采用上述第二种加工方法时，A_1、A_0 为组成环。而表面 4 至表面 3 的轴向尺寸因对封闭环尺寸没有影响，所以不是尺寸链中的组成环。

　　c. 画工艺尺寸链图。画工艺尺寸链图的方法是从构成封闭环的两表面同步地开始，按照工艺过程的顺序，分别向前查找各表面最近一次加工的加工尺寸，再进一步向前查找该加工尺寸的工序基准的最近一次的加工尺寸，如此继续向前查找，直至两条路线最后得到的加工尺寸的工序基准重合(即两者的工序基准为同一表面)，上述尺寸形成封闭轮廓，即得到了工艺尺寸链图，如图 2.88(c)所示。

② 增环、减环的判别。

a. 用增环、减环的定义判别。组成环的增减性质可用增环、减环的定义判别,但是环数较多的尺寸链使用定义判别比较困难,此时可采用回路法进行判断。

b. 回路法即在尺寸链图上,先给封闭环任意定一方向并画出箭头,然后沿此方向环绕尺寸链回路,顺次给每一组成环画出箭头,凡箭头方向与封闭环箭头方向相反的为增环;与封闭环箭头方向相同的为减环。如图2.88(c)所示, A_1 为增环, A_2 为减环。

③ 基准不重合时,工序尺寸及公差的确定。

a. 定位基准与设计基准不重合时工序尺寸及其公差的计算。在零件加工过程中有时为方便定位或加工,选用不是设计基准的几何要素作定位基准,在这种定位基准与设计基准不重合的情况下,需要通过尺寸链换算,计算有关工序尺寸及公差,并按换算后的工序尺寸及公差加工,以保证零件的原设计要求。

 应用实例 2-1

对图2.89所示零件镗孔。镗孔前,表面A、B、C已加工好。镗孔时,为使零件装夹方便,选择表面A为定位基准。但是,因为孔的设计基准是表面C,因而出现了定位基准与设计基准不重合的情况,为保证孔至表面C的设计尺寸 L_0,此时必须通过尺寸换算求解出 L_3。

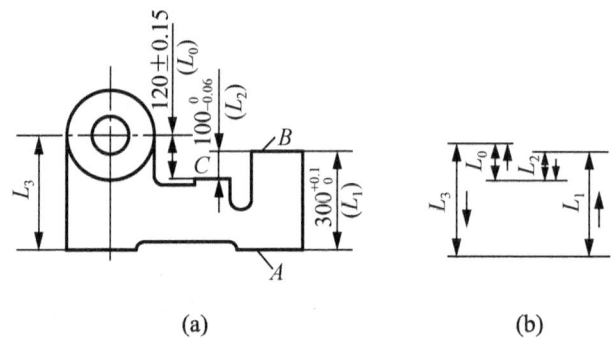

(a)   (b)

图 2.89　定位基准与设计基准不重合的尺寸换算

解:

(1) 作工艺尺寸链图,如图2.89(b)所示。其中 L_0 是封闭环, L_1 是减环, L_2、 L_3 是增环。

(2) 求解尺寸 L_3。按式(2-7)求公称尺寸 L_3:

$$L_0 = L_3 + L_2 - L_1$$

$$L_3 = (120 + 300 - 100)\text{mm} = 320\text{mm}$$

按式(2-10)求上极限偏差 $\text{ES}(L_3)$:

$$\text{ES}(L_0) = \text{ES}(L_2) + \text{ES}(L_3) - \text{EI}(L_1)$$

$$\text{ES}(L_3) = 0.15\text{mm}$$

按式(2-11)求下极限偏差 $\text{EI}(L_3)$:

$$\text{EI}(L_0) = \text{EI}(L_2) + \text{EI}(L_3) - \text{ES}(L_1)$$

$$\text{EI}(L_3) = 0.01\text{mm}$$

最后求得 $L_3 = 320^{+0.15}_{+0.01}\text{mm}$。

b. 测量基准与设计基准不重合时工序尺寸及其公差的计算。在加工中,有时会遇到某

些加工表面的设计尺寸不便测量，甚至无法测量的情况。因此需要在工件上另选一个容易测量的测量基准，通过对该测量尺寸的控制来间接保证原设计尺寸的精度。这就产生了测量基准与设计基准不重合时，测量尺寸及公差的计算问题。

 应用实例 2-2

对图2.90所示零件加工，加工时要求保证尺寸(6±0.1)mm，但该尺寸不便测量，只好通过测量尺寸 L 来间接保证，试求工序尺寸 L 及其上、下极限偏差。

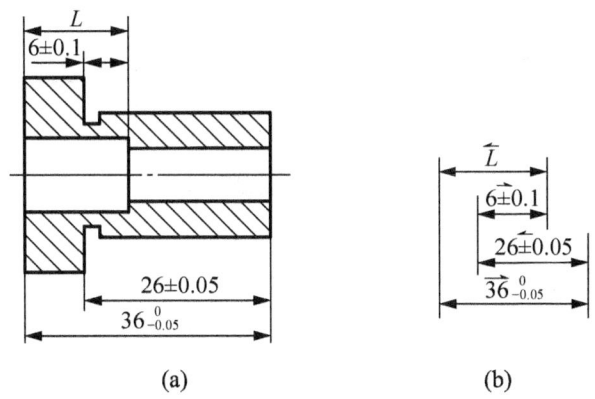

(a)   (b)

图 2.90   测量基准与设计基准不重合的尺寸换算

解：

在图2.90(a)中尺寸(6±0.1)mm是间接得到的，即为封闭环。工艺尺寸链图如图2.90(b)所示，其中尺寸 L、(26±0.05)mm为增环，尺寸 $36_{-0.05}^{0}$ mm为减环。

由式(2-7)，得 $6=L+26-36$，$L=16$ mm；

由式(2-10)，得 $0.1=ES+0.05-(-0.05)$，$ES=0$mm；

由式(2-11)，得 $-0.1=EI+(-0.05)-0$，$EI=-0.05$mm。

因而，$L=16_{-0.05}^{0}$ mm。

c. 多次加工中间工序尺寸的计算。在零件加工过程中，有些加工表面的定位基准或测量基准是一些尚需继续加工的表面。当加工这些表面时，不仅要保证本工序对该表面的尺寸要求，同时还要考虑保证原加工表面的要求，即在一次加工后要同时保证两个以上的尺寸要求，此时也需要进行工序尺寸的换算。

 应用实例 2-3

对图 2.79(a)所示零件加工。该传动轴的 $\phi46$ 配合轴颈处在设计上要求轴的直径和键槽深度完工后尺寸分别为 $\phi46\pm0.008$ 和 $40.5_{-0.20}^{0}$。该轴的加工顺序如下：先按工序尺寸 $\phi46.6_{-0.10}^{0}$ 车外圆，再按工序尺寸 A 铣键槽，修研中心孔后，磨外圆至设计尺寸 $\phi46\pm0.008$，同时保证设计上所要求的轴键槽深度 $40.5_{-0.20}^{0}$，如图 2.91 所示。试计算铣键槽工序尺寸 A 及其极限偏差。

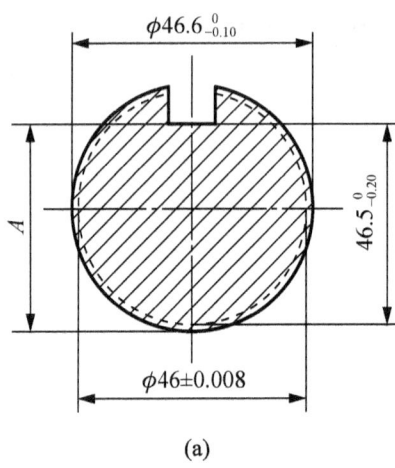

(a)

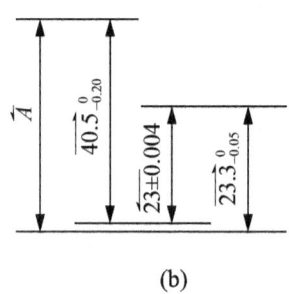

(b)

图 2.91　轴键槽简图

解：

(1) 作工艺尺寸链图，如图2.91(b)所示。因 $40.5_{-0.20}^{0}$ mm是间接保证的尺寸，故是封闭环。组成环分别是：磨削后的半径尺寸 (23 ± 0.004) mm，为增环；车削后的半径尺寸 $23.3_{-0.05}^{0}$ mm，为减环；铣键槽尺寸A，为增环，也是要求的工序尺寸。

(2) 按上例方法求得A值：

$$A = 40.8_{-0.196}^{-0.054} \text{ mm}$$

d. 保证渗碳、渗氮层深度的工艺尺寸链计算。

 应用实例 2-4

图2.92(a)所示为一需要进行渗氮处理的衬套零件。该零件孔 $\phi145_{0}^{+0.04}$ mm 的表面需要渗氮，精加工后要求渗氮层深度为0.3～0.5mm[见图2.92(b)]，即单边深度为 $0.3_{0}^{+0.2}$ mm，双边深度为 $0.6_{0}^{+0.4}$ mm。试求精磨前渗氮层深度。

该表面的加工顺序为：磨内孔至尺寸 $\phi144.76_{0}^{+0.04}$ mm，如图2.92(c)所示，渗氮处理；精磨内孔至 $\phi145_{0}^{+0.04}$ mm，并保证渗层深度为 t_0。

解：

(1) 作该工序的工艺尺寸链图，如图2.92(d)所示。t_0 为封闭环，A_1、t_1 为增环，A_2 为减环。

(2) 按上例方法求得 t_1 值：

$$t_1 = 0.84_{+0.04}^{+0.36} \text{mm}$$

即渗氮层深度为 $t_1/2 = 0.44_{0}^{+0.16}$。

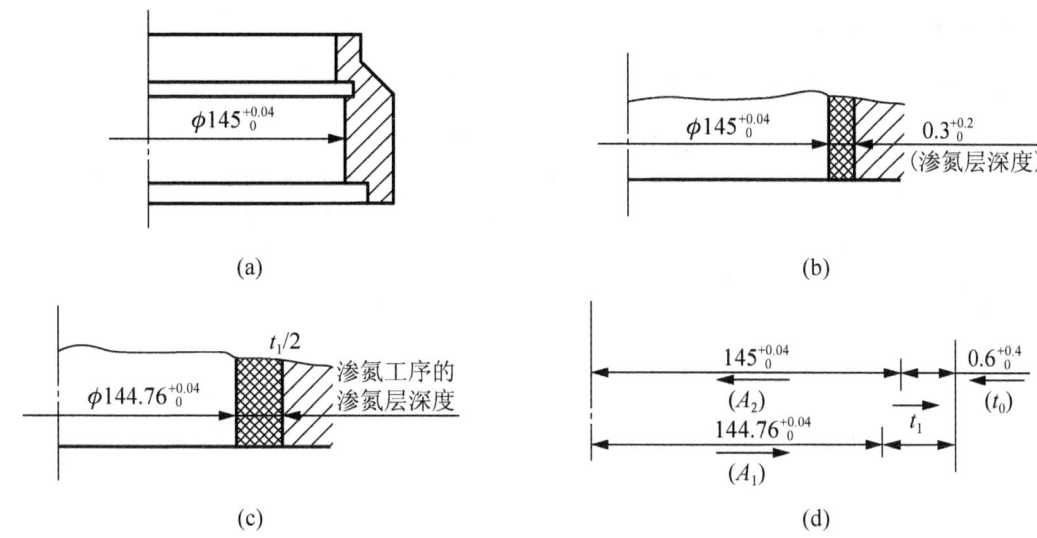

图 2.92　保证渗氮深度尺寸计算

2) 图 2.79 所示轴的工序尺寸及公差确定

毛坯下料尺寸：$\phi 60 \times 255$；

车加工：粗车时，各外圆及各段尺寸按图样加工尺寸均留余量 2mm；半精车时，螺纹大径车到 $\phi 24_{-0.2}^{-0.1}$ mm，$\phi 44$mm 及 $\phi 52$mm 台阶车到图样规定尺寸，其余台阶均留 0.6mm 磨削余量。

铣加工：止动垫圈槽加工到图样规定尺寸，键槽铣到比图样尺寸多 0.25mm，作为磨削的余量。

精加工：螺纹加工到图样规定尺寸 M24×1.5-6g，各外圆车到图样规定尺寸。

3) 选择设备和工装

(1) 机床的选择。该轴加工设备选择：外圆加工设备为普通车床 CA6140；磨削加工设备为万能外圆磨床 M1432A；铣削加工设备为铣床 X52。

(2) 工艺装备的选择。工艺装备的选择主要指夹具、刀具和量具的选择。

① 夹具的选择。该轴生产类型为小批生产，应优先选择通用夹具，如三爪卡盘、顶尖等。

② 刀具的选择。选择刀具时应综合考虑工件材料、加工精度、表面粗糙度、生产率、经济性及所选用机床的技术性能等因素。一般应优先选择标准刀具，如 90°、45°外圆车刀，切槽刀，螺纹车刀，键槽铣刀，砂轮、硬质合金顶尖等；此外，应结合实际情况，尽可能选用各种先进刀具，如可转位刀具、整体硬质合金刀具、陶瓷刀具等。

③ 量具的选择。该轴采用量具应优先选择各种通用量具，如游标卡尺、螺旋千分尺、螺纹千分尺等，这些量具的使用范围和用途，可查阅有关专业书籍或技术资料，并以此作为选择量具的依据。

4) 切削用量及时间定额的制定

(略)

5. 填写工艺卡片

综上所述，所确定的该传动轴加工工艺过程见表 2-26。

表 2-26　传动轴加工工艺过程

工序号	工种	工 序 内 容	工 序 简 图	设 备
1	下料	$\phi 60 \times 255$ mm		
2	车	三爪卡盘夹持工件，车端面见平，钻中心孔，用尾架顶尖顶住，粗车三个台阶，直径、长度均留余量2mm		CA6140
		调头，三爪卡盘夹持工件另一端，车端面保证总长250mm，钻中心孔，用尾架顶尖顶住，粗车另外四个台阶，直径、长度均留余量2mm		CA6140
3	热	调质处理，217～255HBW		
4	钳	修研两端中心孔		CA6140
5	车	双顶尖装夹，半精车三个台阶，螺纹大径车到 $\phi 24^{-0.1}_{-0.2}$ mm，其余两个台阶直径上留余量0.6mm，车槽三个，倒角三个		CA6140
		调头，双顶尖装夹，半精车余下的五个台阶，$\phi 52$ mm 及 $\phi 44$ mm 台阶车到图样规定的尺寸。螺纹大径车到 $\phi 24^{-0.1}_{-0.2}$ mm，其余两个台阶直径上留余量0.6mm，车槽三个，倒角四个		CA6140

工序号	工种	工序内容	工序简图	设备
6	车	双顶尖装夹，车一端螺纹 $M24\times1.5-6g$；调头，双顶尖装夹，车另一端螺纹 $M24\times1.5-6g$	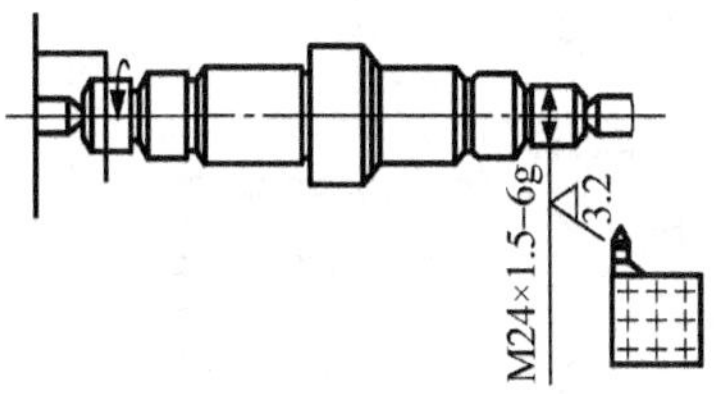	CA6140
7	钳	划键槽及一个止动垫圈槽加工线		
8	铣	铣两个键槽及一个止动垫圈槽，键槽深度保证 $40.8_{-0.196}^{-0.054}$ mm、$26.3_{-0.197}^{-0.053}$ mm、$20_{-0.2}^{0}$ mm	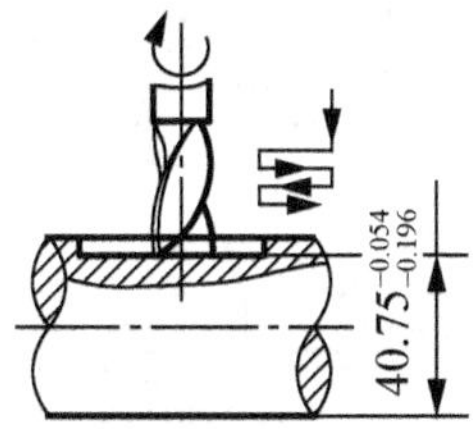	X52
9	钳	修研两端中心孔	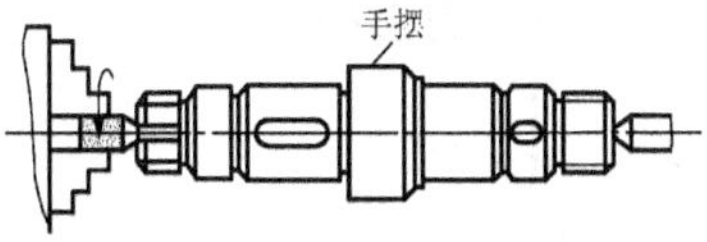	CA6140
10	磨	磨外圆 Q 和 M，并用砂轮端面靠磨台肩 H 和 I。调头，磨外圆 N 和 P，靠磨台肩 G	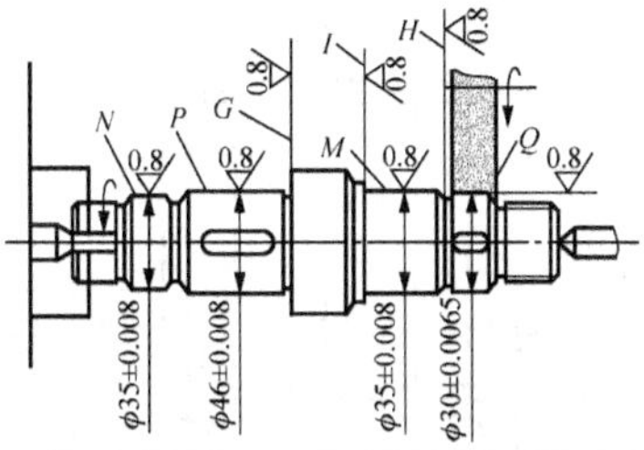	M1432A
11	检	检验		

任务 2.3 编制车床主轴零件机械加工工艺规程

2.3.1 任务引入

编制如图 2.93 所示的 CA6140 车床主轴机械加工工艺规程。生产类型为大批生产；材料为 45 钢；技术要求：局部高频淬火（$\phi90g5$、短锥及莫氏 6 号锥孔）。

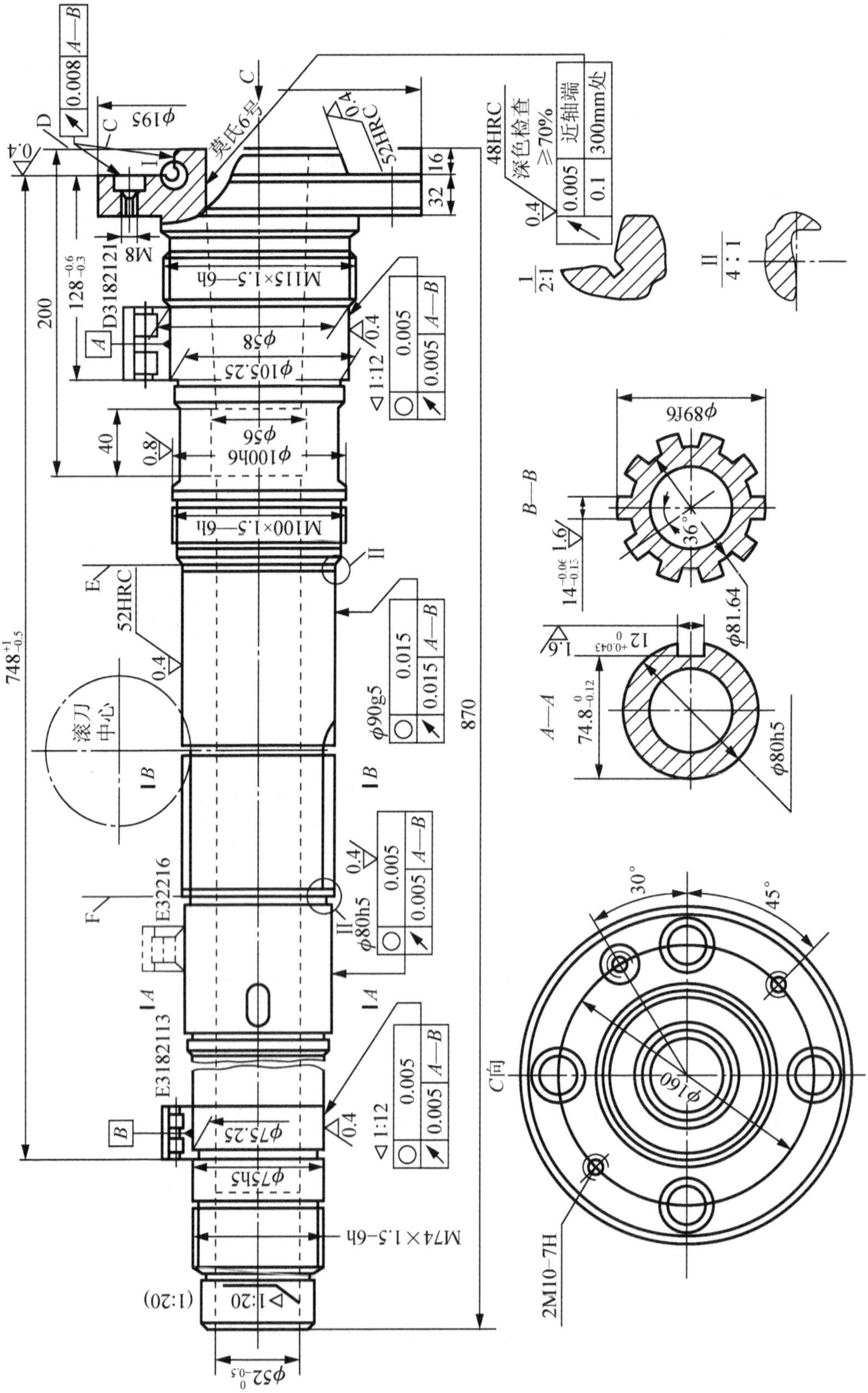

图2.93 CA6140型车床的主轴简图

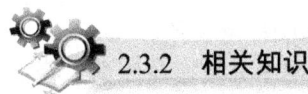

2.3.2 相关知识

1. 主轴加工中的几个工艺问题

1) 锥堵和锥堵心轴的使用

对于空心的轴类零件,当通孔加工后,原来的定位基准——中心孔已被破坏,此后必须重新建立定位基准。对于通孔直径较小的轴,可直接在孔口倒出宽度不大于 2mm 的 60°锥面,代替中心孔。而当通孔直径较大时,则不宜用倒角锥面代替,一般都采用锥堵或锥堵心轴的顶尖孔做为定位基准。

当主轴锥孔的锥度较小时(如车床主轴的锥孔为 1:20 和莫氏 6 号)就常用锥堵,如图 2.94所示。当锥度较大时(如 X62 型卧式铣床的主轴锥孔是 7:24),可用带锥堵的拉杆心轴,如图 2.95 所示。

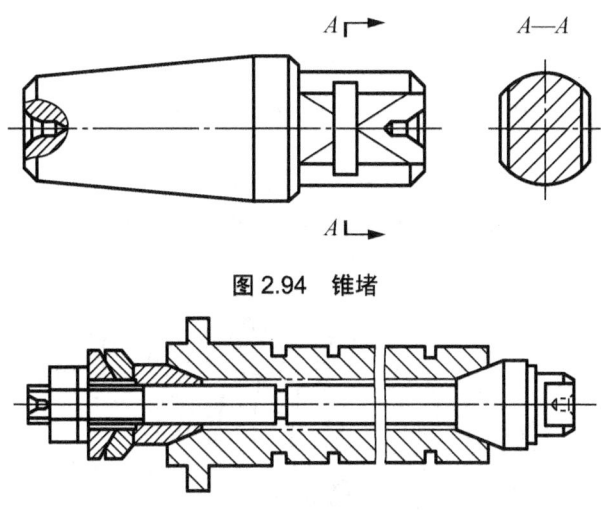

图 2.94 锥堵

图 2.95 带有锥堵的拉杆心轴

 **特别提示**

使用锥堵或锥堵心轴时应注意以下问题:

(1) 一般不宜中途更换或拆装,以免增加安装误差。

(2) 锥堵心轴要求两个锥面应同轴,否则拧紧螺母后会使工件变形。图 2.95 所示的锥堵心轴结构比较合理,其右端锥堵与拉杆心轴为一体,其锥面与顶尖孔的同轴度较好。而左端有球面垫圈,拧紧螺母时,能保证左端锥堵与孔配合良好,使锥堵的锥面和工件的锥孔以及拉杆心轴上的中心孔有较好的同轴度。

2) 轴类零件的检验

轴类零件在加工过程中和加工完以后都要按工艺规程的技术要求进行检验。检验的项目包括表面粗糙度、硬度、尺寸精度、形状精度和相互位置精度。

(1) 表面粗糙度和硬度的检验。硬度是在热处理之后用硬度计抽检。表面粗糙度一般用样块比较法检验,对于精密零件可采用干涉显微镜进行测量。

(2) 精度检验。精度检验应按一定顺序进行,先检验形状精度,然后检验尺寸精度,最后检验位置精度。这样可以判明和排除不同性质误差之间对测量精度的干扰。

① 形状精度检验。车床主轴的形状误差主要是指圆度误差和圆柱度误差。

圆度误差为轴的同一截面内最大直径与最小直径之差。一般用千分尺按照测量直径的方法即可检测。精度高的轴需用比较仪检验。

圆柱度误差是指同一轴向剖面内最大直径与最小直径之差，同样可用千分尺检测。弯曲度可以用千分表检验，把零件放在平板上，零件转动一周，千分表读数的最大变动量就是弯曲误差值。

② 尺寸精确检验。在单件小批生产中，轴的直径一般用外径千分尺检验。精度较高(公差值小于 0.01mm)时，可用杠杆卡规测量。台肩长度可用游标卡尺、深度游标卡尺和深度千分尺检验。

大批大量生产中，为了提高生产效率常采用极限卡规检测轴的直径。长度不大而精度又高的零件，也可用比较仪检验。

③ 位置精度检验。为提高检验精度和缩短检验时间，位置精度检验多采用专用检具，如图 2.96 所示。检验时，将主轴的两支承轴颈放在同一平板上的两个 V 形架上，并在轴的一端用挡铁、钢球和工艺锥堵挡住，限制主轴沿轴向移动。两个 V 形架中有一个的高度是可调的。测量时先用千分表调整轴的中心线，使它与测量平面平行。平板的倾斜角一般是 15°，使零件轴端靠自重压向钢球。

在主轴前锥孔中插入检验心棒，按测量要求放置千分表，用手轻轻转动主轴，从千分表读数的变化即可测量各项误差，包括锥孔及有关表面相对支承轴颈的径向跳动和端面跳动。

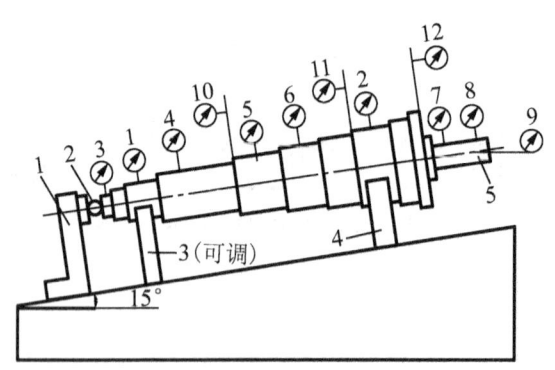

图 2.96　主轴位置精度检验示意图

1-挡铁；2-钢球；3、4-V 形架；5-检验心棒

锥孔的接触精度用专用锥度量规涂色检验，要求接触面积在 70%以上，分布均匀而大端接触较"硬"，即锥度只允许偏小。这项检验应在检验锥孔跳动之前进行。

图 2.96 中各量表的功用如下：量表 7 检验锥孔对支承轴颈的同轴度误差；距轴端300mm处的量表 8 检查锥孔轴心线对支承轴颈轴心线的同轴度误差；量表 3、4、5、6 检查各轴颈相对支承轴颈的径向跳动；量表 10、11、12 检验端面跳动；量表 9 测量主轴的轴向窜动。

2.3.3　任务实施

1. CA6140 型车床主轴的技术要求

图 2.93 为 CA6140 型车床主轴零件简图。由零件简图可知，该主轴呈阶梯状，其上有

安装支承轴承、传动件的圆柱、圆锥面，安装滑动齿轮的花键，安装卡盘及顶尖的内外圆锥面，连接紧固螺母的螺旋面，通过棒料的深孔等。主轴各主要部分的作用及技术要求如下。

1) 支承轴颈

主轴两个支承轴颈 A、B 圆度公差为 0.005mm，径向跳动公差为 0.005mm；而支承轴颈 1:12 锥面的接触率≥70%；表面粗糙度 Ra 为 0.4μm；支承轴颈尺寸精度为 IT5。因为主轴支承轴颈用来安装支承轴承，是主轴部件的装配基准面，所以它的制造精度直接影响到主轴部件的回转精度。

为了使轴承内圈能涨大以便调整轴承间隙，支轴承颈采用了锥面结构。轴承内圈是薄壁零件，装配时轴颈上的形状误差会反映到内圈的滚道上，影响主轴回转精度，故必须涂色检查接触面积，严格控制轴颈形状误差。

2) 端部锥孔

主轴端部内锥孔(莫氏 6 号)对支承轴颈 A、B 的跳动在轴端面处公差为 0.005mm，离轴端面 300mm 处公差为 0.01mm；锥面接触率≥70%；表面粗糙度 Ra 为 0.4μm；硬度要求 45～50HRC。该锥孔是用来安装顶尖或工具锥柄的，其轴心线必须与两个支承轴颈的轴心线严格同轴，否则会使工件(或工具)产生同轴度误差。

3) 端部短锥和端面

头部短锥 C 和端面 D 对主轴两个支承轴颈 A、B 的径向圆跳动公差为 0.008mm；表面粗糙度 Ra 为 0.4μm。它是安装卡盘的定位面。为保证卡盘的定心精度，该圆锥面必须与支承轴颈同轴，而端面必须与主轴的回转中心垂直。

4) 空套齿轮轴颈

空套齿轮轴颈对支承轴颈 A、B 的径向圆跳动公差为 0.015mm。由于该轴颈是与齿轮孔相配合的表面，对支承轴颈应有一定的同轴度要求，否则引起主轴传动啮合不良，当主轴转速很高时，还会影响齿轮传动平稳性并产生噪声，使工件外圆产生齿轮振纹，尤其在精车时，这种影响更为明显。

5) 螺纹

主轴上的螺纹一般用来固定零件或调整轴承间隙。螺纹的精度要求是限制压紧螺母端面跳动量所必需的。如果压紧螺母端面跳动量过大，在压紧滚动轴承的过程中，会造成轴承内环轴心线的倾斜，引起主轴的径向跳动(在一定条件下，甚至会使主轴产生弯曲变形)，不但影响加工精度，而且影响到轴承的使用寿命。因此主轴螺纹的精度一般为 6h；其轴心线与支承轴颈轴心线 A－B 的同轴度允差为 0.025mm。

6) 主轴各表面的表面质量

所有机床主轴的支承轴颈表面、工作表面及其他配合表面都受到不同程度的摩擦作用。在滑动轴承配合中，轴颈与轴瓦发生摩擦，要求轴颈表面有较高的耐磨性。在采用滚动轴承时摩擦转移给轴承环和滚动体，轴颈可以不要求很高的耐磨性，但仍要求适当地提高其硬度，以改善它的装配工艺性和装配精度。

定心表面（内外锥面、圆柱面、法兰圆锥等）因相配件（顶尖、卡盘等）需经常拆卸，表面容易产生碰伤和拉毛，影响接触精度，所以也必须有一定的耐磨性。当表面硬度 HRC45以上时，拉毛现象可大大改善。主轴表面的粗糙度 Ra 值在 0.8～0.2μm 之间。

2. 明确毛坯状况

对于外圆直径相差大的阶梯轴或重要的轴，常选用锻件，这样既节约材料又减少机械

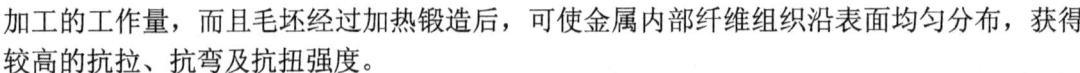

加工的工作量，而且毛坯经过加热锻造后，可使金属内部纤维组织沿表面均匀分布，获得较高的抗拉、抗弯及抗扭强度。

该机床主轴材料为 45 钢，大批生产，且属于外圆直径相差大的重要的轴，故选择模锻件做毛坯。

3. 拟定工艺路线

1) 确定加工方法

(1) 外圆表面的车削加工。主轴各外圆表面的车削通常分为粗车、半精车、精车三个步骤。粗车的目的是切除大部分余量；半精车是修整预备热处理后的变形；精车则进一步使主轴在磨削加工前各表面具有一定的同轴度和合理的磨削余量。因此提高生产率是车削加工的主要问题。在不同的生产条件下一般采用的机械设备是：单件小批生产采用普通卧式车床；成批生产多用带有液压仿形刀架的车床或液压仿形车床；大批大量生产则采用液压仿形车床或多刀半自动车床。

采用液压仿形车床可实现车削加工半自动化，其上下料仍需手动，更换靠模、调整刀具都较简便，减轻了劳动强度，提高了加工效率，对成批生产是很经济的。仿形刀架的装卸和操作也很方便，成本低，能使普通卧式车床充分发挥使用效能。但是它的加工精度还不够稳定，不适宜进行强力切削，仍应继续改进。

多刀半自动车床主要用于大量生产中。它用若干把刀具同时车削工件的各个表面，因此缩短了切削行程和切削时间，是一种高生产率加工设备，但刀具的调整费时。

(2) 主轴深孔的加工。一般把长度与直径之比大于 5 的孔(即 $L/d \geq 5$)称为深孔。深孔加工比一般孔加工要困难和复杂，原因是：
① 刀具细而长，刚性差，钻头容易引偏，使被加工孔的轴心线歪斜；
② 排屑困难；
③ 冷却困难，钻头散热条件差，容易丧失切削能力。

特别提示

生产实际中一般采取下列措施来改善深孔加工的不利因素：

(1) 用工件旋转、刀具进给的加工方法，使钻头有自定中心的能力；

(2) 采用特殊结构的刀具——深孔钻，以增加其导向的稳定性和适应深孔加工的条件；

(3) 在工件上预加工出一段精确的导向孔，保证钻头从一开始就不引偏；

(4) 采用压力输送的切削润滑液并利用在压力下的冷却润滑液排出切屑。

在单件小批生产中，深孔加工一般是在卧式车床上用接长的麻花钻加工。在加工过程中需多次退出钻头，以便排出切屑和冷却零件及钻头。在批量较大时，采用深孔钻床及深孔钻头，可获得较好的加工质量并具有较高的生产率。

钻出的深孔一般都要经过精加工才能达到要求的精度和表面粗糙度。精加工的方法主要有镗削和铰削。由于刀具细长，目前较多采用拉镗和拉铰的方法，使刀杆只受拉力而不受压力。这些加工一般也在深孔钻床上进行。

(3) 主轴锥孔加工。主轴前端锥孔和主轴支承轴颈及前端短锥的同轴度要求高，因此磨削主轴的前端锥孔，常常成为机床主轴加工的关键工序。

磨削主轴前端锥孔，一般以支承轴颈作为定位基准，有以下三种安装方式：

① 将前支承轴颈安装在中心架上，后支承轴颈夹在磨床床头的卡盘内。磨削前严格校正两支承轴颈，前端可调整中心架，后端在卡爪和轴颈之间垫薄纸来调整。这种方法辅助时间长，生产率低，而且磨床床头的误差会影响工件，但无须用专用夹具，因此常用于单件小批生产。

② 将前、后支承轴颈分别安装在两个中心架上，用千分表校正好中心架位置。零件通过弹性联轴器或万向接头与磨床床头连接。此种方式可保证主轴轴颈的定位精度，且不受磨床床头误差的影响，但调整中心架费时，质量不稳定，一般只在生产规模不大时使用。

③ 成批生产时大多采用专用夹具加工，如图 2.97 所示。夹具由底座 6、支架 5 及浮动夹头 3 三部分组成，两个支架固定在底座上，作为工件定位基面的两段轴颈放在支架的两个 V 形块上，V 形块内镶有硬质合金，以提高耐磨性，并减少对零件轴颈的划痕。零件的中心高应正好等于磨头砂轮轴的中心高，否则将会使锥孔母线呈双曲线，影响内锥孔的接触精度。后端的浮动夹头用锥柄装在磨床主轴的锥孔内，零件尾端插入弹性套内，用弹簧将浮动夹头外壳连同零件向左拉，通过钢球压向镶有硬质合金的锥柄端面，限制零件的轴向窜动。采用这种浮动连接方式，可以保证零件支承轴颈的定位精度不受内圆磨床主轴回转误差的影响，也可减少机床本身振动对加工质量的影响。

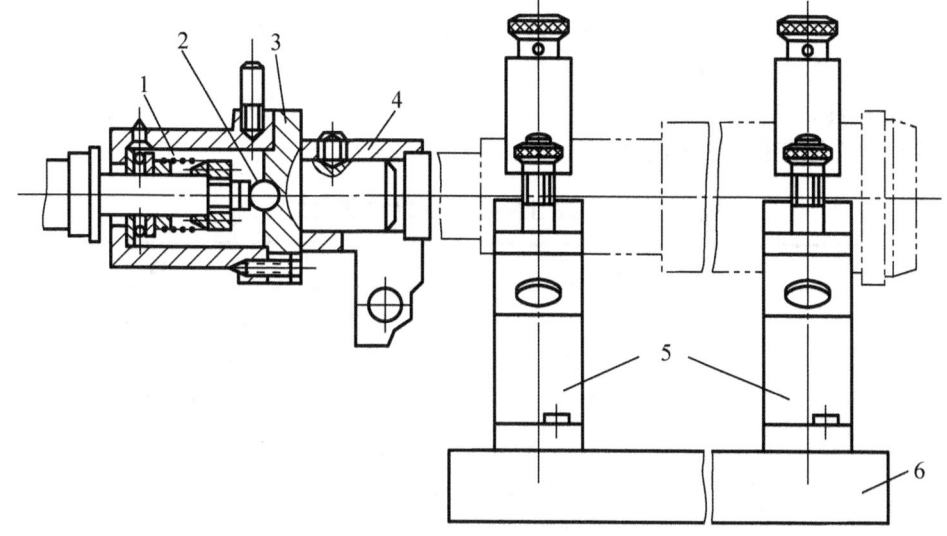

图 2.97　磨主轴锥孔专用夹具

1-弹簧；2-钢球；3-浮动夹头；4-弹性内套；5-支架；6-底座

(4) 主轴各外圆表面的精加工和光整加工。主轴的精加工都是用磨削的方法，安排在最终热处理工序之后进行，用以纠正在热处理中产生的变形，最后达到所需的精度和表面粗糙度。磨削加工一般能达到的经济精度为 IT16 和经济表面粗糙度 Ra 为 0.8～0.2μm。对于一般精度的车床主轴，磨削是最后的加工工序。而对于精密的主轴还需要进行光整加工。

① 主轴支承轴颈的尺寸精度、形状精度以及表面粗糙度要求，可以采用精密磨削方法保证。磨削前应提高精基准的精度。

保证主轴前端内、外锥面的形状精度、表面粗糙度同样应采用精密磨削的方法。为了保证外锥面相对支承轴颈的位置精度，以及支承轴颈之间的位置精度，通常采用组合磨削法，在一次装夹中加工这些表面，如图 2.98 所示。机床上有两个独立的砂轮架，精磨在两

个工位上进行,工位 I 精磨前、后轴颈锥面,工位 II 用角度成形砂轮,磨削主轴前端支承面和短锥面。

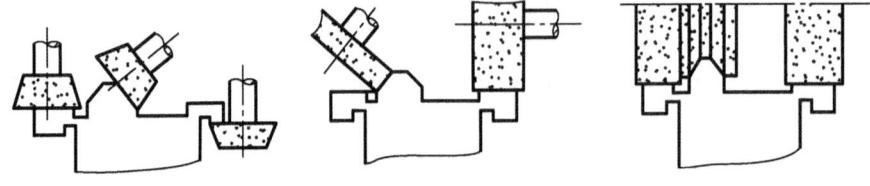

图 2.98　组合磨削

② 光整加工用于精密主轴尺寸公差等级 IT5 以上或表面粗糙度 Ra 低于 0.1μm 的加工表面,其特点是:

a. 加工余量都很小,一般不超过 0.2mm。

b. 采用很小的切削用量和单位切削压力,变形小,可获得数值小的表面粗糙度。

c. 对上道工序的表面粗糙度要求高。一般都要求 Ra 低于 0.2μm,表面不得有较深的加工痕迹。

d. 除镜面磨削外,其他光整加工方法都是"浮动的",即依靠被加工表面本身自定中心。因此只有镜面磨削可部分地纠正工件的形状和位置误差,而研磨只可部分地纠正形状误差,而其他光整加工方法只能用于降低表面粗糙度。

几种光整加工方法的工作原理和特点见表 2-27。由于镜面磨削的生产效率高。且适应性广,目前已广泛应用在机床主轴的光整加工中。

表 2-27　外圆表面的各种光整加工方法的比较

方法	工 作 原 理	特 点
镜面磨削	加工方式与一般磨削相同,但需要用特别软的砂轮,较低的磨削用量,极小的切削深(1～2μm)、仔细过滤的冷却润滑液。修正砂轮时用极慢的工作台进给速度	(1) 表面粗糙度 Ra 可达 0.012～0.006μm,适用范围广 (2) 能够部分的修正上道工序留下来的形状和位置误差 (3) 生产效率高,可配备自动测量仪 (4) 对机床设备的精度要求很高
研磨	研磨套在一定的压力下与工件做复杂的相对运动,工件缓慢转动,带动磨粒起切削作用。同时研磨剂还能与金属表面层发生化学作用,加速切削作用。研磨余量为 0.01～0.02mm	(1) 表面粗糙度 Ra 可达 0.025～0.006μm,适用范围广 (2) 能部分纠正形状误差,不能纠正位置误差 (3) 方法简单可靠,对设备要求低 (4) 生产率很低,工人劳动强度大,正为其他方法所取代,但仍用得相当广泛

方法	工 作 原 理		特　点
超精加工	 振动头　工件　磨条	工件作低速转动和轴向进给(或工件不进给，磨头进给)，磨头带动磨条以一定的频率(每分钟几十次到上千次)沿工件的轴向振动，磨粒在工件表面上形成复杂轨迹。磨条采用硬度很软的细粒度油石。冷却润滑液用煤油	(1) 表面粗糙度 Ra 可达 $0.025\sim0.012\mu m$，适用范围广 (2) 不能纠正上道工序留下来的形状误差和位置误差 (3) 设备要求简单，可在普通车床上进行 (4) 加工效果受煤油质量的影响很大
双轮珩磨	珩轮　工件	珩磨轮相对工件轴心线倾斜 27°～30°，并以一定的压力从相对的方向压在工件表面上。工件(或珩磨轮)沿工件轴向作往复运动。在工件转动时，因摩擦力带动珩磨轮旋转，并产生相对滑动，起微量的切削作用。冷却润滑液为煤油或油酸	(1) 表面粗糙度 Ra 可达 $0.025\sim0.012\mu m$，不适用于带肩轴类零件和锥形表面 (2) 不能纠正上道工序留下来的形状误差和位置误差 (3) 设备要求低，可用旧机床改装 (4) 工艺可靠，表面质量稳定 (5) 珩磨轮一般采用细粒度磨料自制，使用寿命长 (6) 生产效率比上述三种都高

　　2) 划分加工阶段

　　CA6140 车床主轴主要加工表面是 $\phi75h5$、$\phi80h5$、$\phi90g5$、$\phi100h6$ 轴颈，两支承轴颈及大头锥孔。它们加工的尺寸精度在 IT5～IT6 之间，表面粗糙度 Ra 为 0.4～0.8μm。

　　主轴加工过程中的各加工工序和热处理工序均会不同程度地产生加工误差和应力。为了保证加工质量，稳定加工精度，CA6140 车床主轴加工基本上划分为下列三个阶段。

　　(1) 粗加工阶段。

　　① 毛坯处理：毛坯备料、锻造和正火（工序 1～3）。

　　② 粗加工：锯去多余部分，铣端面、钻中心孔和粗车外圆等（工序 4～6）。

　　这一阶段的主要目的是：用大的切削用量切除大部分加工余量，把毛坯加工到接近工件的最终形状和尺寸，只留下少量的加工余量。通过这阶段还可以及时发现锻件裂纹等缺陷，采取相应措施。

　　(2) 半精加工阶段。

　　① 半精加工前热处理：对于 45 钢一般采用调质处理，达到 220～240HBW（工序 7）。

　　② 半精加工：车工艺锥面（定位锥孔）、半精车外圆端面和钻深孔等（工序 8～13）。

　　这个阶段的主要目的是：为精加工做好准备，尤其为精加工做好基面准备。对于一些要求不高的表面，如大端端面各孔，在这个阶段加工到图样规定的要求。

　　(3) 精加工阶段。

　　① 精加工前热处理：局部高频淬火（工序 14）。

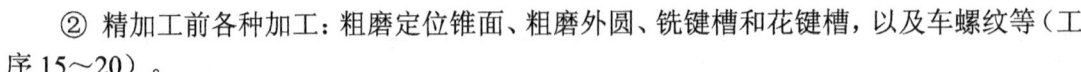

② 精加工前各种加工：粗磨定位锥面、粗磨外圆、铣键槽和花键槽，以及车螺纹等（工序 15～20）。

③ 精加工：精磨外圆、两处 1：12 外锥面及莫氏 6 号内锥孔，从而保证主轴最重要表面的精度（工序 21～24）。

这一阶段的目的是：把各表面都加工到图样规定的要求。

粗加工、半精加工、精加工阶段的划分大体以热处理为界。

由此可见，整个主轴加工的工艺过程，就是以主要表面（支承轴颈、锥孔）的粗加工、半精加工和精加工为主，适当插入其他表面的加工工序而组成的。这就说明，加工阶段的划分起主导作用的是工件的精度要求。

3) CA6140 型车床主轴加工定位基准的选择

主轴加工中，为了保证各主要表面的相互位置精度，选择定位基准时，应遵循基准重合、基准统一和互为基准等重要原则，并能在一次装夹中尽可能加工出较多的表面。

由于主轴外圆表面的设计基准是主轴轴心线，根据基准重合的原则考虑应选择主轴两端的顶尖孔作为精基面。用顶尖孔定位，还能在一次装夹中将许多外圆表面及其端面加工出来，有利于保证加工面间的位置精度。所以，主轴在粗车之前应先加工顶尖孔。

为了保证支承轴颈与主轴内锥面的同轴度要求，宜按互为基准的原则选择基准面。如车小端 1:20 锥孔和大端莫氏 6 号内锥孔时，以与前支承轴颈相邻而它们又是用同一基准加工出来的外圆柱面为定位基准面(因支承轴颈系外锥面不便装夹)；在精车各外圆(包括两个支承轴颈)时，以前、后锥孔内所配锥堵的中心孔为定位基准；在粗磨莫氏 6 号内锥孔时，又以两圆柱面为定位基准；粗、精磨两个支承轴颈的 1:12 锥面时，再次用锥堵中心孔定位；最后精磨莫氏 6 号锥孔时，直接以精磨后的前支承轴颈和另一圆柱面定位。定位基准每转换一次，都使主轴的加工精度提高一步。

4) CA6140 型车床主轴主要加工表面加工工序安排

综上所述，主轴主要表面的加工顺序安排如下：

外圆表面粗加工(以顶尖孔定位)→外圆表面半精加工(以顶尖孔定位)→钻通孔(以半精加工过的外圆表面定位)→锥孔粗加工(以半精加工过的外圆表面定位，加工后配锥堵)→外圆表面精加工(以锥堵中心孔定位)→锥孔精加工(以精加工外圆面定位)。

当主要表面加工顺序确定后，就要合理地插入非主要表面加工工序。对主轴来说非主要表面指的是螺纹孔、键槽、螺纹等。这些表面加工一般不易出现废品，所以尽量安排在后面工序进行，主要表面加工一旦出了废品，非主要表面就不需加工了，这样可以避免浪费工时。但这些表面也不能放在主要表面精加工后，以防在加工非主要表面过程中损伤已精加工过的主要表面。

对凡是需要在淬硬表面上加工的螺纹孔、键槽等，都应安排在淬火前加工。非淬硬表面上螺纹孔、键槽等一般在外圆精车之后，精磨之前进行加工。主轴螺纹，因它与主轴支承轴颈之间有一定的同轴度要求，所以螺纹安排在局部淬火之后的精加工阶段进行，这样半精加工后残余应力所引起的变形和热处理后的变形，就不会影响螺纹的加工精度。

主轴的工艺路线安排大体如下：锻造→正火→车端面、钻中心孔→粗车→调质→半精车→淬火→回火→粗、精磨外圆→粗、精磨圆锥面→磨锥孔。

4. 设计工序内容

设计工序内容详见表 2-28。

5. CA6140 型车床主轴加工工艺过程

表 2-28 列出了 CA6140 型车床主轴的加工工艺过程。

表 2-28 大批生产 CA6140 型车床主轴工艺过程

序号	工序名称	工 序 内 容	定 位 基 准	设 备
1	备料			
2	锻造	模锻		立式精锻机
3	热处理	正火		
4	锯头			
5	铣端面钻中心孔		毛坯外圆	中心孔机床
6	粗车外圆		顶尖孔	多刀半自动车床
7	热处理	调质 220—240HBW		
8	车大端各部	车大端外圆、短锥、端面及台阶	顶尖孔	卧式车床
9	车小端各部	仿形车小端各部外圆	顶尖孔	仿形车床
10	钻深孔	钻 $\phi48$mm 通孔	两端支承轴颈	深孔钻床
11	车小端锥孔	车小端锥孔(配 1:20 锥堵,涂色法检查接触率≥50%)	两端支承轴颈	卧式车床
12	车大端锥孔	车大端锥孔(配莫氏 6 号锥堵,涂色法检查接触率≥30%)、外短锥及端面	两端支承轴颈	卧式车床
13	钻孔	钻大头端面各孔	大端内锥孔	摇臂钻床
14	热处理	局部高频淬火($\phi90$g5、短锥及莫氏 6 号锥孔) 45—50HRC		高频淬火设备
15	精车外圆	精车各外圆并切槽、倒角	锥堵顶尖孔	数控车床
16	粗磨外圆	粗磨 $\phi75$h5、$\phi80$h5、$\phi89$f6、$\phi90$g5、$\phi100$h6 外圆	锥堵顶尖孔	组合外圆磨床
17	粗磨大端锥孔	粗磨大端内锥孔(重配莫氏 6 号锥堵,涂色法检查接触率≥40%)	前支承轴颈及 $\phi75$h5 外圆	内圆磨床
18	铣花键	铣 $\phi89$f6 花键	锥堵顶尖孔	花键铣床
19	铣键槽	铣 12f9 键槽	$\phi80$h5 及 M115mm 外圆	立式铣床
20	车螺纹	车三处螺纹(与螺母配车)	锥堵顶尖孔	卧式车床
21	精磨外圆	精磨各外圆及 E、F 两端面	锥堵顶尖孔	外圆磨床
22	粗磨外锥面	粗磨两处 1:12 外锥面	锥堵顶尖孔	专用组合磨床

续表

序号	工序名称	工序内容	定位基准	设 备
23	精磨外锥面	精磨两处两处 1:12 外锥面、D 端面及短锥面	锥堵顶尖孔	专用组合磨床
24	精磨大端锥孔	精磨大端莫氏 6 号内锥孔(卸堵, 涂色法检查接触率≥70%)	前支承轴颈及 $\phi75h5$ 外圆	专用主轴锥孔磨床
25	钳	端面孔去锐边倒角, 去毛刺		
26	检验	按图样要求全部检验	前支承轴颈及 $\phi75h5$ 外圆	专用检具

 **知识拓展**

1. 金属切削过程

金属切削过程是指在机床上利用刀具, 通过刀具与工件之间的相对运动, 从工件上切下多余的金属, 从而形成切屑和已加工表面形成的过程。伴随着切屑的形成, 会产生切削变形、积屑瘤、表面硬化、切削力、切削热和刀具磨损等物理现象, 都是由切削过程中的变形和摩擦引起的。了解这些现象的本质和规律, 对保证加工质量, 提高生产率, 降低生产成本具有十分重要的意义。

1) 切屑的形成与积屑瘤

(1) 切屑的形成与切削变形区。塑性金属切削过程在本质上是被切削层金属在刀具的挤压作用下产生变形并与工件本体分离形成切屑的过程。

如图 2.99 所示, 切削过程是伴随着切削运动进行的。随着切削层金属以切削速度 v_c 向刀具前刀面接近, 在前刀面的挤压作用下, 被切金属产生弹性变形, 并逐渐加大, 其内应力也在增加。当被切金属运动到图 2.99 的 OA 线时, 其内应力达到屈服点, 开始产生塑性变形, 金属内部发生剪切滑移。OA 称为始滑移线(始剪切线)。随着被切金属继续向前刀面逼近, 塑性变形加剧, 内应力进一步增加, 到达 OM 线时, 变形和应力达到最大。OM 称为终滑移线(终剪切线)。切削刃附近金属内应力达到金属断裂极限而使被切金属与工件本体分离。分离后的变形金属沿刀具的前刀面流出, 成为切屑。

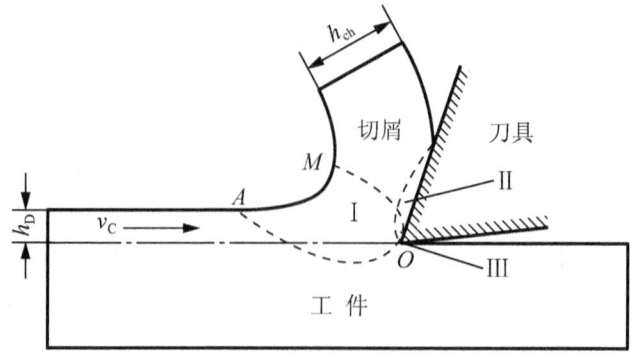

图 2.99 切削过程中的变形区

对照上述切削变形的分析, 可按变形程度将切削变形划成三个变形区:

① 从 OA 线开始发生剪切滑移塑性变形, 到 OM 线晶粒的剪切滑移基本完成, 这一区域(I)称为第一

变形区。

② 切屑沿前刀面排出时进一步受到前刀面的挤压和摩擦，使切屑底层靠近前刀面处的金属纤维化，其方向基本上与前刀面平行，这一区域(II)称为第二变形区。

③ 已加工表面受到切削刃钝圆部分和后刀面的挤压、摩擦和回弹作用，造成纤维化与加工硬化，这一区域(III)称为第三变形区。

三个变形区各具特点又相互联系、相互影响。切削过程中产生的许多现象均与金属层变形有关。在切削过程中，变形程度越大，工件的表面质量越差，切削过程中所消耗的能量越多。

(2) 切屑类型。切削加工中，当工件材料、切削条件不同时，会形成不同的切屑。按其形态不同，可分为图 2.100 所示的四种类型。

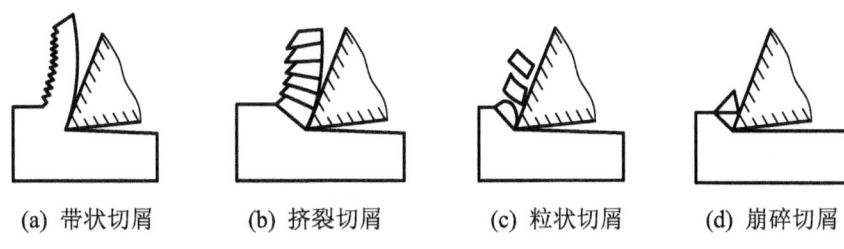

(a) 带状切屑　　(b) 挤裂切屑　　(c) 粒状切屑　　(d) 崩碎切屑

图 2.100　切屑类型

① 带状切屑。这类切屑呈连续的带状，与刀具前刀面接触的底面是光滑的，背面呈微小的锯齿形。一般加工塑性较大的材料(如碳素钢、合金钢、铜和铝合金等)，刀具前角较大且切削速度较高时，常常形成这类切屑。其切削过程比较平稳，切削力的波动小，加工表面质量高，但必要时需采取断屑、排屑措施。

② 节状切屑(挤裂切屑)。这类切屑的外表面呈较大的锯齿形，它是由于切削层局部所受的切应力达到材料强度极限的结果。在加工塑性较低的材料、刀具前角较小且切削速度低时容易形成此类切屑。其切削过程不平稳，切削力的波动较大，加工表面质量稍差。

③ 粒状切屑(单元切屑)。在切屑形成过程中，当整个剪切面上的切应力都超过了材料的强度极限时，会形成一个个梯形状的粒状切屑。当切削速度更低、前角更小且增加切削厚度时，容易生成此类切屑。

④ 崩碎切屑。这类切屑在加工脆性材料(如黄铜、铸铁等)时容易形成，它是由于切削层金属塑性小，刀具切入后未发生塑性变形就突然崩断成不规则的碎块状。其切削过程容易产生振动，工件加工表面质量较为粗糙。

(3) 积屑瘤。在一定范围的切削速度下切削塑性金属时，常发现在刀具前刀面靠近切削刃的部位都附着一小块很硬的金属，这就是积屑瘤，又称刀瘤，其尺寸和形状如图 2.101 所示。

① 积屑瘤对切削过程的影响。

a. 增大刀具前角：如图 2.102 所示，由于积屑瘤的黏附，刀具前角增大了一个 γ_b 角度。刀具前角增大可减小切削力，对切削过程有积极的作用。而且，积屑瘤的高度 H_b 越大，实际刀具前角也越大，切削更容易。

b. 增大切削厚度：由图 2.102 可以看出，当积屑瘤存在时，实际的金属切削层厚度比无积屑瘤时增加了一个 Δh_D，显然，这对工件切削尺寸的控制是不利的。

c. 增大加工后的表面粗糙度：由于积屑瘤轮廓形状不规则，它代替刀具切削时，会使切出的工件表面不平整。另外积屑瘤经常出现整个或部分脱落和再生现象，导致切削力大小变化和产生振动，这些因素也会使工件表面粗糙度值增大。

d. 影响刀具耐用度：积屑瘤代替切削刃切削，可减少刀具磨损。但积屑瘤脱落时，可能使刀具表面金属剥落，从而使刀具磨损加大。对于硬质合金刀具这一点表现尤为明显。

在形成积屑瘤的过程中，金属材料因塑性变形而被强化。因此，积屑瘤的硬度比工件材料的硬度高，能代替切削刃进行切削，起到保护切削刃的作用。积屑瘤的存在，增大了刀具实际工作前角，使切削轻快，粗加工时希望产生积屑瘤。但是积屑瘤会导致切削力的变化，引起振动，并会有一些积屑瘤碎片部分附在工件已加工表面上，使表面变得粗糙，故精加工时应尽量避免积屑瘤产生。

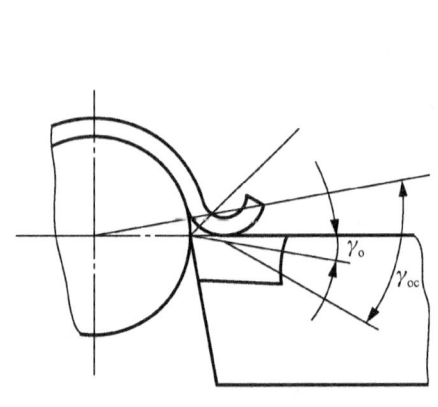

图 2.101　积屑瘤

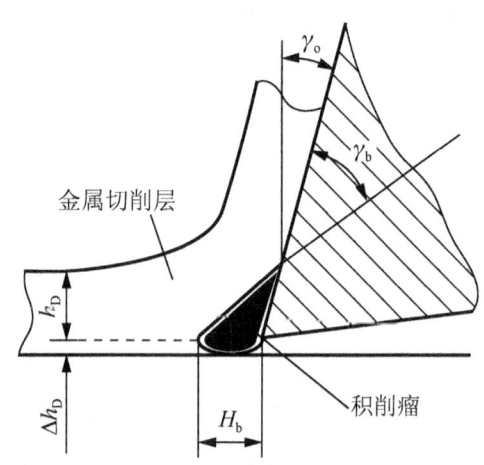

图 2.102　积屑瘤对加工影响

② 影响积屑瘤形成的因素。

a. 工件材料。切削脆性材料时，常形成崩碎切屑，切削温度低，一般不会产生积屑瘤。切削塑性材料时，材料的塑性越大，切屑与前刀面的摩擦和切削变形就越大，容易黏结刀面而产生积屑瘤。

b. 切削速度。切削速度大小的变化，导致切削温度的变化，因此对前刀面的平均摩擦系数和工件材料性质产生影响，从而影响积屑瘤的形成。对于一般钢材，当切削温度在 300～380℃时，摩擦系数最大，所以在这个温度段产生的积屑瘤最高。当温度升高到 500～600℃时，工件材料的剪切强度降低，切屑底层金属软化，因此不产生积屑瘤。生产实践证明，当切削速度高于 80m/min 或低于 1 m/min 时，很少产生积屑瘤。

因此，一般精车、精铣采用高速切削，而拉削、铰削和宽刀精刨时，则采用低速切削，以避免形成积屑瘤。

c. 刀具前角。生产实践证明，积屑瘤形成的最大刀具前角是 30°，所以当刀具的前角≥30°时，则不容易产生积屑瘤。

d. 切削液。使用润滑性能良好的切削液，可以降低切削温度，减少摩擦，从而抑制积屑瘤的形成。

2) 切削力和切削功率

切削过程中作用在刀具与工件上的力称为切削力。切削力所做的功就是切削功率。

(1) 切削力。切削力来源有两个方面：即切削层金属变形产生的变形抗力和切屑、工件与刀具间摩擦产生的摩擦抗力。图 2.103 所示为切削力的来源。

切削力是一个空间力，大小和方向都不易直接测定。为了适应设计和工艺分析的需要，一般把切削力分解，研究它在一定方向上的分力。

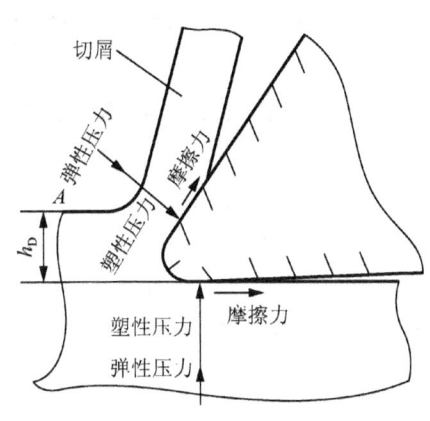

图 2.103　切削力的来源　　　　图 2.104　切削合力及分解

如图 2.104 所示，切削力 F 可沿坐标轴分解为三个互相垂直的分力 F_c、F_p、F_f。

① 主切削力 F_c(切削力 F_z)：切削力在主运动方向上的分力。

② 背向力 F_p(切深抗力 F_y)：切削力在垂直于假定工作平面方向上的分力。

③ 进给力 F_f(进给抗力 F_x)：切削力在进给运动方向上的分力。

它们的关系是：

$$F = \sqrt{F_c^2 + F_p^2 + F_f^2} \tag{2-17}$$

车削时，主切削力是最大的一个分力，它消耗切削总功率的 95%左右，背向力在车外圆时不消耗功率，进给力作用在机床的进给运动机构上，消耗总功率的 5%左右。

在生产过程中，由于金属的切削过程非常复杂，各种影响因素很多，切削力的大小很难进行精确的计算，因此一般采用由实验结果建立起来的经验公式计算。

(2) 影响切削力的主要因素。切削力的大小是由很多因素决定的，如工件材料、切削用量、刀具角度、切削液和刀具材料等。在一般情况下，对切削力影响比较大的是工件材料和切削用量。

① 工件材料。工件材料的硬度、强度、塑性、韧性等物理性能，工件的化学成分和热处理状态等，都会对切削力产生很大的影响。

a. 工件材料的硬度和强度越高，切削力越大。

b. 工件材料的塑性和韧性越高，加工硬化能力越大，产生的切削变形大，切削力就大。比如切削不锈钢 1Cr18Ni9Ti 产生的切削力比切削 45 钢增加 25%，那是因为前者的加工硬化比较严重，产生的切屑不易折断。

c. 切削铸铁等脆性材料时，由于其塑性变形小，加工硬化小，切屑与刀具的摩擦小，所以切削力就小。

d. 同一工件材料采用的热处理方法不同，比如淬火、正火、调质不同状态下的硬度不同，切削力就有很大的差异。

② 切削用量。在切削用量三个要素中，对切削力影响最大的是背吃刀量，其次是进给量，切削速度最小。

a. 背吃刀量 a_p 和进给量 f：在切削过程中，切削层横截面积 $A_D = a_p f$，所以无论是背吃刀量增大或进给量增大，都会使切削层横截面积 A_D 增大，从而使弹性变形、塑性变形及摩擦力增大，切削力也随之增大。但是两者对切削力的影响程度是不同的。经过测算可知，当背吃刀量增加一倍时，切削力约增加一倍；而当进给量增加一倍时，切削力增加 70%～80%。

背吃刀量和进给量对切削力的影响规律，对生产实践具有很重要的实践意义。为了提高生产率，采用大的进给量比采用大的背吃刀量更有利。

b. 切削速度 v_c：切削塑性材料时，其对切削力的影响分三个阶段：当切削速度较低时(<20m/min)，随着切削速度的增加，产生了积屑瘤，使刀具的实际前角增大，切削变形减小，因此切削力逐渐减小；当切削速度在 20～50m/min 范围时，随着切削速度的增加，积屑瘤由大变小，因此切削力逐渐增大；当速度较大时(>50 m/min)，随着切削速度的增加，切削温度升高，切削力也逐渐减小。

切削脆性材料时，由于塑性变形小，切削速度对切削力的影响不大。

③ 刀具几何参数。

a. 前角 γ_o：前角对切削力的影响最大。随着前角的增大，切削变形减小，切削力逐渐减小；反之，切削力逐渐增大。

b. 主偏角 K_r：当主偏角增大时，切削层厚度增加，切削变形减小，因此主切削力 F_c 也随之减小。通常情况下当主偏角 $K_r = 65°～75°$ 时，切削力最小。进给力 F_f 随着主偏角的增大而增大，背向力 F_p 随着主偏角的增大而减小。

c. 刃倾角 λ_s：刃倾角对主切削力的影响小，对进给力和背向力的影响大。这是因为当刃倾角改变时，将影响合力的方向，随着刃倾角的增大，进给力增大，背向力减小。

d. 刀尖圆弧半径 $r_ε$：当刀尖圆弧半径增大时，参与切削的圆弧刃长度增加，切削变形和摩擦力也随之增大，因此主切削力增大；同时由于圆弧切削刃上的平均主偏角减小，背向力也增大。

④ 其他因素。

a. 刀具磨损：刀具的前、后刀面磨损，都会对切削力产生影响。后刀面磨损越大，其与被加工工件的摩擦力越大，切削力就越大。

b. 刀具材料：由于不同材料的刀具与工件材料之间的摩擦系数不同，对切削力的影响也不同。在同等的条件下，高速钢刀具的切削力最大，硬质合金刀具次之，陶瓷刀具最小。

c. 切削液：在切削过程中使用润滑性能良好的切削液，可以减小切屑与刀具及工件表面之间的摩擦，降低切削力。切削液的润滑性能越高，降低切削力的效果就越明显。

3) 切削热、切削温度与切削液

金属切削过程中消耗的能量除了极少部分以变形能留存于工件表面和切屑中，基本上转变为热能。大量的切削热导致切削区域温度升高，直接影响刀具与工件材料的摩擦系数、积屑瘤的形成与消退、刀具的磨损、工件的加工精度和表面质量。

(1) 切削热。在切削过程中，由于绝大部分的切削功都转变成热量，所以有大量的热产生，这些热称为切削热。

切削热来源于两个方面：一方面是被切削金属在刀具的作用下产生的弹性和塑性变形功，另一方面是切屑与前刀面、工件与后刀面之间产生的摩擦功。

切削热产生以后，由切屑、工件、刀具及周围的介质(如空气或切削液)传出。各部分传出的比例取决于工件材料、切削速度、刀具材料及刀具几何形状等。实验结果表明，车削时的切削热主要是由切屑传出

的。切削热传出的比例是：切屑传出的热为 50%～86%；工件传出的热为 3%～9%；刀具传出的热为 10%～40%；周围介质传出的热约为 1%。切削速度越高，切削厚度越大，切屑传出的热量越多，而工件和刀具温度较低，可以使切削加工顺利进行。

传入切屑及介质中的热量越多，对加工越有利。传入刀具的热量虽不是很多，但由于刀具切削部分体积很小，因此刀具的温度可达到很高(高速切削时可达到 1 000℃以上)。温度升高以后，会加速刀具的磨损。传入工件的热可能使工件变形，产生形状和尺寸误差。

在切削加工中要设法减少切削热的产生、改善散热条件以及减小高温对刀具和工件的不良影响。

(2) 切削温度。切削温度一般是指切屑与刀具前刀具面接触区的平均温度。切削温度的高低，除了用仪器进行测定外，还可以通过观察切屑的颜色大致估计出来。例如，切削碳钢时，随着切削温度的升高，切屑的颜色也发生相应的变化，淡黄色约 200℃，蓝色约 320℃。

实验证明，切削温度在工件、刀具、切屑上的分布是不均匀的，工件材料塑性大，切削温度的分布就相对较均匀；工件材料脆性大，则分布不均匀，温度梯度大。工件和刀具的最高温度都在刀尖附近，切屑中的最高温度在积屑瘤附近。

① 切削温度的影响因素。切削温度的高低取决于切削热的产生和传出情况，它受切削用量、工件材料、刀具材料及几何形状等因素的影响。切削速度对切削温度影响最大，切削速度增大，切削温度随之升高；进给量对切削温度影响较小；背吃刀量对切削温度影响更小。前角增大，切削温度下降，但前角不宜太大，前角太大，切削温度反而升高；主偏角增大，切削温度升高。

a. 切削用量。切削用量三要素增大，切削温度都升高，其中切削速度的影响最大，其次是进给量，最后是背吃刀量。这是因为当切削温度增加时，变形能和摩擦能急剧增大，虽然通过切屑带走的热量增加，但是刀具的传热能力不变，所以切削温度会提高很多。

因此，在相同的切削条件下，为了减少切削温度的影响，延长刀具寿命，应尽量选用大的背吃刀量、较大的进给量、较小的切削速度。

b. 工件材料。工件材料的强度、硬度和热导率对切削温度产生影响。强度、硬度高，热导率小，切削时产生的热量多，热量散得慢，切削温度就高，如合金钢、不锈钢等；反之，切削时产生的热量少，热量散得快，切削温度就低，如低碳钢等。

c. 刀具几何角度。前角增大，变形、摩擦减小，产生的热量少，切削温度下降；但前角过大，楔角减小，刀具散热变差，切削温度又上升。通常情况下前角≤15℃。

主偏角增大，刀具切削刃工作长度变小，散热条件变差，使切削温度升高。

d. 其他因素。使用切削液可以降低切削温度，因为切削液能够带走大量的切削热。

另外，刀具磨损后，切削区的塑性变形和摩擦增大，切削温度升高。

(3) 切削液。切削液又称冷却润滑液，主要用来减少切削过程中的摩擦和降低切削温度。正确合理地选用切削液，对提高工件的表面质量、精度，延长刀具寿命具有重要的作用。

① 切削液的作用。

a. 冷却作用。切削液进入到切削区域后，通过对切削热的导出，把刀具、工件和切屑上的大部分热量带走，使切削区域的温度降低，从而起到冷却作用。

切削液冷却效果的好坏不但取决于它的导热系数、比热、气化速度、流量、流速等参数，而且和采用的冷却方法有关。一般水溶液的冷却性能最好，油类最差，乳化液介于两者之间。冷却方法主要有：浇注法、喷雾法、内冷法等，喷雾法比浇注法冷却效果好。

b. 润滑作用。切削液渗透到刀具、工件、切屑接触面之间形成润滑膜，从而起到润滑作用。

切削液润滑性能的好坏取决于切削液的渗透性和润滑膜的强度。切削液能否进入切削区域由渗透性决定，如果进不去，就没有润滑效果。润滑膜的强度依赖于切削液的"油性"(指切削液在金属表面形成油膜的能力)。如果润滑膜的强度低，很容易破裂，那么在刀具、工件、切屑之间不能形成连续的润滑膜，润滑效果也会很差。

c. 清洗作用。在金属切削过程中，常常会产生一些小碎屑，通过浇注切削液可以冲走碎屑，防止刮伤工件已加工表面和机床导轨，从而起到清洗作用。

d. 防锈作用。在切削液中加入防锈添加剂后，能在金属表面生成保护膜，保护工件、刀具和机床不受空气、水分和酸性介质的腐蚀，起到防锈作用。

② 切削液的种类。常用的切削液种类有以下三种。

a. 水溶液。水溶液是以水为主要成分并加入防锈剂、清洗剂的切削液，有时也加入水溶性添加剂(如聚乙二醇、油酸等)以增加其润滑性。常用的有电解水溶液和表面活性剂溶液。

b. 乳化液。乳化液是水和乳化油混合后经搅拌形成的乳白色液体。乳化油是一种油膏，由矿物油和表面活性乳化剂配制而成。表面活性剂的分子一端与水亲和，一端与油亲和，使水油混合均匀，并添加乳化稳定剂，使水、油不分离。

乳化液可分为四种：清洗乳化液、防锈乳化液、极压乳化液和透明乳化液，其中极压乳化液的润滑性能最好。

c. 切削油。切削油有矿物油(机械油、轻柴油、煤油等)、动植物油(豆油、蓖麻油菜油、棉籽油、猪油等)、动植物混合油等。常用的是矿物油，动植物油容易变质，较少使用。

极压切削油是在矿物油中加入硫、磷、氯等极压添加剂配制而成，具有良好的润滑效果，被广泛应用。

③ 切削液的选用。切削液的选用，应该从加工方法、刀具材料、工件材料和技术要求等方面综合考虑。

a. 粗加工时，由于产生大量的切削热，应从冷却作用方面考虑，可选用水溶液或低浓度的乳化液；精加工时，应从提高加工精度和降低工件表面粗糙度考虑，可选用浓度较高的乳化液或切削油；低速精加工时，可选用油性较好的切削液。

b. 粗磨时，可选用水溶液；精磨时，可选用乳化液或极压切削液。

c. 使用硬质合金刀具，一般不加切削液。如果使用切削液，必须充分、均匀的浇注，不宜间断。使用高速钢刀具，需要选用切削液。

d. 粗加工铸铁时，一般不用切削液。精加工铸铁时，可选用 7%～10%的乳化液或煤油。

e. 切削铜合金和有色金属时，一般不宜选用含有极压添加剂的切削液。

f. 切削镁合金时，严禁使用乳化液作为切削液，以防燃烧引起事故。常用切削液的配方和切削液的选用可查阅《金属切削手册》。

常用切削液的选用见表 2-29。

表 2-29　常用切削液选用表

加工类型		工　件　材　料					
		碳钢	合金钢	不锈钢及耐热钢	铸铁黄铜	青铜	铝及其合金
车、铣、镗孔	粗加工	3%～5%乳化液	(1) 5%～15%乳化液 (2) 5%石墨或硫化乳化液 (3) 5%氯化石蜡油制乳化液	(1) 10%～30%乳化液 (2) 10%硫化乳化液	(1) 一般不用 (2) 3%～5%乳化液	一般不用	(1) 一般不用 (2) 中性或含有游离酸小于4mg的弱性乳化液
	精加工	(1) 石墨化或硫化乳化液 (2) 5%乳化液(高速时) (3) 10%～15%乳化液(低速时)		(1) 氧化煤油 (2) 煤油75%、油酸或植物油25% (3) 煤油60%、松节油20%、油酸20%	黄铜一般不用，铸铁用煤油	7%～10%乳化液	(1) 煤油 (2) 松节油 (3) 煤油与矿物油的混合物
切断、切槽		(1) 15%～20%乳化液 (2) 硫化乳化液 (3) 活性矿物油 (4) 硫化油		(1) 氧化煤油 (2) 煤油75%、油酸或植物油25% (3) 硫化油85%～87%、油酸或植物油13%～15%	(1) 7%～10%乳化液 (2) 硫化乳化液		
钻孔、镗孔		(1) 7%硫化乳化液 (2) 硫化切削油		(1) 3%肥皂+2%亚麻油(不锈钢钻孔) (2) 硫化切削油(不锈钢镗孔)	(1) 一般不用 (2) 煤油(用于铸铁) (3) 菜油(用于黄铜)	(1) 7%～10%乳化液 (2) 硫化乳化液	(1) 一般不用 (2) 煤油 (3) 煤油与菜油的混合油
铰孔		(1) 硫化乳化液 (2) 10%～15%极压乳化液 (3) 硫化油与煤油混合液(中速)		(1) 10%乳化液或硫化切削油 (2) 含硫、氯、磷切削油			(1) 2号锭子油 (2) 2号锭子油与蓖麻油的混合物 (3) 煤油和菜油的混合物

加工类型	工 件 材 料					
	碳钢	合金钢	不锈钢及耐热钢	铸铁黄铜	青 铜	铝及其合金
车螺纹	(1) 硫化乳化液 (2) 氧化煤油 (3) 煤油75%,油酸或植物油25% (4) 硫化切削油 (5) 变压器油70%,氯化石蜡30%		(1) 氧化煤油 (2) 硫化切削油 (3) 煤油60%,松节油20%、油酸20% (4) 硫化油60%、煤油25%、油酸15% (5) 四氯化碳90%,猪油或菜油10%	(1) 一般不用 (2) 煤油(铸铁) (3) 菜油(黄铜)	(1) 一般不用 (2) 菜油	(1) 硫化油30%、煤油15%、2号或3号锭子油55% (2) 硫化油30%、煤油15%、油酸30%、2号或3号锭子油25%
滚齿插齿	(1) 20%～25%极压乳化液 (2) 含硫(或氯、磷)的切削油			(1) 煤油(铸铁) (2) 菜油(黄铜)	(1) 10%～15%极压乳化液 (2) 含氯切削油	(1) 10%～15%极压乳化液 (2) 煤油
磨削	(1) 电解水溶液 (2) 3%～5%乳化液 (3) 豆油+硫磺粉			3%～5%乳化液		磺化蓖麻油1.5%、浓度30%～40%的氢氧化钠,加至微碱性,煤油9%,其余为水

4) 刀具磨损和刀具耐用度

一把刀具使用一段时间以后,它的切削刃变钝,以致无法再使用。对于可重磨刀具,经过重新刃磨以后,切削刃恢复锋利,仍可继续使用。这样经过使用—磨钝—刃磨锋利若干个循环以后,刀具的切削部分便无法继续使用,而完全报废。刀具从开始切削到完全报废,实际切削时间的总和称为刀具寿命。

(1) 刀具磨损的形式与过程。刀具正常磨损时,按其发生的部位不同可分为三种形式,即后刀面磨损、前刀面磨损、前刀面与后刀面同时磨损(图 2.105 中,VB 代表后刀面磨损尺寸,KT 代表前刀面磨损尺寸)。

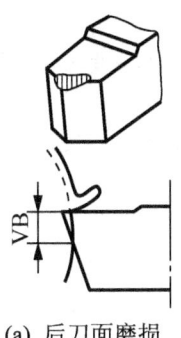 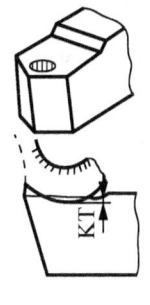 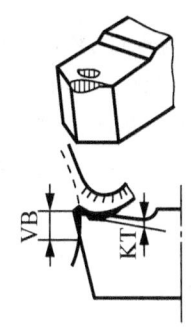

　　(a) 后刀面磨损　　　　　(b) 前刀面磨损　　　(c) 前刀面与后刀面同时磨损

图 2.105　刀具的磨损形式

　　随着切削时间 t 的延长，刀具的磨损量不断增加。但在不同的时间阶段，刀具的磨损速度与实际的磨损量是不同的。图 2.106 所示反映了刀具的磨损和切削时间的关系，可以将刀具的磨损过程分为三个阶段，第一阶段(OA 段)称为初期磨损阶段，第二阶段(AB 段)称为正常磨损阶段，第三阶段(BC 段)称为急剧磨损阶段。

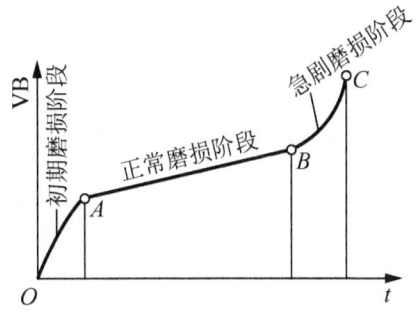

图 2.106　刀具的磨损曲线

　　经验表明，在刀具正常磨损阶段的后期、急剧磨损阶段之前，换刀重磨为最好。这样既可保证加工质量又能充分利用刀具材料。

　　增大切削用量时切削温度随之增高，将加速刀具磨损。在切削用量中，切削速度对刀具磨损的影响最大。此外，刀具材料、刀具几何形状、工件材料以及是否使用切削液等，也都会影响刀具的磨损。适当加大刀具前角，由于减小了切削力，可减少刀具的磨损。

　　(2) 刀具耐用度。刀具的磨损限度，通常用后刀面的磨损程度作为标准。但是，生产中不可能用经常测量后刀面磨损的方法来判断刀具是否已经达到容许的磨损限度，而常规是按刀具进行切削的时间来判断。刃磨后的刀具自开始切削直到磨损量达到磨钝标准所经历的实际切削时间称为刀具耐用度，以 T 表示。

　　粗加工时，多以切削时间(min)表示刀具耐用度。例如，目前硬质合金焊接车刀的耐用度大致为 60min，高速钢钻头的耐用度为 80~120min，硬质合金端铣刀的耐用度为 120~180min，齿轮刀具的耐用度为 200~300min。

　　精加工时，常以进给次数或加工零件个数表示刀具的耐用度。

　　2. 细长轴车削工艺简介

　　通常轴的长度与之直径比大于 20~25(即 $L/d \geq 20~25$)的轴称之为细长轴。

1) 细长轴车削的工艺特点

(1) 细长轴刚性很差，车削时装夹不当，很容易因切削力及重力的作用而发生弯曲变形，产生振动，从而影响加工精度和表面粗糙度。

(2) 细长轴的热扩散性能差，在切削热作用下，会产生相当大的线膨胀。如果轴的两端为固定支承，则工件会因伸长而顶弯。

(3) 由于轴较长，一次进给时间长，刀具磨损大，从而影响工件的几何形状精度。

(4) 车细长轴时由于使用跟刀架，若支承工件的两个支承块对零件压力不适当，会影响加工精度。若压力过小或不接触，就不起作用，不能提高工件的刚度；若压力过大，工件被压向车刀，背吃刀量增加，车出的直径就小，当跟刀架继续移动后，支承块支承在小直径外圆处，支承块与工件脱离，切削力使工件向外让开，背吃刀量减小，车出的直径变大，以后跟刀架又跟到大直径圆上，又把工件压向车刀，使车出的直径变小，这样连续有规律的变化，就会把细长的工件车成"竹节"形，如图 2.107 所示。

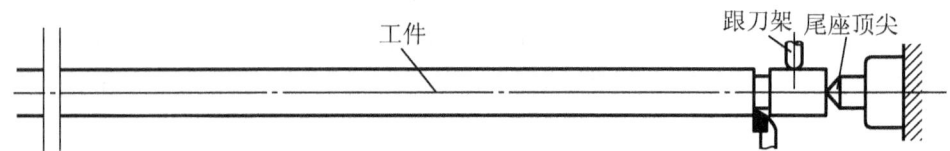

(a) 因跟刀架初始压力过大，工件轴线偏向车刀而车出凹心产生鼓肚

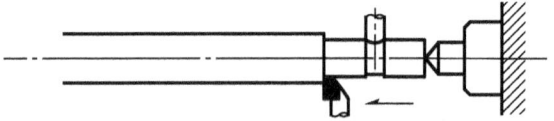

(b) 因工件轴线偏离车刀而产出鼓肚，跟刀架的压力产生凹心

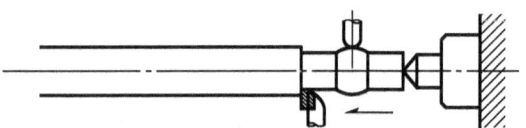

(c) 因跟刀架压力过大，工件轴线偏向车刀而车出凹心循环产生竹节形

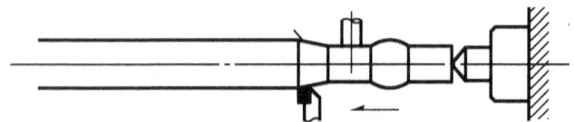

(d) 因工件轴线偏离车刀而车出鼓肚，如此循环而产生竹节形

图 2.107　车细长工件时，竹节形的形成过程示意图

2) 细长轴的先进车削法——反向进给车削法

图 2.108 为反向进给车削法示意图，这种方法的特点是：

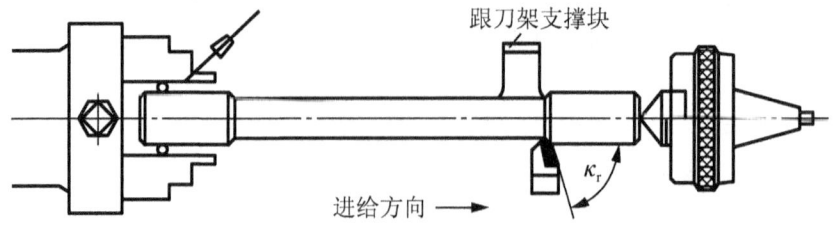

图 2.108　反向进给车削法

(1) 细长轴左端缠有一圈钢丝，利用三爪自定心卡盘夹紧，减小接触面积，使工件在卡盘内能自由地调节其位置，避免夹紧时形成弯曲力矩，在切削过程中发生的变形也不会因卡盘夹死而产生内应力。

(2) 尾座顶尖改成弹性顶尖。粗加工时，由于切削余量大，工件受的切削力也大，一般采用卡顶法，尾座顶尖采用弹性顶尖，可以使工件在轴向自由伸长。但是，由于顶尖弹性的限制，轴向伸长量也受到限制，因而顶紧力不是很大。在高速、大切削用量时，有使工件脱离顶尖的危险。采用卡拉法可避免这种现象的产生。

精车时，采用双顶尖法(此时尾座也应采用弹性顶尖)有利于提高精度，其关键是提高中心孔精度。

(3) 采用三个支承跟刀架，能抵消加工时径向切削分力的影响，从而减少切削振动和工件变形，避免"竹节"形。但必须注意仔细调整，使跟刀架的中心与机床顶尖中心保持一致。

(4) 采用反向进给，改变进给方向，使车刀由主轴向尾座方向作进给运动(此时应安装卡拉工具)，这样刀具施加于工件上的进给力方向朝向尾座，而有使工件产生轴向伸长的趋势，而卡拉工具大大减少了由于工件伸长造成的弯曲变形。

(5) 采用车削细长轴的车刀。车削细长轴的车刀一般前角和主偏角较大，以使切削轻快，减小径向振动和弯曲变形。粗加工用车刀在前刀面上开有断屑槽，使断屑容易。精车用刀常有一定的正刃倾角，使切屑流向待加工面。

3. 通用机床型号的编制

机床类别和类代号见表 2-30。

表 2-30　机床类别和类代号

类别	车床	钻床	镗床	磨　床			齿轮加工机床	螺纹加工机床	铣床	刨插床	拉床	锯床	其他机床
代号	C	Z	T	M	2M	3M	Y	S	X	B	L	G	Q
读音	车	钻	镗	磨	二磨	三磨	牙	丝	铣	刨	拉	割	其

当某类机床除有普通形式外，还有某种通用特性时，则类代号之后按表 2-31 所示加通用特性代号予以区分，可多个同时使用。某些类型机床仅有某种通用特性，而无普通形式者，则通用特性不予表示。通用特性代号有统一固定含义，各类机床型号中所表示意义相同。

表 2-31　机床通用特性代号

通用特性	高精度	精密	自动	半自动	数控	加工中心(自动换刀)	仿形	轻型	加重型	简式或经济型	柔性加工单元	数显	高速
代号	G	M	Z	B	K	H	F	Q	C	J	R	X	S
读音	高	密	自	半	控	换	仿	轻	重	简	柔	显	速

对主参数值相同而结构、性能不同的机床，在型号中加结构特性代号以区号。根据各类机床的具体情况，对某些结构性代号，可以赋予一定含义，但结构特性代号与通用特性代号不同，它在型号中没有统一含义，只在同类机床中起区分机床结构，性能不同作用。当型号中有通用特性代号时，结构特性代号应排在通用特性代号之后。结构特性代号，用大写汉语拼音字母表示，但通用特性代号已用字母和"I、O"两个字母，均不能作为结构特性代号。结构特性代号仅有 A、D、E、L、N、P、T、U、V、W、Y 等字母，当单个字母不够用时，可将两个字母组合起来使用，如 AD、AE 等，或 DA、EA 等。

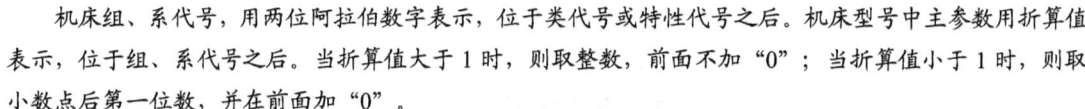

机床组、系代号，用两位阿拉伯数字表示，位于类代号或特性代号之后。机床型号中主参数用折算值表示，位于组、系代号之后。当折算值大于1时，则取整数，前面不加"0"；当折算值小于1时，则取小数点后第一位数，并在前面加"0"。

常见机床的主参数名称及折算系数见表2-32。

表2-32 常见机床的主参数名称及折算系数

机 床 名 称	主参数名称	主参数折算系数	机 床 名 称	主参数名称	主参数折算系数
卧式车床	床身上最大回转直径	1/10	立式升降台铣床	工作台面宽度	1/10
摇臂钻床	最大钻孔直径	1	卧式升降台铣床	工作台面宽度	1/10
卧式坐标镗床	工作台面宽度	1/10	龙门刨床	最大刨削长度	1/100
外圆磨床	最大磨削直径	1/10	牛头刨床	最大刨削长度	1/10

某些通用机床，当无法用一个主参数表示时，则型号中用设计顺序号表示，设计顺序号由1开始，当设计顺序号小于10时，由01开始编号。

多轴车床、多轴钻床和排式钻床等机床，其主轴数应以实际数值列入型号，置于主参数之后，用"×"分开，读作"乘"。单轴，可省略，不予表示。

第二主参数(多轴机床主轴数除外)，一般不予表示。如有特殊情况，需型号中表示时，一般以折算成两位数为宜，最多不超过三位数。以长度、深度值等表示，其折算系数为1/100；以直径宽度值等表示，其折算系数为1/10；以厚度、最大模数值等表示，其折算系数为1。当折算值大于1时，则取整数；当折算值小于1时，则取小数点后第一位数，并在前面加"0"。

当机床结构、性能有更高的要求，并需按新产品重新设计、试制和鉴定时，才按改进的先后顺序选用A、B、C等汉语拼音字母(但"I、O"两字母不选用)进行编号，加在型号基本部分尾部，以区别原机床型号。重大改进设计不同于完全的新设计，它是在原有机床基础上进行改进设计，因此，重大改进后的产品与原型号的产品是一种取代关系。凡属局部的小改进，或增减某些附件、测量装置及改变装夹工件的方法等，因对原机床的结构、性能没有作重大改变，故不属重大改进，其型号不变。

其他特性代号主要反映各类机床特性，如数控机床，可用来反映不同控制系统等；加工中心可反映控制系统、自动交换主轴头、自动交换工作台等；柔性加工单元，可反映自动变换主轴箱；一机多能机床，可补充表示某些功能；一般机床，可以反映同一型号机床的变型等。其他特性代号，置于辅助部分之首。其中同一型号机床的变型代号一般应放其他特性代号之首位。

企业代号包括机床生产厂代号和机床研究单位代号。机床生产厂代号一般由大写汉语拼音字母和阿拉伯数字组成，字母取机床生产厂名称中一个、两个或三个字母，数字取机床生产厂名称中序号；机床研究单位代号，一般由该单位名称中三个大写汉语拼音字母组合表示，机床生产厂和机床研究单位代号，均由型号管理部门统一规定。

通用机床型号示例：

(1) 大河机床厂生产第一次重大改进，其最大钻孔直径为25mm四轴立式排钻床，其型号为Z5625×4A/DH。

(2) 中捷友谊厂生产最大钻孔直径为40mm，最大跨距为1 600mm摇臂钻床，其型号为Z3040×16/S2。

(3) 瓦房店机床厂生产最大车削直径为1 250mm，第一次重大改进数显单柱立式车床，其型号为CX5112A/WF。

(4) 最大回转直径为 400mm 半自动曲轴磨床，其型号为 MB8240。因加工需要，在此型号机床基础上变换第一种型式半自动曲轴磨床，其型号为 MB8240/1，变换第二种型式型号则为 MB8240/2，以此类推。

(5) 某机床厂生产最大磨削直径为 320mm 半自动万能外圆磨床，其型号为 MBE1432。

(6) 某机床厂设计试制第五种仪表磨床为立式双轮轴颈抛光机，这种磨床无法用一个主参数表示，故其型号为 MO405。后来，又设计了第六种为轴颈抛光机，其型号为 MO406。

4. 提高机械加工生产率的途径

劳动生产率是指工人在单位时间内制造的合格产品的数量或制造单件产品所消耗的劳动时间。劳动生产率是一项综合性的技术经济指标。提高劳动生产率，必须正确处理好质量、生产率和经济性三者之间的关系。应在保证质量的前提下，提高生产率，降低成本。劳动生产率提高的措施有很多，涉及产品设计、制造工艺和组织管理等多方面，这里仅就通过缩短单件时间来提高机械加工生产率的工艺途径作一简要分析。

由式(2-4)所示的单件时间组成，不难得知提高劳动生产率的工艺措施可有以下几个方面。

1) 缩短基本时间

在大批大量生产时，由于基本时间在单位时间中所占比重较大，因此通过缩短基本时间即可提高生产率。缩短基本时间的主要途径有以下几种。

(1) 提高切削用量。增大切削速度、进给量和背吃刀量，都可缩短基本时间，但切削用量的提高受到刀具耐用度和机床功率、工艺系统刚度等方面的制约。随着新型刀具材料的出现，切削速度得到了迅速的提高，目前硬质合金车刀的切削速度可达 200m/min，陶瓷刀具的切削速度达 500m/min。近年来出现的聚晶人造金刚石和聚晶立方氮化硼刀具切削普通钢材的切削速度达 900m/min。

在磨削方面，近年来发展的趋势是高速磨削和强力磨削。国内生产的高速磨床和砂轮磨削速度已达 60m/s，国外已达 90~120m/s；强力磨削的切入深度已达 6~12mm，从而使生产率大大提高。

(2) 采用多刀同时切削。图 2.109(a)所示为每把车刀实际加工长度只有原来的 1/3；图 2.109(b)所示为每把车刀的切削余量只有原来的 1/3；图 2.109(c)所示为用三把刀具对同一工件上不同表面同时进行横向切入法车削。显然，采用多刀同时切削比单刀切削的加工时间大大缩短。

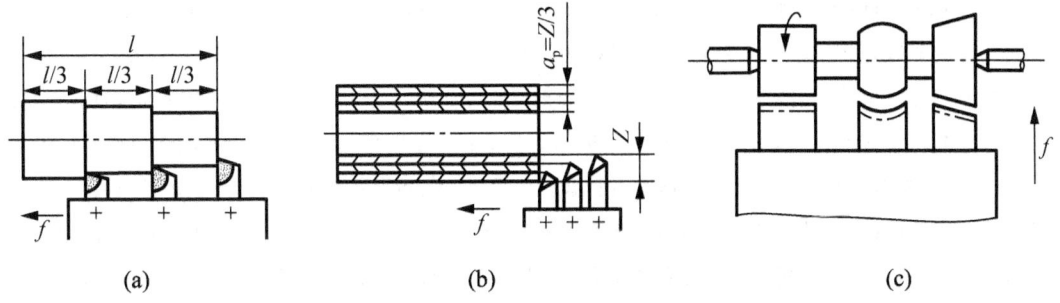

(a)　　　　　　　　　　(b)　　　　　　　　　　(c)

图 2.109　多把刀具同时加工几个表面

(3) 多件加工。这种方法是通过减少刀具的切入、切出时间或者使基本时间重合，从而缩短每个工件加工的基本时间来提高生产率。多件加工的方式有以下三种。

① 顺序多件加工。即工件顺着进给方向一个接着一个地安装，如图 2.110(a)所示。这种方法减少了刀具切入和切出的时间，也减少了分摊到每一个工件上的辅助时间。

② 平行多件加工。即在一次进给中同时加工 n 个平行排列的工件。加工所需基本时间和加工一个工

件相同，所以分摊到每个工件的基本时间就减少到原来的 $1/n$ ，其中 n 是同时加工的工件数。这种方式常见于铣削和平面磨削，如图 2.110(b) 所示。

③ 平行顺序多件加工。该方法为顺序多件加工和平行多件加工的综合应用，如图 2.110(c) 所示。这种方法适用于工件较小，批量较大的情况。

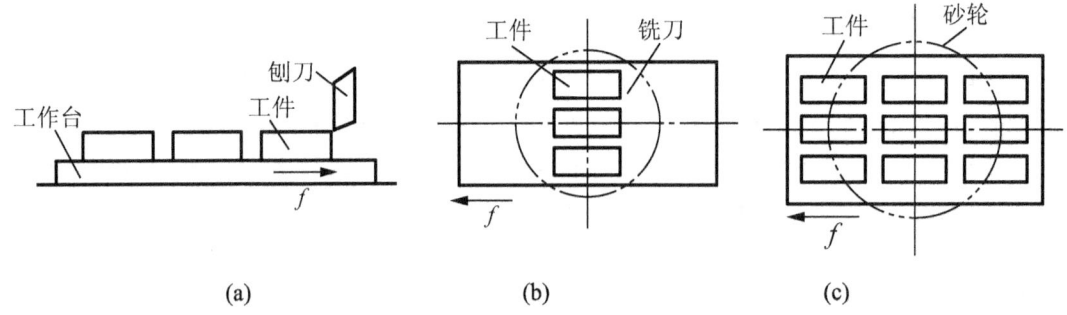

图 2.110 多件加工

(4) 减少加工余量。采用精密铸造、压力铸造、精密锻造等先进工艺提高毛坯制造精度，减少机械加工余量，以缩短基本时间，有时甚至无需再进行机械加工，这样可以大幅度提高生产效率。

2) 缩短辅助时间

辅助时间在单件时间中也占有较大比重，尤其是在大幅度提高切削用量之后，基本时间显著减少，辅助时间所占比重就更高。此时采取措施缩减辅助时间就成为提高生产率的重要方向。缩短辅助时间有两种不同的途径，一是使辅助动作实现机械化和自动化，从而直接缩减辅助时间；二是使辅助时间与基本时间重合，间接缩短辅助时间。

(1) 直接缩减辅助时间。采用专用夹具装夹工件，工件在装夹中不需找正，可缩短装卸工件的时间。大批大量生产时，广泛采用高效气动、液动夹具来缩短装卸工件的时间。单件小批生产中，由于受专用夹具制造成本的限制，为缩短装卸工件的时间，可采用组合夹具及可调夹具。

此外，为减小加工中停机测量的辅助时间，可采用主动检测装置或数字显示装置在加工过程中进行实时测量，以减少加工中需要的测量时间。主动检测装置能在加工过程中测量加工表面的实际尺寸，并根据测量结果自动对机床进行调整和工作循环控制，例如，磨削自动测量装置。数显装置能把加工过程或机床调整过程中机床运动的移动量或角位移连续精确地显示出来，这些都大大节省了停机测量的辅助时间。

(2) 间接缩短辅助时间。为了使辅助时间和基本时间全部或部分地重合，可采用多工位夹具和连续加工的方法，图 2.111 所示为立式铣床上采用双工位夹具工作的实例。加工工件 1 时，工人在工作台的另一端装上工件 2；工件 1 加工完后，工作台快速退回原处，工人将夹具转 180° 即可加工另一工件 2。

3) 缩短布置工作地时间

布置工作地时间，大部分消耗在更换刀具上，因此必须减少更换刀具次数并缩减每次换刀所需的时间，提高刀具的耐用度可减少换刀次数。而换刀时间的减少，则主要通过改进刀具的安装方法和采用装刀夹具来实现。如采用各种快换刀夹、刀具微调机构、专用对刀样板或对刀样件以及自动换刀装置等，以减少刀具的装卸和对刀所需时间。例如，在车床和铣床上采用可转位硬质合金刀片刀具，既减少了换刀次数，又可减少刀具装卸、对刀和刃磨的时间。

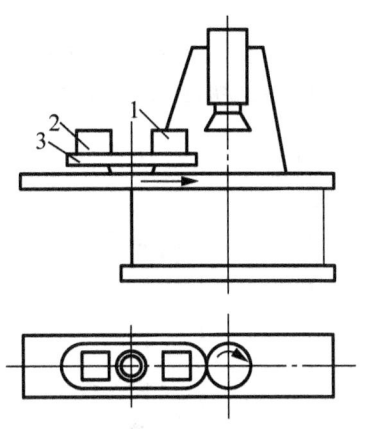

图 2.111 双工位夹具

1、2-工件；3-双工位夹具

4) 缩短准备与终结时间

缩短准备与终结时间的途径有：一是扩大产品生产批量，以相对减少分摊到每个工件上的准备与终结时间；二是直接减少准备与终结时间。扩大产品生产批量，可以通过工件标准化和通用化实现，并可采用成组技术组织生产。

5. 机械加工技术经济分析

制定机械加工工艺规程时，在同样能满足工件的各项技术要求下，一般可以拟订出几种不同的加工方案，而这些方案的生产效率和生产成本会有所不同。为了选取最佳方案就需进行技术经济分析。所谓技术经济分析就是通过比较不同工艺方案的生产成本，选出最经济的加工工艺方案。

生产成本是指制造一个零件或一台产品所必需的一切费用的总和。生产成本包括两大类费用：第一类是与工艺过程直接有关的费用称为工艺成本，占生产成本的 70%～75%；第二类是与工艺过程无关的费用，如行政人员工资、厂房折旧、照明取暖等。由于在同一生产条件下与工艺过程无关的费用基本上是相等的，因此对零件工艺方案进行经济分析时，只要分析与工艺过程直接有关的工艺成本即可。

(1) 工艺成本的组成。工艺成本由可变费用和不变费用两大部分组成。

① 可变费用。可变费用是与年产量有关并与之成正比的费用，用"V"表示(元/件)。包括：材料费、操作工人的工资、机床电费、通用机床折旧费、通用机床修理费、刀具费、通用夹具费。

② 不变费用。不变费用是与年产量的变化没有直接关系的费用。当产量在一定范围内变化时，全年的费用基本上保持不变，用"S"表示(元/年)。包括：机床管理人员，车间辅助工人，调整工人的工资、专用机床折旧费、专用机床修理费、专用夹具费。

(2) 工艺成本的计算。

① 零件的全年工艺成本为

$$E = V \cdot N + S \tag{2-18}$$

式中：E——零件(或零件的某工序)全年的工艺成本(元/年)；

V——可变费用(元/件)；

N——年产量(件/年)；

S——不变费用(元/年)。

由式(2-18)可见，全年工艺成本 E 和年产量 N 成线性关系，如图 2.112 所示。它说明全年工艺成本的变化 ΔE 与年产量的变化 ΔN 成正比；又说明 S 为投资定值，不论生产多少，其值不变。

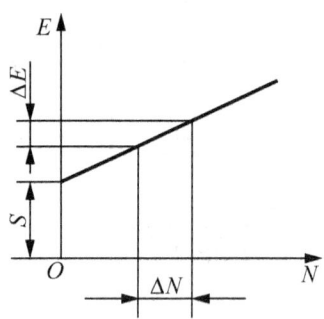

图 2.112　全年工艺成本

② 零件的单件工艺成本为

$$E_{\mathrm{d}} = V + \frac{S}{N} \quad (\text{元/件}) \tag{2-19}$$

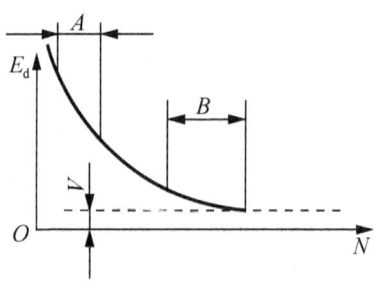

图 2.113　单件工艺成本

单件工艺成本 E 与年产量 N 呈双曲线关系，如图 2.113 所示。在曲线的 A 段，N 很小，设备负荷也低，即单件小批生产区，单件工艺成本 E 就很高，此时若产量 N 稍有增加(ΔN)将使单件成本迅速降低(ΔE)。在曲线 B 段，N 很大，即大批大量生产区。此时曲线渐趋水平，年产量虽有较大变化，而对单件工艺成本的影响却很小。这说明对于某一个工艺方案，当 S 值(主要是专用设备费用)一定时，就应有一个与此设备能力相适应的产量范围。产量小于这个范围时，由于 S/N 比值增大，工艺成本就增加。这时采用这种工艺方案显然是不经济的，应减少使用专用设备数，即减少 S 值来降低工艺成本。当产量超过这个范围时，由于 S/N 比值变小，这时就需要投资更大而生产率更高的设备，以便减少 V 而获得更好的经济效益。

项 目 小 结

　　本项目通过由简单到复杂的三个工作任务，详细介绍了加工轴类零件常用的车削工艺系统(车床、轴类零件、车刀、车床附件)、磨削工艺系统(磨床、砂轮、磨床附件)及其机械加工工艺规程的制定原则与方法等相关知识。在此基础上，从完成任务角度出发，认真研究和分析在不同的生产批量和生产条件下，工艺系统各个环节间的相互

影响，然后根据不同的生产要求及加工工艺规程的制定原则与步骤，结合外圆表面加工方案及工艺尺寸链的计算，合理制定台阶轴、减速器阶梯轴及车床空心主轴等零件的机械加工工艺规程，正确填写工艺文件，体验岗位需求，积累工作经验。

此外，通过学习金属切削过程、细长轴车削工艺、机床型号编制、提高机械加工生产率的途径及机械加工技术经济分析的方法等知识，可以进一步扩大知识面，提高解决实际生产问题的能力。

思 考 练 习

1. 车刀有哪七个基本角度？绘图说明。

2. 试述刀具前角、后角、主偏角、刃倾角的作用和选择方法。

3. 试比较焊接车刀、可转位车刀、高速钢车刀在结构与使用性能方面的特点。

4. 工件定位与夹紧的区别是什么？

5. 什么是六点定位原理？常见的定位方式有哪几种？

6. V 形块的限位基准在哪里？怎样计算 V 形块的定位高度？

7. 对夹紧装置的基本要求有哪些？

8. 选择夹紧力的方向和作用点应遵循什么原则？

9. 轴类零件的安装方式和应用有哪些？顶尖孔起什么作用？试分析其特点。

10. 什么是零件的结构工艺性？

11. 试述零件在机械加工工艺过程中，安排热处理工序的目的、常用的热处理方法及其在工艺过程中安排的位置。

12. 试述零件加工过程中，划分加工阶段的目的和原则。

13. 粗基准、精基准的选择原则有哪些？如何处理在选择时出现的矛盾？

14. 某箱体零件上有一设计尺寸为 $\phi 72.5^{+0.03}_{0}$ mm 的孔需要加工，其材料为 45 钢，其加工工艺过程为：扩孔→粗镗→半精镗→精镗→精磨。已知各工序尺寸及公差如下：模锻孔为 $\phi 59^{+1}_{-2}$ mm；扩孔为 $\phi 64^{+0.46}_{0}$ mm；粗镗为 $\phi 68^{+0.30}_{0}$ mm；半精镗为 $\phi 70.5^{+0.19}_{0}$ mm；精镗为 $\phi 71.8^{+0.046}_{0}$ mm；精磨为 $\phi 72.5^{+0.03}_{0}$ mm。试计算各工序加工余量及余量公差。

15. 什么是时间定额？批量生产与大量生产时的时间定额分别怎样计算？

16. 在大批大量生产条件下，加工一批直径为 $\phi 45^{0}_{-0.005}$ mm，长度为 68mm 的轴，表面粗糙度 Ra 为 0.16μm，材料为 45 钢，试安排其加工路线。

17. 试分析如图 2.114 所示传动轴的零件图，制定其加工工艺规程，并填写相关工艺文件。(注：单件小批生产)

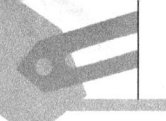

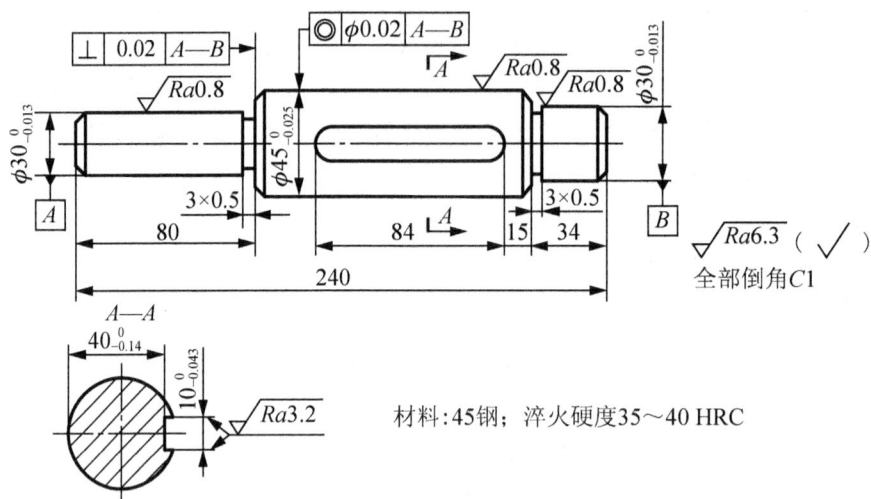

材料：45钢；淬火硬度35～40 HRC

图 2.114　传动轴的零件图

18. 图2.115所示为阶梯轴零件简图。试对该零件进行工艺分析，并确定其加工工艺过程。

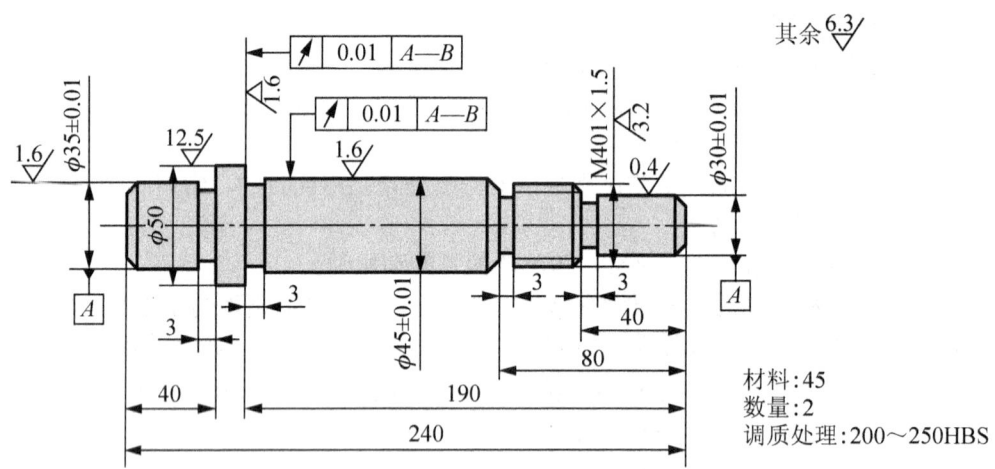

其余 6.3

材料：45
数量：2
调质处理：200～250HBS

图 2.115　阶梯轴零件简图

19. 主轴的结构特点和技术要求有哪些？为什么要对其进行分析？它对制定工艺规程起什么作用？

20. 主轴毛坯常用的材料有哪几种？对于不同的毛坯材料在各个加工阶段中所安排的热处理工序有什么不同？它们在改善材料性能方面起什么作用？

21. 试分析主轴加工工艺过程中，如何体现"基准统一"、"基准重合"、"互为基准"、"自为基准"的原则？

22. 图2.116所示为一蜗杆轴，材料选用40Cr钢，试制定蜗杆轴的加工工艺过程，生产批量属于单件小批生产。

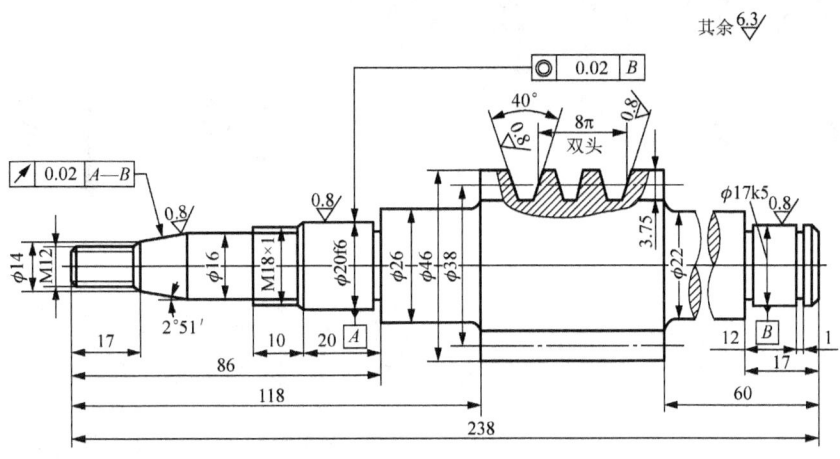

图 2.116 蜗杆轴

23. 在加工过程中可通过哪些方法保证工件的尺寸精度、形状精度和位置精度？

24. 图 2.117 所示零件镗孔工序在 A、B、C 面加工后进行，并以 A 面定位。设计尺寸为 100 ± 0.15mm，但加工时刀具按定位基准 A 调整。试计算工序尺寸 L 及其极限偏差。

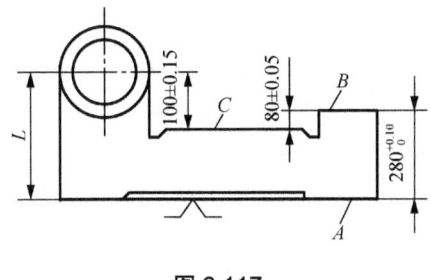

图 2.117

25. 如图 2.118 所示，工件成批生产时用端面 *B* 定位加工表面 *A*(调整法)，以保证尺寸 $10_{-0.20}^{0}$mm，试标注铣削表面 *A* 时的工序尺寸及其极限偏差。

26. 图 2.119 所示零件在车床上加工阶梯孔时，尺寸 $10_{-0.40}^{0}$ 不便测量，而需要测量尺寸 *x* 来保证设计要求。试换算该测量尺寸。

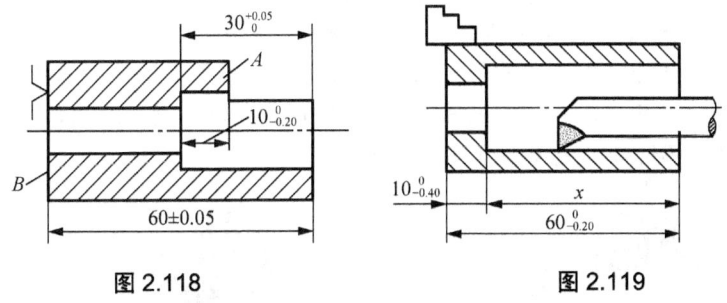

图 2.118   图 2.119

27. 衬套内孔要求渗氮，其加工工艺过程为：(1) 先磨内孔至 $\phi142.78_{0}^{+0.04}$ mm；(2) 渗氮处理深度为 *L*；(3) 再终磨内孔至 $\phi143_{0}^{+0.04}$ mm，并保证留有渗氮层深度为 (0.4 ± 0.1) mm，求渗氮处理深度 *L* 公差应为多大？

28. 什么是工艺成本？它由哪两类费用组成？单件工艺成本与年产量的关系如何？

项目 3

套筒类零件机械加工工艺规程编制

教学目标

最终目标	能编制套筒类零件的机械加工工艺规程，正确填写机械加工工艺文件
促成目标	1.能正确分析套筒类零件的技术要求； 2.能合理编制套筒类零件的加工工艺规程； 3.能对零件的加工工艺进行合理性分析，并提出改进建议； 4.能考虑套筒零件加工成本； 5.能查阅并贯彻相关国家标准和行业标准

引言

套筒类零件是指在回转体零件中的空心薄壁件，在各类机器中应用很广，通常起支承、导向、连接及轴向定位等作用。

套筒类零件按其结构形状来划分，大体可以分为短套筒和长套筒两大类，如图 3.1 所示。其加工表面主要有端面、外圆表面、内圆(孔)表面。端面和外圆加工，通常在车床上进行。套筒类零件的内孔，作为支承或导向的主要表面，其加工方法根据使用的刀具不同，可分为车孔、钻孔(包括扩孔、锪孔)、铰孔、镗孔、拉孔、磨孔以及各种孔的光整加工和特种加工。

(a) 轴承套

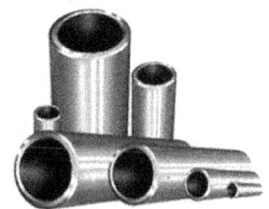
(b) 液压缸

图 3.1 套筒类零件

任务 3.1　编制轴承套零件机械加工工艺规程

3.1.1　任务引入

编制图 3.2 所示轴承套的加工工艺规程。零件材料为 ZQSn6-6-3，每批数量为 400 个。

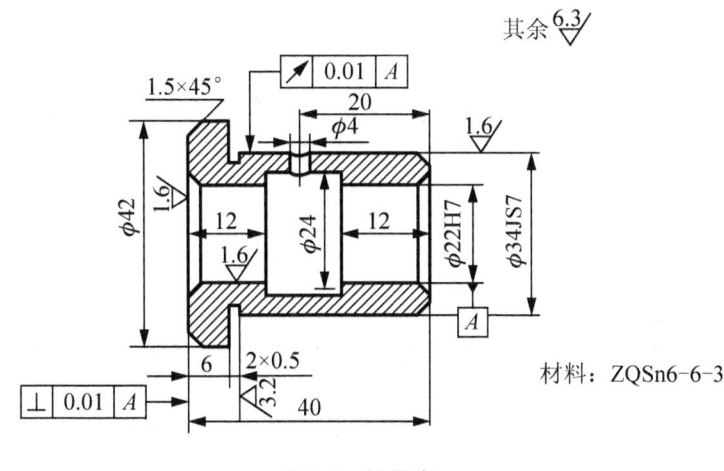

图 3.2　轴承套

3.1.2　相关知识

在金属切削中，孔加工占很大比重。根据孔的结构和技术要求的不同，可采用不同的加工方法，这些方法归纳起来可以分为两类：一类是对实体工件进行孔加工，即从实体上加工出孔；另一类是对已有的孔进行半精加工和精加工。

1．车孔

车内孔是一种常用的孔加工方法。车孔就是把预制孔如铸造孔、锻造孔或用钻、扩出来的孔再加工到更高的精度和数值更小的表面粗糙度。

如图 3.3 所示，在车床上可车削加工通孔、台阶孔和盲孔。

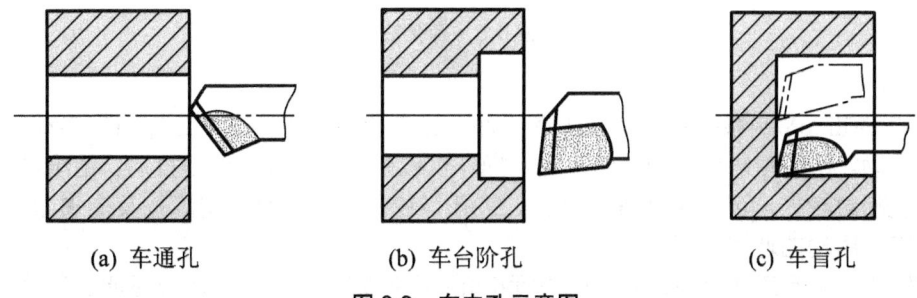

(a) 车通孔　　　　(b) 车台阶孔　　　　(c) 车盲孔

图 3.3　车内孔示意图

车孔既可作半精加工，也可作精加工。车孔时，可加工的直径范围很广，车孔精度一般可达 IT8～IT7 级，表面粗糙度 Ra 为 3.2～0.8μm，精细车削可达到更小(Ra 小于 0.8μm)。

1) 内孔车刀

按被加工孔的类型，内孔车刀可分为通孔车刀和不通孔车刀两种，如图 3.4 所示。

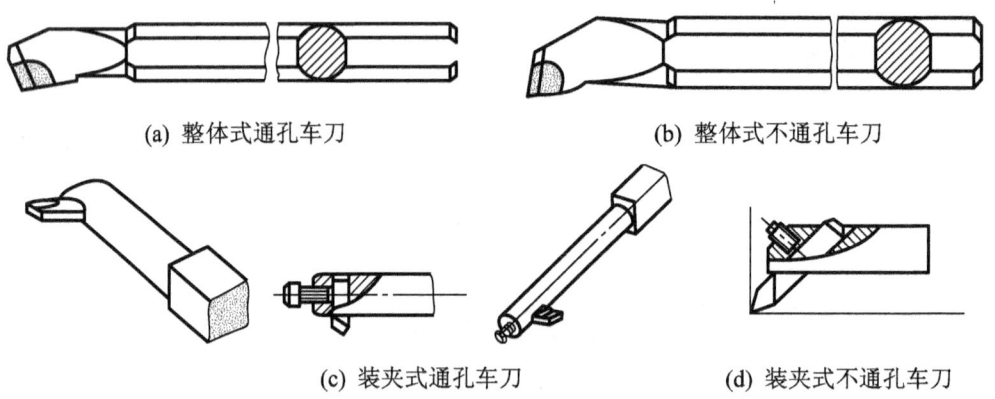

(a) 整体式通孔车刀   (b) 整体式不通孔车刀

(c) 装夹式通孔车刀   (d) 装夹式不通孔车刀

图 3.4　内孔车刀类型

2) 车孔的关键技术

车孔的关键技术是解决内孔车刀的刚性和排屑问题。增加车孔车刀的刚性主要采取以下几项措施：

(1) 尽量增加刀杆的截面积，使内孔车刀的刀尖位于刀杆的中心线上。

(2) 刀杆的伸出长度尽可能缩短，使刀杆伸出长度略大于孔深即可。

(3) 为了使内孔车刀的后面既不和工件孔面发生干涉和摩擦，也不使内孔车刀的后角磨得过大时削弱刀尖强度，内孔车刀的后面一般磨成两个后角的形式。

(4) 为了使已加工表面不至于被切屑划伤，通孔的内孔车刀最好磨成正刃倾角，切屑流向待加工表面(前排屑)。不通孔的内孔车刀当然无法从前端排屑，只能从后端排屑，所以刃倾角一般取-2°～0°。

2. 钻孔

钻孔是用钻头在实体材料上加工孔，通常采用麻花钻(见图 3.5)在钻床或车床上进行，但由于钻头强度和刚性比较差，排屑较困难，切削液不易注入，因此，钻孔属粗加工，可达到的尺寸精度等级为 IT13～IT11 级，表面粗糙度 Ra 为 50～12.5μm。

图 3.5　麻花钻

1) 钻床

钻床(Drill press)系指主要用钻头在工件上加工孔的机床。通常工件固定不动，钻头旋转为主运动，钻头轴向移动为进给运动，操作可以是手动，也可以是机动。钻床结构简单，加工精度相对较低，可对工件进行钻孔、扩孔、铰孔、攻螺纹、锪沉孔及锪平面等加工，是具有广泛用途的通用性机床。

在钻床上配有工艺装备时，可以进行镗孔；在钻床上配万能工作台还能进行分割钻孔、扩孔、铰孔。

钻床分为台式钻床、立式钻床、摇臂钻床、铣钻床、深孔钻床、平端面中心孔钻床、卧式钻床、多轴钻床等，其中立式钻床和摇臂钻床应用最为广泛。

(1) 立式钻床。立式钻床是应用较广的一种机床，其主参数是最大钻孔直径，常用的有 25mm、35mm、40mm 和 50mm 等几种。

① 立式钻床的布局及传动运动。立式钻床的特点是主轴轴线垂直布置，而且位置是固定的。加工时，为使刀具旋转中心线与被加工孔的中心线重合，必须移动工件，因此立式钻床生产率不高，只适用于单件小批生产中加工中、小型零件上直径 $d \leqslant 50mm$ 的孔。

立式钻床分圆柱立式钻床、方柱立式钻床和可调多轴立式钻床三个系列。图 3.6 所示为方柱立式钻床的外形图。主轴箱 3 中装有主运动变速传动机构、进给运动变速机构及操纵机构 5。加工时，主轴箱固定不动，转动操纵手柄，由主轴 2 随主轴套筒在主轴箱中作直线移动来完成进给运动。工作台 1 和主轴箱都装在立柱 4 的垂直导轨上，并可上下调整位置，以适应加工不同高度的工件。主轴回转方向的变换，靠电动机的正反转来实现。钻床的进给量 $f(mm/r)$ 是用主轴每转一转时，主轴的轴向位移来表示的。

大批生产中，钻削平行孔系时，为提高生产效率应使用可调多轴立式钻床。这种机床加工时，全部钻头可一起转动，并同时进给，具有很高的生产率。

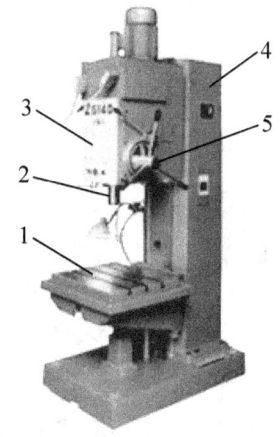

图 3.6 Z5140 型方柱立式钻床

1-工作台；2-主轴；3-主轴箱；4-立柱；5-操纵机构

② Z5140A 型方柱立式钻床的主要技术性能，见表 3-1。

表 3-1 Z5140A 型方柱立式钻床的主要技术参数

最大钻孔直径/mm	40
主轴中心线至导轨面距离/mm	335
主轴端面至底座工作面距离/mm	750
主轴行程/mm	250
主轴锥孔(莫氏)(No)	4 号
主轴转速范围 $r \cdot min^{-1}$	40～1 600
主轴转速级数	9
进给量范围 $mm \cdot r^{-1}$	0.125～0.5
进给量级数	4
工作台尺寸/mm	480×560

续表

主轴箱水平移动距离/mm	1 250
主电机功率/kW	3
主轴最大进给抗力/N	1 250
主轴允许最大转矩/N·m	350
机床质量/kg	1 250
机床外形尺寸(长×宽×高)/mm	1 120×700×2 240

(2) 摇臂钻床。摇臂钻床广泛地用于单件或批量生产中大、中型零件上直径 $d \leqslant 80mm$ 孔的加工。

① 摇臂钻床的布局及运动形式。图 3.7 所示为摇臂钻床的外形图。由图可知，主轴箱 4 可以在摇臂 3 上水平移动，摇臂 3 既可以绕立柱 2 转动，又可沿立柱 2 垂直升降。加工时，工件在工作台 6 或底座 1 上安装固定，通过调整摇臂 3 和主轴箱 4 的位置，使主轴 5 中心线与被加工孔的中心线重合。较小的工件可安装在工作台上，较大的工件可直接放在机床底座或地面上。

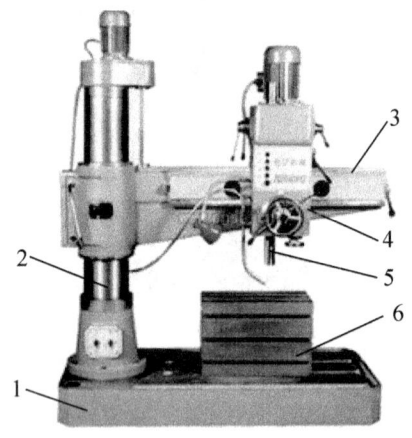

图 3.7　Z3040 型摇臂钻床

1-底座；2-主柱；3-摇臂；4-立轴箱；5-主轴；6-工作台

当摇臂钻床进行钻削加工时，钻头一边进行旋转切削，一边进行纵向进给，其运动形式为：

a. 摇臂钻床的主运动为主轴的旋转运动；

b. 进给运动为主轴的纵向进给；

c. 辅助运动有：摇臂沿外立柱垂直移动，主轴箱沿摇臂长度方向的移动，摇臂与外立柱一起绕内立柱的回转运动。

常用的摇臂钻床型号有 Z3035B、Z3040×16、Z3063×20 等。

② 万向摇臂钻床。加工任意方向和任意位置的孔和孔系时，可选用万向摇臂钻床。该类机床可在空间绕特定轴线作 360° 的回转，机床上端装有吊环，可将工件调放在任意位置，

机床的钻孔直径为 $\phi 25 \sim \phi 125mm$。

③ 摇臂钻床的主要技术性能。Z3040、Z3050 型摇臂钻床的主要技术参数见表 3-2。

表 3-2　Z3040 型、Z3050 型摇臂钻床的主要技术参数

主要技术参数 \ 产品型号		Z3040×16/1	Z3050×16/1
最大钻孔直径/mm		40	50
主轴中心线至立柱母线距离/mm	最大	1600	1600
	最小	350	350
主轴中心线至底座工作面距离/mm	最大	1250	1220
	最小	350	320
主轴行程/mm		315	315
主轴锥孔(莫氏)/No		4	5
主轴转速范围/r·min^{-1}		25～2 000	25～2 000
主轴转速级数		16	16
主轴进给量范围/mm·r^{-1}		0.04～3.2	0.04～3.20
主轴进给量级数		16	16
工作台尺寸/mm		500×630	500×630
主轴箱水平移动距离/mm		1 250	1250
主电机功率/kW		3	4
机床质量/kg		3 500	3 500
机床外形尺寸(长×宽×高)/mm		2 500×1 060×2 655	2 500×1 060×2 655

(3) 其他钻床。台钻是一种加工小型工件上孔径 $d=0.1 \sim 13mm$ 的立式钻床。中心孔钻床用来加工轴类零件两端面上的中心孔；深孔钻床用于加工孔深与直径比 $l/d>5$ 深孔。

2) 麻花钻

麻花钻(Fluted Twist Drill)按制造材料分，有高速钢麻花钻和硬质合金麻花钻两种。

(1) 麻花钻的结构要素。图 3.8 为标准麻花钻的结构图。它由工作部分、柄部和颈部三部分组成。

① 工作部分。

a. 工作部分的组成。工作部分是钻头的主要组成部分，位于钻头的前半部分，也就是具有螺旋槽的部分，工作部分包括切削部分和导向部分。切削部分主要起切削的作用，导向部分主要起导向、排屑、切削部分备磨的作用，如图 3.8(a)、(b)所示。

为了提高钻头的强度和刚性，其工作部分的钻心厚度(用一个假设圆直径——称为钻心直径 d_c 表示)一般为 $0.125 \sim 0.15d_0$ (d_0 为钻头直径)，并且钻心呈正锥形，如图 3.8(d)所示，即从切削部分朝后方向，钻心直径逐渐增大，增大量在每 100mm 长度上为 1.4～2mm。为了减少导向部分和已加工孔孔壁之间的摩擦，对直径大于 1mm 的钻头，钻头外径从切削部分朝后方向制造出倒锥，形成副偏角，如图 3.8(c)所示。倒锥量在每 100mm 长度上为 0.03～0.12mm。

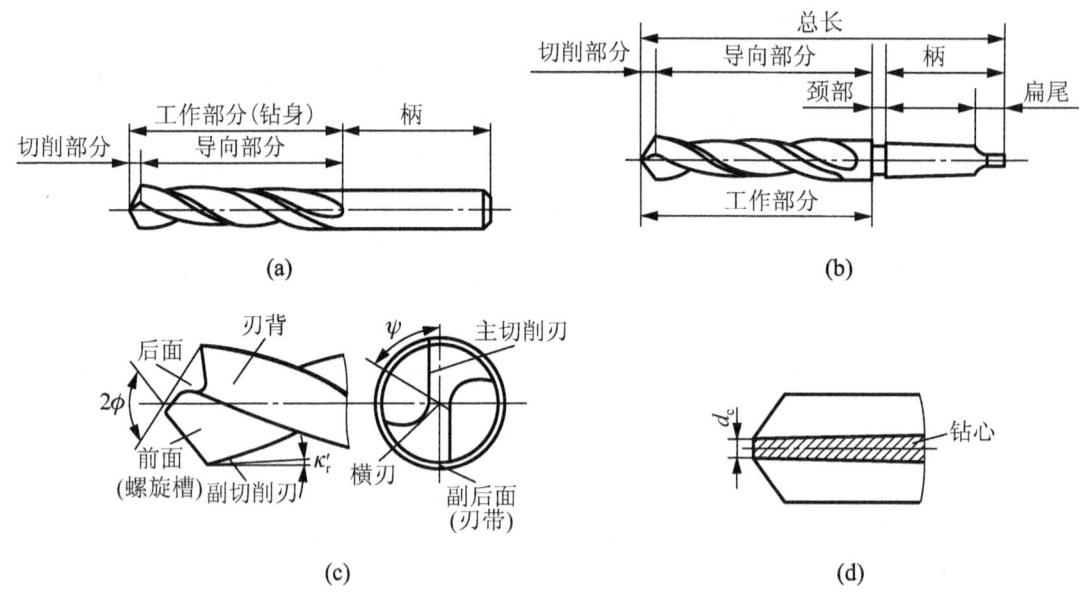

(a)　　　　　　　　　　　　　　　　(b)

(c)　　　　　　　　　　　　　　　　(d)

图 3.8　麻花钻结构图

b. 麻花钻切削部分的组成。钻头的切削部分由两个前面、两个后面、两个副后面、两条主切削刃、两条副切削刃和一条横刃组成，如图 3.9 所示，其含义如下：

前面 A_γ——靠近主切削刃的两个螺旋槽表面，是切屑流经的表面。

后面 A_α——与工件过渡表面(即孔底)相对的端部两曲面。

副后面 A_α'——又称刃带，是与工件已加工表面(即孔壁)相对的两条刃带。

主切削刃 S——前面与后面的交线。

副切削刃 S'——前面与副后面的交线。

横刃：两个后面的交线。

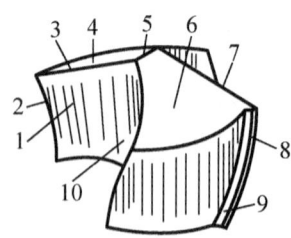

图 3.9　麻花钻切削部分组成

1-前面；2、8-副切削刃；3、7-主切削刃；4、6-后面；5-横刃；9-副后面；10-螺旋槽

横刃与主切削刃在端面上投影之间的夹角称为横刃斜角，横刃斜角 $\psi = 50°\sim 55°$；主切削刃上各点的前角、后角是变化的，外缘处前角约为 $30°$，钻心处前角接近 $0°$，甚至是负值；两条主切削刃在与其平行的平面内的投影之间的夹角为顶角，标准麻花钻的顶角 $2\phi=118°$，如图 3.8(c)所示。

② 柄部。柄部位于钻头的后半部分，起夹持钻头、传递转矩的作用，如图 3.8(a)、(b)所示。根据柄部不同，麻花钻有莫氏锥柄(圆锥形)和直柄(圆柱形)两种。直径为 $\phi 13\sim \phi 80mm$ 的麻花钻多为莫氏锥柄，利用莫氏锥套(见图 3.10)与机床锥孔连接，莫氏锥套后端有一个

扁尾榫，其作用是供楔铁把钻头从莫氏锥套中卸下。在钻削时，扁尾榫可防止钻头相对莫氏锥套打滑。刀具长度不能调节。直径为 $\phi 0.1 \sim \phi 20\text{mm}$ 的麻花钻多为直柄，可利用钻夹头夹持住钻头。中等尺寸麻花钻两种形式均可选用。

麻花钻有标准型和加长型。

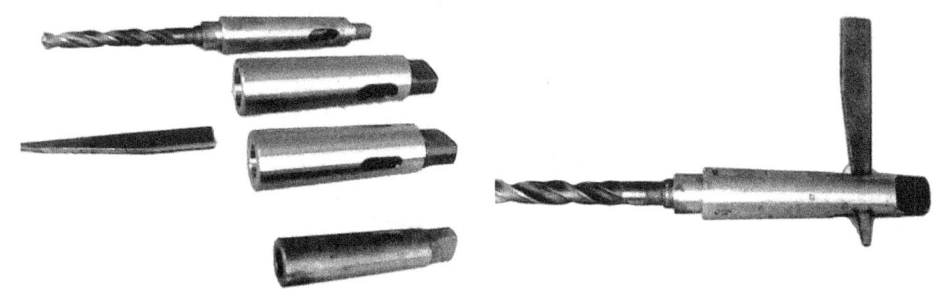

(a) 各种锥柄套筒   (b) 使用楔铁拆卸锥柄套筒

图 3.10　锥柄套筒及其使用

③ 颈部。如图 3.8(b)所示。颈部是工作部分和柄部的连接处(焊接处)。颈部的直径小于工作部分和柄部的直径，其作用是便于磨削工作部分和柄部时砂轮的退刀；颈部还可作为打印标记处。小直径的直柄钻头不做出颈部。

(2) 麻花钻虽然是孔加工的主要刀具，长期以来一直被广泛使用，但是由于麻花钻在结构上存在着比较严重的缺陷，致使钻孔的质量和生产率受到很大影响，这主要表现在：

① 钻头主切削刃上各点的前角变化很大。钻孔时，外缘处的切削速度最大，而该处的前角最大，刀刃强度最薄弱，因此钻头在外缘处的磨损特别严重。

② 钻头横刃较长，横刃及其附近的前角为负值，达-55°～-60°。钻孔时，横刃处于挤刮状态，轴向抗力较大。同时横刃过长，不利于钻头定心，易产生引偏，致使加工孔的孔径增大、孔不圆或孔的轴线歪斜等。

③ 钻削加工过程是半封闭加工。钻孔时，主切削刃全长同时参加切削，切削刃长，切屑宽，而各点切屑的流出方向和速度各异，切屑呈螺卷状，而容屑槽尺寸又受钻头本身尺寸的限制，因而排屑困难，切削液也不易注入切削区域，冷却和散热不良，大大降低了钻头的使用寿命。

针对标准高速钢麻花钻存在的缺陷，在实践中采取多种措施修磨麻花钻的结构。如修磨横刃，减少横刃长度，增大横刃前角，减小轴向受力状况；修磨前刀面，增大钻芯处前角；修磨主切削刃，改善散热条件；在主切削刃后面磨出分屑槽，利于排屑和切削液注入，改善切削条件；等等。

用麻花钻综合修磨而成的新型钻头，即"群钻"。图 3.11 是标准型群钻结构，适合于钻削碳素钢和低合金钢。其修磨主要特征为：

① 将横刃磨短、磨低，改善横刃处切削条件。

② 将靠近钻心附近主刃修磨成一段顶角较大的内直刃和一段圆弧刃，以增大该段切削刃前角。同时，对称的圆弧刃在钻削过程中起到定心及分屑作用。

③ 在外直刃上磨出分屑槽，改善断屑、排屑情况。

经过综合修磨而成的群钻，切削性能显著改善。钻削轴向力比标准麻花钻下降 35%～50%，转矩降低 10%～30%，切削轻快省力；改善了散热、断屑及冷却润滑条件，耐用度比标准麻花钻提高了 3～5 倍；另外，生产率、加工精度、表面质量都有所提高。

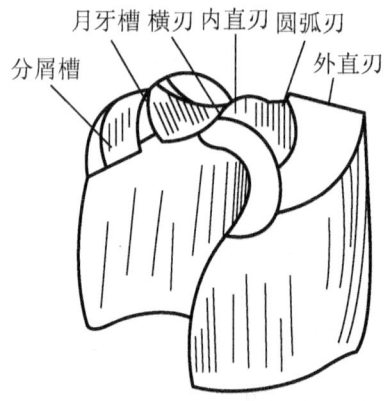

图 3.11　标准型群钻

(3) 硬质合金钻头。目前，钻孔的刀具仍以高速钢麻花钻为主，但是，随着高速度、高刚性、大功率的数控机床、加工中心的应用日益增多，高速钢麻花钻已满足不了先进机床的使用要求。于是在 20 世纪 70 年代出现了硬质合金钻头和硬质合金可转位浅孔钻头等，硬质合金钻头日益受到人们的重视。

硬质合金麻花钻一般制成镶片焊接式，直径 ϕ5mm 以下的硬质合金麻花钻制成整体的。

无横刃硬质合金钻头的结构如图 3.12 所示。无横刃硬质合金钻头的外形与标准高速钢麻花钻相似，在合金钢钻体上开出螺旋槽，其螺旋角比标准麻花钻略小(β=20°)，钻心直径略粗，在钻体顶部焊有两块韧性好、抗黏结性强的硬质合金刀片，两块刀片在钻头轴心处留有 b=0.8～1.5mm 的间隙。为了保证钻尖的强度，在靠近钻头轴心处的两块刀片切削刃被磨成圆弧形或折线形，而不靠近钻头轴心处的两块刀片切削刃被磨成直线形；圆弧刃或折线刃 B 处前角 $\gamma_{OB}=18°\sim20°$，直线刃 A 处前角为 $\gamma_{OA}=25°\sim28°$，在切削刃上磨出一定宽度的倒棱，以改善刃口的强度和散热条件；在前面处开出断屑台，以利于断屑、排屑；两条切削刃所形成的顶角为 $2\phi=125°\sim145°$，硬质合金刀片外缘处留有刃带，而合金钢钻体直径比硬质合金刀片外缘直径小，从而减少了钻削时无横刃硬质合金钻头与孔壁的摩擦。

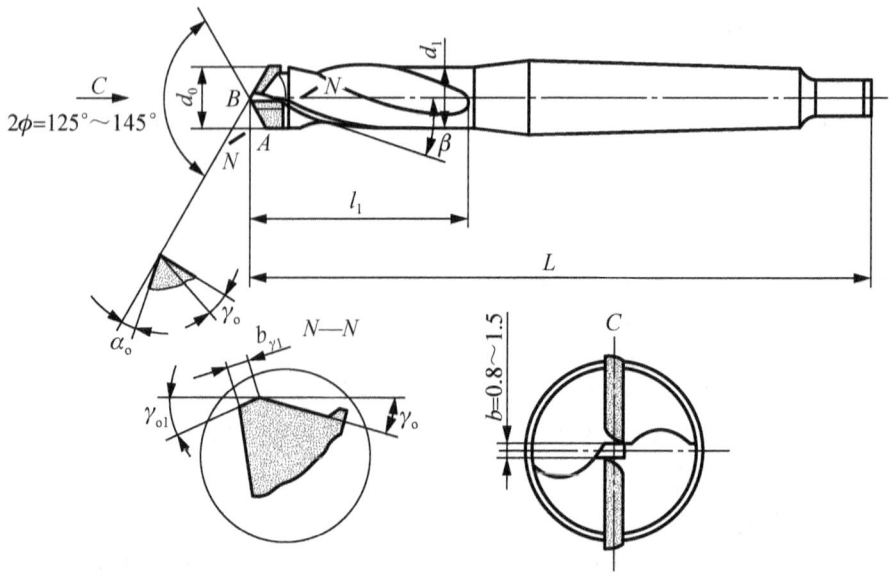

图 3.12　无横刃硬质合金钻头

3) 钻床夹具设计特点

钻床夹具简称钻模,主要用于加工孔及螺纹。它主要由钻套、钻模板、定位及夹紧装置、夹具体组成。

(1) 钻床夹具的主要类型。钻床夹具的类型较多,一般分为固定式、回转式、翻转式、盖板式和滑柱式等几种类型。

① 固定式钻模。在使用中,这类钻模与工件在机床上的位置固定不动(见图 3.13),而且加工精度较高,主要用于立式钻床上加工直径较大的单孔或摇臂钻床加工平行孔系。

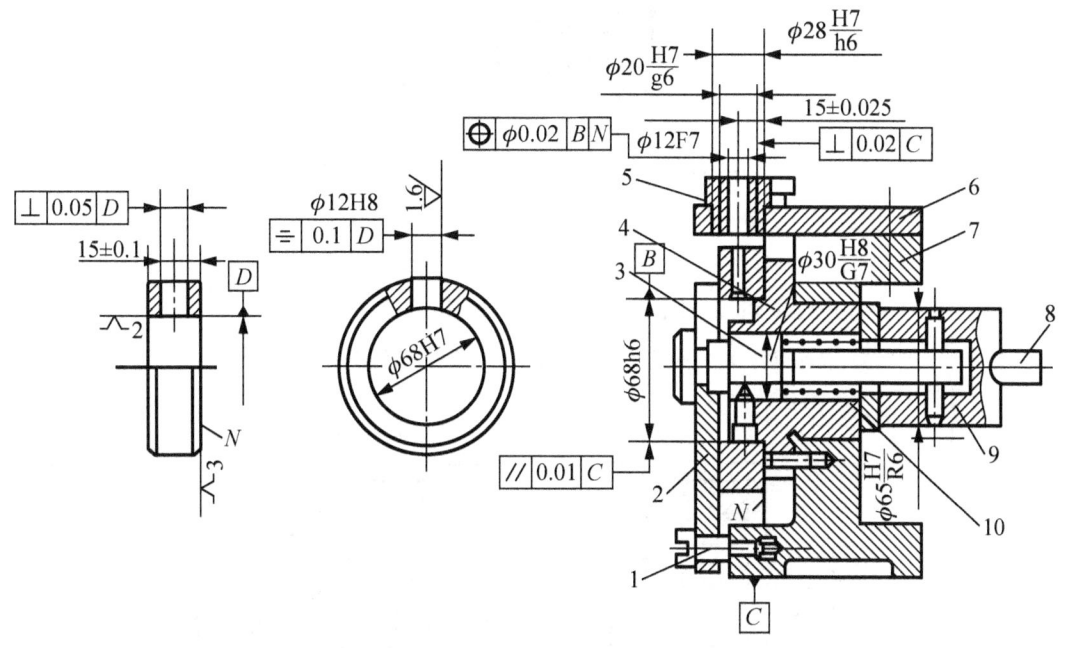

图 3.13   固定式钻模

1-螺钉;2-转动开口垫圈;3-拉杆;4-定位法兰;5-快换钻套;

6-钻模板;7-夹具体;8-手柄;9-圆偏心凸轮;10-弹簧

② 回转式钻模。这类钻模上带有回转分度装置(见图 3.14),在不松开工件的情况下可加工分布在同一圆周上的多个轴向平行孔、垂直和斜交于工件轴线的多个径向孔或几个表面上的孔。

工件一次装夹中,靠钻模依次回转加工各孔,因此这类钻模必须有分度装置。回转式钻模使用方便、结构紧凑,在成批生产中广泛使用。一般为缩短夹具设计和制造周期,提高工艺装备的利用率,夹具的回转分度部分多采用标准回转工作台。

③ 翻转式钻模。如图 3.15 所示,夹具体在几个方向上有支承面,加工时用手将其翻转到各个所需的方向进行钻孔,适用于加工小型工件不同表面上的孔,孔径小于 $\phi 10mm$。它可以减少工件安装次数,提高被加工孔的位置精度。其结构较简单,加工时钻模一般手工进行翻转,所以夹具及工件应小于 10kg 为宜。

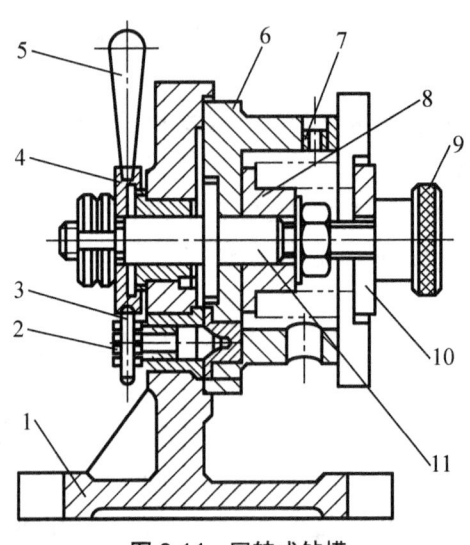

图 3.14 回转式钻模

1-夹具体；2-对定销；3-横销；4-螺套；5 手柄；6-转盘；

7-钻套；8-定位件；9-滚花螺母；10-开口垫圈；11-转轴

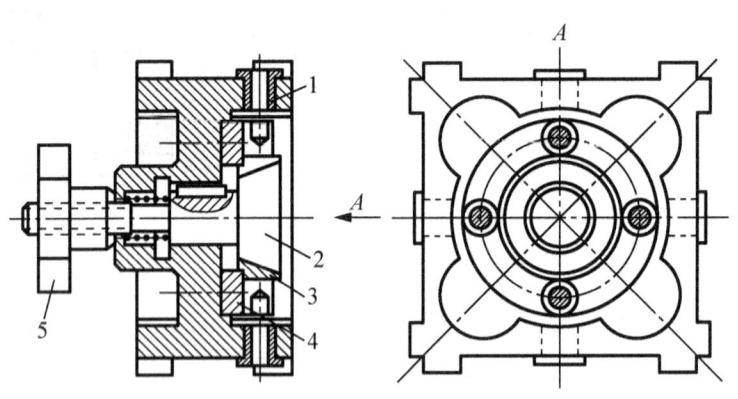

图 3.15 翻转式钻模

1-钻套；2-倒锥螺栓；3-胀套；4-支承板；5-夹紧螺母

④ 盖板式钻模。这种钻模只有钻模板而无夹具体，其定位元件和夹紧装置直接装在钻模板上。使用时把钻模板直接安装在工件的定位基面上，适用于体积大而笨重的工件上的小孔加工。夹具结构简单、轻便，易清除切屑；但是每次加工，夹具需在工件上装卸，较费时，故此类钻模的质量一般不宜超过 10kg。

如箱体零件的端面法兰孔，常用图 3.16 所示的盖板式钻模进行钻削，以箱体的孔及端面为定位基面，盖板式钻模像盖子一样置于图示位置并实现定位，靠滚花螺钉 2 旋进时压迫钢球使径向均布的三个滑柱 5 顶向工件内孔面，从而实现夹紧。若法兰孔位置精度要求不高时，可不设置夹紧结构，但先钻一个孔后，要插入一个销，再钻其他孔。

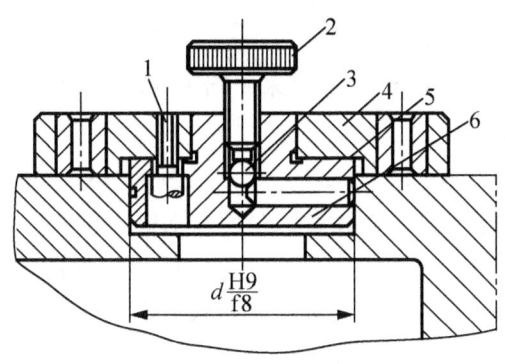

图 3.16　盖板式钻模

1-螺钉；2-滚花螺钉；3-钢球；4-钻模板；5-滑柱；6-定位销

⑤ 滑柱式钻模。滑柱式钻模是一种带有升降钻模板的通用可调夹具，其结构已标准化、规格化。这种钻模有结构简单、操作方便，生产中应用较广。

图 3.17 所示为手动滑柱式钻模的通用结构，由夹具体 5、三根滑柱 7、钻模板 3 和传动、锁紧机构所组成。使用时只要根据工件的形状、尺寸和加工要求等具体情况，专门设计制造相应的定位、夹紧装置和钻套等，装在夹具体的平台和钻模板上的适当位置，就可用于加工。转动手柄，经过齿轮齿条的传动和左右滑柱的导向，便能顺利地带动钻模板升降，将工件夹紧或松开。钻模板在夹紧工件或升降至一定高度后，必须自锁。

锁紧机构的种类很多，但用得最广泛的则是图 3.17 所示的圆锥锁紧机构。其工作原理为：螺旋齿条轴 2 的左端制成螺旋齿，与中间滑柱后侧的螺旋齿条相啮合，其螺旋角为 45°。轴的右端制成双向锥体，锥度为 1∶5，与夹具体 5 及锥套 6 的锥孔配合。钻模板下降接触到工件后继续施力，则钻模板通过夹紧元件将工件夹紧，并在齿条轴上产生轴向分力使锥体楔紧在夹具体的锥孔中。由于锥角小于两倍摩擦角(锥体与锥角的摩擦系数 $f=0.1$，$\phi=6°$)，故能自锁。当加工完毕，钻模板升到一定高度时，可以使齿条轴的另一段锥体楔紧在锥套 6 的锥孔中，将钻模板锁紧。

这种手动滑柱式钻模的机械效率较低，夹紧力不大，并且由于滑柱和导孔为间隙配合（一般为 H7/f7），因此被加工孔的垂直度和孔的位置尺寸难以达到较高的精度。但是其自锁性能可靠，结构简单，操作方便，动作迅速、制造周期短的优点，所以不仅广泛使用于大批量生产，而且也已推广到小批生产中。该钻模特别适用于加工中、小型零件。

图 3.18 所示为应用手动滑柱式钻模的实例。该滑柱式钻模用来钻、扩、铰拨叉上的 $\phi20H7$ 孔。工件以圆柱端面、底面及后侧面在夹具上的定位锥套 9、两个可调支承 2 及圆柱挡销 3 上定位。这些定位元件都装置在底座 1 上。转动手柄，通过齿轮、齿条传动机构使滑柱带动钻模板下降，由两个压柱 4 通过液性塑料对工件实施夹紧。刀具依次由快换钻套 7 引导，进行钻、扩、铰加工。图 3.18 中 1～9 所示的零件是专门设计制造的，钻模板也须作相应的加工，而其他件则为滑柱式钻模的通用结构。

(2) 钻模的设计要点。

① 钻模类型的选择。在设计钻模时，首先要根据工件的形状、尺寸、重量和加工要求，并考虑生产批量、工厂工艺装备的技术状况等具体条件，选择钻模类型和结构。在选型时

要注意以下几点：

a. 工件被加工孔径大于 ϕ10mm 时，宜采用固定式钻模(特别是钢件)。因此其夹具体上应有专供夹压用的凸缘或凸台。

b. 当工件上加工的孔处在同一回转半径，且夹具的总重量超过 100N 时，应采用具有分度装置的回转钻模，如能与通用回转台配合使用则更好。

c. 当在一般的中型工件某一平面上加工若干个任意分布的平行孔系时，宜采用固定式钻模在摇臂钻床上加工。大型工件则可采用盖板式钻模在摇臂钻床上加工。如生产批量较大，则可在立式钻床或组合机床上采用多轴传动头加工。

d. 对于孔的垂直度允差大于 0.1mm 和孔距位置允差大于±0.15mm 的中小型工件，宜优先采用滑柱式钻模，以缩短夹具的设计制造周期。

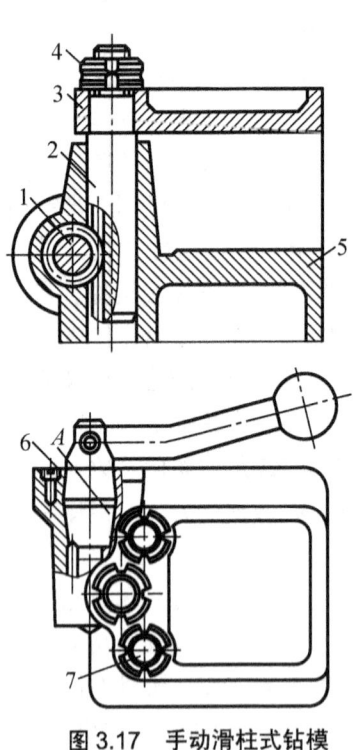

图 3.17　手动滑柱式钻模

1-斜齿齿轮；2-螺旋齿条轴；3-钻模板；
4-锁紧螺母；5-夹具体；6-锥套；7-滑柱

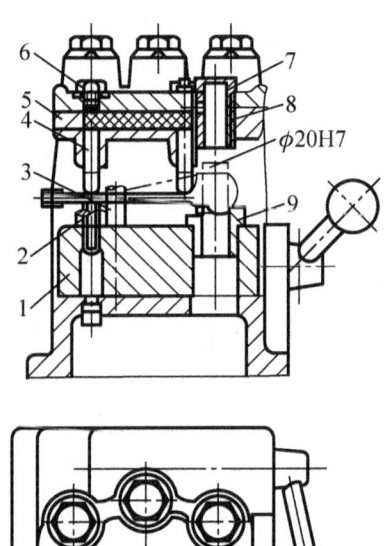
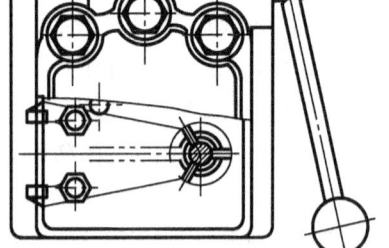

图 3.18　滑柱式钻模实例

1-底座；2-可调支承；3-挡销；4-压柱；
5-压柱体；6-螺塞；7-钻套；8-衬套；9-定位锥套

② 钻套的选择和设计。钻套安装在钻模板或夹具体上，用来确定工件上加工孔的位置，引导刀具进行加工，提高加工过程中工艺系统的刚性并防振。钻套可分为标准钻套和特殊钻套两大类。标准钻套又分为固定钻套、可换钻套和快换钻套。

a. 固定钻套。固定钻套分为 A、B 型两种，如图 3.19(a)、(b)所示。钻套安装在钻模板或夹具体中，其配合为 H7/n6 或 H7/r6。固定钻套的结构简单，钻孔精度高，但磨损后不能更换，适用于单一钻孔工序和小批生产。

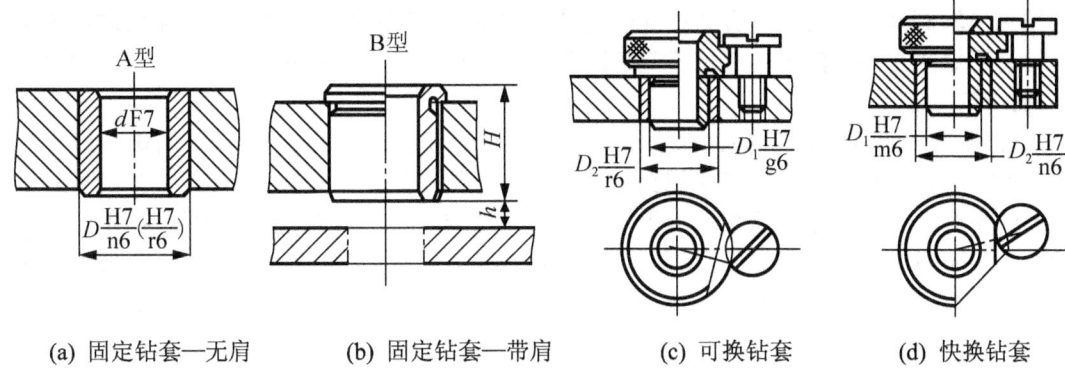

(a) 固定钻套—无肩　　(b) 固定钻套—带肩　　(c) 可换钻套　　(d) 快换钻套

图 3.19　钻套

　　b. 可换钻套。其结构如图 3.19(c)所示。当工件为单一钻孔工序的大批量生产时，为便于更换磨损的钻套，选用可换钻套。钻套与衬套之间采用 H7/g6 或 H7/h6 配合，衬套与钻模板之间采用 H7/n6 H7/r6 配合。当钻套磨损后，可卸下螺钉，更换新的钻套。螺钉能防止加工时钻套的转动或退刀时随刀具自行拔出。

　　c. 快换钻套。其结构如图 3.19(d)所示。当工件需钻、扩、铰多工序加工时，为能快速更换不同孔径的钻套，应选用快换钻套。快换钻套的有关配合同可换钻套。更换钻套时，将钻套削边转至螺钉处，即可取下钻套。削边的方向应考虑刀具的旋向，以免钻套随刀具自行拔出。

　　以上三类钻套已标准化，其结构参数、材料、热处理及配合类系等可查阅有关行业标准(GB/T 8045.1—1999 等)。

　　d. 特殊钻套。由于工件形状或被加工孔位置的特殊性，有时需要设计特殊结构的钻套。图 3.20 所示是几种特殊钻套的结构。

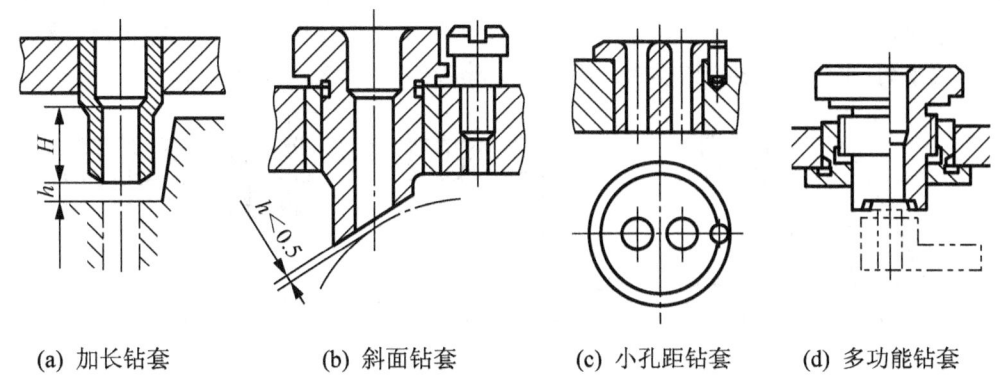

(a) 加长钻套　　(b) 斜面钻套　　(c) 小孔距钻套　　(d) 多功能钻套

图 3.20　特殊钻套

　　图 3.20(a)所示为加长钻套，在加工凹面上的孔时使用。为减少刀具与钻套的摩擦，可将钻套引导高度 H 以上的孔径放大。图 3.20(b)为斜面钻套，用于在斜面或圆弧面上钻孔，排屑空间的高 $h<0.5$mm，可增加钻头刚度，避免钻头引偏或折断。图 3.20(c)为小孔距钻套，用圆销确定钻套位置。图 3.20(d)为兼有定位与夹紧功能的钻套，在钻套与衬套之间，一段为圆柱间隙配合，一段为螺纹连接，钻套下端为内锥面，可使工件定位。

　　③ 钻套内孔的公称尺寸及极限与配合的选择。

　　a. 钻套内孔。钻套内孔(又称导向孔)直径的公称尺寸应为所用刀具的最大极限尺寸，并采用基轴制间隙配合。钻孔或扩孔时其公差取 F7 或 F8；粗铰时取 G7，精铰时取 G6。若钻套引导的是刀具的导向部分不是切削部分，则可按基孔制的相应配合选取，如 H7/f7、H7/g6 或 H6/g5 等。

b. 导向长度 H。如图 3.20(a)所示，钻套的导向长度 H 对刀具的导向作用影响很大。H 较大时，刀具在钻套内不易产生偏斜，但会加快刀具与钻套的磨损；H 过小时，则钻孔时导向性不好。通常取导向长度 H 与其孔径之比为 $H/d=1\sim2.5$。当加工精度要求较高或加工的孔径较小时，由于所用的钻头刚性较差，则 H/d 值可取大些，如钻孔直径 $d<\phi5\text{mm}$ 时，应取 $H/d\geqslant2.5$；如加工两孔的距离公差为 $\pm0.05\text{mm}$ 时，可取 $H/d=2.5\sim3.5$；加工斜孔时，可取 $H/d=4\sim6$。

c. 排屑间隙 h。如图 3.20(a)所示，排屑间隙 h 是指钻套底部与工件表面之间的空间。如果 h 太小，则切屑排出困难，会损伤加工表面，甚至还可能折断钻头；如果 h 太大，则会使钻头的偏斜增大，影响被加工孔的位置精度。一般加工铸铁件时，$h=(0.3\sim0.7)d$；加工钢件时，$h=(0.7\sim1.5)d$；式中 d 为所用钻头的直径。对于位置精度要求很高的孔或在斜面上钻孔时，可将 h 值取得尽量小些，甚至可以取为零；加工斜孔时，$h=(0\sim0.2)d$。

d. 钻套材料：钻套性能要求为高硬度、耐磨。

常用材料为 T10A、T12A、CrMn 或 20 渗碳钢。一般 $d\leqslant\phi10\text{mm}$ 时，用 CrMn；$d<\phi25\text{mm}$ 时，用 T10A 或 T12A，$58\sim64\text{HRC}$；$d\geqslant\phi25\text{mm}$，用 20 渗碳淬火，$58\sim64\text{HRC}$。

当工件的结构形状不适合采用标准钻套时，可自行设计与工件相适应的特殊钻套。

(3) 钻模板类型及其设计要点。

① 钻模板类型。用于安装钻套，确保钻套在钻模上的正确位置。钻模板通常是装配在夹具体或支架上，或与夹具体上的其他元件相连接，常见的有以下几种类型：

a. 固定式钻模板。这种钻模板是直接固定在夹具体上的，故钻套相对于夹具体也是固定的，钻孔精度较高。但是这种结构对某些工件而言，装拆不太方便。固定式钻模板与夹具体的连接，一般采用图 3.21 所示的三种结构：图(a)为整体铸造结构；图(b)为焊接结构；图(c)为用螺钉和销钉连接的钻模板。固定式钻模板结构简单、制造容易。

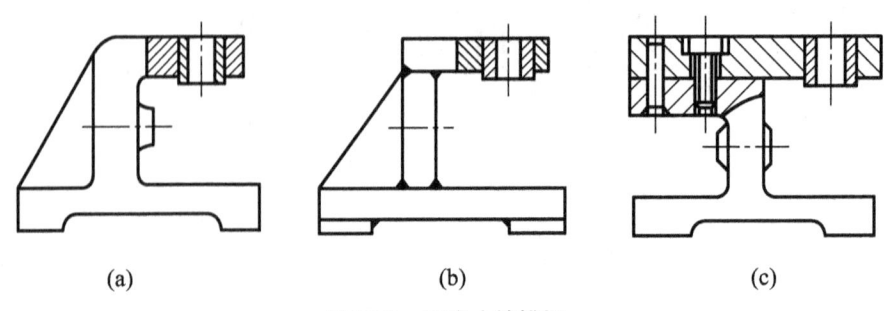

(a)　　　　　　　　　(b)　　　　　　　　　(c)

图 3.21　固定式钻模板

b. 铰链式钻模板。这种钻模板通过铰链与夹具体固定支架相连接，钻模板可绕铰链销翻转(见图 3.22)。当钻模板妨碍工件装卸或钻孔后需扩孔、攻螺纹时常采用这种结构。铰链销 1 与钻模板 5 的销孔配合为基轴制间隙配合(G7/h6)，与铰链座 3 的销孔配合为基轴制过盈配合(N7/h6)。钻模板 5 与铰链座 3 之间的配合为基孔制间隙配合(H8/g7)。钻套导向孔与夹具安装面的垂直度可通过调整两个支承钉 4 的高度加以保证。加工时，钻模板 5 由菱形螺母 6 锁紧。使用铰链式钻模板，装卸工件方便，但由于铰链销孔之间存在配合间隙，因此加工孔的位置精度比固定式钻模板低。

　　c. 可卸式钻模板。可卸式钻模板又称分离式钻模板，图 3.23 所示为可卸盖式钻盖板，钻模板与夹具体是分离的，成为一个独立部分。当装卸工件必须将钻模板取下时，则应采用可卸式钻模板。这类钻模板钻孔精度比铰链式钻模板高，但每装卸一次工件就需装卸一次钻模板，装卸时间较长，效率较低。

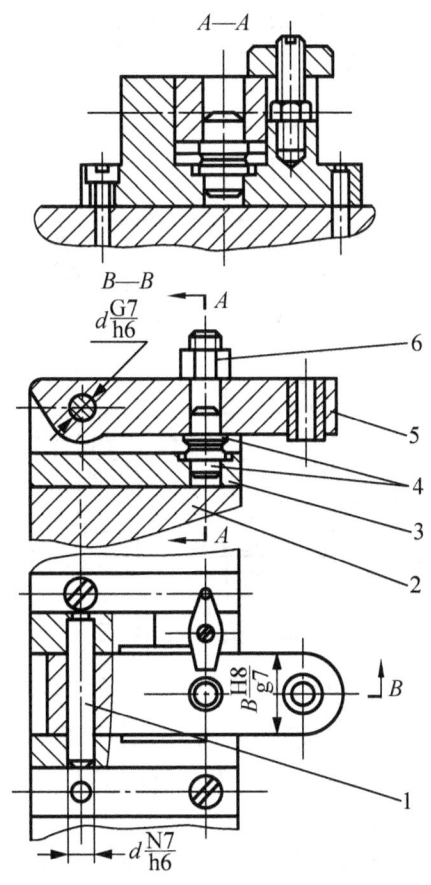

图 3.22　铰链式钻模板

1-铰链销；2-夹具体；3-铰链座；4-支承钉；5-钻模板；6-菱形螺母

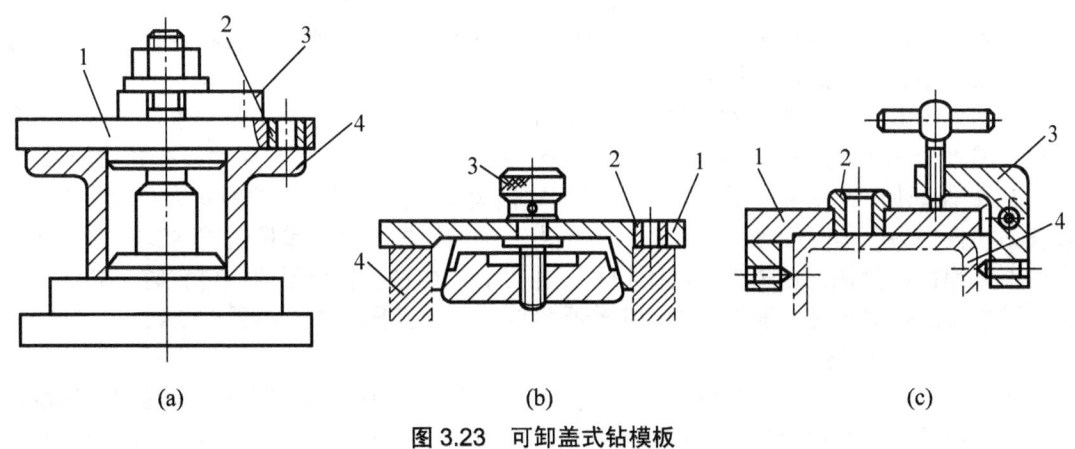

图 3.23　可卸盖式钻模板

1-钻模板；2-钻套；3-压板[图(b)为螺钉]；4-工件

d. 悬挂式钻模板。如图 3.24 所示，钻模板 5 的位置由导向滑柱 2 来确定，并悬挂在滑柱上，通过弹簧 1 和横梁 6 与机床主轴或主轴箱连接。这类钻模板多与组合机床或多轴箱联合使用。

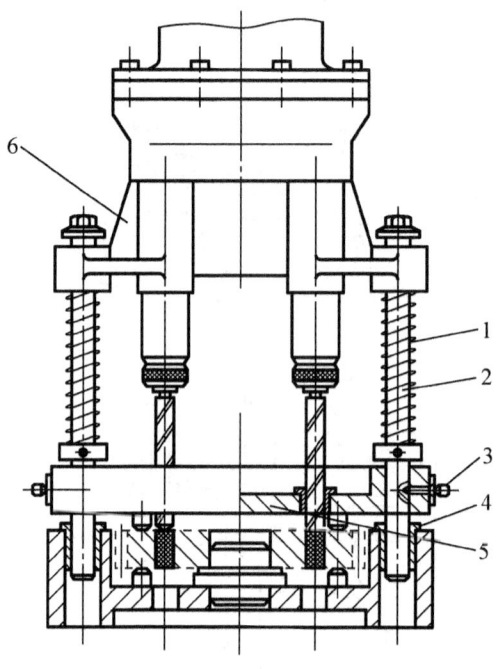

图 3.24　悬挂式钻模板

1-弹簧；2-导向滑柱；3-螺钉；4-套；5-钻模板；6-横梁

② 钻模板的设计要点。在设计钻模板的结构时，主要要根据工件的外形大小、加工部位、结构特点、生产规模以及机床类型等条件而定。要求所设计的钻模板结构简单、使用方便、制造容易，并注意以下几点：

a. 在保证钻模板有足够刚度的前提下，要尽量减轻其重量。在生产中，钻模板的厚度往往按钻套的高度来确定，一般在 10～30mm 之间。如果钻套较长，可将钻模板局部加厚。此外，钻模板一般不宜承受夹紧力。

b. 钻模板上安装钻套的底孔与定位元件间的位置精度直接影响工件孔的位置精度，因此至关重要。在上述各钻模板结构中，以固定式钻模板钻套底孔的位置精度最高，而以悬挂式钻模板钻套底孔的位置精度为最低。

c. 焊接结构的钻模板往往因焊接内应力不能彻底消除，而不易保持精度。一般当工件孔距公差大于±0.1mm 时方可采用。若孔距公差小于±0.05mm 时，应采用装配式钻模板。

d. 要保证加工过程的稳定性。如用悬挂式钻模板，则其导柱上的弹簧力必须足够大，以使钻模板在夹具体上能维持所需的定位压力；当钻模板本身的重量超过 800N 时，导柱上可不装弹簧；为保证钻模板移动平稳和工作可靠，当钻模板处于原始位置时，装在导柱上经过预压的弹簧长度一般不应小于工作行程的 3 倍，其预压力不小于 150N。

4) 钻孔工艺措施

在钻孔时钻头往往容易产生偏移，其主要原因是：切削刃的刃磨角度不对称；钻削时在工件端面钻头没有定位好；工件端面与机床主轴轴线不垂直等。为了防止和减少钻孔时钻头偏移，工艺上常用下列措施：

(1) 钻孔前先加工工件端面，保证端面与钻头中心线垂直。

(2) 先用钻头或中心钻在端面上预钻一个凹坑，以引导钻头钻削。

(3) 刃磨钻头时，使两个主切削刃对称。

(4) 钻小孔或深孔时选用较小的进给量，可减小钻削轴向力，钻头不易产生弯曲而引起偏移。

(5) 采用工件旋转的钻削方式。

(6) 采用钻套来引导钻头。钻孔时，钻头直径一般不超过 75mm，钻较大的孔($d > \phi 30$mm) 时，常采用两次钻削，即先钻较小(被加工孔径的 50%～70%)的孔，第二次再用大直径钻头进行扩钻，以减小进给抗力。

3. 扩孔和锪孔

1) 扩孔

扩孔是用扩孔刀具对已钻的孔作进一步加工，以扩大孔径并提高精度和降低表面粗糙度。常用的扩孔刀具有麻花钻、扩孔钻等。一般工件的扩孔，可用麻花钻。对于孔的半精加工，可用扩孔钻。

(1) 用麻花钻扩孔。用大直径的钻头将已钻出的小孔扩大。例如钻直径 $\phi 50$mm 的孔，可先用直径 $\phi 25$mm 的钻头钻孔，然后用 $\phi 50$mm 的钻头将孔扩大。扩孔时，因大钻头的横刃已经不参加切削，所以进给省力。但是应该注意，钻头外缘处的前角大，不能使进给量过大，否则使钻头在尾座套筒内打滑而不能切削。因此，在扩孔时，应把钻头外缘处的前角修磨得小些，并对进给量加以适当控制，决不要因为钻削轻松而加大进给量。

(2) 扩孔钻类型与选用。扩孔钻主要有高速钢扩孔钻和硬质合金扩孔钻两类。其用途为提高钻孔、铸造孔与锻造孔的孔径精度，使其精度达 IT11～IT10 级，表面粗糙度 Ra 达 12.5～6.3μm。

标准扩孔钻一般有 3～4 条主切削刃，其结构形式随直径不同而不同。有直柄、锥柄和套装三种形式，如图 3.25 所示。

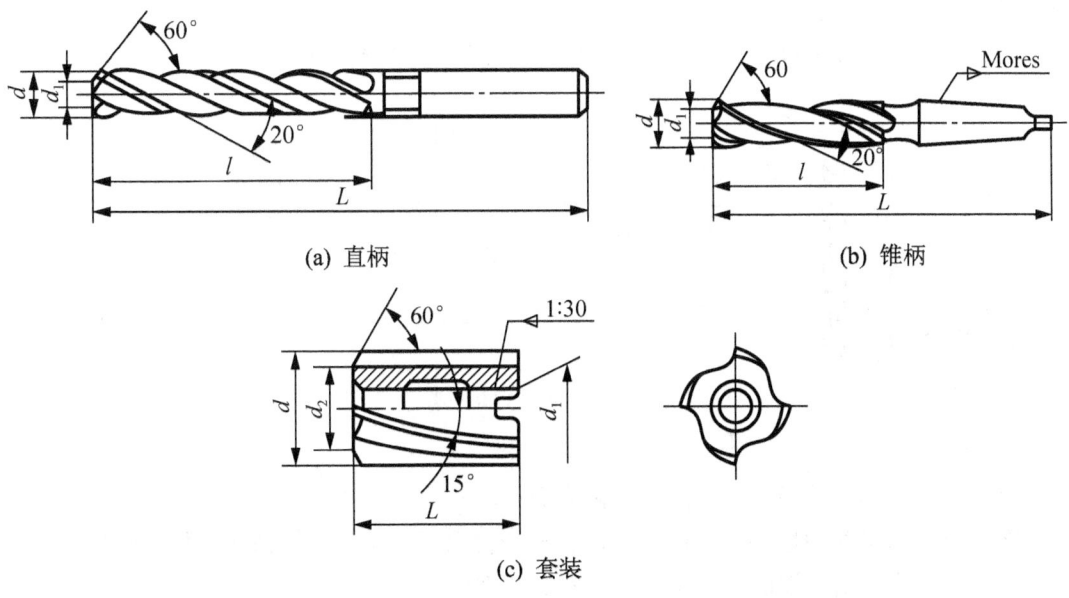

(a) 直柄　　　　　　　　　　　　(b) 锥柄

(c) 套装

图 3.25　扩孔钻类型

　　扩孔钻与麻花钻相比，没有横刃，工作平稳，容屑槽小，刀体刚性好，工作中导向性好，故对于孔的位置误差有一定的校正能力，加工质量和生产率都比麻花钻高。扩孔通常作为铰孔前的预加工，也可作为孔的最终加工。扩孔方法和所使用的机床与钻孔基本相似，扩孔余量$(D-d)$一般为$(1/8)D$。

　　① 扩孔钻的结构要素。扩孔钻结构分为柄部、颈部、工作部分三段。其切削部分则有：主切削刃、前刀面、后刀面、钻心和棱边五个结构式要素，具体如图 3.26 所示。

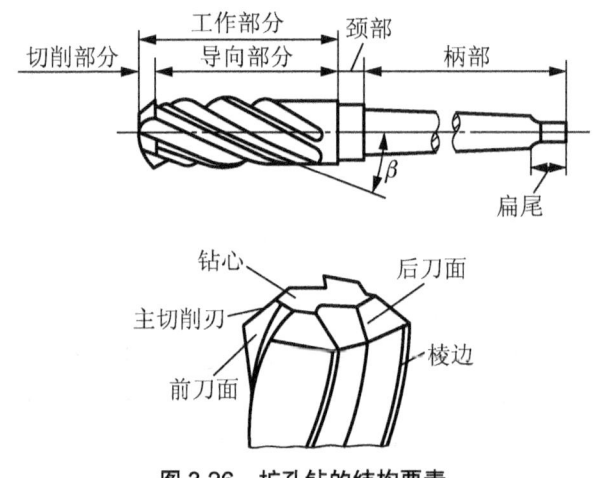

图 3.26　扩孔钻的结构要素

　　② 扩孔钻的选择。扩孔直径较小时，可选用直柄式扩孔钻；扩孔直径为 $\phi 10 \sim \phi 32\text{mm}$ 时，可选用锥柄式扩孔钻；扩孔直径为 $\phi 25 \sim \phi 80\text{mm}$ 时，可选用套式扩孔钻。

　　扩孔直径在 $\phi 20 \sim \phi 60\text{mm}$ 之间，且机床刚性好、功率大时，可选图 3.27 所示的可转位扩孔钻。这种扩孔钻的两个可转位刀片的外刃位于同一个外圆直径上，并且刀片径向可作微量($\pm 0.1\text{mm}$)调整，以控制扩孔直径。

　　当孔径大于 100mm 时，切削力矩很大，故很少应用扩孔，而应采用镗孔。

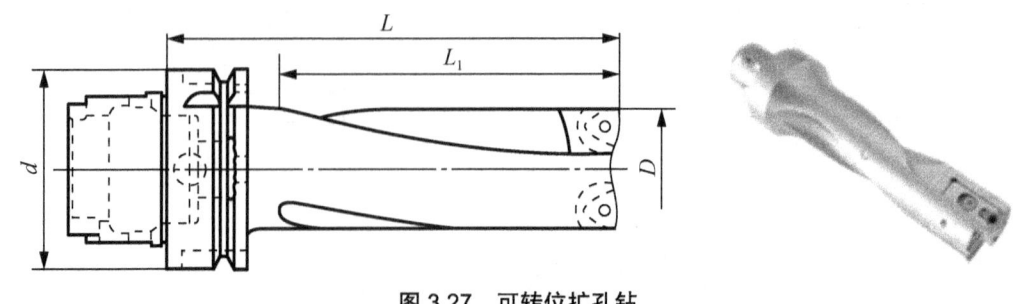

图 3.27　可转位扩孔钻

　　2) 锪孔

　　用锪削工具加工平底或锥形沉孔，称为锪孔。

　　锪钻用于加工各种埋头螺钉沉孔、锥孔和凸台面等。常见的锪钻有三种：圆柱形沉头锪钻、锥形沉头锪钻及端面凸台锪钻，如图 3.28 所示。

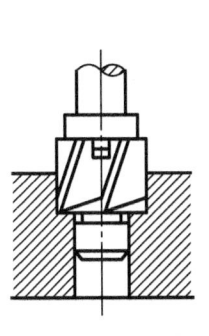
(a) 圆柱形沉头锪钻

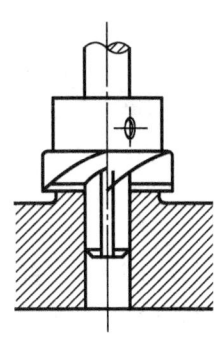
(b) 锥形沉头锪钻

(c) 端面凸台锪钻

图 3.28　常用锪钻类型

在单件小批生产时，常把麻花钻改制成锪钻来使用。

4. 铰孔

铰孔是用铰刀对未淬火孔进行精加工的一种方法，在生产中应用很广。对于较小的孔，相对于内圆磨削及精镗而言，铰孔是一种较为经济实用的加工方法。

铰孔时，因切削速度低，加工余量少(一般只有 0.1～0.5mm)，使用的铰刀刀齿多、结构特殊(有切削和校正部分)、刚性好、精度高等因素，故铰孔后的质量比较高，孔径尺寸精度一般为 IT10～IT6 级，表面粗糙度 Ra 可达 0.4～1.6μm。

铰孔分手铰和机铰，手铰尺寸精度可达 IT6 级，表面粗糙度 Ra 为 0.8～0.4μm。机铰生产率高，劳动强度小，适宜于大批大量生产。铰孔主要用于加工中、小尺寸的孔，孔径一般在 $\phi3～\phi100$mm 范围。铰孔时以本身孔作导向，故不能纠正位置误差，因此，孔的有关位置精度应由铰孔前的预加工工序保证。

1) 铰刀

铰刀是对半精加工孔(扩孔或半精镗孔)进行精加工的一种刀具，应用十分普遍。铰刀加工孔直径的范围为 $\phi1～\phi100$mm，它可以加工圆柱孔、圆锥孔、通孔和盲孔。它可以在钻床、车床、数控机床等多种机床上进行铰削(又称机铰)，也可以用手工进行铰削。

(1) 铰刀类型及选择。铰刀按刀具材料分为高速钢铰刀和硬质合金铰刀；按加工孔的形状分为圆柱铰刀和圆锥铰刀；按铰刀直径调整方式分为整体式铰刀和可调式铰刀。铰刀一般按使用方式分为手用铰刀和机用铰刀两种形式。手用铰刀与机用铰刀的主要区别：后者工作部分较短，齿数较少，柄部较长；前者相反。

铰刀基本类型如图 3.29 所示。

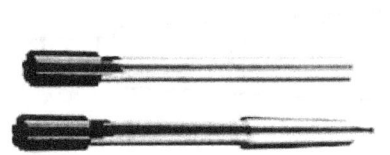
(a) 直柄、锥柄机用铰刀

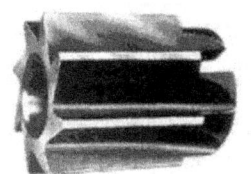
(b) 套式机用铰刀

(c) 整体式手用铰刀

图 3.29　铰刀类型

(d) 可调式手用铰刀　　(e)1:50 锥度铰刀

图 3.29　铰刀类型(续)

机用铰刀可分为带柄的(直柄铰刀直径为 $\phi 6\sim\phi 20$mm，小孔直柄铰刀直径为 $\phi 1\sim\phi$ 6mm；锥柄铰刀直径为 $\phi 10\sim\phi 32$mm[见图 3.29(a)]和套式的[直径为 $\phi 25\sim\phi 80$mm，见图 3.29(b)]。手用铰刀可分为整体式[见图 3.29(c)]和可调式[见图 3.29(d)]两种。铰削不仅可以用来加工圆柱孔，也可用锥度铰刀加工圆锥孔，如图 3.29(e)所示。

加工精度为 IT8～IT9 级，表面粗糙度 Ra 为 0.8～1.6μm 的孔时，多选用通用标准铰刀。加工 IT5～IT7 级，表面粗糙度 Ra 为 0.8μm 的孔时，可采用机夹硬质合金刀片的单刃铰刀。

这种铰刀的结构如图 3.30 所示，刀片 3 通过楔套 4 用螺钉 1 固定在刀体上，通过螺钉 7、销 6 可调节铰刀尺寸。导向块 2 可采用黏结和铜焊固定。机夹单刃铰刀应有很高的刃磨质量。因为精密铰削时，半径上的铰削余量在 10μm 以下，所以刀片的切削刃口要磨得异常锋利。

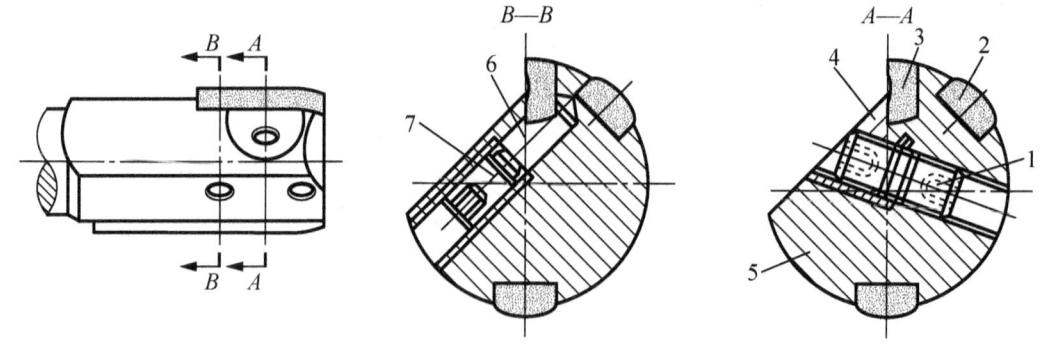

图 3.30　机夹硬质合金刀片的单刃铰刀

1、7-螺钉；2-导向块；3-刀片；4-楔套；5-刀体；6-销

机用铰刀与机床常用浮动连接，以防止铰削时孔径扩大或产生孔的形状误差。铰刀与机床主轴浮动连接所用的浮动夹头如图 3.31 所示。浮动夹头的锥柄 1 安装在机床的锥孔中，铰刀锥柄安装在锥套 2 中，挡钉 3 用于承受轴向力，销钉 4 可传递转矩。由于锥套 2 的尾部与大孔、销钉 4 及小孔间均有较大间隙，所以铰刀处于浮动状态。

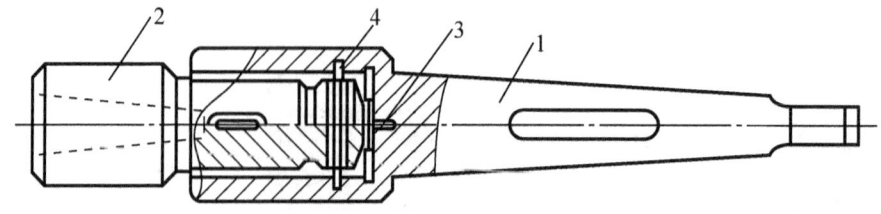

图 3.31　铰刀的浮动夹头

1-锥柄；2-锥套；3-挡钉；4-销钉

铰削精度为 IT6～IT7 级，表面粗糙度 Ra 为 0.8～1.6μm 的大直径通孔时，可选用专门设计的浮动铰刀，如图 3.32 所示。

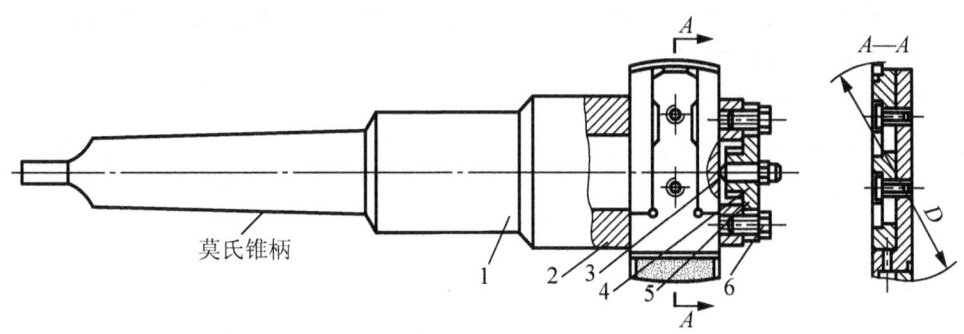

图 3.32　浮动铰刀

(2) 铰刀结构要素。铰刀是由工作部分、柄部和颈部三部分组成，如图 3.33 所示。工作部分分为切削部分和校准部分。切削部分又分为引导锥和切削锥。引导锥使铰刀能方便地进入预制孔。切削锥起主要的切削作用。校准部分又分为圆柱部分和倒锥部分，圆柱部分起修光孔壁、校准孔径、测量铰刀直径以及切削部分的后备作用。倒锥部分起减少孔壁摩擦、防止铰刀退刀时孔径扩大的作用。柄部是夹固铰刀的部位，起传递动力的作用。手用铰刀的柄部均为直柄，机用铰刀的柄部有直柄和莫氏锥柄之分。颈部是工作部分与柄部的连接部位，用于标注、打印刀具尺寸。

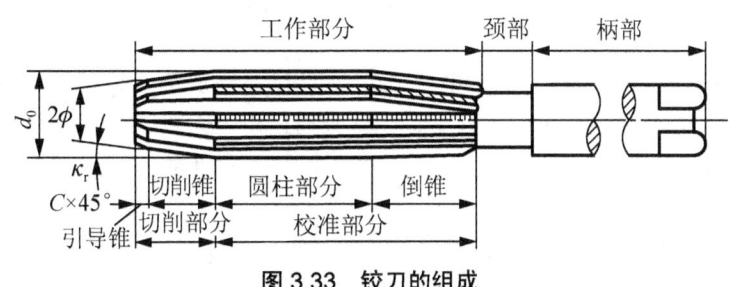

图 3.33　铰刀的组成

(3) 金刚石铰刀。金刚石铰刀是采用电镀的方法将金刚石磨料颗粒包镶在 45 钢(或 40Cr)刀体上制得的。用金刚石铰刀铰孔，铰削质量很高，加工精度可达 IT5～IT4 级，表面粗糙度值 Ra 可低于 0.05μm。

2) 铰削的工艺特点

为了保证铰孔时的加工质量，应注意如下几点。

(1) 合理选择底孔。底孔(前道工序加工的孔)好坏，对铰孔质量影响很大。底孔精度低，就不容易得到较高的铰孔精度。例如上一道工序造成轴线歪斜，由于铰削量小，且铰刀与机床主轴常采用浮动连接，故铰孔时就难以纠正。对于精度要求高的孔，在精铰前应先经过扩孔、镗孔或粗铰等工序，使底孔误差减小，才能保证精铰质量。

(2) 合理使用铰刀。铰刀是定尺寸精加工刀具，使用得合理与否，将直接影响铰孔的质量。铰刀的磨损主要发生在切削部分和校准部分交接处的后刀面上。随着磨损量的增加，切削刃钝圆半径也逐渐加大，致使铰刀切削能力降低，挤压作用明显，铰孔质量下降，实践经验证明，使用过程中若经常用油石研磨该交接处，可提高铰刀的耐用度。铰削后孔径

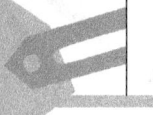
是扩大或收缩以及其数值的大小，与具体加工情况有关。在批量生产时，应根据现场经验或通过试验来确定，然后才能确定铰刀外径，并研磨之。为了避免铰刀轴线或进给方向与机床回转轴线不一致，出现孔径扩大或"喇叭口"现象，铰刀和机床一般不用刚性连接，而可采用浮动夹头来装夹刀具。

(3) 正确选择切削液。

(4) 铰孔的精度和表面粗糙度主要不取决于机床的精度，而取决于铰刀的精度、铰刀的安装方式、加工余量、切削用量和切削液等条件。例如在相同的条件下，在钻床上铰孔和在车床上铰孔所获得的精度和表面粗糙度基本一致。

5. 镗孔

镗孔是最常用的孔加工方法，可以作为粗加工，也可以作为精加工，并且加工范围很广，可以加工各种零件上不同尺寸的孔。镗孔使用镗刀对已经钻出、铸出或锻出的孔做进一步的加工。镗孔一般在镗床上进行，但也可以在车床、铣床、数控机床和加工中心上进行。镗孔的加工精度为 IT8～IT10，表面粗糙度 Ra 为 6.3～0.8μm。由于镗孔时刀具(镗杆和镗刀)尺寸受到被加工孔径的限制，因此，一般刚性较差，会影响孔的精度，并容易引起弯曲、扭转和振动，特别是小直径、离支承较远的孔，振动情况更为突出。与扩孔和铰孔相比，镗孔生产率比较低。但在单件小批生产中采用镗孔是较经济的，因刀具成本较低，而且镗孔能保证孔中心线的准确位置，并能修正毛坯或上道工序加工后所造成的孔的轴心线歪曲和偏斜。直径很大的孔和大型零件的孔，镗孔是唯一的加工方法。

1) 镗床

镗床主要用于加工尺寸较大且精度要求较高的孔，特别是分布在不同表面上、孔距和位置精度要求很严格的孔系，如箱体、汽车发动机缸体等零件上的孔系加工。镗床工作时，由刀具作旋转主运动，进给运动则根据机床类型和加工条件的不同或者由刀具完成，或者由工件完成。

镗床主要类型有卧式镗床、坐标镗床、落地镗床、金刚镗床等。

(1) 卧式镗床。

① 卧式镗床的组成及其运动。卧式镗床的外形如图 3.34 所示。它主要由床身 10、主轴箱 8、工作台 3、平旋盘 4 和前后立柱 7、2 等组成。主轴箱中装有镗轴 5、平旋盘 4 及主运动和进给运动的变速操纵机构。加工时，镗轴 5 带动镗刀旋转形成主运动，并可沿其轴线移动实现轴向进给运动；平旋盘 4 只作旋转运动，装在平旋盘端面燕尾导轨中的径向刀架 6 除了随平旋盘一起旋转外，还可带动刀具沿燕尾导轨作径向进给运动；主轴箱 8 可沿前立柱 7 的垂直导轨作上下移动，以实现垂直进给运动。工件装夹在工作台 3 上，工作台下面装有下滑座 11 和上滑座 12，下滑座可沿床身 10 水平导轨作纵向移动，实现纵向进给运动；工作台还可在上滑座的环形导轨上绕垂直轴回转，进行转位以及上滑座沿下滑座的导轨作横向移动，实现横向进给。再利用主轴箱上、下位置调节，可使工件在一次装夹中，对工件上相互平行或成一定角度的平面或孔进行加工。后立柱 2 可沿床身导轨作纵向移动，后支承架 1 可在后立柱垂直导轨上，进行上下移动，用以支承悬伸较长的镗杆，以增加其刚性。

综上所述，卧式镗床的主运动有：镗轴和平旋盘的旋转运动(两者是独立的，分别由不同的传动机构驱动)；进给运动有：镗轴的轴向进给运动，平旋盘上径向刀架的径向进给运动，主轴箱的垂直进给运动，工作台的纵向、横向进给运动；此外，辅助运动有：工作台转位，后立柱纵向调位，后立柱支架的垂直方向调位，以及主轴箱沿垂直方向和工作台沿纵、横方向的快速调位运动。

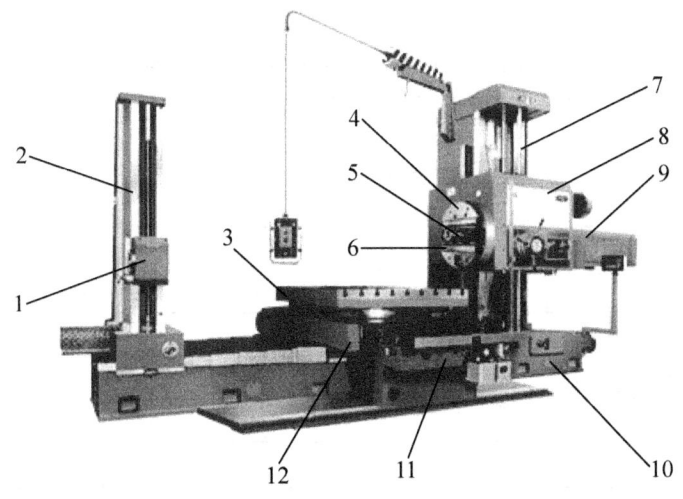

图 3.34　卧式镗床

1-后支承架；2-后立柱；3-工作台；4-平旋盘；5-镗轴；6-径向刀架；

7-前立柱；8-主轴箱；9-后尾筒；10-床身；11-下滑座；12-上滑座

卧式镗床结构复杂，通用性较大，除可进行镗孔外，还可进行钻孔、加工各种形状沟槽、铣平面、车削端面和螺纹等。一般情况下，零件可在一次安装中完成大部分甚至全部的加工工序。它广泛用于机修和工具车间，适用于单件小批生产。图 3.35 为其典型加工方法。

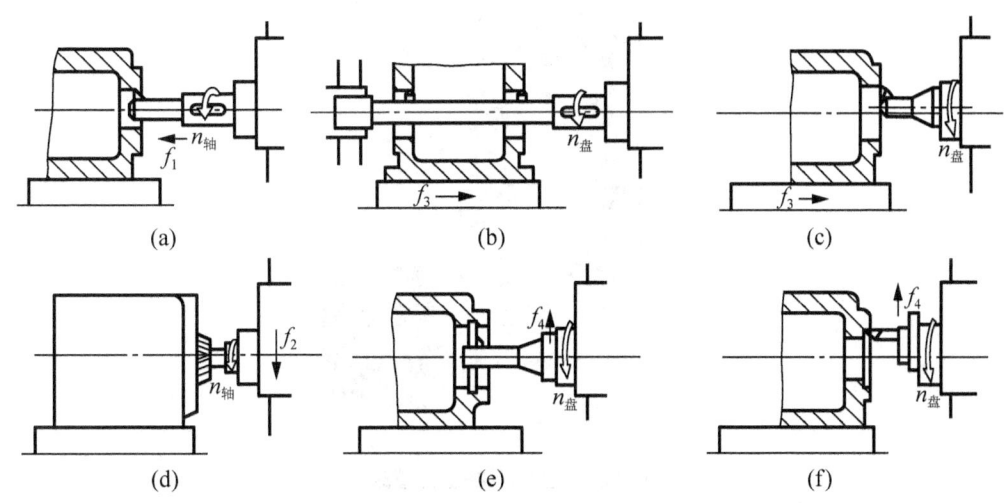

图 3.35　卧式镗床的典型加工方法

其中，图 3.35(a)为利用装在镗轴上的镗刀镗孔，纵向进给运动 f_1 由镗轴移动完成；图 3.35(b)为利用后立柱支架支承长镗杆镗削同轴孔，纵向进给运动 f_3 由工作台移动完成；

图 3.35(c)为利用平旋盘上刀具镗削大直径孔，纵向进给运动 f_3 由工作台完成；图 3.35(d)为利用装在镗轴上的端铣刀铣平面，垂直进给运动 f_2 由主轴箱完成；图 3.35(e)、(f)为利用装在平旋盘径向刀架上的刀具车内沟槽和端面，径向进给运动 f_4 由径向刀架完成。

② 卧式镗床的技术性能。卧式镗床的主参数是镗轴直径。以 T617 为例，具体参数见表 3-3。

表 3-3　T617 型卧式镗床的主要技术参数

产品型号 主要技术参数	T617
镗轴直径/mm	75
最大加工孔直径/mm	150，240
主轴至工作台距离/mm	710
主轴轴线至工作台最大移动距离/mm	900
平旋盘最大加工外圆直径/mm	350
主轴转速范围/r·min⁻¹	13～1160
主电机功率/kW	5.5

(2) 坐标镗床。该类机床上具有测量坐标位置的精密测量装置，加工孔时，按直角坐标来精密定位，所以称为坐标镗床。这种机床的主要零部件的制造和装配精度都很高，并有良好的刚性和抗振性，是一种高精度机床。所以它主要用于镗削高精度的孔，特别适用于相互位置精度很高的孔系，如钻模、镗模等的孔系。坐标镗床还可以进行钻、扩、铰孔及精铣加工。此外，还可以作精密刻线、样板划线、孔距及直线尺寸的精密测量等工作。坐标镗床分为立式单柱、立式双柱和卧式三种类型。图 3.36 所示为立式双柱坐标镗床。

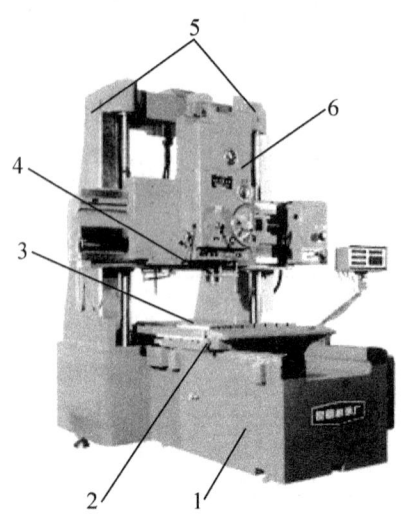

图 3.36　立式双柱坐标镗床

1-床身；2-滑座；3-工作台；4-主轴；5-左、右立柱；6-主轴箱

(3) 落地镗床。落地镗床的外形如图 3.37 所示，用于加工大而重的工件，没有移动的工作台，工件直接装在落地平台上，加工过程中的工作运动和调整运动全由刀具来完成。

图 3.37 落地镗床及其工作图

(4) 金刚镗床。金刚镗床是一种高速精密镗床，因以前采用金刚石镗刀而得名。现已大量采用硬质合金刀具。这种机床的特点是切削速度很高(加工钢件 v_c=1.7～3.3m/s，加工有色合金件 v_c=5～25m/s)，而背吃刀量和进给量极小(背吃刀量一般不超过 0.1mm，进给量一般为 0.01～0.14mm/r)，因此可以获得很高的加工精度(孔径精度一般为 IT6～IT7 级，圆度误差不大于 3～5μm)和表面质量(表面粗糙度一般为 0.08μm≤Ra≤1.25μm)，用于中、小零件的精密孔加工。金刚镗床分为卧式和立式两种。如图 3.38 所示为卧式金刚镗床外形图。

图 3.38 卧式金刚镗床外形图

2) 镗刀

(1) 镗刀类型。镗刀是具有一个或两个切削部分、专门用于对已有的孔进行粗加工、半精加工或精加工的刀具。镗刀可在镗床、车床或铣床上使用。因装夹方式的不同，镗刀柄部有方柄、莫氏锥柄和 7∶24 锥柄等多种形式。

镗刀有多种类型，按其切削刃数量可分为单刃镗刀、双刃镗刀和多刃镗刀；按其加工表面可分为内孔镗刀和端面镗刀，内孔镗刀又分为通孔镗刀、阶梯孔镗刀、盲孔镗刀；按其结构可分为整体式、装配式和可调式。图 3.39 所示为单刃镗刀和双刃镗刀的结构。

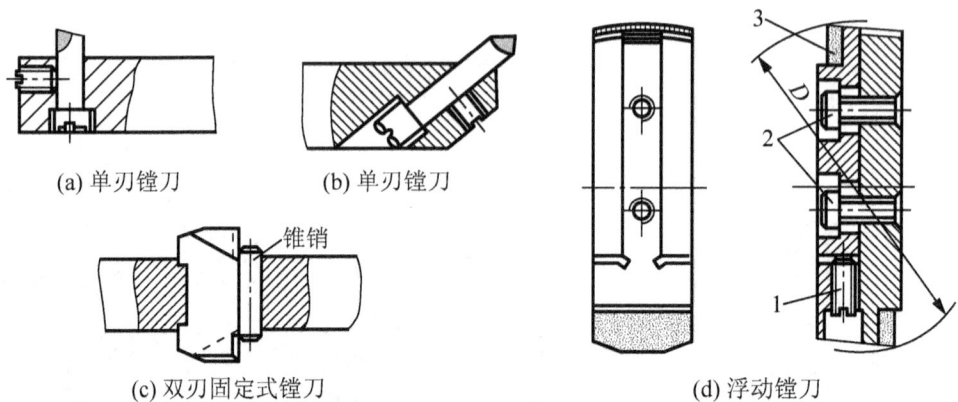

(a) 单刃镗刀　　　　　(b) 单刃镗刀

(c) 双刃固定式镗刀　　　　　(d) 浮动镗刀

图 3.39　单刃镗刀和双刃镗刀的结构

1-调节螺钉；2-紧固螺钉；3-镗刀块

(2) 镗刀的选用。

① 单刃镗刀。单刃镗刀刀头结构与车刀类似，刀头装在刀杆中，根据被加工孔孔径大小，通过手工操纵，用螺钉固定刀头的位置。刀头与镗杆轴线垂直[见图 3.39(a)]可镗通孔，倾斜安装[见图 3.39(b)]可镗盲孔。

单刃镗刀结构简单，可以校正原有孔轴线偏斜和小的位置偏差，适应性较广，可用来进行粗加工、半精加工或精加工。但是，所镗孔径尺寸的大小要靠人工调整刀头的悬伸长度来保证，较为麻烦，加之仅有一个主切削刃参加工作，故生产效率较低，多用于单件小批量生产。

② 双刃镗刀。双刃镗刀有两个对称的切削刃，切削时径向力可以相互抵消，工件孔径尺寸和精度由镗刀径向尺寸保证。常用的双刃镗刀有固定式镗刀和浮动镗刀两种。

a. 固定式镗刀。图 3.39(c)及图 3.40 所示为固定式双刃镗刀。工作时，镗刀块可通过斜楔、锥销或螺钉装夹在镗杆上，镗刀块相对于轴线的位置偏差会造成孔径误差。固定式双刃镗刀是定尺寸刀具，适用于粗镗或半精镗直径较大(>ϕ40mm)的孔。如图 3.40 所示，镗刀由高速钢制成整体式，也可由硬质合金制成焊接式或可转位式。

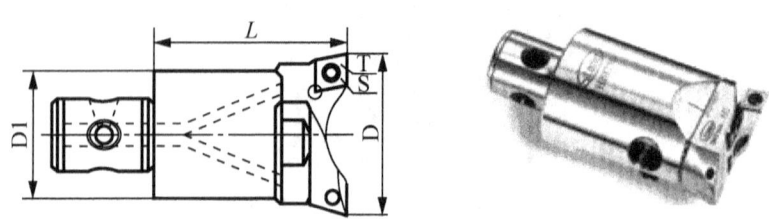

图 3.40　固定式镗刀

b. 浮动镗刀。它是一种尺寸可调，并可自动定心的双刃镗刀。图 3.39(d)为可调节浮动镗刀块，调节时，先松开紧固螺钉 2，转动调节螺钉 1，改变刀片的径向位置至两切削刃之间尺寸等于所要加工孔径尺寸，最后拧紧紧固螺钉 2。工作时，镗刀块在镗杆的径向槽中不紧固，能在径向自由滑动，镗刀块在切削力的作用下保持平衡对中，可以减少镗刀块安装误差及镗杆径向跳动所引起的加工误差，而获得较高的加工精度，浮动镗孔如图 3.41 所示。但它不能校正原有孔轴线偏斜或位置误差，其使用应在单刃镗之后进行。浮动镗削适于精加工批量较大、孔径较大的孔。

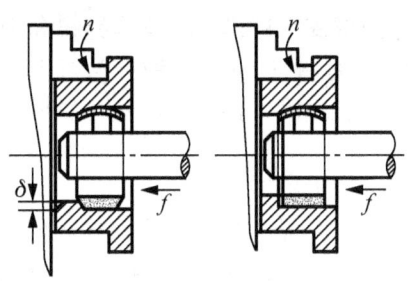

图 3.41　浮动镗孔

③ 多刃镗刀。多刃镗刀的加工效率比单刃镗刀高。在多刃镗刀中应用较多的是多刃复合镗刀，即在一个刀体或刀杆上设置两个或两个以上的刀头，每个刀头都可以单独调整。图 3.42 所示为用于粗、精镗孔的多刃复合镗刀。

图 3.42　多刃复合镗刀

④ 微调镗刀。为了提高镗刀的调整精度，在数控机床、加工中心和精密镗床上常使用如图 3.43 所示的微调镗刀。这种镗刀的径向尺寸可以在一定范围内调整，其读数值可达 0.01mm。调整尺寸时，先松开紧固螺钉 4，然后转动带刻度盘的精调螺母 5，待刀头调至所需尺寸，再拧紧紧固螺钉 4。此种镗刀的结构比较简单，精度较高，通用性强，刚性好。

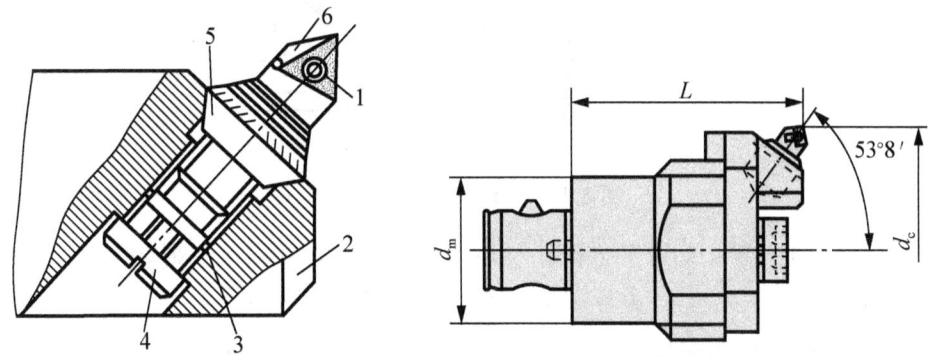

图 3.43　微调镗刀

1—刀片；2—镗刀杆；3—导向键；4—紧固螺钉；5—精调螺母；6—镗刀头

3) 镗床夹具的典型结构形式

镗床夹具又称镗模，主要用于加工箱体或支座类零件上的精密孔和孔系。通过布置镗套，可加工出较高精度要求的孔或孔系。与钻模相比，它有相同之处，但箱体孔系的加工精度一般要求较高，其本身精度比钻模高。

镗模主要由镗模底座、支架、镗套、镗杆及必要的定位和夹紧装置组成。镗床夹具的

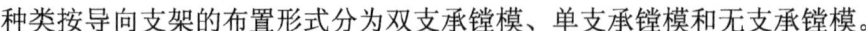

种类按导向支架的布置形式分为双支承镗模、单支承镗模和无支承镗模。

(1) 双支承镗模上有两个引导镗杆的支承，镗杆与机床主轴采用浮动连接，镗孔的位置精度取决于镗模两导向孔的位置精度，消除了机床主轴回转误差对镗孔精度的影响而与机床主轴精度无关。

根据支承相对于刀具的位置分为以下两种。

① 前后双支承镗模。图 3.44 所示为镗削车床尾座孔镗模，镗模的两个支承分别设置在刀具的前方和后方，镗杆 9 和主轴之间通过浮动接头 10 连接。工件以底面、槽及侧面在定位板 3、4 及可调支承钉 7 上定位，限制工件的六个自由度。采用联动夹紧机构，拧紧夹紧螺钉 6，压板 5、8 同时将工件夹紧。镗模支架 1 上装有滚动回转镗套 2，用以支承和引导镗杆。镗模以底面 A 作为安装基面安装在机床工作台上，其侧面设置找正基面 B，因此可不设定位键。

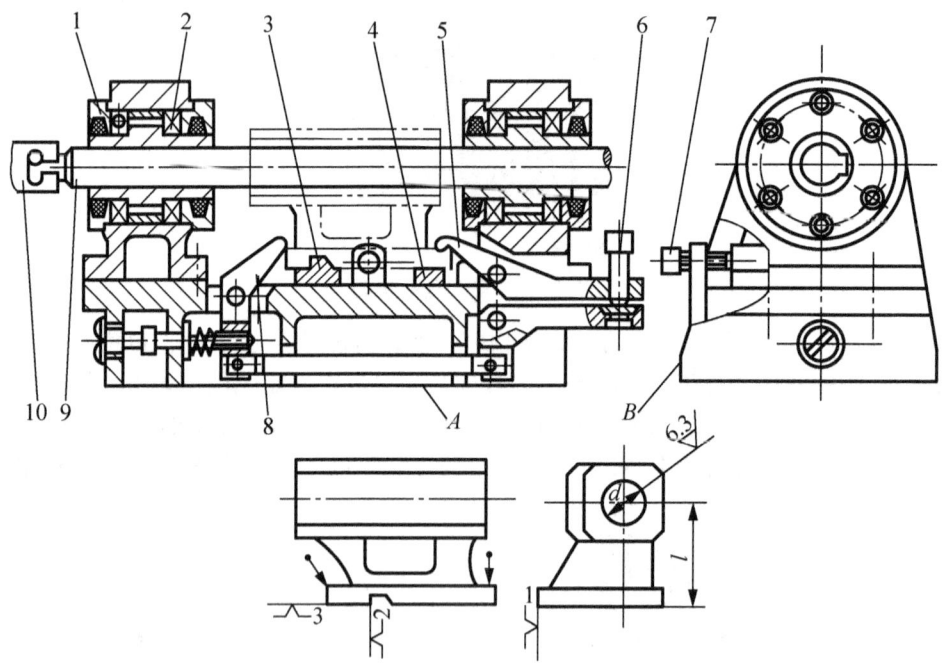

图 3.44　镗削车床尾座孔镗模

1-镗模支架；2-回转镗套；3、4-定位板；5、8-压板；6-夹紧螺钉；

7-可调支承钉；9-镗杆；10-浮动接头

前后双支承镗模应用得最普通，一般用于镗削孔径较大，孔的长径比 $L/D > 1.5$ 的通孔或孔系，其加工精度较高，但更换刀具不方便。

当工件在同一轴线上孔数较多，且两支承间距离 $L > 10d$ 时，在镗模上应增加中间支承，以提高镗杆的刚度(d 为镗杆直径)。

② 后双支承镗模。图 3.45 为后双支承导向镗孔示意图，两支承设置在刀具后方，镗杆与主轴浮动连接。为保证镗杆刚性，镗杆悬伸量 $L_1 < 5d$；为保证镗孔精度，两支承导向长度 $L > (1.25 \sim 1.5)L_1$。后双支承导向镗模可在箱体一个壁上镗孔，便于装卸工件和刀具，也便于观察和测量。

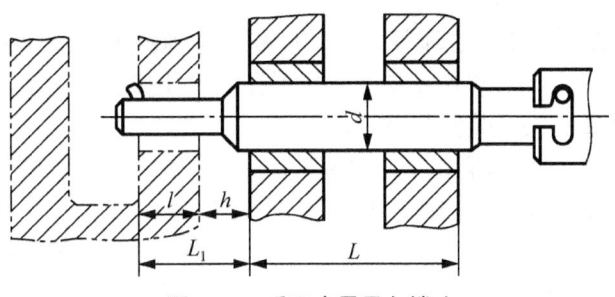

图 3.45　后双支承导向镗孔

(2) 单支承镗模。这类镗模只有一个导向支承，镗杆与主轴采用固定连接。根据支承相对于刀具的位置分为以下两种。

① 前单支承镗模。图 3.46 所示为前单支承导向镗孔，镗模支承设置在刀具的前方，主要用于加工孔径 $D>60$mm、加工长度 $L<D$ 的通孔。一般情况下镗杆的导向部分直径 $d<D$，$h=(0.5\sim1)D$ 且 h 不小于 20mm，$H=(1.5\sim3)d$。因导向部分直径不受加工孔径大小的影响，故在多工步加工时，可不更换镗套。这种布置便于在加工中观察和测量，但在立镗时，切屑会落入镗套，应设置防护罩。

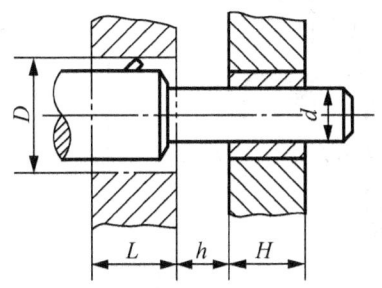

图 3.46　前单支承导向镗孔

② 后单支承镗模。图 3.47 所示为后单支承导向镗孔，镗套设置在刀具的后方。用于立镗时，切屑不会影响镗套。当镗削 $D<60$mm、$L<D$ 的通孔或盲孔时，如图 3.47(a) 所示，可使镗杆导向部分的尺寸 $d>D$，这种形式的镗杆刚度好，加工精度高，装卸工件和更换刀具方便，多工步加工时可不更换镗杆；当加工孔长度 $L=(1\sim1.25)D$ 时，如图 3.47(b) 所示，应使镗杆导向部分直径 $d<D$，以便镗杆导向部分可伸入加工孔，从而缩短镗套与工件之间的距离及镗杆的悬伸长度。

为便于刀具及工件的装卸和测量，单支承镗模的镗套与工件之间的距离一般在 20～80mm 之间，常取 $h=(0.5\sim1)D$。

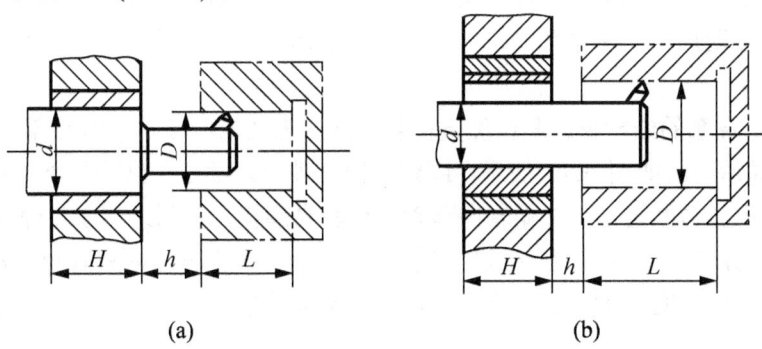

(a)　　　　　　　　　　　　　　(b)

图 3.47　后单支承导向镗孔

(3) 无支承镗床夹具。工件在刚性好、精度高的金刚镗床、坐标镗床或数控机床、加工中心上镗孔时，夹具上不设置镗模支承，加工孔的尺寸和位置精度均由镗床保证。这类夹具只需设计定位装置、夹紧装置和夹具体即可。

图 3.48 所示为镗削曲轴轴承孔的金刚镗床夹具。在卧式双头金刚镗床上，同时加工两个工件。工件以两主轴颈及其一端面在两个 V 形块 1、3 上定位。安装工件时，将前一个曲轴颈放在转动叉形块 7 上，在弹簧 4 的作用下，转动叉形块 7 使工件的定位端面紧靠在 V 形块 1 的侧面上。当液压缸活塞 5 向下运动时，带动活塞杆 6 和浮动压板 8、9 向下运动，使四个浮动压块 2 分别从主轴颈上方压紧工件。当活塞上升松开工件时，活塞杆 6 带动浮动压板 8、9 转动 90°，以便装卸工件。

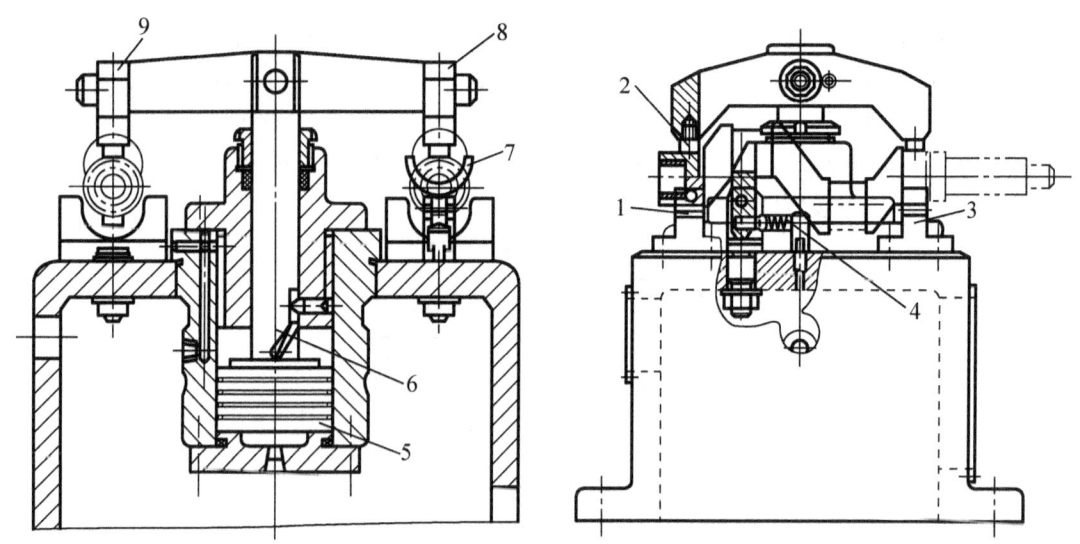

图 3.48　镗削曲轴轴承孔的金刚镗床夹具

1、3-V 形块；2-浮动压块；4-弹簧；5-活塞；6-活塞杆；7-转动叉形块；8、9-浮动压板

4) 镗床夹具的设计要点

设计镗模时，除了定位、夹紧装置外，主要考虑与镗刀密切相关的刀具导向装置的合理选用(镗套、镗杆)。

(1) 引导方式。镗杆的引导方式分为单、双支承引导。单支承时，镗杆与机床主轴采用刚性连接，主轴回转精度影响镗孔精度，故适于小孔和短孔的加工。双支承时，镗杆和机床主轴采用浮动连接，所镗孔的位置精度取决于镗模两导向孔的位置精度，而与机床主轴精度无关。

(2) 镗套。镗套的结构形式和精度直接影响被加工孔的精度。常用的镗套有：

① 固定式镗套。如图 3.49 所示，固定式镗套外形尺寸小，结构简单，导向精度高，但镗杆在镗套内一边回转，一边做轴向移动，镗套易磨损，故只适用于低速镗孔。

② 回转式镗套。图 3.50 所示为随镗杆一起转动，与镗杆之间只有相对移动而无相对转动的镗套。这种镗套大大减少了磨损，也不会因摩擦发热而"卡死"。因此，它适合于高速镗孔。

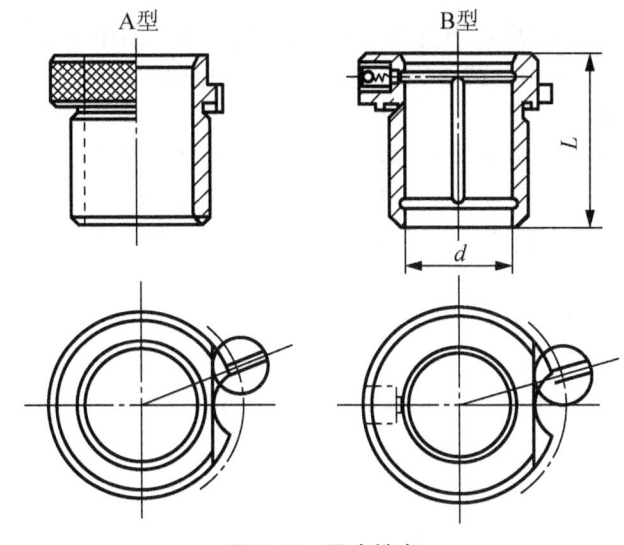

图 3.49　固定镗套

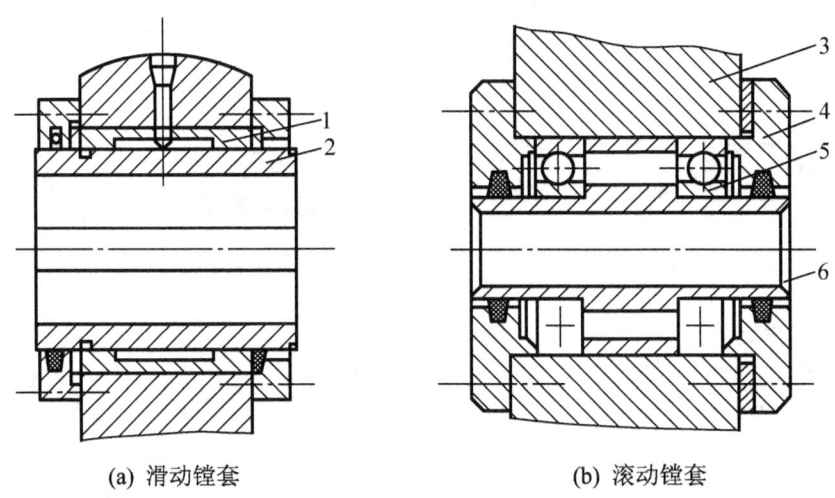

(a) 滑动镗套　　　　　　　　(b) 滚动镗套

图 3.50　回转式镗套

1-轴承套；2、6-镗套；3-支架；4-轴承端盖；5-滚动轴承

③ 镗套材料及技术要求。

a. 镗套的材料：常用 20 钢或 20Cr 钢渗碳，渗碳深度为 0.8～1.2mm，淬火硬度为 55～60HRC；也用青铜做固定式镗套，适用高速镗孔；大直径镗套可采用铸铁 HT200。

一般情况下，镗套的硬度应低于镗杆的硬度。

b. 镗套的主要技术要求，一般规定为：

镗套内径公差为 H6 或 H7；外径公差，粗加工采用 g6，精加工采用 g5。

镗套内孔与外圆的同轴度：当内径公差为 H7 时，为 $\phi 0.01$mm；当内径公差为 H6 时，为 $\phi 0.005$mm(外径≤85mm 时)或 $\phi 0.01$mm(外径≥85mm 时)。内孔的圆度、圆柱度允差一般为 0.01～0.002mm。

镗套内孔表面粗糙度 Ra 值为 0.8～0.4μm；外圆表面粗糙度 Ra 值为 0.8μm。

镗套用衬套的内径公差：粗加工采用 H7，精加工采用 H6。衬套的外径公差为 n6。

衬套内孔与外圆的同轴度：当内径公差为 H7 时，为 $\phi 0.01\text{mm}$。当内径公差为 H6 时，为 $\phi 0.005\text{mm}$(外径≤52mm 时)或 $\phi 0.01\text{mm}$(外径≥52mm 时)。

(3) 镗杆和浮动接头。

① 镗杆是镗模中一个重要部分。镗杆直径 d 及长度主要是根据所镗孔的直径 D 及刀具截面尺寸 $B \times B$ 来确定(参考表 3-4 之值选取)。镗杆直径 d 应尽可能大，其双引导部分的 $L/d \leq 10$ 为宜；而悬伸部分的 $L/d \leq 4 \sim 5$，以使其有足够的刚度来保证加工精度。

用于固定镗套的镗杆引进结构有整体式和镶条式两种。

当双支承镗模镗孔时，镗杆与机床主轴通过浮动接头而浮动连接。图 3.51 所示为用于固定式镗套的镗杆导引部分结构。图 3.51(a)所示是开有油槽的圆柱导引，这种结构最简单但与镗套接触面大，润滑不好，加工时又很难避免切屑进入导引部分，常常容易产生"咬死"现象。

图 3.51(b)和图 3.51(c)所示是开有直槽和螺旋槽的导引。它与镗套的接触面积小，沟槽又可以容屑，情况比图 3.51(a)所示要好。但一般切削速度仍不宜超过 20m/min。

当镗杆导向部分直径 $d < 50\text{mm}$ 时，常采用如图 3.51(d)所示的镶条式结构。镶条应采用摩擦系数小和耐磨的材料，如铜或钢。镶条磨损后，可在底部加垫片，重新修磨使用。这种结构的摩擦面积小，容屑量大，不易"卡死"。

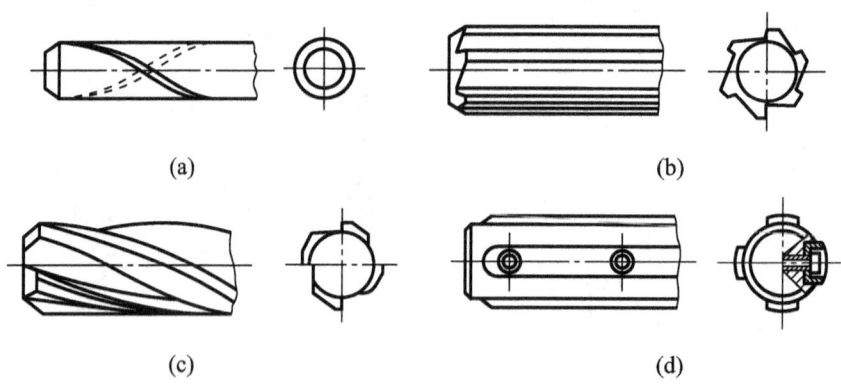

(a)   (b)

(c)   (d)

图 3.51　用于固定镗套的镗杆导引部分的结构

图 3.52 所示为用于回转镗套的镗杆引进结构。图 3.52(a)所示为在镗杆前端设置平键，键下装有压缩弹簧，键的前部有斜面，适用于开有键槽的镗套。无论镗杆以何位置进入镗套，平键均能自动进入键槽，带动镗套回转。图 3.52(b)所示的镗杆开有键槽，其头部做成小于 45°的螺旋引导结构，可与图 3.53 所示装有尖头键的镗套配合使用。

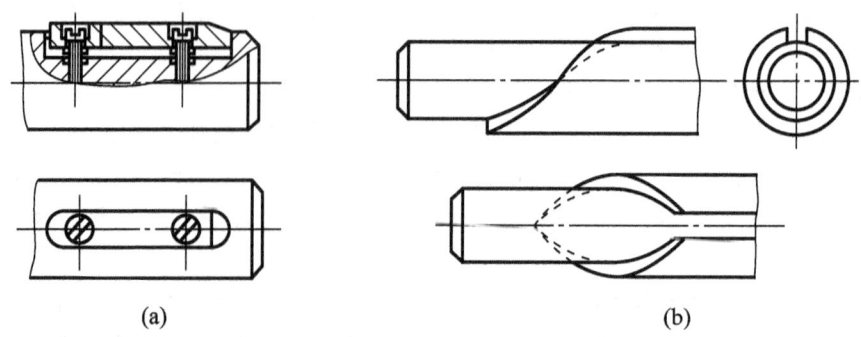

(a)   (b)

图 3.52　用于回转镗套的镗杆引进结构

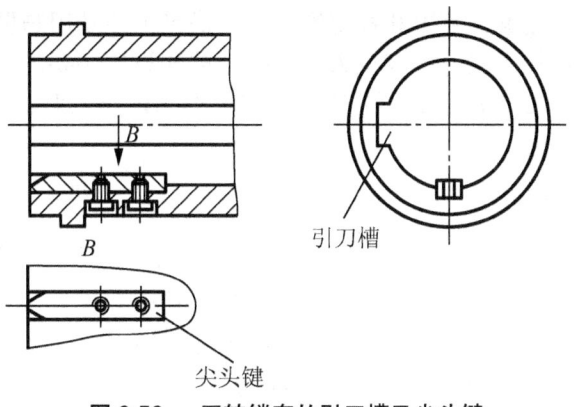

引刀槽

尖头键

图 3.53 回转镗套的引刀槽及尖头键

镗杆与加工孔之间应有足够的间隙，以容纳切屑。镗杆的直径一般按经验公式 $d=(0.7\sim 0.8)D$ 选取，也可查表 3-4。

表 3-4 镗孔直径 D、镗杆直径 d 与镗刀截面 B×B 的尺寸关系

D	30～40	40～50	50～70	70～90	90～100	
d	20～30	30～40	40～50	50～65	65～90	
B×B	8×8	10×10	12×12	16×16	16×16	20×20

镗杆的精度一般比加工孔的精度高两级。镗杆的直径公差，粗镗时选 g6，精镗时选 g5；表面粗糙度 Ra 取 0.4～0.2μm；圆柱度选直径公差的一半，直线度要求为 0.01mm:50mm。

镗杆的材料常选 45 钢或 40Cr 钢，淬火硬度为 40～45HRC；也可用 20 钢或 20Cr 钢渗碳淬火，渗碳层厚度为 0.8～1.2mm，淬火硬度为 61～63HRC。

② 浮动接头。双支承镗模的镗杆均采用浮动接头与机床主轴连接。如图 3.54 所示，镗杆 1 上拨动销 3 插入接头体 2 的槽中，镗杆与接头体之间留有浮动间隙，接头体的锥柄安装在主轴锥孔中。主轴的回转可通过接头体、拨动销传给镗杆。浮动接头能补偿镗杆轴线和机床主轴的同轴度误差。

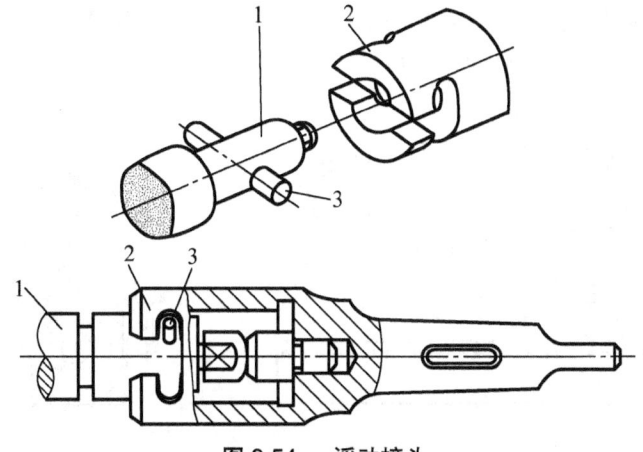

图 3.54 浮动接头
1-镗杆；2-接头体；3-拨动销

(4) 镗模支架和底座。

① 镗模支架。镗模支架是组成镗模的重要零件之一。它主要用来安装镗套和承受切削

力。因此，它必须具有足够的刚度和稳定性。为了满足上述功用与要求，防止镗模支架受力振动和变形，故在结构上应考虑有较大的安装基面和设置必要的加强筋。其典型结构和尺寸分别如图 3.55 和表 3-5 所示。而且镗模支架上不允许安装夹紧机构或承受夹紧反力，以免支架变形而破坏精度。

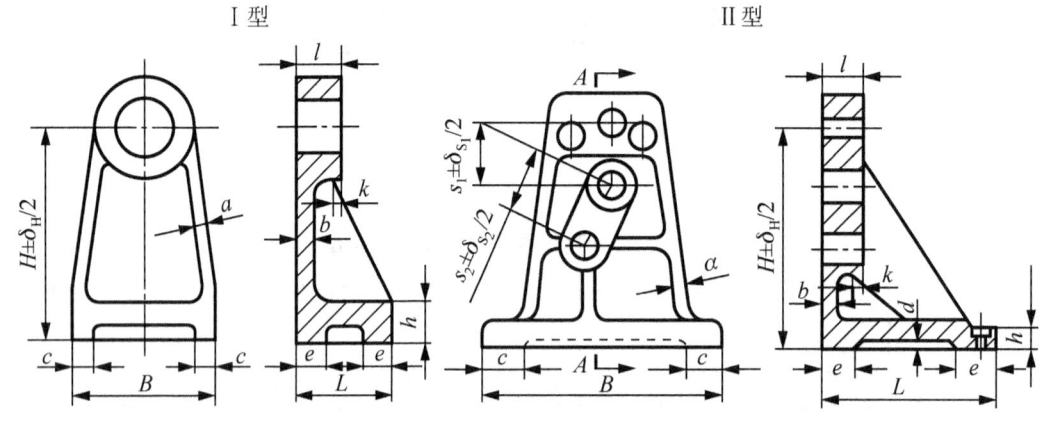

图 3.55　镗模支架典型结构

表 3-5　镗模支架典型结构和尺寸　　　　　　　　　　　　　(mm)

型式	B	L	H　S_1，S_2　l	a	b	c	d	E	h	k
I	$(\frac{1}{2} \sim \frac{3}{5})H$	$(\frac{1}{3} \sim \frac{1}{2})H$	按工件相应尺寸取	10～20	15～25	30～40	3～5	20～30	20～30	3～5
II	$(\frac{2}{3} \sim 1)H$	$(\frac{1}{3} \sim \frac{2}{3})H$								

注：本表材料为铸铁；对铸钢件，其厚度可减薄。

　　图 3.56 所示的镗模结构，就是遵守这一准则的例子。图 3.56(b)中为了不使镗模支架因受夹紧反力作用而发生变形，所以特别在支架上开孔使螺钉 1 穿过，夹紧反力由镗模底座承受。如果在支架上加工出螺孔，而使螺钉 1 直接拧在此螺孔中去顶紧工件，如图 3.56(a)所示，则这时支架必然受到螺钉所产生的夹紧反力的作用而引起支架变形，从而影响支架上镗套的位置精度，进而影响镗孔精度。

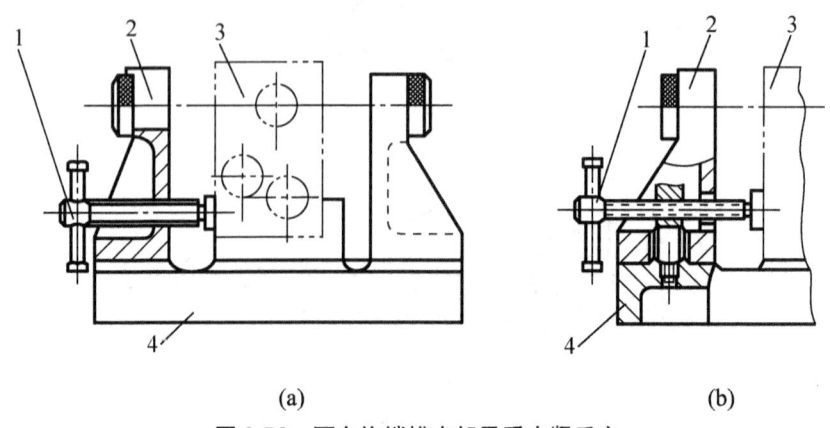

(a)　　　　　　　　　　　(b)

图 3.56　不允许镗模支架承受夹紧反力

1-夹紧螺钉；2-镗模支架；3-工件；4-镗模底座

② 镗模底座。镗模底座(见图 3.57)是镗模的主要支承元件之一，其上要安装各种装置和工件，并承受切削力和夹紧力，因此要有足够的强度和刚度，并有较好的精度稳定性。其典型结构和尺寸见表 3-6。

表 3-6 镗模底座典型结构和尺寸

L	B	H	A	a	b	c	h
按工件大小定	(1/6~1/8)L	(1~1.5)H	10~26	20~30	5~8	20~30

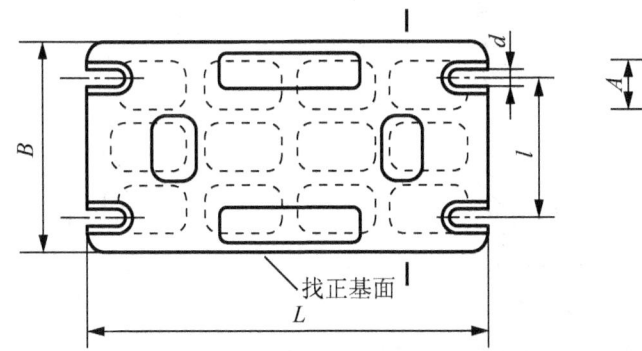 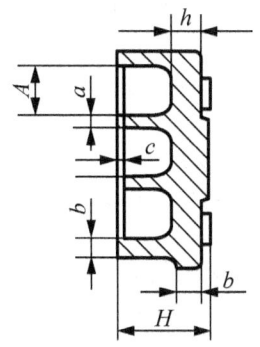

找正基面

图 3.57 镗模底座典型结构

镗模底座与其他夹具体相比要厚，且内腔应设置加强肋，常采用十字肋条。镗模底座上安放定位元件和镗模支架等的平面应铸出高度为 3~5mm 的凸台，凸台需要刮研，其对底面(安装基准面)有较高的垂直度或平行度。镗模底座上还应设置定位或找正基面，以保证镗模在机床上安装时的正确位置，用以将镗模紧固在机床上。大型镗模的底座上还应设置手柄或吊环，以便搬运。

镗模支架与镗模底座的连接，一般仍沿用销钉定位、螺钉紧固的形式。

镗模支架和底座的材料常用铸铁(一般为 HT200)，毛坯应进行时效处理。

6. 拉孔

在拉床上用拉刀加工工件的工艺过程，称为拉削加工。拉削工艺范围广，不但可以加工各种形状的通孔，还可以拉削平面及各种组合成形表面。图 3.58 所示为适用于拉削加工的典型工件截面形状。由于受拉刀制造工艺以及拉床动力的限制，过小或过大尺寸的孔均不适宜拉削加工(拉削孔径一般为 10~100mm，孔的深径比一般不超过 5)，盲孔、台阶孔和薄壁孔也不适宜拉削加工。

1) 拉床

如图 3.59 所示，拉床是用拉刀加工工件各种内外成形表面(主要是用来加工孔或键槽)的机床。拉削时，一般工件不动，机床只有拉刀的直线运动，它是加工过程的主运动，进给运动则靠拉刀本身的结构来实现。按工作性质的不同，拉床可分为内拉床和外拉床。拉床一般都是液压传动，它只有主运动，结构简单。液压拉床的优点是运动平稳，无冲击振动，拉削速度可无级调节，拉力可通过压力来控制。拉床的生产效率高，加工质量好，精度一般为 IT9~IT7，表面粗糙度 Ra 值为 1.6~0.8μm。但由于一把拉刀只能加工一种尺寸表面，且拉刀较昂贵，所以拉床主要用于大批量生产。

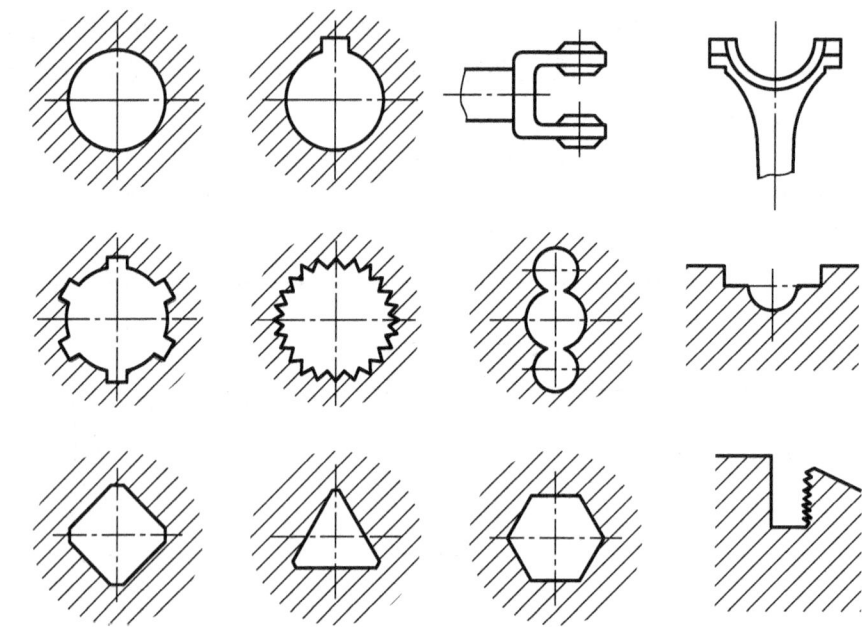

图 3.58　拉削加工的典型工件截面形状

(a) 拉床的外形图　　　　　　　(b) 拉削示意图

图 3.59　卧式内拉床的外形及工件安装

1-床身；2-支承座；3-滚柱；4-护送夹头；5-工件；6-拉刀

2）拉刀

拉刀是用于拉削的成形刀具。如图 3.60 所示，拉刀是多齿刀具，刀具表面上有多排刀齿，各排刀齿的尺寸和形状从切入端至切出端依次增加和变化。在拉削时由于切削刀齿的齿高逐渐增大，因此每个刀齿只切下一层较薄的切屑，最后由几个刀齿用来对孔进行校准。拉刀切削时不仅参加切削的刀刃长度长，而且同时参加切削的刀齿也多，因此，孔径能在一次拉削中完成。因此，它是一种高效率的加工方法。

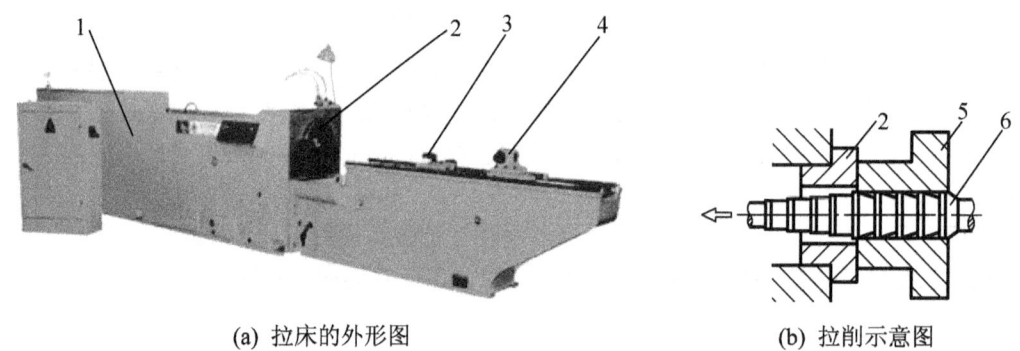

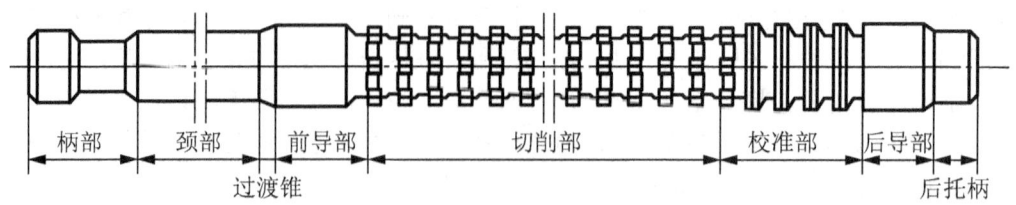

柄部　颈部　前导部　　切削部　　校准部　后导部

过渡锥　　　　　　　　　　　　　后托柄

图 3.60　圆孔拉刀

拉刀能拉削各种形状的孔，如圆孔、花键孔、键槽、多边孔和成形表面等。拉刀按加工表面部位的不同，分为内拉刀和外拉刀；按工作时受力方式的不同，分为拉刀和推刀。推刀常用于校准热处理后的型孔。

拉刀的种类虽多，但结构组成都类似。如普通圆孔拉刀的结构组成为，如图 3.60 所示。

(1) 柄部：用以拉床夹头夹持拉刀，带动拉刀进行拉削。

(2) 颈部：是前柄与过渡锥的连接部分，可在此处打标记。

(3) 过渡锥：起对准中心的作用，使拉刀顺利进入工件预制孔中。

(4) 前导部：起导向和定心作用，防止拉孔歪斜，并可检查拉削前的孔径尺寸是否过小，以免拉刀第一个切削齿载荷太重而损坏。

(5) 切削齿：承担全部余量的切除工作，由粗切齿、过渡齿和精切齿组成。

(6) 校准齿：用以校正孔径，修光孔壁，并作为精切齿的后备齿

(7) 后导部：用以保持拉刀最后正确位置，防止拉刀在即将离开工件时，工件下垂而损坏已加工表面或刀齿。

(8) 后托柄：用作直径大于 60mm 既长又重拉刀的后支承，防止拉刀下垂。直径较小的拉刀可不设后托柄。

拉刀常用高速钢整体制造，也可做成组合式。硬质合金拉刀一般为组合式，但硬质合金拉刀制造困难。

3) 拉削的工艺特点

(1) 拉削时拉刀多齿同时工作，在一次行程中完成粗、精加工，因此生产率高。

(2) 拉刀为定尺寸刀具，且有校准齿进行校准和修光；拉床采用液压系统，传动平稳，拉削速度很低(v_c=2～5m/min)，切削厚度薄，不易产生积屑瘤，因此拉削过程平稳，可获得较高的加工质量，一般能达到的尺寸公差等级为 IT8～IT7，表面粗糙度 Ra 值为 1.6～0.4μm。

(3) 拉刀制造复杂，成本昂贵，一把拉刀只适用于一种规格尺寸的孔或键槽，因此拉削主要用于大批大量生产或定型产品的成批生产。

(4) 拉削不能加工台阶孔和盲孔。由于拉床的工作特点，某些复杂工件的孔也不宜进行拉削，如箱体上的孔。

(5) 拉削过程只有主运动，没有进给运动，进给量是由拉刀的齿升量来实现的。

(6) 拉削过程和铰孔相似，都是以被加工孔本身作为定位基准，因此不能纠正孔的位置误差。

7. 磨孔

1) 磨孔

对于淬硬工件中的孔加工，磨孔是主要的加工方法。内孔为断续圆周表面(如有键槽或花键的孔)、阶梯孔及盲孔时，常采用磨孔作为精加工。磨孔时，砂轮的尺寸受被加工孔径尺寸的限制，一般砂轮直径为工件孔径的 50%～90%；磨头轴的直径和长度也取决于被加工孔的直径和深度。故磨削速度低，磨头的刚度差，磨削质量和生产率均受到影响。

内圆表面的磨削可以在内圆磨床上进行，也可以在万能外圆磨床上进行。内圆磨床的主要类型有普通内圆磨床、无心内圆磨床和行星内圆磨床。不同类型的内圆磨床其磨削方法是不相同的。

(1) 普通内圆磨床的磨削方法。普通内圆磨床是生产中应用最广的一种，图 3.61 所示为普通内圆磨床的磨削方法。磨削时，根据工件的形状和尺寸不同，可采用纵磨法[见图 3.61(a)]、横磨法[见图 3.61(b)]，有些普通内圆磨床上备有专门的端磨装置，可在一次装夹中磨削内孔和端面[见图 3.61(c)]，这样不仅容易保证内孔和端面的垂直度，而且生产效率较高。

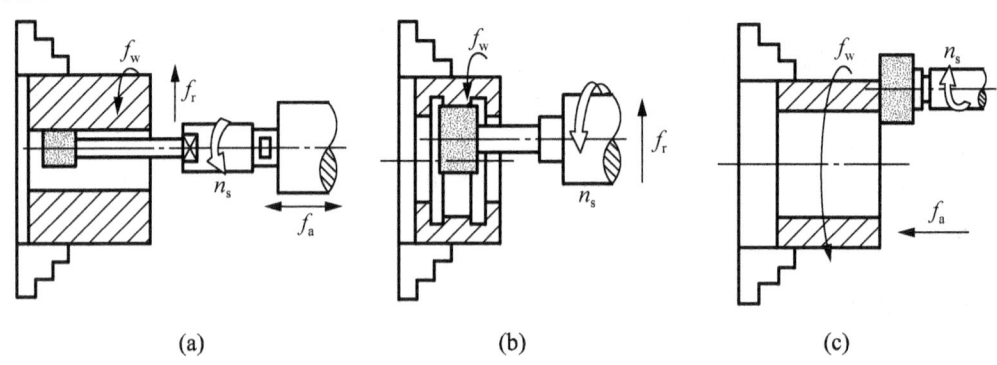

(a)   (b)   (c)

图 3.61　普通内圆磨床的磨削方法

如图 3.61(a)所示，纵磨法机床的运动有：砂轮的高速旋转运动做主运动 n_s；头架带动工件旋转作圆周进给运动 f_w，砂轮或工件沿其轴线往复作纵向进给运动 f_a，在每次(或几次)往复行程后，工件沿其径向作一次横向进给运动 f_r。这种磨削方法适用于形状规则、便于旋转的工件。

横磨法无须纵向进给运动 f_a，如图 3.61(b)所示，横磨法适用于磨削带有沟槽表面的孔。

(2) 无心内圆磨床磨削。图 3.62 所示为无心内圆磨床的磨削方法。磨削时，工件 4 支承在滚轮 1 和导轮 3 上，压紧轮 2 使工件紧靠在导轮 3 上，工件即由导轮 3 带动旋转，实现圆周进给运动 f_w。砂轮除了完成主运动 n_s 外，还作纵向进给运动 f_a 和周期性横向进给运动 f_r。加工结束时，压紧轮沿箭头 A 方向摆开，以便装卸工件。这种磨削方法适用于大批大量生产中，外圆表面已精加工的薄壁工件，如轴承套等。

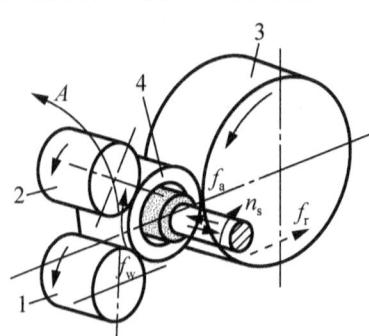

图 3.62　无心内圆磨床的磨削方法

1-滚轮；2-压紧轮；3-导轮；4-工件

2) 普通内圆磨床

(1) 内圆磨床组成。图 3.63 为普通内圆磨床外形图。它主要由床身 1、工作台 2、头架 3、砂轮架 4 和滑鞍 5 等组成。磨削时，砂轮轴的旋转为主运动，头架带动工件旋转运动为圆周进给运动，工作台带动头架完成纵向进给运动，横向进给运动由砂轮架沿滑鞍的横向移动来实现。磨锥孔时，需将头架转过相应角度。

普通内圆磨床的另一种形式为砂轮架安装在工作台上作纵向进给运动。

图 3.63　普通内圆磨床

1-床身；2-工作台；3-头架；4-砂轮架；5-滑鞍

(2) 内圆磨削的工艺特点及应用范围。内圆磨削与外圆磨削相比，有以下特点。

① 砂轮直径受到被加工孔径的限制，直径较小。砂轮很容易磨钝，需要经常修整和更换，增加了辅助时间，降低了生产率。

② 砂轮直径小，即使砂轮转速高达每分钟几万转，要达到砂轮圆周速度 25～30m/s 也是十分困难的，由于磨削速度低，因此内圆磨削比外圆磨削效率低。

③ 砂轮轴的直径尺寸较小，而且悬伸较长，刚性差，磨削时容易发生弯曲和振动，从而影响加工精度和表面粗糙度。内圆磨削精度可达 IT8～IT6，表面粗糙度 Ra 值可达 0.8～0.2μm。

④ 切削液不易进入磨削区，磨屑排除较外圆磨削困难。

虽然内圆磨削比外圆磨削加工条件差，但仍然是一种常用的精加工孔的方法。特别适用于淬硬的孔、断续表面的孔(带键槽或花键槽的孔)和长度较短的精密孔加工。磨孔不仅能保证孔本身的尺寸精度和表面质量，还能提高孔的位置精度和轴线的直线度；用同一砂轮，可以磨削不同直径的孔，灵活性大。内圆磨削可以磨削圆柱孔(通孔、盲孔、阶梯孔)、圆锥孔及孔端面等。

8. 孔加工的特点及加工方案

1) 孔加工的特点

由于孔加工是对工件内表面的加工，对加工过程的观察、控制困难，加工难度要比外圆表面等开放型表面的加工大得多。孔的加工过程主要有以下特点。

(1) 孔加工刀具多为定尺寸刀具，如钻头、铰刀等，在加工过程中，刀具磨损造成的形状和尺寸的变化会直接影响被加工孔的精度。

(2) 由于受被加工孔直径大小的限制，切削速度很难提高，影响加工效率和加工表面质量，尤其是在对较小的孔进行精密加工时，为达到所需的速度，必须使用专门的装置，对机床的性能也提出了更高的要求。

(3) 刀具的结构受孔的直径和长度的限制，刚性较差。在加工时，由于轴向力的影响，容易产生弯曲变形和振动，孔的长径比(孔深度与直径之比)越大，刀具刚性对加工精度的影响就越大。

(4) 孔加工时，刀具一般是在半封闭的空间工作，切屑排除困难；冷却液难以进入加工区域，散热条件不好。切削区热量集中，温度较高，影响刀具的耐用度和加工质量。

2) 内圆表面加工方案

常用的内圆表面加工方案见表 3-7。

表 3-7　孔加工方案汇总表

序号	加 工 方 案	经济精度级	表面粗糙度 $Ra/\mu m$	适 用 范 围
1	钻	IT12～11	12.5	加工未淬火钢及铸铁的实心毛坯，也可用于加工有色金属(但表面粗糙度稍粗糙，孔径小于 15～20mm)
2	钻→铰	IT9～8	3.2～1.6	
3	钻→铰→精铰	IT8～7	1.6～0.8	
4	钻→扩	IT11～10	12.5～6.3	同上，但孔径大于 15～20mm
5	钻→扩→铰	IT9～6	3.2～0.4	
6	钻→扩→粗铰→精铰	IT7	1.6～0.8	
7	钻→扩→机铰→手铰	IT5	0.4～0.1	
8	钻→扩→拉	IT9～7	1.6～0.1	大批大量生产(精度由拉刀的精度而定)
9	粗镗(或扩孔)	IT12～11	12.5～6.3	除淬火钢外各种材料，毛坯有铸出孔或锻出孔
10	粗镗(粗扩)→半精镗(精扩)	IT9～8	3.2～1.6	
11	粗镗(扩)→半精镗(精扩)→精镗(铰)	IT8～7	1.6～0.8	
12	粗镗(扩)→半精镗(精扩)→精镗→浮动镗刀精镗	IT7～6	0.8～0.4	
13	粗镗(扩)→半精镗→磨孔	IT8～7	0.8～0.2	主要用于淬火钢也可用于未淬火钢，但不宜用于有色金属
14	粗镗(扩)→半精镗→粗磨→精磨	IT7～6	0.2～0.1	
15	粗镗→半精镗→精镗→金刚镗	IT7～6	0.4～0.05	主要用于精度要求高的有色金属加工
16	钻→(扩)→粗铰→精铰→珩磨	IT7～5	0.2～0.0.25	精度要求很高的孔
17	钻→(扩)→拉→珩磨			
18	粗镗→半精镗→精镗→珩磨			
19	以研磨代替上述方案中的珩磨	IT6 级以上	<0.1	

3.1.3   任务实施

图 3.2 所示是一个较为典型的轴承套零件,材料为 ZQSn6-6-3,每批数量为 400 件。加工时,应根据工件的毛坯材料、结构形状、加工余量、尺寸精度、形状精度和生产纲领,正确选择定位基准、装夹方法和加工工艺过程,以保证达到图样要求。

1. 分析轴承套的结构和技术要求

1) 套简类零件的结构特点

由于套简类零件的功用不同,其结构和尺寸有着很大的差别,但从结构上看仍有共同点,即零件的主要表面为同轴度要求较高的内外圆表面;零件壁厚较薄且易变形;零件长度一般大于直径等。

2) 套简类零件的技术要求

套简类零件的外圆表面多以过盈或过渡配合与机架或箱体孔相配合,起支承作用。内孔主要起导向作用或支承作用,常与运动轴、主轴、活塞、滑阀相配合。有些套简的端面或凸缘端面有定位或承受载荷的作用。套简类零件虽然形状、结构不一,但仍有共同特点和技术要求,根据使用情况可对套简类零件的外圆与内孔提出如下要求。

(1) 内孔与外圆的精度要求:外圆直径精度通常为 IT7~IT5,表面粗糙度 Ra 为 3.2~0.63μm,要求较高的可达 0.04μm;内孔作为套类零件支承或导向的主要表面,要求内孔尺寸精度一般 IT7~IT6,为保证其耐磨性要求,对表面粗糙度要求较高(Ra 为 1.6~0.1μm,有的高达 0.025μm)。有的精密套简及阀套的内孔尺寸精度要求为 IT5~IT4,也有的套简(如液压缸、气缸缸筒)由于与其相配的活塞上有密封圈,故对尺寸精度要求较低,一般为 IT8~IT9,但对表面粗糙度要求较高,Ra 一般为 2.5~1.6μm。

(2) 几何形状精度要求:通常将外圆与内孔的几何形状精度控制在直径公差以内;对精密轴套有时控制在孔径公差的 1/2~1/3,甚至更严。对较长套简除圆度有要求以外,还应有孔的圆柱度要求。套简类零件外圆形状精度一般应在外径公差以内。

(3) 位置精度要求:主要应根据套简类零件在机器中的功用和要求而定。如果内孔的最终加工是在套简装配(如机座或箱体等)之后进行时,可降低对套简内、外圆表面的同轴度要求;如果内孔的最终加工是在装配之前进行时,则内、外圆表面的同轴度要求较高,通常同轴度为 0.01~0.06mm。套简端面(或凸缘端面)常用来定位或承受载荷,对端面与外圆和内孔轴线的垂直度要求较高,一般为 0.05~0.01mm。

3) 分析轴承套的结构和技术要求

该轴承套的长度与直径之比为 $L/D<5$,属短套简类。内孔 $\phi 22$ 是重要加工表面,外圆 $\phi 34$ 和左端面均与内孔 $\phi 22$ 有较高的位置精度要求;零件壁厚较薄,加工中易变形。

其技术要求如下。

(1) 内孔与外圆的精度要求:

① 外圆直径精度为 IT7,表面粗糙度 Ra 为 1.6μm。

② 内孔尺寸精度为 IT7,表面粗糙度 Ra 为 1.6μm。

(2) 几何形状精度要求:外圆与内孔的几何形状精度控制在直径公差以内即可。

(3) 位置精度要求:主要应根据套简类零件在机器中功用和要求而定。

① $\phi34js7$ 外圆对 $\phi22H7$ 孔轴线的径向圆跳动公差为 0.01mm。

② 左端面对 $\phi22H7$ 孔轴线的垂直度公差为 0.01mm。

2. 明确轴承套毛坯状况

套筒类零件的材料、毛坯及热处理：

（1）套筒类零件的材料。套筒类零件材料的选择主要取决于零件的功能要求、结构特点及使用时的工作条件。套筒类零件一般用钢、铸铁、青铜、黄铜或粉末冶金等材料制成。有些特殊要求的套类零件可采用双层金属结构或选用优质合金钢。双层金属结构是应用离心铸造法在钢或铸铁轴套的内壁上浇注一层巴氏合金等轴承合金材料，采用这种制造方法虽增加了一些工时，但能节省有色金属，而且又提高了轴套的使用寿命。

(2) 套筒类零件的毛坯。套类零件的毛坯制造方式的选择与毛坯结构尺寸、材料、和生产批量的大小等因素有关。孔径较大(一般直径大于20mm)时，常采用型材(如无缝钢管)、带孔的锻件或铸件；孔径较小(一般直径小于20mm)时，一般多选择热轧或冷拉棒料，也可采用实心铸件；大批大量生产时，可采用冷挤压、粉末冶金等先进工艺，不仅节约原材料，而且生产率及毛坯质量精度均可提高。

(3) 套筒类零件的热处理。套筒类零件的功能要求和结构特点决定了套筒类零件的热处理方法有渗碳淬火、表面淬火、调质、高温时效及渗氮。

该轴承套零件材料为(铸造)锡青铜 ZQSn6-6-3，毛坯选的是棒料。

3. 拟定轴承套的加工工艺路线

1) 确定加工方案

套筒类零件在进行加工时，会因切除大量金属后引起残余应力重新分布而变形。应将粗精加工分开，先粗加工，再进行半精加工和精加工，主要表面精加工放在最后进行。

内孔 $\phi22$ 是重要加工表面，精度为 IT7 级，需经粗加工、半精加工和精加工等三个加工阶段才能完成，采用铰孔可以满足要求。内孔的加工顺序为：钻孔→车孔→铰孔。

轴承套外圆为 IT7 级精度，采用精车可以满足要求。

由于外圆对内孔的径向圆跳动要求在 0.01mm 内，用软卡爪装夹无法保证。因此精车外圆时应以内孔为定位基准，使轴承套在小锥度心轴上定位，用两顶尖装夹，如图 3.64 所示。这样可使定位基准和设计基准一致，容易达到图样要求。

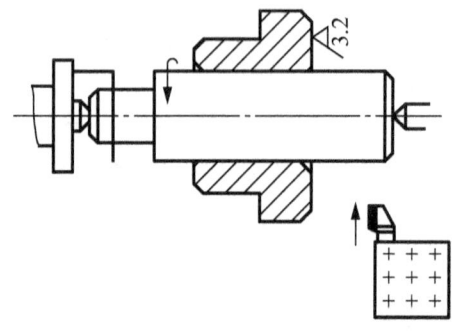

图 3.64　心轴装夹轴承套

车、铰内孔时，应与端面在一次装夹中加工出，以保证端面与内孔轴线的垂直度在 0.01mm 以内。

2) 划分加工阶段

该轴承套加工划分为三个加工阶段，即粗车(外圆)、钻孔；车孔、铰孔；精车(外圆)。

3) 选择定位基准

套筒类零件各表面的设计基准一般是孔的中心线，其加工的定位基准，最常用的是法兰凸台端面、内孔。采用法兰凸台端面、内孔作为基准可保证各外圆轴线的同轴度以及端面与轴线的垂直度要求，并符合基准重合和基准统一的原则。

对于短套筒零件，可直接夹紧外圆加工内孔，加工外圆时则可采用心轴或气压胀胎夹具。

4) 加工顺序安排

应遵循加工顺序安排的一般原则，如先粗后精、先主后次等。

外圆表面加工顺序应为：先粗车、半精车，再精车。

该轴承套的加工工艺路线为：毛坯→粗加工外圆、端面和孔→半精、精加工内孔和端面→精加工外圆→钻油孔。

4. 设计工序内容

1) 工序加工余量、工序尺寸及其公差的确定

粗车时，各端面、外圆、内孔各按图样加工尺寸分别留余量 0.5mm、1mm、2mm；车内孔后分别留 0.14、0.06 的粗、精铰余量；精加工：外圆车到图样规定尺寸。

2) 选择设备工装

外圆、内孔加工设备和工装：普通车床 CA6140、心轴、三爪卡盘等。

钻削加工设备、工装：立式钻床、固定式钻模(专用夹具)。

3) 确定切削用量及时间定额

(1) 钻孔时的切削用量和切削液：

① 背吃刀量 a_p：钻孔时的背吃刀量是钻头直径的一半，因此它是随钻头直径大小而改变的。

② 切削速度 v_c：钻孔时切削速度可按下式计算：

$$v_c = \pi D n / 1\,000 \tag{3-1}$$

式中：v_c——切削速度(m/min)；

　　　D——钻头直径(mm)；

　　　n——工件转速(r/min)。

用高速钢钻头钻钢料时，切削速度一般为 20～40m/min；钻铸铁时，应稍低些。

③ 进给量 f：可参考表 3-8 选取或查相关手册。

④ 高速钢钻头钻削不同材料的切削用量见表 3-8。

表 3-8　高速钢钻头钻削不同材料的切削用量

加工材料	硬度		切削速度 v/ m·min^{-1}	钻头直径 d/mm					钻头螺旋角 (°)	钻尖角 (°)
	布氏 HBW	洛氏 HRC HRB		<3	3～6	6～13	13～19	19～25		
				进给量 f/mm·r^{-1}						
铝及铝合金	45～105	～62HRB	105	0.08	0.15	0.25	0.40	0.48	32～42	90～118
铜及铜合金高加工性	～124	10～ 70HRB	60	0.08	0.15	0.25	0.40	0.48	15～40	118

加工材料	硬度		切削速度 v/ m·min⁻¹	钻头直径 d/mm					钻头螺旋角 (°)	钻尖角 (°)
	布氏 HBW	洛氏 HRC HRB		<3	3~6	6~13	13~19	19~25		
				进给量 f/mm·r⁻¹						
铜及铜合金低加工性	~124	10~70HRB	20	0.08	0.15	0.25	0.40	0.48	0~25	118
镁及镁合金	50~90	~52HRB	45~120	0.08	0.15	0.25	0.40	0.48	25~35	118
锌合金	80~100	41~62HRB	75	0.08	0.13	0.25	0.40	0.48	32~42	118
碳钢 w_c~0.25%	125~175	71~88HRB	24	0.08	0.13	0.20	0.26	0.32	25~35	118
碳钢 w_c~0.50%	175~225	88~98HRB	20	0.08	0.13	0.20	0.26	0.32	25~35	118
碳钢 w_c~0.90%	175~225	88~98HRB	17	0.08	0.13	0.20	0.26	0.32	25~35	118
合金钢 w_c 0.12%~0.25%	175~225	88~98HRB	21	0.08	0.15	0.20	0.40	0.48	25~35	118
合金钢 w_c 0.30%~0.65%	175~225	88~98HRB	15~18	0.05	0.09	0.15	0.21	0.26	25~35	118
工具钢	196	94HRB	18	0.08	0.13	0.20	0.26	0.32	25~35	118
工具钢	241	24HRC	15	0.08	0.13	0.20	0.26	0.32	25~35	118
灰铸铁软	120~150	~80HRB	43~46	0.08	0.15	0.20	0.40	0.48	20~30	90~118
灰铸铁中硬	160~220	80~97HRB	24~34	0.08	0.13	0.20	0.26	0.32	14~25	90~118
可锻铸铁	112~126	~71HRB	27~37	0.08	0.13	0.20	0.26	0.32	20~30	90~118
球墨铸铁	190~225	~98HRB	18	0.08	0.13	0.20	0.26	0.32	14~25	90~118
塑料	—	—	30	0.08	0.13	0.20	0.26	0.32	15~25	118
硬橡胶	—	—	30~90	0.05	0.09	0.15	0.21	0.26	10~20	90~118

在刀具的产品资料中,提供切削刀具的相关数据。这些数据也有助于决定哪种刀具是适宜加工工件材料的刀具。

⑤ 切削液。钻孔时孔里积累的热量会导致钻尖卷曲,使它的切削刃变钝,甚至崩刃或造成钻头在孔中折断。使用适宜的切削液能保持钻头刃部处于相对较低的工作温度,还能保持工件润滑。润滑有助于钻尖保持其锋利的切削刃,并延长其寿命。

切削液的选择可参考表 3-9。

表 3-9　切削液的选择

工件材料	钢料	铝	铸铁、黄(青)铜	镁合金
冷却或润滑方式	加注充分的切削液,可查相关手册	煤油	一般不用切削液。如果需要,也可用乳化液	切忌用切削液,只能用压缩空气来排屑和降温

(2) 铰孔时的切削用量和切削液。

① 铰孔时的切削用量。铰孔的余量视孔径和工件材料及精度要求等而异。对孔径为

5～80mm、精度为 IT7～IT10 的孔，一般分粗铰和精铰。余量太小时，往往不能全部切去上道工序的加工痕迹，同时由于刀齿不能连续切削而以很大的压力沿孔壁打滑，使孔壁的质量下降。余量太大时，则会因切削力大，发热多引起铰刀直径增大及颤动，致使孔径扩大。铰孔加工余量可参见表 3-10。

表 3-10　铰孔前孔的直径及铰孔加工余量　　　　　　　　　　　　　　　　(mm)

加工余量	孔 径				
	$\phi6\sim\phi12$	$>\phi12\sim\phi18$	$>\phi18\sim\phi30$	$>\phi30\sim\phi50$	$>\phi50\sim\phi75$
粗 铰	0.08	0.10	0.14	0.18	0.20
精 铰	0.04	0.05	0.06	0.07	0.10
总余量	0.12	0.15	0.20	0.25	0.30

铰孔的进给量也应适中。进给量太小，使切屑过薄，致使刀刃不易切入金属层而打滑，甚至产生啃刮现象，破坏了表面质量，还会引起铰刀振动，使孔径扩大；进给量太大，则背向力也大，孔径可能扩大。一般铰削钢件时 f=0.3～2mm/r，铰削铸铁件时 f=0.5～3mm/r。机铰的进给量可比钻孔时高 3～4 倍，一般可取 0.5～1.5mm/r。

合理选用切削速度可以减少积屑瘤的产生，防止表面质量下降。铰铸铁件时选 8～10m/min；铰削钢件时的切削速度要比铸铁件时低，粗铰为 4～10m/min，精铰为 1.5～5m/min。

② 铰削时的切削液。铰孔时正确选用切削液，对降低摩擦系数，改善散热条件以及冲走细屑均有很大作用，因而选用合适的切削液除了能提高铰孔质量和铰刀耐用度外，还能消除积屑瘤，减少振动，降低孔径扩张量。浓度较高的乳化油对降低粗糙度的效果较好，硫化油对提高加工精度效果较明显。铰削一般钢件时，通常选用乳化油和硫化油。铰削铸铁件时，一般不加切削液，如要进一步提高表面质量，也可选用润湿性较好、黏性较小的煤油做切削液。

5.　轴承套加工工艺过程

该轴承套属于短套，其直径尺寸和轴向尺寸均不大，粗加工可以单件加工，也可以多件加工。由于单件加工时，每件都要留出工件装夹的长度，因此原材料浪费较多，所以这里采用同时加工 5 件的方法来提高生产率。

其机械加工工艺过程见表 3-11。

表 3-11　轴承套机械加工工艺过程

工序号	工序名称	工序内容		定位与夹紧
1	下料	棒料，按 5 件合一下料		
2	钻中心孔	车端面，钻中心孔		三爪卡盘夹外圆
		调头，车另一端面，钻中心孔		
3	粗车	车外圆 $\phi42$，长度≥45	5 件同加工，尺寸均相同	中心孔
		取总长为 40.5，车外圆 $\phi34$js7 至 $\phi35$，保证 $\phi42$ 长 6.5		
		车退刀槽 2×0.5		
		车分割槽 $\phi20$×3，总长 40.5		
		两端倒角 $C1.5$		

工序号	工序名称	工序内容	定位与夹紧
4	钻	钻 ϕ22H7 孔至 ϕ20 成单件	软爪夹 ϕ42 外圆
5	车、铰	车端面，总长 40 至尺寸	软爪夹 ϕ42 外圆
		车内孔 ϕ22H7，留 0.2 铰削余量	
		车内槽 ϕ24×16 至尺寸	
		粗、精铰孔 ϕ22H7 至尺寸；孔两端倒角	
6	精车	精车 ϕ34js7 至尺寸	ϕ22H7 小锥度心轴
7	钻	钻径向 ϕ4 油孔	ϕ34js7 外圆及端面
8	检验	检验入库	

任务 3.2　编制液压缸机械加工工艺规程

3.2.1　任务引入

编制图 3.65 所示液压缸的加工工艺。零件材料为无缝钢管，生产类型为成批生产。

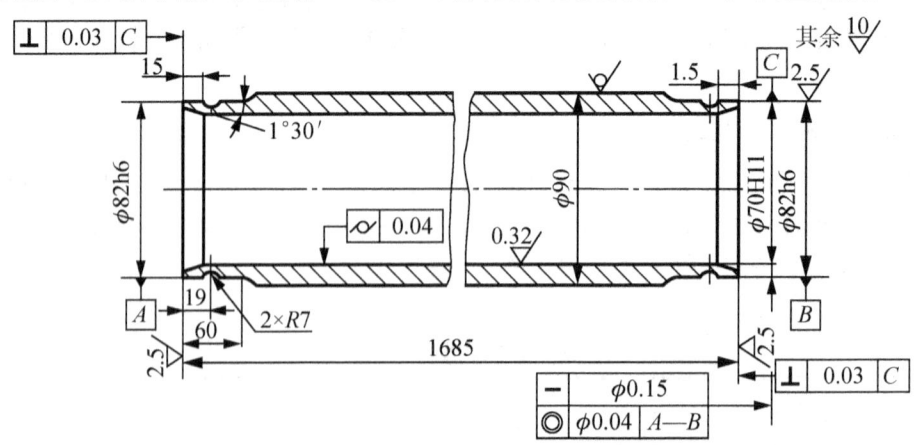

图 3.65　液压缸简图

3.2.2　相关知识

机械加工中，有很多孔的精密加工方法，目前应用较为广泛的有金刚镗、珩磨、研磨、滚压等。

1. 高速精细镗

高速精细镗又称金刚镗，广泛应用于不适宜采用内圆磨削加工的各种结构零件的精密孔，例如发动机的气缸孔、连杆孔，活塞销孔以及变速箱的主轴孔等。由于高速精细镗切削速度高和切屑截面很小，因而切削力非常小，这就保证了加工过程中工艺系统弹性变形小，故可获得较高的加工精度和表面质量，孔径精度可达 IT6～IT7 级，表面粗糙度 Ra 可达 0.8～0.1μm。孔径在 15～100mm 范围内，尺寸误差可保持在 5～8μm 以内，还能获得较高的孔轴心线的位置精度。为保证加工质量，高速精细镗常分预、终两次进给。

高速精细镗要求机床精度高、刚性好、传动平稳、能实现微量进给。一般采用硬质合金刀具，其主要特点是主偏角较大(45°～90°)，刀尖圆弧半径较小，故径向切削力小，有利于减小变形和振动。当要求表面粗糙度 Ra 小于 0.08μm 时，须使用金刚石刀具。金刚石刀具主要适用于铜、铝等有色金属及其合金的精密加工。

2. 珩磨

珩磨是磨削加工的一种特殊形式，属于光整加工。需要在磨削或精镗的基础上进行。珩磨加工范围比较广，特别是大批大量生产中采用专用珩磨机珩磨更为经济合理，对于某些零件，珩磨已成为典型的光整加工方法，如发动机的气缸套、连杆孔和液压缸筒等。

1) 珩磨原理

在一定压力下，珩磨头上的砂条(油石)与工件加工表面之间产生复杂的相对运动，珩磨头上的磨粒起切削、刮擦和挤压作用，从加工表面上切下极薄的金属层。

2) 珩磨方法

珩磨所用的工具是由若干砂条(油石)组成的珩磨头，四周砂条能作径向张缩，并以一定的压力与孔表面接触，珩磨头上的砂条有三种运动，如图 3.66(a)所示，即旋转运动、往复运动和加压力的径向运动。珩磨头与工件之间的旋转和往复运动，使砂条的磨粒在孔表面上的切削轨迹形成交叉而又不相重复的网纹。珩磨时砂条便从工件上切去极薄的一层材料，并在孔表面形成交叉而不重复的网纹切痕，如图 3.66(b)所示，这种交叉而不重复的网纹切痕有利于储存润滑油，使工件表面之间易形成一层油膜，从而减少工件间的表面磨损。

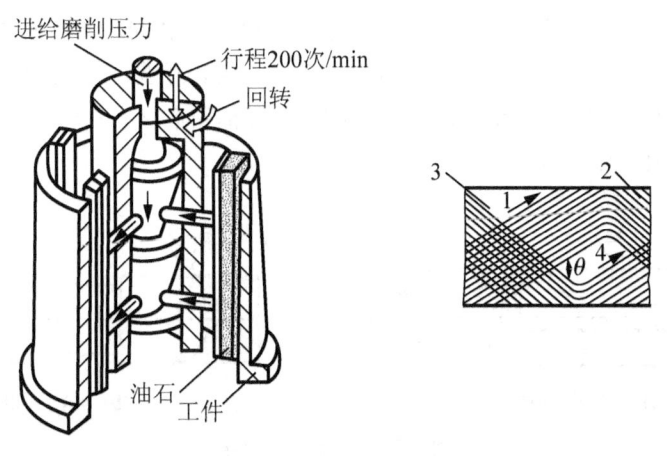

　　(a) 成形运动　　　　　(b) 一根砂条在双行程时的切削轨迹展开

图 3.66　珩磨的成形运动及其切削轨迹

1、2、3、4-纹痕形成的顺序；θ-网纹交角

3) 珩磨的特点

(1) 珩磨时砂条与工件孔壁的接触面积很大，磨粒的垂直负荷仅为磨削的 1/50～1/100。此外，珩磨的切削速度较低，一般在 100m/min 以下，仅为普通磨削的 1/30～1/100。在珩磨时，注入的大量切削液，可使脱落的磨粒及时冲走，还可使加工表面得到充分冷却，所以工件发热少，不易烧伤，而且变形层很薄，从而可获得较高的表面质量。

(2) 珩磨可达较高的尺寸精度、形状精度和较小值的表面粗糙度。珩磨能获得的孔的精度为 IT6～IT7 级，表面粗糙度 Ra 为 0.2～0.025μm。由于在珩磨时，表面的突出部分总是先与砂条接触而先被磨去，直至砂条与工件表面完全接触，因而珩磨能对前道工序遗留的几何形状误差进行一定程度的修正，孔的形状误差一般小于 0.005mm。

(3) 珩磨头与机床主轴采用浮动连接，珩磨头工作时，由工件孔壁作导向，沿预加工孔的中心线作往复运动，故珩磨加工不能修正孔的相对位置误差，因此，珩磨前在孔精加工工序中必须安排预加工以保证其位置精度。一般镗孔后的珩磨余量为 0.05～0.08mm，铰孔后的珩磨余量为 0.02～0.04mm，磨孔后珩磨余量为 0.01～0.02mm。余量较大时可分粗、精两次珩磨。

(4) 珩磨孔的生产率高，机动时间短，珩磨一个孔仅需 2～3min，加工质量高，加工范围大，可加工铸铁件、淬火和不淬火的钢件以及青铜件等，但不宜加工韧性大的有色金属，加工的孔径为 $\phi 15～\phi 500mm$，孔的深径比可达 10 以上。

3. 研磨

研磨孔是一种常用的光整加工方法，需要在精镗、精铰或精磨之后进行。

在研具与工件加工表面之间加入研磨剂，在一定压力下两表面做复杂的相对运动，使磨粒在工件表面上滚动或滑动，起切削、刮擦和挤压作用，从加工表面上切下极薄的一层材料，得到极高的尺寸精度和表面粗糙度值极小的表面。按研磨方式可分为手工研磨和机械研磨两种。

研磨前，将套上工件的研磨棒安装在车床上，涂上研磨剂，调整研磨棒直径使其对工件有适当的压力，即可进行研磨。研磨时，研磨棒旋转，手握工件往复移动。固定式研磨棒多用于单件生产。带槽研磨棒[见图 3.67(a)]便于存储研磨剂，用于粗研；光滑研磨棒[见图 3.67(b)]，一般用于精研。

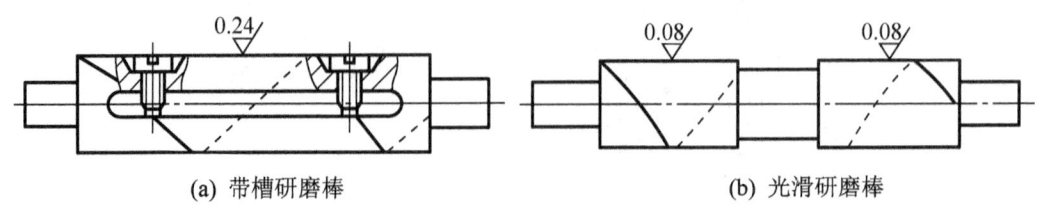

（a）带槽研磨棒　　　　　　　　　　（b）光滑研磨棒

图 3.67　固定式研磨棒

研磨具有如下特点：

(1) 所有研具采用比工件软的材料制成，这些材料为铸铁、铜、青铜、巴氏合金及硬木等。有时也可用钢做研具。研磨时，部分磨粒悬浮于工件与研具之间，部分磨粒则嵌入

研具的表面层，工件与研具作相对运动，磨料就在工件表面上切除很薄的一层金属 (主要是上工序在工件表面上留下的凸峰)。

(2) 研磨不仅是用磨粒加工金属的机械加工过程，同时还有化学作用。磨料混合液(或研磨膏)使工件表面形成氧化层，使之易于被磨料所切除，因而大大加速了研磨过程的进行。

(3) 研磨时研具和工件的相对运动是较复杂的，因此，每一磨粒不会在工件表面上重复自己的运动轨迹，这样就有可能均匀地切除工件表面的凸峰。

(4) 因为研磨是在低速、低压下进行的，所以工件表面的形状精度和尺寸精度高(IT6 级以上)，表面粗糙度 Ra 小于 0.16μm，且具有残余压应力及轻微的加工硬化，但不能提高工件表面间的位置精度。

(5) 手工研磨工作量大，生产率低；对机床设备的精度条件要求不高；金属材料和非金属材料都可加工，如钢、铸铁、铜、铝、硬质合金等金属材料以及半导体、陶瓷、光学玻璃等非金属材料。

(6) 壳体或缸筒类零件的大孔，需要研磨时可在钻床或改装的简易设备上进行，由研磨棒同时作旋转运动和轴向移动。但研磨棒与机床主轴需成浮动连接。否则，研磨棒轴线与孔轴线发生偏斜时，将造成孔的形状误差。

4. 滚压

利用经过淬硬和精细抛光过的、可自由旋转的滚柱或滚珠，对工件表面进行挤压，以提高加工表面质量的一种机械强化加工方法。滚压加工可减小表面粗糙度值 2～3 级，提高硬度 10%～40%，表面层耐疲劳强度一般提高 30%～50%。滚柱或滚珠材质通常用高速钢或硬质合金。

(1) 滚柱滚压：滚柱滚压是最简单最常用的冷压强化方法，如图 3.68(a)所示。单滚柱滚压压力大且不平衡，这就要求工艺系统有足够的刚度；多滚柱滚压可对称布置滚柱以滚压内孔或外圆，减小了工艺系统的变形。这种方法也可滚压成形表面或锥面。

(2) 滚珠滚压：如图 3.68(b)所示，这种方法接触面积小，压强大，滚压力均匀. 用于对刚度差的工件进行滚压，亦可做成多滚珠滚压。

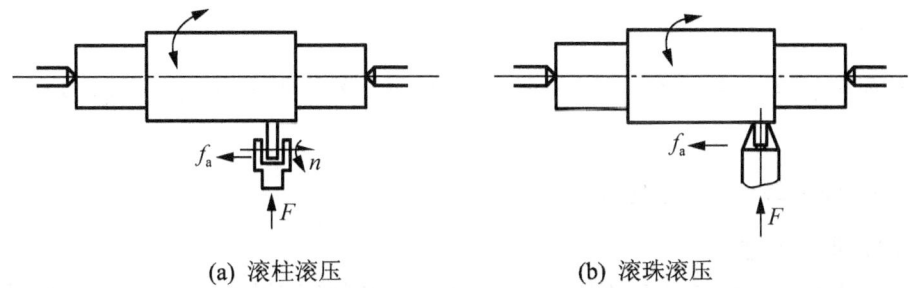

(a) 滚柱滚压   (b) 滚珠滚压

图 3.68   滚压加工示意图

(3) 离心转子滚压：离心转子滚压是利用离心力进行滚压的方法。滚珠和滚柱的重量、转子直径及转速决定了滚压力的大小，一般成正比关系。

图 3.65 所示为某液压缸，是比较典型的长套筒零件，结构简单，壁薄容易变形。

1．分析液压缸的结构和技术要求

液压缸的长度与直径之比为 $L/D>5$，属长套筒类，与前述短套类零件在加工方法及工件安装方式上都有较大差别。该液压缸内孔与活塞相配，因此表面粗糙度、形状精度及位置精度要求都较高。

为保证活塞在液压缸内移动顺利，对该液压缸内孔有圆柱度要求，对内孔轴线有直线度要求，内孔轴线与两端面间有垂直度要求，内孔轴线对两端支承外圆(ϕ82h6)的轴线有同轴度要求。除此之外还特别要求：内孔必须光洁，无纵向刻痕；若为铸铁材料时，则要求其组织致密，不得有砂眼、气孔及疏松，必要时要用泵验漏。

其技术要求如下。

1) 内孔与外圆的精度要求

(1) 外圆直径精度为 IT6，表面粗糙度 Ra 为 1.25μm。

(2) 孔作为套筒类零件支承或导向的主要表面，尺寸精度为 IT11，表面粗糙度 Ra 为 0.32μm。内孔必须光洁，无纵向刻痕。

(3) 左、右两端面表面粗糙度 Ra 为 2.5μm。

2) 形状精度要求

外圆与内孔的形状精度要求如下：

(1) 内孔的圆柱度公差为 0.04mm。

(2) 内孔轴线的直线度公差为 ϕ0.15mm。

3) 位置精度要求

位置精度主要应根据套筒类零件在机器中功用和要求而定。

(1) ϕ70H11 内孔轴线对两端支承外圆(ϕ82h6)的轴线的同轴度公差为 ϕ0.04mm。

(2) 左、右两端面对 ϕ70H11 内孔轴线的垂直度公差为 0.03mm。

2．明确液压缸毛坯状况

液压缸的材料一般有铸铁和无缝钢管两种。图 3.65 所示为选用无缝钢管材料的液压缸。

3．拟定液压缸加工工艺路线

1) 确定加工方案

该零件内孔的粗加工采用镗削，精加工多采用铰削(浮动铰孔)。该液压缸内孔的表面质量要求很高，内孔精加工后需滚压。也有不少套筒类零件以精细镗、珩磨、研磨等精密加工作为最终工序。内孔经滚压后，尺寸误差在 0.01mm 以内，表面粗糙度 Ra 为 0.16μm 或更小，且表面经硬化后更为耐磨。但是目前对铸造液压缸尚未采用滚压工艺，原因是铸件表面的缺陷(疏松、气孔、砂眼、硬度不均匀等)，哪怕是很微小，都对滚压有很大影响，

会导致滚压加工产生适得其反的效果。

2) 划分加工阶段

该液压缸加工划分为三个加工阶段,即粗车(外圆、端面);镗孔、滚压孔;精车(外圆、端面),镗内锥孔。

3) 选择定位基准

该零件长而壁薄,为保证内外圆的同轴度,加工外圆时参照空心主轴的装夹方法,即采用双顶尖顶孔口的锥面。加工内孔与一般深孔加工时的装夹方法相同,多采用夹一端,另一端用中心架支承外圆。采用法兰凸台端面,内孔与外圆互为基准可保证内孔轴线的同轴度以及端面与内孔轴线的垂直度要求,并符合基准重合和基准统一的原则。

4) 加工顺序安排

应遵循加工顺序安排的一般原则,如先粗后精、先主后次等。

从上述工艺过程中可见,套筒零件主要表面的加工多采用车或镗削加工;为提高生产率和加工精度也可采用磨削加工。孔加工方法的选择比较复杂,需要考虑生产批量、零件结构及尺寸、精度和表面质量的要求、长径比等因素。对于精度要求较高的孔往往需要采用多种方法顺次进行加工。如根据该液压缸的精度需要,内孔的加工方法及加工顺序为半精车(半精镗孔)→精车(精镗孔)→精铰(浮动铰孔)→滚压孔。

该液压缸的加工工艺路线为毛坯→粗加工外圆和端面→半精加工孔→精加工孔→精加工外圆、端面和内锥孔。

4. 设计工序内容

1) 确定加工余量、工序尺寸及其公差

(1) 粗车时,各端面、外圆、内孔各按图样加工尺寸分别留余量 0.5mm、2mm、1.85mm;

(2) 精镗内孔后留 0.15mm 铰削(浮动铰削)余量;

(3) 精加工:外圆、长度、内锥孔车到图样规定尺寸。

2) 选择设备工装

(1) 外圆、端面内孔加工设备、工装:普通车床 CA6140、大头顶尖、中心架等。

(2) 内孔加工设备:卧式镗床、滚压机

3) 确定切削用量、时间定额

(1) 镗削用量。镗床切削用量选择分别见表 3-12、表 3-13。

(2) 时间定额。(略)

表3-12 卧式镗床的镗削用量参考表

加工方式	加工精度	刀具材料	刀具类型	铸铁 Ra/μm	铸铁 v/m·min^{-1}	铸铁 f/mm·r^{-1}	钢及铸钢 Ra/μm	钢及铸钢 v/m·min^{-1}	钢及铸钢 f/mm·r^{-1}	铜、铝及其合金 Ra/μm	铜、铝及其合金 v/m·min^{-1}	铜、铝及其合金 f/mm·r^{-1}	铜、铝及其合金 a_p/mm（直径上）
粗镗	孔径：H12~H10 孔距：±0.5~1	高速钢	刀头	25~12.5	20~35	0.3~1.0	25	20~40	0.3~1.0	25~12.5	100~150	0.4~1.5	5~8
		高速钢	镗刀块	25~12.5	25~40	0.3~0.8	25	—	—	25~12.5	120~150	0.4~1.5	5~8
		硬质合金	刀头	25~12.5	40~80	0.3~1.0	25	40~60	0.3~1.0	25~12.5	200~250	0.4~1.5	5~8
		硬质合金	镗刀块	25~12.5	35~60	0.3~0.8	25	—	—	25~12.5	200~250	0.4~1.0	5~8
半精镗	孔径：H9~H8 孔距：±0.1~0.3	高速钢	刀头	12.5~6.3	25~40	0.2~0.8	25~12.5	30~50	0.2~0.8	12.5~6.3	150~200	0.2~1.0	1.5~3
		高速钢	镗刀块	12.5~6.3	30~40	0.2~0.6	25~12.5	—	—	12.5~6.3	150~200	0.2~1.0	1.5~3
		高速钢	粗铰刀	6.3~3.2	15~25	2~5	6.3~3.2	10~20	0.5~3	6.3~3.2	30~50	2~5	0.3~0.8
		硬质合金	刀头	12.5~6.3	60~120	0.2~0.8	25~12.5	80~120	0.2~0.8	12.5~6.3	250~300	0.2~0.8	1.5~3
		硬质合金	镗刀块	12.5~6.3	50~80	0.2~0.6	25~12.5	—	—	12.5~6.3	250~300	0.2~0.6	1.5~3
		硬质合金	粗铰刀	6.3~3.2	30~50	3~5	6.3~3.2	—	—	6.3~3.2	80~120	3~5	0.3~0.8
精镗	孔径：H8~H6 孔距：±0.02~0.05	高速钢	刀头	3.2~1.6	15~30	0.15~0.5	6.3~1.6	20~35	0.1~0.6	3.2~0.8	150~200	0.15~0.5	0.3~1.2
		高速钢	镗刀块	3.2~1.6	8~15	1~4	6.3~1.6	6~12	1~4	3.2~0.8	20~30	1~4	0.6~1.2
		高速钢	粗铰刀	3.2~1.6	10~20	2~5	3.2~1.6	10~20	0.5~3	3.2~0.8	30~50	2~5	0.1~0.4
		硬质合金	刀头	3.2~1.6	50~80	0.15~0.5	6.3~1.6	60~100	0.15~0.5	3.2~0.8	200~250	0.15~0.5	0.6~1.2
		硬质合金	镗刀块	3.2~1.6	20~40	1~4	6.3~1.6	8~20	1~4	3.2~0.8	30~50	1~4	0.6~1.2
		硬质合金	粗铰刀	3.2~1.6	30~50	2~5	3.2~1.6	—	—	3.2~0.8	50~100	2~5	0.1~0.4

注：1. 镗杆以镗套支承时，v取中间值；镗杆悬伸时，v取小值。

2. 当加工孔径较大时，a_p取大值；加工孔径较小、且加工精度要求较高时，a_p取小值。

3. 数控镗床的半精加工和精加工按上述切削用量选取，粗加工可以按一般卧式镗床的粗加工切削用量选取。

表 3-13　坐标镗床的切削用量参考表

加工方式	刀具材料	$f/\text{mm}\cdot\text{r}^{-1}$	a_p/mm（直径上）	切削速度 $v/\text{m}\cdot\text{min}^{-1}$				
				软钢	中碳钢	铸铁	铝、镁合金	铜合金
半精镗	高速钢	0.1～0.3	0.1～0.8	18～25	15～18	18～22	50～75	30～60
	硬质合金	0.08～0.25	0.1～0.8	50～70	40～50	50～70	150～200	150～200
精镗	高速钢	0.02～0.08	0.05～0.2	25～28	18～20	22～25	50～75	30～60
	硬质合金	0.02～0.06	0.05～0.2	70～80	60～65	70～80	150～200	150～200
钻孔	高速钢	0.08～0.15	—	20～25	12～18	14～20	30～40	60～80
扩孔	硬质合金	0.1～0.2	2～5	22～28	15～18	20～24	30～50	60～90
精钻、精铰	硬质合金	0.08～0.2	0.05～0.1	6～8	5～7	6～8	8～10	8～10

5. 液压缸加工工艺过程

综合以上分析，液压缸加工工艺过程见表 3-14。

表 3-14　液压缸加工工艺路线

工序	工序名称	工　序　内　容	定位与夹紧
1	下料	无缝钢管切断 $\phi90\times1700$(调质，HB241～285，全长弯曲度≤2.5mm)	
2	车	(1) 车 $\phi82$mm 外圆至 $\phi88$mm 及 M88×1.5 螺纹(工艺用)	三爪卡盘夹一端，大头顶尖顶另一端(软长爪)
		(2) 车端面及倒角	三爪卡盘夹一端，搭中心架托 $\phi88$mm 处
		(3) 调头车 $\phi82$mm 外圆至 $\phi84$mm	三爪卡盘夹一端，大头顶尖顶另一端
		(4) 车另一端面及倒角，取总长 686mm(留加工余量 1mm)	三爪卡盘夹一端，搭中心架托 $\phi88$mm 处
3	镗孔	(1) 半精镗孔至 $\phi68$mm	一端用 M88×1.5mm 螺纹固定在夹具中，另一端搭中心架
		(2) 精镗至 $\phi69.85$mm	
		(3) 精铰(浮动铰孔)至 $\phi70\pm0.02$mm，表面粗糙度值 Ra 为 2.5μm	
4	滚压孔	用滚压头滚压孔至尺寸要求，表面粗糙度值 Ra 为 0.32μm	一端用 M88×1.5mm 螺纹固定在夹具中，另一端搭中心架
5	车	(1) 车去工艺螺纹，车外圆 $\phi82$h6 至尺寸，割 R7 圆槽	软爪夹一端，以孔定位顶另一端
		(2) 镗内锥孔 1°30′ 及车端面	软爪夹一端，中心架托另一端(百分表找正孔)
		(3) 调头，车外圆 $\phi82$h6 至尺寸，割 R7 圆槽	软爪夹一端，顶另一端
		(4) 镗内锥孔 1°30′ 及车端面，保证总长 1 685mm	软爪夹一端，顶另一端
6	检验	检验入库	

 **特别提示**

套筒类零件加工中的主要工艺问题

一般套筒类零件在机械加工中的主要工艺问题是保证内外圆的相互位置精度(即保证内、外圆表面的同轴度以及轴线与端面的垂直度要求)和防止变形。

1. 保证表面相互位置精度的方法

套筒类零件内外表面的同轴度以及端面与孔轴线的垂直度要求一般都较高,一般可用以下方法来满足:

(1) 在一次安装中完成内外表面及端面的全部加工,这样可消除零件的安装误差并获得很高的相互位置精度。但由于工序比较集中,对尺寸较大的套筒安装不便,故多用于尺寸较小的轴套车削加工。

(2) 主要表面的加工分在几次安装中进行(先加工孔),先加工孔至零件图尺寸,然后以孔为精基准加工外圆表面。由于使用的夹具(通常为心轴)结构简单,而且制造和安装误差较小,因此可保证较高的相互位置精度,在套筒类零件加工中应用较多。

(3) 主要表面的加工分在几次安装中进行(先加工外圆),先加工外圆至零件图尺寸,然后以外圆为精基准完成内孔的全部加工。该方法零件装夹迅速可靠,但一般卡盘安装误差较大,使得加工后零件的相互位置精度较低。如果欲使同轴度误差较小,则须采用定心精度较高的夹具,如弹性膜片卡盘、液性塑料夹头、经过修磨的三爪自定心卡盘和软爪等。

2. 防止套筒类零件变形的工艺措施

套筒类零件的结构特点壁厚较薄,在加工过程中常因夹紧力、切削力和热变形的影响而引起变形。为防止变形常采取一些工艺措施:

(1) 将粗、精加工分开进行。为减少切削力和切削热的影响,使粗加工产生的变形在精加工中得以纠正。

(2) 减少夹紧力的影响。在工艺上采取以下措施减少夹紧力的影响:

① 采用径向夹紧时,夹紧力不应集中在零件的某一径向截面上,而应使其分布在较大的面积上,以减小零件单位面积上所承受的夹紧力。如可将零件安装在一个适当厚度的开口圆环中,再连同此环一起夹紧。也可采用增大接触面积的特殊卡爪。以孔定位时,宜采用涨开式心轴装夹。

② 夹紧力的位置宜选在零件刚性较强的部位,以改善在夹紧力作用下薄壁零件的变形。

③ 改变夹紧力的方向,将径向夹紧改为轴向夹紧,如图 3.69 所示。

④ 在零件上制出加强刚性的工艺凸台或工艺螺纹以减少夹紧变形,加工时用特殊结构的卡爪夹紧,如图 3.70 所示,加工终了时将凸边切去。再如表 3-14 工序 2 先车出 M88×1.5mm 螺纹供后续工序装夹时使用。在工序 3 中利用该工艺螺纹将零件固定在夹具中,加工完成后,在工序 5 车去该工艺螺纹。

(3) 减小切削力对变形的影响:

① 增大刀具主偏角和前角,使加工时刃刃锋利,减少径向切削力。

② 将粗、精加工分开,使粗加工产生的变形能在精加工中得到纠正,并采取较小的切削用量。

③ 内外圆表面同时加工,使切削力抵消。

4) 热处理放在粗加工和精加工之间。这样安排可减少热处理变形的影响。套筒类零件热处理后一般会产生较大变形,在精加工时可得到纠正,但要注意适当加大精加工的余量。

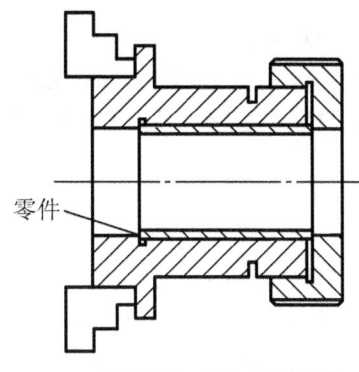

图 3.69　轴向夹紧零件

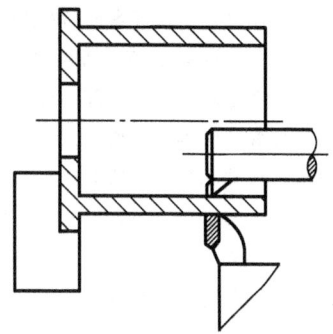

图 3.70　辅助凸台的作用

 拓展知识

1. 深孔加工工艺基础

1) 深孔加工的工艺特点

通常把深度与直径之比 $L/D > 5$ 的孔称为深孔。深孔按长径比又可分为以下三类：

$L/D = 5 \sim 20$ 属一般深孔。如各类液压缸体的孔。这类孔在卧式车床、钻床上用深孔刀具或接长的麻花钻就可以加工。

$L/D = 20 \sim 30$ 属中等深孔。如各类机床主轴孔。这类孔在卧式车床上须用深孔刀具加工。

$L/D = 30 \sim 100$ 属特殊深孔。如枪管、炮管、电机转子等。这类孔必须使用深孔机床或专用设备，并使用深孔刀具加工。

深孔加工比一般的孔加工要复杂和困难得多。深孔加工工艺主要有以下特点：

(1) 深孔加工的刀杆细长，强度和刚度比较差，在加工时容易引偏和振动，因此，在刀头上设置支承导向极为重要。

(2) 切屑排除困难。如果切屑堵塞则会引起刀具崩刃，甚至折断。因此需要采取强制排屑措施。

(3) 刀具冷却散热条件差，切削液不易注入切削区，使刀具温度升高，刀具的耐用度降低，因此必须采用有效的冷却方式。在深孔加工时，必须采取各种工艺措施解决以上三个主要方面的问题。

2) 深孔钻削方式

在单件小批生产中，深孔钻削常在普通车床或转塔车床上用接长的麻花钻加工。有时工件作两次安装，从两端钻成。钻削时钻头须多次退出，以排除切屑和冷却刀具。采用这种钻削方法劳动强度大且生产效率低。在成批、大量生产中，普遍采用深孔钻床和使用深孔钻头进行加工。

深孔加工时，由于工件较长，工件安装常采用"一夹一托"的方式，工件与刀具的运动形式有以下三种：

(1) 工件旋转、刀具不旋转只作进给。这种加工方式多在卧式车床上用深孔刀具或用接长的麻花钻加工中小型套简类与轴类零件的深孔时应用。

(2) 工件旋转、刀具旋转并作进给。这种加工方式大多用深孔钻镗床和深孔刀具加工大型套简类零件及轴类零件的深孔。这种加工方式由于钻削速度高，因此钻孔精度及生产率较高。

上述两种加工方法都不易使深孔的轴线偏斜，尤其后者更为有利，但设备比较复杂。

(3) 工件不旋转、刀具旋转并作进给。这种钻孔方式主要应用在工件特别大且笨重，工件不宜转动或孔的中心线不在旋转中心上。这种加工方式易产生孔轴线的歪斜，钻孔精度较差。

3) 冷却和排屑方式

深孔加工难度大，技术要求高，这是深孔加工的特点所决定的。因此，设计和使用深孔钻时应注意钻头的导向，防止偏斜；保证可靠的断屑和排屑；采取有效的冷却和润滑措施。

在深孔加工中，冷却(特别是刀具切削部分的冷却)和排屑是要解决的首要问题，由于在切削过程中，切削热的绝大部分传入切屑，如果切屑能顺利通畅地排出，在排屑的同时也就达到了冷却的目的。目前，排屑方式有外排屑、内排屑和喷吸三种方式。

下面介绍几种常见深孔钻的工作原理与结构特点：

(1) 单刃外排屑深孔钻。单刃外排屑深孔钻又称枪钻。主要用于加工直径 $d=3\sim20$mm，孔深与直径之比 $l/d>100$ 的小深孔。其工作原理如图 3.71 所示。切削时高压切削液(为 3.5~10MPa)从钻杆和切削部分的进液孔注入切削区域，以冷却、润滑钻头，切屑经钻杆与切削部分的 V 形槽冲出，因此称之为外排屑。

这种外排屑方式的特点是：刀具结构简单，不需用专用设备和专用辅具，排屑空间大，但切屑排出时易划伤孔壁，孔表面粗糙度值较大。适合于小直径深孔钻及深孔套料钻。

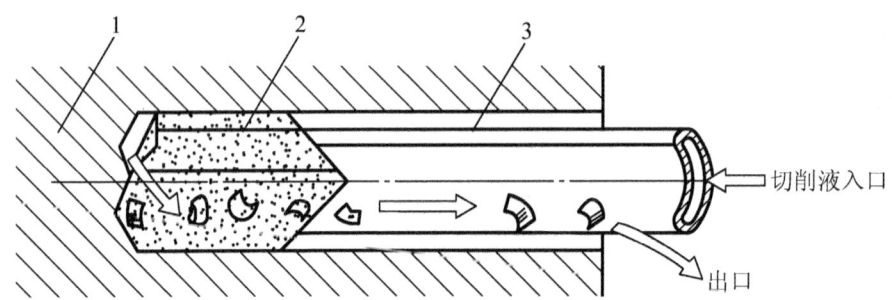

图 3.71　单刃外排屑深孔钻工作原理

1-工件；2-切削部分；3-钻杆

枪钻的特点是结构较简单，钻头背部圆弧支承面在切削过程起导向定位作用，切削稳定，孔加工直线性好。

(2) 错齿内排屑深孔钻。错齿内排屑深孔钻适于加工直径 $d>20$mm，孔深与直径比 $l/d<100$ 的直径较大的深孔。其工作原理如图 3.72 所示。切削时高压切削液(2~6MPa)由工件孔壁与钻杆的表面之间的间隙进入切削区，以冷却、润滑钻头切削部分，并利用高压切削液把切屑从钻杆和钻管的内孔中冲出。

错齿内排屑深孔钻的切削部分由数块硬质合金刀片交错排列焊接在钻体上，实现了分屑，便于切屑排出；切屑是从钻杆内部排出而不与工件已加工表面接触，切屑不会划伤已加工的孔壁，所以可获得好的加工表面质量；分布在钻头前端的硬质合金导向条，使钻头支承在孔壁上，实现了切削过程中的导向，增大了切削过程的稳定性。

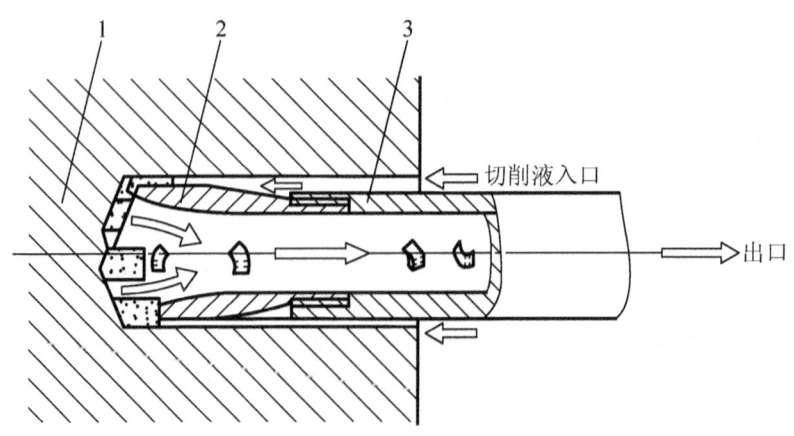

图 3.72　错齿内排屑深孔钻工作原理

1-工件；2-钻头；3-钻杆

(3) 喷吸钻。喷吸钻适用于加工直径 d=16～65mm，孔深与直径比 l/d<100 的中等直径一般深孔。喷吸钻主要由钻头、内钻管、外钻管三部分组成，钻头部分的结构与错齿内排屑深孔钻基本相同。其工作原理如图 3.73 所示。工作时，切削液以一定的压力(一般为 0.98～1.96MPa)从内外钻管之间输入，其中 2/3 的切削液通过钻头上的小孔压向切削区，对钻头切削部分及导向部分进行冷却与润滑；另外 1/3 切削液则通过内钻管上月牙形槽喷嘴喷入内钻管，由于月牙形槽缝隙很窄，喷入的切削液流速增大而形成一个低压区，切削区的高压与内钻管内的低压形成压力差，使切削液和切屑一起被迅速"吸"出，提高了冷却和排屑效果，所以喷吸钻是一种效率高，加工质量好的内排屑深孔钻。

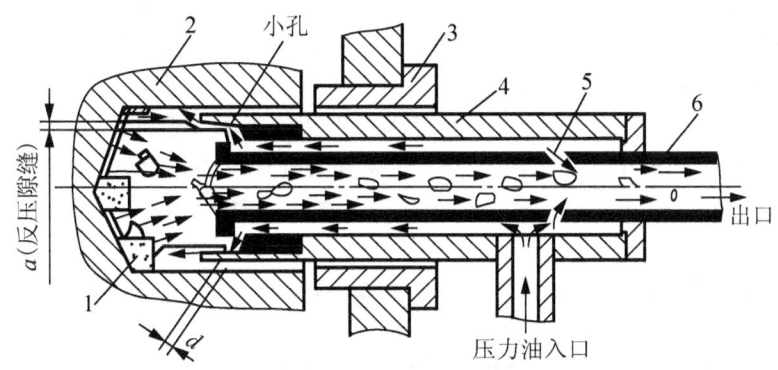

图 3.73　喷吸钻工作原理

1-钻头；2-工件；3-钻套；4-外钻管；5-月牙形槽喷嘴；6-内钻管

内排屑方式的特点是：可增大刀杆外径，提高刀杆刚度，有利于提高进给量和生产率。采用高压切削液将切屑从刀杆中冲出来，冷却排屑效果好，也有利于刀杆的稳定，从而提高孔的精度和降低孔的表面粗糙度值。但机床必须装有受液器与液封，并须预设一套供液系统。

2. 套筒类零件的特种加工方法

随着生产发展的需要和科学技术的进步，许多高熔点、高硬度、高强度、高脆性、高韧性等难切削材料不断出现，同时各种复杂结构与特殊工艺要求的零件也越来越多，采用传统的切削加工方法往往难以满足要求，各种特种加工方法相继出现，迅速发展。特种加工方法是直接利用电能、化学能、声能和光能进行加工的方法。特种加工方法主要用于对硬质合金、钛合金、耐热钢、不锈钢、淬火钢、金刚石、宝石、陶瓷等切削性能较差材料的加工，以及各种模具上特殊断面的型孔、喷油嘴和喷丝头上的小孔、窄缝和高精度细长零件、薄壁零件、弹性元件等低刚度零件的加工。常用的特种加工方法有电火花加工、电解加工、超声波加工、激光加工、电子束加工、粒子束加工、振动切削加工等。当前，许多特种加工正在向高精度、高表面质量方向发展，出现了精密电火花加工和精密电解加工，开展了提高激光加工精度(如加工小孔)的研究，有些加工方法，如电子束加工，粒子束加工本身就是一种超精密加工方法，是原子、分子加工单位级的水平，这些方法可以去除、沉积一个分子和一个原子。因此，特种加工具有以下特点：

(1) 特种加工主要不是依靠刀具和磨料来进行切削，而是利用电能、光能、声能、热能和化学能等来去除零件上的多余金属和非金属材料，因此工件和工具之间没有明显的切削力，只有微小的作用力，两者在机理上有很大不同。

(2) 特种加工不仅可以去除零件上的多余金属和非金属材料，而且还可以进行附着加工、结合加工和注入加工。附着加工可使工件被加工表面覆盖一层材料，即镀膜等；结合加工是使两个工件或两种材料结合在一起，如激光焊接、化学粘接等；注入加工是将某些金属离子注入工件表层，以改变工件表层的结构，达到要求的物理力学性能。

(3) 特种加工中工具的硬度和强度可以低于工件的硬度和强度，因为它主要不是靠机械力来切削，有些工具甚至无损耗，如激光加工、电子束加工，离子束加工等。

项 目 小 结

本项目选取较为典型的短、长套筒类零件，通过两个工作任务，详细介绍了常用的孔加工方法，如车孔、钻孔、扩孔、锪孔、铰孔、镗孔、拉孔、磨孔等的工艺系统(机床、套筒零件、刀具、夹具)及常用孔加工方案等知识。在此基础上，从完成任务角度出发，认真研究和分析在不同的生产批量和生产条件下，工艺系统各个环节间的相互影响，然后根据不同的生产要求及加工工艺规程的制定原则与步骤，合理制定轴承套、液压缸等零件的机械加工工艺规程，正确填写工艺文件，体验岗位需求，积累工作经验。

此外，通过学习深孔加工工艺及套筒类零件特种加工工艺等基础知识，可以进一步扩大知识面，提高解决实际生产问题的能力。

思 考 练 习

1. 标准高速钢麻花钻由哪几部分组成？切削部分包括哪些几何参数？
2. 标准麻花钻的缺点是什么？
3. 试述钻模的类型、特点及应用场合。
4. 钻套分哪几种？各用在什么场合？
5. 试分析钻孔、扩孔和铰孔三种孔加工方法的工艺特点，并说明这三种孔加工工艺之间的联系。
6. 镗削加工的工艺范围和加工特点是什么？常用镗刀有哪几种类型？其结构和特点如何？
7. 卧式镗床有哪些成形运动？说明它能完成哪些加工工作。
8. 镗床夹具由哪几个主要部分组成？
9. 工件在镗床夹具上常用的定位形式有哪些？试述其特点。
10. 镗模的引导装置有哪几种形式?简述各种形式的特点。
11. 镗套分哪几种？各用在什么场合？
12. 试述拉削工艺特点和应用。
13. 常用圆孔拉刀的结构由哪几部分组成？各部分起什么作用？
14. 内圆表面常用加工方法有哪些？如何选用？
15. 套筒类零件的毛坯常选用哪些材料？其毛坯的选择具有哪些特点？
16. 保证套筒类零件的相互位置精度有哪些方法？试举例说明这些方法的特点和适用性。
17. 普通麻花钻使用的进给量、切削速度的大致范围是多少？

18. 试编制图 3.74 所示衬套零件的加工工工艺，材料：ZCuSn10Zn2，生产类型：单件小批生产。

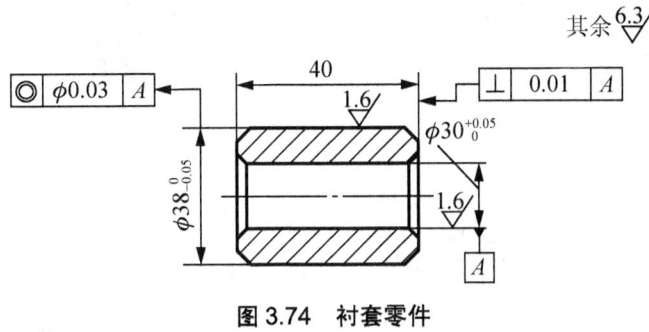

图 3.74　衬套零件

19. 试编制图 3.75 所示轴套零件的加工工工艺，材料：45，生产类型：单件小批生产。

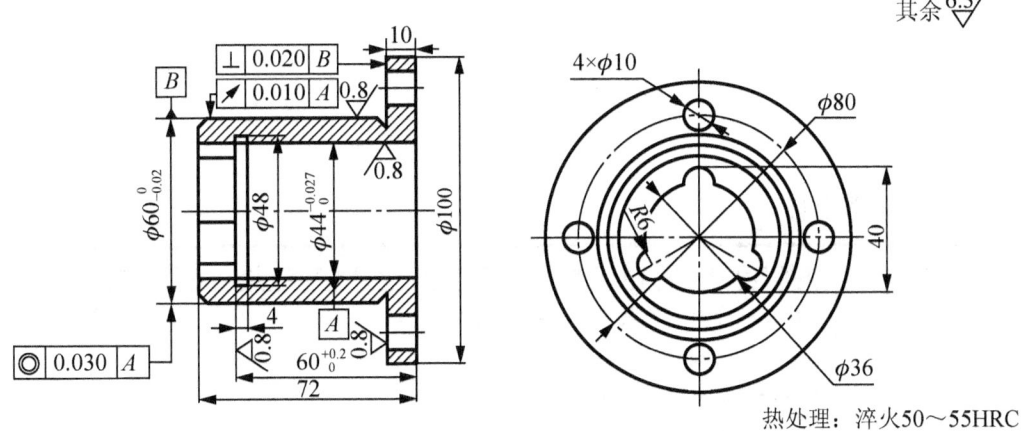

热处理：淬火50～55HRC

图 3.75　轴套零件

20. 加工薄壁套筒零件时有哪些技术难点？解决这些难点，工艺上一般采取哪些措施？

21. 试分析比较外排屑、内排屑和喷吸式深孔钻的工作原理、优缺点和使用范围。

项 目 4

箱体零件机械加工
工艺规程编制

↘ 教学目标

最终目标	能编制箱体类零件的机械加工工艺规程，正确填写机械加工工艺文件
促成目标	1.能正确分析箱体类零件的技术要求；
	2.会合理选择平面与孔系加工方法；
	3.会对箱体类零件技术检验；
	4.会选用镗、铣夹具；
	5.能合理编制箱体类零件的加工工艺规程；
	6.能对零件的加工工艺进行合理性分析，并提出改进建议；
	7.能考虑箱体零件加工成本；
	8.能查阅并贯彻相关国家标准和行业标准

↘ 引言

　　箱体类零件通常作为机器及其部件装配时的基准零件。它将机器部件中的一些轴、套、轴承和齿轮等零件装配起来，使其保持正确的相互位置关系，以传递转矩或改变转速来完成规定的运动。因此，箱体类零件的加工质量，不但直接影响到箱体的装配精度及回转精度，而且还会影响机器的工作精度、使用性能和寿命。

　　箱体类零件的种类有很多，常见的箱体类零件有：机床主轴箱、机床进给箱、变速箱体、减速箱体、发动机缸体和机座等。图 4.1 所示为几种常见的箱体类零件。

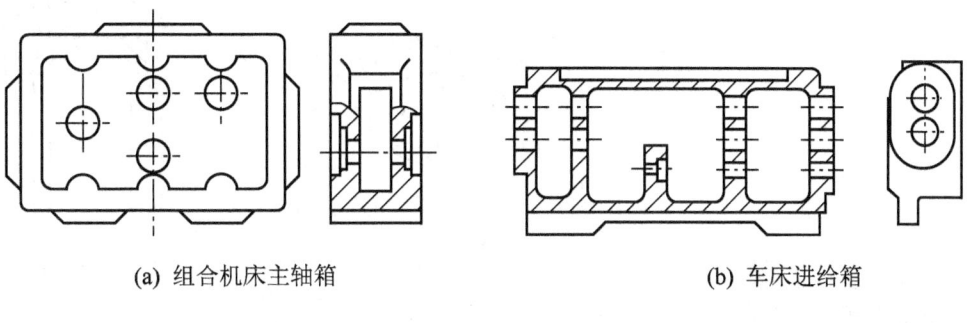

(a) 组合机床主轴箱　　　　　　　　　　　　　(b) 车床进给箱

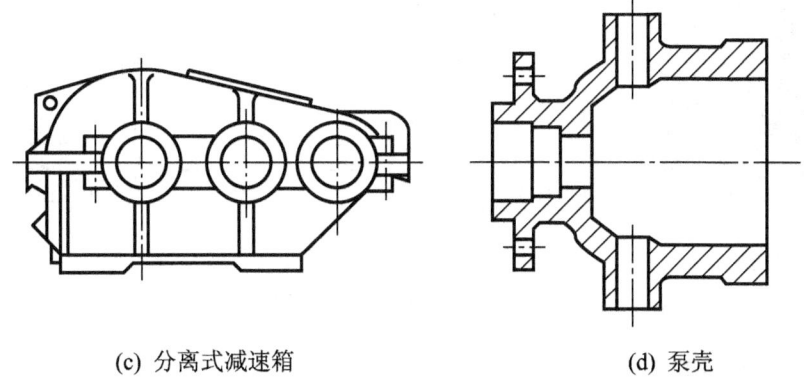

(c) 分离式减速箱　　　　　　　　　　　　　(d) 泵壳

图 4.1　几种箱体零件结构

　　根据箱体零件的结构形式不同，可分为整体式箱体[见图 4.1(a)、(b)、(d)]和分离式箱体[见图 4.1(c)]两大类。前者是整体铸造、整体加工，加工较困难，但装配精度高；后者可分别制造，便于加工和装配，但增加了装配工作量。

　　箱体类零件的结构形式虽然多种多样，但其加工表面主要是平面和孔。在箱体类零件各加工表面中，通常平面的加工精度比较容易保证，而精度要求较高的支承孔的加工精度以及孔与孔之间、孔与平面之间的相互位置精度较难保证。所以在制定箱体类零件加工工艺过程时，应将如何保证孔的精度作为重点来考虑。

任务 4.1　编制坐标镗床变速箱壳体零件机械加工工艺规程

4.1.1　任务引入

　　编制图 4.2 所示坐标镗床变速箱壳体的加工工艺。零件材料为 ZL106，生产类型为小批生产。

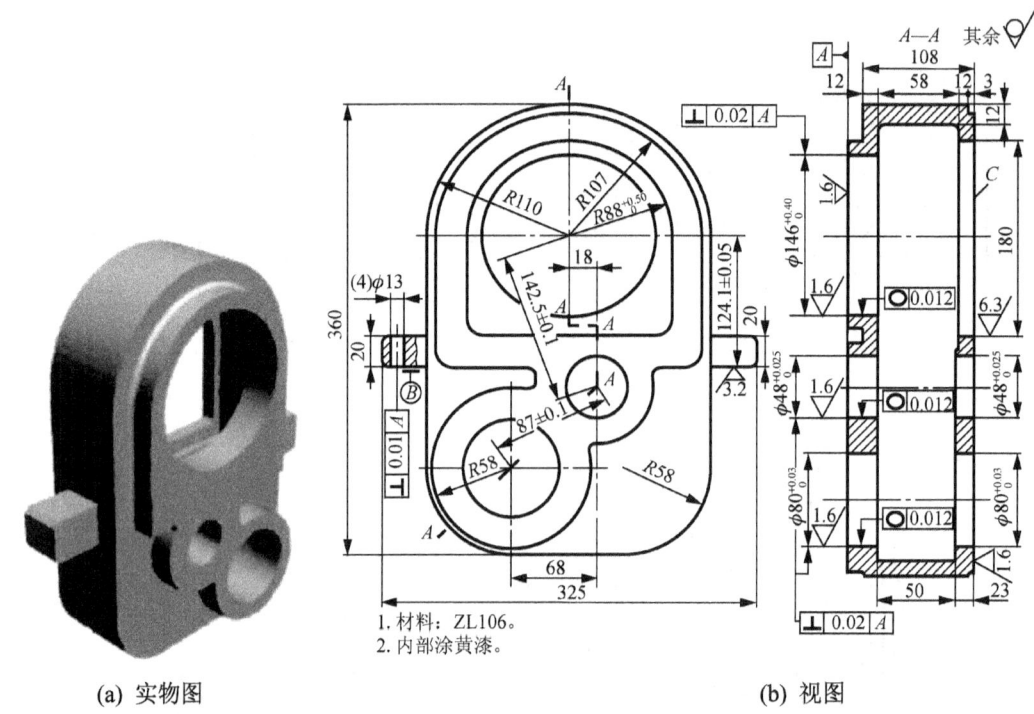

(a) 实物图　　　　　　　　　　　　　　(b) 视图

图 4.2　坐标镗床变速箱壳体图

 4.1.2　相关知识

1. 箱体平面的加工方法

箱体平面加工的常用方法有刨削、铣削和磨削三种。刨削和铣削常用作平面的粗加工和半精加工，而磨削则用作平面的精加工。

1) 刨削与插削

(1) 刨削。刨削是单件小批生产的平面加工最常用的加工方法。刨削加工主要用于加工各种平面(如水平面、垂直面和斜面等)和沟槽(如 T 形槽、燕尾槽、V 形槽等)。刨削加工的典型表面如图 4.3 所示(图中的切削运动是按牛头刨床加工时标注的)。

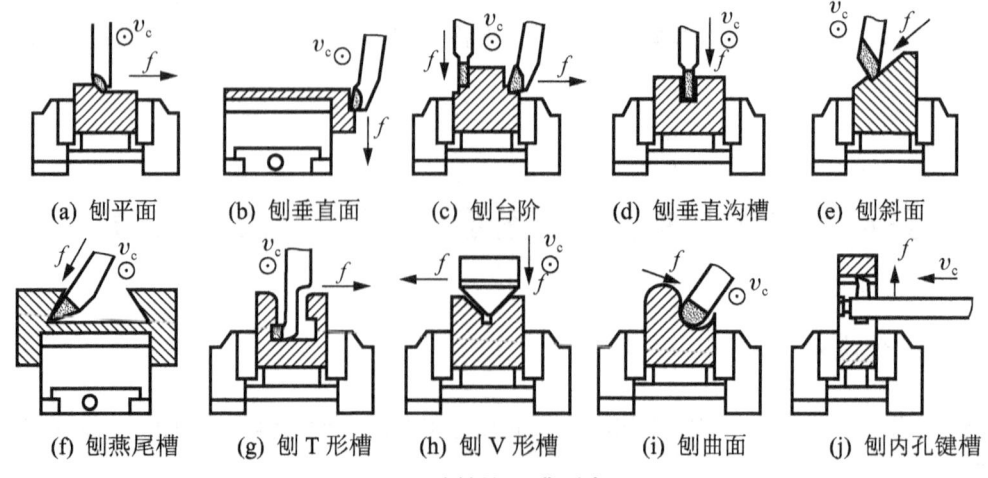

(a) 刨平面　　(b) 刨垂直面　　(c) 刨台阶　　(d) 刨垂直沟槽　　(e) 刨斜面

(f) 刨燕尾槽　　(g) 刨 T 形槽　　(h) 刨 V 形槽　　(i) 刨曲面　　(j) 刨内孔键槽

图 4.3　刨削加工典型表面

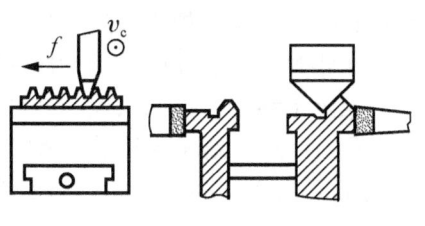
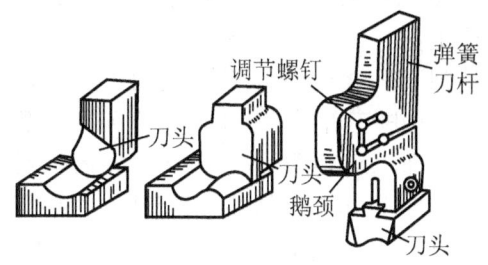

(k) 刨齿条　(l) 龙门刨刨复合面　　　　　　　　　　(m) 刨成形面

图 4.3　刨削加工典型表面(续)

① 刨床。刨削加工常见的机床有牛头刨床和龙门刨床。

a. 牛头刨床。如图 4.4 所示，牛头刨床主要由床身、横梁、工作台、滑枕、刀架等组成，因其滑枕和刀架形似"牛头"而得名。牛头刨床工作时，装有刀架 1 的滑枕 3 由床身 4 内部的摆杆带动，沿床身顶部的导轨作直线往复运动，由刀具实现切削过程的主运动。夹具或工件则安装在工作台 6 上，加工时，工作台 6 带动工件沿横梁 5 上导轨作间歇横向进给运动。横梁 5 可沿床身的垂直导轨上下移动，以调整工件与刨刀的相对位置。刀架 1 还可以沿刀架座上的导轨上下移动(一般为手动)，以调整刨削深度，以及在加工垂直平面和斜面作进给运动时。调整转盘 2，可以使刀架左右回旋，以便加工斜面和斜槽。

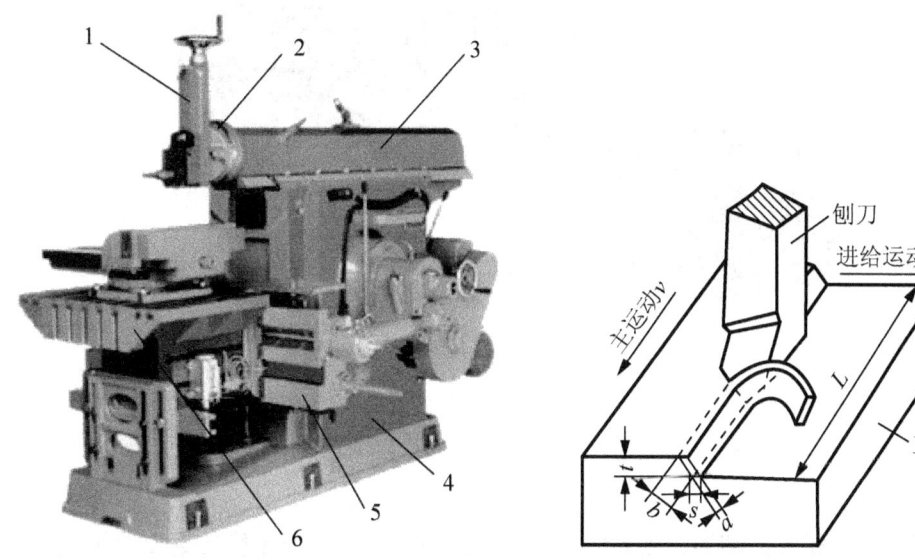

图 4.4　牛头刨床及刨削运动

1-刀架；2-转盘；3-滑枕；4-床身；5-横梁；6-工作台

牛头刨床的刀具只在一个运动方向上进行切削，刀具在返回时不进行切削，空行程损失大，此外，滑枕在换向的瞬间，有较大的冲击惯性，因此主运动速度不能太高；加工时通常只能单刀加工，所以它的生产率比较低。牛头刨床的主参数是最大刨削长度。它适用于单件小批生产或机修车间，用来加工中、小型工件的平面或沟槽。

b. 龙门刨床。图 4.5 是龙门刨床的外形图，因它具有一个"龙门"式框架而得名。龙门刨床工作时，工件装夹在工作台 9 上，随工作台沿床身 10 的水平导轨作直线往复运动以实现切削过程的主运动。装在横梁 2 上的垂直刀架 3、7 可沿横梁导轨作间歇的横向进给运动，用以刨削工件的水平面，垂直刀架的溜板还可使刀架上下移动，作切入运动或刨竖直平面。此外，刀架溜板还能绕水平轴调整至一定角度位置，以加工斜面或斜槽。横梁 2 可沿左右立柱 4、6 的导轨作垂直升降以调整垂直刀架位置，适应不同高度工件的加工需要。装在左右立柱上的侧刀架 1、8 可沿立柱导轨作垂直方向的间歇进给运动，以刨削工件竖直平面。

与牛头刨床相比，龙门刨床具有形体大、动力大、结构复杂、刚性好、工作稳定、工作行程长、适应性强和加工精度高等特点。龙门刨床的主参数是最大刨削宽度。它主要用来加工大型零件的平面，尤其是窄而长的平面，也可加工沟槽或在一次装夹中同时加工数个中、小型工件的平面。

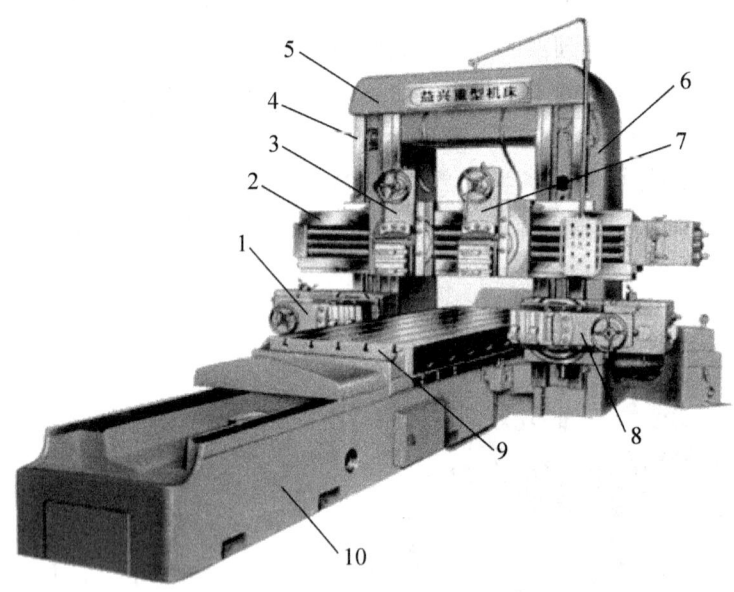

图 4.5 龙门刨床

1、8-左、右侧刀架；2-横梁；3、7-垂直刀架；4、6-左、右立柱；
5-顶梁；9-工作台；10-床身

② 刨刀。

a. 直头刨刀和弯头刨刀。刨刀的结构与车刀相似，其几何角度的选取原则也与车刀基本相同。但因刨削过程中有冲击，所以刨刀的前角比车刀小 5°～6°；而且刨刀的刃倾角也应取较大的负值，以使刨刀切入工件时产生的冲击力作用在离刀尖稍远的切削刃上。刨刀的刀杆截面比较粗大，以增加刀杆刚性和防止折断。如图 4.6 所示，刨刀刀杆有直杆和弯杆之分，直头刨刀刨削时，如遇到加工余量不均或工件上的硬点时，切削力的突然增大将增加刨刀的弯曲变形，造成切削刃扎入已加工表面，降低了已加工表面的精度和表面质量，也容易损坏切削刃，如图 4.6(a)所示。若采用弯头刨刀，当切削力突然增大时，刀杆产生的弯曲变形会使刀尖离开工件，避免扎入工件，如图 4.6(b)所示。

　　b. 宽刃精刨刀。当前，普遍采用宽刃刀精刨代替刮研，能取得良好的效果。采用宽刃刀精刨，切削速度较低(2～5m/min)，加工余量小(预刨余量 0.08～0.12mm，终刨余量 0.03～0.05mm)，工件发热变形小，可获得较小的表面粗糙度值(Ra 为 0.8～0.25μm)和较高的加工精度(直线度为 0.02/1 000)，且生产率也较高。图 4.7 所示为宽刃精刨刀，前角为–10°～–15°，有挤光作用；后角为 5°，可增加后面支承，防止振动；刃倾角为 3°～5°。加工时用煤油作切削液。

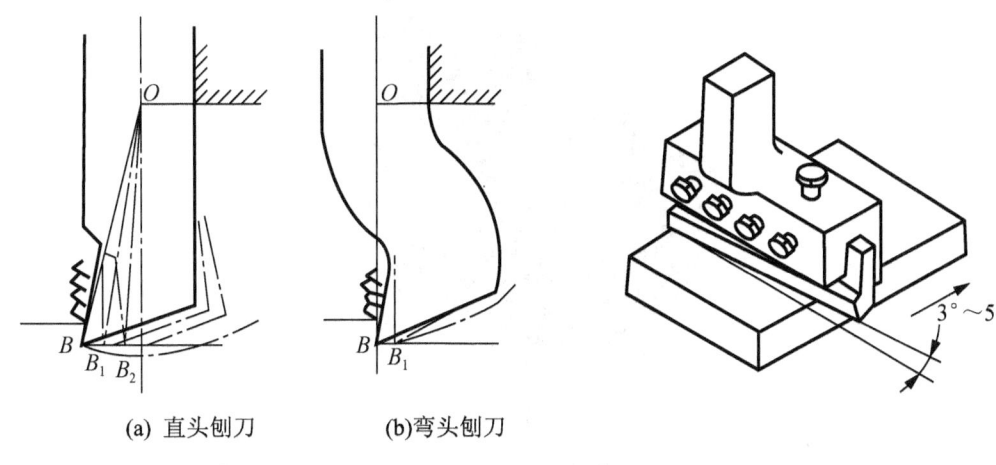

(a) 直头刨刀　　　　　(b)弯头刨刀

图 4.6　刨刀刀杆形状　　　　图 4.7　宽刃精刨刀

　　③ 刨削加工的工艺特点。

　　a. 刨床结构简单，调整、操作方便；刨刀制造、刃磨、安装容易，加工费用低。

　　b. 刨削加工切削速度低，加之空行程所造成的损失，生产率一般较低。但在加工窄长面和进行多件或多刀加工时，刨削的生产率并不比铣削低。

　　c. 刨削特别适宜加工尺寸较大的 T 形槽、燕尾槽及窄长的平面。

　　d. 加工精度不高。加工精度一般可达 IT9～IT7 级，表面粗糙 Ra 为 12.5～1.6μm。在龙门刨床上用宽刃刀细刨，Ra 为 0.4～0.8μm。

　　(2) 插削。插削和刨削的切削方式基本相同，只是插削是在竖直方向进行切削。因此，可以认为插床是一种立式的刨床。图 4.8 是插床的外形图。插削加工时，滑枕 2 带动插刀沿垂直方向作直线往复运动，实现切削过程的主运动。工件安装在圆工作台 1 上，圆工作台可实现纵向、横向和圆周方向的间歇进给运动。此外，利用分度装置 5，圆工作台还可进行圆周分度。滑枕导轨座 3 和滑枕一起可以绕销轴 4 在垂直平面内相对立柱倾斜 0°～8°，以便插削斜槽和斜面。

　　插床的主参数是最大插削长度。插削主要用于单件小批生产中加工工件的内表面，如方孔、多边形孔和键槽等。在插床上加工内表面，比刨床方便，但插刀刀杆刚性差，为防止"扎刀"，前角不宜过大，因此加工精度比刨削低。

图 4.8 插床

1-圆工作台；2-滑枕；3-滑枕导轨座；4-销轴；5-分度装置；6-床鞍；7-溜板

2) 铣削加工

铣削是平面加工中应用最普遍的一种方法，利用各种铣床、铣刀和附件，可以铣削平面、沟槽、弧形面、螺旋槽、齿轮、凸轮和特形面等，如图 4.9 所示。一般经粗铣、精铣后，尺寸精度可达 1T9～1T7，表面粗糙度 Ra 可达 12.5～0.63μm。铣削加工适用于单件小批量生产，也适用于大批量生产。

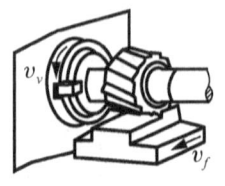 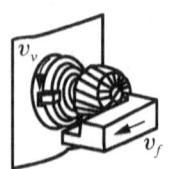 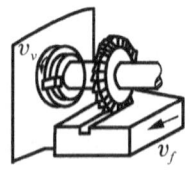 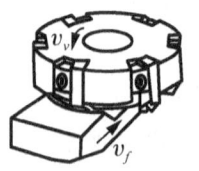 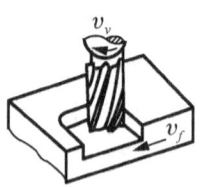

(a) 圆柱铣刀铣平面　　(b) 套式铣刀铣台阶面　(c) 三面刃铣刀铣直角槽　(d) 端铣刀铣平面　(e) 立铣刀铣凹平面

 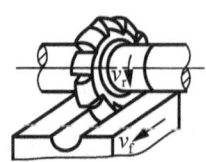 

(f) 锯片铣刀切断　(g) 凸半圆铣刀铣凹圆弧面 (h) 凹半圆铣刀铣凸圆弧面　(i) 齿轮铣刀铣齿轮　(j) 角度铣刀铣 V 形槽

图 4.9 铣削加工的应用范围

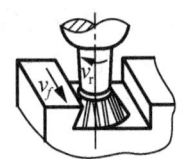 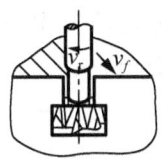 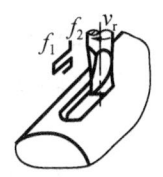  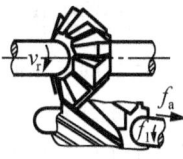

(k) 燕尾槽铣刀铣燕尾槽　(l) T 形槽铣刀铣 T 形槽　(m) 键槽铣刀铣键槽　(n) 半圆键槽铣刀铣半圆键槽　(o) 角度铣刀铣螺旋槽

图 4.9　铣削加工的应用范围(续)

　　铣床工作时的主运动是主轴部件带动铣刀的旋转运动，进给运动是由工作台在三个互相垂直方向的直线运动来实现的。图 4.10 所示分别为圆柱铣刀和面铣刀的切削运动。由于铣床上使用的是多齿刀具，切削过程中存在冲击和振动，这就要求铣床在结构上应具有较高的静刚度和动刚度。

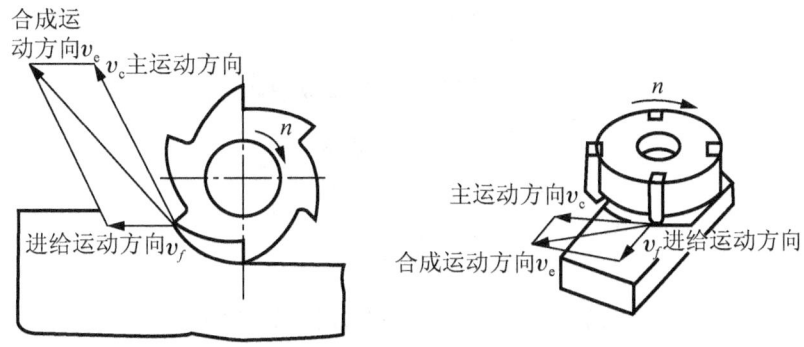

图 4.10　圆柱铣刀和面铣刀的切削运动

　　(1) 铣床(milling machine)及其附件。铣床是用铣刀进行切削加工的机床，它的用途极为广泛。在铣床上采用不同类型的铣刀，配备万能分度头、回转工作台等附件，可以完成如图 4.9 所示的各种典型表面加工。

　　铣床种类很多，主要类型有卧式升降台铣床、立式升降台铣床、工作台不升降铣床、龙门铣床、工具铣床；此外，还有仿形铣床、仪表铣床和各种专门化铣床(如键槽铣床、曲轴铣床)等。随着机床数控技术的发展，数控铣床、镗铣加工中心的应用也越来越普遍。常用的铣床是升降台铣床，它的主要特征是有沿床身垂直导轨运动的升降台，工作台可随着升降台作上下(垂直)运动。工作台本身在升降台上面又可作纵向和横向运动。这类铣床按主轴位置不同可分为卧式万能升降台铣床和立式升降台铣床两种。

　　① 卧式万能升降台铣床。卧式万能升降台铣床是指主轴轴线呈水平安置的，工作台可以作纵向、横向和垂直运动，并可在水平平面内调整一定角度的铣床。图 4.11 是一种应用最为广泛的卧式万能升降台铣床外形图。加工时，铣刀装夹在刀杆上，刀杆一端安装在主轴 5 的锥孔中，另一端由横梁 7 右端的刀杆支架 6 支承，以提高其刚度。驱动铣刀作旋转主运动的主轴变速机构 3 安装在床身 4 内。工作台 8 可沿转台 9 上的燕尾导轨作纵向运动，转台 9 可相对于床鞍 10 绕垂直轴线调整至一定角度(±45°)，以便加工螺旋槽等表面。床鞍 10 可沿升降台 11 上的导轨作平行于主轴轴线的横向运动，升降台 11 则可沿床身 4 侧面导轨作垂直运动。进给变速机构 12 及其操纵机构都置于升降台内。这样，用螺栓、压板或机

床用平口虎钳或专用夹具装夹在工作台 8 上的工件，便可以随工作台一起在三个方向实现任一方向的位置调整或进给运动。(X6132 卧式万能升降台铣床的编号说明：X6132 中，X——铣床；6——卧式升降台铣床；1——万能升降台铣床；32——工作台宽度的 1/10，即工作台宽度为 320mm。X6132 的旧编号为 X62W。)

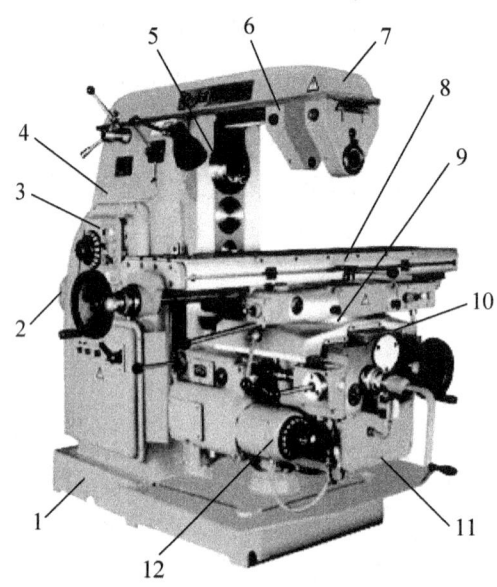

图 4.11　X6132 型卧式万能升降台铣床

1-底座；2-主电动机；3-主轴变速机构；4-床身；5-主轴；6-刀杆支架；

7-横梁；8-工作台；9-转台；10-床鞍；11-升降台；12-进给变速机构

X6132 卧式万能升降台铣床的主要组成部分，如图 4.11 所示。

a. 床身 4：床身用来固定和支承铣床上所有的部件。主电动机 2、主轴变速机构 3、主轴 5 等安装在它的内部。

b. 横梁 7：横梁的上面可安装刀杆支架 6，用来支承刀杆外伸的一端，以加强刀杆的刚性。横梁可沿床身的水平导轨移动，以调整其伸出的长度。

c. 主轴 5：主轴是空心轴，前端有 7:24 的精密锥孔。其作用是安装铣刀刀杆并带动铣刀旋转。

d. 工作台 8：纵向工作台可以在转台的导轨上作纵向移动，以带动台面上的工件作纵向进给。

e. 床鞍 10：横向工作台位于升降台上面的水平导轨上，可带动纵向工作台一起作横向进给。

f. 转台 9：转台的唯一作用是能将纵向工作台在水平面内扳转一个角度(正、反最大均可转过 45°)，以便铣削螺旋槽等。带有转台的卧铣，由于其工作台除了能作纵向、横向和垂直方向移动外，尚能在水平面内左右扳转 45°，因此称为万能卧式铣床。

g. 升降台 11：升降台可以使整个工作台沿床身的垂直导轨上下移动，以调整工作台面到铣刀的距离。并作垂直进给。

卧式升降台铣床结构与卧式万能升降台铣床基本相同，但卧式升降台铣床在工作台和床鞍之间没有回转盘，因此工作台不能在水平面内调整角度。这种铣床除了不能铣削螺旋槽外，可以完成和卧式万能升降台铣床一样的各种铣削加工。卧式万能升降台铣床及卧式升降台铣床的主参数是工作台面宽度。它们主要用于中、小零件的加工。

② 立式升降台铣床。立式升降台铣床与卧式升降台铣床的主要区别仅在于它的主轴是垂直安置的，可用各种端铣刀(又称面铣刀)或立铣刀加工平面、斜面、沟槽、台阶、齿轮、凸轮以及封闭的轮廓表面等。图 4.12 为常见的一种立式升降台铣床外形图，其工作台 6、床鞍 9 及升降台 7 与卧式升降台铣床相同。立铣头 4 可在垂直平面内旋转一定的角度，以扩大加工范围，主轴可沿轴线方向进行调整或做进给运动。

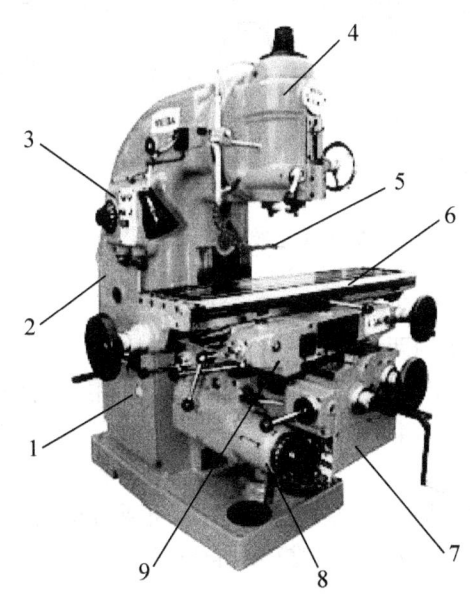

图 4.12　X5032 型立式升降台铣床

1-机床电器部分；2-床身部分；3-变速操纵部分；4-立铣头；
5-冷却部分；6-工作台；7-升降台；8-进给变速部分；9-床鞍

③ 龙门铣床。龙门铣床是一种大型高效能通用机床，主要用于加工各类大型工件上的平面、沟槽，它不仅对工件可以进行粗铣、半精铣，也可以进行精铣加工。图 4.13 为具有三个铣头的中型龙门铣床。三个铣头分别安装在横梁和立柱上，并可单独沿横梁或立柱的导轨作调整位置的移动。每个铣头即是一个独立的主运动部件，又能由铣头主轴套筒带动铣刀主轴沿轴向实现进给运动和调整位置的移动，根据加工需要，每个铣头还能旋转一定的角度。加工时，工作台带动工件作纵向进给运动，其余运动均由铣头实现。由于龙门铣床的刚性和抗振性比龙门刨床好，它允许采用较大切削用量，并可用几个铣头同时从不同方向加工几个表面，机床生产效率高，在成批和大量生产中得到广泛应用。龙门铣床的主参数是工作台面宽度。

图 4.13　龙门铣床外形图

④ 铣床附件。升降台式铣床配备有多种附件，用来扩大工艺范围。其中回转工作台(圆工作台)和万能分度头是常用的两种附件。

a. 回转工作台。回转工作台安装在铣床工作台上，用来装夹工件，以铣削工件上的圆弧表面或沿圆周分度。如图 4.14 所示，转动手轮 4，通过回转工作台内部的蜗杆蜗轮机构，使转盘 1 转动，转盘的中心为圆锥孔，供工件定位用。利用 T 形槽、螺钉和压板将工件夹紧在转盘上。传动轴 2 和铣床的传动装置相连接，可进行机动进给。扳动手柄 5 可接通或断开机动进给。调整挡铁 3 的位置，可使转盘自动停止在所需的位置上。

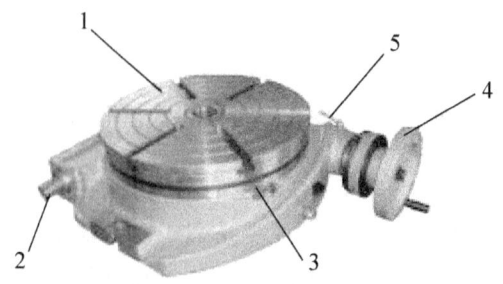

图 4.14　回转工作台

1-转盘；2-传动轴；3-挡铁；4-手轮；5-手柄

b. 万能分度头。如图 4.15 所示为 FW250 型(夹持工件最大直径为 250mm)万能分度头的外形。万能分度头最基本的功能是使装夹在分度头主轴顶尖与尾座顶尖之间或夹持在卡盘上的工件，依次转过所需的角度，以达到规定的分度要求。它可以完成以下工作：由分

度头主轴带动工件绕其自身轴线回转一定角度，完成等分或不等分的分度工作，用以铣削方头、六角头、直齿圆柱齿轮、键槽、花键等的分度工作；通过配备挂轮，将分度头主轴与工作台丝杠联系起来，组成一条以分度头主轴和铣床工作台纵向丝杠为两末端件的内联系传动链，用以铣削各种螺旋表面、阿基米德旋线凸轮等；用卡盘夹持工件，使工件轴线相对于铣床工作台倾斜一定角度，以铣削与工件轴线相交成一定角度的沟槽、平面、直齿锥齿轮、齿轮离合器等。

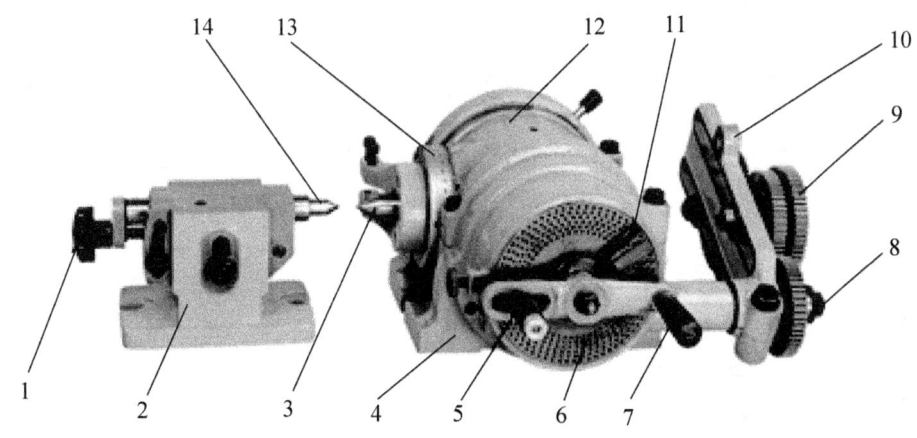

图 4.15　FW250 型万能分度头图

1-尾座旋钮；2-尾座；3-顶尖；4-底座；5-分度定位销；

6-分度盘；7-分度手柄；8-分度头外伸轴；9-挂轮；10-挂轮支架；

11-分度叉；12-壳体；13-刻度盘；14-尾座顶尖

(2) 铣刀。

① 铣刀类型。铣刀为多齿回转刀具，其每一个刀齿都相当于一把车刀固定在铣刀的回转面上。铣刀主要用于在铣床上加工平面、台阶、沟槽、成形表面和切断工件等。工作时各刀齿依次间歇地切去工件的余量。铣刀刀齿的几何角度和切削过程，都与车刀或刨刀基本相同。铣刀的类型很多，结构不一，应用范围很广，是金属切削刀具中种类最多的刀具之一。铣刀按其用途可分为加工平面用铣刀、加工沟槽用铣刀、加工成形面用铣刀等类型。通用规格的铣刀已标准化，一般均由专业工具厂制造。常用铣刀的种类特点及用途如表 4-1 所示。

铣刀常见有两种材料：高速钢和硬质合金。硬质合金相对高速钢硬度高，切削力强，可提高转速和进给量，提高生产率，让刀不明显，并可加工不锈钢、钛合金等难加工材料，但是成本更高，而且在切削力快速交变的情况下容易断刀。

表 4-1　铣刀的种类及用途

铣刀种类		铣刀图形	特点说明	用途
圆柱形铣刀	粗齿圆柱形铣刀	 	主要用高速钢制造，也可镶焊螺旋形硬质合金刀片；仅在圆柱表面上有切削刃，没有副切削刃；圆柱形铣刀一般用于卧式铣床铣削宽度小于铣刀长度的狭长平面	齿数少、刀齿强度高，容屑空间大、重磨次数多等	适用于粗加工平面
	细齿圆柱形铣刀			齿数多、工作平稳	适用于精加工平面
面铣刀	整体焊接式面铣刀		主要采用硬质合金刀齿，主切削刃分布在圆柱或圆锥表面上，端切削刃为副切削刃	结构紧凑、较易制造。但刀齿磨损后整把刀将报废，故已较少使用	粗、半精加工和精加工各种平面
	机夹焊接式面铣刀			刀头报废后可换上新刀头，因此延长了刀体的使用寿命	
	可转位面铣刀			切削刃用钝后，将刀片转位或更换刀片即可继续使用，使用效率高、寿命长，使用方便、加工质量稳定、已形成系列标准	

加工平面用铣刀

续表

铣刀种类		铣刀图形	特点说明	用途
加工沟槽用铣刀	三面刃铣刀	直齿三面刃铣刀	圆柱面上和两侧面均有切削刃	易制造、易刃磨。但侧刃前角 $\gamma_0=0°$，切削条件较差	切槽和加工台阶面
		错齿三面刃铣刀		刀齿交错向左、右倾斜螺旋旋角 ω。每一刀齿只在一端有副切削刃，且 ω 角使切削过程平稳，易于排屑，从而改善了端部切削刃的工作条件，但重磨后会减少其宽度尺寸	切槽和加工台阶面
		镶齿三面刃铣刀		克服了整体式三面刃铣刀刃磨后厚度尺寸变小的不足	
	槽铣刀	T形槽铣刀	主切削刃在圆柱表面上，两侧端面也参加部分切削，为副切削刃	莫氏锥柄	铣T形槽
		槽铣刀			加工浅槽
		键槽铣刀	有两个刃瓣，可以轴向进给钻孔，然后沿键槽方向铣出键槽全长		加工平键键槽、半圆键键槽表面

续表

铣刀种类		铣刀图形	特点说明	用途
立铣刀			主切削刃在圆柱表面上，端刃为副切削刃；铣槽时槽宽有扩张，故应使铣刀直径比槽宽略小(0.1mm 以内)	加工沟槽表面，粗、半精加工平面、台阶面，加工各种模具表面
锯片铣刀			实质是薄片的槽铣刀，只是齿数更多，对几何参数的合理性要求较高	加工窄槽和切断
角度铣刀	单角度铣刀		大小端直径相差较大时，会使小端刀齿过密，容屑空间小，故常在小端将刀齿间隔地去掉，以增大容屑空间	铣削成一定角度的沟槽
	双角度铣刀			
成形铣刀			刀齿廓形根据被加工工件廓形确定	加工凸、凹半圆面、圆角、各种成形表面

② 铣刀直径的选择。铣刀直径通常根据铣削用量选择，一些常用铣刀的选择方法分别如表 4-2、表 4-3 所示。

表 4-2　圆柱铣刀、端铣刀直径的选择　　　　　　　　　　　　　　(mm)

名称	高速钢圆柱铣刀			硬质合金端铣刀					
背吃刀量 a_p	≤5	～8	～10	≤4	～5	～6	～7	～8	～10
铣削宽度 a_c	≤70	～90	～100	≤60	～90	～120	～180	～260	～350
铣刀直径 d_o	≤80	80～100	100～125	≤80	100～125	160～200	200～250	320～400	400～500

表 4-3　盘形、锯片铣刀直径的选择　　　　　　　　　　　　　　(mm)

背吃刀量 a_p	≤8	～15	～20	～30	～45	～60	～80
铣刀直径 d_o	63	80	100	125	160	200	250

注：如 a_p、a_c 不能同时与表中数值统一，而 a_p(圆柱铣刀)或 a_c(端铣刀)选择铣刀又较大时，主要应根据 a_p(圆柱铣刀)或 a_c(端铣刀)选择铣刀直径。

(3) 铣床夹具。

① 铣削加工时常用的装夹方法。在铣床上加工工件时，一般采用以下几种装夹方法：

a. 直接装夹：在铣床工作台上，大型工件常直接装夹在工作台上，用螺柱、压板压紧，这种方法需用百分表、划针等工具找正加工面和铣刀的相对位置，如图 4.16(a)所示。

b. 用机床用平口钳装夹工件：对于形状简单的中、小型工件，一般可装夹在机床用平口钳中，如图 4.16(b)所示，使用时需保证平口钳在机床中的正确位置。

c. 用分度头装夹工件：如图 4.16(c)所示，对于需要分度的工件，一般可直接装夹在分度头上。另外，不需分度的工件用分度头装夹加工也很方便。

d. 用 V 形架装夹工件：这种方法一般适用于轴类零件，除了具有较好的对中性以外，还可承受较大的切削力，如图 4.16(d)所示。

e. 用专用夹具装夹工件：专用夹具定位准确、夹紧方便，效率高，一般适用于成批、大量生产中。

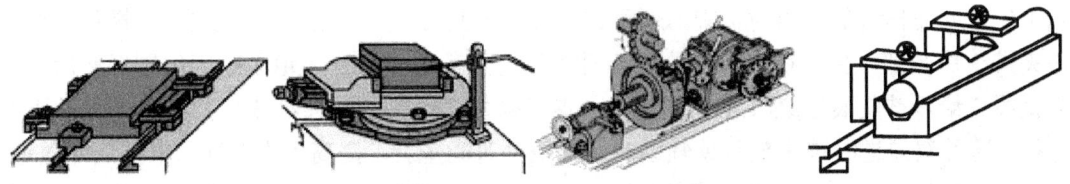

(a) 用压板装夹工件　　(b) 用平口虎钳装夹工件　　(c) 用分度头装夹工件　　(d) 用 V 形架装夹工件

图 4.16　铣削加工工件的装夹

② 铣床夹具的主要类型及结构形式。铣床夹具主要用于加工零件上的平面、凹槽、键槽、花键、缺口及各种成形面。由于铣削加工通常是把夹具安装在铣床工作台上，工件连同夹具随工作台作进给运动，按工件的进给方式不同，铣床夹具可分为直线进给式、圆周进给式和靠模进给式三种类型。

a. 直线进给式铣床夹具。这类夹具铣床用得最多。夹具安装在铣床工作台上，加工中随工作台按直线进给方式运动。按照在夹具中同时安装工件的数目和工位多少分为单件加工、多件加工和多工位加工夹具。

图 4.17 所示是多件加工的直线进给式铣床夹具，该夹具用于在小轴端面上铣一通槽。六个工件以外圆面在活动 V 形块 2 上定位，以一端面在支承钉 6 定位。活动 V 形块装在两根导向柱 7 上，活动 V 形块之间用弹簧 3 分离。工件定位后，由薄膜式气缸 5 推动活动 V 形块 2 依次将工件夹紧。由对刀块 9 和定位键 8 来保证夹具与刀具和机床的相对位置。这类夹具生产率高，多用于生产批量较大的情况。

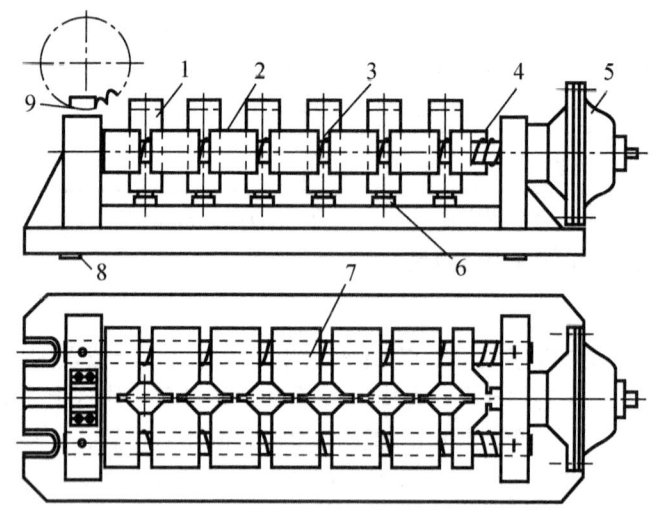

图 4.17　多件加工的直线进给式铣床夹具

1-小轴；2-活动 V 形块；3-弹簧；4-夹紧元件；5-薄膜式气缸；6-支承钉；7-导向柱；
8-定位键；9-对刀块

图 4.18 所示是利用进给时间装卸工件的双向进给铣床夹具，在铣床工作台上装有两个相同的夹具 1 和 3，每个夹具都可以分别装夹五个工件，铣刀 2 安放在两个夹具中间位置。当工作台向左作直线进给时，铣刀便可铣削装在夹具 3 中的工件，与此同时，操作者便可在夹具 1 中装卸工件。待夹具 3 中的工件加工完后，工作台快速退至中间位置，然后向右作直线进给，铣削装在夹具 1 中的工件，这时操作者便可装卸夹具 3 中的工件，如此不断进行。这种双向进给铣床夹具使辅助时间与机动时间重合，提高了生产率。根据工件质量、结构及生产批量，将夹具设计成单件多点、多件平行和多件连续依次夹紧的联动方式，有时还要采用分度机构，均为了提高生产效率。

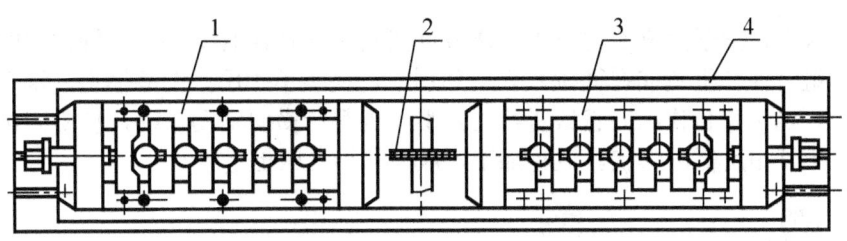

图 4.18　双向进给铣床夹具

1、3-夹具；2-铣刀；4-铣床工作台

b. 圆周进给式铣床夹具。圆周进给铣床夹具多用在回转工作台或回转鼓轮的铣床上，依靠回转台或鼓轮的旋转将工件顺序送入铣床的加工区域，实现连续切削。这种夹具结构紧凑，操作方便，在切削的同时，可在装卸区域装卸工件，使辅助时间与机动时间重合，因此它是一种高效率的铣床夹具，适用于大批大量生产。

图 4.19 所示是在立式铣床上圆周进给铣拔叉的夹具。通过电动机、蜗轮副传动机构带动回转工作台 6 回转。夹具上可同时装夹 12 个工件。工件以一端的孔、端面及侧面在夹具的定位板、定位销 2 及挡销 4 上定位。由液压缸 5 驱动拉杆 1，通过开口垫圈 3 夹紧工件。图中 *AB* 是加工区域，*CD* 为工件的装卸区域。使用该夹具可在不停车的情况下装卸工件。

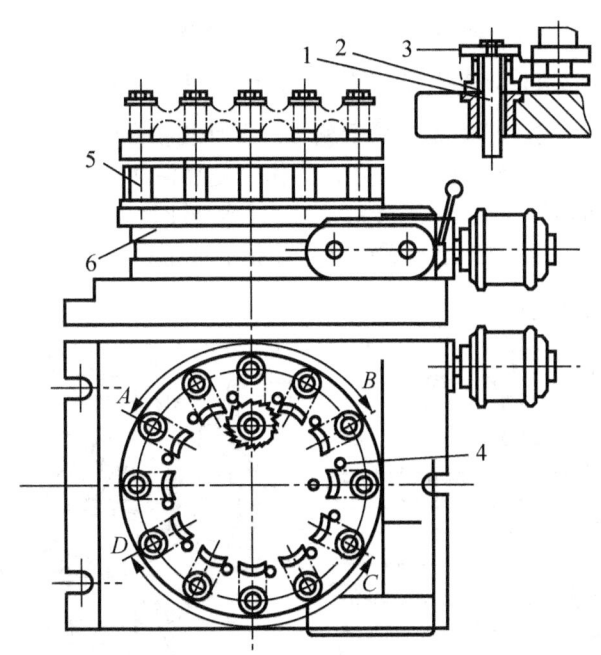

图 4.19　圆周进给铣床夹具

1-拉杆；2-定位销；3-开口垫圈；4-挡销；5-液压缸；6-工作台

c. 靠模铣床夹具。这种带有靠模的铣床夹具，适用于专用或通用铣床上加工各种非圆曲面。靠模的作用是使工件获得辅助运动，形成仿形运动。按主进给运动方式，靠模铣床夹具可分为直线进给和圆周进给两种。

图 4.20 为直线进给式靠模铣夹具示意图。靠模 3 与工件 1 分别装在夹具上，夹具安装

在铣床工作台上，滚子滑座 5 与铣刀滑座 6 两者连为一体，且保持两者轴线间的距离 k 不变。该滑座组合件在重锤或弹簧拉力 F 的作用下，使滚子 4 压紧在靠模上，铣刀 2 则保持与工件接触。当工作台作纵向直线进给时，滑座则得一横向辅助运动，使铣刀仿照靠模的轮廓在工件上铣出所需的形状。这种加工一般在靠模铣床上进行。

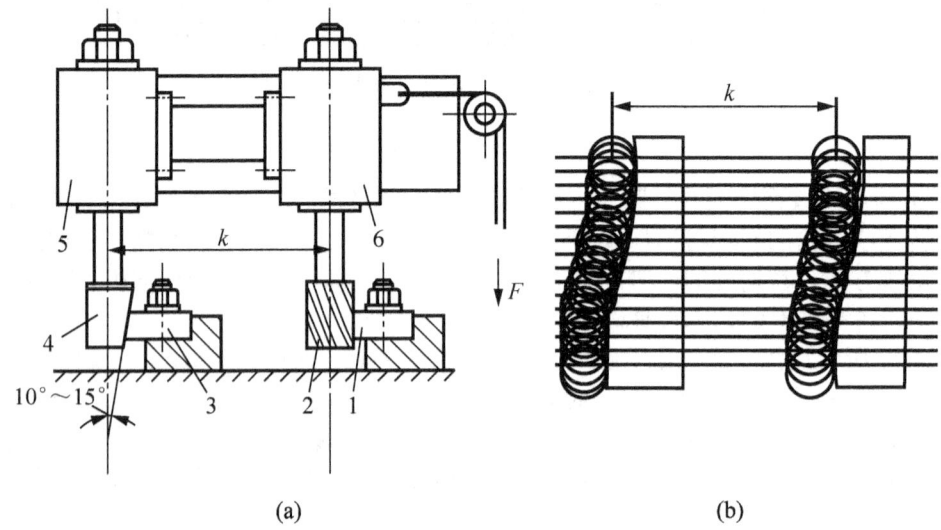

(a)   (b)

图 4.20   直线进给式靠模铣床夹具

1-工件；2-铣刀；3-靠模；4-滚子；5-滚子滑座；6-铣刀滑座

图 4.21 为圆周进给式靠模铣床夹具示意图。夹具装在回转工作台 3 上，回转工作台 3 装在滑座 4 上。滑座 4 受重锤或弹簧拉力 F 的作用使靠模 2 与滚子 5 保持紧密接触。滚子 5 与铣刀 6 不同轴，两轴相距为 k。当转台带动工件回转时，滑座也带动工件沿导轨相对于刀具作径向辅助运动，从而加工出与靠模外形相仿的成形面。

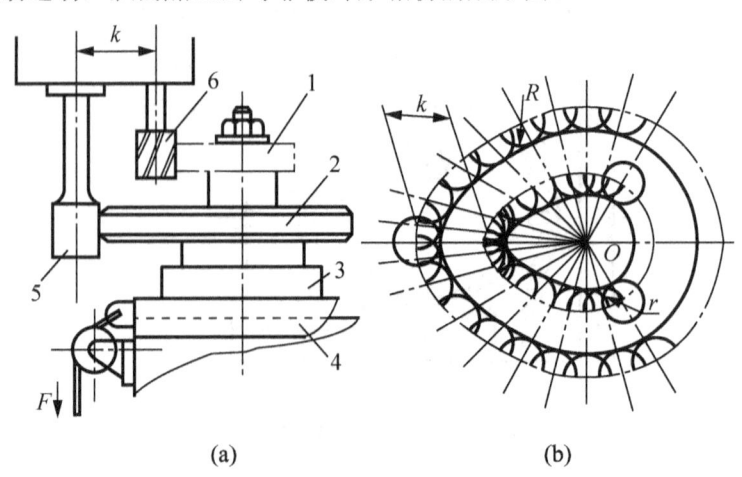

(a)   (b)

图 4.21   圆周进给式靠模铣床夹具

1-工件；2-靠模；3-回转工作台；4-滑座；5-滚子；6-铣刀

③ 铣床夹具的设计要点。由于铣削加工切削用量及切削力较大，又是多刃断续切削，加工时易产生振动，因此设计铣床夹具时应注意：夹紧力要足够且反行程自锁；夹具的安

装要准确可靠，即安装及加工时要正确使用定向键、对刀装置；夹具体要有足够的刚度和稳定性，结构要合理。

a. 定向键。定向键又称定位键，安装在铣床夹具底面的纵向槽中，一般使用两个，安在一条直线上，用螺钉紧固在夹具体上。其距离越远，导向精度越高，小型夹具也可使用一个断面为矩形的长键。

定向键通过与铣床工作台上的 T 形槽配合，确定夹具在机床上的正确位置；还能承受部分切削扭矩，减轻夹紧螺栓的负荷，增加夹具的稳固性，因此平面夹具及有些专用钻镗床夹具也常使用。

定向键的断面有矩形和圆柱形两种形式，常用的为矩形。如图 4.22 所示，图 4.22(a)为矩形定向键，其结构尺寸已标准化(JB/T8016—1999，《机床夹具零件及部件　定位键》)。图 4.22(b)为圆柱形定向键。

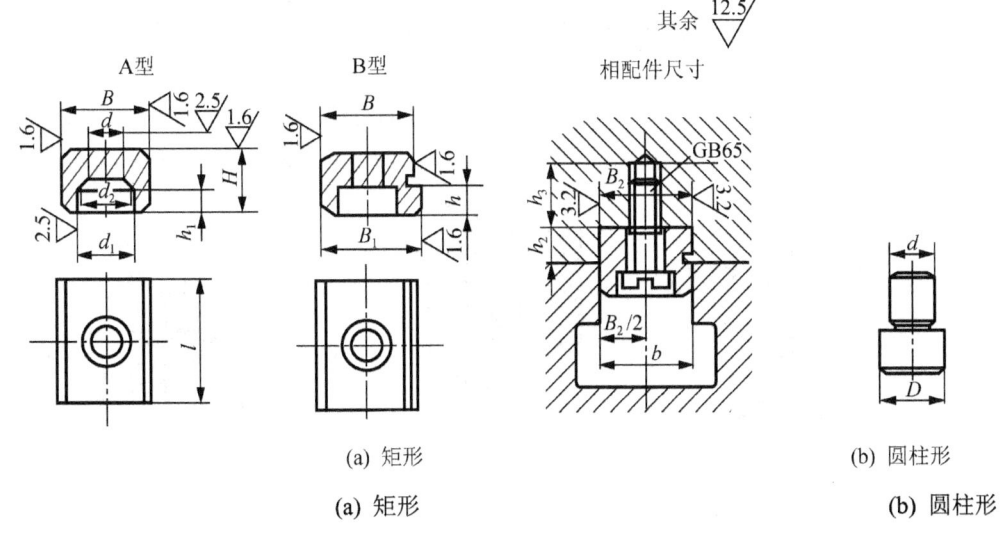

(a) 矩形　　　　　　　　　　　　　　　(b) 圆柱形

(a) 矩形　　　　　　　　　　　　　　　(b) 圆柱形

图 4.22　定向键

常用的矩形定向键有 A 型和 B 型两种结构型式。A 型定向键的宽度，按统一尺寸 B(h6 或 h8)制作，适用于夹具定向精度要求不高的场合。B 型定向键的侧面开有沟槽，沟槽上部与夹具体的键槽配合，其宽度尺寸 B 按 H7/h6 或 Js6/h6 与键槽配合；沟槽的下部宽度为 B_1，与铣床工作台的 T 形槽配合。因为 T 形槽公差为 H8 或 H7，故 B_1 一般按 h6 或 h8 制造。为了提高夹具的定位精度，在制造定位键时，B_1 应留有修磨量 0.5mm，以便与工作台 T 形槽修配，达到较高的配合精度。

定向精度要求高的夹具和重型夹具，不宜采用定向键，而是在夹具体上加工出一窄长平面作为找正基面，来校正夹具的安装位置。

b. 对刀装置。对刀装置由对刀块和塞尺组成，用以确定夹具和刀具的相对位置。对刀装置的结构形式取决于加工表面的形状。

图 4.23 所示为几种常见的对刀块。图 4.23(a)为圆形对刀块，用于加工平面；图 4.23(b)为方形对刀块，用于调整组合铣刀的位置；图 4.23(c)为直角对刀块，用于加工两相互垂直面或铣槽时的对刀；图 4.23(d)为侧装对刀块，用于加工两相互垂直面或铣槽时的对刀。这些标准对刀块的结构参数均可从有关标准中查取。

对刀块常用销钉和螺钉紧固在夹具体上，其位置应便于使用塞尺对刀，不妨碍工件装卸。对刀时,在刀具与对刀块之间加一塞尺,避免刀具与对刀块直接接触而损坏刀刃或造成对刀块过早磨损。塞尺有平塞尺和圆柱形塞尺两种(参考 JB/T 8788—1998),其厚度和直径为 3~5mm,制造公差 h6。对刀块和塞尺均已标准化(设计时可查阅相关标准),使用时,夹具总图上应标明塞尺尺寸及对刀块工作表面与定位元件之间的位置。对刀装置应设置在便于对刀而且是工件切入的一端。

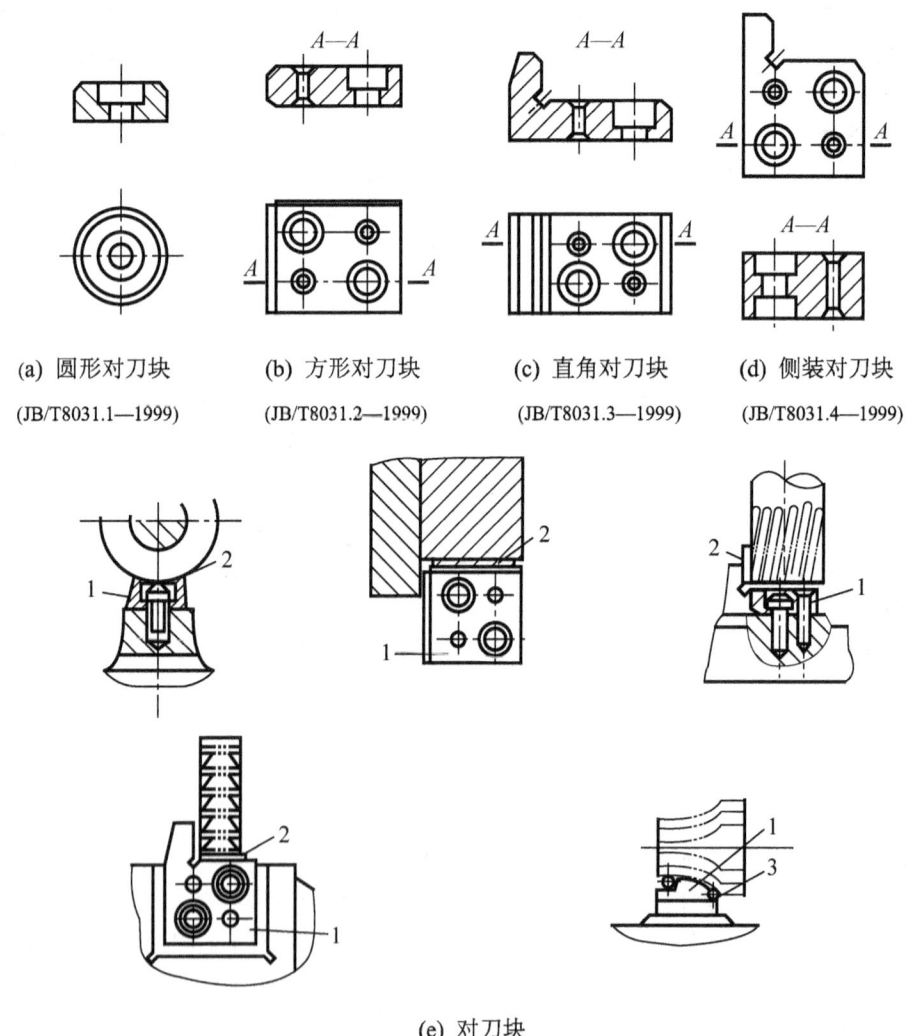

(a) 圆形对刀块   (b) 方形对刀块   (c) 直角对刀块   (d) 侧装对刀块

(JB/T8031.1—1999)   (JB/T8031.2—1999)   (JB/T8031.3—1999)   (JB/T8031.4—1999)

(e) 对刀块

图 4.23　标准对刀块及对刀装置

1-对刀块;2-对刀平塞尺;3-对刀圆柱塞尺

采用标准对刀块和塞尺进行对刀调整时,加工精度不超过 IT8 级公差。当对刀调整要求较高或不便于设置对刀块时,可以采用试切法、标准件对刀法或用百分表来校正定位元件相对于刀具的位置,而不设置对刀装置。

c. 夹具体设计。为提高铣床夹具在机床上安装的稳固性,减轻其断续切削可能引起的振动,除要求夹具体有足够的强度和刚度外,还应使被加工表面尽量靠近工作台面,以降低夹具的重心。因此,夹具体的高宽比限制在 $H/B \leqslant 1 \sim 1.25$ 范围内。铣床夹具与工作台的

连接部分应设计耳座，因连接要牢固稳定，故夹具上耳座两边的表面要加工平整，如图 4.24 所示。

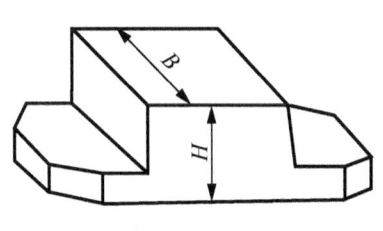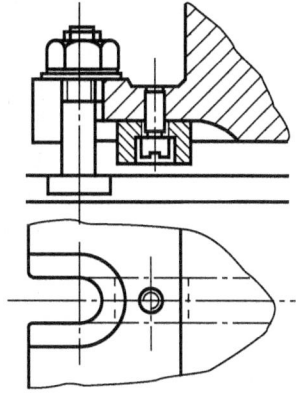

(a) 铣床夹具本体　　　　　　　(b) 铣床夹具的耳座结构

图 4.24　铣床夹具的本体及耳座结构示意图

若夹具体较宽，可在同一侧设置两个与铣床工作台 T 形槽等间距的耳座；对重型铣床夹具，夹具体两端还应设置吊装孔或吊环等以便搬运。

铣削加工时产生大量切屑，夹具应有足够的排屑空间，并注意切屑的流向，使清理切屑方便。

(4) 铣削加工的工艺范围及特点。

① 铣刀是典型的多刃刀具，加工过程有几个刀齿同时参加切削，总的切削宽度较大；铣削时的主运动是铣刀的旋转，有利于进行高速切削，故铣削的生产率高于刨削加工。

② 铣削加工范围广，可以加工刨削无法加工或难以加工的表面。例如，可铣削周围封闭的凹平面、圆弧形沟槽、具有分度要求的小平面和沟槽等。

③ 铣削过程中，就每个刀齿而言是依次参加切削，刀齿在离开工件的一段时间内，可以得到一定的冷却。因此，刀齿散热条件好，有利于减少铣刀的磨损，延长了使用寿命。

④ 由于是断续切削，刀齿在切入和切出工件时会产生冲击，而且每个刀齿的切削厚度也时刻在变化，这就引起切削面积和切削力的变化。因此，铣削过程不平稳；容易产生振动。

⑤ 铣床、铣刀比刨床、刨刀结构复杂，铣刀的制造与刃磨比刨刀困难，所以铣削成本比刨削高。

⑥ 铣削与刨削的加工质量大致相当，经粗、精加工后都可达到中等精度。但在加工大平面时，刨削后无明显接刀痕，而用直径小于工件宽度的端铣刀铣削时，各次走刀间有明显的接刀痕，影响表面质量。

3) 平面磨削

对于精度要求高的平面以及淬火零件的平面加工，需要采用平面磨削方法。平面磨削主要在平面磨床上进行。平面磨削时，对于形状简单的铁磁性材料工件，采用电磁吸盘装夹工件，操作简单方便，能同时装夹多个工件，而且能保证定位面与加工面的平行度要求。对于形状复杂或非铁磁性材料的工件，可采用精密平口虎钳或专用夹具装夹，然后用电磁吸盘或真空吸盘吸牢。

当磨削键、垫圈、薄壁套等小零件时，由于工件与工作台接触面积小，吸力弱，容易被磨削力弹出造成事故，所以装夹这类工件时，需要将工件四周或左右两端用挡铁围住，以防工件移动。

磨削平面的粗糙度 Ra 可达 $0.32\sim1.25\mu m$。生产批量较大时，箱体的平面常用磨削来精加工。为了提高生产率和保证平面间的相互位置精度，工厂还常采用组合磨削(见图 4.25)来精加工平面。

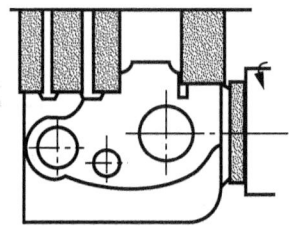

图 4.25　组合磨削

(1) 平面磨削方式。根据砂轮工作面的不同，平面磨削分为周磨和端磨两类。

① 周磨。如图 4.26(a)、(b)所示，它是采用砂轮的圆周面对工件平面进行磨削。这种磨削方式，砂轮与工件的接触面积小，磨削力小，磨削热小，冷却和排屑条件较好，而且砂轮磨损均匀。

② 端磨。如图 4.26(c)、(d)所示，它是采用砂轮端面对工件平面进行磨削。这种磨削方式，砂轮与工件的接触面积大，磨削力大，磨削热多，冷却和排屑条件差，工件受热变形大。此外，由于砂轮端面径向各点的圆周速度不相等，砂轮磨损不均匀。

根据平面磨床工作台的形状和砂轮工作面的不同，普通平面磨床可分为四种类型：卧轴矩台式平面磨床[见图 4.26(a)]；卧轴圆台式平面磨床[见图 4.26(b)]；立轴圆台式平面磨床[见图 4.26(c)]；立轴矩台式平面磨床[见图 4.26(d)]。

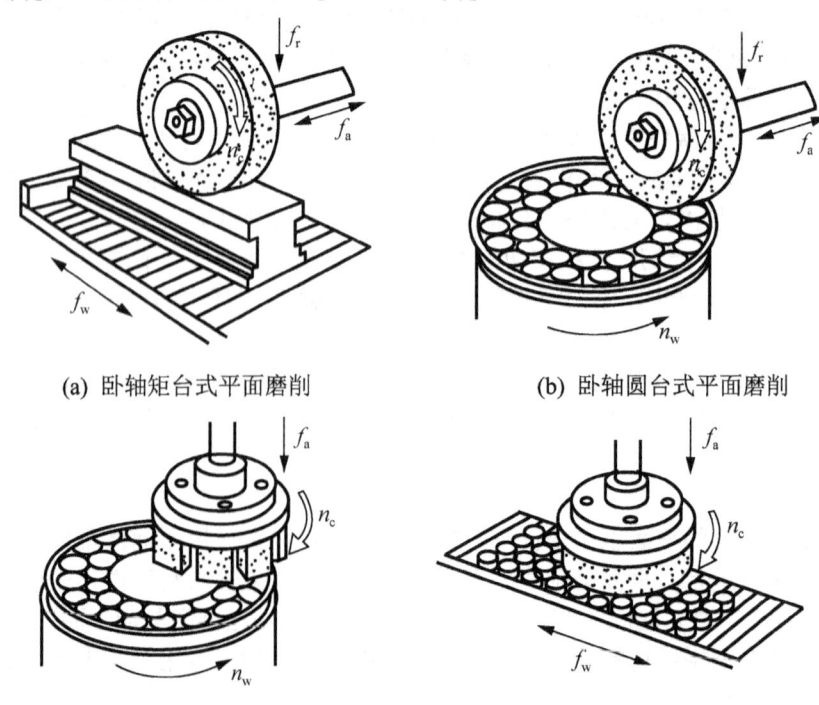

(a) 卧轴矩台式平面磨削　　　　　(b) 卧轴圆台式平面磨削

(c) 立轴圆台式平面磨削　　　　　(d) 立轴矩台式平面磨削

图 4.26　平面磨床加工示意图

上述四种平面磨床中，用砂轮端面磨削的平面磨床与用砂轮圆周面磨削的平面磨床相比，由于端面磨削的砂轮直径往往比较大，能同时磨削出工件的全宽，磨削面积较大，同时砂轮悬伸长度短，刚性好，可采用较大的磨削用量，生产率较高。但砂轮散热、冷却、排屑条件差，所以加工精度和表面质量不高，一般用于粗磨。而用圆周面磨削的平面磨床，加工质量较高，但这种平面磨床生产效率低，适合于精磨。圆台式平面磨床和矩台式平面磨床相比，由于圆台式是连续进给，生产效率高，适用于磨削小零件和大直径的环行零件端面，不能磨削长零件。矩台式平面磨床，可方便磨削各种常用零件，包括直径小于工作台面宽度的环行零件。生产中常用的是卧轴矩台式平面磨床和立轴圆台式平面磨床。图 4.27 是卧轴矩台式平面磨床外形图。工作台 2 沿床身 1 的纵向导轨的往复直线进给运动由液压传动，也可手动进行调整。工件用电磁吸盘式夹具装夹在工作台上。砂轮架 5 可沿滑座 4 的燕尾导轨作横向间歇进给(或手动或液动)。滑座和砂轮架一起可沿立柱 3 的导轨作间歇的垂直切入运动(手动)。砂轮主轴由内装式异步电动机直接驱动。

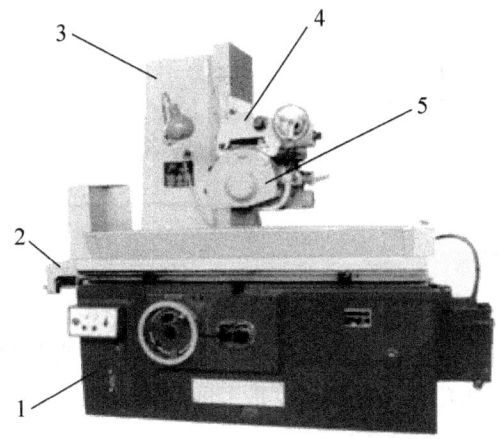

图 4.27　卧轴矩台平面磨床

1-床身；2-工作台；3-立柱；4-滑座；5-砂轮架

4) 平面加工方案

由于平面作用不同，其技术要求也不同，故应采用不同的加工方案，以保证平面质量。常用的平面加工方案见表 4-4。

表 4-4　平面加工方案汇总表

序号	加 工 方 案	经济精度级	表面粗糙度 $Ra/\mu m$	适 用 范 围
1	粗车	IT13～11	50～12.5	回转体零件的端面
2	粗车→半精车	IT10～8	6.3～3.2	
3	粗车→半精车→精车	IT8～7	1.6～0.8	
4	粗车→半精车→磨削	IT8～6	0.8～0.2	
5	粗刨(或粗铣)	IT13～11	12.5～6.3	精度要求不太高的不淬硬平面
6	粗刨(或粗铣)→精刨(或精铣)	IT10～8	6.3～1.6	

序号	加 工 方 案	经济精度级	表面粗糙度 Ra/μm	适 用 范 围
7	粗刨(或粗铣)→精刨(或精铣)→刮研	IT7～6	0.8～0.1	精度要求较高的不淬硬平面，加工余量较大时宜采用宽刃精刨方案
8	以宽刃精刨代替 7 中的刮研	IT7	0.8～0.2	
9	粗刨(或粗铣)→精刨(或精铣)→磨削	IT7	0.8～0.2	精度要求高的淬硬平面或不淬硬平面
10	粗刨(或粗铣)→精刨(或精铣)→粗磨→精磨	IT7～6	0.4～0.025	
11	粗铣→拉	IT9～7	0.8～0.2	大量生产、较小的平面(精度视拉刀精度而定)
12	粗铣→精铣→磨削→研磨	IT5 以上	0.1～0.006(或 Rz 为 0.05)	高精度平面

2. 箱体孔系的加工方法

箱体上若干有相互位置精度要求的孔的组合，称为孔系。孔系可分为平行孔系、同轴孔系和交叉孔系(见图 4.28)。孔系加工是箱体加工的关键，根据箱体加工批量的不同和孔系精度要求的不同，孔系加工所用的方法也是不同的，现分别予以讨论。

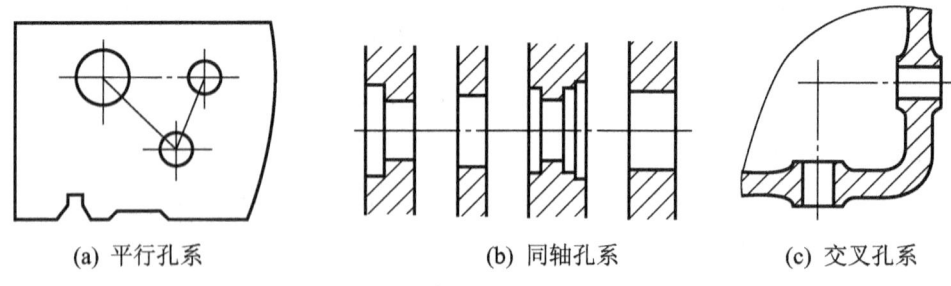

(a) 平行孔系　　　(b) 同轴孔系　　　(c) 交叉孔系

图 4.28　孔系分类

1) 平行孔系的加工

保证平行孔系孔距精度的方法有如下几种。

(1) 找正法。找正法是在通用机床(镗床、铣床)上利用辅助工具来找正所要加工孔的正确位置的加工方法。这种找正法加工效率低，一般只适于单件小批生产。根据找正方法的不同。找正法又可分为以下几种：

① 划线找正法。加工前按照零件图在毛坯上划出各孔的位置轮廓线，然后按划线一一进行加工。划线和找正时间较长，生产率低，而且加工出来的孔距精度也低，一般在±0.5mm左右。为提高划线找正的精度，往往结合试切法进行。即先按划线找正镗出一孔，再按线将主轴调至第二孔中心，试镗出一个比图样要小的孔；若不符合图样要求，则根据测量结

果重新调整主轴的位置，再进行试镗、测量、调整，如此反复几次，直至达到要求的孔距尺寸。此法虽比单纯的按线找正所得到的孔距精度高，但孔距精度仍然较低，且操作的难度较大，生产效率低，适用于单件小批生产。

② 心轴和量块找正法。图 4.29 所示为心轴和量块找正法。镗第一排孔时将心轴插入主轴孔内(或直接利用镗床主轴)，然后根据孔和定位基准的距离组合一定尺寸的量块来校正主轴位置，校正时用塞尺测定量块与心轴之间的间隙，以避免量块与心轴直接接触而损伤量块，如图 4.29(a)所示。镗第二排孔时，分别在机床主轴和已加工孔中插入心轴，采用同样的方法来校正主轴轴线的位置，以保证孔距的精度，如图 4.29(b)所示。这种找正法其孔心距精度可达 ±0.03mm。

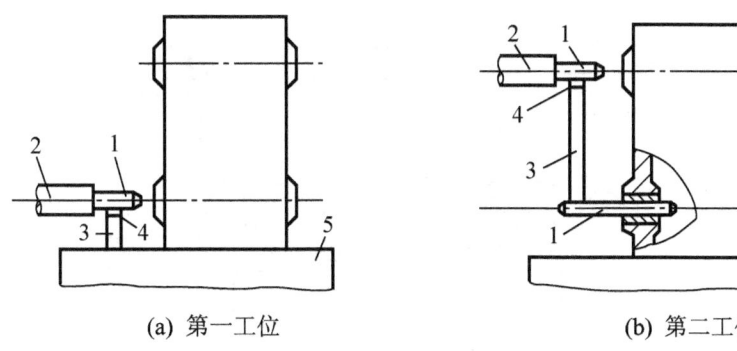

(a) 第一工位　　　　　　　(b) 第二工位

图 4.29　用心轴和量块找正

1-心轴；2-镗床主轴；3-量块；4-塞尺；5-镗床工作台

③ 样板找正法。图 4.30 所示为样板找正法，用 10～20mm 厚的钢板制成样板 1，装在垂直于各孔的端面上(或固定于机床工作台上)，样板上的孔距精度较箱体孔系的孔距精度高(一般为±0.01～±0.03mm)，样板上的孔径较工件的孔径大，以便于镗杆通过。样板上的孔径要求不高，但要有较高的形状精度和较小的表面粗糙度值。当样板准确地装到工件上后，在机床主轴上装一个百分表 2，按样板找正机床主轴，找正后，即换上镗刀加工。此法加工孔系不易出差错，找正方便，孔距精度可达 ±0.05mm。这种样板的成本低，仅为镗模成本的 1/7～1/9，单件小批生产中、大型的箱体孔系加工可用此法。

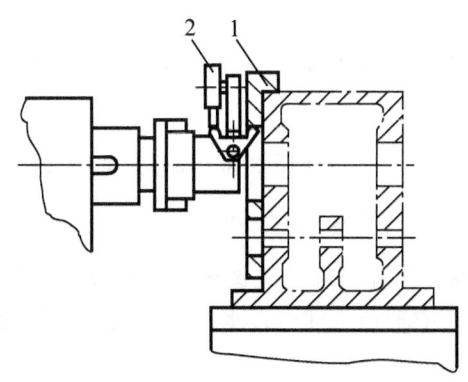

图 4.30　样板找正法镗孔

1-样板；2-百分表

(2) 镗模法。在成批生产中，广泛采用镗模加工孔系，如图 4.31 所示。工件 5 装夹在镗模上，镗杆 4 被支承在镗模的导套 6 中，导套的位置决定了镗杆的位置，装在镗杆上的镗刀 3 将工件上相应的孔加工出来。当用两个或两个以上的镗架支承 1 来引导镗杆时，镗杆与镗床主轴 2 必须浮动连接。当采用浮动连接时，机床精度对孔系加工精度影响很小，因而可以在精度较低的机床上加工出精度较高的孔系。孔距精度主要取决于镗模，一般可达 ±0.05mm。能加工公差等级 IT7 的孔，其表面粗糙度 Ra 可达 5～1.25μm。孔与孔之间的同轴度和平行度，当从一端加工、镗杆两端均有导向支承时，可达 0.02～0.03mm；当分别由两端加工时，可达 0.04～0.05mm。

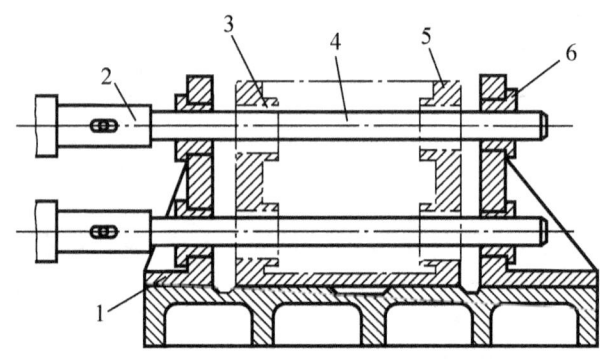

图 4.31　用镗模加工孔系

1-镗架支承；2-镗床主轴；3-镗刀；4-镗杆；5-工件；6-导套

用镗模法加工孔系，既可在通用机床上加工，也可在专用机床上或组合机床上加工，图 4.32 为在组合机床上用镗模加工孔系的示意图。

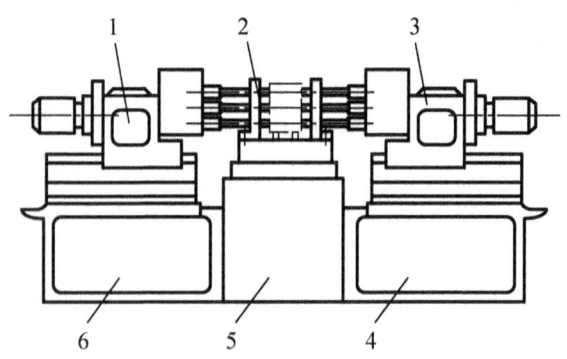

图 4.32　在组合机床上用镗模加工孔系

1-左动力头；2-镗模；3-右动力头；4、6-侧底座；5-中间底座

(3) 坐标法。坐标法镗孔是在普通卧式镗床、坐标镗床或数控镗铣床等设备上，借助于精密测量装置，调整机床主轴与工件间在水平和垂直方向的相对位置，来保证孔距精度的一种镗孔方法。

采用坐标法加工孔系时，要特别注意选择基准孔和镗孔顺序，否则，坐标尺寸累积误差会影响孔距精度。基准孔应尽量选择本身尺寸精度高、表面粗糙度值小的孔(一般为主轴孔)，这样在加工过程中，便于校验其坐标尺寸。孔距精度要求较高的两孔应连在一起加工；加工时，应尽量使工作台朝同一方向移动，因为工作台多次往复，其间隙会产生误差，影响坐标精度。

　　现在国内外许多机床厂，已经直接用坐标镗床或加工中心机床来加工一般机床箱体。这样就可以加快生产周期，适应机械行业多品种小批量生产的需要。

　　2) 同轴孔系的加工

　　成批生产中，箱体上同轴孔的同轴度几乎都由镗模来保证。单件小批生产中，其同轴度用下面几种方法来保证：

　　(1) 利用已加工孔作支承导向。如图 4.33 所示，当箱体前壁上的孔加工好后，在孔内装一导向套，以支承和引导镗杆加工后壁上的孔，从而保证两孔的同轴度要求。这种方法只适于加工箱壁相距较近的孔。

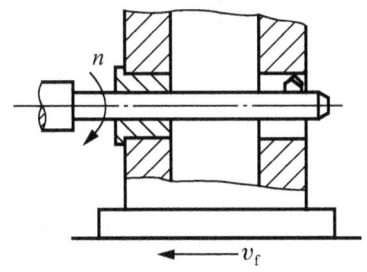

图 4.33　利用已加工孔导向

　　(2) 利用镗床后立柱上的导向套支承导向。这种方法其镗杆系两端支承，刚性好。但此法调整麻烦，镗杆长、笨重，故只适于单件小批生产中大型箱体的加工。

　　(3) 采用调头镗。当箱体箱壁相距较远时，可采用调头镗。工件在一次装夹下，镗好一端孔后，将镗床工作台回转 180°，调整工作台位置，使已加工孔与镗床主轴同轴，然后再加工另一端孔。

　　当箱体上有一较长并与所镗孔轴线有平行度要求的平面时，镗孔前应先用装在镗杆上的百分表对此平面进行校正，如图 4.34(a)所示，使其和镗杆轴线平行，校正后加工孔 B，孔 B 加工后，回转工作台，并用镗杆上装的百分表沿此平面重新校正，这样就可保证工作台准确地回转 180°，如图 4.34(b)所示。然后再加工孔 A，从而保证孔 A、B 同轴。

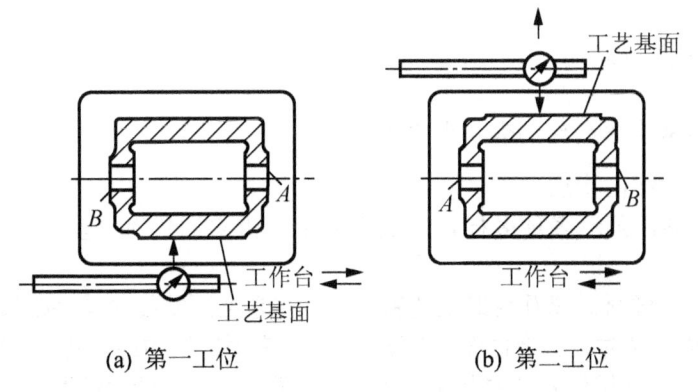

(a) 第一工位　　　　　　　　　(b) 第二工位

图 4.34　调头镗孔时工件的校正

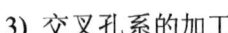

3) 交叉孔系的加工

交叉孔系的主要技术要求是控制有关孔的垂直度误差。在普通镗床上主要靠机床工作台上的 90°对准装置。因为它是挡块装置，结构简单，但对准精度低。

当有些镗床工作台 90°对准装置精度很低时，可用心轴与百分表找正来提高其定位精度，即在加工好的孔中插入心轴，工作台转位 90°，移动工作台用百分表找正，如图 4.35 所示。

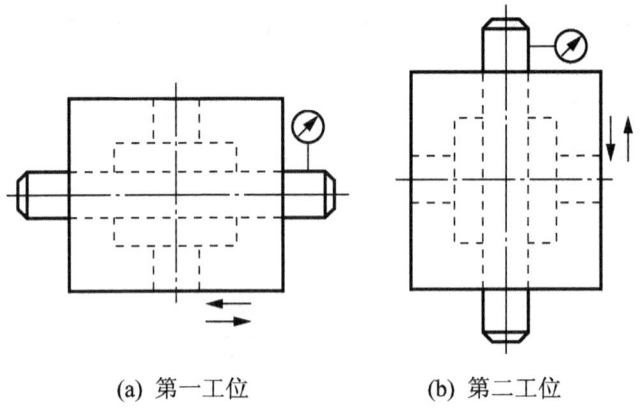

(a) 第一工位   (b) 第二工位

图 4.35 找正法加工交叉孔系

3. 箱体零件的检验

表面粗糙度检验通常用目测或样板比较法，只有当 Ra 值很小时，才考虑使用光学量仪或表面粗糙度测量仪器。

(1) 孔的尺寸精度：一般用塞规检验；单件小批生产时可用内径千分尺或内径千分表检验；若精度要求很高可用气动量仪检验。

(2) 平面的直线度：可用平尺和塞尺或水平仪与桥板检验。

(3) 平面的平面度：可用自准直仪或水平仪与桥板检验，也可用涂色检验。

(4) 同轴度检验：一般工厂常用检验心轴检验同轴度。

(5) 孔间距和孔轴线平行度检验： 根据孔距精度的高低，可分别使用游标卡尺或千分尺，也可用量块测量。

(6) 三坐标测量机可同时对零件的尺寸、形状和位置等进行高精度的测量。

4.1.3 任务实施

1. 分析变速箱壳体的结构和技术要求

1) 箱体零件的结构特点

箱体的结构形式虽然多种多样，但从工艺上分析它们仍有许多共同之处，其结构特点是：

(1) 形状复杂。箱体通常作为装配的基础件，在它上面安装的零件或部件愈多，箱体的形状愈复杂，因为安装时要有定位面、定位孔，还要有固定用的螺钉孔等；为了支撑零部件，需要有足够的刚度，采用较复杂的截面形状和加强筋等；为了储存润滑油，需要具有一定形状的空腔，还要有观察孔、放油孔等；考虑吊装搬运，还必须做出吊钩、凸耳等。

(2) 体积较大。箱体内要安装和容纳有关的零部件，因此必然要求箱体有足够大的体积。

例如，大型减速器箱体长达 4～6m、宽约 3～4m。

(3) 壁薄容易变形。箱体体积大，形状复杂，又要求减少质量，所以大都设计成腔形薄壁结构。但是在铸造、焊接和切削加工过程中往往会产生较大内应力，引起箱体变形。即使在搬运过程中，由于方法不当也容易引起箱体变形。

(4) 有精度要求较高的孔和平面。这些孔大都是轴承的支承孔，平面大都是装配的基准面，它们在尺寸精度、表面粗糙度、形状和位置精度等方面都有较高要求。其加工精度将直接影响箱体的装配精度及使用性能。

因此，一般说来，箱体不仅需要加工部位较多，而且加工难度也较大。据统计资料表明，一般中型机床厂用在箱体类零件的机械加工工时约占整个产品的 15%～20%。

(5) 箱体结构工艺性。

① 基本孔。箱体的基本孔，可分为通孔、阶梯孔、交叉孔、盲孔等几类。通孔工艺性最好，通孔内又以孔长 L 与孔径 D 之比 $L/D \leqslant 1～1.5$ 的短圆柱孔工艺性为最好；$L/D > 5$ 的孔，称为深孔，若深度精度要求较高、表面粗糙度值较小时，加工就很困难。

阶梯孔的工艺性与"孔径比"有关。孔径相差越小则工艺性越好；孔径相差越大，且其中最小的孔径又很小，则工艺性越差。

相贯通的交叉孔的工艺性也较差。

盲孔的工艺性最差，因为在精镗或精铰盲孔时，要用手动送进，或采用特殊工具送进。此外，盲孔的内端面的加工也特别困难，故应尽量避免。

② 同轴孔。同一轴线上孔径大小向一个方向递减(如 CA6140 的主轴孔)，可使镗孔时镗杆从一端进入，逐个加工或同时加工出同轴线上的几个孔，以保证较高的同轴度和生产率。单件小批生产时一般采用这种孔径分布形式。

同轴线上的孔的直径大小从两边向中间递减(如 CA6140 主轴箱轴孔)，可使刀杆从两边进入，这样不仅缩短了镗杆长度，提高了镗杆的刚性，而且为双面同时加工创造了条件。所以大批大量生产的箱体，常采用此种孔径分布形式。

同轴线上孔的直径的分布形式，应尽量避免中间隔壁上的孔径大于外壁的孔径。因为加工这种孔时，要将刀杆伸进箱体后装刀、对刀，结构工艺性差。

③ 装配基面。为便于加工、装配和检验，箱体的装配基面尺寸应尽量大，形状应尽量简单。

④ 凸台。箱体外壁上的凸台应尽可能在一个平面上。以便可以在一次走刀中加工出来。而无须调整刀具的位置，使加工简单方便。

⑤ 紧固孔和螺纹孔。箱体上的紧固孔和螺纹孔的尺寸规格应尽量一致，以减少刀具数量和换刀次数。

此外，为保证箱体有足够的动刚度与抗振性，应酌情合理使用肋板、肋条，加大圆角半径，收小箱口，加厚主轴前轴承口厚度。

2) 箱体零件的主要技术要求

箱体类零件中，机床主轴箱的精度要求较高，可归纳为以下五项精度要求：

(1) 孔径精度：孔径的尺寸误差和几何形状误差会造成轴承与孔的配合不良。孔径过大，配合过松，使主轴回转轴线不稳定，并降低了支承刚度，易产生振动和噪声；孔径太小，会使配合偏紧，轴承将因外环变形，不能正常运转而缩短寿命。装轴承的孔不圆，也会使轴承外环变形而引起主轴径向圆跳动。

从上面分析可知，对孔的精度要求是较高的。主轴孔的尺寸公差等级为 IT6，其余孔为 IT8～IT7。孔的形状精度未作规定的，一般控制在尺寸公差的 1/2 范围内即可。

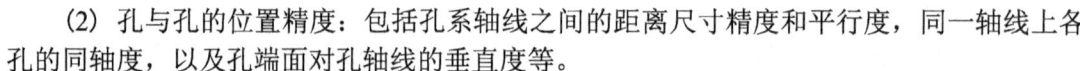

(2) 孔与孔的位置精度：包括孔系轴线之间的距离尺寸精度和平行度，同一轴线上各孔的同轴度，以及孔端面对孔轴线的垂直度等。

同一轴线上各孔的同轴度误差和孔端面对轴线的垂直度误差，会使轴和轴承装配到箱体内出现歪斜，从而造成主轴径向圆跳动和轴向窜动，加剧了轴承磨损。孔系之间的平行度误差，会影响齿轮的啮合质量。一般孔距允差为±0.025～±0.060mm，而同一中心线上的支承孔的同轴度约为最小孔尺寸公差之半。

(3) 孔和平面的位置精度：主要孔对主轴箱安装基面的平行度，决定了主轴与床身导轨的相互位置关系。这项精度是在总装时通过刮研来达到的。为了减少刮研工作量，一般规定在垂直和水平两个方向上，只允许主轴前端向上和向前偏。

(4) 主要平面的精度：箱体的主要平面是装配基面，并且往往是加工时的定位基面。装配基面的平面度影响主轴箱与床身连接时的接触刚度和相互位置精度，加工过程中作为定位基面则会影响主要孔的加工精度。因此规定了底面和导向面必须平直，为了保证箱盖的密封性，防止工作时润滑油泄出，还规定了顶面的平面度要求，当大批大量生产将其顶面用作定位基面时，对它的平面度要求还要提高。一般箱体主要平面的平面度为 0.1～0.03mm，各主要平面对装配基面垂直度为 0.1/300。

(5) 表面粗糙度：一般主轴孔的表面粗糙度 Ra 为 0.4μm，其他各纵向孔的表面粗糙度 Ra 为 1.6μm；孔的内端面的表面粗糙度 Ra 为 3.2μm，装配基面和定位基面的表面粗糙度 Ra 为 2.5～0.63μm，其他平面的表面粗糙度 Ra 为 10～2.5μm。

经分析可知，本例所示的变速箱壳体的外形尺寸为 360mm×325mm×108mm，属小型箱体零件，内腔无加强肋，孔多壁薄，刚性较差。其主要加工面和加工要求如下：

(1) 三组平行孔系。三组平行孔用来安装轴承，因此都有较高的尺寸精度(IT7)和形状精度(圆度 0.012mm)要求，表面粗糙度 Ra 为 1.6μm，彼此之间的孔距公差为±0.1mm。

(2) 端面 A。端面 A 是与其他相关部件连接的结合面，其表面粗糙度 Ra 为 1.6μm；端面 A 与三组平行孔系有垂直度要求，公差为 0.02mm。

(3) 装配基面 B。在变速箱壳体两侧中段分别有两块外伸面积不大的安装面 B，它是该零件的装配基面。为了保证齿轮传动位置和传动精度的准确性，要求 B 面和 A 面的垂直度为 0.01mm，B 面与 ϕ146mm 大孔中心距为 124.1±0.05mm，表面粗糙度 Ra 为 3.2μm。

(4) 其他表面。除上述主要表面外，还有与 A 面相对的另一端面 C、R88mm 扇形缺圆孔及 B 面上的由袋小孔等。

2. 明确箱体零件毛坯状况

1) 箱体零件的材料、毛坯及热处理

箱体零件材料一般选用 HT100～HT400 的各种牌号的灰铸铁，而最常用的为 HT200。灰铸铁不仅成本低，而且具有较好的耐磨性、可铸性、可切削性和阻尼特性，成本又低。单件小批生产或某些简易机床的箱体，为了缩短生产周期和降低成本，可采用钢材焊接结构。此外，精度要求较高的坐标镗床主轴箱则选用耐磨铸铁。负荷大的主轴箱也可采用铸钢件。

其铸造方法视铸件精度和生产批量而定。单件小批生产多用木模手工造型，毛坯精度低，加工余量大。有时也采用钢板焊接方式。大批生产常用金属模机器造型，毛坯精度较高，加工余量可适当减小。

毛坯的加工余量与生产批量、毛坯尺寸、结构、精度和铸造方法等因素有关。有关数据可查有关资料及根据具体情况决定。

　　毛坯铸造时，应防止砂眼和气孔的产生。为了减少毛坯制造时产生残余应力，应使箱体壁厚尽量均匀。

　　为了消除铸造时形成的内应力，减少变形，保证其加工精度的稳定性，毛坯铸造后要安排人工时效处理或退火工序。精度要求高或形状复杂的箱体还应在粗加工后多加一次人工时效处理，以消除粗加工造成的内应力，进一步提高加工精度的稳定性。

　　2) 确定毛坯的类型

　　该变速箱零件的材料为 ZL106 铝硅铜合金，根据零件形状及材料确定采用铸造毛坯。因该零件的生产批量为小批生产，且结构比较简单，因此选用木模手工造型的方法生产毛坯。采用这种方法生产的毛坯，其铸件精度较低，铸孔留的余量较多而且也不均匀。这个问题在制定机械加工工艺规程时要给予充分的重视。

　　3. 拟定变速箱壳体零件的加工工艺路线

　　1) 确定加工方案

　　根据零件材料为有色金属、孔的直径较大、各表面加工精度要求较高的实际情况，确定各表面的加工工艺路线如下：

　　(1) 孔加工工艺路线：粗镗→半精镗→精镗。

　　(2) 平面加工工艺路线：粗铣→精铣。

　　(3) 由于 B 面与 A 面有较高的垂直度要求，采用铣削不易保证精度要求，故在表面铣削后还应增加一道精加工工序，考虑到该表面面积较小，在小批生产条件下，可采用刮削的方法来保证加工要求。

　　2) 划分加工阶段

　　该零件加工要求较高，刚性较差，为减少加工过程中不利因素对加工质量的影响，整个加工过程划分为粗加工、半精加工和精加工三个阶段。

　　根据孔系位置精度要求较高的情况，零件上的三个孔应安排在一道工序一次装夹中加工出来。同时，考虑到零件位置精度的要求，其他平面的加工也应当适度集中。

　　3) 选择定位基准

　　在小批生产中，毛坯精度较低，粗加工一般采用划线找正装夹。本任务中，根据粗基准选择原则，选 C 面和两个相距较远的毛坯孔为粗基准，并通过划线找正的方法兼顾其他各加工面的余量分布。

　　选择精基准时，考虑到箱体类零件的加工表面之间有较高的位置精度要求，故应首先考虑采用基准统一的定位方案。由零件分析可知，B 面是该零件的装配基面，用它来定位可以使很多加工要求实现基准重合。但是，由于 B 面很小，用它做主要定位基准易出现装夹不稳定的情况，故改用面积较大、要求也较高的 A 面作主要定位基面，限制三个自由度；用 B 面限制两个自由度；用加工过的 ϕ146mm 孔找正，实现零件定位。

　　4) 加工工序安排

　　根据"先基面，后其他"、"先面后孔"的原则，在工艺过程的开始阶段首先将 A 面、B 面两个定位基面加工出来；对于次要表面(如小孔、扇形窗口等)的加工安排在加工过程的各个阶段完成。由于该变速箱体零件的加工精度在加工过程中较易保证，故只在零件加工完成后安排一道检验工序。

　　4. 确定加工余量和工序尺寸

　　现以变速箱壳体端面加工为例，讲述确定加工余量和工序尺寸的方法。

1) 查阅各工序加工余量及公差

从相关手册查得端面加工各工序的加工余量及公差为：

$Z_{毛坯A} = 4.5mm$（铸件顶面），$Z_{毛坯C} = 3.5mm$（铸件底面），$Z_{粗铣} = 2.5mm$

粗铣经济精度 IT12：$T_{粗铣} = 0.35mm$

精铣经济精度 IT10：$T_{精铣} = 0.14mm$

2) 计算工序尺寸

毛坯尺寸：$108mm + 4.5mm + 3.5mm = 116mm$

粗铣 A 面后，获得的尺寸：$116mm - Z_{粗铣} = 116mm - 2.5mm = 113.5mm$

粗铣 C 面后，获得的尺寸：$113.5mm - 2.5mm = 111mm$

A 面得精铣余量：$Z_{精铣A} = 4.5mm - 2.5mm = 2mm$

C 面得精铣余量：$Z_{精铣C} = 3.5mm - 2.5mm = 1mm$

第一次精铣尺寸：$111mm - 2mm = 109mm$

第二次精铣尺寸等于零件设计尺寸 108mm。

3) 确定切削用量和时间定额

(1) 铣削用量和切削液的选择。

① 铣削用量。在铣削过程中，所选用的切削用量，称为铣削用量。铣削用量包括吃刀量 a、铣削速度 v_c 和进给量 f。

a. 吃刀量 a：吃刀量是两平面的距离。该两平面都垂直于所选定的测量方向，并分别通过作用切削刃上两个使上述两平面间的距离为最大的点。

吃刀量 a 又分背吃刀量 a_p 和侧吃刀量 a_e：

背吃刀量 a_p 是指在通过切削刃基点并垂直于工作平面的方向上测量的吃刀量。

侧吃刀量 a_e 是指在平行于工作平面并垂直于切削刃基点的进给运动方向上测量的吃刀量。

b. 铣削速度 v_c：选定的切削刃相对于工件的主运动的瞬时速度，单位为 m/min。铣削速度可按下式计算：

$$v_c = \pi dn / 1\ 000$$

式中：v_c——铣削速度(m/min)；

　　　d——铣刀直径(mm)；

　　　n——铣刀转速(r/min)。

c. 进给量：刀具在进给运动方向上相对于工件的位移量，可用刀具或工件每转或每行程的位移量来表述度量。铣削进给量有三种表示方法，见表 4-5。

表 4-5　进给量的三种表示方法

进给量表示方法	含义及用途	含　义	用　途
进给量	每齿进给量 f_z /(mm/齿)	多齿铣刀每转过一个刀齿时，工件与铣刀沿进给方向的相对位移量	用来计算切削力、验算刀齿强度
	每转进给量 f/mm·r^{-1}	铣刀每转一转时，工件与铣刀沿进给方向的相对位移量	
	进给速度 v_f/mm·min^{-1}	单位时间(每分钟)内，工件与铣刀沿进给方向的相对位移量	机床调整及计算加工工时的依据

以上三种进给量之间的关系如下：$v_f = f \cdot n = f_z z n$

式中：z——铣刀齿数；

　　　n——铣刀转速(r/min)。

② 铣削用量的选择原则。铣削用量应根据工件材料、加工精度、铣刀耐用度及机床刚度等因素进行选择。

a. 保证刀具有合理的使用寿命，有高的生产率和低的成本。

b. 保证加工质量，主要是保证加工表面的精度和表面粗糙度达到图样要求。

c. 不超过铣床允许的动力和转矩，不超过工艺系统(工件、刀具、机床、夹具)的刚度和强度，同时又充分发挥它们的潜力。

上述三条，根据具体情况应有所侧重。一般在粗加工时，应尽可能发挥刀具、机床的潜力和保证合理的刀具寿命；精加工时，则首先要保证加工精度和表面粗糙度，同时兼顾合理的刀具寿命。

③ 选择铣削用量的顺序。在铣削过程中，如果能在一定的时间内切除较多的金属，就有较高的生产率。显然，增加吃刀量、铣削速度和进给量，都能增加金属切除量。但是，影响刀具寿命最显著的因素是铣削速度，其次是进给量，而吃刀量对刀具的影响最小。所以，为了保证必要的刀具寿命，应当优先采用较大的吃刀量，其次是选择较大的进给量，最后才是根据刀具寿命要求，选择适宜的铣削速度。

④ 铣削用量的选择。

a. 选择吃刀量 a。在铣削加工中，一般是根据工件切削层的尺寸来选择铣刀。当加工余量不大时，应尽量一次进给铣去全部加工余量。只有当工件的加工精度要求较高时，才分粗铣、精铣进行。吃刀量具体数值的选取可参考表 4-6。

表 4-6　铣削吃刀量的选取　　　　　　　　　　　　　　　　　　　　(mm)

工件材料	高速钢铣刀		硬质合金铣刀	
	粗铣	精铣	粗铣	精铣
铸铁	5～7	0.5～1	10～18	1～2
软钢	<5	0.5～1	<12	1～2
中硬钢	<4	0.5～1	<7	1～2
硬钢	<3	0.5～1	<4	1～2

b. 选择每齿进给量 f_z。每齿进给量 f_z 是衡量铣削加工效率水平的重要指标。粗铣时，限制进给量提高的主要因素是切削力，进给量主要根据铣床进给机构的强度、刀齿强度以及工艺系统的刚度来确定。在强度、刚度许可的条件下，进给量应尽量选取得大一些。

半精铣和精铣时，限制进给量提高的主要因素是表面粗糙度。为了减少工艺系统的振动，减小已加工表面的残留面积高度，一般选取较小的进给量。

进给量 f_z 的选取可参考表 4-7。

表 4-7 每齿进给量 f_z 的推荐值

工件材料	工件硬度 HBW	硬质合金		高速钢			
		面铣刀	三面刃铣刀	圆柱铣刀	立铣刀	面铣刀	三面刃铣刀
低碳钢	<150	0.20~0.40	0.15~0.30	0.12~0.20	0.04~0.20	0.15~0.30	0.12~0.20
	150~200	0.20~0.35	0.12~0.25	0.12~0.20	0.03~0.18	0.15~0.30	0.10~0.15
中、高碳钢	120~180	0.15~0.50	0.15~0.30	0.12~0.20	0.05~0.20	0.15~0.30	0.12~0.20
	180~220	0.15~0.40	0.12~0.25	0.12~0.20	0.04~0.20	0.15~0.25	0.07~0.15
	220~300	0.12~0.25	0.07~0.20	0.07~0.15	0.03~0.15	0.10~0.20	0.05~0.12
灰铸铁	150~180	0.20~0.50	0.12~0.30	0.20~0.30	0.07~0.18	0.20~0.35	0.15~0.25
	180~220	0.20~0.40	0.12~0.25	0.15~0.25	0.05~0.15	0.15~0.30	0.12~0.20
	220~300	0.15~0.30	0.10~0.20	0.10~0.20	0.03~0.10	0.10~0.15	0.07~0.12
可锻铸铁	110~160	0.20~0.50	0.10~0.30	0.20~0.35	0.08~0.20	0.20~0.40	0.15~0.25
	160~200	0.20~0.40	0.10~0.25	0.20~0.30	0.07~0.20	0.20~0.35	0.15~0.20
	200~240	0.15~0.30	0.10~0.20	0.12~0.25	0.05~0.15	0.15~0.30	0.10~0.20
	240~280	0.10~0.30	0.10~0.15	0.10~0.20	0.02~0.08	0.10~0.20	0.07~0.12
含碳量 <0.3% 的合金钢	125~170	0.15~0.50	0.12~0.30	0.12~0.20	0.05~0.20	0.15~0.30	0.12~0.20
	170~220	0.15~0.40	0.12~0.25	0.10~0.20	0.05~0.20	0.15~0.25	0.07~0.15
	220~280	0.10~0.30	0.08~0.20	0.07~0.12	0.03~0.08	0.12~0.20	0.07~0.12
	280~300	0.08~0.20	0.05~0.15	0.05~0.10	0.025~0.05	0.07~0.12	0.05~0.10
含碳量 >0.3% 的合金钢	170~220	0.125~0.40	0.12~0.30	0.12~0.20	0.12~0.20	0.15~0.25	0.07~0.15
	220~280	0.10~0.30	0.08~0.20	0.07~0.15	0.07~0.15	0.12~0.20	0.07~0.20
	280~320	0.08~0.20	0.05~0.15	0.05~0.12	0.15~0.12	0.07~0.12	0.05~0.10
	320~380	0.06~0.15	0.05~0.12	0.05~0.10	0.05~0.10	0.05~0.10	0.05~0.10
工具钢	退火状态	0.15~0.50	0.12~0.30	0.07~0.15	0.05~0.10	0.12~0.20	0.07~0.15
	36HRC	0.12~0.25	0.08~0.15	0.05~0.10	0.03~0.08	0.07~0.12	0.05~0.10
	46HRC	0.10~0.20	0.06~0.12				
	56HRC	0.07~0.10	0.05~0.10				
铝镁合金	95~100	0.15~0.38	0.125~0.30	0.15~0.20	0.05~0.15	0.20~0.30	0.07~0.20

说明：表中小值用于精铣，大值用于粗铣。

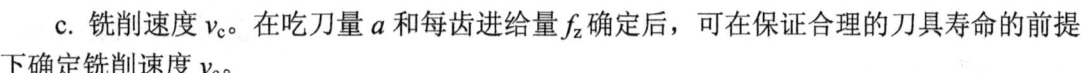

c. 铣削速度 v_c。在吃刀量 a 和每齿进给量 f_z 确定后，可在保证合理的刀具寿命的前提下确定铣削速度 v_c。

粗铣时，确定铣削速度必须考虑到铣床的许用功率。如果超过铣床的许用功率，则应适当降低铣削速度。

精铣时，一方面应考虑合理的铣削速度，以抑制积屑瘤产生，提高表面质量；另一方面，由于刀尖磨损往往会影响加工精度，因此应选用耐磨性较好的刀具材料，并应尽可能使之在最佳范围内工作。

铣削速度 v_c 可在表 4-8 推荐范围内选取，并根据实际情况进行试切后加以调整。

表 4-8　常用工件材料的铣削速度 v_c 推荐值

加工材料	硬度 HBW	铣削速度 $v_c/\text{m} \cdot \text{min}^{-1}$	
		硬质合金刀具	高速钢刀具
低、中碳钢	<220	80～150	21～40
	225～290	60～115	15～36
	300～425	40～75	9～20
高碳钢	<220	60～130	18～36
	225～325	53～105	14～24
	325～375	36～48	9～12
	375～425	35～45	6～10
合金钢	<220	55～120	15～35
	225～325	40～80	10～24
	325～425	30～60	5～9
工具钢	200～250	45～83	12～23
灰铸铁	100～140	110～115	24～36
	150～225	60～110	15～21
	230～290	45～90	9～18
	300～320	21～30	5～10
可锻铸铁	110～160	100～200	42～50
	160～200	83～120	24～36
	200～240	72～110	15～24
	240～280	40～60	9～21
铝镁合金	95～100	360～600	180～300

　　说明：1. 粗铣时取小值，精铣时取大值。

　　　　　2. 工件材料强度和硬度高取小值，反之取大值。

　　　　　3. 刀具材料耐热性好取大值，反之取小值。

⑤ 切削液的合理选用。切削液的选用，主要应根据工件材料、刀具材料和加工性质来确定。选用时，应根据不同情况有所侧重。

粗加工时，由于切削量大，所产生的热量较多，切削区域温度容易升高，而且对表面

机械加工工艺编制

质量的要求不高，因此应选用以冷却为主，并具有一定润滑、清洗和防锈作用的切削液，如水溶液和乳化液等。

精加工时，由于切削量少，所产生的热量也较少，而对工件表面质量则要求较高，因此应选用以润滑为主，并具有一定冷却作用的切削液，如切削油。

在铣削铸铁等脆性金属时，因为它们的切屑呈细小颗粒状和切削液混在一起，容易粘接和堵塞铣刀、工件、工作台、导轨及管道，从而影响铣刀的切削性能和工件表面的加工质量，所以一般不加切削液。在用硬质合金铣刀进行高速切削时，由于刀具耐热性能好，故也可不用切削液。

(2) 确定各工序切削用量和时间定额时可采用查表法或经验法。采用查表法时，应注意结合所加工零件的具体情况以及企业的实际生产条件对所查得的数值进行修订，使其更符合生产实际。

5. 选择设备工装

根据单件小批生产类型的工艺特征，选择通用机床进行零件加工。工艺装备选择时，应采用标准型号的刀具和量具。夹具选择时，为加工方便可根据需要选用部分专用夹具。机床的型号和工装选用情况见表 4-9。

6. 变速箱壳体加工工艺路线

根据以上分析，拟定变速箱壳体加工工艺路线见表 4-9。

表 4-9　变速箱加工工艺路线

工序	工序名称	工 序 内 容	设备	工 艺 装 备
1	铸	铸造		
2	划线	以 ϕ146mm、ϕ 80mm 两孔为基准，适当兼顾轮廓，划出各平面的轮廓线	钳工台	
	粗、精铣	按线找正，粗、精铣 A 面及其对面 C，保证尺寸 108mm	X52	面铣刀
3	粗、精铣	A 面定位，按线找正，粗、精铣安装面 B，留刮研余量 0.2mm	X52	面铣刀
4	划线	划三孔及 R88mm 扇形缺圆窗口线		
5	粗镗	以 A 面(3)、B 面(2)为定位基准，按线找正粗镗三对孔及 R88mm 扇形缺圆孔	T68	通用角铁、镗刀
6	钻	钻 B 面安装孔 ϕ13mm	Z525	钻模、钻头
7	刮	刮研 B 面，达 6～10 点(25mm×25mm)，保证尺寸 20mm、垂直度 0.01mm，四边倒角		平板、刮刀
8	半精镗	半精镗三对孔及 R88mm 扇形缺圆孔	T68	镗模、镗刀
9	涂装	内腔涂黄色漆		
10	精镗	精镗三对孔达图样要求	T68	镗模、镗刀
11	检验	检验入库		

262

任务 4.2　编制分离式齿轮箱体机械加工工艺规程

4.2.1　任务引入

编制图 4.36 所示分离式齿轮箱体的机械加工工艺规程。

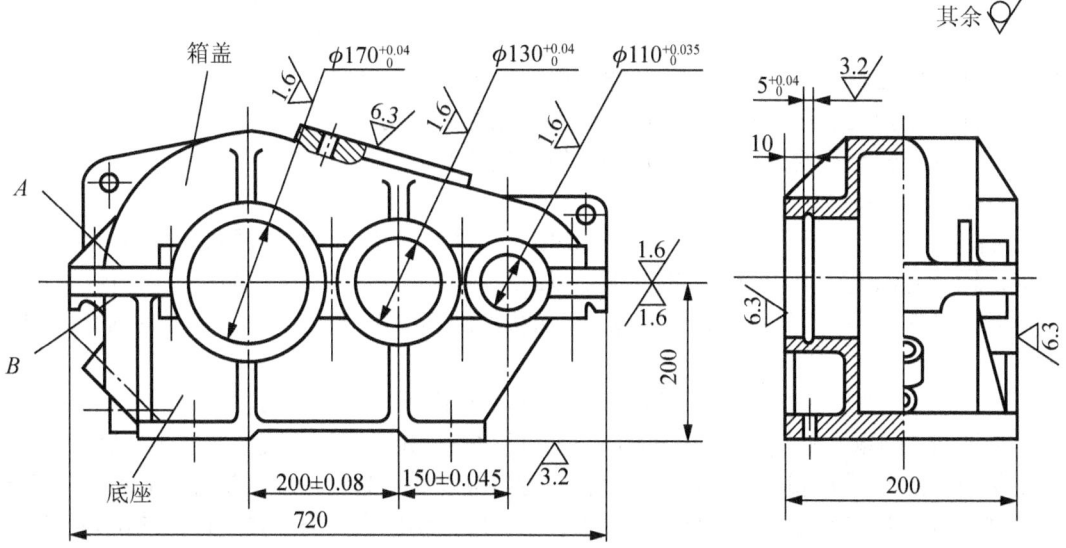

图 4.36　分离式齿轮箱体

4.2.2　任务实施

1. 分析分离式齿轮箱体的结构和技术要求

一般减速箱，为了制造与装配的方便，常做成可分离的，如图 4.36 所示。分离式箱体的主要技术要求如下：

(1) 对合面对底座的平行度误差不超过 0.5/1000；

(2) 对合面的表面粗糙度值 Ra 小于 1.6μm，两对合面的结合间隙不超过 0.03mm；

(3) 轴承支承孔必须在对合面上，误差不超过±0.2mm；

(4) 轴承支承孔的尺寸公差为 H7，表面粗糙度值 Ra 小于 1.6μm，圆柱度误差不超过孔径公差之半，孔距精度误差为 ±0.05～0.08mm。

2. 明确齿轮箱体毛坯状况

图 4.36 所示分离式齿轮箱体的底座毛坯和箱盖毛坯均选用铸件，其组织应致密、无砂眼、气孔及疏松等缺陷。

3. 拟定分离式齿轮箱体加工工艺路线

分离式齿轮箱体虽然遵循一般箱体的加工原则，但是由于结构上的可分离性，因而在工艺路线的拟订和定位基准的选择方面均有一些特点。

1) 确定加工方案

(1) 对合面的加工方案采用：先刨后磨；

(2) 各连接孔、油孔、螺纹底孔采用钻削方案即可满足要求；

(3) 两端面加工：箱体合装后铣削；

(4) 轴承支承孔加工方案：箱体合装后粗镗→精镗。

2) 划分加工阶段

分离式箱体工艺路线与整体式箱体工艺路线的主要区别在于：整个加工过程分为两大阶段。第一阶段先对箱盖和底座分别进行加工，主要完成对合面及其他平面，紧固孔和定位孔的加工，为箱体的合装作准备；第二阶段在合装好的箱体上加工孔及其端面。在两个阶段之间安排钳工工序，将箱盖和底座合装成箱体，并用两销定位，使其保持一定的位置关系，以保证轴承孔的加工精度和拆装后的重复精度。

3) 选择定位基准

(1) 粗基准的选择。分离式箱体最先加工的是箱盖和箱座的对合面。分离式箱体一般不能以轴承孔的毛坯面作为粗基准，而是以凸缘不加工面为粗基准，即箱盖以凸缘 A 面，底座以凸缘 B 面为粗基准。这样可以保证对合面凸缘厚薄均匀，减少箱体合装时对合面的变形。

(2) 精基准的选择。分离式箱体的对合面与底面(装配基面)有一定的尺寸精度和相互位置精度要求；轴承孔轴线应在对合面上，与底面也有一定的尺寸精度和相互位置精度要求。为了保证以上几项要求，加工底座的对合面时，应以底面为精基准，使对合面加工时的定位基准与设计基准重合；箱体合装后加工轴承孔时，仍以底面为主要定位基准，并与底面上的两定位孔组成典型的"一面两孔"定位方式。这样，轴承孔的加工，其定位基准既符合"基准统一"原则，也符合"基准重合"原则，有利于保证轴承孔轴线与对合面的重合度及与装配基面的尺寸精度和平行度。

4) 加工工序安排

应遵循加工顺序安排的一般原则，如先粗后精、先主后次等。

(1) 分离式齿轮箱体的箱盖加工工艺路线为：毛坯→涂底漆→粗刨对合面→刨顶面→磨对合面→钻结合面连接孔→钻顶面螺纹底孔、攻螺纹。

(2) 分离式齿轮箱体的底座加工工艺路线为：毛坯→涂底漆→粗刨对合面→刨底面→钻底面 4 个孔、锪沉孔、铰 2 个工艺孔→钻侧面测油孔、放油孔、螺纹底孔、锪沉孔、攻螺纹→磨对合面。

(3) 箱体合装后：配钻、铰二定位销孔并打入锥销→箱盖配钻底座、结合面的连接孔，锪沉孔→重新拆装、去毛刺→铣两端面→粗镗轴承支承孔，割孔内槽→精镗轴承支承孔，割孔内槽→去毛刺、清洗、打标记。

4. 确定工序尺寸

(1) 粗刨时，对合面按图样加工尺寸留 0.5mm 磨削余量；

(2) 粗镗各轴承支承孔后均留 1mm 精镗余量；

(3) 箱体合装后的精加工：端面、轴承支承孔均加工到图样规定尺寸。

5. 选择设备工装

(1) 对合面、顶面、底面加工设备：刨床、磨床等；

(2) 端面加工设备：铣床；

(3) 内孔加工设备：卧式镗床、钻床。

6. 分离式齿轮箱体加工工艺过程

综合以上分析，分离式齿轮箱体的工艺过程见表 4-10、表 4-11 和表 4-12。

表 4-10　箱盖的工艺过程

序　号	工 序 内 容	定 位 基 准
1	铸造	
2	时效	
3	涂底漆	
4	粗刨对合面	凸缘 A 面
5	刨顶面	对合面
6	磨对合面	顶面
7	钻结合面连接孔	对合面、凸缘轮廓
8	钻顶面螺纹底孔、攻螺纹	对合面两孔
9	检验	

表 4-11　底座的工艺过程

序　号	工 序 内 容	定 位 基 准
1	铸造	
2	时效	
3	涂底漆	
4	粗刨对合面	凸缘 B 面
5	刨底面	对合面
6	钻底面 4 个孔、锪沉孔、铰 2 个工艺孔	对合面、端面、侧面
7	钻侧面测油孔、放油孔、螺纹底孔、锪沉孔、攻螺纹	底面、两孔
8	磨对合面	底面
9	检验	

表 4-12　箱体合装后的工艺过程

序　号	工 序 内 容	定 位 基 准
1	将箱盖与底座对准合笼夹紧、配钻、铰二定位销孔，打入锥销，根据箱盖配钻底座、结合面的连接孔，锪沉孔	
2	拆开箱盖与底座，修毛刺、重新装配箱体，打入锥销，拧紧螺栓	

续表

序　号	工 序 内 容	定 位 基 准
3	铣两端面	底面及两孔
4	粗镗轴承支承孔，割孔内槽	底面及两孔
5	精镗轴承支承孔，割孔内槽	底面及两孔
6	去毛刺、清洗、打标记	
7	检验	

 **特别提示**

箱体机械加工工艺过程及工艺分析

各种箱体的具体结构、尺寸虽不相同，但其加工工艺过程却有许多共同之处。

在拟定箱体零件机械加工工艺规程时，应该遵循以下基本原则。

1. 加工顺序为先面后孔

箱体类零件的加工顺序均为先加工面，以加工好的平面定位，再加工孔。因为箱体孔的精度要求高，加工难度大，先以孔为粗基准加工平面，再以平面为精基准加工孔，这样不仅为孔的加工提供了稳定可靠的精基准，同时还可以使孔的加工余量较为均匀。由于箱体上的支承孔大多分布在箱体外壁平面上，先加工外壁平面可切去铸件表面的凹凸不平及夹砂等缺陷，这样钻孔时，钻头不易引偏，扩孔或铰孔时，刀具也不易崩刃，对孔加工有利。

2. 加工阶段粗精分开、先粗后精

箱体的结构复杂，壁厚不均，刚性不好，而主要平面及孔系加工精度要求又高，故箱体重要加工表面都要划分粗、精加工两个阶段，这样可以避免粗加工造成的内应力、切削力、夹紧力和切削热对加工精度的影响，有利于保证箱体的加工精度。粗、精分开也可及时发现毛坯缺陷，避免更大的浪费；同时还能根据粗、精加工的不同要求来合理选择设备，有利于提高生产率。

3. 基准的选择

零件的粗基准一般都用它上面的重要孔和另一个相距较远的孔作粗基准，这样不仅可以较好地保证重要孔及其他各轴孔的加工余量均匀，还能较好地保证各轴孔轴心线与箱体不加工表面的相互位置。

精基准选择一般采用基准统一的方案，常以箱体零件的装配基准或专门加工的一面两孔为定位基准，使整个加工工艺过程基准统一，夹具结构类似，基准不重合误差降至最小甚至为零(当基准重合时)。

4. 工序集中，先主后次

箱体零件上相互位置要求较高的孔系和平面，一般尽量集中在同一工序中加工，以保证其相互位置要求和减少装夹次数。紧固螺纹孔、油孔等次要工序的安排，一般在平面和支承孔等主要加工表面精加工之后再进行加工。

5. 工序间合理安排热处理

箱体零件的结构复杂，壁厚也不均匀，因此，在铸造时会产生较大的残余应力。为了消除残余应力，

减少加工后的变形和保证精度的稳定，所以，在铸造之后必须安排人工时效处理。人工时效的工艺规范为：加热到 500～550℃，保温 4～6h，冷却速度小于或等于 30℃/h，出炉温度小于或等于 200℃。

　　普通精度的箱体零件，一般在铸造之后安排一次人工时效出理。对一些高精度或形状特别复杂的箱体零件，在粗加工之后还要安排一次人工时效处理，以消除粗加工所造成的残余应力。有些精度要求不高的箱体零件毛坯，有时不安排时效处理，而是利用粗、精加工工序间的停放和运输时间，使之得到自然时效。箱体零件人工时效的方法，除了加热保温法外，也可采用振动时效来达到消除残余应力的目的。

项 目 小 结

　　本项目通过由简单到复杂的两个工作任务，结合箱体零件的结构特点，详细介绍了常用平面加工方法，如刨削、铣削、磨削工艺系统(机床、箱体零件、刀具、夹具)和常用各类孔系(平行孔系、同轴孔系、交叉孔系)加工方法及箱体零件检验等知识。在此基础上，从完成任务角度出发，认真研究和分析在不同的生产批量和生产条件下，工艺系统各个环节间的相互影响，然后根据不同的生产要求及加工工艺规程的制定原则与步骤，合理制定坐标镗床变速箱壳体、分离式齿轮箱体等零件的机械加工工艺规程，正确填写工艺文件，体验岗位需求，积累工作经验。同时，总结出箱体类零件机械加工工艺过程及工艺分析等内容。

思 考 练 习

1. 试述刨削的工艺特点和应用。
2. 常用刨床有哪几种？它们的应用有何不同？
3. 以 X6132 型铣床为例，试述其机床切削运动有哪些。
4. 试述铣削加工的工艺范围及特点。
5. 常用铣床及铣床附件有哪几种？各自的主要用途是什么？
6. 铣床夹具分哪几种类型？各有何特点？
7. 试述铣床夹具的设计要点。
8. 铣削为什么比其他切削加工方法容易产生振动？
9. 试分析磨平面时，端磨法与周磨法各自的特点。
10. 平面磨床有哪几种类型？常用的是哪种类型？
11. 电磁吸盘装夹工件有何优点？磨削非磁性材料及薄片工件平面时，应如何装夹？
12. 何谓孔系？孔系加工方法有哪几种？试举例说明各种加工方法的特点和适用范围。
13. 保证箱体平行孔系孔距精度的方法有哪些？各适用于什么场合？
14. 箱体的结构特点和主要的技术要求有哪些？为什么要规定这些要求？
15. 箱体类零件常用什么材料？箱体类零件加工工艺要点是什么？
16. 箱体零件定位基准的选择有什么特点？它与生产类型有什么关系？
17. 举例说明箱体零件选择粗、精基准时应考虑哪些问题？试举例比较采用"一面两销"或"几个面"组合两种定位方案的优缺点和适用的场合。

18. 制定箱体零件机械加工工艺过程的原则是什么？

19. 编制如图 4.37 所示泵体的加工工艺规程。(生产类型：单件小批生产)

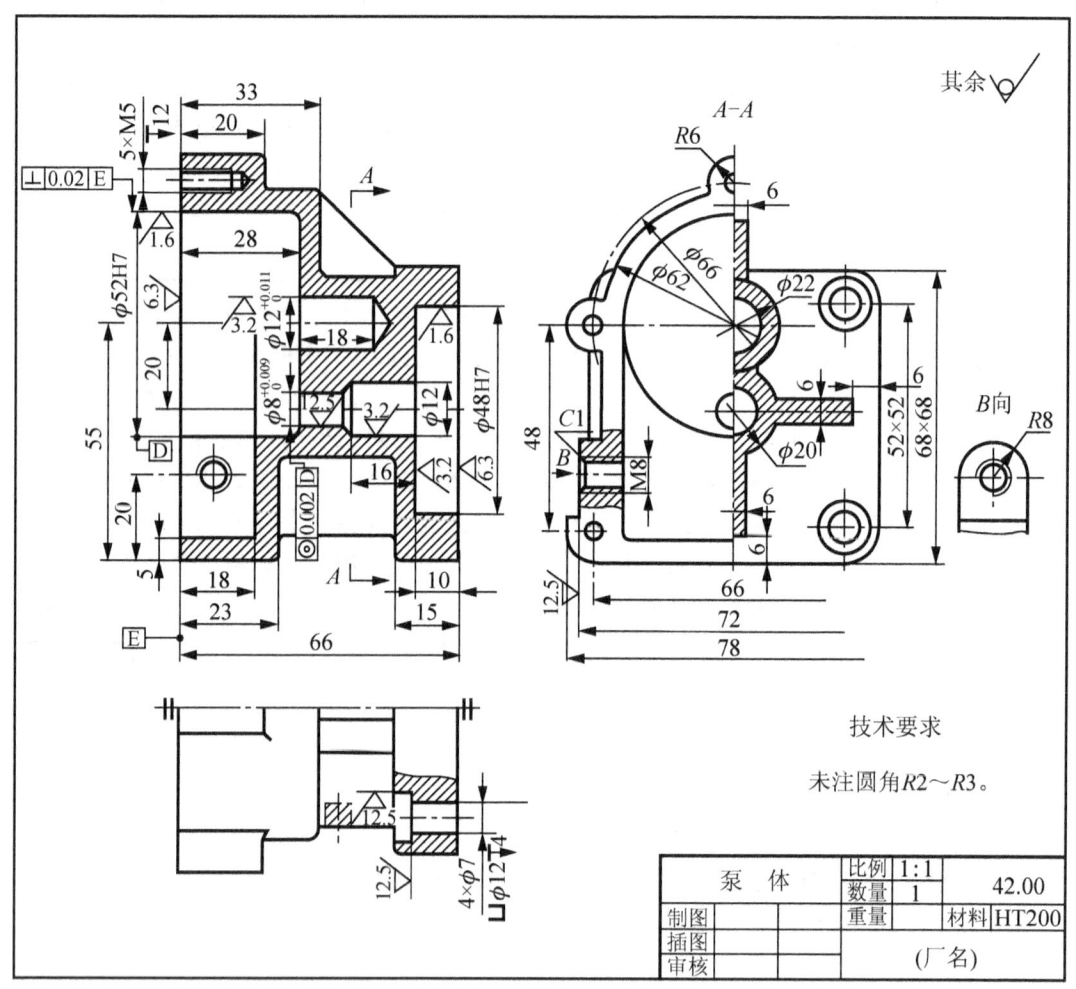

图 4.37　泵体零件简图

项目 5

圆柱齿轮零件机械加工工艺规程编制

教学目标

最终目标	能编制圆柱齿轮零件的机械加工工艺规程，正确填写机械加工工艺文件
促成目标	1.能正确分析圆柱齿轮零件的技术要求；
	2.能合理编制圆柱齿轮的加工工艺规程；
	3.能对零件的加工工艺进行合理性分析，并提出改进建议；
	4.能考虑齿轮零件加工成本；
	5.能查阅并贯彻相关国家标准和行业标准

引言

两种圆柱齿轮如图 5.1 所示，圆柱齿轮是机械传动中应用极为广泛的零件之一，其功用是按规定的传动比传递运动和动力。直齿圆柱齿轮是最基本，也是应用最多的。

一个齿轮的加工过程是由若干工序组成的。为了获得符合精度要求的齿轮，齿形加工是整个齿轮加工的关键，整个加工过程都是围绕着齿形加工工序进行的。

图 5.1　圆柱齿轮实物图

任务 5.1 编制直齿圆柱齿轮零件机械加工工艺规程

5.1.1 任务引入

编制图 5.2 所示直齿圆柱齿轮的机械加工工艺规程。零件材料为 45 钢，生产类型为小批生产。

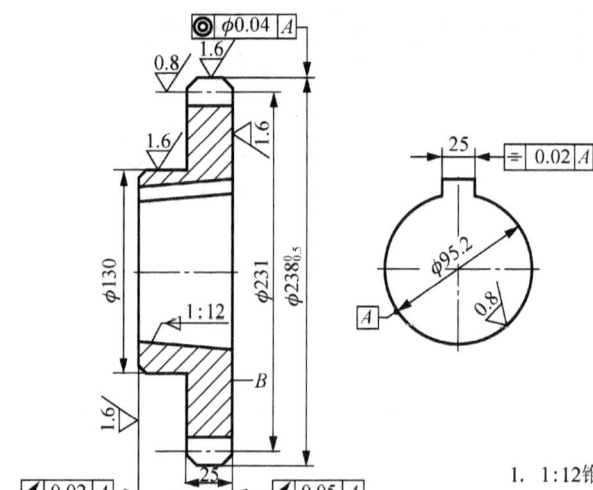

技术要求
1. 1:12 锥度塞规检查，接触面不少于 75%。
2. 热处理：齿部 52～54HRC。

模数	m	3.5
齿数	Z	66
齿形角	α	20°
精度等级	7-6-6KM/GB/T 10095—2008	
公法线长度变动公差	F_w	0.036
径向综合公差	F_i''	0.08
一齿径向综合公差	f_i''	0.016
齿向公差	F_β	0.009
跨齿数	k	8
公法线平均长度及极限偏差	$W_{E_{wi}}^{E_{ws}}$	$80.72_{-0.19}^{-0.14}$

图 5.2 直齿圆柱齿轮

5.1.2 相关知识

1. 圆柱齿轮的精度要求

齿轮本身的制造精度，对整个机器的工作性能、承载能力及使用寿命都有很大影响。根据齿轮的使用条件，对齿轮传动提出以下几方面的要求：

1) 传递运动准确性(运动精度)。要求齿轮能准确地传递运动，传动比恒定，即要求齿轮在一转中，转角误差不超过一定范围。

2) 传递运动平稳性(工作平稳性)。要求齿轮传递运动平稳，冲击、振动和噪声要小。这就要求限制齿轮转动时瞬时速比的变化要小，也就是要限制短周期内的转角误差。

3) 载荷分布均匀性(接触精度)。齿轮在传递动力时，为了不致因载荷分布不均匀使接触应力过大，引起齿面过早磨损，这就要求齿轮工作时齿面接触要均匀，并保证有一定的接触面积和符合要求的接触位置。

4) 合理的齿侧间隙。要求齿轮传动时，非工作齿面间留有一定间隙，以储存润滑油，补偿因温度、弹性变形所引起的尺寸变化和加工、装配时的一些误差。

齿轮的制造精度和齿侧间隙主要根据齿轮的用途和工作条件而定。对于分度传动用的齿轮，主要要求齿轮的运动精度较高；对于高速动力传动用齿轮，为了减少冲击和噪声，对工作平稳性精度有较高要求；对于重载低速传动用的齿轮，则要求齿面有较高的接触精度，以保证齿轮不致过早磨损；对于换向传动和读数机构用的齿轮，则应严格控制齿侧间隙，必要时，须消除间隙。

2.齿形加工方法

齿形加工方法很多，按加工中有无切削，可分为无切削加工和有切削加工两大类。

齿形的无切削加工包括热轧齿轮、冷轧齿轮、精锻、粉末冶金等新工艺。无切削加工具有生产率高，材料消耗少、成本低等一系列的优点，目前已推广使用。但因其加工精度较低，工艺不够稳定，特别是生产批量小时难以采用，这些缺点限制了它的使用。

齿形的有切削加工，具有良好的加工精度，目前仍是齿形的主要加工方法。按其加工原理可分为成形法和展成法两种。

1) 成形法

成形法加工齿轮是利用与被加工齿轮齿槽法向截面形状相符的成形刀具，在齿坯上加工出齿形的方法。成形法加工齿轮的方法有铣齿、拉齿、插齿、刨齿及磨齿等，其中最常用的方法是在普通铣床上用成形铣刀铣齿。当齿轮模数 $m \geqslant 8$ 时，在立式铣床上用指形铣刀铣削，如图 5.3(a)所示；当齿轮模数 $m < 8$ 时，一般在卧式铣床上用盘形铣刀铣削，如图 5.3(b)所示。

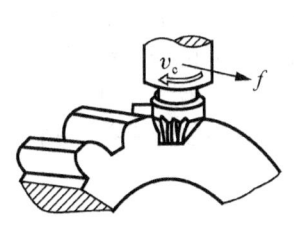 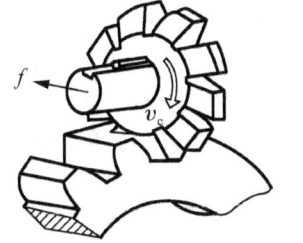 

(a) 指形齿轮铣刀铣齿　　　　　　(b) 盘形齿轮铣刀铣齿

图 5.3　直齿圆柱齿轮的成形铣削

铣削时，将齿坯装夹在心轴上，心轴装在分度头顶尖和尾座顶尖间，模数铣刀作旋转主运动，工作台带着分度头、齿坯作纵向进给运动，实现齿槽的成形铣削加工。每铣完一个齿槽，工件退回，按齿数 z 进行分度，然后再加工下一个齿槽，直至铣完所有的齿槽。铣削斜齿圆柱齿轮应在万能铣床上进行，铣削时，工作台偏转一个齿轮的螺旋角 β，齿坯在随工作台进给的同时，由分度头带动作附加转动，形成螺旋线运动。

用成形法加工齿轮的齿廓形状是由模数铣刀刀刃形状来保证；齿廓分布的均匀性则由

分度头分度精度保证。标准渐开线齿轮的齿廓形状是由该齿轮的模数 m 和齿数 z 决定的。因此，要加工出准确的齿形，就必须要求同一模数不同齿数的齿轮都有一把相应的模数铣刀，这将导致刀具数量非常多，在生产中是极不经济的。实际生产中，为了减少成形刀具的数量，同一模数的铣刀通常只做出八把刀，分别铣削齿形相近的一定齿数范围的齿轮。模数铣刀刀号及其加工齿数范围见表 5-1。

表 5-1　模数铣刀刀号及其加工齿数范围

刀号	1	2	3	4	5	6	7	8
加工齿数范围	12～13	14～16	17～20	21～25	26～34	35～54	55～134	135 以上

由于每种刀号齿轮铣刀的刀齿形状均按加工齿数范围中最少齿数的齿形设计，所以在加工该范围内其他齿数齿轮时，会有一定的齿形误差产生。

当加工精度要求不高的斜齿圆柱齿轮时，可以借用加工直齿圆柱齿轮的铣刀。但此时铣刀的刀号应按照斜齿轮法向截面内的当量齿数 z_d 来选择。斜齿圆柱齿轮的当量齿数 z_d 可按下式求出：

$$z_d = \frac{z}{\cos^3 \beta}$$

式中：z——斜齿圆柱齿轮的齿数；

β——斜齿圆柱齿轮的螺旋角。

成形法铣齿时由于受刀具的齿形误差和分度误差的影响，加工的齿轮存在较大的齿形误差和分齿误差，故铣齿精度较低，加工精度为 9～12 级、齿面粗糙度 Ra 值为 6.3～3.2μm。但这种加工方法可在一般铣床上进行，对于缺乏专用齿轮加工设备的工厂较为方便；模数铣刀比其他齿轮刀具结构简单，制造容易，因此生产成本低。但由于每铣一个齿槽均需进行切入、切出、退刀以及分度等工作，加工时间和辅助时间长，所以生产效率低。

成形法铣齿一般用于单件小批生产或机修工作中，加工直齿、斜齿和人字齿圆柱齿轮，也可加工重型机械中精度要求不高的大型齿轮。

2) 展成法

展成法是应用齿轮啮合原理来进行加工的，用这种方法加工出来的齿形轮廓是刀具切削刃运动轨迹的包络线。齿数不同的齿轮，只要模数和齿形角相同，都可以用同一把刀具来加工。用展成原理加工齿形的方法有：滚齿、插齿、剃齿、珩齿和磨齿等方法。其中剃齿、珩齿和磨齿属于齿形的精加工方法。展成法的加工精度和生产率都较高，刀具通用性好，所以在生产中应用十分广泛。

(1) 滚齿

① 滚齿原理及工艺特点。滚齿是齿形加工方法中生产率较高、应用最广的一种加工方法。在滚齿机上用齿轮滚刀加工齿轮的原理，相当于一对螺旋齿轮作无侧隙强制性的啮合，即滚刀与齿坯按啮合传动关系作相对运动，在齿坯上切出齿槽，形成了渐开线齿面，如图5.4(a)所示。在滚切过程中，分布在螺旋线上的滚刀各刀齿相继切除齿槽中一薄层金属，每个齿槽在滚刀旋转中由几个刀齿依次切出，渐开线齿廓则由切削刃一系列瞬时位置包络而成，如图 5.4(b)所示。

滚齿加工的通用性较好，既可加工圆柱齿轮，又能加工蜗轮；既可加工渐开线齿形，又可加工圆弧、摆线及其他特殊齿形；加工的尺寸范围从仪器仪表中的小模数齿轮直到化工、矿山机械中的大型齿轮。

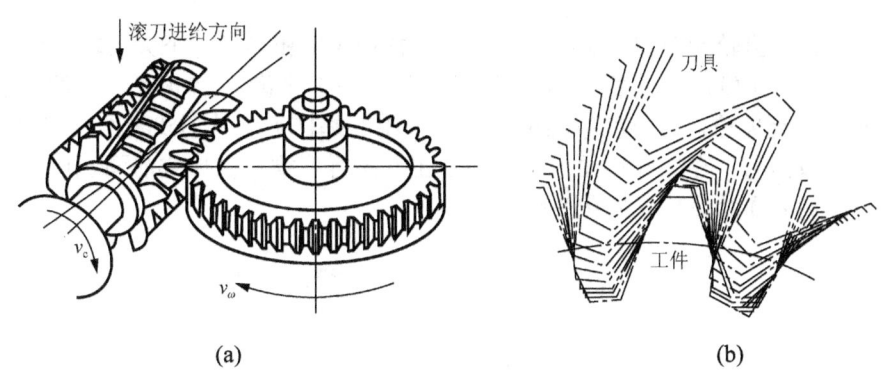

图 5.4　滚齿加工原理

滚齿既可用于齿形的粗加工，也可用于精加工，滚齿加工的精度范围为 4～9 级。一般滚齿后可直接得到 8～9 级精度的齿轮，当采用 AA 级以上的齿轮滚刀和高精度滚齿机时也可以加工出 7 级以上精度的齿轮，甚至加工出 4 级精度的齿轮。通常滚齿可作为剃齿或磨齿等齿形精加工前的粗加工和半精加工工序。

一般生产中多用高速钢滚刀，因此滚齿多用于软齿面(未淬火)齿轮的加工，切削用量也较低，一般切削速度在 30m/min 左右，进给量取 1～3mm/r。近年来超硬高速钢滚刀、硬质合金滚刀的相继投入使用，使滚齿切削速度大大提高。在功率大、刚度高的滚齿机上，切削速度已达 300m/min，滚齿生产效率得到大幅度提高。此外，硬质合金滚刀的采用，为淬火后硬齿面齿轮的精加工或半精加工开辟了一条新路。

由于滚齿加工时的齿面是由滚刀刀齿的包络面形成，且参加切削的刀齿数目有限，因此滚齿齿面的表面质量较低。为提高加工精度和提高齿面质量，应将粗、精滚齿加工分为两个工序(或工步)进行。粗滚后齿面上只留 0.5～1mm 的精滚余量，精滚时宜采用较高的切削速度和较小的进给量。

(2) 齿轮滚刀。齿轮滚刀是按螺旋齿轮啮合原理加工直齿圆柱齿轮和斜齿圆柱齿轮的一种刀具。它相当于一个齿数很少，螺旋角很大的斜齿轮，其外貌呈蜗杆状，如图 5.5 所示。

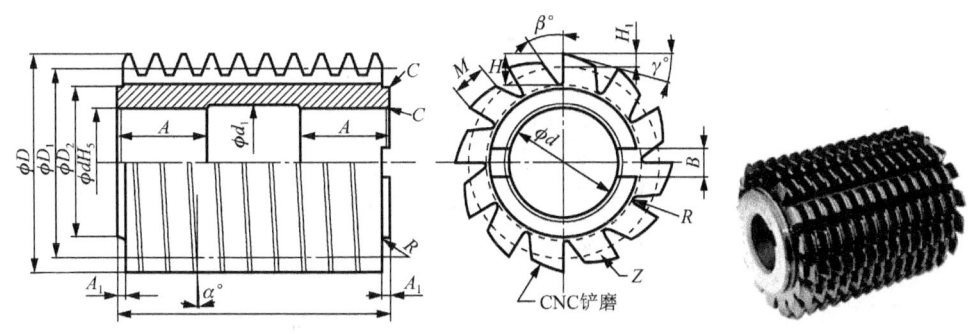

图 5.5　齿轮滚刀及其结构尺寸

齿轮滚刀按照加工性质分为精切滚刀、粗切滚刀、剃前滚刀、刮前滚刀、挤前滚刀和磨前滚刀。

齿轮滚刀按结构分为整体滚刀、焊接式滚刀、装配式滚刀。

a. 齿轮滚刀的形成。齿轮滚刀是按螺旋齿轮啮合原理，用展成法加工直齿和斜齿圆柱齿轮的一种刀具，齿轮滚刀相当于一个小齿轮，被切齿轮相当于一个大齿轮，如图 5.4 所示。齿轮滚刀是一个螺旋角 β 很大而螺纹头数很少(1～3 个齿)、齿很长、并能绕滚刀分度圆柱很多圈的螺旋齿轮，这样就像螺旋升角 γ_z 很小的蜗杆了，其形状及结构尺寸如图 5.5 所示。为了形成刀刃，在蜗杆端面沿着轴线铣出几条容屑槽，以形成前面及前角；经铲齿和铲磨，形成后刀面及后角，如图 5.6 所示。

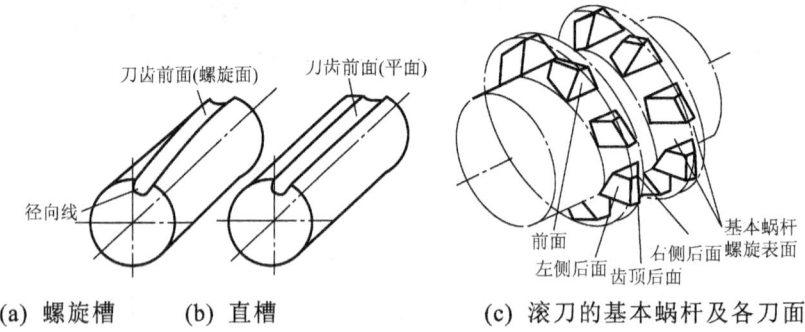

(a) 螺旋槽   (b) 直槽   (c) 滚刀的基本蜗杆及各刀面

图 5.6　齿轮滚刀刃的形成及容屑槽

　　b. 齿轮滚刀的基本蜗杆。齿轮滚刀的两侧刀刃是前面与侧铲表面的交线，它应当分布在蜗杆螺旋表面上，这个蜗杆称为滚刀的基本蜗杆。基本蜗杆有以下三种。

　　a) 渐开线蜗杆：如图 5.7 所示，渐开线蜗杆的螺纹齿侧面是渐开螺旋面，在与基圆柱相切的任意平面和渐开螺旋面的交线是一条直线，其端剖面是渐开线。渐开线蜗杆轴向剖面与渐开螺旋面的交线是曲线。用这种基本螺杆制造的滚刀，没有齿形设计误差，切削的齿轮精度高。然而制造滚刀困难。

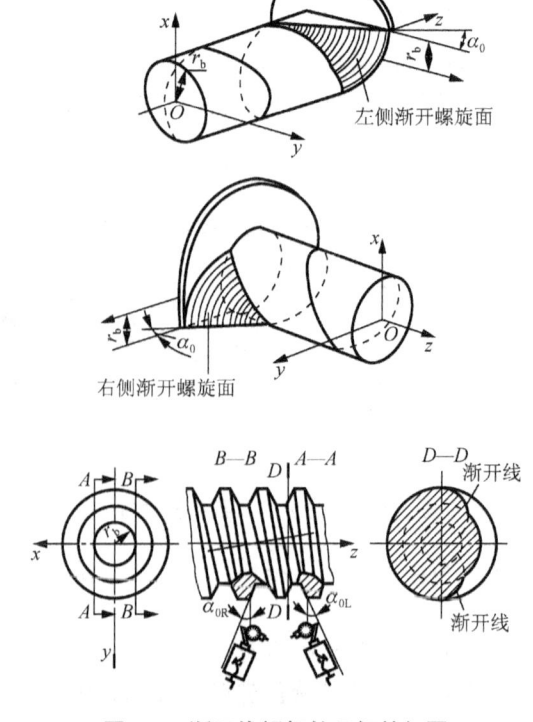

图 5.7　渐开线蜗杆的几何特征图

  b) 阿基米德蜗杆：如图 5.8 所示，阿基米德蜗杆的螺旋齿侧面是阿基米德螺旋面。通过蜗杆轴线剖面与阿基米德蜗螺旋面的交线是直线，其他剖面都是曲线，其端剖面是阿基米德螺旋线。用这种基本蜗杆制成的滚刀，制造与检验滚刀齿形均比渐开线蜗杆简单和方便。但有微量的齿形误差。不过这种误差是在允许的范围之内，为此，生产中大多数精加工滚刀的基本蜗杆均用阿基米德蜗杆代替渐开线蜗杆。

  c) 法向直廓蜗杆：如图 5.9 所示，法向直廓蜗杆法剖面内的齿形是直线，端断面为延长渐开线。用这种基本蜗杆代替渐开线基本蜗杆作滚刀，其齿形设计误差大，故一般作为大模数、多头和粗加工滚刀用。

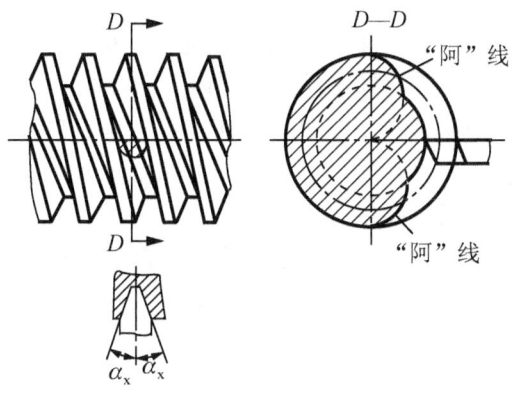

图 5.8 阿基米德蜗杆的几何特征图

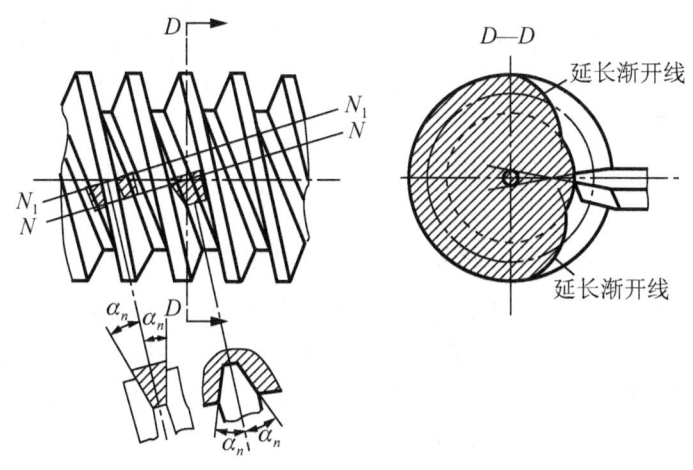

图 5.9 法向直廓蜗杆的几何特征图

  c. 齿轮滚刀的合理使用。按机械行业标准 JB/T 3227—1999《高精度齿轮滚刀　通用技术条件》的规定，Ⅰ型适用于 JB/T 3227—1999 规定的 AAA 级滚刀、GB/T 6084—2001《齿轮滚刀　通用技术条件》规定的 AA 级滚刀；Ⅱ型适用于 GB/T 6084—2001 所规定的 AA、A、B、C 级四种精度的滚刀。一般情况下，AA 级滚刀可加工 6～7 级齿轮，A 级可加工 7～8 级齿轮，B 级可加工 8～9 级齿轮，C 级可加工 9～10 级齿轮。滚刀精度与被加工齿轮的精度关系见表 5-2。

机械加工工艺编制

表 5-2　滚刀精度等级与被加工齿轮精度等级的关系

滚刀精度等级	AAA 级	AA 级	A 级	B 级	C 级
可加工齿轮精度等级	5～6 级	6～7 级	7～8 级	8～9 级	9～10 级

d. 齿轮滚刀的安装。

滚齿时，为了切出准确的齿廓，应当使滚齿刀的螺旋线方向与被加工齿轮的齿面线方向一致，滚齿刀与工件处于正确的啮合位置。这一点无论对直齿圆柱齿轮还是对斜齿圆柱齿轮都是一样的。因此，需将滚齿刀轴线与被切齿轮端面安装成一定的角度，称作安装角 δ。当加工直齿圆柱齿轮时，滚齿刀安装角 δ 等于滚齿刀的螺旋升角 γ。图 5.10(a)所示是右旋滚齿刀加工直齿圆柱齿轮的安装角，图 5.10(b)所示是左旋滚齿刀加工直齿圆柱齿轮的安装角，图中虚线表示滚齿刀与齿坯接触一侧的滚齿刀螺旋线方向。当加工斜齿圆柱齿轮时，滚齿刀的安装角 δ 不仅滚齿刀的螺旋线方向及螺旋升角 γ 有关，而且还与被加工齿轮的螺旋方向及螺旋角 β 有关。当滚齿刀与被加工齿轮的螺旋方向相同(即两者都是左旋，或都是右旋)时，滚齿刀的安装角 $\delta = \beta - \gamma$；当滚齿刀与被加工齿轮的螺旋方向相反时，滚齿刀的安装角 $\delta = \beta + \gamma$。

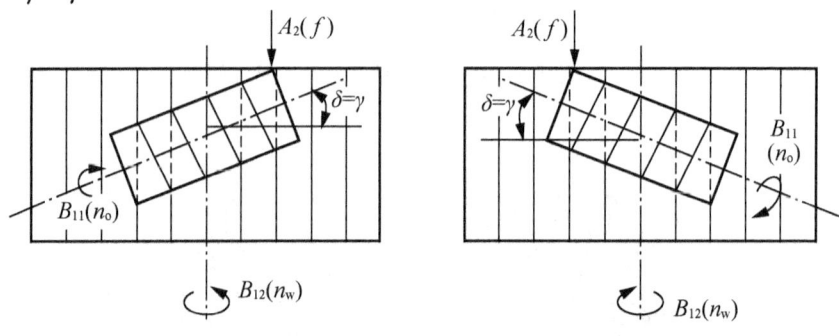

图 5.10　滚切直齿圆柱齿轮时滚齿刀的安装角

③ 滚齿机。滚齿机可进行滚铣圆柱直齿轮、斜齿轮、蜗轮及花键轴等加工。

a. 滚齿机的组成。Y3150E 型滚齿机是一种中型通用滚齿机，主要用于加工直齿和斜齿圆柱齿轮，也可采用径向切入法加工蜗轮。可加工工件最大直径为 500mm，最大模数为 8mm，最小齿数 5k(k 为滚刀头数)。图 5.11 是机床的外形图。立柱 2 固定在床身 1 上，刀架溜板 3 可沿立柱导轨上下移动，刀架体 5 安装在刀架溜板 3 上，刀架体可绕刀架体的水平轴线转位，以调整滚刀和工件间的相对位置(安装角)，使它们符合一对轴线交叉的交错斜齿轮副的啮合位置。工件安装在工作台 9 的心轴 8 上或直接安装在工作台上，随工作台一起转动。后立柱 7 和工作台 9 一起装在床鞍 10 上，可沿床身的水平导轨移动，用于调整工件的径向位置或作径向进给运动。

276

图 5.11　Y3150E 型滚齿机

1-床身；2-立柱；3-刀架溜板；4-刀杆；5-刀架体；6-支架；7-后立柱；8-心轴；

9-工作台；10-床鞍

b. 滚齿机传动原理。滚齿时齿廓的成形方式是展成法，成形运动是滚刀旋转运动和工件旋转运动组成的复合运动，这个复合运动称为展成运动。当滚刀与工件连续不断地旋转时，便在工件整个圆周上依次切出所有齿槽。也就是说，滚齿时齿面的成形过程与齿轮的分度过程是结合在一起的，因而展成运动也就是分度运动。为了得到所需的渐开线齿廓和齿轮齿数，滚齿时滚刀和工件之间必须保持严格的相对运动关系：即当滚刀转过一转时，工件应该相应的转 k/z 转(k 为滚刀头数，z 为工件齿数)。

a) 加工直齿圆柱齿轮的运动和传动原理。图 5.12 所示为滚切直齿圆柱齿轮的传动原理图，它具有以下三条传动链。

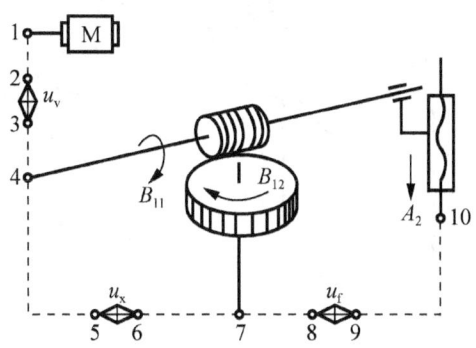

图 5.12　滚切直齿圆柱齿轮的传动原理图

主运动传动链：由图 5.12 传动原理图中得主运动传动链为：电动机(M)—1—2—u_v—3—4—滚刀(B_{11})。这是一条外联系传动链，其传动链中换置机构 u_v 用于调整渐开线齿廓的成形速度，应当根据工艺条件确定滚刀转速来调整其传动比。

展成运动传动链：由图 5.12 传动原理图得展成运动传动链为：滚刀(B_{11})—4—5—u_x—6—7—工作台(B_{12})。由这条传动链保证工件和刀具之间严格的运动关系，其中换置机构 u_x 用来适应工件齿数和滚刀头数的变化。这是一条内联系传动链，它不仅要求传动比准确，而且要求滚刀和工件两者旋转方向必须符合一对交错轴螺旋齿轮啮合时相对运动方向。当滚刀旋转方向一定时，工件的旋转方向由滚刀螺旋方向确定。

轴向进给传动链：由图 5.12 传动原理图得轴向进给传动链为：工作台(B_{12})—7—8—u_f—9—10—刀架丝杠(A_2)。为了切出整个齿宽，滚刀在自身旋转的同时，必须沿工件轴线作直线进给运动 A_2，滚刀的垂直进给运动是由滚刀刀架沿立柱导轨移动实现的。传动链中的换置机构 u_f 用以调整垂直进给量的大小和进给方向，以适应不同加工表面粗糙度的要求。由于刀架的垂直进给运动是简单运动，所以，这条传动链是外联系传动链。通常以工作台(工件)每转一转，刀架的位移来表示垂直进给量的大小。

b) 加工斜齿圆柱齿轮的运动和传动原理。斜齿圆柱齿轮与直齿圆柱齿轮在端面均为渐开线齿廓，不同之处是：前者齿长形状为螺旋线，后者为直线。因此，加工斜齿圆柱齿轮需要两个成形运动：一个是形成渐开线齿廓的展成运动；另一个是形成齿长螺旋线的运动。前者与加工直齿圆柱齿轮相同，后者要求当滚刀沿工件轴向移动时，工件在展成法运动 B_{12} 的基础上再产生一个附加转动，以形成螺旋齿形线轨迹。因此，滚切斜齿圆柱齿轮时，除了与滚切直齿轮一样，需要主运动、展成运动和轴向进给运动外，为了形成螺旋线齿线，在滚刀作轴向进给运动的同时，工件还应作附加旋转运动 B_{22}(简称附加运动)，图 5.13(b) 是滚切斜齿圆柱齿轮的传动原理图。

滚切斜齿圆柱齿轮时，其中主运动传动链、展成运动传动链和轴向进给运动传动链与直齿圆柱齿轮的传动原理相同。为了形成螺旋线齿线，在滚刀作垂直进给运动的同时，在刀架与工件之间还应增加一条附加运动传动链：刀架(滚刀移动 A_{21})—12—13—u_y—14—15—合成机构—6—7—u_x—8—9—工作台(工件附加运动 B_{22})，这条传动链又称为差动运动传动链，其中换置机构 u_y 适应工件螺旋线导程 S 和螺旋方向的变化。而且这两个运动之间必须保持确定的关系：滚刀沿工件轴线方向进给一个工件螺旋线导程 S 时，工件应准确地附加转过一转，如图 5.13(a)所示。

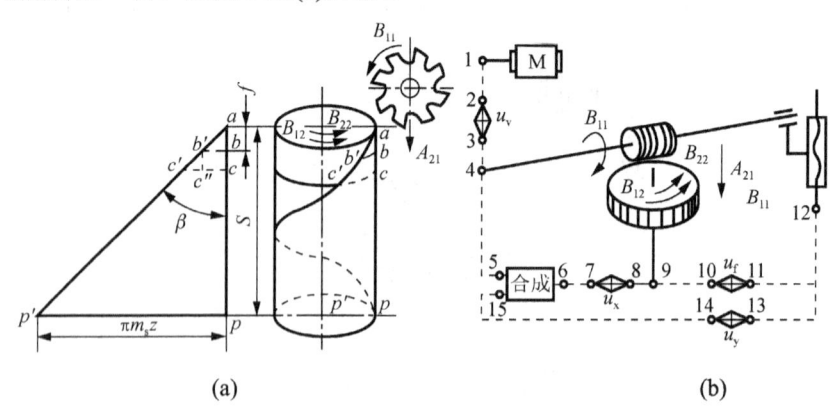

图 5.12　滚切斜齿圆柱齿轮的传动原理图

c) 滚齿机的运动合成机构。滚齿机既可用于加工直齿圆柱齿轮，又可用于加工斜齿圆柱齿轮，所以滚齿机的传动设计必须满足两者的要求。通常，滚齿机是根据加工斜齿圆柱齿轮的要求设计的。在传动系统中设有一个运动合成机构，以便将展成运动传动链中工作台的旋转运动 B_{12} 和附加运动传动链中工作台的附加运动 B_{22} 合成为一个运动后传送到工作台。加工直齿圆柱齿轮时，断开附加运动传动链，同时把运动合成机构调整为一个如同"联轴器"的结构形式即可。

滚齿机所用的运动合成机构通常是圆柱齿轮或锥齿轮行星机构。图 5.14 所示为 Y3150E 型滚齿机所用的运动合成机构，由模数 $m=3$，齿数 $z=30$，螺旋角=0°的四个弧齿锥齿轮组成。

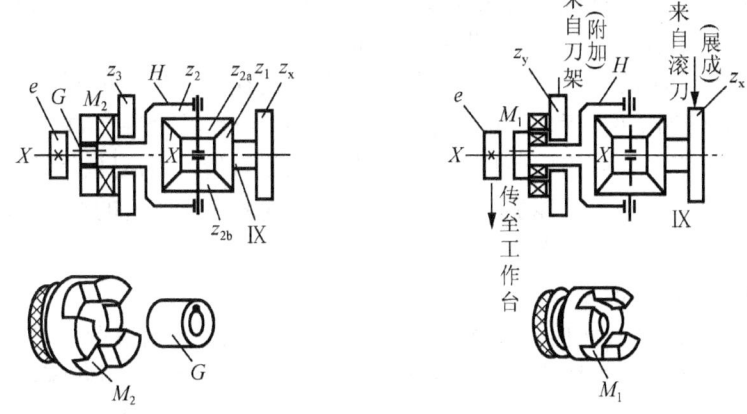

图 5.14　滚齿机运动合成机构工作原理(Y3150E)

d) Y3150E 型滚齿机传动系统分析。在 Y3150E 传动系统中有主运动，展成运动，轴向进给运动和附加运动四条传动链。另外还有一条刀架快速移动(空行程)传动链。

刀架快速移动传动路线，利用快速电动机可使刀架实现快速升降运动，以便调整刀架位置及在进给前后实现快进和快退，此外，在加工斜齿圆柱齿轮时，启动快速电动机，可经附加运动传动链带动工作台旋转，以便检查工作台附加运动的方向是否正确。

由 Y3150E 型滚齿机传动系统图 5.15 可知，刀架快速移动的传动路线如下：快速电动机—13/26—M_3—2/25—ⅩⅪ(刀架轴向进给丝杠)。

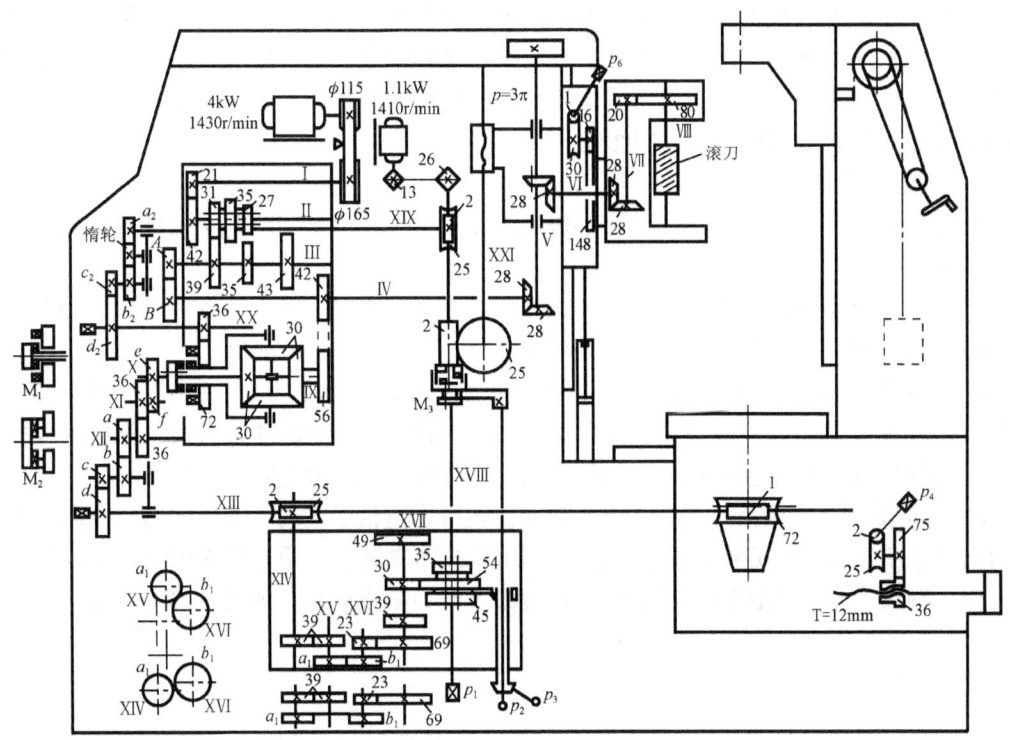

图 5.15　Y3150E 型滚齿机传动系统图

④ 滚齿加工的工艺特点。

a. 加工精度高。属于展成法的滚齿加工，不存在成形法铣齿的那种齿形曲线理论误差，所以分齿精度高，一般可加工 8~7 级精度的齿轮。

b. 生产率高。滚齿加工属于连续切削，无辅助时间损失，生产率一般比铣齿、插齿高。

c. 一把滚刀可加工模数和压力角与滚刀相同而齿数不同的圆柱齿轮。

在齿轮齿形加工中，滚齿应用最广泛，它除可加工直齿、斜齿圆柱齿轮外，还可以加工蜗轮、花键轴等。但一般不能加工内齿轮、扇形齿轮和相距很近的双联齿轮。滚齿适用于单件小批生产和大批大量生产。

⑤ 提高滚齿生产率的途径。

a. 提高滚齿速度。目前提高滚齿速度的主要障碍是滚刀耐用度低，滚齿机的刚度低、功率小。为提高滚刀的耐用度，研制新型刀具材料是关键性问题。近年来，我国已开始设计和制造高速滚齿机，同时研制的含钴、钼成分较高的高速钢，如牌号为 W6Mo5Cr4V2Al 的高速钢滚刀，硬度可达 66~70HRC，热硬性好、耐用度高、切削速度可达 80~120m/min，轴向进给量 f=1.38~2.6mm/r，使生产率提高 25%。硬质合金滚刀的出现，为进一步提高切削速度创造了条件。总之，高速滚齿具有一定的发展前途。

b. 采用大直径滚刀和多头滚刀。外径大的滚刀，其内径和圆周齿数可相应增加。内孔直径加大有利于提高刀杆的刚度，因而可以加大切削用量；圆周刀齿数增加，包络齿面的刀刃数增多，切削过程平稳，齿面粗糙度值减小。大直径滚刀广泛应用于大量生产中的剃齿前加工。

采用多头滚刀切齿，齿坯转速提高，因而生产率提高。但由于多头滚刀螺旋升角大，刀具齿形误差较大，被切齿轮的齿形误差变大；多头滚刀存在分度误差，会造成齿轮的周节偏差；多头滚刀加工包络齿面的刀齿数较少，被切齿面粗糙度较大。因此，多头滚刀多用于粗滚和半精滚。采用多头滚刀应注意被切齿轮的齿数不应为滚刀头数的倍数，这样可以减小滚刀分头误差对周节误差的影响。

c. 改进滚齿加工方法。

a) 多件加工：将几个齿坯串装在心轴上加工，可以减少滚刀对每个齿坯的切入切出时间及装卸时间。

b) 采用径向切入：滚齿时滚刀切入齿坯的方法有径向切入和轴向切入两种。径向切入比轴向切入行程短，可节省切入时间，对大直径滚刀滚齿时尤为突出。

c) 采用轴向窜刀：滚刀工作过程中刀齿的负荷是不均匀的，当负荷最重的刀齿达到磨损标准需要重磨时，可将滚刀在轴向移动一段距离(轴向窜刀)后继续切削，这样不仅提高了刀具的耐用度，而且也可减少换刀次数和换刀时间。但机床需配有窜刀机构。

d) 对角滚齿：在滚齿过程中，滚刀在沿齿坯轴向进给的同时，还沿滚刀自身轴线方向作切向进给(连续移动)就形成了对角滚齿，如图 5.16(a)所示。用对角滚齿法滚齿，齿面刀痕成交叉网纹，如图 5.16(b)所示。而一般滚齿齿面刀痕成条状，如图 5.16(c)所示。

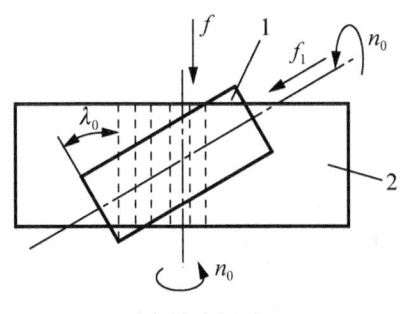
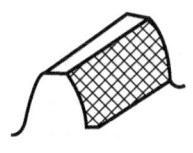

(a) 对角滚齿运动　　　　　(b) 对角滚齿齿面刀痕　　　(c) 一般滚齿齿面刀痕

图 5.16　对角滚齿

1-滚刀；2-齿坯

对角滚齿的优点是滚刀全长内的刀齿都参加切削，刀齿负荷均匀，刀具耐用度提高，加工齿面粗糙度值减小，对以后的剃齿是有利的。对角滚齿要求机床具有切向进给机构，且需要适当加长滚刀的长度。此外还需增加一些调整、计算工作量，且对角滚齿的齿向精度较差。

⑥　工件的安装。滚齿加工中，工件的安装形式很多，它不仅与工件的形状、大小、精度要求等有关，而且还受到生产批量和装备条件的限制。常用的安装形式主要是如图 5.17 所示的专用夹具安装。在铸铁底座 5 上装有钢套 4，心轴 2 可随工件基准孔的大小而更换。使用这种夹具滚齿时，由于安装调整夹具时心轴与机床工作台回转中心不重合，或齿坯内孔与心轴间有间隙，安装时偏向一边，或基准端面定位不好，夹紧后内孔相对工作台中心产生偏斜，从而使切齿时产生齿轮的径向误差。为了提高定心精度，可采用精密可胀心轴以消除配合间隙。

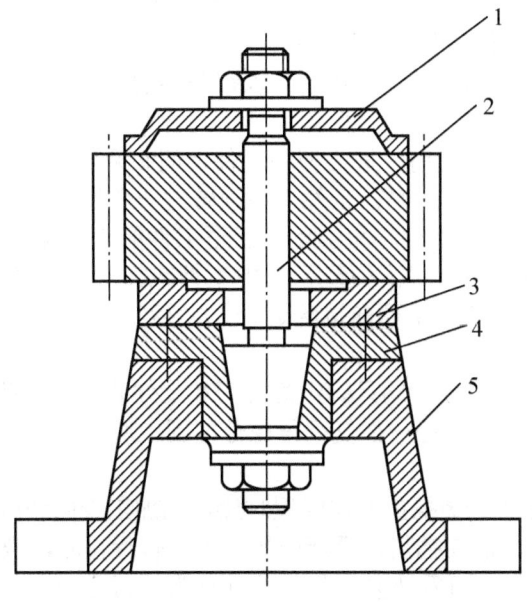

图 5.17　滚齿夹具

1-压套；2-心轴；3-垫圈；4-钢套；5-底座

2) 插齿

① 插齿原理与运动。用插齿刀按展成法或成形法加工内、外齿轮或齿条等的齿面称为插齿。插齿也是生产中普遍应用的一种切齿方法。

a. 插齿原理：从插齿过程原理上分析，如图 5.18 所示，插齿刀和工件相当于一对轴线相互平行的圆柱齿轮相啮合，工件和插齿刀的运动形式，如图 5.18(a)所示。插齿刀相当于一个一个磨有前、后角并具有切削刃的高精度齿轮，而齿轮齿坯则作为另一个齿轮。插齿时刀具沿工件轴线方向做高速的往复直线运动，形成切削加工的主运动，同时还与工件做无间隙的啮合运动，在工件上加工出全部轮齿齿廓。在加过程中，刀具每往复一次仅切出工件齿槽的很小一部分，工件齿槽的齿面曲线是由插齿刀切削刃多次切削的包络线所组成的，如图 5.18(b)所示。

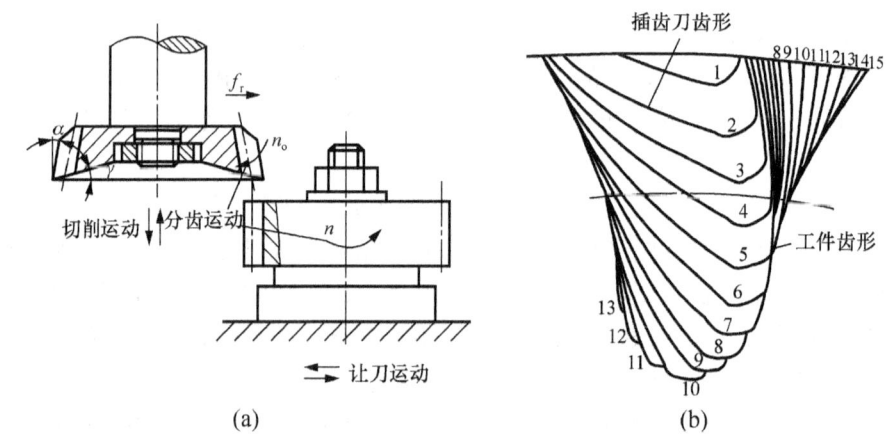

图 5.18　插齿时的运动

b. 插齿加工时，插齿机必须具备以下运动，如图 5.18 所示

a) 主运动：插齿刀的上下往复运动。以每分钟的往复次数来表示，向下为切削行程，向上为返回行程。

b) 分齿展成运动：插齿时，插齿刀和工件之间必须保持一对齿轮副的啮合运动关系，即插齿刀每转过一个齿($1/z$ 刀转)时，工件也必须转过一个齿($1/z$ 工转)。

c) 径向进给运动：插齿时，为了逐渐切至工件的全齿深，插齿刀必须有径向进给运动。径向进给量是用插齿刀每次往复行程中工件或刀具径向移动的毫米数来表示。当达到全齿深时，机床便自动停止径向进给运动，之后工件和刀具必须对滚一周，才能加工出全部轮齿。

d) 圆周进给运动：展成运动只确定插齿刀和工件的相对运动关系，而运动快、慢由圆周进给运动来确定。插齿刀每一往复行程在分度圆上所转过的弧长称为圆周进给量，其单位为 mm/往复行程。

e) 让刀运动：为了避免插齿刀在回程时擦伤已加工表面和减少刀具磨损，刀具和工件之间应让开一段距离，而在插齿刀重新开始向下工作行程时，应立即恢复到原位，以便刀具向下切削工件。这种让开和恢复原位的运动称为让刀运动。一般新型号的插齿机通过刀具主轴座的摆动来实现让刀运动，以减小让刀产生的振动。

② 插齿机。插齿机多用于粗、精加工内外啮合的直齿圆柱齿轮，特别适用于加工在滚齿机上不能加工的双联、多联齿轮、内齿轮。当机床上装有专用装置后，可以加工斜齿圆

柱齿轮及齿条。

插齿机分立式和卧式两种，立式插齿机使用最普遍。立式插齿机又有刀具让刀和工件让刀两种形式。高速和大型插齿机用刀具让刀，中、小型插齿机一般用工件让刀。在立式插齿机上，插齿刀装在刀具主轴上，同时作旋转运动和上下往复插削运动；工件装在工作台上，作旋转运动，工作台(或刀架)可横向移动实现径向切入运动。刀具回程时，刀架向后稍作摆动实现让刀运动或工作台作让刀运动。加工斜齿轮时，通过装在主轴上的附件(螺旋导轨)使插齿刀随上下运动而作相应的附加转动。20 世纪 60 年代出现高速插齿机，其主要特点是采用硬质合金插齿刀，刀具主轴的冲程数高达 2000 次/min；采用静压轴承和静压滑块；由刀架摆动实现让刀，以减少冲击。

a. Y5132 型插齿机组成如图 5.19 所示。

b. Y5132 型插齿机加工范围。Y5132 型插齿机加工外齿轮最大分度圆直径为 320mm，加工最大齿轮宽度为 80mm，加工内齿轮最大外径为 500mm，最大宽度为 50mm。

c. 插齿机的传动原理。插齿机的传动原理如图 5.20 所示。图中表示了三个成形运动的传动链：

a) 主运动传动链："电动机 M—1—2—u_v—3—4—5—曲柄偏心轮 A—插齿刀主轴"为主运动传动链，其中换置机构 u_v 用于改变插齿刀每分钟往复行程数。

b) 圆周进给运动传动链：由"曲柄偏心轮 A—5—4—6—u_f—7—8—9—蜗杆蜗轮副 B—插齿刀主轴(旋转运动)"为圆周进给运动传动链，其中换置机构 u_f 用来调整插齿刀圆周进给量大小。

c) 展成运动传动链：由"插齿刀主轴(旋转运动)—蜗杆蜗轮副 B—9—8—10—u_x—11—12—蜗杆蜗轮副 C—工作台主轴"为展成运动传动链，其中换置机构 u_x 用来调整插齿刀与工件所需的准确相对运动关系。由于让刀运动及径向切入运动不直接参加表面成形运动，因此没有在图中表示。

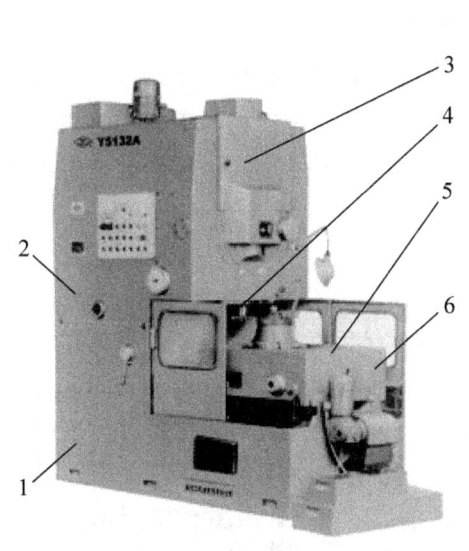

图 5.19　Y5132 型插齿机外形图

1-床身；2-立柱；3-刀架；

4-主轴；5-工作台；6-工作台溜板

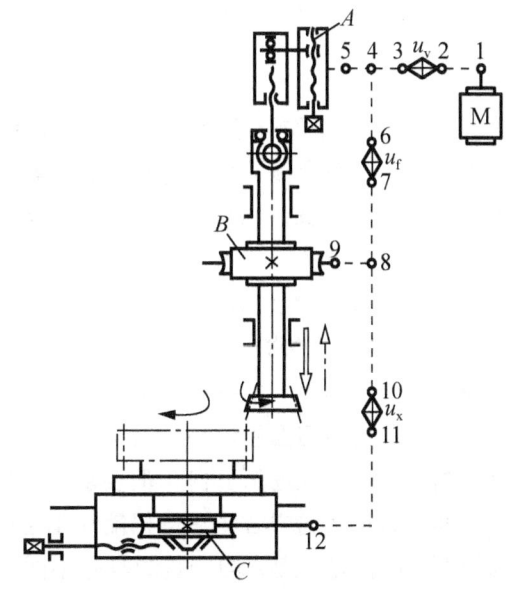

图 5.20　插齿机的传动原理图

③ 插齿刀

a. 插齿刀的产生齿轮。插齿刀的形状很像齿轮，它的模数和名义齿形角等于被加工齿轮的模数和齿形角，不同的是插齿刀有切削刃和前、后角。用螺母紧固在机床主轴上的插齿刀随主轴一起往复运动，它的切削刃便在空间形成一个假想齿轮，称为产生齿轮，如图5.21(a)所示。加工斜齿圆柱齿轮时用的是斜齿插齿刀，如图5.21(b)所示，除了它的模数和齿形角应和被加工齿轮的相等外，其螺旋角还应和被加工齿轮的螺旋角大小相等，旋向相反。插齿时，插齿刀做主运动和展成运动的同时，还有一个附加的转动，使切削刃在空间形成一个假想的斜齿圆柱齿轮，此时好像一对轴线平行的斜齿圆柱齿轮啮合。

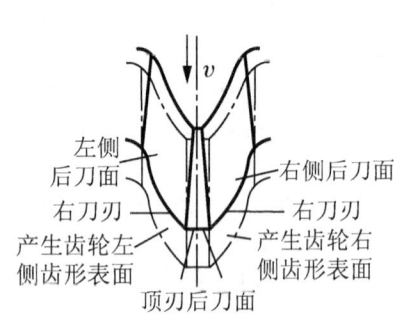

(a) 刀齿与产生齿轮

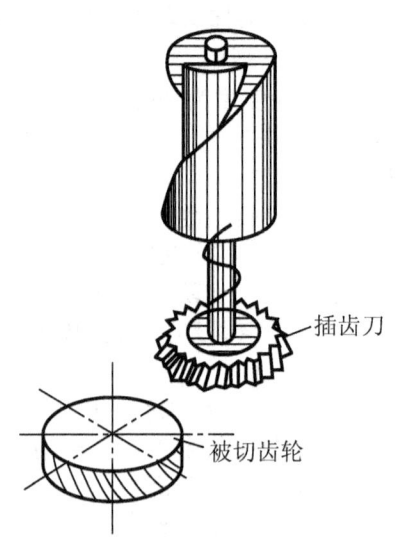

(b) 插齿刀加工斜齿圆柱齿轮

图 5.21 插齿刀切齿原理

b. 插齿刀的工作原理(Y5132型插齿机)。插齿刀安装在插齿机床的主轴上，它具有圆周进给运动、上下直线切削主运动，还有让刀运动。工件逐渐地向插齿刀作径向切入的径向进给运动，并与插齿刀按规定传动比作啮合旋转运动(展成运动)。这样，被切齿轮坯转过一周后便成为齿轮。

c. 直齿插齿刀的结构特点：

a) 插齿刀不同的端剖面是一个连续的变位齿轮。插齿刀的每一个刀齿都有三个刀刃，一个顶刃和两个侧刃。由图5.21(a)可知，由于插齿刀要有后角，所以仅切削刃处在产生齿轮表面上，顶刃后刀面和侧刃后刀面均缩在铲形齿轮以内。随着插齿刀沿前刀面重磨，直径逐渐缩小，齿厚也逐渐变薄。但要求齿形仍为同一基圆上的渐开线，这样才可以保证通过调节插齿刀与齿轮中心距后，仍能切出正确的渐开线齿形。为了满足这一要求，插齿刀各端剖面中的齿轮，应为同一基圆具有不同变位系数的齿轮齿形。由图5.22所示，若0—0剖面中具有标准齿形，该剖面称为原始剖面，其变位系数 $\chi=0$。在原始剖面前端各剖面中，变位系数为正值。新插齿刀端剖面内(即Ⅰ—Ⅰ剖面)，χ 值最大。在原始剖面的后端剖面中，变位系数为负值。使用到最后的插齿刀端剖面内(Ⅱ—Ⅱ)，χ 值最小。

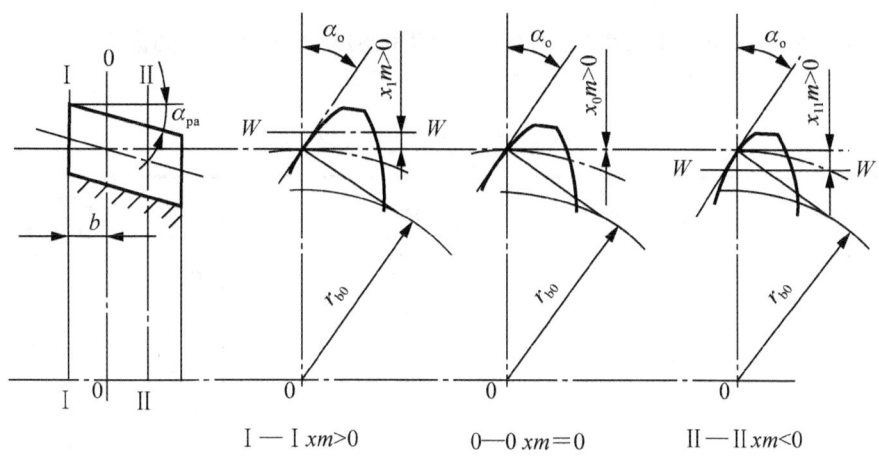

图 5.22　插齿刀不同剖面的齿形

b) 插齿刀的齿侧面是渐开螺旋面。为了使插齿刀的每个端剖面齿形成为变位系数不同的齿轮，将齿顶齿根按后角 α_{pa} 做成圆锥体，并按分度圆柱上螺旋角 β_0 值，将齿左侧磨成右旋渐开螺旋面，将齿右侧磨成左旋渐开螺旋面。这样一来，由渐开螺旋面的性质可知，齿侧表面在端剖面的截形仍是渐开线，并获得相等的两侧刃后角。

c) 插齿刀的前角和齿形误差。为了减少齿轮误差，标准插齿刀规定 $\gamma_{pa}=5°$，$\alpha_{pa}=6°$。在制造插齿刀时，将分度圆压力角做得比标准齿形角略大些，以保证插齿刀加工出的齿轮在分度处的压力角为标准值。经过修正后的插齿刀在端面投影的曲线分度圆处的压力角为标准值，齿顶和齿根处略微增大，这样会使被切齿轮在齿顶和齿根处产生微量根切，有利于减少啮合时的噪声。如图 5.23 所示。

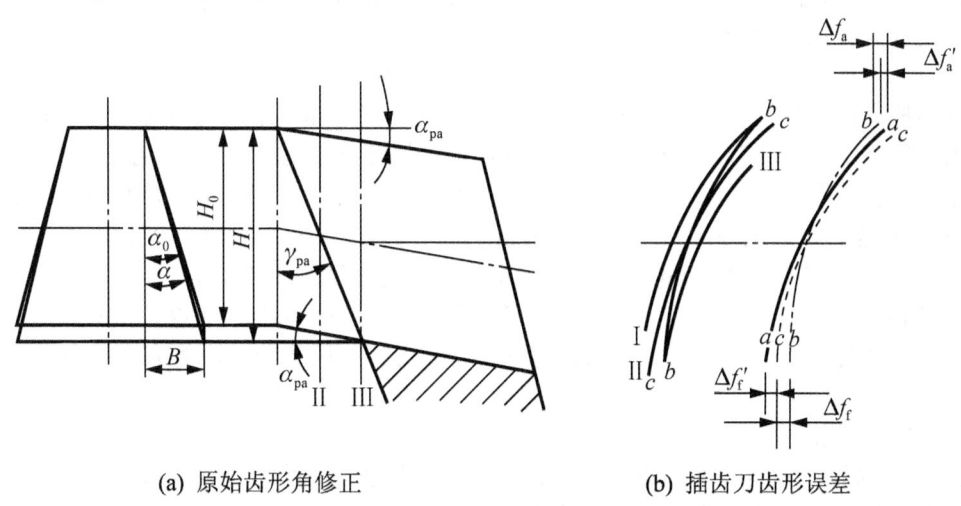

(a) 原始齿形角修正　　　　　　　　(b) 插齿刀齿形误差

图 5.23　插齿刀原始齿形角修正及齿形误差

d) 插齿刀的分类及选用。插齿刀的类型及应用范围见表 5-3。

选用插齿刀时，除了根据被切齿轮的种类选定插齿刀的类型，使插齿刀的模数、齿形角和被切齿轮的模数、齿形角相等外，还需根据被切齿轮参数进行必要的校验，以防切齿时发生根切、顶切和过渡曲线干涉等。

插齿刀制成 AA、A、B 三级精度(参见 GB/T 6081—2001《直齿插齿刀　基本型式和尺寸》)，分别加工 6、7、8 级精度的齿轮。

表 5-3　插齿刀主要类型与规格、用途

序号	类型	简　图	应用范围	规　　格		D 或莫氏锥度	
				d_0/mm	m		
1	盘形直齿插齿刀		加工普通直齿外齿轮和大直径内齿轮	$\phi63$	0.3～1	31.743	AA、A、B
				$\phi75$	1～4		
				$\phi100$	1～6		
				$\phi125$	4～8		
				$\phi160$	6～10	88.90	
				$\phi200$	8～12	101.60	
2	碗形直齿插齿刀		加工塔形、双联直齿轮	$\phi50$	1～3.5	20 31.743	AA、A、B
				$\phi75$	1～4		
				$\phi100$	1～6		
				$\phi125$	4～8		
3	锥柄直齿插齿刀		加工直齿内齿轮	$\phi25$	0.3～1	莫氏2号	A、B
				$\phi25$	1～2.75		
				$\phi38$	1～3.75	莫氏3号	

④ 提高插齿生产率的途径。

a. 提高圆周进给量可减少机动时间，但圆周进给量和空行程时的让刀量成正比，因此，必须解决好刀具的让刀问题。

b. 挖掘机床潜力，增加往复行程次数，采用高速插齿。

有的插齿机每分钟往复行程次数可达 1 200～1 500 次/min，最高的可达到 2 500 次/min。比常用的提高了 3～4 倍，使切削速度大大提高，同时也能减少插齿所需的机动时间。

c. 改进刀具参数，提高插齿刀的耐用度，充分发挥插齿刀的切削性能。如采用 W18Cr4V 插齿刀，切削速度可达到 60m/min；加大前角至 15°，后角至 9°，可提高耐用度 3 倍；在前刀面磨出 1～1.5mm 宽的平台，也可提高耐用度 30%左右。

⑤ 插齿与滚齿工艺特点比较。插齿与滚齿同为常用的齿形加工方法，它们的加工精度和生产率也大体相当。但在加工质量(精度指标)、生产率和应用范围等方面又各自有其特点。

a. 加工质量。

a) 插齿的齿形精度比滚齿高。滚齿时，形成齿形包络线的切线数量只与滚刀容屑槽的数目和基本蜗杆的头数有关，它不能通过改变加工条件而增减；但插齿时，形成齿形包络线的切线数量由圆周进给量的大小决定，并可以选择。此外，制造齿轮滚刀时是近似造形的蜗杆米替代渐开线基本蜗杆，这就有造形误差。而插齿刀的齿形比较简单，可通过高精度磨齿获得精确的渐开线齿形。所以插齿可以得到较高的齿形精度。

b) 插齿后的齿面粗糙度值比滚齿小。这是因为滚齿时，滚刀在齿向方向上作间断切削，形成如图 5.24(a)所示的鱼鳞状波纹；而插齿时，插齿刀沿齿向方向的切削是连续的，如图

5.24(b)所示。所以插齿时，齿面粗糙度较细。

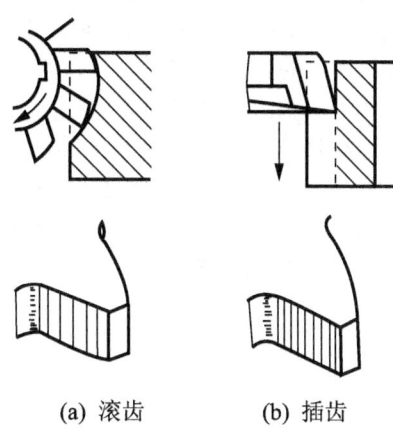

(a) 滚齿　　　　(b) 插齿

图 5.24　滚齿和插齿齿面的比较

c) 插齿的运动精度比滚齿差。这是因为插齿机的传动链比滚齿机多了一个刀具蜗轮副，即多了一部分传动误差。另外，插齿刀的一个刀齿相应切削工件的一个齿槽，因此，插齿刀上的齿距累积误差必然会反映到工件上。而滚齿时，因为工件的每一个齿槽都是由滚刀相同的 2～3 圈刀齿加工出来的，故滚刀的齿距累积误差不影响被加工齿轮的齿距精度，所以滚齿的运动精度比插齿高。

d) 插齿的齿向误差比滚齿大。插齿时的齿向误差主要决定于插齿机主轴往复运动轨迹与工作台回转轴线的平行度误差。由于插齿刀工作时往复运动的频率高，使得主轴与套筒之间的磨损大，因此插齿的齿向误差比滚齿大。

所以就加工精度来说，对运动精度要求不高的齿轮，可直接用插齿来进行齿形精加工，而对于运动精度要求较高的齿轮和剃齿前齿轮(剃齿不能提高运动精度)，则用滚齿较为有利。

b．生产率。切制模数较大的齿轮时，插齿速度要受到插齿刀主轴往复运动惯性和机床刚性的制约；切削过程又有空程时间损失，故生产率不如滚齿高。但在加工小模数、多联齿并且齿宽较窄的齿轮时，插齿的生产率会比滚齿高。

c．滚、插齿应用范围。从上面分析可知：

a) 加工带有台肩的齿轮以及空刀槽很窄的双联或多联齿轮，只能用插齿。这是因为：插齿刀"切出"时只需要很小的空间，而滚齿的滚刀会与大直径部位发生干涉。

b) 加工无空刀槽的人字齿轮，只能用插齿；

c) 加工内齿轮，只能用插齿。

d) 加工蜗轮，只能用滚齿。

e) 加工斜齿圆柱齿轮，两者都可用，但滚齿比较方便。插制斜齿轮时，插齿机的刀具主轴上须设有螺旋导轨，来提供插齿刀的螺旋运动，并且要使用专门的斜齿插齿刀，所以很不方便。

(3) 剃齿

剃齿是利用剃齿刀在剃齿机上对齿轮齿面进行精整加工的一种方法，专门用来加工未经淬火(35HRC 以下)的圆柱齿轮，常作为滚齿或插齿的后续工序，剃齿后可使齿轮精度大致提高一级。一般加工余量为 0.05～0.1mm(单面)，剃齿加工精度可达 7～6 级，齿面粗糙度 Ra 达 0.8～0.2μm，

① 剃齿原理。剃齿加工是根据一对螺旋角不等的螺旋齿轮啮合的原理，剃齿刀与被切齿轮的轴线在空间交叉一个角度，如图 5.25(a)所示，剃齿刀为主动轮 1，被切齿轮为从动轮 2，它们的啮合为无侧隙双面啮合的自由展成运动。在啮合传动中，由于轴线交叉角 ϕ 的存在，齿面间沿齿向产生相对滑移，此滑移速度 $v_t=v_{t2}-v_{t1}$ 即为剃齿加工的切削速度。剃齿刀的齿面开槽而形成刀刃，通过滑移速度将齿轮齿面上的加工余量切除。由于是双面啮合，剃齿刀的两侧面都能进行切削加工，但由于两侧面的切削角度不同，一侧为锐角，切削能力强；另一侧为钝角，切削能力弱，以挤压抛光为主，故对剃齿质量有较大影响。为使齿轮两侧获得同样的剃削条件，则在剃削过程中，剃齿刀做交替正反转运动。

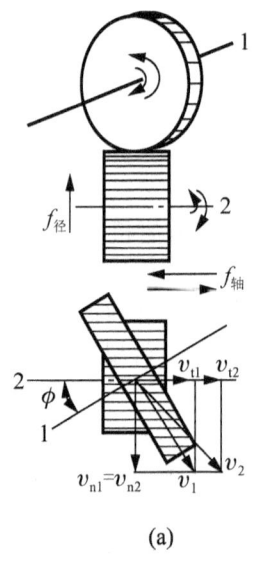

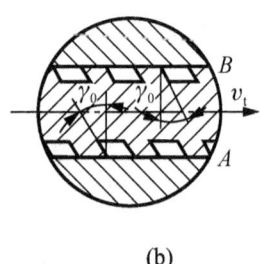

(a)　　　　　　　　　　　　　　　　(b)

图 5.25　剃齿原理

1—剃齿刀；2—被切齿轮

② 剃齿机。按螺旋齿轮啮合原理，用剃齿刀带动工件(或工件带动刀具)旋转剃削圆柱齿轮齿面的齿轮精整加工机床。图 5.26 所示为 YW4232 型剃齿机外形图。

图 5.26　YW4232 型剃齿机外形图

剃齿加工需要有以下几种运动：

a. 主运动——剃齿刀带动工件的高速正、反转运动。

b. 工件沿轴向往复运动——使齿轮全齿宽均能剃削。

c. 工件每往复一次做径向进给运动——以切除全部余量。

综上所述，剃齿加工的过程是剃齿刀与被切齿轮在轮齿双面紧密啮合的自由展成运动中，实现微细切削的过程。而实现剃齿的基本条件是轴线存在一个交叉角 ϕ，当交叉角为零时，切削速度为零，剃齿刀对工件没有切削作用。

③ 剃齿刀的结构与选用。如图 5.27 所示，剃齿刀的结构是一个圆柱斜齿轮，在它的齿侧面上做出许多小的凹形容屑槽而形成刀刃。

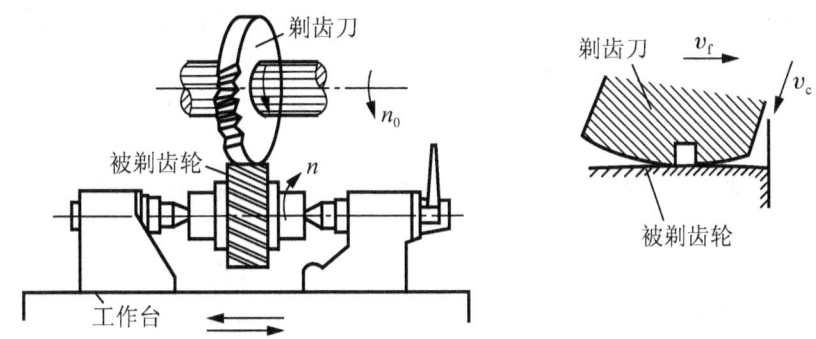

图 5.27 剃齿刀工作原理

剃齿刀安装在剃齿机床的主轴上作旋转运动。被剃齿轮安装在心轴上，心轴的两端面有中心孔与工作台上的顶尖精确配合。剃齿刀给被剃齿轮一定的压力并带动被剃齿轮作无间隙的啮合运动。由于这对斜齿轮啮合接触点的速度方向不一致，使剃齿刀与被剃齿轮侧面产生相对滑移，图中的 v_f 就是剃削速度。因此，在径向进给的压力作用下，剃齿刀的侧面凹槽切削刃在啮合点处切下很薄的一层切屑(厚度为 0.005～0.01mm)。

a. 剃齿刀的结构。图 5.28 所示为盘形剃齿刀的结构及其齿形。

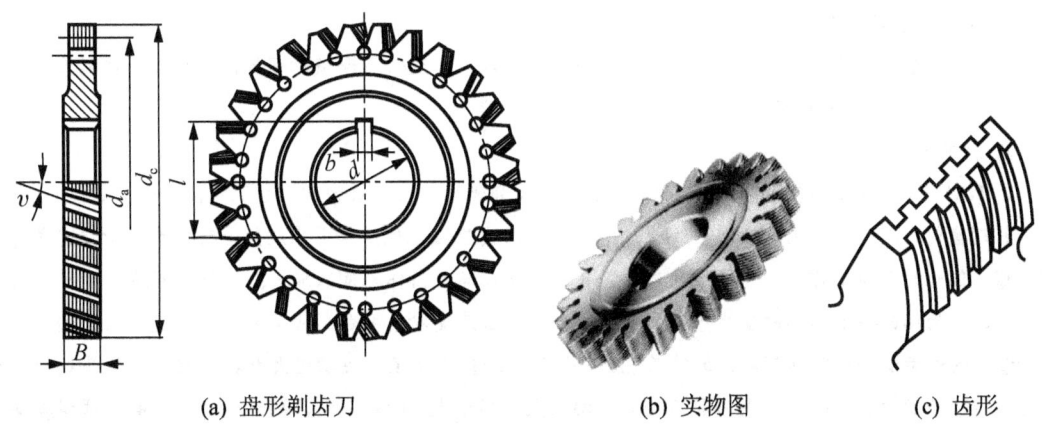

(a) 盘形剃齿刀　　　　(b) 实物图　　　　(c) 齿形

图 5.28 盘形剃齿刀的结构及其齿形

由图 5.28 可见，盘形剃齿刀为圆柱斜齿轮，齿形的两侧面用插刀插出凹槽而形成切削刃。槽底与齿面一样，是渐开线。为使插刀能够退刀，在每个齿根钻有倾斜的小孔。当剃

齿刀用钝后，需要重磨齿形表面和齿顶圆柱面。

　　b. 剃齿刀的选用。要选用模数和压力角与被剃齿轮相同的剃齿刀参见 GB/T 14333—2008《盘形轴向 剃齿刀》。

　　通用剃齿刀的精度分 A、B、C 三级，分别加工 6、7、8 级精度的齿轮。剃齿刀分度圆直径随模数大小有三种：85mm、180mm、240mm，其中 240mm 应用最普遍。分度圆螺旋角有 5°、10°、15°三种，其中 5°和 15°两种应用最广。15°多用于加工直齿圆柱齿轮；5°多用于加工斜齿轮和多联齿轮中的小齿轮。在剃削斜齿轮时，轴交叉 ϕ 不宜超过 10°～20°，不然剃削效果不好。

　　④ 剃齿特点：

　　a. 剃齿是对未淬硬齿轮的齿形进行精加工的一种常用方法。滚齿或插齿以后经过剃齿加工，齿轮精度可达 6～8 级，齿面粗糙度 Ra 可达 1.25～0.63μm。

　　b. 剃齿加工的生产率高，剃削中等尺寸的齿轮一般只需 2～4 min，与磨齿相比，可提高生产率 10 倍以上。

　　c. 由于剃齿加工是自由啮合，机床无展成运动传动链，故机床结构简单，机床调整容易，辅助时间短。

　　d. 刀具耐用度高，但价格昂贵，修磨不便。故剃齿广泛用于成批、大量生产中未淬硬的齿轮精加工。近年来，由于含钴、钼成分较高的高性能高速钢刀具的应用，使剃齿也能进行硬齿面(45～55HRC)的齿轮精加工，加工精度可达 7 级，齿面的表面粗糙度 Ra 为 0.8～1.6μm。但淬硬前的精度应提高一级，留硬剃余量为 0.01～0.03mm。

特别提示

保证剃齿质量应注意的问题

　1. 对剃齿前齿轮的加工要求

　1) 剃齿前齿轮材料

　　要求材料密度均匀，无局部缺陷，韧性不得过大，以免出现滑刀和啃切现象，影响表面粗糙度。剃齿前齿轮硬度在 22～32HRC 范围内较合适。

　2) 剃前齿轮精度

　　由于剃齿是"自由啮合"，无强制的分齿运动，故分齿均匀性无法控制。由于剃齿前齿圈有径向误差，在开始剃齿时，剃齿刀只能与工件上距旋转中心较远的齿廓做无侧隙啮合的剃削，而与其他齿则变成有齿侧间隙，但此时无剃削作用。连续径向进给，其他齿逐渐与刀齿作无侧隙啮合。结果齿圈原有的径向跳动减少了，但齿廓的位置沿切向发生了新的变化，公法线长度变动量增加。故剃齿加工不能修正公法线长度变动量。虽对齿圈径向跳动有较强的修正能力，但为了避免由于径向跳动过大而在剃削过程中导致公法线长度的进一步变动，从而要求剃齿前齿轮的径向误差不能过大。除此以外，剃齿对齿轮其他各项误差均有较强的修正能力。

　　分析得知，剃齿对第一公差组的误差修正能力较弱，因此要求齿轮的运动精度在剃齿前不能低于剃齿后要求，特别是公法线长度变动量应在剃齿前保证；其他各项精度可比剃齿后低一级。

2. 剃齿余量

剃齿余量的大小，对加工质量及生产率均有一定影响。余量不足，剃齿前误差和齿面缺陷不能全部除去；余量过大，刀具磨损快，剃齿质量反而变坏。表5-4可供选择剃齿余量时参考。

表5-4　剃齿余量　　　　　　　　　　　　　　　　　　　　　(mm)

模数	1～1.75	2～3	3.25～4	4～5	5.5～6
剃齿余量	0.07	0.08	0.09	0.10	0.11

⑤ 剃齿的工艺特点。剃齿是齿轮精加工方法之一，剃齿对各种误差的修正情况如下：

a. 齿圈径向跳动 ΔF_r：剃前具有径向跳动的齿轮，在开始剃齿时，刀具不会同齿轮上各轮齿均作无侧隙啮合，而是先同距中心较远的轮齿作无侧隙啮合并进行剃齿。随着径向进给的增加，与刀具作无侧隙啮合的轮齿逐渐增加，齿圈径向跳动也就逐渐减少。当全部轮齿进入无侧隙啮合时，齿圈径向跳动误差全被消除，即剃齿对 ΔF_r 有较强的修正能力。

b. 公法线长度变动 ΔF_w：若剃齿前齿轮无齿圈径向跳动，剃齿时，由于刀具与工件双面啮合和工件的径向进给，使刀具作用在轮齿两侧的压力相等，两侧被剃削的余量也相等。因此，原来沿圆周方向齿距分布不均的轮齿，剃齿后齿距分布依然不均。故其公法线长度变动没有得到修正。实际上，剃齿前齿轮总存在一些齿圈径向跳动，在剃削齿轮径向跳动的过程中，各轮齿被剃削的余量不等，从而导致公法线长度变动加大，故剃齿对 ΔF_w 的修正能力很小。

c. 齿距极限偏差 Δf_{pb} 和齿形误差 Δf_f：剃齿时通常剃齿刀与工件有两对齿啮合，如图5.29所示。若剃齿刀1和工件2的基节相等，两对齿在 A、B、C 三点接触，在 A、C 两点切下的金属相等；若工件的基节大于剃齿刀基节，即 $P_{b2}>P_{b1}$，则 A 点不接触，C 点切去较多的金属，齿轮基节减小，直至等于剃齿刀基节为止。因此，剃齿对 Δf_{pb} 的校正能力较强。

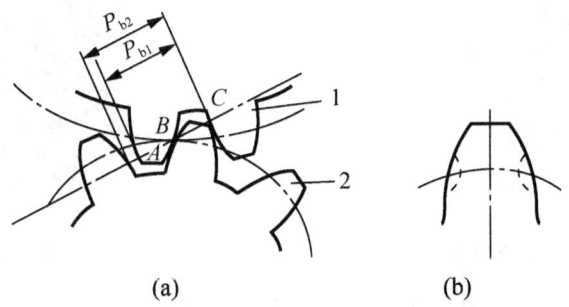

(a)　　　　　　　　　　(b)

图5.29　剃齿对基节误差的修正

1-剃齿刀；2-工件

齿轮有齿形误差时，则同一齿面与剃齿刀齿面各点啮合时，各处的齿距不等，那么，剃齿刀就如同修正基节偏差一样，修正各处的齿形误差。因此，剃齿对 Δf_f 也有较强的修正能力，但剃后在齿轮的节圆附近出现中凹现象，如图5.29(b)所示，一般在 0.03mm 左右。被剃齿轮齿数越少，中凹现象越严重。其原因是在节圆附近只有一个齿在被剃削，齿面啮合处的压力就大，剃齿力大，故多剃削去了一些金属。这种齿面中凹现象常通过修磨剃齿刀使其齿形中凹来解决，也可用减少剃齿余量和径向进给量来弥补。如采用专门的剃前滚刀滚齿后，再进行剃齿等。

d. 齿向误差 ΔF_β：剃齿前仔细调整机床前后顶尖同轴及剃齿刀与齿轮两者轴线交叉角 ϕ，就能使齿轮的齿向误差得到较大的修正。

综上所述，由于剃齿刀与工件自由对滚而无强制性的啮合运动，剃齿加工主要用于提高齿形精度和齿向精度，降低齿面粗糙度值。剃齿不能修正分齿误差。剃齿主要用于成批和大量生产中精加工齿面未淬硬的直齿圆柱齿轮和斜齿圆柱齿轮。

(4) 珩齿

珩齿是在珩磨机上用珩磨轮对齿轮进行精整加工的一种方法，其原理和运动与剃齿相同。当工件硬度超过 35HRC 时，使用珩齿代替剃齿。

① 珩齿原理及特点。珩齿是齿轮热处理后的一种光整加工方法。珩磨轮与工件类似于一对螺旋齿轮呈无侧隙啮合，利用啮合处的相对滑动，并在齿面间施加一定的压力来进行珩齿，如图 5.30 所示。珩齿的原理和运动与剃齿基本相同，珩磨轮回转时的圆周速度 v，可分解为法向分速度 v_n 和齿向分速度 v_t，其中 v_n 以带动工件高速正反转；v_t 使珩磨轮与工件产生相对滑移，珩磨轮上的磨料借助珩磨轮齿面和工件齿面间的相对滑移速度 v_t 磨去工件齿面上的微薄金属。所不同的是其径向进给是在开车后一次进给到预定位置。因此珩齿开始时齿面压力较大，随后逐渐减小，直至压力消失时珩齿便结束。

珩磨轮是用金刚砂、环氧树脂等原料混合后在铁芯上浇注或热压而成的具有较高齿形精度的斜齿轮，它的硬度极高，其外形结构与剃齿刀相似，只是齿面上无容屑槽，是靠磨粒进行切削的，如图 5.31 所示。

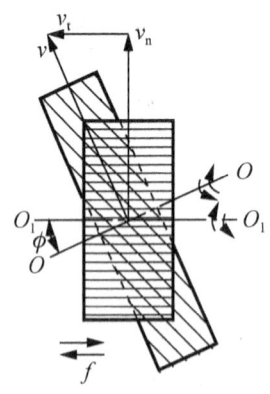

图 5.30　珩齿原理

图 5.31　珩磨轮

② 珩齿的工艺特点。与剃齿相比较，珩齿具有以下工艺特点：

a. 珩磨轮结构和砂轮相似，但珩齿速度甚低(通常为 1～3m/s)，加之磨粒粒度较细，珩轮弹性较大，故珩齿过程实际上是一种低速磨削、研磨和抛光的综合过程。

b. 珩齿时，齿面间除沿齿向产生相对滑移进行切削外，沿渐开线方向的滑动使磨粒也能切削，因此齿面形成交叉复杂的刀痕，且齿面不会烧伤，表面质量较好，齿面的表面粗糙度 Ra 可达 0.63～0.16μm。

c. 珩磨轮弹性较大，加工余量小，所以珩齿对齿形精度改善不大。因此，珩轮本身精度对加工精度的影响很小。

d. 珩齿余量一般为单边 0.01～0.02mm，纵向进给量为 0.05～0.065mm/r。

　　e. 珩磨时，珩磨轮转速高(为 1 000～2 000r/min)，可同时沿齿向和渐开线方向产生滑动进行连续切削，生产率高。一般工作台 3～5 个往复行程即可完成珩齿(一般约 1min 珩一个齿轮)。

　　f. 珩齿设备结构简单，操作方便，在剃齿机上即可珩齿。珩磨轮浇注简单，成本低。

　　③ 珩齿的应用。由于珩齿修正误差的能力较差，因而珩齿主要用于剃齿后需淬火齿轮的精加工，能去除氧化皮、毛刺，改善热处理后的轮齿表面粗糙度(Ra 可达 0.63～0.16μm)。为了保证齿轮的精度要求，必须提高珩前齿轮的加工精度和减少热处理变形。因此，珩前多采用剃齿。

　　珩齿多用于成批生产中淬火后齿形的精加工，加工精度可达 6～7 级。珩齿也可用于非淬硬齿轮加工。

　　珩齿方法有外啮合珩齿、内啮合珩齿和蜗杆形珩磨轮珩齿三种，如图 5.32 所示。

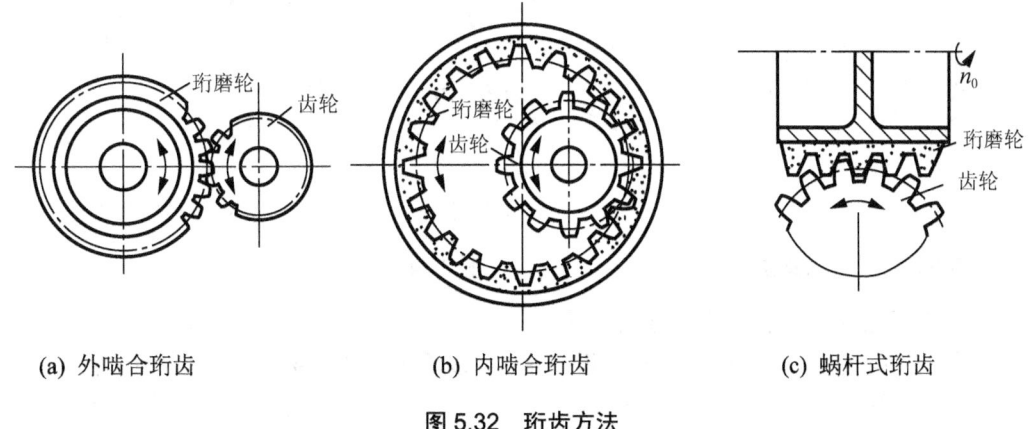

(a) 外啮合珩齿　　　　　　(b) 内啮合珩齿　　　　　　(c) 蜗杆式珩齿

图 5.32　珩齿方法

　　目前，蜗杆式珩齿[见图 5.32(c)]应用越来越广泛，这种方法珩齿切削速度高，蜗杆形珩磨轮的齿面比剃齿刀简单，且易于修磨，珩磨轮精度可高于剃齿刀的精度，对齿轮的齿面误差、基节偏差及齿圈径向跳动能很好地修正。因此，可以省去热处理前的剃齿工序，使传统的"滚齿→剃齿→热处理→珩齿"工艺改变为"滚齿→热处理→珩齿"新工艺。

　　(5) 磨齿

　　磨齿是用砂轮在专用磨齿机上对齿轮进行精加工的一种方法。它既可磨削未淬硬齿轮，也可磨削淬硬的齿轮。磨齿精度 5～6 级，齿面粗糙度 Ra 为 0.8～0.2μm。对齿轮误差及热处理变形有较强的修正能力，多用于硬齿面高精度齿轮及插齿刀、剃齿刀等齿轮刀具的精加工。其缺点是生产率低，机床复杂，调整困难，加工成本高。

　　① 磨齿原理及方法。磨齿方法很多，根据磨齿原理的不同可以分成形法和展成法两种。

　　a. 成形法磨齿。成形法是一种用成形砂轮磨齿的方法，目前生产中应用较少，但它已经成为磨削内齿轮和特殊齿轮时必须采用的方法。

　　成形法磨齿和成形法铣齿的原理相同，砂轮截面形状修整成与被磨齿轮齿槽一致，磨齿时的工作状况与盘形铣刀铣齿工作状况相似，如图 5.33 所示。

　　磨齿时的分度运动是不连续的，在磨完一个齿之后必须进行分度，再磨下一个齿，轮齿是逐个加工出来的。成形法磨齿由于砂轮一次就能磨削出整个渐开线齿面，故生产率高，但受砂轮修整精度和机床分度精度的影响，其加工精度较低(6～5级)，在生产中应用较少。

b. 展成法磨齿。展成法磨齿是将砂轮的磨削部分修整成锥面[见图5.34(b)]，以构成假想齿条的齿面。磨削时，砂轮作高速旋转运动(主运动)，同时沿工件轴向作往复直线运动，以磨出全齿宽。工件则严格按照一齿轮沿固定齿条作纯滚动的方式，边转动、边移动，从齿根向齿顶方向先后磨出一个齿槽两侧面。之后砂轮退离工件，机床分度机构进行分度，使工件转过一个齿，磨削下一个齿槽的齿面，如此重复上述循环，直至磨完全部齿槽齿面。

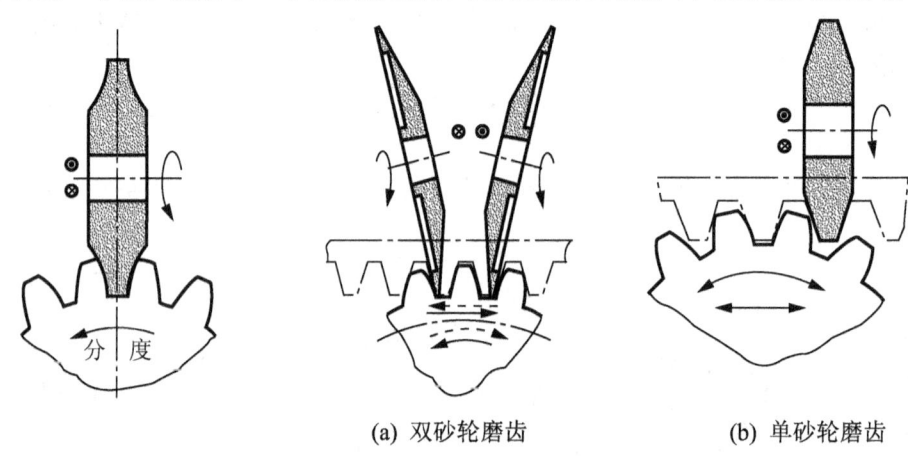

(a) 双砂轮磨齿   (b) 单砂轮磨齿

图 5.33 成形法磨齿   图 5.34 展成法磨齿

下面介绍几种常用的展成法磨齿方法：

a) 锥面砂轮磨齿。由图 5.34(b)及图 5.35 可以看出，这种磨齿方法所用砂轮截面呈锥形，相当于假想齿条的一个齿廓。磨齿时，砂轮一边以 n_0 高速旋转，一方面沿齿宽方向作往复移动(v_f)；工件放在与假想齿条相啮合的位置，一边旋转(ω)，一边移动(v)，实现展成运动。磨完一个齿后，工件还需做分度运动，以便磨削另一个齿槽，直至磨完全部轮齿。

这种磨齿法砂轮刚性好，磨削效率较高。但机床转动链较长，结构复杂，故传动误差较大，磨齿精度较低，一般只能达到 5—6 级，齿面粗糙度 Ra 为 0.4～0.2μm。主要用于单件、小批及成批生产中磨削 6 级精度的淬硬或非淬硬齿轮。

由于齿轮有一定的宽度，为了磨全部齿面，砂轮还必须沿齿轮轴向作往复运动。轴向往复运动和展成运动结合起来形成磨粒在齿面上的磨削轨迹，如图 5.36 所示。

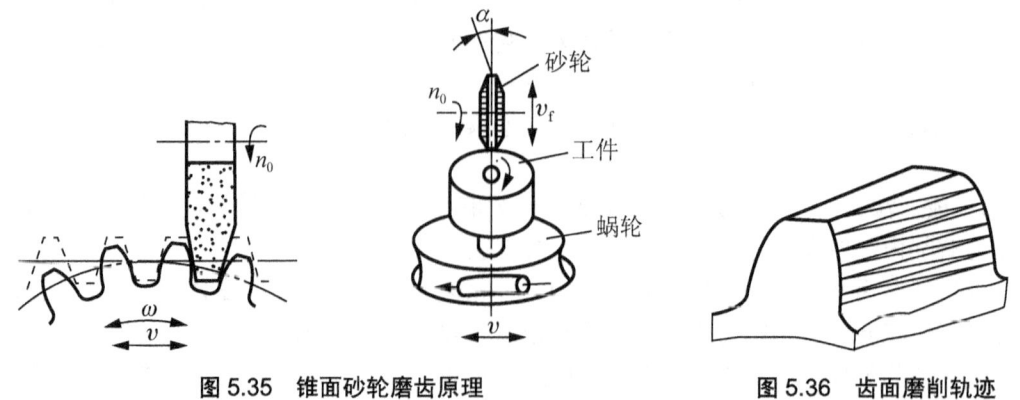

图 5.35 锥面砂轮磨齿原理   图 5.36 齿面磨削轨迹

锥面砂轮磨齿机外形图如图 5.37 所示。

图 5.37　锥面砂轮磨齿机

b) 双片碟形砂轮磨齿。如图 5.34(a)及图 5.38 所示，将两个碟形砂轮倾斜成一定角度，以构成假想齿条两个齿的两个外侧面，同时对齿轮轮齿的两个齿面进行磨削，其原理与前述锥面砂轮磨齿相同。磨齿时，砂轮只在原位以 n_0 高速旋转；展成运动——工件的往复移动 v 和相应的正反转动 ω 是通过滑座 7 和框架 2、滚圆盘 3、钢带 4 实现。工件通过工作台 1 实现轴向的慢速进给运动 f 以磨出全齿宽。当一个齿槽的两侧齿面磨完后，工件快速退离砂轮，经分度机构分齿后，再进入下一个齿槽反向进给磨齿。

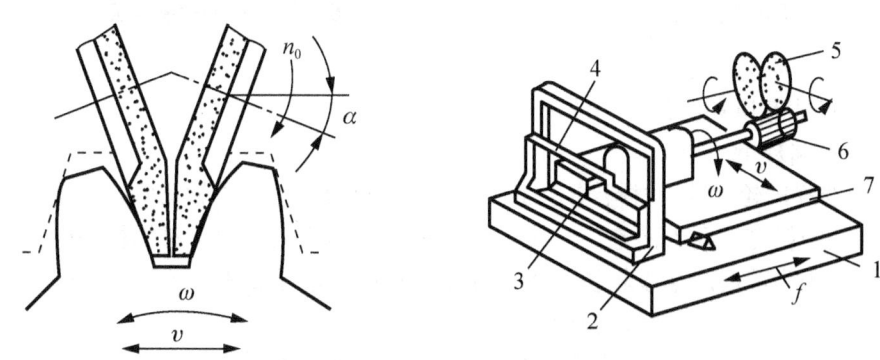

图 5.38　碟形砂轮磨齿原理

1-工作台；2-框架；3-滚圆盘；4 钢带；5-砂轮；6-工件；7-滑座

这种磨齿方法的展成运动传动环节少，传动运动精度高(砂轮磨损后有自动补偿装置予以补偿)和分齿精度高，加工精度可达 3～5 级，齿面粗糙度 Ra 为 0.4～0.2μm。但由于碟形砂轮刚性较差，每次进给量很少，且所用设备结构复杂，故生产率较低，加工成本较高，适用于单件小批生产高精度的直齿圆柱齿轮、斜齿轮的精加工。

c) 蜗杆砂轮磨齿。如图 5.39 所示，蜗杆砂轮磨齿是新发展起来的连续分度磨齿法，加工原理与滚齿相似，只是相当于将滚刀换成蜗杆砂轮，砂轮转一周，工件(齿轮)转过一个齿。砂轮高速旋转(n)，工件通过机床的两台同步电动机作展成运动(ω)，工件还沿轴向作进给运动(f)以磨出全齿宽。

为保证必要的磨削速度，砂轮直径较大($\phi 200 \sim \phi 400$mm)，且转速较高(2 000r/min)，又是连续磨削，所以生产效率很高，一般磨削一个齿轮仅需几分钟。磨削精度一般为 5 级，最高可达 3 级，适用于大量、成批生产的齿轮精加工。

② 磨齿机。磨齿机用于热处理后各种高精度齿轮精加工。NZA、RZA 等蜗杆砂轮磨齿机在国内应用广泛。图 5.40 所示为蜗杆砂轮磨齿机外形图。

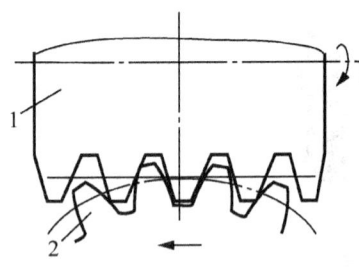

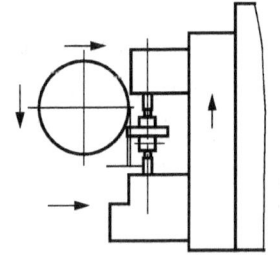

图 5.39　蜗杆砂轮磨齿　　　　　　图 5.40　蜗杆砂轮磨齿机

1-砂轮；2-工件

③ 提高磨齿精度和磨齿效率的措施

a. 提高磨齿精度的措施：

a) 合理选择砂轮。砂轮材料选用白刚玉(WA)，硬度以软、中软为宜。粒度则根据所用砂轮外形和表面粗糙度要求而定，一般在 46#～80#的范围内选取。对蜗杆型砂轮，粒度应选得细一些。因为其展成速度较快，为保证齿面较小的粗糙度值，粒度不宜较粗。此外，为保证磨齿精度，砂轮必须经过精确平衡。

b) 提高机床精度。主要是提高工件主轴的回转精度，如采用高精度轴承，提高分度盘的齿距精度，并减少其安装误差等。

c) 采用合理的工艺措施。主要有：按工艺规程进行操作；齿轮进行反复的定性处理和回火处理，以消除因残余应力和机械加工而产生的内应力；提高工艺基准的精度，减少孔和轴的配合间隙对工件的偏心影响；隔离振动源，防止外来干扰；磨齿时室温保持稳定，每磨一批齿轮，其温差不大于 1℃；精细修整砂轮，所用的金刚石必须锋利，等等。

b. 提高磨齿效率的措施。磨齿效率的提高主要是减少走刀次数，缩短行程长度及提高磨削用量等。常用措施如下：

a) 磨齿余量要均匀，以便有效地减少走刀次数；

b) 缩短展成长度，以便缩短磨齿时间。粗加工时可用无展成磨削；

c) 采用大气孔砂轮，以增大磨削用量。

3) 齿形精度检测

(1) 公法线千分尺

公法线千分尺用于测量齿轮公法线长度，是一种通用的齿轮测量工具，如图 5.41 所示。当检验直齿轮时，公法线千分尺的两卡脚跨过 K 个齿，两卡脚与齿廓相切于 a、b 两点，两切点间的距离 ab 称为公法线(基圆切线)长度，用 W 表示。

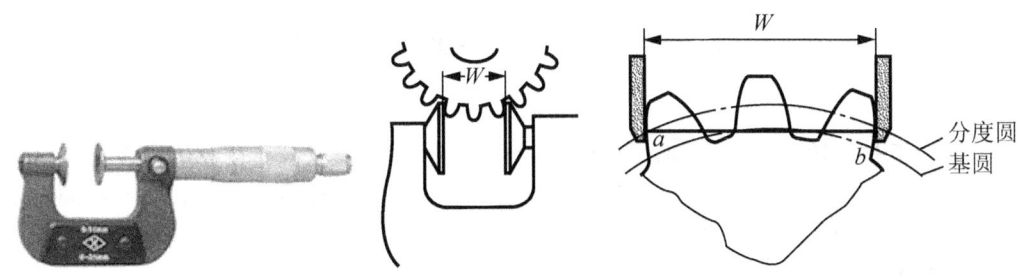

图 5.41　公法线千分尺

(2) 齿厚游标卡尺

齿厚游标卡尺系专用于测量齿轮齿厚之用，形状像 90°角尺，有平行和垂直两种，垂直尺杆专为测量齿顶之高度，平行齿杆则测量齿厚之厚度，如图 5.42 所示。尺测量时，以分度圆齿高 h_a 为基准来测量分度圆弦齿厚 s。由于测量分度圆弦齿厚是以齿顶圆为基准的，测量结果必然受到齿顶圆公差的影响。而公法线长度测量与齿顶圆无关。公法线测量在实际应用中较广泛。 在齿轮检验中，对较大模数($m>10\text{mm}$)的齿轮，一般检验分度圆弦齿厚；对成批生产的中、小模数齿轮，一般检验公法线长度 W。

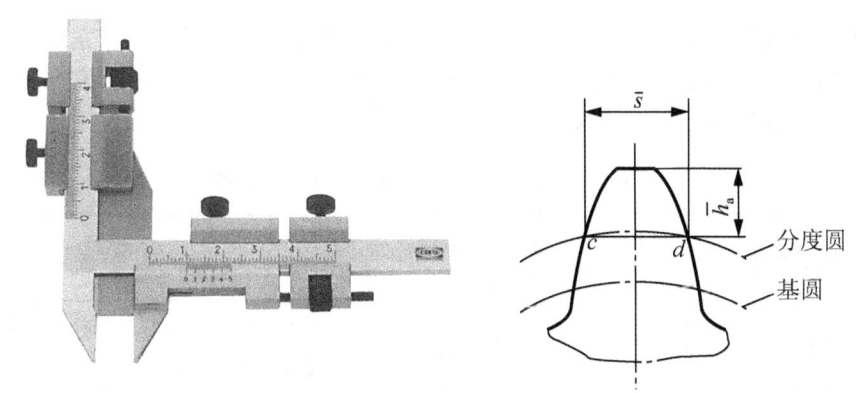

图 5.42　齿厚游标卡尺

(3) 齿圈径向跳动检查仪

齿圈径向跳动检查仪用于检查圆柱、圆锥外啮合齿轮及蜗轮、蜗杆的径向跳动或端面跳动。齿圈径向跳动测量，测头可以用球形或锥形，如图 5.43 所示。

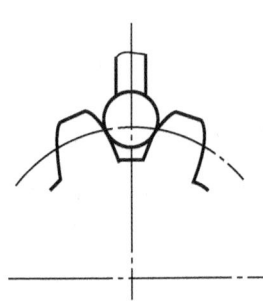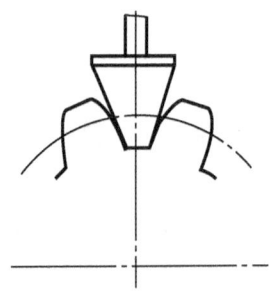

图 5.43　齿圈径向跳动检查仪及测量示意图

4) 齿轮加工方案选择

齿形加工是齿轮加工的关键，其加工方案的选择，主要取决于齿轮的精度等级，此外还应考虑齿轮的结构特点、硬度、表面粗糙度、生产批量、设备条件等。对于不同精度等级的齿轮，常用的齿形加工方案如下。

(1) 9 级精度以下齿轮

一般采用铣齿→齿端加工→热处理→修正内孔的加工方案。若无热处理可去掉修正内孔的工序。此方案适用于单件小批生产或维修。

(2) 8～7 级精度齿轮

采用滚(插)齿→齿端加工→淬火→修正基准→珩齿(研齿)的加工方案。若无淬火工序，可去掉修正基准和珩齿工序。此方案适于各种批量生产。

(3) 7～6 级精度齿轮

采用滚(插)齿→齿端加工→剃齿→淬火→修正基准→珩齿(或磨齿)的加工方案。单件小批生产时采用磨齿方案，一般用于 6 级精度以上的齿轮；大批大量生产时采用珩齿方案，广泛用于 7 级精度齿轮的成批生产中。如不需淬火，则可去掉磨齿或珩齿工序。

(4) 6～3 级精度齿轮

采用滚(插)齿→齿端加工→淬火→修正基准→磨齿加工方案。此方案适用各种批量生产。如果齿轮精度虽低于 6 级，但淬火后变形较大的齿轮，也需采用磨齿方案。

选择圆柱齿轮齿形加工方案可参考表 5-5。

表 5-5　圆柱齿轮齿形加工方法和加工精度

齿形加工方案	齿轮精度等级	齿面粗糙度 $Ra/\mu m$	适 用 范 围
铣齿	9 级以下	6.3～3.2	单件、修配生产中，加工低精度的外圆柱齿轮、齿条、锥齿轮、蜗轮
拉齿	7 级	1.6～0.4	大批量生产 7 级内齿轮；外齿轮拉刀制造复杂，故少用
滚齿	8～7 级	3.2～1.6	批量生产中，加工中等质量外圆柱齿轮及蜗轮
插齿		3.2～1.6	批量生产中，加工中等质量的内、外圆柱齿轮、多联齿轮及小型齿条
滚(插)齿→淬火→珩齿		0.8～0.4	用于齿面淬火的齿轮

续表

齿形加工方案	齿轮精度等级	齿面粗糙度 Ra/μm	适用范围
滚(插)齿→剃齿	7~6级	0.8~0.4	主要用于大批量生产
滚(插)齿→剃齿→淬火→珩齿		0.4~0.2	
滚(插)齿→淬火→磨齿	6~3级	0.4~0.2	用于高精度齿轮的齿面加工，生产率低。成本高
滚(插)齿→磨齿			

5.1.3 任务实施

1. 分析直齿圆柱齿轮的结构和技术要求

1) 圆柱齿轮的结构特点和技术要求

(1) 齿轮的形状由于使用要求不同而有不同的结构形式，但从机械加工的角度来看，圆柱齿轮分轮体和齿圈两部分。按照齿圈上轮齿的分布形式，可分为直齿、斜齿、人字齿等；按照轮体的结构特点，齿轮大致可分为盘形齿轮、套筒齿轮、轴齿轮、扇形齿轮和齿条等，如图 5.44 所示。

图 5.44　圆柱齿轮的常见结构形式

在各种齿轮中以盘形齿轮应用最广。其特点是内孔多为精度较高的圆柱孔或花键孔，轮缘具有一个或多个齿圈。普通的单齿圈齿轮结构工艺性最好，可采用任何一种齿形加工方法加工轮齿；而双联或三联等多齿圈齿轮，当其轮缘间的轴向距离较小时，小齿圈齿形的加工方法的选择就受到限制，通常只能选用插齿。如果小齿圈精度要求高，需要精滚、剃齿或磨齿加工，而轴向距离在设计上又不允许加大时，可将此多齿圈齿轮做成单齿圈齿轮的组合结构，以改善其加工工艺性。

在我国 GB/T 10095—2001 标准中规定了齿轮传动有 12 个精度等级，精度由高到低依次为 1 级、2 级、……、12 级。其中 1~2 级为超精密等级，3~5 级为高精度等级，6~8 级为中精度等级，9~12 级为低精度等级，常用的精度等级为 6~9 级。7 级精度是基础级，是设计中普遍采用且在一般条件下用滚、插、剃三种切齿方法就能得到的精度等级。标准根据齿轮各项加工误差的特性以及它们对传动性能影响的不同，每个精度等级都有三个公差组，即传递运动的准确性、传动的平稳性、载荷的均匀性，分别规定出各项公差和偏差项目，见表 5-6。

表 5-6　齿轮各项公差和极限偏差的分组

公差组	公差与极限偏差项目	对传动性能的主要影响	误　差　特　性	
I	齿圈径向跳动公差 F_r	传递运动的准确性	径向单项指标	以齿轮转一转为周期的误差
	径向综合公差 F_i''			
	公法线长度变动公差 F_w		切向单项指标	
	切向综合公差 F_i'		综合指标	
	齿距累积公差 F_p			
	k 个齿距累计公差 F_{pk}			
II	基节极限偏差 $\pm f_{pb}$	传动的平稳性、噪声、振动	单项指标	在齿轮一周内多次周期重复出现的误差
	齿形公差 f_f			
	齿距极限偏差 $\pm f_{pt}$			
	螺旋线波度公差 $f_{f\beta}$(斜齿轮)			
	一齿径向综合公差 f_i''		综合指标	
	一齿切向综合公差 f_i'			
III	齿向公差 F_β	载荷分布的均匀性	单项指标	齿向线的误差

(2) 圆柱齿轮的精度检验组及测量条件。圆柱齿轮的精度检验组及测量条件详见表 5-7。

表 5-7　齿轮的精度检验组及测量条件

检验组	公　差　组			适用等级	测　量　条　件
	I	II	III		
1	F_i'	f_i'	F_β	3～6	万能齿轮测量机、齿向仪
2	F_i'	f_i'	F_β	5～8	整体误差测量仪(便于工艺分析)
3	F_i'	f_i'	F_β	5～8	单啮仪、齿向仪(适于大批大量生产)
4	F_p	f_{pt}、f_f、$f_{f\beta}$	F_b、F_{px}	3～6	齿距仪、齿形仪、波度仪、轴向齿距仪
5	F_i''、F_w	f_i''	F_β	6～9	双啮仪、齿向仪、公法线千分尺
6	F_p	f_f、f_{pt}	F_β	3～7	齿距仪、齿向仪、齿形仪
7	F_p	f_f、f_{pb}	F_β	3～7	
8	F_p	f_{pt}、f_{pb}	F_β	7～9	齿距仪、齿向仪、基节仪
9	F_w、F_r	f_f、f_{pb}	F_β	5～7	跳动仪、齿形仪、公法线千分尺、基节仪、齿向仪
10	F_w、F_r	f_{pt}、f_{pb}	F_β	7～9	
11	F_r	f_{pt}	F_β	10～12	跳动仪、齿距仪、齿向仪

2) 分析直齿圆柱齿轮的结构和技术要求

图 5.2 所示的直齿圆柱齿轮，传递运动精度为 7 级，主要是公法线变动公差 F_w 为 0.036mm，径向综合公差为 F_i'' 为 0.08mm；传动的平稳性精度为 6 级，主要有一齿径向综合公差 f_i'' 为 0.016mm；载荷的均匀性精度为 6 级，主要是齿向公差 F_β 为 0.009mm。端面

与轴线有垂直度要求。表面粗糙度 Ra 为 1.6μm。齿轮表面需淬火，齿部硬度达 52～54HRC。

2．明确直齿圆柱齿轮毛坯状况

1）齿轮的材料与毛坯

(1) 齿轮的材料。根据齿轮的工作条件(如速度与载荷)和失效形式(如点蚀、剥落或折断等)，制造齿轮常用的材料有锻钢和铸钢，其次是铸铁，在特殊情况下也可采用有色金属和非金属材料。

① 钢：含碳量为 0.1%～0.6% 的钢常用，因其性能最好(可通过热处理提高力学性能)。

a. 锻钢：钢材经锻造，性能提高，最常用的是 45 钢。锻钢的强度比直接采用轧制钢材好，重要齿轮都采用锻钢。

中碳结构钢：采用 45 钢等进行调质或表面淬火。经热处理后，综合力学性能较好，但切削性能较差，齿面粗糙度值较大，适用于制造低速、载荷不大的齿轮。

中碳合金结构钢：采用 40Cr 进行调质或表面淬火。经热处理后其力学性能较 45 钢好、热处理变形小，用于制造速度、精度较高及载荷较大的齿轮。

渗碳钢：采用 20Cr 和 20CrMnTi 等进行渗碳或碳氮共渗。经渗碳淬火后齿面硬度可达 58～63HRC，芯部有较高的韧性，既耐磨损、又耐冲击，适于制造高速、中载或承受冲击载荷的齿轮。但渗碳处理后的齿轮变形较大，需进行磨齿加以纠正，成本较高。采用碳氮共渗处理变形较小，由于渗层较薄，承载能力不如前者。

氮化钢：采用 38CrMoAIA 进行氮化处理，变形较小，可不再磨齿，齿面耐磨性较高，适用于制造高速齿轮。

从齿面硬度和制造工艺来分，可把钢制齿轮分为软齿面和硬齿面齿轮。

软齿面齿轮(≤350HBW)：坯料→热(正、调)→切齿(一般 8 级，精切 7 级)。

硬齿面齿轮(≥350HBW)：坯料→热(正)→切齿→表面硬化处理(淬火、氰化、氮化)→精加工(磨齿，一般 6 级，精磨 5 级)。

软齿面齿轮是调质或正火后进行精加工，齿面硬度较小，承载能力不高，但其制造工艺较简单，适用于一般机械传动。硬齿面齿轮在精加工后进行热处理，硬度较高，承载能力也较软齿面齿轮大，但制造工艺复杂，一般用于高速重载及结构要求紧凑的机械中。

b. 铸钢：当齿轮的直径大于 500mm，轮坯不宜于锻造，可采用铸钢，但其精加工前要进行正火处理，以消除铸件的残余应力和使硬度均匀化，利于切削。

② 铸铁：铸铁的铸造性能好，但抗弯强度和耐冲击性较差，自身所含石墨能起一定润滑作用。故开式齿轮传动中常采用铸铁齿轮。

③ 非金属材料：常用的有夹木胶布、工程塑料等。非金属材料的弹性模量小，齿轮易变形，可减轻动载荷和噪声，一般适用于高速轻载及精度要求不高的齿轮传动。

(2) 齿轮的毛坯。根据齿轮的材料、结构形状、尺寸大小、使用条件以及生产批量等因素确定毛坯的种类。

齿轮的毛坯形式主要有棒料、锻件和铸件。对于钢质齿轮，除了尺寸较小且不太重要的齿轮直接采用轧制棒料外，一般均采用锻造毛坯。生产批量较小或尺寸较大的齿轮采用自由锻造；生产批量较大的中小齿轮采用模锻。图 5.45 所示为齿坯模锻示意图。

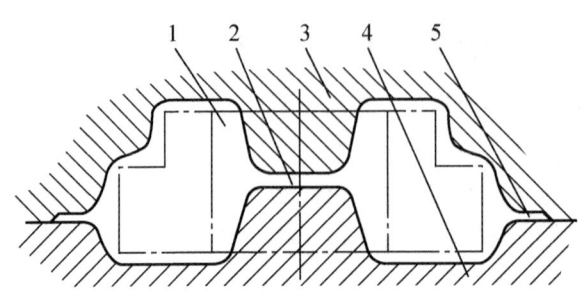

图 5.45　模锻齿轮毛坯

1-齿轮毛坯；2-连皮；3-上模；4-下模；5-飞边

对于直径很大且结构比较复杂、不便锻造的齿轮，可采用铸钢毛坯。铸钢齿轮的晶粒较粗，力学性能较差，加工性能不好，加工前应进行正火处理，使硬度均匀并消除内应力，以改善加工性能。为了减少机械加工量，对大尺寸、低精度齿轮，可以直接铸出轮齿；对于小尺寸、形状复杂的齿轮，可用精密铸造、压力铸造、精密锻造、粉末冶金、热轧和冷挤等新工艺制造出具有轮齿的齿坯，以提高劳动生产率、节约原材料。

非传力齿轮也可以用铸铁、夹布胶木或锦纶等材料。

(3) 齿轮的热处理。

① 齿坯的热处理：齿坯粗加工前后常安排预先热处理，其目的是改善材料的加工性能，减小锻造引起的内应力，防止淬火时出现较大变形。齿坯的热处理通常采用正火或调质。

a. 正火：正火处理能消除内应力，提高强度和韧性，改善切削性能。故齿坯正火一般安排在粗加工之前。经过正火的齿轮，淬火后变形较大，但加工性能较好，拉孔和切齿时刀具磨损较轻，加工表面粗糙度值较小。对机械强度要求不高的齿轮传动可用中碳钢正火处理或铸钢正火处理。正火处理后齿面硬度一般为 160～220HBW。

b. 调质：常用于中碳钢，如 45、40Cr 钢等。调质处理后齿面硬度一般为 200～280HBW。因硬度不高，故可在热处理后进行精加工。调质多安排在齿坯粗加工之后。一般用于小批量、对传动尺寸没有严格限制的齿轮传动。

② 轮齿的热处理：齿轮的齿形切出后，为提高齿面的硬度及耐磨性，常安排渗碳淬火或表面淬火等热处理工序。

a. 表面淬火：表面淬火是将钢件表面进行淬火，而芯部仍保持原先的组织的一种热处理方法，常用于中碳钢或中碳合金钢，如 45、40Cr 钢等。淬火后表面硬度可达 45～50HRC，芯部较软，有较高的韧性，齿面接触强度高，耐磨性好。表面淬火常采用高频淬火(适于模数小的齿轮)、超声频感应淬火(适于 $m=3\sim6mm$ 的齿轮)和中频感应淬火(适于大模数齿轮)。表面淬火齿轮的齿形变形较小，内孔直径通常要缩小 0.01～0.05mm，淬火后应予以修正。一般用于受中等冲击载荷的重要齿轮传动。

b. 渗碳淬火：渗碳淬火是向钢件的表面渗入碳原子再采用淬火加低温回火的工艺，钢件的表面有高的硬度和耐磨性，而芯部仍保持一定强度和较高的韧性。常用的材料是低碳钢或低合金钢，如 20、20Cr、20CrMnTi 等。渗碳淬火后表面硬度可达 58～63HRC，芯部仍保持有较高的韧性，齿面接触强度高，耐磨性好，使用寿命长，但变形较大，对于精密齿轮尚需安排磨齿工序。一般用于受冲击载荷的重要齿轮传动。

c. 氮化：氮化是向钢表面渗入氮原子的过程，其目的是提高钢的表面硬度和耐磨性以

及提高疲劳强度和耐蚀性。氮化后表面硬度可大于 65HRC，变形小，适用于难以磨齿的场合，如内齿轮等。常用材料如 38CrMoAlA 等。

常用的齿轮材料、热处理硬度和应用举例见表 5-8。

表 5-8　常用的齿轮材料、热处理硬度和应用举例

材　　料	牌　　号	热处理方法	硬　　度		应　用　举　例
			齿芯 HBW	齿面 HRC	
优质碳素钢	35	正火	150～180		低速轻载的齿轮或中速中载的大齿轮
	45		169～217		
	50		180～220		
合金钢	45	调质	217～255		
	35SiMn		217～269		
	40Cr		241～286		
优质碳素钢	35	表面淬火	180～210	40～45	高速中载、无剧烈冲击的齿轮。如机床变速箱中的齿轮
	45		217～255	40～50	
合金钢	40Cr		241～286	48～55	
	20Cr	渗碳淬火		56～62	高速中载、承受冲击的齿轮。如汽车、拖拉机中的重要齿轮
	20CrMnTi			56～62	
	38CrMoAlA	氮化	229	>850HV	载荷平稳、润滑良好的高速齿轮，内齿轮
铸钢	ZG45	正火	163～197		重型机械中的低速齿轮
	ZG55		179～207		
球墨铸铁	QT700—2		225～305		可用来代替铸钢
	QT600—2		229～302		
灰铸铁	HT250		170～241		低速中载、不受冲击的齿轮。如机床操纵机构中的齿轮
	HT300		187～255		
	HT300		187～255		

2)该直齿圆柱齿轮材料为 45 钢，毛坯形式为锻件。

3. 拟定直齿圆柱齿轮的工艺路线

齿轮加工的工艺路线是根据齿轮材质和热处理要求、齿轮结构及尺寸大小、精度要求、生产批量和车间设备条件而定。一般可归纳工艺路线如下：

毛坯制造→毛坯热处理→齿坯加工→齿形加工→齿圈热处理→齿轮定位表面精加工→齿圈的精整加工。

1) 确定加工方案

(1) 齿坯的机械加工。齿形加工之前的齿轮加工称为齿坯加工。在齿坯加工中，要切除大量多余金属，加工出齿形加工时所用的定位和测量基准。因此，齿坯加工在整个齿轮

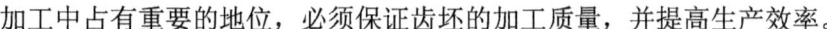

加工中占有重要的地位，必须保证齿坯的加工质量，并提高生产效率。

① 齿坯加工精度。齿轮的内孔(或轴颈)、基准端面或外圆经常是齿轮加工、测量和装配的基准，它们的加工精度对齿轮各项精度指标有着重要的影响。因此，切齿前齿坯的精度应满足一定的要求。

齿坯加工中，主要要求保证的是基准孔(或轴颈)的尺寸精度和形状精度、基准端面相对于基准孔(或轴颈)的位置精度。不同精度的孔(或轴颈)的齿坯公差以及表面粗糙度等要求分别列于表 5-9、表 5-10 和表 5-11 中。

表 5-9 齿坯公差

齿轮精度等级①		5	6	7	8	9
孔	尺寸公差 形状公差	IT5	IT6	IT7		IT8
轴	尺寸公差 形状公差	IT5		IT6		IT7
顶圆直径②		IT7		IT8		IT9

注：① 当三个公差组的精度等级不同时，按最高精度等级确定公差值。

② 当顶圆不作为测量齿厚基准时，尺寸公差按 IT11 给定，但应不大于 0.1mm。

表 5-10 齿轮基准面径向和端面圆跳动公差 　　　　　　　　　(μm)

分度圆直径/mm		精 度 等 级				
大于	至	1 和 2	3 和 4	5 和 6	7 和 8	9 和 12
—	125	2.8	7	11	18	28
125	400	3.6	9	14	22	36
400	800	5.0	12	20	32	50
800	1600	—	—	28	45	71

表 5-11 齿坯基准面的表面粗糙度参数 Ra 　　　　　　　　　(μm)

精度等级	3	4	5	6	7	8	9	10
孔	≤0.2	≤0.2	0.4～0.2	≤0.8	1.6～0.8	≤1.6	≤3.2	≤3.2
颈端	≤0.1	0.2～0.1	≤0.2	≤0.4	≤0.8	≤1.6	≤1.6	≤1.6
端面 顶圆	0.2～0.1	0.4～0.2	0.6～0.4	0.6～0.3	1.6～0.8	3.2～1.6	≤3.2	≤3.2

② 齿坯加工方案的选择。齿坯加工方案的选择主要与齿轮的轮体结构、技术要求和生产类型等因素有关。对于轴齿轮和套筒齿轮的齿坯，其加工过程和一般轴、套基本相似，现主要讨论盘类齿轮齿坯的加工过程。

a. 大批大量生产的齿坯加工。大批大量加工中等尺寸齿坯时，多采用"钻→拉→多刀车"的工艺方案：

以毛坯外圆及端面定位进行钻孔或扩孔(留拉削余量)；以端面支承拉孔(或花键孔)；以

孔在芯轴上定位，在多刀半自动车床上粗、精车外圆、端面、切槽及倒角等。这种工艺方案由于采用高效机床可以组成流水线或自动线，所以生产效率高。

不卸下芯轴，在另一台车床上继续精车外圆、端面、切槽和倒角，如图 5.46 所示。

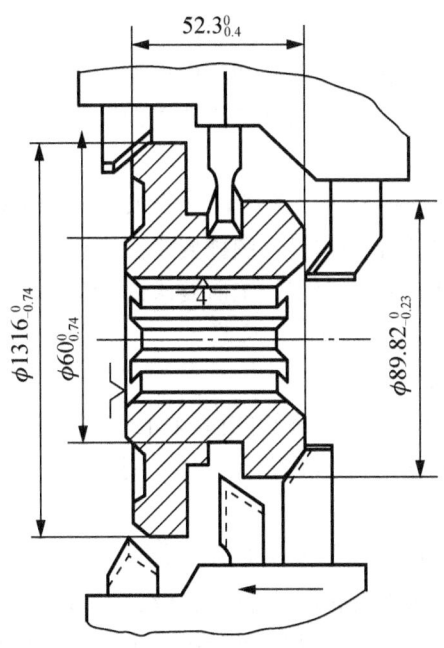

图 5.46　在多刀半自动车床上精车齿坯外形

b. 成批生产的齿坯加工。成批生产齿坯时，常采用"车→拉→车"的工艺方案：

以齿坯外圆或轮毂定位，粗车外圆、端面和内孔(留拉削余量)；以端面支承拉孔(或花键孔)；以孔在芯轴上定位精车外圆及端面等。

这种方案可由卧式车床或转塔车床及拉床实现。它的特点是加工质量稳定，生产效率较高。当齿坯孔有台阶或端面有槽时，可以充分利用转塔车床上的多刀来进行多工位加工，在转塔车床上一次完成齿坯的加工。

c. 单件小批生产的齿坯加工。单件小批生产齿轮时，一般齿坯的孔、端面及外圆的粗、精加工都在通用机床上经两次装夹完成，但必须注意将孔和基准端面的精加工在一次装夹内完成，以保证位置精度。

(2) 齿形加工。

① 齿形加工一般为滚、插齿加工。对于 8 级以下齿轮可以直接加工；对于 6～7 级齿轮，齿形精加工采用剃→珩加工；对于 5 级以上齿轮采用磨齿方法。

② 该齿轮齿形精加工采用剃→珩加工。

(3) 确定齿轮的热处理方案。该直齿圆柱齿轮轮齿的热处理方式为表面淬火，淬火后表面硬度达 52～54HRC。

2) 划分加工阶段

齿轮加工的工艺路线是根据齿轮材质和热处理要求、齿轮结构及尺寸大小、精度要求、生产批量和车间设备条件而定。齿轮加工工艺过程大致要经过如下几个阶段：

毛坯制造、毛坯热处理、齿坯加工、齿形加工、齿端加工、齿面热处理、齿轮定位表面精加工(精基准修正)及齿形精加工等。

(1) 齿坯加工。由于齿轮的传动精度主要决定于齿形精度和齿距分布均匀性，而这与切齿时采用的定位基准(孔和端面)的精度有着直接的关系，所以，这个阶段主要是为下一阶段加工齿形准备精基准，使齿轮的内孔和端面的精度基本达到规定的技术要求。在这个阶段中除了加工出基准外，对于齿形以外的次要表面的加工，也应尽量在这一阶段的后期加工完成。

(2) 齿形加工。对于不需要淬火的齿轮，一般来说这个阶段也就是齿轮的最后加工阶段，经过这个阶段就应当加工出基本符合图样要求的齿轮。对于需要淬硬的齿轮，必须在这个阶段中加工出能满足齿形的最后精加工所要求的齿形精度，所以这个阶段的加工是保证齿轮加工精度的关键阶段。应予以特别注意。

该齿轮齿形精加工采用剃→珩加工。

(3) 齿端加工。如图 5.47 所示，齿轮的齿端加工有倒圆、倒尖、倒棱和去毛刺等。倒圆、倒尖后的齿轮，沿轴向滑动时容易进入啮合。倒棱可去除齿端的锐边，这些锐边经渗碳淬火后很脆，在齿轮传动中易崩裂。

用指形铣刀进行齿端倒圆，如图 5.48 所示。倒圆时，齿轮慢速旋转，指形铣刀在高速旋转的同时沿圆弧做往复摆动(每加工一齿往复摆动一次)。加工完一个齿后工件沿径向退出，分度后再送进加工下一个齿端。齿轮每转过一齿，铣刀往复运动一次，两者在相对运动中即完成齿端倒圆。同时由齿轮的旋转实现连续分齿，生产率较高。

齿端加工必须安排在齿轮淬火之前，通常多在滚(插)齿之后。

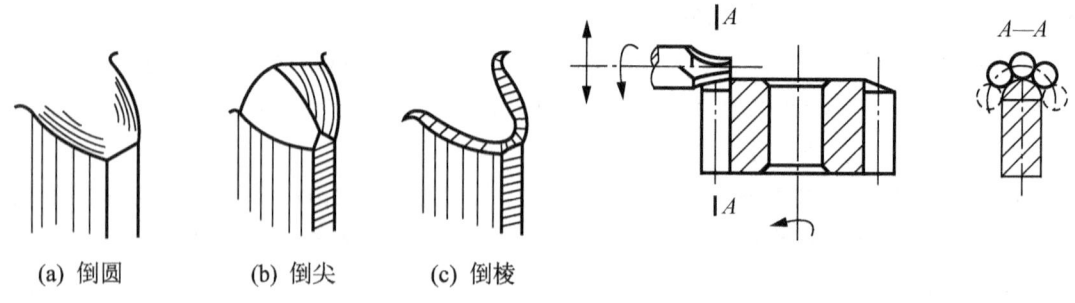

(a) 倒圆　　　(b) 倒尖　　　(c) 倒棱

图 5.47　齿端加工　　　　　　　图 5.48　齿端倒圆

该齿轮齿端加工采用倒棱方式，安排在齿轮淬火之前，滚齿之后。

(4) 齿面热处理。在这个阶段中主要对齿面进行淬火处理，使齿面达到规定的硬度要求。

(5) 精基准修正。齿轮淬火后基准孔产生变形，为保证齿形精加工质量，必须对基准孔给予修正。

对外径定心的花键孔齿轮，通常用花键推刀修正。推孔时要防止推刀歪斜，有的工厂采用加长推刀前引导来防止歪斜，已取得较好效果。

对圆柱孔齿轮的修正，可采用推孔或磨孔，推孔生产率高，常用于未淬硬齿轮；磨孔精度高，但生产率低，对于整体淬火后内孔变形大、硬度高的齿轮，或内孔较大、厚度较

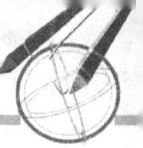

薄的齿轮，则以磨孔为宜。

　　磨孔时一般以齿轮分度圆定心，如图 5.49 所示，这样可使磨孔后的齿圈径向跳动较小，对以后磨齿或珩齿有利。为提高生产率，有的工厂以金刚镗代替磨孔也取得了较好的效果。

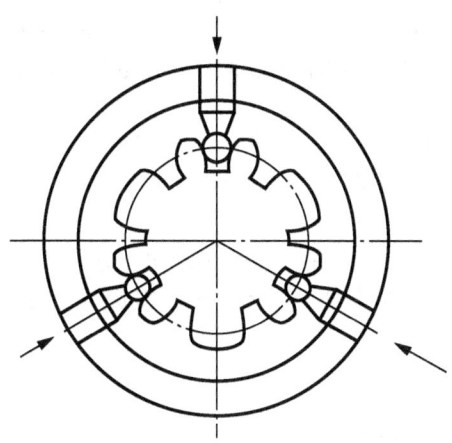

图 5.49　齿轮分度圆定心示意图

　　(6) 齿形精加工。这个阶段的目的，在于修正齿轮经过淬火后所引起的齿形变形，进一步提高齿形精度和降低表面粗糙度，使之达到最终的精度要求。在这个阶段中首先应对定位基准面(孔和端面)进行修整，因淬火后齿轮的内孔和端面均会产生变形，如果在淬火后直接采用这样的孔和端面作为基准进行齿形精加工，是很难达到齿轮精度的要求的。以修整过的基准面定位进行齿形精加工，可以使定位准确可靠，余量分布也比较均匀，以便达到精加工的目的。

　　3) 选择定位基准

　　定位基准的精度对齿形加工精度有直接的影响。对于齿轮定位基准的选择常因齿轮的结构形状不同，而有所差异。轴类齿轮的加工主要采用中心孔定位，空心轴且孔径大时则采用锥堵。中心孔定位的精度高，且能做到基准统一。某些大模数的轴类齿轮多选择齿轮轴颈和一端面定位。盘套类带孔齿轮的齿形加工常采用以下两种定位、夹紧方式：

　　(1) 以内孔和端面定位。即以工件内孔和端面联合定位，确定齿轮中心和轴向位置，并采用面向定位端面的夹紧方式。这种方式可使定位基准、设计基准、装配基准和测量基准重合，又能使齿形加工等工序基准统一，定位精度高。在专用心轴上定位时不需要找正。故生产率高，广泛用于成批生产中。但对夹具的制造精度要求较高。

　　(2) 以外圆和端面定位。工件和夹具心轴的配合间隙较大，可用千分表找正外圆以决定中心的位置，并以端面定位；从另一端面施以夹紧。这种方式因每个工件都要找正，故生产效率低；它对齿坯的内、外圆同轴度要求高，而对夹具精度要求不高，故适于单件小批生产。

　　4) 加工工序安排

　　应遵循加工顺序安排的一般原则，如先粗后精、先主后次等。

　　该齿轮的加工工艺路线为：毛坯锻造→正火→齿坯粗、精车→滚齿→齿圈淬火→齿轮定位表面内锥孔磨削→珩齿。

4. 设计工序内容

1) 确定工序尺寸

(1) 粗车齿坯时,各端面、外圆、内孔按图样加工尺寸均留余量 1.5mm;

(2) 齿圈滚齿后留 0.01～0.03 剃齿余量、0.02～0.03 珩齿余量;

(3) 精加工:内锥孔磨削和珩齿均加工到图样规定尺寸,满足其技术要求。

2) 选择设备工装

(1) 设备选择。齿轮加工分两部分:轮体部分和齿圈部分。轮体采用普通车床加工,一般根据尺寸选择 C6132、CA6140 或其他车床;齿圈部分,尺寸大或模数大的齿轮采用滚齿机,对于尺寸小或结构紧凑的齿轮用插齿机。

(2) 齿轮加工夹具。齿轮加工夹具一般就是两种:滚齿、插齿加工夹具一般选用心轴;节圆专用夹具,需要时可根据齿轮加工实际要求、机床夹具设计基础知识及相关手册进行设计、制造并使用。

5. 直齿圆柱齿轮加工工艺过程

表 5-12 中为该齿轮的机械加工工艺过程。

表 5-12　直齿圆柱齿轮加工过程卡

工序号	工 序 内 容	定位基准	设　备
1	锻造		
2	正火		
3	粗车各部,均留余量 1.5mm	外圆、端面	转塔车床
4	精车各部,内部至锥孔塞规线外露 6～8mm,其余达图样要求	外圆、内孔、端面	车床 CA6132
5	滚齿	内孔、端面 B	Y3150E
6	倒角	内孔、端面 B	倒角机
7	插键槽达图样要求	外圆、端面 B	插床
8	去毛刺		
9	剃齿	内孔、端面 B	Y5714
10	热处理:齿部 52～54HRC		
11	磨内锥孔,磨至塞规小端平	外圆、端面 B	M220
12	珩齿达图样要求	内孔、端面 B	Y5714
13	检验		

任务 5.2　编制双联圆柱齿轮零件机械加工工艺规程

5.2.1　任务引入

编制图 5.50 所示双联圆柱齿轮的机械加工工艺规程。零件材料为 40Cr,精度等级为 7 级,生产类型为成批生产。

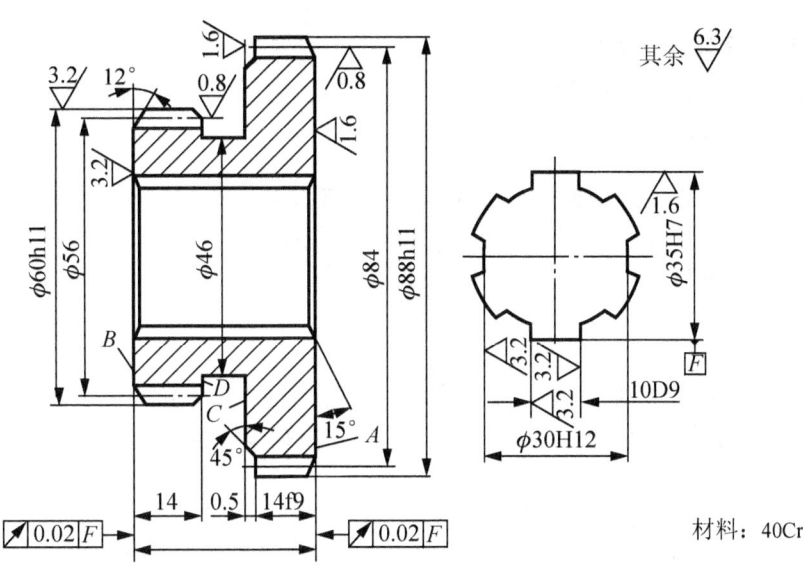

材料：40Cr

齿　　号		I	II	齿　　号		I	II
模数	m	2	2	基节极限偏差	$\pm f_{pb}$	±0.016	±0.016
齿数	Z	28	42	齿形公差	f_f	0.017	0.018
齿形角	α	20°	20°	齿向公差	F_β	0.017	0.017
精度等级		7GB/ GB/T 10095-2001	7JL/ GB/T 10095-2001	公法线平均长度及极限偏差	$W_{E_{wi}}^{E_{ws}}$	$21.36_{-0.05}^{0}$	$27.6_{-0.05}^{0}$
公法线长度变动公差	F_w	0.039	0.024	跨齿数	k	4	5
齿圈径向跳动公差	F_r	0.050	0.042				

图 5.50　双联齿轮

5.2.2　任务实施

1. 分析双联齿轮的结构和技术要求

图 5.50 所示的双联齿轮 I、II 轮缘间的轴向距离较小，I 齿齿形的加工方法的选择就受到限制，通常只能选用插齿。

该齿轮的传递运动精度为 7 级，主要是 I 齿、II 齿公法线变动公差 F_w 分别为 0.039mm、0.024mm，I 齿、II 齿的齿圈径向跳动公差 F_r 为分别 0.05mm、0.042mm；传动的平稳性精度为 7 级，主要有 I 齿、II 齿的基节极限偏差 $\pm f_{pb}$ 均为 ±0.016mm，I 齿、II 齿的齿形公差 f_f 分别为 0.017mm、0.018mm；载荷的均匀性精度为 7 级，主要是 I 齿、II 齿的齿向公差 F_β 均为 0.017mm。端面 A、B 与轴线有垂直度要求，表面粗糙度 Ra 分别为 3.2μm、1.6μm。

2. 明确双联齿轮毛坯状况

该齿轮为软齿面齿轮，在正火后进行精加工，齿面硬度较小，承载能力不高，但其制

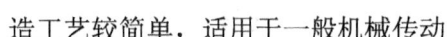

造工艺较简单,适用于一般机械传动。

该双联圆柱齿轮材料为40Cr,毛坯形式为锻件。

3. 拟定双联齿轮的工艺路线

齿轮加工的工艺路线是根据齿轮材质和热处理要求、齿轮结构及尺寸大小、精度要求、生产批量和车间设备条件而定。一般可归纳工艺路线如下:

毛坯制造及热处理→齿坯加工→齿形粗加工→齿圈热处理→齿轮定位表面精加工→齿形精加工。

1) 确定加工方案

(1) 齿坯加工方案的选择。成批生产齿坯时,常采用"车→拉→车"的工艺方案:

① 以齿坯外圆或轮毂定位,粗车外圆、端面和内孔(留拉削余量);

② 以端面支承拉孔(或花键孔);

③ 以孔在芯轴上定位精车外圆及端面等。

这种方案可由卧式车床或转塔车床及拉床实现。它的特点是加工质量稳定,生产效率较高。

(2) 齿形加工。齿形加工一般为滚、插齿加工,对于 8 级以下齿轮可以直接加工;对于6~7 级齿轮,齿形精加工采用剃→珩加工;对于 5 级以上齿轮采用磨齿方法。

该齿轮齿形精加工采用剃→珩加工。

(3) 花键孔加工:主要有插削、拉削和磨削等方法。

① 插削法:用成形插刀在插床上逐齿插削,生产率和精度均低,用于单件小批生产。

② 拉削法:用花键拉刀在拉床上拉削,生产率和精度均高,应用最广泛。本任务的直齿圆柱齿轮花键孔的加工即为拉削加工。

③ 磨削法:用小直径的成形砂轮在花键孔磨床上磨削,用于加工直径较大、淬硬的或精度要求高的花键孔。

2) 划分加工阶段

齿轮加工工艺过程大致要经过如下几个阶段:毛坯热处理、齿坯加工、齿形加工、齿端加工、齿面热处理、精基准修正及齿形精加工等。

(1) 齿端加工。用指形铣刀进行 Ⅰ、Ⅱ齿 12°牙角齿端倒圆。齿端加工安排在齿轮淬火之前,在滚(插)齿之后进行。

(2) 精基准修正。齿轮淬火后基准孔产生变形,为保证齿形精加工质量,对基准孔必须给予修正。

对外径定心的花键孔齿轮,通常用花键推刀修正。推孔时要防止推刀歪斜。

(3) 齿形精加工。珩齿的目的,在于修正齿轮经过淬火后所引起的齿形变形,进一步提高齿形精度和降低表面粗糙度值,使之达到最终的精度要求。以修整过的基准面定位进行齿形精加工,可以使定位准确可靠,余量分布也比较均匀,以便达到精加工的目的。

3) 选择定位基准

以工件花键孔和端面联合定位,确定齿轮中心和轴向位置,并采用面向定位端面的夹紧方式。这种方式可使定位基准、设计基准、装配基准和测量基准重合,又能使齿形加工等工序基准统一,定位精度高。在专用心轴上定位时不需要找正。但对夹具的制造精度要求较高。

4) 加工工序安排

应遵循加工顺序安排的一般原则,如先粗后精、先主后次等。

　　该齿轮的加工工艺路线为：毛坯锻造→正火→齿坯粗车→拉花键孔→齿坯精车→滚、插齿→齿端加工→剃齿→齿圈淬火→齿轮定位表面内孔推孔加工→珩齿。

　　4. 设计工序内容

　　1) 确定工序尺寸

　　(1) 粗车齿坯时，各端面、外圆按图样加工尺寸均留余量 1.5～2mm；花键底孔加工至 φ30H12。

　　(2) Ⅱ齿滚齿后留 0.07～0.10 剃齿、珩齿余量；Ⅰ齿插齿后留 0.04～0.06 剃齿、珩齿余量；

　　(3) 精加工：内孔拉花键、推孔和Ⅰ、Ⅱ齿珩齿均到图样规定尺寸、技术要求。

　　2) 选择设备工装

　　齿轮加工分两部分：轮体部分和齿圈部分。轮体采用普通车床加工，一般根据尺寸选择车床；齿圈部分，尺寸大或模数大的齿轮采用滚齿机，对于尺寸小或结构紧凑的齿轮用插齿机。齿圈部分的精加工采用剃齿机和珩齿机。

　　滚齿、插齿、剃(珩)齿加工夹具一般选用与相应机床配套的心轴。

　　5. 双联齿轮加工工艺过程

　　双联齿轮的加工工艺过程见表 5-13。

表 5-13　双联齿轮加工工艺过程

序号	工 序 内 容	定 位 基 准
1	毛坯锻造	
2	正火	
3	粗车外圆及端面，留余量 1.5～2mm，钻镗花键底孔至尺寸 φ30H12	外圆及端面
4	拉花键孔	φ30H12 孔及 A 面
5	钳工去毛刺	
6	上心轴，精车外圆，端面及槽至要求	花键孔及端面
7	检验	
8	滚齿(z=42)，留剃齿、珩齿余量 0.07～0.10 mm	花键孔及 A 面
9	插齿(z=28)，留剃齿、珩齿余量 0.04～0.06 mm	花键孔及 A 面
10	倒角（Ⅰ、Ⅱ齿圆 12°牙角）	花键孔及 A 面
11	钳工去毛刺	
12	剃齿(z=42)，公法线长度至上限尺寸	花键孔及 A 面
13	剃齿(z=28)，采用螺旋角度为 5°的剃齿刀，剃齿后公法线长度至上限尺寸	花键孔及 A 面
14	齿部高频淬火：52～54HRC	
15	推孔	花键孔及 A 面

序号	工 序 内 容	定 位 基 准
16	珩齿(Ⅰ、Ⅱ)达图样要求	花键孔及 A 面
17	检验入库	

任务 5.3　编制高精度圆柱齿轮零件机械加工工艺规程

5.3.1　任务引入

编制图 5.51 所示高精度齿轮的机械加工工艺规程。零件材料为 40Cr，精度等级为
6-5-5 级，生产类型为小批生产。

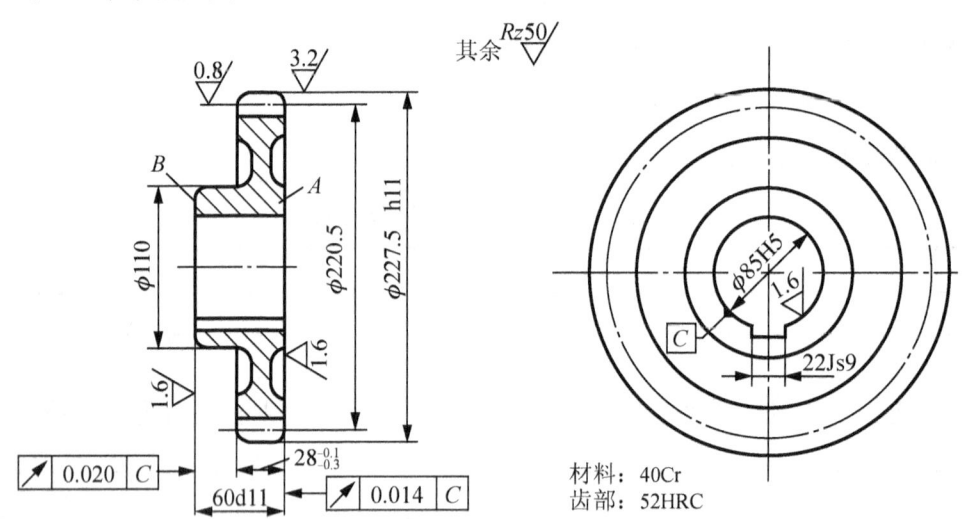

材料：40Cr
齿部：52HRC

模数	m	3.5
齿数	z	63
齿形角	α	20°
精度等级	6-5-5KM/GB/T 10095—2001	
齿距累积公差	F_p	0.035
齿距极限偏差	$\pm f_{pt}$	±0.0065
齿形公差	f_f	0.007
齿向公差	F_β	0.007
跨齿数	k	7
公法线平均长度及极限偏差	$W_{E_{wi}}^{E_{ws}}$	$70.13_{-0.05}^{0}$

图 5.51　高精度齿轮

5.3.2　相关知识

高精度齿轮加工工艺有如下特点。

1. 定位基准的精度要求较高

由图 5.51 可知，作为定位基准的内孔其尺寸精度标注为 ϕ85H5，基准端面的粗糙度值较小，Ra 为 1.6μm，它对基准孔的跳动为 0.014mm，这几项均比一般精度的齿轮要求高。因此，在齿坯加工中，除了要注意控制端面与内孔的垂直度外，尚需留一定的加工余量进行精基准修正。修正基准孔和端面采用磨削，先以齿轮分度圆和端面作为定位基准磨孔，再以孔为定位基准磨端面，控制端面跳动要求，以确保齿形精加工用的精基准的精确度。

2. 齿形精度要求高

为满足齿形精度要求，其加工方案应选择磨齿方案，即滚(插)齿→齿端加工→高频淬火→修正基准→磨齿。磨齿精度可达 4 级，但生产率低。齿面热处理采用高频淬火，变形较小，故留磨余量可缩小到 0.1mm 左右，以提高磨齿效率。

5.3.3　任务实施

1. 分析高精度齿轮的结构和技术要求

图 5.51 所示的高精度齿轮，传递运动精度为 6 级，主要是齿距累积公差 F_p 为 0.035mm；；传动的平稳性精度为 5 级，主要有齿距极限偏差±f_{pt} 为±0.006 5mm，齿形公差 f_f 为 0.007mm；载荷的均匀性精度为 5 级，主要是齿向公差 F_β 为 0.007mm。端面与轴线有较高的垂直度要求，表面粗糙度 Ra 为 1.6μm。齿轮表面需高频淬火，齿部硬度达 52HRC。

2. 明确高精度齿轮毛坯状况

该高精度圆柱齿轮材料为 40Cr，毛坯形式为锻件。

3. 拟定高精度齿轮的工艺路线

齿轮加工的工艺路线是根据齿轮材质和热处理要求、齿轮结构及尺寸大小、精度要求、生产批量和车间设备条件而定。一般可归纳工艺路线如下：

毛坯制造及热处理→齿坯加工→齿形粗加工→齿端加工→齿圈热处理→齿轮定位表面精加工→齿形精加工。

1) 确定加工方案

(1) 齿坯加工方案的选择。单件小批生产齿轮时，一般齿坯的孔、端面及外圆的粗、精加工都在通用机床上经两次装夹完成，但必须注意将孔和基准端面的精加工在一次装夹内完成，以保证位置精度。

由图 5.51 可见，该齿轮作为定位基准的内孔其尺寸精度标注为 ϕ85H5，基准端面的粗糙度较细，Ra 为 1.6μm，它对基准孔的跳动为 0.014mm，这几项均比一般精度的齿轮要求为高，因此，在齿坯加工中，除了要注意控制端面与内孔的垂直度外，尚需留一定的余量进行精加工。精加工孔和端面采用磨削，先以齿轮分度圆和端面作为定位基准磨孔，再以孔为定位基准磨端面，控制端面跳动要求，以确保齿形精加工用的精基准的精确度。

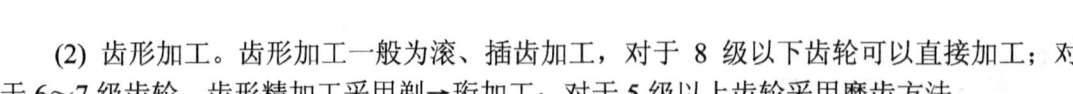

(2) 齿形加工。齿形加工一般为滚、插齿加工，对于 8 级以下齿轮可以直接加工；对于 6～7 级齿轮，齿形精加工采用剃→珩加工；对于 5 级以上齿轮采用磨齿方法。

该齿轮齿形精度等级为 6-5-5 级。为满足齿形精度要求，其加工方案应选择磨齿方案，即滚齿→齿端加工→高频淬火→修正基准→磨齿。磨齿精度可达 4 级，但生产率低。本例齿面热处理采用高频淬火，变形较小，故留磨余量可缩小到 0.1mm 左右，以提高磨齿效率。

2) 划分加工阶段

齿轮加工工艺过程大致要经过如下几个阶段：毛坯热处理、齿坯加工、齿形加工、齿端加工、齿面热处理、精基准修正及齿形精加工等。

3) 选择定位基准

以工件内孔和端面联合定位，确定齿轮中心和轴向位置，并采用面向定位端面的夹紧方式。这种方式可使定位基准、设计基准、装配基准和测量基准重合，又能使齿形加工等工序基准统一，定位精度高。在专用心轴上定位时不需要找正。但对夹具的制造精度要求较高。

4) 加工工序安排

应遵循加工顺序安排的一般原则，如先粗后精、先主后次等。

该齿轮的加工工艺路线为：毛坯锻造→正火→齿坯粗车→齿坯精车→滚齿→齿端加工(倒棱)→齿圈淬火→齿轮定位表面内孔、端面→磨齿。

4. 设计工序内容

1) 确定工序尺寸

(1) 粗车齿坯时，各端面、外圆按图样加工尺寸均留余量 1.5～2mm

(2) 齿圈滚齿后齿厚留磨削余量 0.10～0.15 mm；

(3) 精加工：精车内孔、总长，均留磨削余量 0.2mm。

2) 选择设备工装

齿轮加工分两部分：轮体部分和齿圈部分。轮体采用普通车床加工，一般根据尺寸选择车床；齿圈部分加工采用滚齿机，齿圈部分的精加工采用磨齿机。

滚齿、磨齿加工夹具一般选用与相应机床配套的专用心轴。

5. 高精度齿轮加工工艺过程

高精度齿轮的加工工艺过程见表 5-14。

表 5-14　高精度齿轮加工工艺过程

序号	工 序 内 容	定 位 基 准
1	毛坯锻造	
2	正火	
3	粗车各部分，留余量 1.5～2mm	外圆及端面
4	精车各部分，内孔至 ϕ84.8H7，总长留加工余量 0.2 mm，其余至尺寸	外圆及端面
5	检验	
6	滚齿(齿厚留磨加工余量 0.10～0.15 mm)	内孔及 A 面
7	倒棱	内孔(找正用)及 A 面

续表

序号	工 序 内 容	定 位 基 准
8	钳工去毛刺	
9	热处理：齿部高频淬火：52HRC	
10	插键槽	内孔及 A 面
11	磨内孔至ϕ85H5	分度圆和 A 面(找正用)
12	靠磨大端 A 面	内孔
13	平面磨 B 面至总长度尺寸	A 面
14	磨齿	内孔及 A 面
15	检验入库	

 知识拓展

花键轴加工

花键轴零件(见图 5.52)主要采用滚切、铣削和磨削等切削加工方法，也可采用冷打、冷轧等塑性变形的加工方法。

1. 滚切法

用花键滚刀在花键轴铣床或滚齿机上按展成法(见齿轮加工)加工。滚切花键轴示意图见图 5.53，这种方法生产率和精度均高，适用于批量生产。

图 5.52　花键轴零件

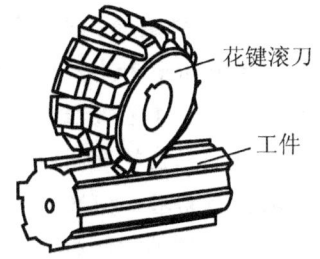

图 5.53　滚切花键轴

2. 铣削法

在万能铣床上用专门的成形铣刀直接铣出齿间轮廓，用分度头分齿逐齿铣削；若不用成形铣刀，也可用两把盘铣刀同时铣削一个齿的两侧，逐齿铣好后再用一把盘铣刀对底径稍作修整。铣削法的生产率和精度都较低，主要用在单件小批生产中加工以外径定心的花键轴和淬硬前的粗加工，铣削花键轴如图 5.54 所示。

其加工工艺路线为：锻件→粗加工→铣切花键→渗碳→去碳层→热处理→研中心孔→磨花键→检验。

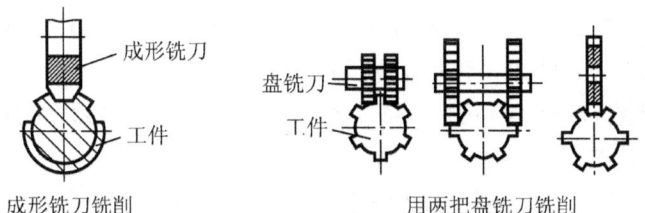

图 5.54　铣削花键轴

3. 磨削法

用成形砂轮在花键轴磨床上磨削花键齿侧和底径，适用于加工淬硬的花键轴或精度要求更高的、特别是以内径定心的花键轴。

4. 冷打法

冷打花键轴的工作原理如图 5.55 所示，在专门的机床上进行。对称布置在工件圆周外侧的两个打头，随着工件的分度回转运动和轴向进给作恒定传动比的高速旋转，工件每转过一个齿，打头上的成形打轮对工件齿槽部锤击一次，在打轮高速、高能运动连续锤击下，工件表面产生塑性变形而成花键。冷打的精度介于铣削和磨削之间，效率比铣削高 5 倍左右，冷打还可提高材料利用率。

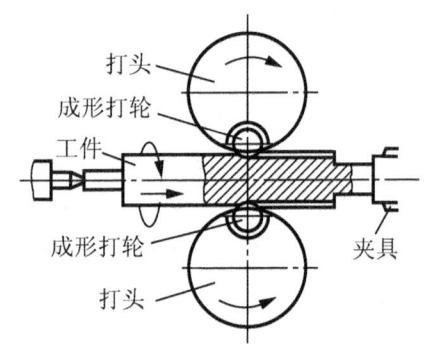

图 5.55　冷打花键轴

项 目 小 结

本项目通过由简单到复杂的三个工作任务，详细介绍了常用的齿形加工方法——成形法和展开法，如滚齿、插齿、剃齿、珩齿、磨齿等的工艺系统(机床、圆柱齿轮零件、刀具、夹具)及齿形精度检测等知识。在此基础上，从完成任务角度出发，认真研究和分析在不同的生产批量和生产条件下，工艺系统各个环节间的相互影响，然后根据不同的生产要求及加工工艺规程的制定原则与步骤，结合齿轮加工方案，合理制定直齿圆柱齿轮、双联圆柱齿轮及高精度圆柱齿轮等零件的机械加工工艺规程，正确填写工艺文件，体验岗位需求，积累工作经验。

此外，通过学习花键轴零件加工方法等知识，可以进一步扩大知识面，提高解决实际生产问题的能力。

思 考 练 习

1. 切削加工齿轮齿形，按齿形的成形原理，齿形加工分为哪两大类？它们各自有何特点？

2. 加工模数 $m=3mm$ 的直齿圆柱齿轮，齿数 $z_1=26$，$z_2=34$，试选择盘形齿轮铣刀的刀号。在相同切削条件下，哪个齿轮加工精度高？为什么？

3. 加工一个模数 $m=5mm$，齿数 $z=40$，分度圆柱螺旋角 $\beta=150°$ 的斜齿圆柱齿轮，应选何种刀号的盘形齿轮铣刀？

4. 在大批量生产中，若用成形法加工齿形，应该怎样才能提高加工精度和生产率？

5. 滚齿和插齿加工各有何特点？

6. 加工一内直齿齿轮 z=30，m=4mm，8 级精度，应该采用哪种齿形加工方法？若 z=150，m=20mm 时，还可采用哪种齿形加工方法？

7. 滚切直、斜齿圆柱齿轮各需几个成形运动和几条运动传动链？各条传动链的性质如何？

8. 剃齿、磨齿、珩齿各有何特点？用于什么场合？

9. 齿面淬硬和不淬硬的 6 级精度直齿圆柱齿轮，其齿形精加工应采用什么方法？

10. 圆柱齿轮规定了哪些技术要求和精度指标？它们对传动质量和加工工艺有些什么影响？试说明齿轮精度等级 7FL GB/T 10095—2008 的含义。

11. 齿形加工的精基准选择有几种方案？各有什么特点？齿轮淬火前精基准的加工和淬火后精基准的修整通常采用什么方法？

12. 试分析影响齿轮加工精度的因素。

13. 齿端倒圆的目的是什么？其概念与一般的回转体倒圆有何不同？

14. 编制如图 5.56 所示中间轴齿轮零件的机械加工工艺规程，年产 5 000 件。

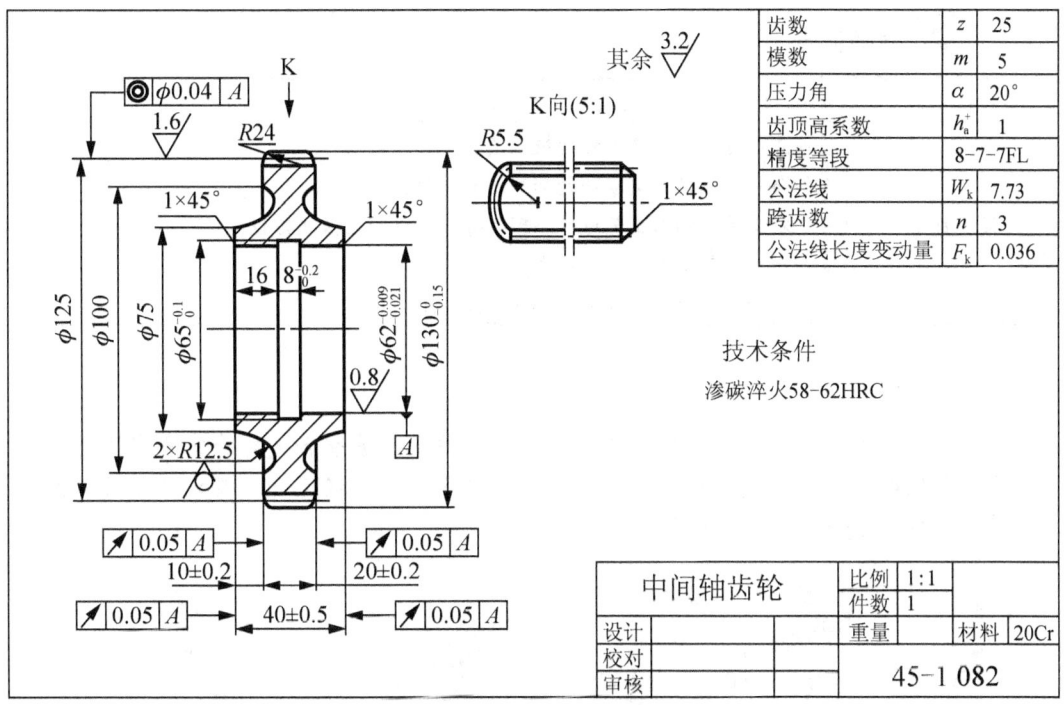

齿数	z	25
模数	m	5
压力角	α	20°
齿顶高系数	h_a^*	1
精度等段		8-7-7FL
公法线	W_k	7.73
跨齿数	n	3
公法线长度变动量	F_k	0.036

技术条件

渗碳淬火58-62HRC

中间轴齿轮	比例	1:1		
	件数	1		
设计		重量		材料 20Cr
校对				
审核		45-1 082		

图 5.56 中间轴齿轮零件图

项 目 6

叉架类零件机械加工
工艺规程编制

↘ 教学目标

最终目标	能编制叉架类零件的机械加工工艺规程，正确填写机械加工工艺文件
促成目标	1.能正确分析叉架类零件的技术要求； 2.能合理编制叉架类零件的加工工艺规程； 3.能对零件的加工工艺进行合理性分析，并提出改进建议； 4.能考虑叉架类零件加工成本； 5.能查阅并贯彻相关国家标准和行业标准

↘ 引言

叉架类零件通常是安装在机器设备的基础件上，装配和支持着其他零件的构件。叉架类零件主要起连接、拨动、支承等作用，它包括连杆、拨叉、支架、摇臂、杠杆等零件，如图 6.1 所示。

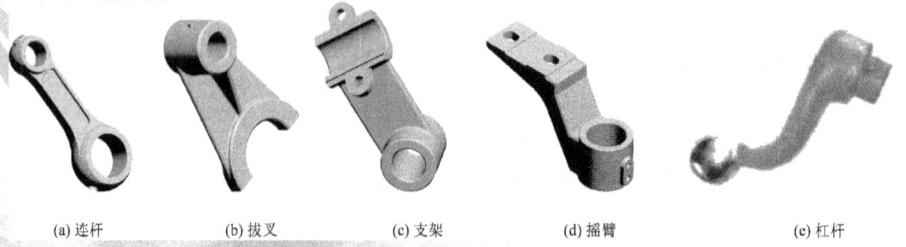

(a) 连杆　　　(b) 拨叉　　　(c) 支架　　　(d) 摇臂　　　(e) 杠杆

图 6.1　叉架零件

叉架类零件的加工工艺根据其功用、结构形状、材料和热处理以及尺寸大小的不同而异。

任务 6.1　编制拨叉零件机械加工工艺规程

6.1.1　任务引入

编制如图 6.2 所示的拨叉零件的机械加工工艺规程，设计钻 $\phi 8\text{mm}$ 锁销孔工序的专用夹具。零件材料为 45 钢，质量为 4.5kg，生产类型为大批生产。

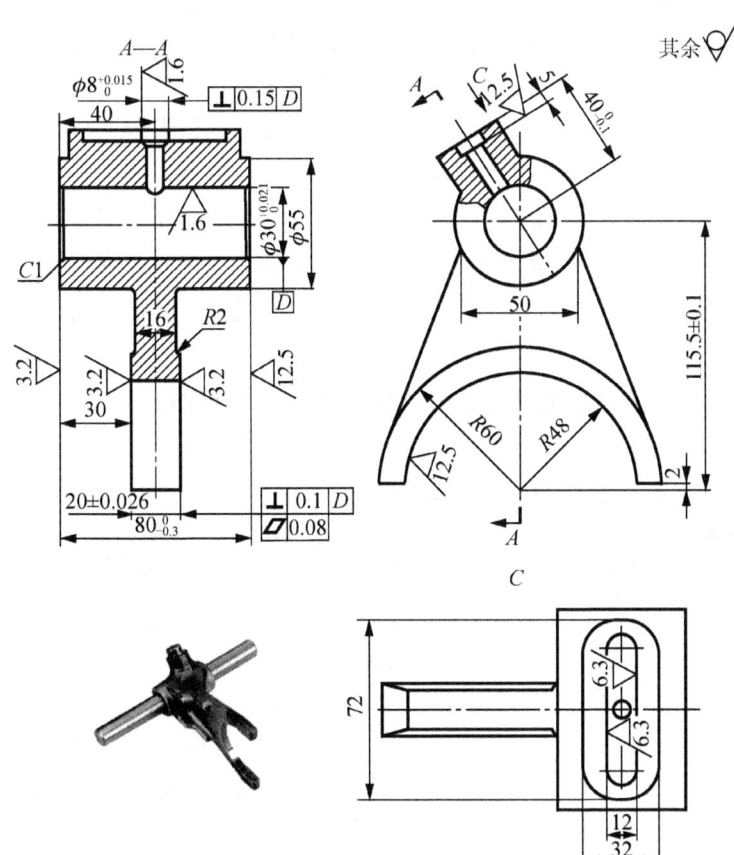

技术要求
拨叉脚端面高频淬火：48～58HRC
未注圆角 R3
未注倒角 C2

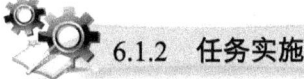

图 6.2　拨叉简图

6.1.2　任务实施

1. 分析拨叉零件的结构和技术要求

拨叉形状特殊、结构简单，属典型的叉架类零件。拨叉在改换挡位时要承受弯曲应力和冲击载荷的作用，因此该零件应具有足够的强度、刚度、韧性。

该拨叉应用在某拖拉机变速箱的换挡机构中。拨叉头以 $\phi 30\text{mm}$ 孔套在叉轴上，并用销钉经 $\phi 8$ 锁销孔与变速叉轴连接，拨叉脚则夹在双联变换齿轮的槽中。当需要变速时，操纵变速杆，变速操纵机构就通过拨叉头部操纵槽带动拨叉与变速叉轴一起在变速箱中滑

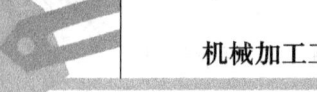

移，拨叉脚移动双联变换齿轮在花键轴上滑动换挡位，从而改变拖拉机行驶速度。

该零件的主要工作表面为拨叉脚两端面、叉轴孔 $\phi30^{+0.021}_{0}$ mm(H7)和锁销孔 $\phi8^{+0.015}_{0}$ mm(H7)，在编制工艺规程时应重点予以保证。

分析零件图可知，拨叉两端面和叉脚两端面均要求切削加工，并在轴向上均高于相邻表面，这样既减少了加工面积，又提高了换挡时叉脚端面的接触刚度；$\phi30^{+0.021}_{0}$ mm 孔和 $\phi8^{+0.015}_{0}$ mm 孔的端面均为平面，可以防止加工过程中钻头钻偏，以保证孔的加工精度；另外，该零件除主要工作表面(拨叉脚两端面、变速叉轴孔 $\phi30^{+0.021}_{0}$ mm 和锁销孔 $\phi8^{+0.015}_{0}$ mm)外，其余表面加工精度均较低，不需要高精度机床加工，通过铣削、钻床的粗加工就可以达到加工要求；而主要工作表面虽然加工精度相对较高，但也可以在正常的生产条件下，采用较经济的方法保质保量地加工出来。由此可见，该零件的工艺性较好。

为实现换挡、变速的功能，其叉轴孔与变速叉轴有配合要求，因此加工精度要求较高，为 $\phi30^{+0.021}_{0}$ mm。叉脚两端面在工作中受冲击载荷，为增强其耐磨性，该表面要求高频淬火处理，硬度为 48～58HRC；为保证拨叉换挡时叉脚受力均匀，要求叉脚两端面对叉轴孔 $\phi30^{+0.021}_{0}$ mm 的垂直度为 0.1mm，其自身平面度为 0.08mm。为保证拨叉在叉轴上有准确的位置，改换挡位准确，拨叉采用锁销定位。锁销孔的尺寸为 $\phi8^{+0.015}_{0}$，且锁销孔的中心线与叉轴孔中心线的垂直度要求为 0.15mm。

综上所述，该拨叉件的各项技术要求制定得较合理，符合该零件在变速箱中的功用。

该拨叉的技术要求见表 6-1。

表 6-1 拨叉零件技术要求

加工表面	尺寸及偏差/mm	公差及精度等级	表面粗糙度 $Ra(\mu m)$	形位公差/mm
拨叉头左端面	$80^{0}_{-0.3}$	IT12	3.2	
拨叉头右端面	$80^{0}_{-0.3}$	IT12	12.5	
拨叉脚内表面	$R48$	IT13	12.5	
拨叉脚两端面	20 ± 0.026	IT9	3.2	垂直度公差为 0.1 平面度公差为 0.08
$\phi30$ mm 孔	$\phi30^{+0.021}_{0}$	IT7	1.6	
$\phi8$ mm 孔	$\phi8^{+0.015}_{0}$	IT7	1.6	垂直度公差为 0.15
操纵槽内端面	12	IT12	6.3	
操纵槽底面	5	IT13	12.5	

2. 明确拨叉毛坯状况

1) 选择拨叉毛坯种类和制造方法

由于该拨叉在工作过程中要承受冲击载荷，为增强拨叉的强度和冲击韧度，毛坯选用锻件；且生产类型属大批生产，采用模锻方法制造毛坯，公差等级为普通级，毛坯的拔模斜度为 5°。

2) 绘制拨叉锻造毛坯简图

绘制拨叉锻造毛坯简图如图 6.3 所示。其绘制方法参见项目 1 任务 1.3 中相关内容。

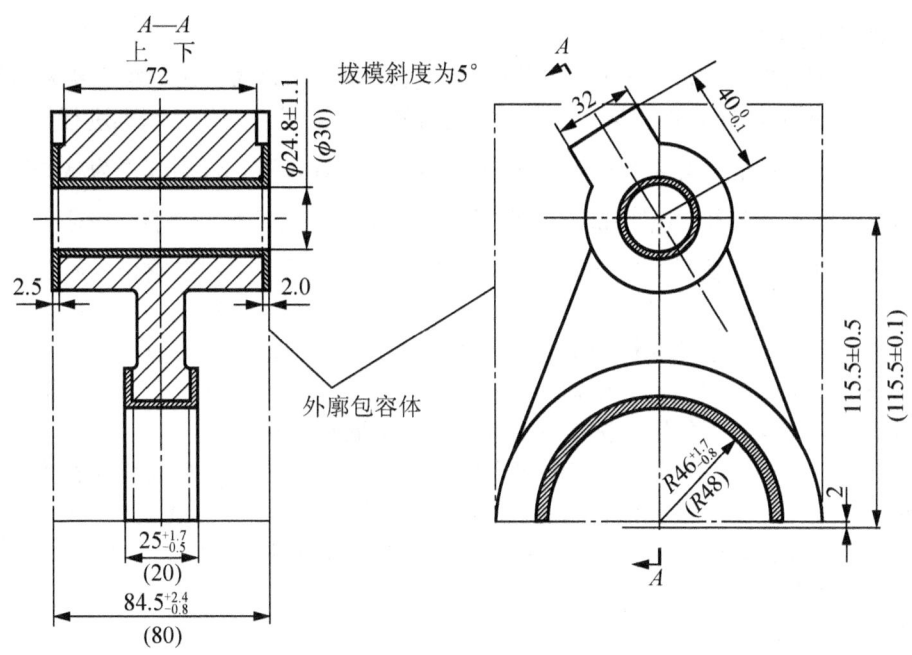

图 6.3　拨叉锻造毛坯简图

3．拟定拨叉加工工艺路线

1）确定加工方案

根据拨叉零件图上各加工表面的尺寸精度和表面质量要求，确定零件各表面的加工方案，见表 6-2。

表 6-2　拨叉零件各表面加工方案

加工表面	尺寸精度等级	表面粗糙度 Ra/μm	加工方案	备注
拨叉头左端面	IT12	3.2	粗铣→半精铣	表 4-4
拨叉头右端面	IT12	12.5	粗铣	表 4-4
拨叉脚内表面	IT13	12.5	粗铣	表 4-4
拨叉脚两端面(淬硬)	IT9	3.2	粗铣→精铣→磨削	表 4-4
ϕ30mm 孔	IT7	1.6	粗扩→精扩→铰	表 3-7
ϕ8mm 孔	IT7	1.6	钻→粗铰→精铰	表 3-7
操纵槽内端面	IT12	6.3	粗铣	表 4-4
操纵槽底面	IT13	12.5	粗铣	表 4-4

2）划分加工阶段

将拨叉加工阶段划分成粗加工、半粗加工和精加工三个阶段。

在粗加工阶段，首先要将精基准(拨叉头左端面和叉轴孔)准备好，使后续工序都可采用精基准定位加工；然后粗铣拨叉头右端面、拨叉脚内表面、拨叉脚两端面、操纵槽内侧面和底面。在半粗加工阶段，完成拨叉脚两端面的粗铣加工和销轴孔 ϕ8mm 的钻、铰加工。在精加工阶段，进行拨叉脚两端面的磨削加工。

3) 选择定位基准

(1) 精基准的选择。根据该拨叉零件的技术要求和装配要求，选择拨叉头左端面和叉轴孔 $\phi30_0^{+0.021}$ mm 作为精基准，零件上的很多表面都可以采用它们作为基准进行加工，即遵循了"基准统一"原则。叉轴孔 $\phi30_0^{+0.021}$ mm 的轴线是设计基准，选用其作为精基准定位加工拨叉脚两端面和锁销孔 $\phi8_0^{+0.015}$ mm，实现了设计基准和工艺基准的重合，保证了被加工表面的垂直度要求。选用拨叉头左端面作为精基准同样是遵循了"基准重合"原则，因为该拨叉在轴向方向上的尺寸多以该端面作为设计基准；另外，由于拨叉零件刚性较差，受力易产生弯曲变形，为了避免在机械加工中产生夹紧变形，根据夹紧力应垂直于主要定位基面，并应作用在刚度较大部位的原则，夹紧力作用点不能作用在叉杆上。选用拨叉头左端面作为精基准，夹紧力可作用在拨叉头右端面上，夹紧稳定可靠。

(2) 粗基准的选择。作为粗基准的表面应平整，没有飞边、毛刺或其他表面缺欠。本例选择变速叉轴孔 ϕ 30mm 的外圆面和拨叉头右端面作为粗基准。采用 ϕ 30mm 外圆面定位加工内孔，可保证孔的壁厚均匀；采用拨叉头右端面作为粗基准加工左端面，可以为后续工序准备好精基准。

4) 加工顺序安排

选用工序集中原则安排拨叉的加工工序。运用工序集中原则使工件的装夹次数减少，不但可缩短辅助时间，而且由于在一次装夹中加工了许多表面，有利于保证各个表面之间的相对位置精度要求。

(1) 机械加工工序的安排。

① 遵循"先基准后其他"原则，首先加工精基准——拨叉头左端面和叉轴孔 $\phi30_0^{+0.021}$ mm；

② 遵循"先粗后精"原则，先安排粗加工工序，后安排精加工工序；

③ 遵循"先主后次"原则，先加工主要表面——拨叉头左端面和叉轴孔 $\phi30_0^{+0.021}$ mm 及拨叉脚两端面，后加工次要表面——操纵槽底面和内侧面；

④ 遵循"先面后孔"原则，先加工拨叉头端面，再加工 ϕ 30mm 叉轴孔；先铣操纵槽，再钻销 ϕ 8mm 轴孔。

(2) 热处理工序的安排。

模锻成形后切边，进行调质，调质硬度为 241～285HBW，并进行酸洗、喷丸处理。喷丸可以提高表面硬度，增加耐磨性，消除毛坯表面因脱碳而对机械加工带来的不利影响；叉脚两端面在精加工之前进行局部高频淬火，提高耐磨性和在工作中承受冲击载荷的能力。

(3) 辅助工序的安排。

粗加工拨叉脚两面端面和热处理后，安排校直工序；在半精加工后，安排去毛刺和中间检验工序；精加工后，安排去毛刺、清洗和终检工序。

综上所述，该拨叉工序的加工顺序为：毛坯→基准加工→主要表面粗加工及一些余量大的表面粗加工→主要表面半精加工和次要表面加工→热处理→主要表面精加工。

4. 确定工序尺寸

1) 拨叉零件加工余量、工序尺寸和公差的确定

下面仅以工序 2、工序 3 和工序 10 为例说明加工余量、工序尺寸和公差的确定方法。

(1) 工序 2 和工序 3：加工拨叉头两端面至设计尺寸的加工余量、工序尺寸和公差的确

定。工序 2 和工序 3 的加工过程为：

① 以右端面 B 定位，粗铣左端面 A，保证工序尺寸 P_1；

② 以左端面定位，粗铣右端面，保证工序尺寸 P_2；

③ 以右端面定位，半精铣左端面，保证工序尺寸 P_3，达到零件图 D 的设计要求，$D = 80_{-0.3}^{0}$ mm。

根据工序 2 和工序 3 的加工过程，画出加工过程示意图，从最后一道工序向前推算，可以找出全部工艺尺寸链，如图 6.4 所示。求解各工序尺寸与公差的顺序如下：

① 从图 6.4(b)可知，$P_3 = D = 80_{-0.3}^{0}$ mm。

② 从图 6.4(b)可知，$P_2 = P_3 + Z_3$，其中 Z_3 为半精加工余量，查表，确定 $Z_3 = 1$mm，则 $P_2 = (80+1)$mm = 81mm。由于尺寸 P_2 是在粗铣加工中保证的，查表 4-2 知，粗铣工序的经济加工精度等级可以达到 B 面的最终加工要求——IT12，因此确定该工序尺寸公差为 IT12，其公差值为 0.35mm，故 $P_2 = (81\pm0.175)$mm。

③ 从图 6.4(b)可知，$P_1 = P_2 + Z_2$，其中 Z_2 为粗铣余量，由于 B 面的加工余量是经粗铣一次加工切除的，故 Z_2 应该等于 B 面的毛坯余量，即 $Z_2 = 2$mm，$P_1 = (81+2)$mm = 83mm。由表 4-2 确定该粗铣工序经济加工精度等级为 IT13，其公差值为 0.54mm，故 $P_1 = (83\pm0.27)$mm。

为验证确定的工序尺寸与公差是否合理，还要对加工余量进行校核，保证最小余量不能为零或负值。

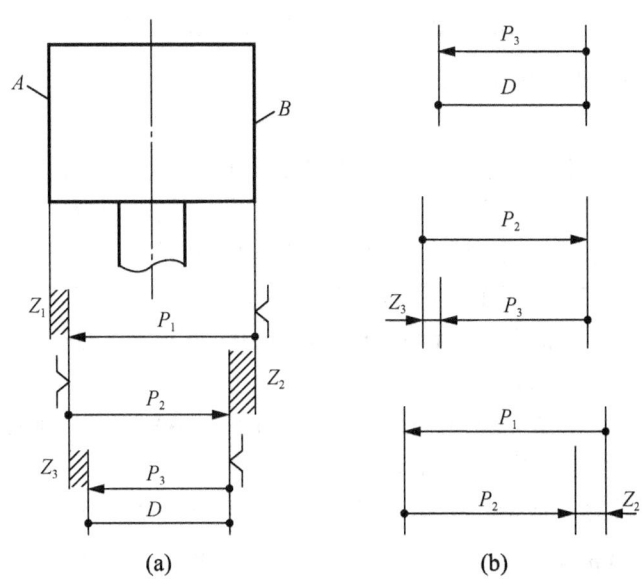

图 6.4 工序 2 和工序 3 加工方案示意图及工序尺寸链

① 余量 Z_3 的校核：在图 6.4(b)所示尺寸链中，Z_3 是封闭环，故

$$Z_{3max} = P_{2max} - P_{3min} = [81+0.175 - (80-0.30)]\text{mm} = 1.475\text{mm}$$

$$Z_{3min} = P_{2min} - P_{3max} = [81-0.175 - (80+0)]\text{mm} = 0.825\text{mm}$$

② 余量 Z_2 的校核：在图 6.4(b)所示的尺寸链中，Z_2 是封闭环，故

$$Z_{2max} = P_{1max} - P_{2min} = [83+0.27 - (81-0.175)]\text{mm} = 2.445\text{mm}$$

$$Z_{2min} = P_{1min} - P_{2max} = [83-0.27 - (81+0.175)]\text{mm} = 1.555\text{mm}$$

余量校核结果表明，所确定的工序尺寸公差是合理的。

将工序尺寸按"入体原则"表示：$P_3=80_{-0.3}^{0}$ mm，$P_2=81.175_{-0.35}^{0}$ mm，$P_1=83.27_{-0.54}^{0}$ mm。

(2) 工序 10：钻→粗铰→精铰ϕ8mm 孔的加工余量、工序尺寸和公差的确定。根据表 3-10 可查得，精铰余量 $Z_{精铰}$=0.04mm，粗铰余量 $Z_{粗铰}$=0.08mm，钻孔余量 $Z_{钻}$=7.88mm。查表 3-7，可依次确定各工序尺寸的加工精度等级为：精铰为 IT7，粗铰为 IT10，钻为 IT12。

根据上述结果，再查标准公差数值表可分别确定各工步的公差值：精铰为 0.015mm，粗铰为 0.058mm，钻为 0.15mm。

综合上述，分别得出该工序各工步的尺寸公差：精铰为$\phi8_{0}^{+0.015}$ mm，粗铰为 $\phi7.96_{0}^{+0.058}$ mm，钻为 $\phi7.88_{0}^{+0.15}$ mm。它们的相互关系如图 6.5 所示。

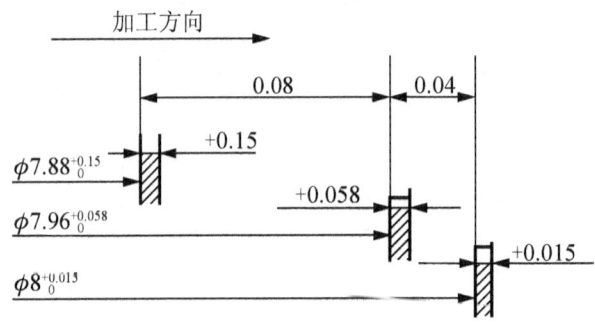

图 6.5　钻→粗铰→精铰 ϕ8mm 孔的加工余量、工序尺寸和公差的关系

2) 切削用量、时间定额的计算

(1) 切削用量的计算。

① 工序 2——粗铣拨叉头两端面。该工序分两个工步，工步 1 是以 B 面定位，粗铣 A 面；工步 2 是以 A 面定位，粗铣 B 面。由于每一工步都是在一台机床上经过一次走刀加工完成的，因此它们所选用的铣削速度 v 和进给量 f 是一样的，只有背吃刀量 a_p 不同。

a. 背吃刀量的确定：工步 1 的背吃刀量 a_{p1} 取 Z_1(见图 6.4)，Z_1 等于 A 面的毛坯总量减去工序 2 的余量 Z_3，即 $a_{p1}=Z_1=2.5mm–1mm=1.5mm$；而工步 2 的背吃刀量 a_{p2} 取为 Z_2，则如前所知 $Z_2=2mm$，故 $a_{p2}=2mm$。

b. 进给量的确定：根据表 4-5，按机床功率为 5～10kW，工艺系统刚度为中等条件选取，该工序的每齿进给量 f_z 取为 0.08mm/z。

c. 铣削速度的计算：根据表 4-6，按镶齿铣刀 $d/z=80/10$ 的条件(d=80mm，z=10)选取，铣削速度 v_c 可取 44.9m/min。由公式 $n=\dfrac{1\,000v_c}{\pi d}$，可求得该工序铣刀转速为

$$n=\frac{1\,000v_c}{\pi d}=\frac{1\,000\times44.9\mathrm{m/min}}{\pi\times80\mathrm{mm}}=178.65\mathrm{r/min}$$

参照附录 2 表 F2-1 中 X51 立式铣床的主轴转速，取转速 n=160r/min。再将此值代入上述公式重新计算，可求出该工序的实际切削速度 v_c 为

$$v_c=\frac{n\pi d}{1\,000}=\frac{160\mathrm{r/min}\times\pi\times80\mathrm{mm}}{1\,000}=40.2\mathrm{m/min}$$

该工序铣削用量为：主轴转速 n=160r/min；铣削速度 v_c=40.2m/min；背吃刀量 a_{p1}=1.5mm，a_{p2}=2mm；每齿进给量 f_z=0.08mm/z(每转进给量 f=0.8mm/r)

② 工序 3——半精铣拨叉头左端面 A。

a. 背吃刀量 a_p 确定：取 $a_p = Z_3 = 1mm$。

b. 进给量的确定：根据表 4-5，按表面粗糙度为 Ra 为 2.5μm 的条件选取，该工序的每转进给量 f 取 0.4mm/r。

c. 铣削速度的计算：根据表 4-6，按镶齿铣刀、$d/z = 80/10$，$f_z = f/z = 0.5mm/z$ 的条件选取，铣削速度 $v_c = 48.4m/min$。由公式 $n = 1\,000v_c/\pi d$，可求得铣刀的转速 n 为

$$n = \frac{1\,000v_c}{\pi d} = \frac{1\,000 \times 48.4m/min}{\pi \times 80mm} = 192.58r/min$$

参照附录 2 表 F2-1 中 X51 型立式铣床的主轴转速，取 $n = 210$ r/min。将此转速代入公式，可求该工序的实际切削速度 v_c 为

$$v_c = \frac{n\pi d}{1\,000} = \frac{210r/min \times \pi \times 80mm}{1\,000} = 52.78m/min$$

该工序切削用量为：主轴转速刀 $n = 210r/min$，铣削速度 $v = 52.78m/min$，背吃刀量 $a_p = 1mm$，每转进给量 $f = 0.4mm/r$。

③ 工序 10——钻、粗铰、精铰 $\phi 8mm$ 孔。

a. 钻孔工步。

背吃刀量 a_p 的确定：取 =3.94mm。

进给量的确定：根据表 3-8，选取该工步的每转进给量 $f = 0.2mm/r$。

钻削速度的计算：根据表 3-8，按工件材料为 45 钢的条件选取，钻削速度 $v_c = 20m/min$。由公式 $n = 1\,000v_c/\pi d$，可求得该工序的钻头转速 $n = 807.9r/min$，根据附录 2 表 F2-1 中 Z525 立式铣床的主轴转速 $n = 960r/min$。将此转速重新代入公式计算，求出该工序的实际钻削速度 $v_c = 23.8m/min$。

b. 粗铰工步。

背吃刀量的确定：取 $a_p = 0.08mm$。

进给量的确定：根据工件材料为 45 钢的条件选取，选取该工步的每转进给量 $f = 0.4mm/r$。

切削速度的计算：根据工件材料为 45 钢的条件选取，切削速度 $v_c = 2m/min$。由公式 $n = 1\,000v_c/\pi d$，可求得该工序铰刀转速 $n = 80r/min$，根据附录 2 表 F2-1 中 Z525 立式钻床的主轴转速 $n = 97r/min$。将此转速代入公式重新计算，可求得该工序的实际切削速度 $v_c = 2.4rn/min$。

c. 精铰工步。

背吃刀量的确定：取 $a_p = 0.04mm$。

进给量的确定：根据工件材料为 45 钢的条件选取，选取该工步的每转进给量 $f = 0.3mm/r$。

切削速度的计算：根据工件材料为 45 钢的条件选取，切削速度 $v_c = 4m/min$。由公式 $v_c = \pi dn/1\,000$，求得该工序铰刀转速 $n = 159.2r/min$，根据附录 2 表 F2-1 中 Z525 立式钻床的主轴转速 $n = 195r/min$。将此转速代入公式重新计算，可求得该工序的实际切削速度 $v_c = 4.86m/min$。

(2) 时间定额的计算。

① 基本时间 t_b 的计算。

a. 工序 2：粗铣拨叉头两端面。

根据附录 2 表 F2-2 中铣刀铣平面(对称铣削，主偏角 $\kappa_r = 90°$)的基本时间 t_b 计算公式可求出该工序的基本时间 t_b 为

$$t_b = (l + l_1 + l_2) \times i / v_f \tag{6-1}$$

该工序包括两个工步，即两个工步同时加工，故式中，$l = 2 \times 55mm = 110mm$；

$(l_1 + l_2) = d_0 / (3 \sim 4)$，取 $(l_1 + l_2) = 80/4mm = 20mm$；

$v_f = f \times n = f_z \times z \times n = 0.08mm/z \times 10z/r \times 160r/min = 128mm/min$。

将上述参数代入式(6-1)，则该工序的基本时间 t_b 为

$$t_b = (110 + 20) \times 1/128\,min \approx 1.01\,min = 60.6s$$

b. 工序 3：半精铣拨叉头左端面 A。

同理，根据基本时间计算式(6-1)可求出该工序的基本时间。

式中，$l = 55mm$，$(l_1 + l_2) = 80/4mm = 20mm$；

$v_f = f \times n = 0.4mm/r \times 210r/min = 84mm/min$。

将上述参数代入式(6-1)，则该工序的基本时间 t_b 为

$$t_b = (55 + 20) \times 1/84\,min \approx 0.89\,min = 53.4s$$

c. 工序 10：钻、粗铰、精铰 $\phi8mm$ 孔。

根据附录 2 表 F2-3 钻孔的基本时间 t_b 计算公式，可求出钻孔工步的基本时间 t_b 为

$$t_b = (l + l_1 + l_2)/(f \times n)\,min \tag{6-2}$$

式中，切入行程 $l_1 = 1 + D/[2 \times \tan(\phi/2)]$；切出行程 $l_2 = (1 \sim 4)mm$。取 $l_2 = 1mm$，

$l = 20mm$，$l_1 = 1 + 8/[2 \times \tan(118°/2)] \approx (1 + 2.4)mm = 3.4mm$，$f = 0.1mm/r$，$n = 960r/min$。则该工序的基本时间 t_b 为

$$t_b = (l + l_1 + l_2)/(f \times n) = (20 + 3.4 + 1)/(0.1 \times 960)\,min \approx 0.25\,min = 15s$$

根据附录 2 表 F2-3 铰孔的基本时间 t_j 计算公式，可求出粗铰孔工步的基本时间 t_b 为

$$t_b = (l + l_1 + l_2)/(f \times n)\,min \tag{6-3}$$

式中，l_1、l_2 由附录 2 表 F2-4 按 κ_r，a_p 选取。

粗铰工步按 $\kappa_r = 15°$，$a_p = (D - d)/2 = (7.96 - 7.88)/2mm = 0.04mm$ 的条件查取。

$l_1 = (0.19 + 0.5)mm = 0.69mm$，$l_2 = 13mm$，而 $l = 20mm$，$f = 0.4mm/r$，$n = 97r/min$。则该工序的基本时间 t_b 为

$$t_b = (l + l_1 + l_2)/(f \times n) = (20 + 0.69 + 13)/(0.4 \times 97)\,min \approx 0.87\,min = 52.2s$$

精铰工步按 $\kappa_r = 15°$，$a_p = (D - d)/2 = (8 - 7.96)/2mm = 0.02mm$ 的条件查取：

$l_1 = (0.09 + 0.5)mm = 0.59mm$，$l_2 = 13mm$，而 $l = 20mm$，$f = 0.3mm/r$，$n = 195r/min$。则该工序的基本时间 t_b 为

$$t_b = (l + l_1 + l_2)/(f \times n) = (20 + 0.59 + 13)/(0.3 \times 195)\,min \approx 0.57\,min = 34.2s$$

② 辅助时间 t_a 的计算。辅助时间 t_a 与基本时间 t_b 的关系为 $t_a = (0.15 \sim 0.2)t_b$，则各工序的辅助时间分别如下。

工序 2 的辅助时间：$t_{a1} = 0.15 \times 60.6s = 9.09s$。

工序 3 的辅助时间：t_{a2}=0.15×53.4s=8.01s。

工序 10 钻孔工步的辅助时间：t_{az}=0.15×15s=2.25s。

工序 10 粗铰工步的辅助时间：t_{aj1}=0.15×52.2s=7.83s。

工序 10 精铰工步的辅助时间：t_{aj2}=0.15×34.2s=5.13s。

③ 其他时间的计算。除了作业时间(基本时间与辅助时间之和)以外，每道工序的单件时间还包括布置工作地时间、休息与生理需要时间和准备与终结时间。由于本例中拨叉的生产类型为大批生产，分摊到每个工件上的准备与终结时间甚微，可不计；布置工作地时间 t_s 是作业时间的 2%～7%，休息与生理时间 t_r 是作业时间的 2%～4%，本例均取 3%，则各工序的其他时间(t_s+t_r)可按关系式(3%+3%)×(t_a+t_b)计算，分别如下。

工序 2 的其他时间：$(t_s+t_r)_1$=6%×(9.09+60.6)s=4.18s。

工序 3 的其他时间：$(t_s+t_r)_2$=6%×(8.01+53.4)s=3.68s。

工序 10 钻孔工步的其他时间：$(t_s+t_r)_z$=6%×(2.25+15)s=1.04s。

工序 10 粗铰工步的其他时间：$(t_s+t_r)_{j1}$=6%×(7.83+52.2)s=3.60s。

工序 10 精铰工步的其他时间：$(t_s+t_r)_{j2}$=6%×(5.13+34.2)s=2.40s。

④ 单件时间的计算。本例中各工序的单件时间分别如下。

工序 2 的单件时间：t_1=(9.09+60.6+4.18)s=73.87s。

工序 3 的单件时间：t_2=(8.01+53.4+3.68)s=65.09s。

工序 10 的单件时间：t_9 为三个工步单件时间的总和，其中：

钻孔工步：t_z=(2.25+15+1.04)s＝18.29s。

粗铰工步：t_{j1}=(7.83+52.2+3.60)s＝63.63s。

精铰工步：t_{j2}=(5.13+34.2+2.40)s＝41.73s。

因此，工序 10 的单件时间：t_9=(18.29+63.63+41.73)s＝123.65s。

5. 选择设备工装

针对大批生产的工艺特征，选用设备及工艺装备按照通用、专用相结合的原则。各工序使用的机床设备、工装及工艺路线见表 6-3。

表 6-3　拨叉零件的工艺路线，使用的机床设备、工装

工序号	工序名称及内容	机床设备	刀　具	量　具
1	模锻			
2	粗铣拨叉头左、右两端面	X51 立式铣床	端铣刀	游标卡尺
3	半精铣拨叉头左端面	X51 立式铣床	端铣刀	游标卡尺
4	粗扩、精扩、铰ϕ30 mm，倒角	四面组合钻床	麻花钻、扩孔钻、铰刀	卡尺、塞规
5	校正拨叉脚	钳工台	锤子	
6	粗铣拨叉脚两端面	卧式双面铣床	三面刃铣刀	游标卡尺
7	铣叉爪口内侧面	X51 立式铣床	铣刀	游标卡尺
8	粗铣操纵槽底面和内侧面	X51 立式铣床	铣刀	卡规、深度游标卡尺
9	精铣拨叉脚两端面	卧式双面铣床	铣刀	游标卡尺
10	钻、粗铰、精铰孔ϕ8 mm，倒角	Z525	复合钻头、铰刀	卡尺、塞规

工序号	工序名称及内容	机床设备	刀 具	量 具
11	去毛刺	钳工台	平锉	
12	中检			卡尺、塞规、百分表
13	热处理(拨叉脚两端面局部淬火)	淬火设备		
14	校正拨叉脚	钳工台	锤子	
15	磨削拨叉脚两端面	M7120A 平面磨床	砂轮	游标卡尺
16	清洗	清洗机		
17	终检			卡尺、塞规、百分表

6. 填写机械加工工艺文件

将上述拨叉零件的工艺规程设计的结果填入工艺规程文件，见表 6-4～表 6-6。

7. 拨叉零件专用机床夹具设计

1) 专用机床夹具及设计方法

专用机床夹具是为某一零件在某一道工序上的装夹而专门设计和制造的夹具。

(1) 对专用夹具的基本要求：

① 保证工件的加工精度。专用夹具应有合理的定位方案，合适的尺寸、公差和技术要求，并进行必要的精度分析，确保夹具能满足工件的加工精度要求。

② 提高生产效率。专用夹具的复杂程度要与工件的生产纲领相适应，应根据工件生产批量的大小选用不同复杂程度的快速高效夹紧装置，以缩短辅助时间，提高生产效率。

③ 工艺性好。专用夹具的结构应简单、合理，便于加工、装配、检验和维修。专用夹具的制造属于单件生产。当最终精度由调整或修配保证时，夹具上应设置调整或修配结构，例如适当的调整间隙、可修磨的垫圈等。

④ 使用性好。专用夹具的操作应简便、省力、安全可靠，排屑方便，必要时可设置排屑结构。

⑤ 经济性好。除考虑专用夹具本身结构简单、标准化程度高、成本低廉外，还应根据生产纲领对夹具方案进行必要的经济分析，以提高夹具在生产中的经济效益。

表4-1　铣刀的种类及用途

铣 刀 种 类		铣 刀 图 形	特 点 说 明		用 途
加工平面用铣刀	圆柱形铣刀	粗齿圆柱形铣刀		主要用高速钢制造，也可镶焊螺旋形硬质合金刀片；仅在圆柱表面上有切削刃，没有副切削刃；圆柱形铣刀一般用于卧式铣床铣削宽度小于铣刀长度的狭长平面	齿数少、刀齿强度高，容屑空间大、重磨次数多等	适用于粗加工平面
		细齿圆柱形铣刀			齿数多、工作平稳	适用于精加工平面
	面铣刀	整体焊接式面铣刀		主要采用硬质合金刀齿，主切削刃分布在圆柱表面或圆锥表面上，端切削刃为副切削刃	结构紧凑、较易制造。但刀齿磨损后整把刀将报废，故已较少使用	粗、半精加工和精加工各种平面
		机夹焊接式面铣刀			刀头报废后换上新刀头，因此延长了刀体的使用寿命	
		可转位面铣刀			切削刃用钝后，将刀片即可继续使用或更换刀片位即可转使用、效率高、寿命长、方便、加工质量稳定、已形成系列标准	

续表

铣刀种类			铣刀图形	特点说明	用途
加工沟槽用铣刀	三面刃铣刀	直齿三面刃铣刀		圆柱面上和两侧面均有切削刃 / 易制造、易刃磨。但侧刃前角 $\gamma_0=0°$，切削条件较差	切槽和加工台阶面
		错齿三面刃铣刀		刀齿交错向左、右倾斜螺旋角 ω_0。每一刀齿只在一端有副切削刃，且 ω 角使切削过程平稳，易于排屑，从而改善了端部切削刃的工作条件，但重磨后会减少其宽度尺寸	
		镶齿三面刃铣刀		克服了整体式三面刃铣刀刃磨后厚度尺寸变小的不足	
	槽铣刀	T形槽槽铣刀		主切削刃在圆柱表面上，两侧端面也参加部分切削，为副切削刃 / 莫氏锥柄	铣T形槽
		槽铣刀			加工浅槽
		键槽铣刀		有两个刃瓣，可以轴向进给钻孔，然后沿键槽方向铣出键全长	加工平键键槽、半圆键键槽表面

续表

铣刀种类		铣刀图形	特点说明	用途
立铣刀			主切削刃在圆柱表面上，端刃为副切削刃；铣槽时槽宽有扩张，故应使铣刀直径比槽宽略小(0.1mm以内)	加工沟槽表面，粗、半精加工平面、台阶面，加工各种模具表面
锯片铣刀			实质是薄片的槽铣刀，只是齿数更多，对几何参数的合理性要求较高	加工窄槽和切断
角度铣刀	单角度铣刀		大小端直径相差较大时，会使小端刀齿过密，容屑空间小，故常在小端将刀齿间隔地去掉，以增大容屑空间	铣削成一定角度的沟槽
	双角度铣刀			
成形铣刀			刀齿廓形根据被加工工件廓形确定	加工凸、凹半圆面、圆角、各种成形表面

(2) 专用夹具设计步骤:

① 明确设计任务,收集设计资料。

a. 分析研究被加工零件的零件图、工序图、工艺规程和设计任务书,了解工件的生产纲领、本工序的加工要求和加工条件。

b. 收集有关资料,如机床的技术参数,夹具零部件的国家标准、行业标准、企业标准,各类夹具设计手册、夹具图册等,还可收集一些同类夹具的设计图样,并了解本厂制造夹具的生产条件。

② 拟定夹具结构方案,绘制夹具草图。

a. 确定工件的定位方案,设计定位装置。

b. 确定工件的夹紧方案,设计夹紧装置。

c. 确定其他装置及元件的结构形式,如导向、对刀装置,分度装置及夹具在机床上的连接装置。

d. 确定夹具体的结构形式及夹具在机床上的安装方式。

e. 绘制夹具草图。

这一过程中一般应考虑几种不同的方案,经分析比较后选择最佳方案。设计中需进行必要的计算,如工件加工精度分析、夹紧力的估算、部分夹具零件结构尺寸的校核计算等。

③ 绘制夹具装配图。夹具装配图应按国家标准绘制,比例尽量采用1:1。主视图按夹具面对操作者的方向绘制。装配图应把夹具的工作原理、各种装置的结构及其相互关系表达清楚。夹具装配图的绘制次序如下:

a. 用双点画线将工件的外形轮廓、定位基面、夹紧表面及加工表面绘制在各个视图的合适位置上,在装配图中工件可看做透明体,不遮挡后面的线条;

b. 依次绘出定位装置、夹紧装置、其他装置及夹具体;

c. 标注必要的尺寸、公差和技术要求;

d. 编制夹具明细栏及标题栏。

④ 绘制夹具零件图。对夹具中的非标准零件均应绘制零件图,零件图视图的选择应尽可能与零件在装配图上的工作位置相一致。

(3) 夹具装配图上技术要求的制定。

① 夹具装配图上应标注的尺寸和公差:

a. 夹具最大轮廓尺寸;

b. 影响工件定位精度的有关尺寸和公差。例如定位零件与工件的配合尺寸和配合代号,各定位零件之间的位置尺寸和公差等;

c. 影响刀具导向精度或对刀精度的有关尺寸和公差。例如导向零件与刀具之间的配合尺寸和配合代号,各导向零件之间、导向零件与定位零件之间的位置尺寸和公差,或者对刀用塞尺的尺寸,对刀块工作表面到定位表面之间的位置尺寸和公差等;

d. 影响夹具安装精度的有关尺寸和公差。例如,夹具与机床工作台或主轴的连接尺寸及配合处的配合尺寸和配合代号,夹具安装基面与定位表面之间的位置尺寸和公差;

e. 其他影响工件加工精度的尺寸和公差,主要指夹具内部各组成零件之间的配合尺寸和配合代号,例如,定位零件与夹具体之间、导向零件与衬套之间、衬套与夹具体之间的

配合等。

　　② 夹具装配图上应标注的技术要求：

　　a. 各定位零件的定位表面之间的相互位置精度要求；

　　b. 定位零件的定位表面与夹具安装基面之间的相互位置精度要求；

　　c. 定位零件的定位表面与导向零件工作表面之间的相互位置精度要求；

　　d. 各导向零件的工作表面之间的相互位置精度要求；

　　e. 定位零件的定位表面或导向零件工作表面与夹具找正基面之间的位置精度要求；

　　d. 与保证夹具装配精度有关的或与检验方法有关的特殊的技术要求。

　　③ 夹具装配图上公差与配合的确定。对于直接影响工件加工精度的夹具公差，例如，夹具装配图上应标注尺寸中的第 b、c、d 三类尺寸，其公差取 $T_J=(1/2\sim1/5)T_G$，其中 T_G 为与 T_J 相对应的工件尺寸公差或位置公差。当工件精度要求低，批量大时，T_J 取小值，以便延长夹具的使用寿命，又不增加夹具制造的难度；反之取大值。当工件的加工尺寸为未注公差时，夹具上相应的尺寸公差值按 IT9～IT11 选取；当工件上的位置要求为未注公差时，夹具上相应的位置公差值按 IT7～IT9 选取；工件上的角度为未注公差时，夹具上相应的角度公差值标为 $\pm3'\sim\pm10'$。

　　对于直接影响工件加工精度的配合类别的确定，应根据配合公差(间隙或过盈)的大小，通过计算或类比确定，应尽量选用优先配合。

　　对于与工件加工精度无直接影响的夹具公差与配合，其中位置尺寸一般按 IT9～IT11 选取，夹具的外形轮廓尺寸可不标注公差，按 IT13 确定。其他的形位公差数值、配合类别可参考有关夹具设计手册或机械设计手册确定。

　　2) 拨叉零件专用钻床夹具设计

　　(1) 夹具设计任务。图 6.6(a)所示为拨叉零件加工工序 10 钻拨叉锁销孔的工序简图。已知：工件材料为 45 钢，毛坯为模锻件，所用机床为 Z525 型立式钻床，成批生产规模。试设计该工序的专用钻床夹具。

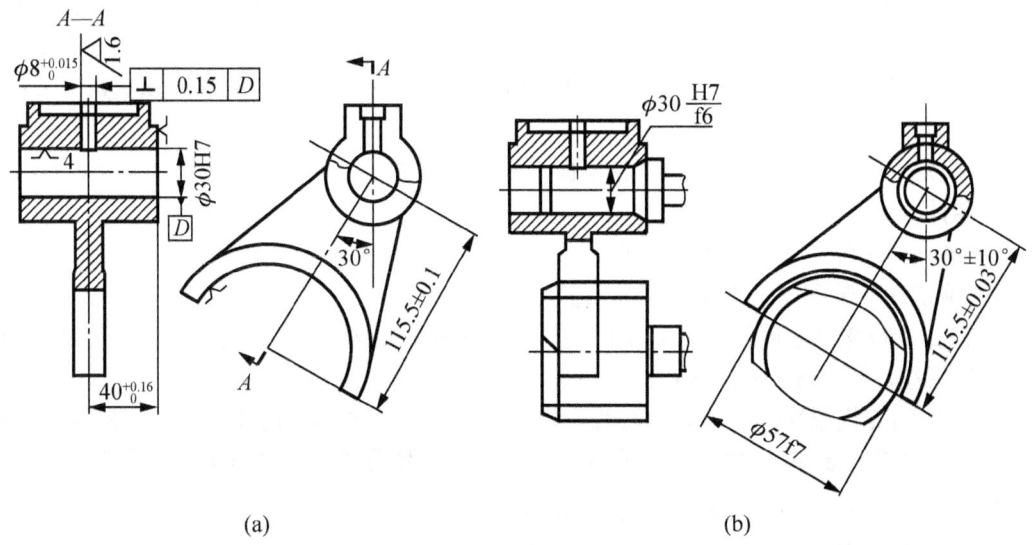

(a)　　　　　　　　　　(b)

图 6.6　拨叉锁销孔专用钻床夹具方案设计

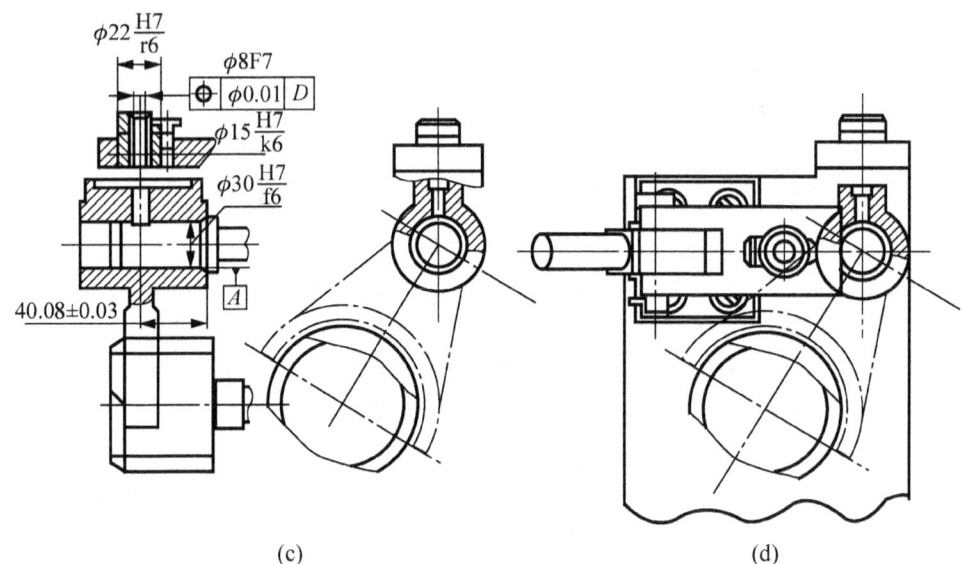

(c)   (d)

图 6.6 拨叉锁销孔专用钻床夹具方案设计(续)

(2) 确定夹具的结构方案。

① 确定定位零件。根据工序简图规定的定位基准,选用一面双销定位方案,如图 6.6(b) 所示,长定位销与工件定位孔配合取为 $\phi 30\frac{H7}{f6}$,限制四个自由度;定位销轴肩小环面与工件定位端面接触,限制一个自由度,且保证工序尺寸 $40^{+0.13}_{0}$ mm,定位基准与设计基准重合,定位误差为零;削边销与工件叉口接触,限制一个自由度,保证尺寸 115.5±0.1mm;$\phi 8$mm 孔径尺寸由刀具直接保证,位置精度由钻套位置保证。

② 确定导向装置。本工序要求对 $\phi 8$mm 孔进行钻、扩、铰三个工步的加工,生产批量大,故选用快换钻套作为刀具的导向元件。快换钻套、钻套用衬套及钻套螺钉查阅 JB/T 8045.3—1999《机床夹具零件及部件 快换钻套》、JB/T 8045.4—1999《机床夹具零件及部件 钻套用衬套》、JB/T 8045.5—1999《机床夹具零件及部件 钻套螺钉》。根据项目三中相关内容,确定钻套导向长度 $H=3d=3\times8$mm=24mm,排屑间隙 $h=d=8$mm,如图 6.6(c) 所示。

③ 确定夹紧机构。选用偏心螺旋压板夹紧机构,如图 6.6(d) 所示。其上零件均采用标准夹具零件,可查阅相关标准确定。

④ 画夹具装配图,如图 6.7 所示。

⑤ 确定夹具装配图上的标注尺寸及技术要求。

a. 确定定位零件之间的尺寸。定位销与削边销中心距公差取工件相应尺寸公差的 1/3,偏差对称标注,即 115.5±0.03mm。

b. 确定钻套位置尺寸。钻套中心线与定位销定位环面之间的尺寸及公差取保证零件相应工序尺寸 $40^{+0.16}_{0}$ mm 的平均尺寸,即 40.08mm;公差取零件相应工序尺寸公差的 1/3,偏差对称标注,即±0.03mm,标注为 40.08±0.03。

c. 确定钻套位置公差。钻套中心线与定位销定位环面之间的位置度公差取工件相应位置度公差的 1/3,即 0.03mm。

d. 定位销中心线与夹具底面的平行度公差取 0.02mm。

e. 标注关键件的配合尺寸如图 6.7 所示，分别为 $\phi8F7$，$\phi30f6$，$\phi57f7$，$\phi15\dfrac{H7}{k6}$，$\phi22\dfrac{H7}{r6}$，$\phi8\dfrac{H7}{n6}$，$\phi16\dfrac{H7}{k6}$。

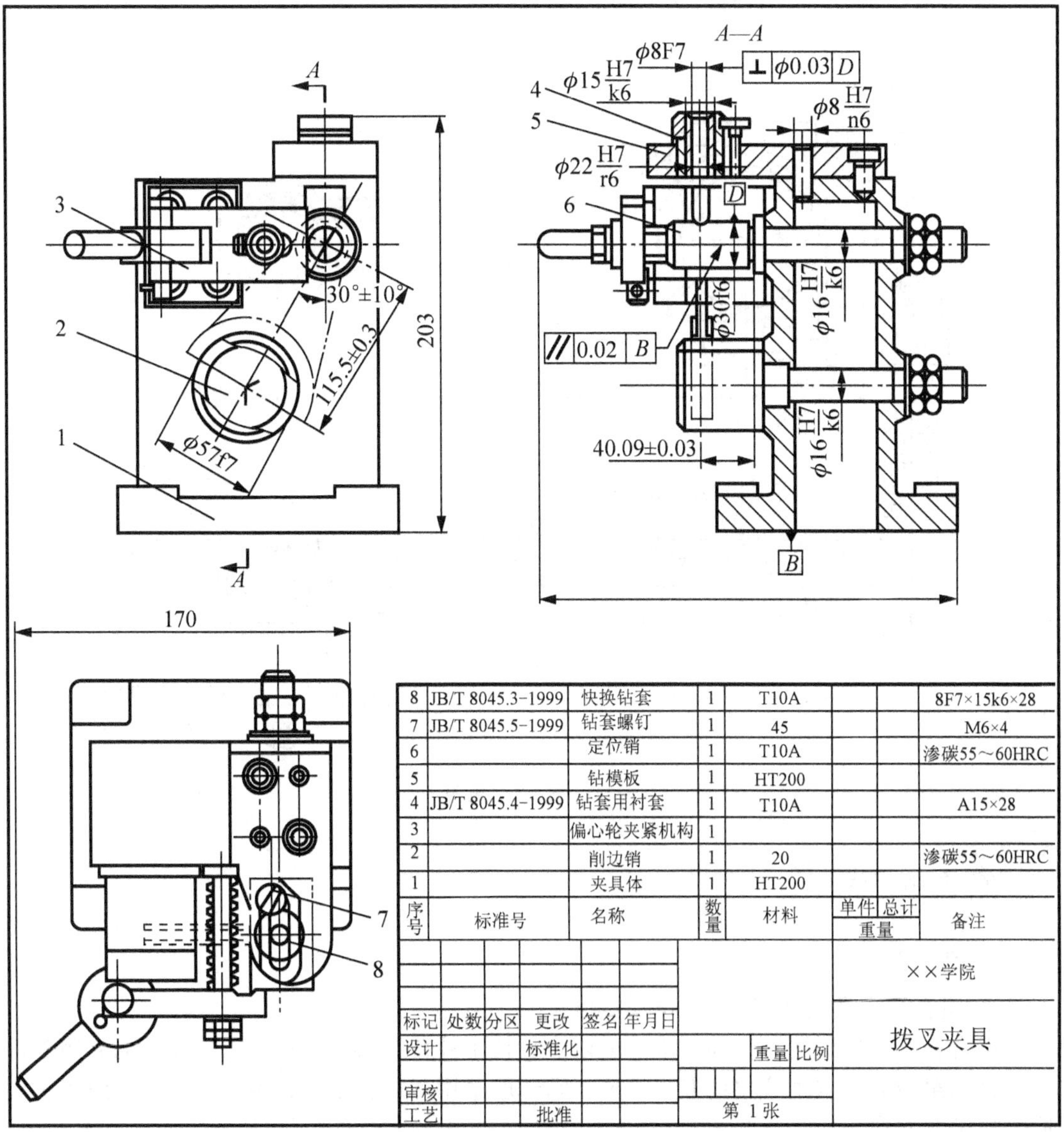

8	JB/T 8045.3-1999	快换钻套	1	T10A			8F7×15k6×28
7	JB/T 8045.5-1999	钻套螺钉	1	45			M6×4
6		定位销	1	T10A			渗碳55~60HRC
5		钻模板	1	HT200			
4	JB/T 8045.4-1999	钻套用衬套	1	T10A			A15×28
3		偏心轮夹紧机构	1				
2		削边销	1	20			渗碳55~60HRC
1		夹具体	1	HT200			
序号	标准号	名称	数量	材料	单件	总计	备注
					\multicolumn{重量}		

标记	处数	分区	更改	签名	年月日		××学院
设计			标准化			重量 比例	拨叉夹具
审核							
工艺			批准			第 1 张	

图 6.7　拨叉锁销孔专用钻床夹具装配图

任务 6.2 编制连杆零件机械加工工艺规程

6.2.1 任务引入

编制如图 6.8 所示连杆零件机械加工工艺过程。零件材料为 45 钢，生产类型为大批生产。

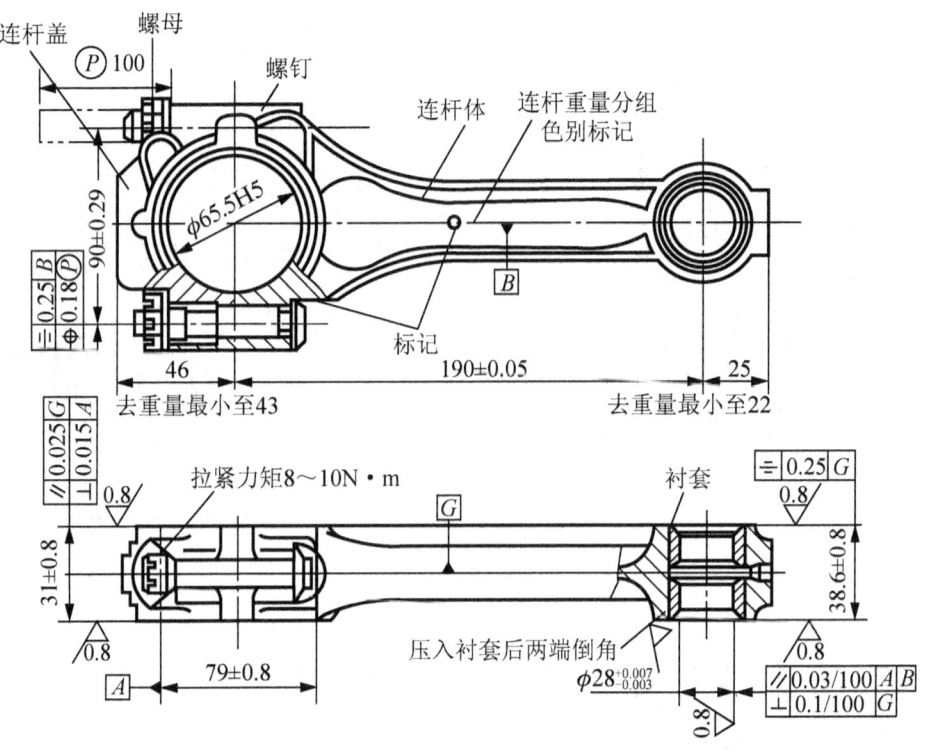

图 6.8 连杆

6.2.2 相关知识

1. 组合机床

1) 组合机床及其加工方式

组合机床是以通用部件为基础，配以少量按工件特定形状和加工工艺设计的专用部件和夹具而组成的半自动或自动专用机床。它一般采用多轴、多刀、多工序、多面或多工位同时加工的方式。

组合机床一般用于加工箱体类或特殊形状的零件。加工时，工件一般不旋转，由刀具的旋转运动和刀具与工件的相对进给运动来实现钻孔、扩孔、铰孔、镗孔、锪孔、铣削平面、切削内外螺纹加工。有的组合机床采用车削头夹持工件使之旋转，由刀具作进给运动，也可实现某些回转体类零件(如飞轮、汽车后桥半轴等)的外圆和端面加工。与一般机床相比，组合机床具有加工效率高，自动化程度高，通用化程度高，加工质量稳定，设计制造周期短，价格便宜，改装方便等一系列的优点。图 6.9 所示为典型组合机床的组成。

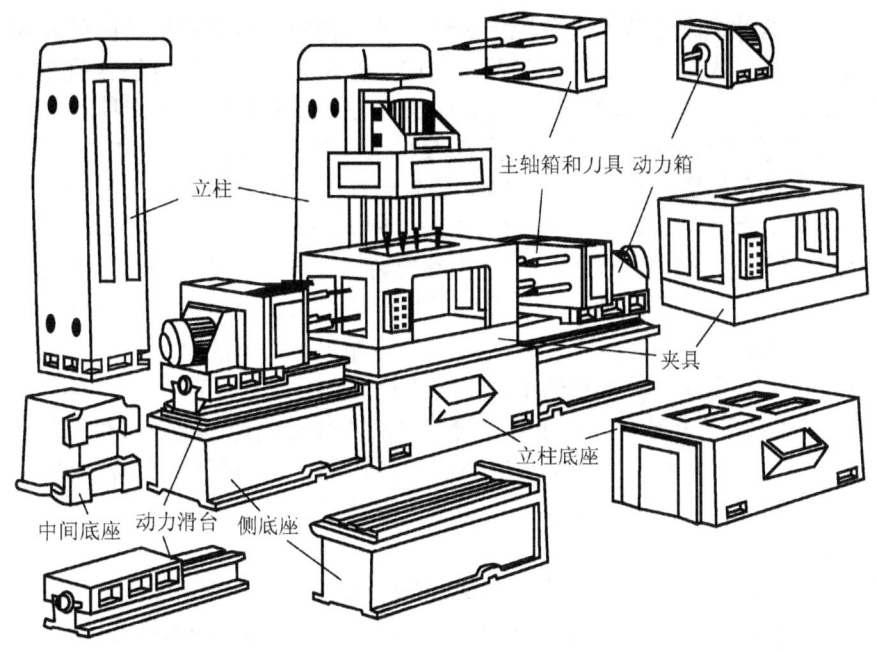

图 6.9　典型组合机床的组成

2) 组合机床的部件分类

组合机床的通用部件按功能分为动力部件、支承部件、输送部件、控制部件和辅助部件五类。

(1) 动力部件：为机床提供主运动和进给运动的部件，主要有动力箱、切削头和动力滑台。

① 动力箱：它的功能是将电动机的旋转运动传递给主轴箱。主轴箱是按工艺要求而设计的专用部件，一般具有几个至几十个主轴，供安装刀具之用。

② 切削头：它的功能是将电动机的旋转运动经减速后传递给主轴，用于单一工序的加工，有钻削头、铣削头、攻螺纹头、镗削头和车削头等。

③ 动力滑台：用于安装动力箱或切削头，以实现刀具的进给运动。动力滑台有台面沿单一轴线移动的普通滑台和台面沿相互垂直的两个轴线移动的十字滑台，由丝杠、凸轮、液压、气动和液压等驱动。

(2) 支承部件：用以安装动力滑台、带有进给机构的切削头或夹具等部件，有侧底座、中间底座、支架、可调支架、立柱和立柱底座等。

(3) 输送部件：用以输送工件或主轴箱至加工工位的部件，有分度回转工作台、环形分度回转工作台、分度鼓轮和往复移动工作台等。

(4) 控制部件：用以控制机床的自动工作循环，有液压站、电气柜和操纵台等。

(5) 辅助部件：有润滑装置、冷却装置和排屑装置等。

3) 组合机床的类型

根据配置型式，组合机床可分为单工位和多工位两大类。

(1) 单工位组合机床。工件被装夹在机床的固定夹具上，根据被加工面的数量(单面和多面)和位置(水平、垂直和倾斜)布置动力部件。这种单工位组合机床通常只能对各个加工部位同时进行一次加工，能够保证各加工面有较高的相互位置精度,适用于大、中型箱体件的加工。

(2) 多工位组合机床。工件及其夹具由输送部件依次送到各加工工位，能对加工部位进行多次加工。这种机床通常设有单独的装卸工位,使辅助时间和机动时间相重合,生产率较高,适用于大批大量生产各种形状复杂的中、小型工件。多工位组合机床依输送部件又分为回转工作台式、往复移动工作台式、中央立柱式和回转鼓轮式四种。

① 回转工作台式组合机床:工件由分度回转工作台输送到各工位顺次加工。动力部件按工序分布于工作台周围,立式、卧式或倾斜安装均可。这种机床适用于对工件的顶面和侧面及孔进行多工序加工。通常设有单独的上、下料工位。

② 往复移动工作台式组合机床:工件由往复移动工作台输送,动力部件布置在工作台的两侧,一般为两工位;若移动工作台采取适当定位机构,也可成为三工位的。这种机床在同一时间内只能有一个工位加工,且装卸时间与加工时间不能重合,适用于大、中型工件的中批量生产。可设或不设单独的上、下料工位。

③ 中央立柱式组合机床:工件由环形分度回转工作台输送。动力部件安装在工作台中央的多面体立柱上,也可在工作台周围布置卧式或倾斜式动力部件。这种机床适用于加工有相互垂直要求的孔和面的复杂零件,不用中央立柱时也可在工作台中央布置卧式动力部件。

④ 回转鼓轮式组合机床:工件装夹在鼓轮的棱面或端面上,鼓轮回转轴常为水平安装。动力部件布置在鼓轮两侧。通过鼓轮的回转分度,将工件顺次送到各工位进行加工。这种机床可以同时从两个相对的方向加工,如在鼓轮的径向安置动力部件,还可从第三个方向加工。

(3) 中、小批量生产用的组合机床。为了使组合机床能在中、小批量生产中得到应用,往往需要应用成组技术,把结构和工艺相似的零件集中在一台组合机床上加工,以提高机床的利用率。这类机床常见的有两种:

① 可换主轴箱式组合机床:机床带有各种形式的主轴箱存储库(回转式、步进式、多格仓库式),靠输送装置和更换装置来更换动力箱上的主轴箱。

② 转塔式组合机床:将几个主轴箱装在转塔棱面上,按工序自动转位,对工件的一面进行各种工序的粗、精加工。完成一个面的加工后,工件转位,顺序对其他各面进行加工。

6.2.3 任务实施

1. 分析连杆的结构和技术要求

连杆是活塞式发动机的重要零件,其大头孔与曲轴连接,小头孔通过活塞销与活塞连接,将作用于活塞的气体膨胀压力传给曲轴,又受曲轴驱动而带动活塞压缩汽缸中的气体。连杆承受的是高交变载荷,气体的压力在杆身内产生很大的压缩应力和纵向弯曲应力,由活塞和连杆重量引起的惯性力,使连杆承受拉应力。所以连杆承受的是冲击性质的动载荷。因此要求连杆重量轻、强度要好。

1) 连杆的结构

连杆是较细长的变截面非圆形杆件,其杆身截面从大头到小头逐步变小,以适应在工作中承受的急剧变化的动载荷。

连杆由连杆大头、杆身和连杆小头三部分组成。连杆大头是分开的,一半与杆身为一体,另一半为连杆盖,连杆盖用螺栓和螺母与曲轴轴颈装配在一起。为了减少磨损和磨损后便于修理,在连杆小头孔中压入青铜衬套,大头孔中装有薄壁金属轴瓦。

为方便加工连杆,可以在连杆的大头侧面或小头侧面设置工艺凸台或工艺侧面。

2) 连杆的主要技术要求

连杆的主要技术要求见表 6-7。

表 6-7 连杆的主要技术要求

技术要求项目	具体要求或数值	满足的主要性能
大、小头孔精度	尺寸公差 IT6 级，圆度、圆柱度 0.004～0.006	保证与轴瓦的良好配合
两孔中心距	±0.03～0.05	汽缸的压缩比
两孔轴线在同一个平面内	在连杆轴线平面内：0.02～0.04:100 在垂直连杆轴线平面内：0.04～0.06:100	减少汽缸壁和曲轴颈磨损
大孔两端面对轴线的垂直度	0.1:100	减少曲轴颈边缘磨损
两螺栓孔(定位孔)的位置精度	在两个垂直方向上的平行度：0.02～0.04/100 对结合面的垂直度：0.1～0.3/100	保证正常承载和轴颈与轴瓦的良好配合
同一组内的重量差	±2%	保证运转平稳

3) 连杆的工艺特点

(1) 连杆体和盖厚度不一样，改善了加工工艺性。连杆盖厚度为 31mm，比连杆体厚度单边小 3.8mm，盖两端面精度要求不高，可一次加工而成。

由于加工面小，冷却条件好，使加工振动和磨削烧伤不易产生。

连杆体和盖装配后不存在端面不一致的问题，故连杆两端面的精磨不需要在装配后，可在螺栓孔加工之前。

螺栓孔、轴瓦对端面的位置精度可由加工精度直接保证，而不会受精磨加工精度的影响。

(2) 连杆小头两端面由斜面和一段窄平面组成。这种楔形结构的设计可增大其承压面积，以提高活塞的强度和刚性。

在加工方面，与一般连杆相比，增加了斜面加工和小头孔两斜面上的倒角工序；用提高零件定位及压头导向精度来避免衬套压偏现象的发生，但却增加了压衬套工序加工的难度。

(3) 带止口斜结合面。连杆接合面结构种类较多，有平切口和斜切口，还有键槽形、锯齿形和带止口的。该连杆为带止口斜结合面，其结构如图 6.10 所示。从使用性能上看，重复定位精度高，在拧紧螺钉时，可自动滑移消除止口间隙。从工艺性上看，定位可靠，连杆成品经拆装后大头孔径圆度变化小。由于连杆由多面组成且结构复杂，精度要求较高，所以加工难度增大；接合面和螺孔不垂直，呈 72°，螺栓孔只好在切断工序后、拉接合面工序前加工。螺栓孔和接合面分别先后加工，为达到互换性装配要求，加工精度相应提高。

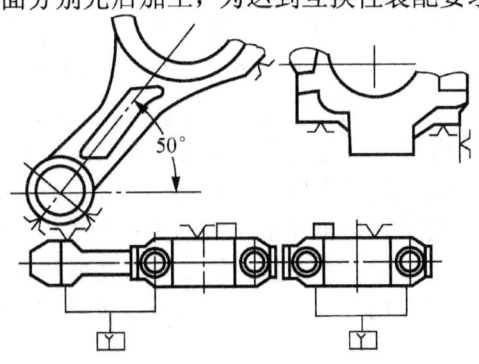

图 6.10 结合面结构示意图

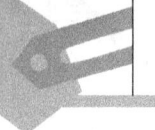

2. 明确连杆毛坯状况

连杆材料一般采用 45 钢或 40Cr、45Mn2 等优质钢或合金钢，近年来也有采用球墨铸铁的。大批生产的钢制连杆都用模锻制造毛坯。连杆毛坯的锻造工艺有两种方案：将连杆体和盖分开锻造；连杆体和盖整体锻造。整体锻造或分开锻造的选择决定于锻造设备的能力，显然整体锻造需要有大型的锻造设备。

该连杆材料为 45 钢，大批生产，故采用模锻制造毛坯。

3. 拟定连杆加工工艺路线

1) 确定加工方案

连杆的尺寸精度、形状精度和位置精度的要求都很高，但刚性较差，容易变形。连杆的主要加工表面为大小头孔、两端面、连杆盖与连杆体的接合面和螺栓孔等。次要表面为油孔、锁口槽、供作工艺基准的工艺凸台等。这些表面采用多种加工方法，主要有：磨削，钻削，拉削，镗削等。

另外，还有称重去重、检验、清洗和去毛刺等工序。

2) 加工阶段的划分

连杆本身的刚度比较低，在外力作用下容易变形；连杆是模锻件，孔的加工余量较大，切削加工时易产生残余应力。因此，在安排工艺过程时，应把各主要表面的粗、精加工工序分开。这样，粗加工产生的变形就可以在半精加工中得到修正；半精加工中产生的变形可以在精加工中得到修正，最后达到零件的技术要求，同时在工序安排上先加工定位基准。

连杆工艺过程可分为以下三个阶段：

(1) 粗加工阶段。粗加工阶段是连杆体和盖合并前的加工阶段；主要是基准面的加工，包括辅助基准面加工；准备连杆体及盖合并所进行的加工，如两者对口面的铣、磨等。

(2) 半精加工阶段。半精加工阶段是连杆体和盖合并后的加工，如精磨两平面，半精镗大头孔及孔口倒角等。总之，是为精加工大、小头孔作准备的阶段。

(3) 精加工阶段。精加工阶段主要是最终保证连杆主要表面——大、小头孔全部达到图样要求的阶段，如珩磨大头孔、精镗小头轴承孔等。

3) 选择定位基准及夹紧方式

连杆加工工艺过程的大部分工序都采用统一的定位基准：一个端面、小头孔及工艺凸台。这样有利于保证连杆的加工精度，而且端面面积大，定位也比较稳定。

由于连杆的外形不规则，为了定位需要，在连杆体大头处作出工艺凸台，作为辅助基准面。

连杆大、小头端面对称分布在杆身的两侧，由于大、小头孔厚度不等，所以大头端面与同侧小头端面不在一个平面上。用这样的不等高面作定位基准，必然会产生定位误差。制定工艺时，可先把大、小头作成一样厚度，这样不仅避免了上述缺点，而且由于定位面积加大，使得定位更加可靠，直到加工的最后阶段才铣出这个阶梯面。

(1) 粗基准的选择。粗基准的正确选择和初定位夹具的合理设计是加工工艺中至关重要的问题。在拉连杆大小头侧定位面时，采用连杆的基准端面及小头毛坯外圆三点和大头毛坯外圆两点粗基准定位方式。这样保证了大小头孔和盖上各加工面加工余量均匀，保证了连杆大头称重去重均匀，保证了零件总成最终形状及位置精度。图 6.11 所示为加工两端面粗基准定位夹紧方式，图 6.12 所示为加工连杆大、小头定位基准面粗基准定位夹紧。

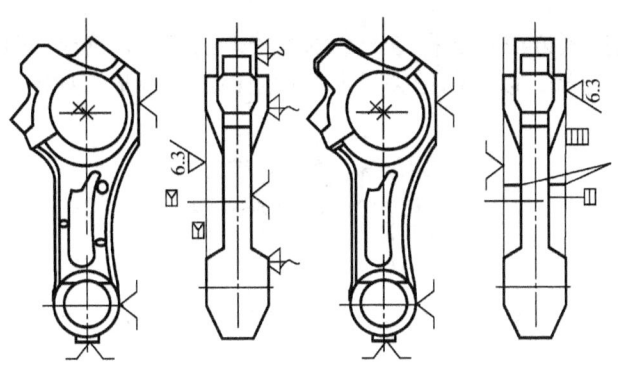

图 6.11　加工两端面粗基准定位夹紧

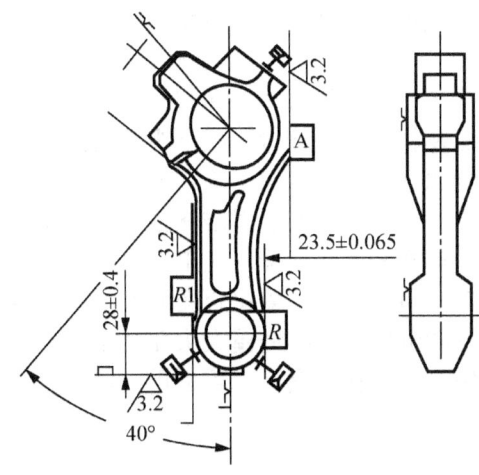

图 6.12　加工连杆大小头定位基准面粗基准定位夹紧

（2）精加工基准采用了无间隙定位方法，在产品上设计出定位基准面。在连杆杆和总成的加工中(见图 6.13)，采用杆端面、小头顶面和侧面、大头侧面的加工定位方式；在螺栓孔至止口斜接合面加工工序的连杆盖加工中(见图 6.14)，采用了以其端面、螺栓两座面、一螺栓座面的侧面的加工定位方法。这种重复定位精度高且稳定可靠的定位、夹紧方法，可使零件变形小，操作方便，能通用于从粗加工到精加工中的各道工序。由于定位基准统一，使各工序中定位点的大小及位置也保持相同。这些都为稳定工艺、保证加工精度提供了良好的条件。

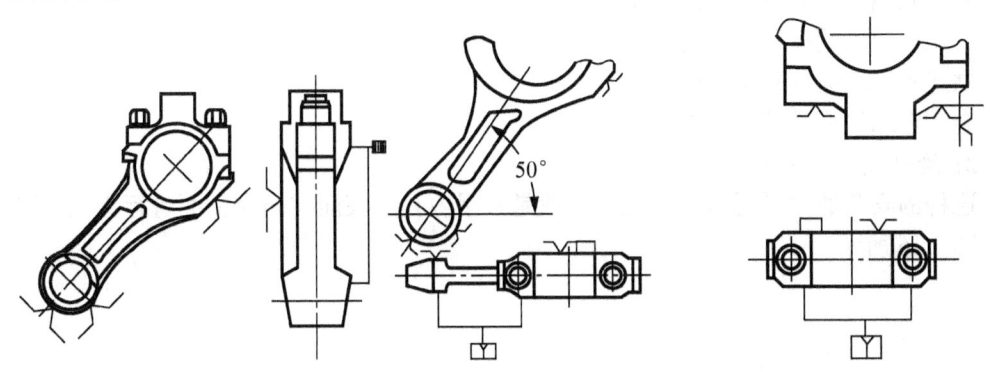

图 6.13　连杆杆和总成加工定位夹紧示意图　　　图 6.14　连杆盖加工定位示意图

(3) 确定合理的夹紧方法。连杆是一个刚性较差的工件，应十分注意夹紧力的大小、方向及着力点的位置选择，以免因受夹紧力的作用而产生变形，如图 6.15 所示。

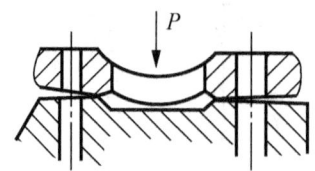

图 6.15 因夹紧力选择不当造成的变形示意图

4) 加工顺序安排

连杆的加工顺序大致如下：粗磨上下端面→钻、拉小头孔→拉侧面→切开→拉半圆孔、接合面、螺栓孔→配对加工螺栓孔→装成合件→精加工合件→大小头孔光整加工→去重分组、检验。

还有另一种常用的工艺流程是：拉大小头两端面→粗磨大小头两端面→拉连杆大小头侧定位面→拉连杆盖两端面及杆两端面倒角→拉小头两斜面→粗拉螺栓座面，拉配对打字面、去重凸台面及盖定位侧面→粗镗杆身下半圆、倒角及小头孔→粗镗杆身上半圆、小头孔及大小头孔倒角→清洗零件→零件探伤、退磁→精铣螺栓座面及圆弧→铣断杆、盖→小头孔两斜端面上倒角→精磨连杆杆身两端面→加工螺栓孔→拉杆、盖接合面及倒角→去配对杆盖毛刺→清洗配对杆盖→检测配对杆盖接合面精度→人工装配→拧紧螺栓→打印杆盖配对标记号→粗镗大头孔及两侧倒角→半精镗大头孔及精镗小头衬套底孔→检查大头孔及精镗小头衬套底孔精度→压入小头孔衬套→称重去重→精镗大头孔、小头衬套孔→清洗→最终检查→成品防锈。

4. 选择设备工装

连杆的加工工序多，采用多种加工方法，主要有磨削、钻削、拉削、镗削等。各种加工刀具前面项目中已有介绍，这里不再重复。下面，我们主要介绍加工中所采用的机床及工件的安装。

1) 连杆加工中所采用的机床

连杆加工中，主要采用了以下几种机床，分别是：双轴立式平面磨床、立式六轴钻床、立式内拉床、双面卧式组合铣床，双面卧式钻孔组合机床、金刚镗床。

其中，双轴立式平面磨床的型号是：M7740；

立式六轴钻床的型号是：Z232；

立式内拉床的型号是：L5120；

立式外拉床的型号是：L7110；

金刚镗床的型号是：T7032。

2) 连杆安装的定位

连杆的安装通常采用组合定位，一般是采用内孔、底面与凸台侧面进行定位。连杆夹具如图 6.16 所示。

图 6.16　连杆夹具

5. 连杆加工工艺过程

综合以上分析，连杆加工工艺过程见表 6-8。

表 6-8　连杆加工工艺过程

序号	工序名称	工序尺寸及要求	工序简图	设　备	工艺装备
1	模锻	按连杆锻造工艺进行			
2	粗磨连杆大小头两端面	磨第一面至尺寸 $39.2_{-0.15}^{0}$，$\sqrt{6.3}$；（标记朝上）磨第二面至尺寸 $38.6_{-0.06}^{0}$，$\sqrt{6.3}$	$38.6_{-0.06}^{0}$	双轴立式平面磨床(M7740)	
3	钻通孔	$\phi 28.3_{-0.05}^{+0.45}$（标记朝上）	三爪定心夹紧　$\phi 28.3_{-0.05}^{+0.45}$	立式六轴钻床(Z232)	随机夹具
4	两端倒角	$\phi 31_{0}^{+0.5}$，$60°$		立式钻床	倒角夹具
5	拉小头孔	$\phi 24.49_{0}^{+0.033}$	小孔和一端面（标记朝上）定位	立式内拉床(L5120)	
6	拉连杆小头定位面	$99_{-0.1}^{0}$　$247_{-0.3}^{0}$　$28_{-0.15}^{+0.05}$	立式外拉床(L7110)		

序号	工序名称	工序尺寸及要求	工 序 简 图	设 备	工艺装备
7		将整体锻件切开为连杆和连杆体	49±0.3 191.5±0.2	双面卧式组合铣床	随机夹具
8		精拉连杆及连杆盖的两侧定位面及其圆弧面	98 0 -0.08 φ64.3 0 98 0 -0.08 φ64.3 0 18.5 +0.3 -0.1 190.5 +0.3 -0.1	卧式连续拉床	随机夹具
9		磨连杆及连杆盖对口面		双轴立式平面磨床(M7740)	随机夹具
10		从对口处钻连杆螺栓孔		双面卧式钻孔组合机床	随机夹具
11		钻连杆盖螺栓孔		双面卧式钻孔组合机床	随机夹具
12		铣连杆及盖嵌轴瓦的锁口槽	13.4 5±0.1 30.4 13.4 5±0.1 13.4	双面卧式钻孔组合机床	随机夹具
13	粗锪连杆螺栓沉孔及盖的沉孔	杆φ25 盖φ29	φ29 24 φ25	双面卧式锪孔组合机床	随机夹具
14	螺栓孔的两端倒角	杆φ22×45°，φ13.6×45° 盖φ15×45°，φ13.2×45°		双面卧式倒角组合机床	随机夹具
15		精锪→连杆螺栓沉孔			
16	去毛刺	在连杆小头衬套的孔内φ5油孔处		去毛刺机	喷枪

续表

序号	工序名称	工序尺寸及要求	工序简图	设备	工艺装备
17	精加工螺栓孔	第一工位将连杆和连杆盖合放在夹具里定位并夹紧(标记朝上)成套地放在料车上		五工位组合机床	随机夹具
	扩连杆盖上螺栓孔	第二工位ϕ12.5，↧19			
	阶梯扩连杆盖或连杆的螺栓孔	第三工位ϕ13，↧19，ϕ11.4H10	90±0.2　ϕ13 尺寸相差不大于0.25 ϕ12.2$^{+0.027}_{0}$		
	镗连杆及连杆盖的螺栓孔	第四工位ϕ21H10			
	铰连杆及连杆盖的螺栓孔	第五工位ϕ12.2H7			
18	装配连杆及连杆盖		用压缩空气吹净后装配	装配台	喷枪锤子
19	在大头孔的两端倒角		ϕ70.5×45°，$\sqrt{\dfrac{6.3}{}}$	双面倒角机	随机夹具
20	精磨大小头两端面		磨有标记的一面至尺寸38.2$^{0}_{-0.08}$，磨另一端大头至尺寸37.83$^{0}_{-0.08}$，大头至尺寸38.95$^{0}_{-0.30}$	双轴立式平面磨床(M7740)	磨用夹具
21	粗镗大头孔	ϕ65±0.05 中心距 189.925～190.075	ϕ65±0.05　$\sqrt{\dfrac{6.3}{}}$　3 189.925～190.075	金刚镗床(T7032)	镗孔夹具

续表

序号	工序名称	工序尺寸及要求	工 序 简 图	设 备	工艺装备
22	去配重		48 去重最小至43　28 去重最小至22		
23	检验	按图样技术要求			

特别提示

防止连杆加工变形的工艺措施

连杆的工艺特点是：外形复杂，不易定位，大、小头是由细长的杆身连接，刚度差，容易变形；为防止连杆加工变形，主要采取了以下措施：

(1) 选择正确的定位基准：一般选择大、小头端面，大头孔或小头孔，以及工件图中的工艺凸台为定位基准。

(2) 加工分阶段进行：以粗加工、精加工和光整加工分阶段进行。

(3) 选择正确的夹紧方案：由于连杆的刚度较差，在确定夹紧力的作用点时，应使连杆在夹紧力与切削力作用下产生的变形最小。有时，为了减小变形和消除内应力对加工精度的影响，增加一些辅助工序，如金刚镗削大头孔之前，将连接连杆盖与连杆体的螺栓松开，使大头孔在粗加工后产生的变形，在精镗工序中消除；在连续式拉床组成的连杆拉削自动线上，也采取松开连杆的方法，使其变形在后一工序中得到修正。

拓展知识

成 组 技 术

1. 成组技术的基本概念

人们要对纷乱的客观事物进行分类的这一想法是非常自然的。大量信息的存储和排序，通常都使用分类学。在机械制造业中每年生产的产品有成千上万种。每个零件都具有不同的形状、尺寸和功能。但是，当人们仔细观察时，就会发现相当多的零件之间有相似性。销钉和小轴在外形上可能十分相似，但却具有不同的功能。不同尺寸的圆柱直齿轮，需要的制造过程差不多是相同的。由此看来，可以将被制造的零件划分成组，类似于图书馆的图书分类。将零件进行分类归并成组，可以形成更易于管理的数据库。

(1) 成组技术(Group Technology——GT)。复杂而多样的事物或信息中，有许多问题具有相似性，利用把相似问题分组的办法，就能够使复杂问题得到简化，从而找出可以解决这一批问题的同一方法或答案，并节约时间和精力。

成组技术的核心是成组工艺。成组工艺是把尺寸、形状和工艺相近的零件组成一个零件组(族)，制定统一的加工方案，并在同一机床组中制造。其重要作用在于扩大工艺批量，使大批量生产中行之有效的工艺方法和高效自动化生产设备，可以应用到中小批生产中去。这对于我国目前单件、中小批生产占绝对优势(约占80%)的生产状况来说，无疑具有重大的经济价值。

(2) 成组工艺实施步骤。

零件分类编码及分组→拟定零件组工艺过程→选择机床→设计成组夹具→确定生产组织形式及核算

经济效果等。

其中零件分类编码及分组是关键，没有正确的编码和分组，成组工艺也就不可能有效地实现。

2. 成组生产的组织形式

成组加工系统的基本形式：成组单机，成组生产单元和成组生产流水线。

三种形式是介于机群式和流水线式之间的设备布置形式。机群式适用于传统的单件小批生产，流水线式则适用于传统的大批大量生产。成组生产采用哪一种形式，主要取决于零件成族后，同族零件的批量大小。

(1) 成组单机。成组单机是在机群式布置的基础上发展起来的，把一些工序相同或相似的零件族集中在一台机床上加工，是成组技术的最初形式。它的特点主要是针对从毛坯到成品多数工序可以在同一类型的设备上完成的工件，也可以用于仅完成其中某几道工序的加工。

(2) 成组生产单元。成组生产单元指一组或几组工艺上相似零件的全部工艺过程，由相应的一组机床完成，该组机床即构成车间的一个封闭的生产单元。主要特点是由几种类型的机床组成一个封闭的生产系统，完成一组或几组相似零件的全部工艺过程。它有一定的独立性，并有明确的职责，提高了设备利用率，缩短了生产周期，简化了生产管理等一系列优点，所以为各企业广泛采用。

(3) 成组生产流水线。成组生产流水线是成组技术的较高级组织形式。

3. 成组技术中的零件编码

(1) 零件分类编码的基本原理。分类是一种根据特征属性的有无，把事物划分成不同组的过程。编码能用于分类，它是对不同组的事物给予不同的代码。成组技术的编码，是对机械零件的各种特征给予不同的代码。这些特征包括：零件的结构形状、各组成表面的类别及配置关系、几何尺寸、零件材料及热处理要求，各种尺寸精度、形状精度、位置精度和表面粗糙度等要求。对这些特征进行抽象化、格式化，就需要用一定的代码(符号)来表述。所用的代码可以是阿拉伯数字、拉丁字母，甚至汉字，以及它们的组合。最方便、最常见的是用数字码。

(2) 零件分类编码系统。

① 编码的要求：不含糊，完整。

② 分类编码系统。

将零件的各种有关特征用代码来表示，对代码所代表的意义作出明确的规定和说明，这种规定和说明就称为编码法则，又称编码系统。实际上也就是对零件进行了分类。所以零件编码系统又称分类编码系统。

对零件的分类编码系统的要求：充分、全面、准确地描述零件信息；系统逻辑层次分明，结构合理；容易被计算机理解和处理；尽可能一开始就考虑到与CAD/CAM系统的链接和企业其他部门的应用要求；易于为工程技术人员理解，易于编程。

层次式结构(又称单元码)：在单元码中，每一代码的含义都由前一级代码限定。层次式结构的优点是它可以用很少的码位代表大量信息；缺点是编码系统潜在的复杂性，各层次的所有分支必须定义。因此，层次式代码难以开发。

链式结构(又称多元码)：码位上每一个数字都代表不同的一些信息，而与前面的码位无关。主要缺点是在代码位数相同的条件下，链式代码容量较小，不像层次式那样详细。

混合式结构：是层次式及链式的混合。大多数现有编码系统都采用混合式结构。

(3) 奥匹兹(Opitz)分类编码系统：采用混合式代码结构，用九位十进制阿拉伯数字表示。

前5位为几何码，表示零件的种类、基本形状、回转面加工、平面加工、辅助孔、轮齿及型面加工。

后4位为辅助码，分别表示主要尺寸、材料类型、原材料形状、加工精度。

(4) JLBM-1分类编码系统：采用混合式代码结构，用15位十进制阿拉伯数字表示。是我国机械工业部组织制订并批准执行的成组技术编码系统。

1~2两位表示零件种类，称为类别码。

3~9共七位表示零件的形状和加工，称为主码。

10~15 共六位表示材料、毛坯形状、热处理、主要尺寸和加工精度，称为辅助码。

(5) 编码方法。

编码方法 { 手工编码；计算机编码 { 问答式；选择式 } }

4. 零件组(族)的划分

加工零件根据结构特征和工艺特征的相似性进行分类成组(族)。

分类成组方法 { 视检法；生产流程分析法；编码分类法 }

(1) 视检法：由有经验的工艺师根据零件图样或实际零件及其制造过程，直观地凭经验判断零件的相似性，对零件进行分类成组。

(2) 生产流程分析法：根据零件工艺特征的相似性进行分类成组。

(3) 编码分类法：可分为特征码法和码域法。

5. 成组工艺的编制

编制成组工艺的方法：复合零件法，复合路线法。

(1) 复合零件法：按照零件组中的复合零件来设计工艺规程的方法称为复合零件法，或样件法。一般仅适于回转体零件。复合零件又称主样件，它包含一组零件的全部形状要素，有一定的尺寸范围，它可能是加工组中的一个实际零件，也可以是假想零件。以它作为样板零件，设计适用于全组的通用工艺规程。

(2) 复合路线法是从分析加工组中各零件的工艺路线入手，从中选出一个工序最多、加工过程安排合理并有代表性的工艺路线。然后以它为基础，逐个地与同组其他零件的工艺路线比较，并把其他零件特有的工序，按照合理的顺序叠加到有代表性的工艺路线上，使之成为一个工序齐全、安排合理，适用于同组内所有零件的复合工艺路线。

对于非回转体类零件，由于其形状不规则，为某一零件组找出它的复合零件来常常十分困难，故常采用复合路线法。

项 目 小 结

本项目通过由简单到复杂的三个工作任务，详细介绍了组合机床及其加工方式等知识。在此基础上，从完成任务角度出发，认真研究和分析在不同的生产批量和生产条件下，工艺系统各个环节间的相互影响，然后根据不同的生产要求及加工工艺规程的制定原则与步骤，结合相关表面加工方案，合理制定拨叉、连杆等零件的机械加工工艺规程，正确填写工艺文件，体验岗位需求，积累工作经验。

此外，通过学习成组技术等知识，可以进一步扩大知识面，提高解决实际生产问题的能力。

思 考 练 习

1. 叉架类零件的毛坯常选用哪些材料？其毛坯的选择具有哪些特点？

2. 如何合理设计专用夹具？

3. 加工叉架类零件时有哪些技术难点？解决这些难点，工艺上一般采取哪些措施？

4. 试编制如图 6.17 所示支架零件的加工工工艺规程，生产类型为大批生产。

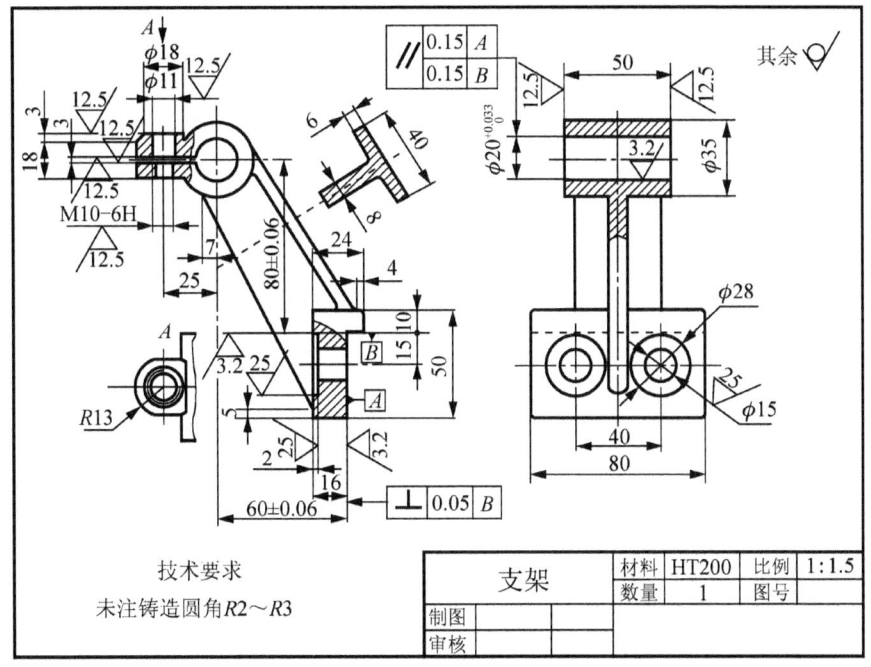

图 6.17　支架零件图

5. 试编制图 6.18 所示小连杆零件的机械加工工艺规程。零件材料为 HT200，生产类型为大批生产。

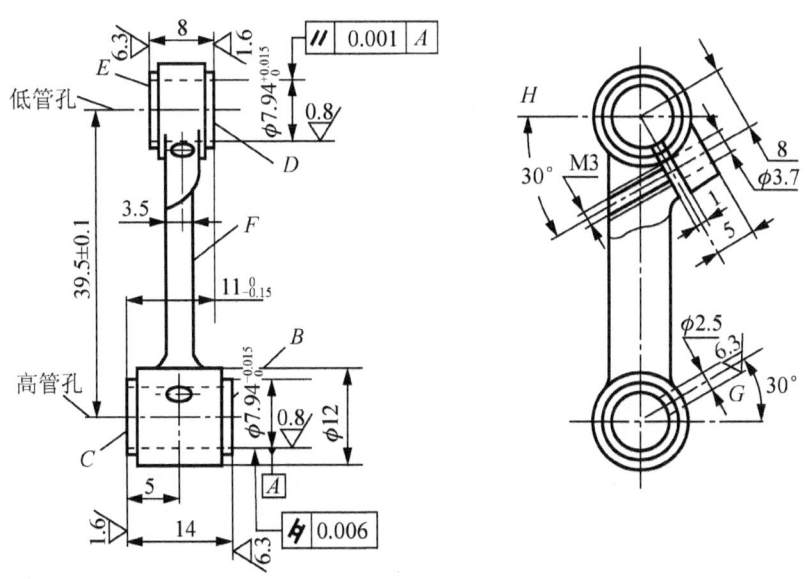

图 6.18　小连杆

6. 成组工艺设计方法有几种？各适合什么场合？

项目 7

减速器机械装配工艺规程编制

引言

装配是机械制造过程中最后的工艺环节。装配工作对机器质量影响很大。若装配不当，即使所有零件都合格，也不一定能装配出合格的、高质量的机器。反之，若零件制造精度并不高，而在装配中采用适当的工艺方法进行选配、刮研、调整等，也能使机器达到规定的要求。因此，制定合理的装配工艺规程，采用新的装配工艺，提高装配质量和装配劳动生产率，是机械制造工艺的一项重要任务。

任务 7.1 机械装配方法选择

7.1.1 任务引入

机械产品的精度要求，最终要靠装配工艺来保证。因此用什么方法能够以最快的速度、最小的装配工作量和较低的成本来达到较高的装配精度要求，是装配工艺的核心问题。而且同一项装配精度，因采用的装配方法不同，其装配尺寸链的解算方法也不相同。所以，对不同的生产条件，只有做好装配的各项准备工作，采取适当的装配方法，才能优质、高效、低成本地完成装配任务。

7.1.2 相关知识

1. 装配概述

1) 装配概念

装配是一个多层次的工作。为了便于组织装配工作，必须将产品分解为若干个可以独立进行装配的装配单元，以便按照单元次序进行装配并有利于缩短装配周期。装配单元通常可划分为五个等级。

(1) 零件。零件是组成机器和参加装配不可再分的基本单元。大部分零件都是预先装成合件、组件和部件再进入总装。

(2) 合件。合件是比零件大一级的装配单元。下列情况皆属合件：

① 两个以上零件，是由不可拆卸的连接方法(如铆、焊、热压装配等)连接在一起。

② 少数零件组合后还需要合并加工，如齿轮减速箱体与箱盖、柴油机连杆与连杆盖，都是组合后镗孔的，零件之间对号入座，不能互换。

③ 以一个基准零件和少数零件组合在一起，如图 7.1(a)所示属于合件，其中蜗轮为基准零件。

(3) 组件。若干个零件组合或若干个零件与若干个合件组合成组件。如图 7.1(b)所示属于组件，其中蜗轮与齿轮为一个先装好的合件，而后以阶梯轴为基准件，与合件和其他零件组合为组件。

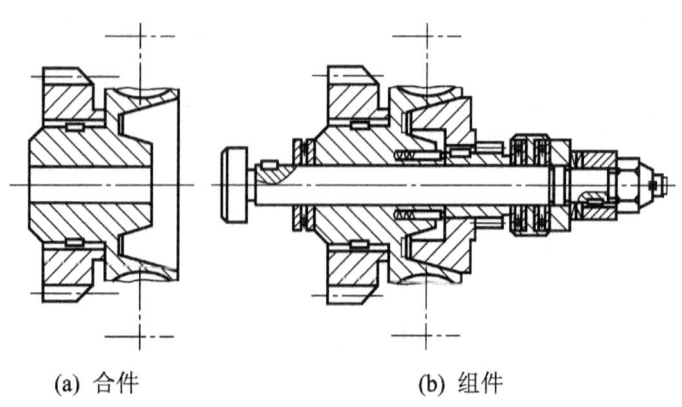

(a) 合件   (b) 组件

图 7.1 合件与组件举例

(4) 部件。若干个零件、合件和组件组合成部件。部件是机器中具有完整功能的一个组成部分。例如，卧式车床的主轴箱、进给箱和溜板箱；汽车中的发动机、底盘和后桥等。

(5) 机器产品。它是由上述全部装配单元组成的整体。

装配单元系统图表明了各有关装配单元间的从属关系，如图 7.2 所示。

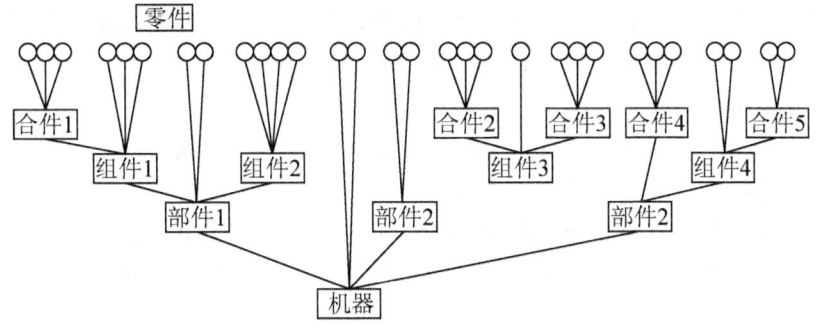

图 7.2　装配单元系统图

任何机器都是由零件、组件和部件组合而成。根据规定的技术要求，将零件、组件或部件进行配合和连接，使之成为半成品或成品的过程，称为装配。装配有组件装配、部件装配和总装配之分。

(1) 组件装配：将若干零件、合件安装在一个基础零件上而构成组件，简称组装。如减速器中一根传动轴，就由轴、齿轮、键等零件装配而成的组件。

(2) 部件装配：将若干个零件、合件、组件安装在另一个基础零件上而构成部件(独立机构)，简称部装。如车床的主轴箱、进给箱、尾架等。

(3) 总装配：将若干个零件、合件、组件、部件组合成整台机器的操作过程称为总装配，简称总装。例如，车床就是把几个箱体等部件、组件、零件组合而成。

装配过程使零件、合件、组件和部件间获得一定的相互位置关系，整个装配过程要按次序进行，所以装配过程是一种工艺过程。

装配不仅是最终保证产品质量的重要环节，而且在装配过程中可以发现机器在设计和制造过程中所存在的问题，如设计上的错误和结构工艺性不好，零件加工过程中存在的质量问题以及装配工艺本身的问题，从而在设计、制造和装配方面不断改进。因此，装配在保证产品质量中占有非常重要的地位。

2) 装配工作的基本内容

机械装配是机器产品制造的最后阶段，装配过程中不是将合格零件简单地连接起来，而是要通过一系列工艺措施，才能最终达到产品装配质量要求。常见的装配工作包含一系列内容。

(1) 清洗。经检验合格的零件或部件，装配前要经过认真清洗，其目的是去除黏附在零件或部件中的机械杂质(灰尘、切屑等)和油污，并使零、部件具有一定的防锈能力。清洗对轴承、配偶件、密封件、传动件等特别重要。机械装配过程中，零、部件的清洗对保证产品的装配质量和延长产品的使用寿命均有重要的意义。清洗的方法有擦洗、浸洗、喷洗和超声波清洗等。常用的清洗液有煤油、汽油、碱液及各种化学清洗液等。

(2) 连接。这是装配的主要工作。连接的方式一般有两种：可拆卸连接和不可拆卸连接。

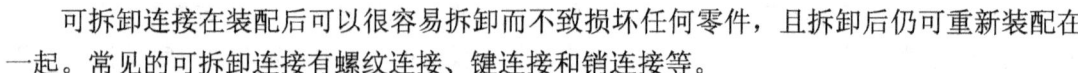

可拆卸连接在装配后可以很容易拆卸而不致损坏任何零件，且拆卸后仍可重新装配在一起。常见的可拆卸连接有螺纹连接、键连接和销连接等。

不可拆卸连接在装配后一般不再拆卸，如要拆卸会损坏其中的某些零件。常见的不可拆卸连接有焊接、粘接、铆接和过盈配合等。

(3) 校正、调整与配作。在机器装配过程中，特别是在单件小批生产条件下，完全靠零件互换装配以保证装配精度往往是不经济的，甚至是不可能的，所以在装配过程中常需做校正、调整与配作工作。

校正是指产品中相关零、部件间相互位置的找正、找直、找平及相应的调整工作。如床身导轨扭曲的校正，卧式车床主轴中心与尾座套筒中心等高的校正等。

调整是指相关零、部件间相互位置的调节工作。如轴承间隙、导轨副间隙的调整等。

配作是指几个零件装配后确定其相互位置的加工，如配钻、配铰、配刮和配磨等，这是装配中间附加的一些钳工和机械加工工作。配钻和配铰要在校正、调整后进行。配刮和配磨的目的是为增加相配表面的接触面积和提高接触刚度。

(4) 平衡。对转速较高、旋转平稳性要求较高的机器，如精密磨床、电动机和高速内燃机等，为了防止运转中发生振动，应对其旋转零、部件进行平衡。平衡有静平衡和动平衡两种。对于直径较大、长度较小的零件如飞轮、带轮等，一般采用静平衡法，以消除质量分布不均所造成的静力不平衡；对于长度较大的零件如机床主轴、电动机转子等，需采用动平衡法，以消除质量分布不均所造成的力偶不平衡。

旋转体的不平衡可用以下方法校正：

① 用补焊、铆接、粘接或螺纹连接等方面在超重处对面加配质量。

② 用钻、锉和磨削等方法在超重处去除质量。

③ 在预置的平衡槽内改变平衡块的位置和数量(砂轮静平衡常用此法)。

(5) 试验和验收。机器产品装配完成以后，应按照有关技术标准和规定进行试验与验收，合格后才准出厂。如发动机需进行特性试验、寿命试验，机床需进行温升试验、振动和噪声试验等。又如机床出厂前需进行相互位置精度和相对运动精度的验收等。

除上述装配工作外，油漆、包装等也属于装配工作。

 **特别提示**

机器的质量，是以机器的工作性能、使用效果、可靠性和寿命等综合指标评定的，这些除了与产品的设计及零件的制造质量有关外，还取决于机器的装配质量。装配是机器制造生产过程中极重要的最终环节。装配工作对机器的质量影响很大。若装配不当，质量全部合格的零件，不一定能装配出合格的产品；而零件存在某些质量缺陷时，只要在装配中采用合适的工艺方案，也能使产品达到规定的要求。因此，装配质量对保证产品质量有十分重要的作用。

3) 装配结构的工艺性

装配结构的工艺性可从以下几方面进行分析。

(1) 产品应能分解成若干个独立的装配单元。

(2) 装配中的修配工作和机加工工作量应尽可能少。

(3) 机器结构应便于装配与拆卸。

4) 机械产品的装配精度

装配精度不仅影响机器或部件的工作性能,而且影响它们的使用寿命。

(1) 装配精度及其内容。装配精度是指产品装配后实际达到的精度。为了使机器具有正常工作性能,必须保证其装配精度。机器的装配精度通常包括以下四个方面。

① 尺寸精度:指零、部件的距离精度和配合精度。例如,卧式车床前、后两顶尖对床身导轨的等高度。

② 相互位置精度:指相关零、部件的平行度、垂直度和同轴度等方面的要求。例如,台式钻床主轴对工作台台面的垂直度。

③ 相对运动精度:指产品中有相对运动的零、部件间在运动方向和相对速度上的精度。如滚齿机滚刀与工作台的传动精度。

④ 接触精度:指两配合表面,接触表面和连接表面间达到规定的接触面积大小和接触点分布情况。如齿轮啮合、锥体配合以及导轨之间的接触精度。

为保证产品可靠性和精度稳定性,装配精度应稍高于标准。通用产品有国家标准、行业标准,无标准时根据用户使用要求确定。

(2) 装配精度与零件精度的关系。机器及其部件都是由零件所组成的,装配精度与相关零、部件制造误差的累积有关,特别是关键零件的加工精度。如卧式车床尾座移动对床鞍移动的平行度,就主要取决于床身导轨 A 与 B 的平行度,如图 7.3 所示。又如车床主轴锥孔轴心线和尾座套筒锥孔轴心线的等高度(A_0),即主要取决于主轴箱、尾座及座板的 A_1、A_2 及 A_3 的尺寸精度,如图 7.4 所示。

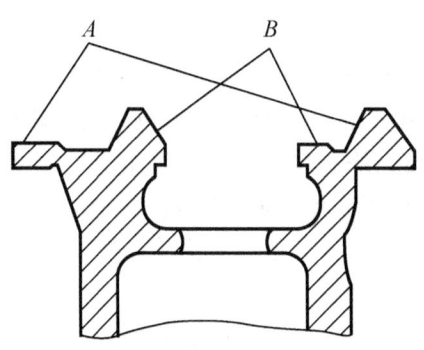

图 7.3　床身导轨

A-床鞍移动导轨;*B*-尾座移动导轨

另外,装配精度又取决于装配方法,在单件小批生产及装配精度要求较高时装配方法尤为重要。如图 7.4 中所示的等高度要求是很高的,如果靠提高尺寸 A_1、A_2 及 A_3 的尺寸精度来保证是不经济的,甚至在技术上也是很困难的。比较合理的办法是在装配中通过检测,对某个零部件进行适当的修配来保证装配精度。

总之,机器的装配精度不但取决于零件的精度,而且取决于装配方法。

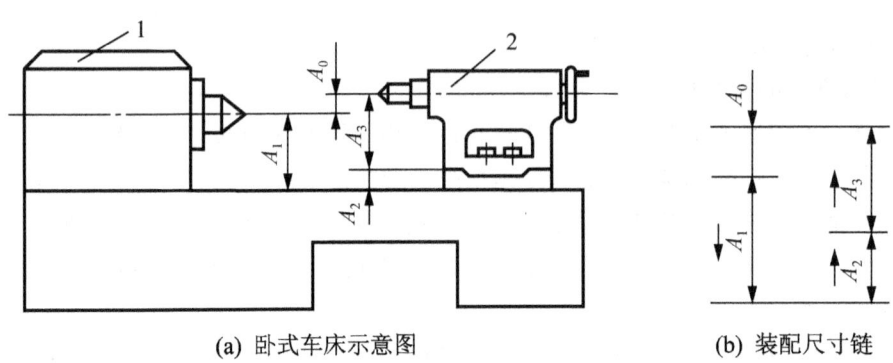

(a) 卧式车床示意图　　　　　　　(b) 装配尺寸链

图 7.4　主轴箱主轴中心与尾座套筒中心等高示意图

1-主轴箱；2-尾座

2. 装配尺寸链

1) 装配尺寸链概念及其特征

产品或部件在装配过程中，由相关零件的有关尺寸(表面或轴线间距离)或相互位置关系(平行度、垂直度或同轴度等)所组成的一个封闭的尺寸系统，称为装配尺寸链。

其基本特征是具有封闭性，即有一个封闭环和若干个组成环所构成的尺寸链呈封闭图形，如图 7.4(b)所示。其封闭环不是零件或部件上的尺寸，而是不同零件或部件的表面或轴心线间的相对位置尺寸，它不能独立地变化，而是装配过程最后形成的，即为装配精度，如图 7.4 中的 A_0。其各组成环不是在同一个零件上的尺寸，而是与装配精度有关的各零件上的有关尺寸，如图 7.4 中的 A_1、A_2 及 A_3。装配尺寸链各环的定义及特征同工艺尺寸链中所述。显然，A_2 和 A_3 是增环，A_1 是减环。

2) 装配尺寸链的分类

装配尺寸链按照各环的几何特征和所处的空间位置大致可分为以下几类。

(1) 直线尺寸链(线性尺寸链)：由长度尺寸组成，且各环尺寸相互平行的装配尺寸链。

(2) 角度尺寸链：由角度、平行度、垂直度等组成的装配尺寸链。角度尺寸链常用于分析和计算机械结构中有关零件要素的位置精度，如平面度、垂直度和同轴度等。

(3) 平面尺寸链：由成角度关系布置的长度尺寸及相应的角度尺寸(或角度关系)构成，且处于同一或彼此平行平面内的装配尺寸链。

(4) 空间尺寸链：是指全部组成环位于几个不平行的平面内的尺寸链。

装配尺寸链中常见的是直线尺寸链。平面尺寸链和空间尺寸链可以用坐标投影法转换为直线尺寸链。

3) 装配尺寸链的建立——直线尺寸链

应用装配尺寸链分析和解决装配精度问题，首先是查明和建立尺寸链，即确定封闭环，并以封闭环为依据查明各组成环，然后确定保证装配精度的工艺方法和进行必要的计算。

查明和建立装配尺寸链的可按以下步骤：

(1) 确定封闭环。在装配过程中，要求保证的装配精度就是封闭环。

(2) 查明组成环，画装配尺寸链图。从封闭环任意一端开始，沿着装配精度要求的位置方向，将与装配精度有关的各零件尺寸依次首尾相连，直到封闭环另一端相接为止，形成一个封闭形的尺寸图，图上的各个尺寸即是组成环。

(3) 判别组成环的性质。画出装配尺寸链图后，按工艺尺寸链中所述的定义判别组成环的性质——即增环、减环。在建立装配尺寸链时，除满足封闭性、相关性原则外，还应符合下列要求：

① 组成环数最少原则。在装配精度要求一定的条件下，组成环数目越少，分配到各组成环的公差就越大，零件的加工就越容易、越经济。从工艺角度出发，在结构已经确定的情况下，标注零件尺寸时，应使一个零件仅有一个尺寸进入尺寸链，即组成环数目等于有关零件数目——一件一环。如图 7.5(a)所示，轴只有 A_1 一个尺寸进入尺寸链，是正确的。图 7.5(b)所示的标注法中，轴有 a、b 两个尺寸进入尺寸链，是不正确的。

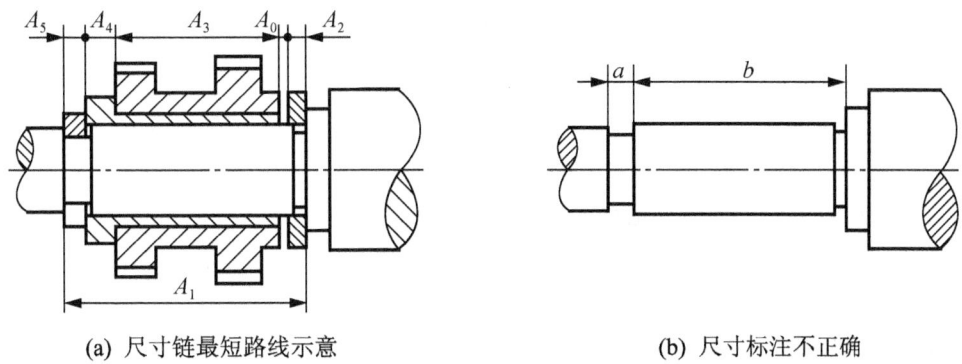

(a) 尺寸链最短路线示意　　　　　　　　　(b) 尺寸标注不正确

图 7.5　组成环尺寸的标注

② 按封闭环的不同位置和方向，分别建立装配尺寸链。例如常见的蜗杆副结构，为保证正常啮合，蜗杆副两轴线的距离(啮合间隙)，蜗杆轴线与蜗轮中间平面的对称度均有一定要求，这是两个不同位置方向的装配精度，因此需要在两个不同方向分别建立装配尺寸链。

4) 装配尺寸链的计算

(1) 计算类型。

① 正计算法。已知组成环的公称尺寸及偏差代入公式，求出封闭环的公称尺寸及偏差，计算比较简单不再赘述。

② 反计算法。已知封闭环的公称尺寸及偏差，求各组成环的公称尺寸及偏差。下面介绍利用"协调环"解算装配尺寸链的基本步骤。

在组成环中，选择一个比较容易加工或在加工中受到限制较少的组成环作为"协调环"，其计算过程是先按经济精度确定其他环的公差及偏差，然后利用公式算出"协调环"的公差及偏差。具体步骤见[应用实例 7-1]。

③ 中间计算法。已知封闭环及组成环的公称尺寸及偏差，求另一组成环的公称尺寸及偏差，计算也较简便不再赘述。

无论哪一种情况，其解算方法都有两种：极限法和概率法。

(2) 计算方法。

① 极限法。用极限法解算装配尺寸链的公式与项目 2 中计算工艺尺寸链的公式式(2-7)～式(2-13)相同，在此从略。

② 概率法。极限法的优点是简单可靠,其缺点是从极端情况下出发推导出的计算公式,比较保守。当封闭环的公差较小,而组成环的数目又较多时,则各组成环分得的公差是很小的,使加工困难,制造成本增加。生产实践证明,加工一批零件时,其实际尺寸处于公差中间部分的是多数,而处于极限尺寸的零件是极少数的,而且一批零件在装配中,尤其是对于多环尺寸链的装配,同一部件的各组成环,恰好都处于极限尺寸情况,更是少见。因此,在成批、大量生产中,当装配精度要求高,而且组成环的数目又较多时,应用概率法解算装配尺寸链比较合理。

概率法和极限法所用的计算公式的区别只在封闭环公差的计算上,其他完全相同。

a. 极限法的封闭环公差:

$$T_0 = \sum_{i=1}^{m} T_i \tag{7-1}$$

式中:T_0——封闭环公差;

T_i——组成环公差;

m——组成环个数。

b. 概率法封闭环公差[参见项目 2 中式(2-15)]:

$$T_0 = \sqrt{\sum_{i=1}^{m} T_i^2} \tag{7-2}$$

式中:T_0——封闭环公差;

T_i——组成环公差;

m——组成环个数。

7.1.3 任务实施

对不同的生产条件,采取适当的装配方法,在不过高地提高相关零件制造精度的情况下来保证装配精度,是装配工艺的首要任务。

选择装配方法的实质,就是研究以何种方式来保证装配尺寸链封闭环的精度问题。

零件的加工精度是保证产品装配精度的基础,但装配精度并不完全取决于零件的加工精度。装配精度的保证应从产品结构、机械加工和装配工艺方法等几方面综合考虑。装配方法不同,解算尺寸链的方法及结果也不同。零部件的尺寸精度和偏差,根据装配精度要求和装配方法通过解算装配尺寸链来确定。

在长期的装配实践中,人们根据不同的机械、不同的生产类型条件,创造了许多具体的装配工艺方法,经过归纳可分为:互换装配法、选择装配法、修配装配法和调整装配法四大类。现分述如下。

1. 互换装配法

互换装配法就是在装配时各配合零件不需作任何修理、选择或调整即可达到装配精度的方法。根据零件的互换程度不同,互换装配法又分为完全互换装配法和不完全互换装配法两种。

1) 完全互换装配法

在全部产品中,装配时各组成环不需挑选或不需改变其大小或位置,装配后即能达到

装配精度要求的装配方法，称为完全互换法。

这种方法的实质是在满足各环经济精度的前提下，依靠控制零件的制造精度来保证的。

在一般情况下，完全互换装配法的装配尺寸链按极限法计算，即各组成环的公差之和小于或等于封闭环的公差。

(1) 完全互换装配法的特点。优点：

① 装配质量稳定可靠(装配质量是靠零件的加工精度来保证)；

② 装配过程简单，生产率高(零件不需挑选，不需修磨)；

③ 对工人技术水平要求不高；

④ 便于组织流水作业和实现自动化装配；

⑤ 容易实现零部件的专业协作、成本低；

⑥ 便于备件供应及机械维修工作。

由于具有上述优点，所以，只要当组成环分得的公差满足经济精度要求时，无论何种生产类型都应尽量采用完全互换装配法进行装配。

不足之处：当装配精度要求较高，尤其是在组成环数较多时，组成环的制造公差规定得严，零件制造困难，加工成本高。

(2) 应用：完全互换装配法适用于成批生产、大量生产中装配那些组成环数较少或组成环数虽多但装配精度要求不高的机器结构。

(3) 完全互换法装配时零件公差的确定。

① 确定封闭环。封闭环是产品装配后的精度，其要满足产品的技术要求。封闭环的公差 T_0 由产品的精度确定。

② 查明全部组成环，画装配尺寸链图。根据装配尺寸链的建立方法，从封闭环的一端出发，按顺序逐步查找全部组成环，然后画出装配尺寸链图。

③ 校核各环的公称尺寸。各环的公称尺寸必须满足下式要求：

$$A_0 = \sum \vec{A}_i - \sum \vec{A}_j \tag{7-3}$$

即封闭环的公称尺寸等于所有增环的公称尺寸之和减去所有减环的公称尺寸之和。

④ 决定各组成环的公差。各组成环的公差必须满足下式的要求：

$$T_0 \geqslant \sum_{i=1}^{m} T_i \tag{7-4}$$

即各组成环的公差之和不允许大于封闭环的公差。故采用这种装配方法时能否保证装配质量的核心问题是组成环公差分配的合理性。

⑤ 各组成环的平均公差 T_P 可按下式确定：

$$T_P = \frac{T_0}{m} \tag{7-5}$$

式中：m——组成环数。

各组成环公差的分配应考虑以下因素：

a. 孔比轴难加工，孔的公差应比轴的公差选择大一些；例如，孔、轴配合 H7/h6。

b. 尺寸大的零件比尺寸小的零件难加工，大尺寸零件的公差取大一些；

c. 组成环是标准件尺寸时，其公差值是确定值，可在相关标准中查询。

⑥ 决定各组成环的极限偏差。

a. 先选定一组成环作为协调环，协调环一般选择易于加工和测量的零件尺寸；

b. 包容尺寸(如孔)按基孔制确定其极限偏差，即下极限偏差为 0；

c. 被包容尺寸(如轴)按基轴制确定其极限偏差，即上极限偏差为 0。

⑦ 协调环的极限偏差的确定。根据中间偏差的计算公式：

$$\Delta_0 = \sum \Delta_i - \sum \Delta_j \tag{7-6}$$

式中：Δ_0——为封闭环的中间偏差，$\Delta_0 = (\mathrm{ES}_0 + \mathrm{EI}_0)/2$；

$\sum \Delta_i$，$\sum \Delta_j$——分别为所有增环的中间偏差之和、所有减环的中间偏差之和。

求出协调环的中间偏差Δ，再由协调环的公差 T 求出上、下极限偏差。

协调环的上极限偏差为：$\mathrm{ES} = \Delta + \dfrac{T}{2}$ （7-7）

协调环的下极限偏差为：$\mathrm{EI} = \Delta - \dfrac{T}{2}$ （7-8）

 应用实例 7-1

图 7.6 所示齿轮箱部件，装配后要求轴向窜动量为 0.2～0.7mm，即 $A_0 = 0^{+0.7}_{+0.2}\,\mathrm{mm}$。已知其他零件的有关公称尺寸 $A_1 = 122\mathrm{mm}$，$A_2 = 28\mathrm{mm}$，$A_3 = 5\mathrm{mm}$，$A_4 = 140\mathrm{mm}$，$A_5 = 5\mathrm{mm}$，试确定各组成环的公差和极限偏差。

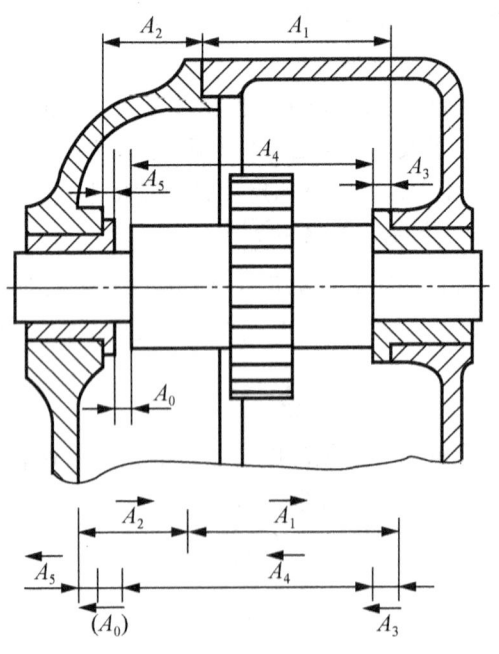

图 7.6 轴的装配尺寸链

解：

(1) 画出装配尺寸链，如图 7.6 所示，校验各环公称尺寸。封闭环为 A_0，封闭环公称尺寸：

$$A_0 = \sum \vec{A}_i - \sum \overleftarrow{A}_j = (A_1 + A_2)\,\mathrm{mm} - (A_3 + A_4 + A_5) = (122 + 28)\,\mathrm{mm} - (5 + 140 + 5)\,\mathrm{mm} = 0$$

可见各组成环公称尺寸的给定数值正确。

(2) 确定各组成环的公差大小和分布位置。为了满足封闭环公差 $T_0 = 0.5\text{mm}$ 的要求，各组成环公差 T_i 的累积公差值 $\sum\limits_{i=1}^{m} T_i$ 不得超过 0.5mm，即

$$\sum_{i=1}^{m} T_i = T_1 + T_2 + T_3 + T_4 + T_5 \leqslant T_0 = 0.5\text{mm}$$

在最终确定各 T_i 值之前，可先按等公差计算分配到各组成环的平均公差值：

$$T_P = \frac{T_0}{m} = \frac{0.5}{5}\text{mm} = 0.1\text{mm}$$

由此值可知，零件的制造精度不算太高，是可以加工的，故用完全互换是可行的。但还应从加工难易和设计要求等方面考虑，调整各组成环公差。如 A_1、A_2 加工难些，公差应略大，A_3、A_5 加工方便，则规定可较严。故令：

$T_1 = 0.2\text{mm}$，$T_2 = 0.1\text{mm}$，$T_3 = T_5 = 0.05\text{mm}$

再按"入体原则"分配公差，如：

$A_1 = 122^{+0.2}_{0}\text{mm}$，$A_2 = 28^{+0.1}_{0}\text{mm}$，$A_3 = A_5 = 5^{0}_{-0.05}\text{mm}$

得中间偏差：

$\Delta_1 = 0.1\text{mm}$，$\Delta_2 = 0.05\text{mm}$，$\Delta_3 = \Delta_5 = -0.025\text{mm}$，$\Delta_0 = 0.45\text{mm}$

(3) 确定协调环公差的分布位置。由于 A_4 是特意留下的一个组成环，它的公差大小应在上面分配封闭环公差时，经济合理地统一决定下来。即

$$T_4 = T_0 - T_1 - T_2 - T_3 - T_5 = (0.50 - 0.20 - 0.10 - 0.05 - 0.05)\text{mm} = 0.10\text{mm}$$

但 T_4 的上、下极限偏差，须满足装配技术条件，因而应通过计算获得，故称其为"协调环"。

协调环 A_4 的上、下极限偏差，可参阅图 7.7 计算。代入 $\Delta_0 = \sum \Delta_i - \sum \Delta_j$，得：

$$0.45\text{mm} = [0.1 + 0.05 - (-0.025 - 0.025 + \Delta_4)]\text{mm}$$

$$\Delta_4 = (0.1 + 0.05 + 0.05 - 0.45)\text{mm} = -0.25\text{mm}$$

$$\text{ES}_4 = \Delta_4 + \frac{T_4}{2} = (-0.25 + \frac{0.1}{2})\text{mm} = -0.2\text{mm}$$

$$\text{EI}_4 = \Delta_4 - \frac{T_4}{2} = (-0.25 - \frac{0.1}{2})\text{mm} = -0.3\text{mm}$$

$$A_4 = 140^{-0.2}_{-0.3}\text{mm}$$

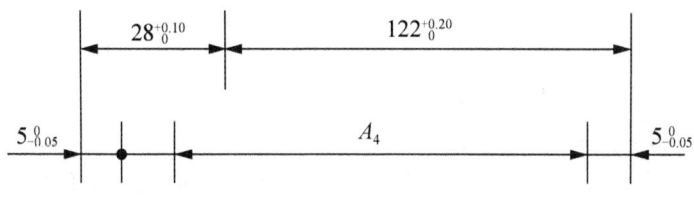

图 7.7　协调环计算

(4) 进行验算：

$$T_0 = T_1 + T_2 + T_3 + T_4 + T_5 = (0.20 + 0.10 + 0.05 + 0.10 + 0.05)\text{mm} = 0.50\text{mm}$$

可见，上述计算符合装配精度要求。

2) 不完全互换装配法(统计互换装配法)

如果装配精度要求较高, 尤其是组成环的数目较多时, 若应用极限法确定组成环的公差, 则组成环的公差将会很小, 这样就很难满足零件的经济精度要求。因此, 在大批量生产的条件下, 就可以考虑不完全互换装配法, 即用概率法解算装配尺寸链。

不完全互换装配法又称统计互换装配法, 其实质是将组成环的制造公差适当放大, 使零件容易加工, 但这会使极少数产品的装配精度超出规定要求, 但这种事件是小概率事件, 很少发生。尤其是组成环数目较少, 产品批量大量, 从总的经济效果分析, 仍然是经济可行的。

不完全互换装配法与完全装配法相比, 其优点是零件的制造公差可以放大些从而使零件加工容易、成本低; 装配过程简单, 生产效率高, 也能达到互换性装配的目的。其缺点是将会有一部分产品的装配精度超差。这就需要采取返修措施或进行经济论证。

现仍以图 7.6 为例进行计算, 比较一下各组成环的公差大小。

解:

(1) 画出装配尺寸链, 校核各环公称尺寸。A_1、A_2 为增环, A_3、A_4、A_5 为减环, 封闭环为 A_0, 封闭环的公称尺寸为:

$$A_0 = \sum \vec{A}_i - \sum \overleftarrow{A}_j = (A_1 + A_2) - (A_3 + A_4 + A_5) = [(122 + 28) - (5 + 140 + 5)]\text{mm} = 0$$

(2) 确定各组成环尺寸的公差大小和分布位置。由于用概率法解算, 所以, $T_0 = \sqrt{\sum_{i=1}^{m} T_i^2}$。

在最终确定各 T_i 值之前, 也按等公差计算各组成环的平均公差值[参见项目 2 中式(2-16)]:

$$T_P = \frac{T_0}{\sqrt{m}} = \frac{0.5}{\sqrt{5}}\text{mm} \approx 0.22\text{mm}$$

按加工难易的程度, 参照上值调整各组成环公差值如下:

$$T_1 = 0.4\text{mm}, \quad T_2 = 0.2\text{mm}, \quad T_3 = T_5 = 0.08\text{mm}$$

按 "入体原则" 分配公差, 取 $A_1 = 122^{+0.4}_0\text{mm}$, $A_2 = 28^{+0.2}_0\text{mm}$, $A_3 = A_5 = 5^{0}_{-0.08}\text{mm}$

得中间偏差:

$$\Delta_1 = 0.2\text{mm}, \quad \Delta_2 = 0.10\text{mm}, \quad \Delta_3 = \Delta_5 = -0.04\text{mm}, \quad \Delta_0 = 0.45\text{mm}$$

为满足 $T_0 = \sqrt{\sum_{i=1}^{m} T_i^2}$ 要求, 应从协调环公差进行计算:

$$0.5\text{mm} = \sqrt{0.4^2 + 0.2^2 + 0.08^2 + 0.08^2 + T_4^2}\text{mm}$$

$$T_4 \approx 0.193\text{mm}$$

(3) 确定协调环公差的分布位置。

A_4 的上、下极限偏差, 须满足装配技术条件, 因而应通过计算获得, 故称其为 "协调环"。一般应选用最易加工的尺寸作为协调环, 其公差大小应按封闭环公差的大小经济合理地加以确定。

协调环 A_4 的上、下极限偏差。代入 $\Delta_0 = \sum \Delta_i - \sum \Delta_j$, 即:

$$0.45\text{mm} = [0.2 + 0.1 - (-0.04 - 0.04 + \Delta 4)]\text{mm}$$

$$得: \Delta_4 = (0.2 + 0.1 + 0.08 - 0.45)\text{mm} = -0.07\text{mm}$$

$$ES_4 = \Delta_4 + \frac{T_4}{2} = (-0.07 + \frac{0.193}{2})mm = +0.0265mm$$

$$EI_4 = \Delta_4 - \frac{T_4}{2} = (-0.07 - \frac{0.193}{2})mm = -0.1665mm$$

$$A_4 = 140^{-0.265}_{-0.1665}mm$$

可见，用概率法计算，各组成环公差极大，比极限法大因而加工较易实现。

不完全互换装配方法适用于在大批大量生产中，装配那些装配精度要求较高且组成环数又多的机器结构。

2. 选择装配法

在成批或大量生产的条件下，对于组成环不多而装配精度要求却很高的尺寸链，若采用完全互换法，则零件的公差将过严，甚至超过了加工工艺的现实可能性，造成加工很困难或很不经济，在这种情况下可采用选择装配法。该方法是将组成环的公差放大到经济可行的程度，然后选择合适的零件进行装配，以保证规定的装配精度要求。

选择装配法有三种：直接选配法、分组装配法和复合选配法。

1) 直接选配法

由装配工人从许多待装配的零件中，凭经验挑选合适的零件通过试凑进行装配，以保证装配精度要求的方法，称为直接选配法。特点：

(1) 简单，零件不必要先分组，装配精度较高；

(2) 装配时凭经验和判断性测量、挑选零件的时间长，装配时间不易准确控制，不宜于节拍要求较严的大批量生产；

(3) 装配质量在很大程度上取决于工人的技术水平。

2) 分组装配法

在成批或大量生产中，将产品各配合副的零件按实测尺寸分组，装配时按组进行互换装配以达到装配精度的方法，称为分组选配法。

分组装配在机床装配中用得很少，但在内燃机、轴承等大批大量生产中有一定应用。例如，图 7.8(a)所示活塞与活塞销的连接情况。根据装配技术要求，活塞销孔与活塞销外径在冷态装配时应有 0.002 5～0.007 5mm 的过盈量，与此相应的配合公差仅为 0.005mm。若活塞与活塞销采用完全互换法装配，且销孔与活塞销直径公差按"等公差"分配时，则它们的公差只有0.002 5mm。配合采用基轴制原则，则活塞销外径尺寸 $d = \phi 28^{0}_{-0.0025}mm$，销孔 $D = \phi 28^{0}_{-0.0075}mm$。显然，制造这样精确的活塞销和活塞销孔是很困难的，也是不经济的。生产中采用的办法是先将上述公差值都增大四倍($d = \phi 28^{0}_{-0.01}mm$ ，$D = \phi 28^{-0.005}_{-0.015}mm$)，这样即可采用高效率的无心磨和金刚镗去分别加工活塞外圆和活塞销孔，然后用精度量仪进行测量，并按尺寸大小分成四组，涂上不同的颜色，以便进行分组装配。具体分组情况见表7-1。从该表可以看出，各组的公差和配合性质与原来要求相同。

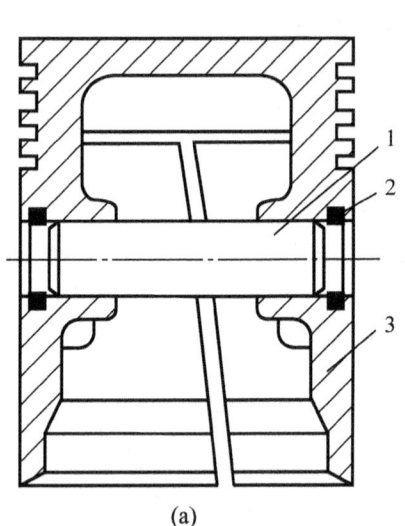
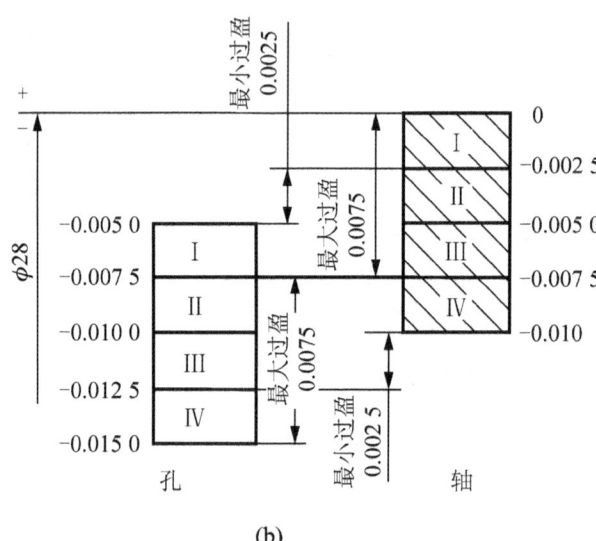

(a) (b)

图 7.8 活塞与活塞销连接

1-活塞销；2-挡圈；3-活塞

表 7-1 活塞销与活塞销孔直径分组 (mm)

组别	标志颜色	活塞销直径 d $d=\phi28_{-0.01}^{0}$	活塞销孔直径 D $D=\phi28_{-0.015}^{-0.005}$	配合情况	
				最小过盈	最大过盈
I	红	$d=\phi28_{-0.0025}^{0}$	$D=\phi28_{-0.0075}^{-0.005}$		
II	白	$d=\phi28_{-0.005}^{-0.0025}$	$D=\phi28_{-0.010}^{-0.0075}$	0.0025	0.0075
III	黄	$d=\phi28_{-0.0075}^{-0.005}$	$D=\phi28_{-0.0125}^{-0.010}$		
IV	绿	$d=\phi28_{-0.01}^{-0.0075}$	$D=\phi28_{-0.015}^{-0.0125}$		

采用分组互换装配时应注意以下几点：

(1) 为了保证分组后各组的配合精度和配合性质符合原设计要求，配合件的公差应当相等，公差增大的方向要相同，增大的倍数要等于以后的分组数，如图 7.8(b)所示。

(2) 分组数不宜多，多了会增加零件的测量和分组工作量，并使零件的储存、运输及装配等工作复杂化。

(3) 分组后各组内相配合零件的数量要相符，形成配套。否则会出现某些尺寸零件的积压浪费现象。

分组装配法适用于在大批大量生产中装配那些组成环数少而装配精度又要求特别高的机器结构中。例如，滚动轴承的装配等。

3) 复合选配法

复合选配法是直接选配与分组装配的综合装配法。即预先测量分组，装配时再在各对应组内凭工人经验直接选配。这一方法的特点是配合件公差可以不等，装配质量高，且速度较快，能满足一定的节拍要求。发动机装配中，气缸与活塞的装配多采用这种方法。

3. 修配装配法

在单件生产和成批生产中，对那些要求很高的多环尺寸链，各组成环先按经济精度加

工，由此而产生的累计误差用修配某一组成环来解决，从而保证其装配精度。这种在装配时修去指定零件上预留修配量以达到装配精度的方法，称为修配装配法。

由于修配法的尺寸链中各组成环的尺寸均按经济精度加工，装配时封闭环的误差会超过规定的允许范围。为补偿超差部分的误差，必须修配加工尺寸链中某一组成环。被修配的零件尺寸称为修配环或补偿环。一般应选形状比较简单，修配面小，便于修配加工，便于装卸，并对其他尺寸链没有影响的零件尺寸作修配环。修配环在零件加工时应留有足够但又不是太大的修配量。

生产中通过修配达到装配精度的方法很多，常见的有以下三种。

1) 单件修配法

这种方法是将零件按经济精度加工后，装配时将预定的修配环用修配加工来改变其尺寸，以保证装配精度。

 应用实例 7-2

如图 7.4 所示，卧式车床前后顶尖对床身导轨的等高要求为 0.06mm（只许尾座高）。

1) 画装配尺寸链，见图 7.4(b)。此尺寸链中的组成环有三个：主轴箱主轴中心到底面高度 $A_1 = 205$mm，尾座底板厚度 $A_2 = 49$mm，尾座顶尖中心到底面距离 $A_3 = 156$mm。其中，A_1 为减环，A_2、A_3 为增环。

若用完全互换法装配，则各组成环平均公差为：

$$T_P = \frac{T_0}{3} = \frac{0.06}{3}\text{mm} = 0.02\text{mm}$$

这样小的公差将使加工困难，所以一般采用修配法。

2) 选择修配环。组成环 A_2 为尾座底板的厚度，底板装卸方便，其加工表面形状简单，修配面也不大，便于修配（如刮、磨），故选定 A_2 为修配环。

3) 确定各组成环的公差及偏差。各组成环仍按经济精度加工。A_1、A_3 可以采用镗模进行镗削加工，根据镗孔的经济加工精度，取 $T_1 = T_3 = 0.1$mm；A_2 底板因要修配，按半精刨加工，根据半精刨的经济加工精度，取 $T_2 = 0.15$mm。除修配环以外各环的尺寸如下：

组成环的公差一般按"入体原则"分布，此例中 A_1、A_3 系中心距尺寸，故采用"对称原则"分布，$A_1 = (205 \pm 0.05)$mm，$A_3 = (156 \pm 0.05)$mm。

按照上面确定的各尺寸公差加工组成环零件，装配时形成的封闭环公差为：

$$T_0' = T_1 + T_2 + T_3 = 0.1 + 0.15 + 0.1 = 0.35 \text{（mm）}$$

显然，这时公差超出了规定的装配精度，需要在装配时对修配环零件进行修配。

4) 确定修配环 A_2 的尺寸及偏差。至于 A_2 的公差带分布，要通过计算确定。

修配环在修配时对封闭环尺寸变化的影响有两种情况，一种使封闭环尺寸变大，另一种使封闭环尺寸变小。因此修配环公差带分布的计算也相应分为两种情况。

图 7.9 所示为封闭环公差带与各组成环(含修配环)公差放大后的累积误差之间的关系。图中 T_0'、$L_{0\max}'$ 和 $L_{0\min}'$ 分别为各环的累积误差和极限尺寸；$F_{\max}$ 为最大修配量。

当修配结果使封闭环尺寸变大，简称"越修越大"，从图 7.9(a)可知：

$$L_{0\max} = L_{0\max}' = \sum L_{i\max} - \sum L_{i\min}$$

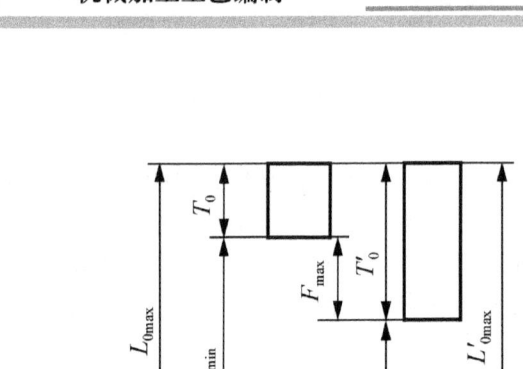

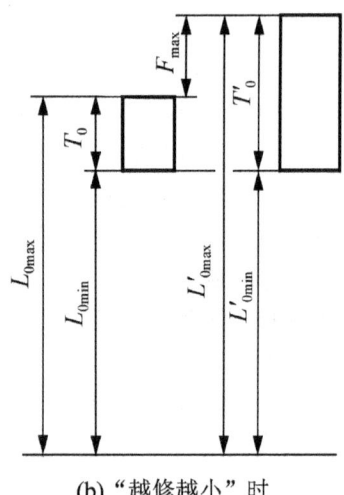

(a) "越修越大"时　　　　　　　　　　(b) "越修越小"时

图 7.9　封闭环公差带与组成环累积误差的关系

当修配结果使封闭环尺寸变小，简称"越修越小"，从图 7.9(b)可知：

$$L_{0\min} = L'_{0\min} = \sum L_{i\min} - \sum L_{i\max}$$

上例中，修配尾座底板的下表面，使封闭环尺寸变小，因此应按求封闭环下极限尺寸的公式：

$$A_{0\min} = A_{2\min} + A_{3\min} - A_{1\max}$$

$$0 = (A_{2\min} + 155.95 - 205.05)\text{mm}$$

$$A_{2\min} = 49.10\text{mm}$$

因为 $T_2 = 0.15\text{mm}$，所以 $A_2 = 49^{+0.25}_{+0.10}\text{mm}$。

5) 核算修配量

修配加工是为了补偿组成环累积误差与封闭环公差超差部分的误差，所以最多修配量：

$F_{\max} = \sum T_i - T_0 = [(0.1 + 0.15 + 0.1) - 0.06]\text{mm} = 0.29\text{mm}$，而最小修配量为零。考虑到车床总装时，尾座底板与床身配合的导轨面还需配刮研，则应补充修正，取最小刮研量为 0.05mm，修正后的 A_2 尺寸为 $A_2 = 49^{+0.30}_{+0.15}\text{mm}$，此时最多修配量为 0.34mm。

2) 合并修配法

这种方法是将两个或多个零件合并在一起进行加工修配。合并加工所得的尺寸可看作一个组成环，这样减少了组成环的环数，就相应减少了修配的劳动量。

如上例中，为了减少总装时对尾座底板的修配量，一般先把尾座和底板的配合加工后，配刮横向小导轨，然后再将两者装配为一体，以底板的底面为基准，镗尾座的套筒孔，直接控制尾座套筒孔至底板面的尺寸公差，这样组成环 A_2、A_3 合并成一环，仍取公差为 0.1mm，其最多修配量 $F_{\max} = \sum T_i - T_0 = [(0.1 + 0.1) - 0.06]\text{mm} = 0.14\text{mm}$。修配工作量相应减少了。

合并加工修配法由于零件要对号入座，给组织装配生产带来一定麻烦，因此多用于单件小批生产中。

3) 自身加工修配法

在机床制造中，有一些装配精度要求，是在总装时利用机床本身的加工能力，采用"自

己加工自己"的方法来保证的,这即是自身加工修配法。

如图 7.10 所示,在转塔车床上六个安装刀架的大孔中心线必须保证和机床主轴回转中心线重合,而六个平面又必须和主轴中心线垂直。若将转塔作为单独零件加工出这些表面,在装配中达到上述两项要求,是非常困难的。当采用自身加工修配法时,这些表面在装配前不进行加工,而是在转塔装配到机床上后,在主轴上装镗杆,使镗刀旋转,转塔作纵向进给运动,依次精镗出转塔上的六个孔;再在主轴上装个能径向进给的小刀架,刀具边旋转边径向进给,依次精加工出转塔的六个平面。这样可方便地保证上述两项精度要求。

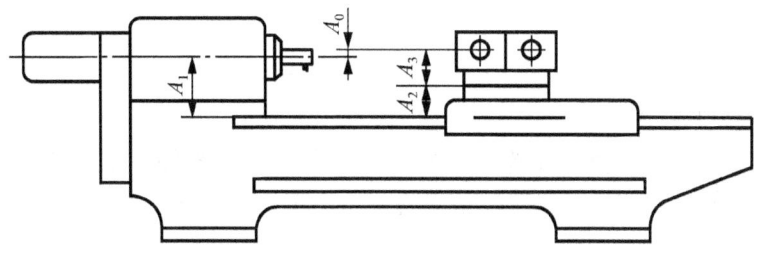

图 7.10 转塔车床转塔自身加工修配

修配法的特点是部件、各组成环的公差可以扩大,按经济精度加工,从而使制造容易,成本低。装配时可利用修配件的有限修配量达到较高的装配精度要求,但装配中零件不能互换,装配劳动量大(有时需拆装几次),生产率低,难以组织流水生产,装配精度依赖于工人的技术水平。修配法适用于单件和成批生产中精度要求较高的装配。

4. 调整装配法

在成批大量生产中,对于装配精度要求较高而组成环数目较多的尺寸链,可以采用调整法进行装配。调整法与修配法在补偿原则上是相似的,只是它们的具体做法不同。调整装配法也是按经济加工精度确定零件制造公差的。由于每一个组成环公差扩大,结果使一部分装配件超差。故在装配时用改变产品中调整件的相对位置或选用合适的调整件以达到装配精度。这种装配方法,称为调整装配法。

调整装配法与修配法的区别是,调整装配法不是靠去除金属,而是靠改变调整件(或称补偿件)的相对位置或更换补偿件的方法来保证装配精度。

根据补偿件的调整特征,调整法可分为可动调整、固定调整和误差抵消调整三种装配方法。

1) 可动调整装配法

用改变调整件的位置来达到装配精度的方法,称为可动调整装配法。调整过程中不需要拆卸零件,比较方便。

采用可动调整装配法可以调整由于磨损、热变形、弹性变形等所引起的误差。所以它适用于高精度和组成环在工作中易于变化的尺寸链。

机械制造中采用可动调整装配法的例子较多。例如,图 7.11(a)所示依靠转动螺钉调整轴承外环的位置以得到合适的间隙;图 7.11(b)所示是用调整螺钉通过垫板来保证车床溜板和床身导轨之间的间隙;图 7.11(c)所示是通过转动调整螺钉,使斜楔块上、下移动来保证螺母和丝杠之间的合理间隙。

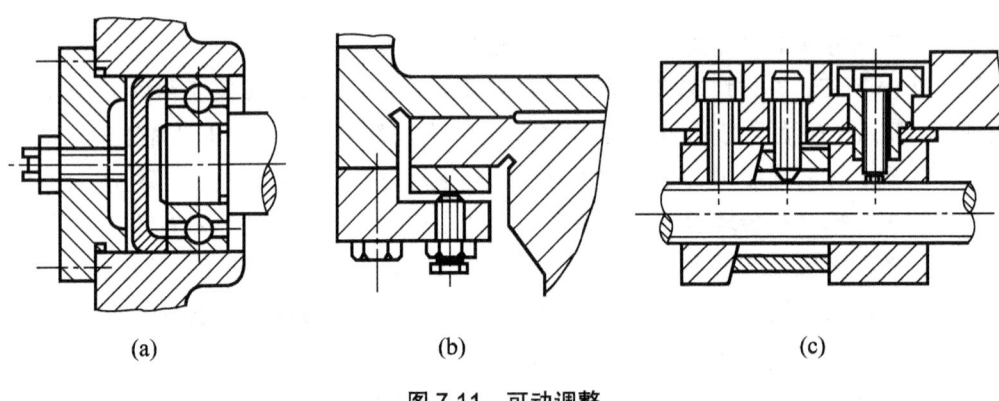

(a)   (b)   (c)

图 7.11　可动调整

2) 固定调整装配法

固定调整装配法是选择尺寸链中一个零件(或加入一个零件)作为调整环，根据装配精度来确定调整件的尺寸，以达到装配精度的方法。常用的调整件有轴套、垫片、垫圈和圆环等。

例如，图 7.12 所示即为固定调整装配法的实例。当齿轮的轴向窜动量有严格要求时，在结构上专门加入一个固定调整件，即尺寸等于 A_3 的垫圈。装配时根据间隙的要求，选择不同厚度的垫圈。调整件预先按一定间隙尺寸作好，比如分成 3.1、3.2、3.3、…、4.0mm 等，以供选用。

在固定调整装配法中，调整件的分级及各级尺寸的计算是很重要的问题，可应用极限法进行计算。计算方法可参考有关文献。

3) 误差抵消调整装配法

误差抵消调整法是通过调整某些相关零件误差的方向，使其互相抵消。这样各相关零件的公差可以扩大，同时又保证了装配精度。

图 7.13 所示为用这种方法装配的镗模实例。图中要求装配后两镗套孔的中心距为 (100 ± 0.015)mm。如用完全互换装配法制造则要求模板的孔距误差和两镗套内、外圆同轴度误差之总和不得大于 ±0.015mm。设模板孔距按 (100 ± 0.009)mm，镗套内、外圆的同轴度允差按 0.003mm 制造，则无论怎样装配均能满足装配精度要求。但其加工是相当困难的，因而需要采用误差抵消装配法进行装配。

图 7.13 中 O_1、O_2 为镗模板孔中心，O_1'、O_2' 为镗套内孔中心。装配前先测量零件的尺寸误差及位置误差，并记上误差的方向，在装配时有意识地将镗套按误差方向转过 α_1、α_2 角，则装配后二镗套孔的孔距为：

$$O_1'O_2' = O_1O_2 - O_1O_1'\cos\alpha_1 + O_2O_2'\cos\alpha_2$$

设 $O_1O_2=100.15$mm，两镗套孔内、外圆同轴度为 0.015mm，装配时令 $\alpha_1=60°$、$\alpha_2=120°$，则

$$O_1'O_2' = 100.15 - 0.015\cos60° + 0.015\cos120° = 100\text{mm}$$

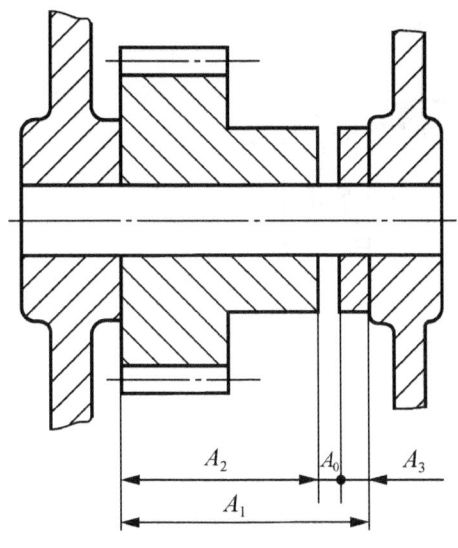

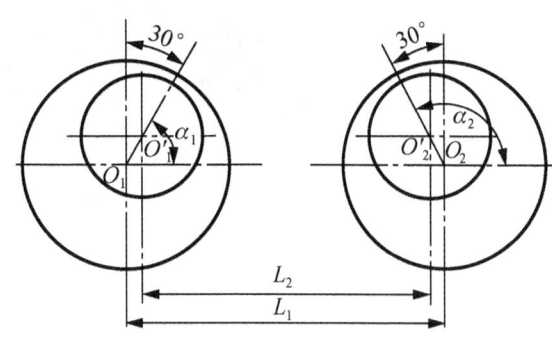

图 7.12　固定调整装配　　　　　图 7.13　镗模板装配尺寸分析

　　本例实质上是利用镗套同轴度误差来抵消模板的孔距误差，其优点是零件制造精度可以放宽，经济性好，采用误差抵消装配法装配还能得到很高的装配精度。但每台产品装配时均需测出零件误差的大小和方向，并计算出数值，增加了辅助时间，影响生产效率，对工人技术水平要求高。因此，除单件小批生产的工艺装备和精密机床采用此种方法外，一般很少采用。

　　可动调整法和误差抵消调整法适于在单件小批生产中应用，固定调整法则主要适用于大批量生产。

任务 7.2　编制减速器机械装配工艺规程

7.2.1　任务引入

　　编制如图 7.14 所示蜗轮与锥齿轮减速器的机械装配工艺规程。

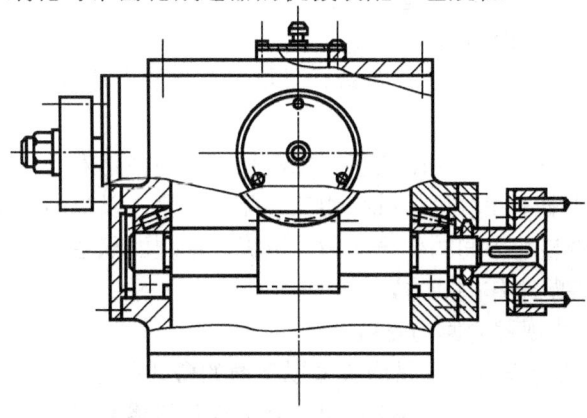

图 7.14　减速器装配简图

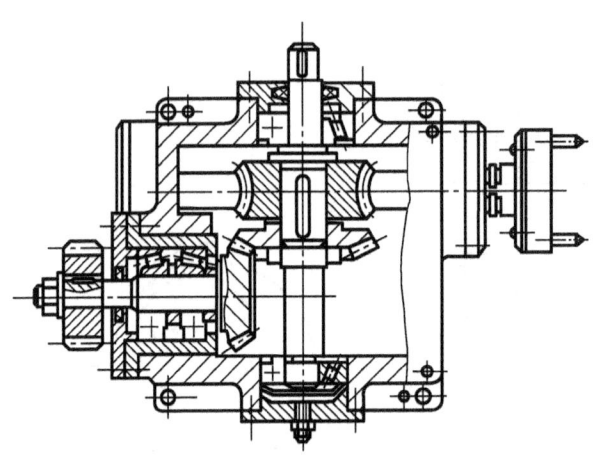

图 7.14　减速器装配简图(续)

 **7.2.2　相关知识**

1．装配工艺规程基础

装配工艺规程是用文件形式规定的装配工艺过程。它是指导装配工作和保证装配质量的技术文件，是制定装配生产计划和进行装配技术准备的主要技术依据，是设计和改造装配车间的基本文件。

制定装配工艺规程的任务是根据产品图样、技术要求、验收标准和生产纲领、现有生产条件等原始资料，确定装配组织形式；划分装配单元和装配顺序；拟定装配方法；包括计算时间定额，规定工序装配技术要求及质量检查方法和工具，确定装配过程中装配件的输送方法及所需设备和工具，提出专用夹具的设计任务书，编制装配工艺规程文件等。

目前，装配工作的机械化、自动化水平低，劳动量大，为了保证产品的质量、提高装配的生产效率和降低成本，必须研究装配工艺，选择合适的装配方法，制定合理的装配工艺规程，并且做到文明装配。如控制装配的环境条件(温度、湿度、清洁度、照明、噪声、振动等)，推行有利于控制清洁度、保证质量的干装配方式，零件必须在完成去毛刺、退磁、清洗、吹(烘)干等工序，并经检验合格后，才能入库。

1) 制定装配工艺规程的基本原则

装配是机器制造和修理的最后阶段，是机器质量的最后保证环节。在制定装配工艺规程时应遵循以下原则：

(1) 保证并力求提高产品装配质量，以延长产品的使用寿命。

(2) 合理安排装配工序，尽量减少钳工装配工作量，以提高装配生产率。

(3) 尽可能减少装配车间的生产面积，以提高单位面积生产率。

(4) 尽量减少装配工作的成本。

2) 制定装配工艺规程的原始资料

在制定装配工艺规程时，通常应具备以下原始资料：

(1) 机械产品的总装配图、部件装配图以及有关的零件图。

(2) 机械产品装配的技术要求和验收的技术条件。

(3) 产品的生产纲领及生产类型。

(4) 现有生产条件。其中包括装配设备、车间面积、工人的技术水平等。

3) 制定装配工艺规程的步骤

(1) 产品分析：

① 研究产品的装配图和部件图，审查图样的完整性和正确性。

② 明确产品的性能、工作原理和具体结构。

③ 对产品进行结构工艺性分析，明确各零部件间的装配关系。

④ 研究产品的装配技术要求和验收标准，以便制定相应措施予以保证。

⑤ 进行必要的装配尺寸链的分析与计算。

在产品的分析过程中，如发现问题，应及时提出，并同有关工程技术人员进行协商解决，报主管领导批准后执行。

(2) 确定装配组织形式。在装配过程中，产品结构的特点和生产纲领不同，所采用的装配组织形式也不相同。常见的装配组织形式有固定式装配和移动式装配两种。

① 固定式装配是指产品或部件的全部装配工作都安排在某一固定的装配工作地上进行的装配。在装配过程中产品的位置不变，装配所需要的所有零部件都汇集在工作地附近。其特点是要求装配工人的技术水平较高，占地面积较大，装配生产周期较长，生产率较低。因此，它主要适用于单件小批生产以及装配时不便于或不允许移动的产品的装配，如新产品试制或重型机械的装配等。

② 移动式装配是指在装配生产线上，通过连续或间歇式的移动，依次通过各装配工作地，以完成全部装配工作的装配。其特点是装配工序分散，每个装配工作地重复完成固定的装配工序内容，广泛采用专用设备及夹具，生产率高，但要求装配工人的技术水平不高。因此，多用于大批大量生产，如汽车、柴油机等的装配。

移动式装配分为自由式移动装配和强制式移动装配。自由式移动装配是利用小车或托盘在辊道上自由移动。强制式移动又分为连续和间歇移动，是利用链式传送带进行的。

装配组织形式的选择主要取决于产品结构特点(包括尺寸、重量和复杂程度等)、生产类型和现有的生产条件。

常用装配组织形式的一些基本特点见表 7-2。装配组织形式可以根据生产情况混合使用。如长规格的直线滚动导轨轴的作业采用固定式装配，最终组成导轨副产品。

表 7-2　常用装配组织形式的基本特点

组织形式	工 艺 特 点	适 用 对 象
固定式装配	产品或部件的装配工作安排在一个固定的工作地点进行装配，所需要的零件汇集在工作地附近。当批量很小时可以由同一组工人完成全部装配工作，对工人技术水平要求高，装配周期较长。批量较大时，可以由几组工人在不同工作地同时进行部装和总装，采用高效的夹具等装备，在总装场地形成装配对象固定而操作者流动的流水作业	小批、成批生产或大型产品生产，如机床或重型机械

续表

组织形式	工 艺 特 点	适 用 对 象
人工移动式装配	装配对象用人工依次移动，操作者只完成一定的工作，工作场地和设备按装配工序的顺序布置生产效率高，对操作者的技术水平要求稍低，设备费用不高。对生产节拍有明确要求，但也有一定的灵活性	小批、成批及批量较大但工作较精细的轻型产品，如滚动导轨副的滑板部件
机械传送式装配	装配对象用机械化传送线依次移动，主要由人工和高效的工具进行装配。生产率高，对操作者的技术水平要求较低，对调整者技术水平要求较高，设备费用较高，节奏性强，但灵活性较差，对工艺相似的多品种产品宜采用具有柔性的传送方式	成批或大批生产，如汽车发动机
刚性半自动及自动装配	装配对象用机械化传送线依次移动，装配作业主要由自动机完成，半自动装配用人工上、下料，部分装配作业由人工进行，全自动装配包括自动上、下料，生产率高，质量稳定，设备费用及调整要求高，节奏性强，但灵活性差	大批大量生产，如滚动轴承、冰箱压缩机，汽车变速箱
柔性半自动及自动装配	以装配中心、装配机器人及可编程乃至可重组的传送线为装配系统的主要组成，大量应用高新技术，设备费用及管理、控制要求高。能保证较强的生产节拍和较高的灵活性	批量生产的各种中小型机电产品

(3) 划分装配单元。装配单元的划分，就是从工艺的角度出发，将产品划分为若干个可以独立进行装配的组件或部件，以便组织平行装配或流水作业装配。这是设计装配工艺规程中最重要的一项工作，对于大批大量生产中装配那些结构较为复杂的产品尤为重要。

(4) 确定装配顺序。在确定各级装配单元的装配顺序时，首先要选定某一零件或比它低一级的装配单元(或组件或部件)作为装配基准件(装配基准件一般应是产品的基体或主干零件，一般应有较大的体积、重量和足够大的承压面)；然后再以此基准件作为装配的基础，按照装配结构的具体情况，根据"预处理工序先行，先下后上，先内后外，先难后易，先重大后轻小，先精密后一般"的原则，确定其他零件或装配单元的装配顺序；最后用装配工艺系统图(车床床身部件图如图 7.15 所示，其装配工艺系统图如图 7.16 所示)或装配工艺卡(见表 7-3)的形式表示出来。

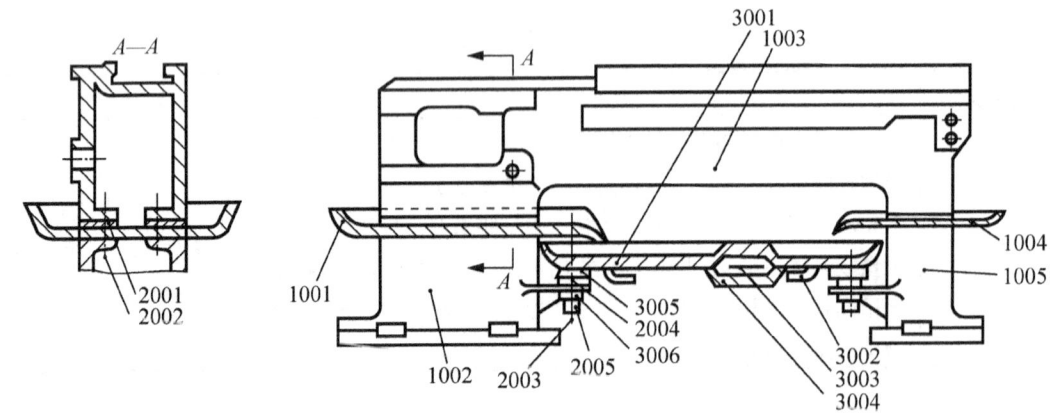

图 7.15　车床床身部件图

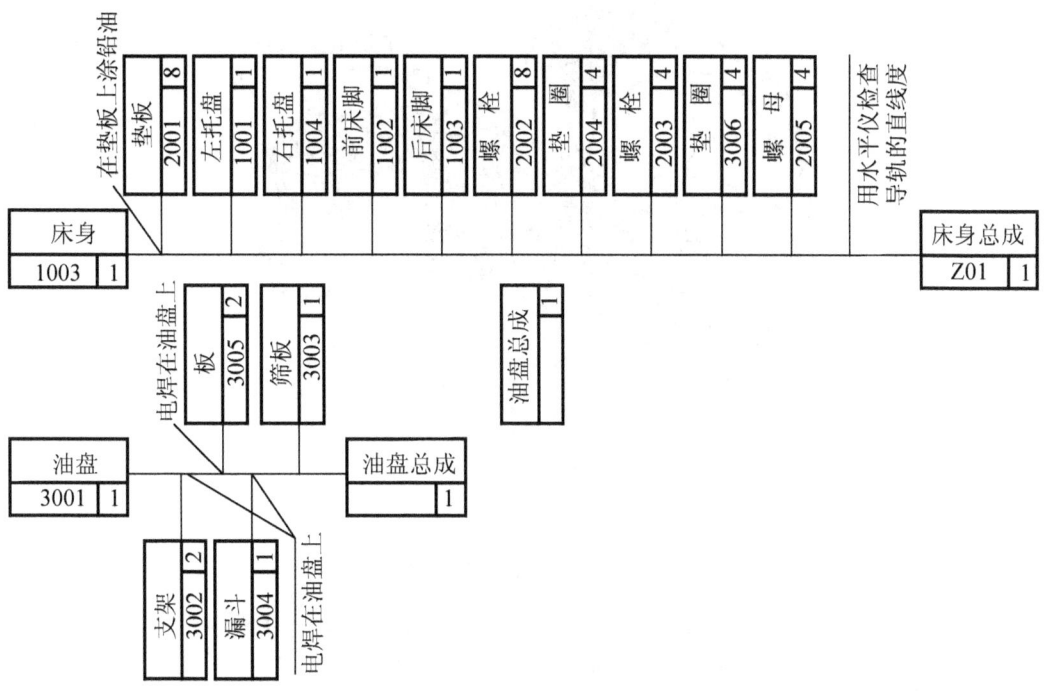

图 7.16　车床床身部件装配工艺系统图

① 绘制装配单元系统图。装配单元系统图是表示从分散的零件如何依次装配成组件、部件以致成品的途径及其间相互关系的程序。按照产品的复杂程度，为了表达清晰方便，可分别绘制产品装配系统图和部件装配系统图，甚至组件装配系统图。常见的具体表达方式如图 7.17(a)、(b)所示。在装配单元系统图加注必要的工艺说明，如焊接、配钻、配刮、冷压、热压和检验等，就形成装配工艺系统图。

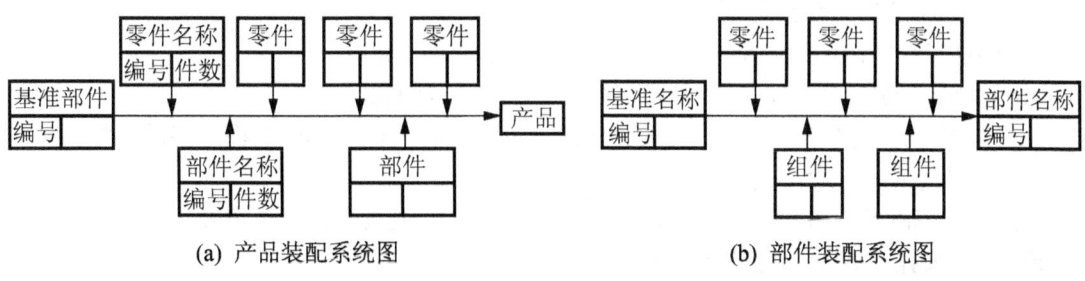

(a) 产品装配系统图　　　　　　(b) 部件装配系统图

图 7.17　装配单元系统图

现以图 7.18 所示的某减速器低速轴组件为例，说明它的装配过程及装配工艺系统图绘制方法。

装配过程可用装配工艺系统图表示，如图 7.19 所示。装配工艺系统图绘制方法如下。

a. 先画一条竖线；

b. 竖线上端画一个长方格，代表基准件。在长方格中注明装配单元的名称、编号和数量；

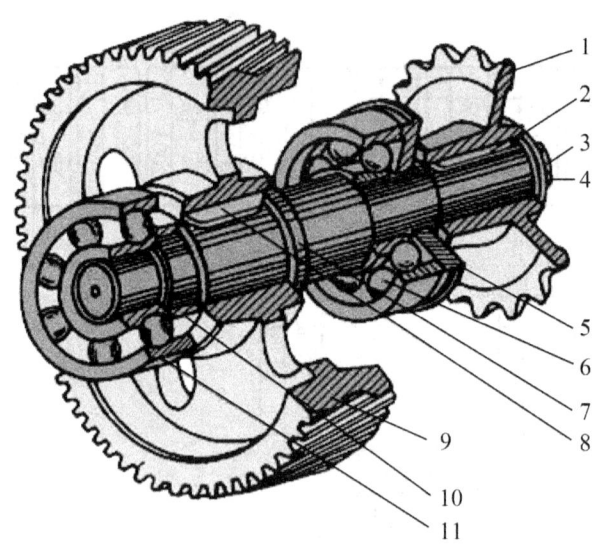

图 7.18　某减速器低速轴组件

1-链轮；2-键；3-轴端挡圈；4-螺栓；5-可通盖；6-球轴承；

7-低速轴；8-键；9-齿轮；10-套筒；11-球轴承

c. 竖线的下端也画一个长方格，代表装配的成品；

d. 竖线自上至下表示装配的顺序。直接进行装配的零件画在竖线的右边，组件画在竖线左边。

由装配工艺系统图 7.19 可以清楚地看出成品的装配顺序以及装配所需零件的名称、编号和数量，因此可起到指导和组织装配工艺的作用。

② 安排装配顺序的原则及相关说明：

a. 预处理工序先行。如前述，去毛刺、清洗工序还有防锈防腐处理等应安排在前。

b. "先下后上"，保证重心始终稳定。

c. "从内后外"，使先装部分不致成为后续装配作业的障碍。

d. "先难后易"，应先装有较开阔的安装、调整、监测空间。

e. 带强力、加温或补充加工的装配作业应尽量先行，以免影响前面工序的装配质量。

f. "先精密后一般；先重大后轻小"。

g. 处于基准件同方位的装配工序或使用同一工装，或具有特殊环境要求的工序，尽可能集中连续安排，有利于提高装配生产率。

h. 易燃、易碎或有毒物质、部件的安装，应尽量放在最后。

i. 电线、各种管道安装必须安排在合适的工序。

j. 及时安排检验工序，保证前行工序质量。

(5) 划分装配工序，进行工序设计。根据装配的组织形式和生产类型，将装配工艺过程划分为若干个装配工序。其主要任务是：

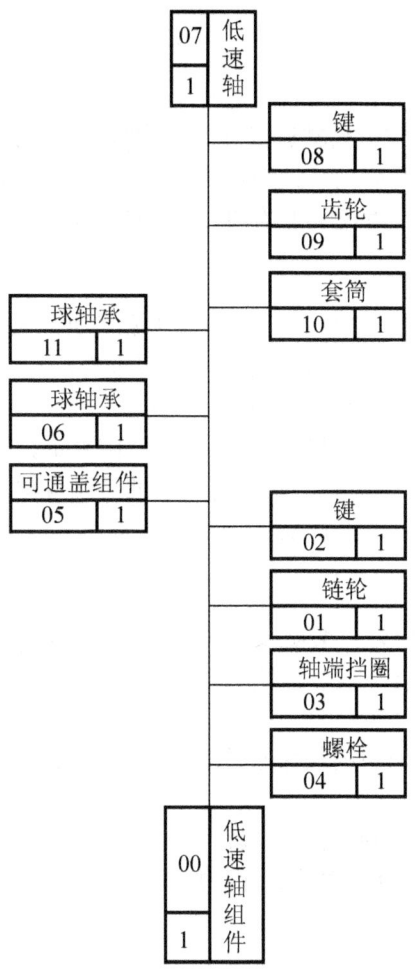

图 7.19   装配工艺系统图

① 划分装配工序，确定各装配工序内容(如清洗、刮削、平衡、过盈连接、螺纹连接、校正、检验、试运转、油漆、包装等)。

② 确定各工序所需要的设备及工具；如需专用夹具和设备，须提出设计任务书。

③ 制定各工序的装配操作规范；例如过盈配合的压入力，装配温度、拧紧紧固件的额定扭矩等。

④ 规定装配质量要求与检验方法。

⑤ 确定时间定额，平衡各工序的装配节拍。

(6) 填写装配工艺文件。在单件小批生产时，通常不制定装配工艺文件，仅绘制装配工艺系统图即可。成批生产时，应根据装配工艺系统图分别制定出总装和部装的装配工艺过程卡，关键工序还需要制定装配工序卡。大批大量生产时，每一个工序都要制定出装配工序卡，详细说明该工序的装配内容，用以直接指导装配工人进行操作。

(7) 制定产品的试验验收规范。产品装配后，应按产品的要求和验收标准进行试验验收。因此，还应制定出试验验收规范。其中包括试验验收的项目、质量标准、方法、环境要求、试验验收所需的工艺装备、质量问题的分析方法和处理措施等。

7.2.3　任务实施

如图 7.14 所示的蜗轮与锥齿轮减速器具有结构紧凑、工作平稳、噪声小、传动比大等特点。减速器的运动由联轴器输入，经蜗杆传给蜗轮，再借助于蜗轮轴上的平键将运动传给锥齿轮副，最后由安装在锥齿轮轴上的圆柱齿轮输出。

1．减速器装配的技术要求

(1) 按照减速器的装配技术要求，必须将零件和组件正确地安装在规定的位置上，不得装入图样中没有的其他任何零件(如垫圈、衬套等零件)。

(2) 固定连接件必须将零件或组件牢固地连接在一起。

(3) 各轴线之间应有正确的相对位置，且轴承间隙合适，旋转机构能灵活转动。

(4) 各运动副应有良好的润滑，且不得有润滑油渗漏现象。

(5) 啮合零件(如蜗轮副、齿轮副)必须符合图样规定的技术要求。

2．装配前的准备工作

装配是机器制造的重要阶段。装配质量的好坏对机器的性能和使用寿命影响很大。装配不良的机器，将会使其性能降低，消耗的功率增加，使用寿命减短。因此，装配前必须认真做好几点准备工作：

(1) 研究和熟悉产品装配图的技术要求，了解产品的结构以及零件作用和相互连接关系。

(2) 确定装配方法、程序和所需的工具。

(3) 领取、备齐零件，并进行清洗、涂防护润滑油。

3．装配工作的要求

(1) 装配时，应检查零件与装配有关的形状和尺寸精度是否合格，检查有无变形、损坏等，并应注意零件上各种标记，防止错装。

(2) 固定连接的零部件，不允许有间隙。活动的零件，能在正常的间隙下，灵活均匀地按规定方向运动，不应有跳动。

(3) 各运动部件(或零件)的接触表面，必须保证有足够的润滑，若有油路，必须畅通。各种管道和密封部位，装配后不得有渗漏现象。

(4) 试车前，应检查各部件连接的可靠性和运动的灵活性，各操纵手柄是否灵活和手柄位置是否在合适的位置；试车时，从低速到高速逐步进行。

4．基本元件的装配

1) 螺纹连接的装配

装配中，十分广泛地应用螺钉或螺母与螺栓来连接零部件(见图 7.20)，具有装拆、更换方便，易于多次装拆等优点。螺钉、螺母装配中的注意事项：

(1) 螺纹配合应做到用手能自由旋入，过紧会咬坏螺纹，过松则受力后螺纹会断裂。

(2) 螺母端面应与螺纹轴线垂直，以受力均匀。

(3) 在装配成组螺钉、螺母时，为使紧固件的配合面上受力均匀，应按一定的顺序来拧紧，如图 7.21 所示，而且每个螺钉或螺母不能一次就完全拧紧，应按顺序分 2～3 次才全部拧紧。

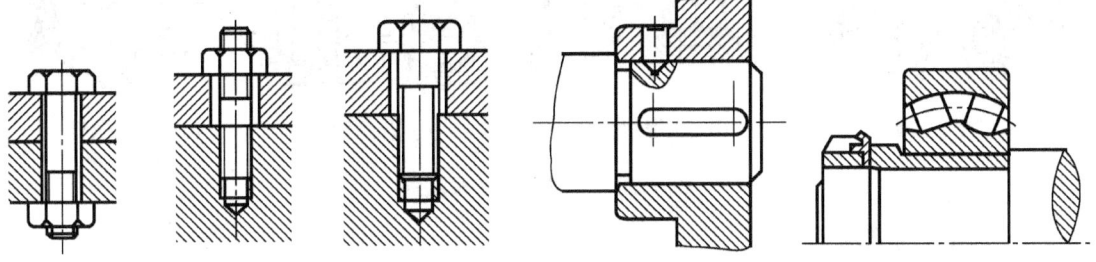

(a) 螺栓连接　(b) 双头螺栓连接　(c) 螺钉连接　(d) 紧定螺钉固定　(e) 圆螺母固定

图 7.20　常见螺纹连接类型

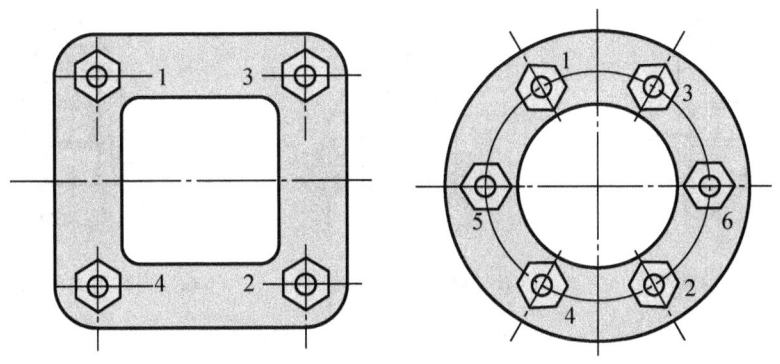

图 7.21　拧紧成组螺母顺序

为使每个螺钉或螺母的拧紧程度较为均匀一致，可使用测力扳手(见图 7.22)。

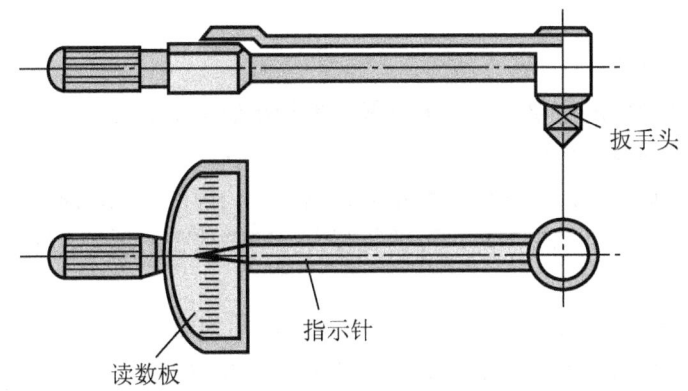

图 7.22　测力扳手

(4) 零件与螺母的贴合面应平整光洁，否则螺纹容易松动。为提高贴合面质量，可加垫圈。在交变载荷和振动条件下工作的螺纹连接，有逐渐自动松开的可能，为防止螺纹连接的松动，可用弹簧垫圈、止退垫圈、开口销和止动螺钉等防松装置(见图 7.23)。

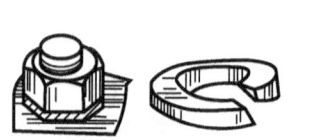
(a) 弹簧垫圈

(b) 止退垫圈

(c) 开口销

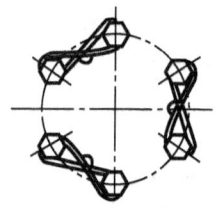
(d) 止动螺钉

图 7.23　各种螺母防松装置

2) 滚动轴承的装配

滚动轴承的内圈与轴颈以及外圈与机体孔之间的配合多为较小的过盈配合，装配时常用锤子或压力机压装。为了使轴承圈受到均匀加压，采用垫套加压。轴承压到轴上时，应通过垫套施力于内圈端面，如图 7.24(a)所示；轴承压到机体孔内时，应施力于外圈端面，如图 7.24(b)所示；若同时压到轴上和机体孔中，则内外圈端面应同时加压[见图 7.24(c)]。

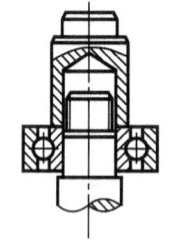
(a) 施力于内圈端面

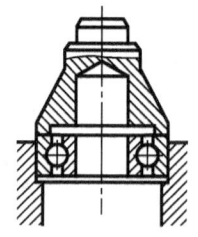
(b) 施力于外圈端面

(c) 同时施力于内外圈端面

图 7.24　滚动轴承的装配

如果没有专用垫套时，也可用锤子、铜棒沿着轴承端面四周对称均匀地敲入，用力不能太大。

若轴承与轴颈是较大的过盈配合，可将轴承吊放在 80～90℃的热油中加热，然后趁热装配。

3) 圆柱齿轮的装配

圆柱齿轮传动装配的主要技术要求是保证齿轮传递运动的准确性，相啮合的轮齿表面接触良好以及齿侧间隙符合规定等。

为保证齿轮传递运动的准确性，齿轮装到轴上后，齿圈的径向跳动和端面跳动应控制在公差范围内。在单件小批生产时，可把装有齿轮的轴放在两顶尖之间，用百分表进行检测，如图 7.25 所示。

相互啮合的接触斑点用涂色法检验，图 7.26 所示为齿轮啮合接触斑点的不同情况：图 7.26(a)所示为齿轮传动装配正确时的接触情况；图 7.26(b)所示为齿轮传动副装配后的中心距大于加工时的齿轮中心距的情况，这是由于齿轮箱体上两孔的中心距过大，或是由于轮齿切得过薄所致，这时可将齿轮换一对，或将箱体的轴承套压出，换上新的轴承套重新镗孔；图 7.26(c)所示的接触情况，是由于装配中心距小于齿轮副的加工中心距所引起的，

即轮齿切得过厚或箱体孔中心距过小，改进的方法同前述；图 7.26(d)表明了由于齿轮的齿向误差或箱体孔中心线不平行所引起的齿面接触情况。此时必须提高箱体孔中心线的平行度或齿轮副的齿面精度。

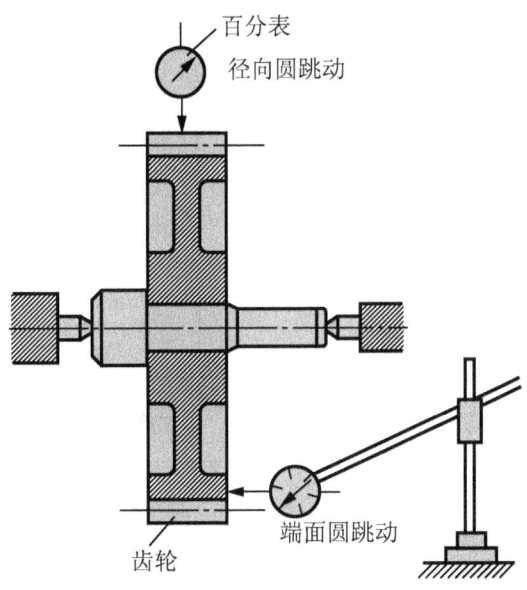

图 7.25　齿圈径向跳动和端面跳动的测量

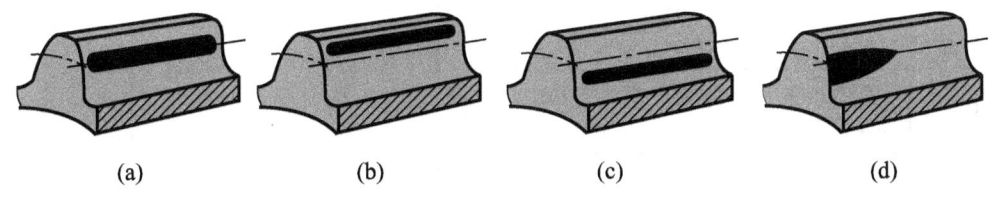

图 7.26　用涂色法检验啮合情况

齿侧间隙的测量方法可用塞尺，对大模数齿轮则用铅丝，即在两齿间沿齿长方向放置 3～4 根铅丝，齿轮转动时，铅丝被压扁，测量压扁后的铅丝厚度即可知齿侧侧隙。

5．减速器的装配工艺过程

(1) 零件的清洗、整形及补充加工(如配钻、配铰等)。

(2) 减速器的预装配，即将相配合零件先进行试装配。

(3) 组件的装配。

(4) 总装配及调试。

6．减速器装配工艺规程

综上所述，减速器总装配工艺卡如表 7-3 所示。

表 7-3　减速器总装配工艺卡

	装配技术要求
减速器总装配简图(见图 7.14)	(1) 零、组件必须正确安装，不得装入图样未规定的垫圈等其他零件 (2) 固定连接件必须保证将零、组件紧固在一起 (3) 旋转机构必须转动灵活，轴承间隙合适 (4) 啮合零件的啮合必须符合图样要求 (5) 各零件轴线之间应有正确的相对关系

工　厂	装配工艺卡		产品型号	部件名称	装配图号
				轴承套	

车间名称	工　段	班　组	工序数量	部件数	净　重
装配车间			5	1	

工序号	工步号	装 配 内 容	设备	工艺装备 名称	工艺装备 编号	工人等级	工序时间
I	1	将蜗杆组件装入箱体	压力机				
	2	用专用量具分别检查箱体孔和轴承外圈尺寸					
	3	从箱体孔两端装入轴承外圈					
	4	装上右端轴承盖组件，并用螺钉拧紧，轻敲蜗杆轴端，使右端轴承消除间隙					
	5	装入调整垫圈和左端轴承盖，并用百分表测量间隙确定垫圈厚度，然后将上述零件装入，用螺钉拧紧。保证蜗杆轴向间隙为 0.01～0.02 mm					
II	1	试装	压力机				
	2	用专用量具测量轴承、轴等相配零件的外圈及孔尺寸					
	3	将轴承装入蜗轮轴两端					
	4	将蜗轮轴通过箱体孔，装上蜗轮、锥齿轮、轴承外圈、轴承套、轴承盖组件					

续表

II	5	移动蜗轮轴，调整蜗杆与蜗轮正确的啮合位置，测量轴承端面至孔端面距离，并调整轴承盖台肩尺寸。(台肩尺寸等于 $H_{-0.02}^{0}$)	压力机				
	6	装上蜗轮轴两端轴承盖，并用螺钉拧紧					
	7	装入轴承套组件，调整两锥齿轮正确的啮合位置(使齿背齐平)分别测量轴承套肩面与孔端面的距离以及锥齿轮端面与蜗轮端面的距离，并调好垫圈尺寸，然后卸下各零件					
III	1	最后装配	压力机				
	2	从大轴孔方向装入蜗轮轴，同时依次将键、蜗轮、垫圈、锥齿轮、带齿垫圈和圆螺母装在轴上。然后箱体轴承孔两端分别装入滚动轴承及轴承盖，用螺钉拧紧并调整好间隙。装好后，用手转动蜗杆时，应灵活无阻滞现象					
	3	将轴承套组件与调整垫圈一起装入箱体，并用螺钉紧固					
IV		安装联轴器及箱盖零件					
V		运转试验 清理内腔，注入润滑油，连上电动机，接上电源，进行空转试车。运转 30min 左右后，要求传动系统噪声及轴承温度不超过规定要求以及符合其他各项技术要求					

							共　张
编号	日期	签章	编号	日期	签章	编制　移交　批准	第　张

拓展知识

拟订自动装配工艺规程的一般要求

　　自动装配一般由自动装配机或自动组装线(含上下料和执行机构等)来完成。自动装配系统大致包括自动输送、自动上下料、定位、装配、在线检测与废料剔除等，可以采用少量人工或者不用人工，它可以提高产品质量、提高装配速度、减轻劳动强度，实现多品种柔性生产。

　　但更为准确地说，自动装配还分为全自动和半自动装配两种。前者指的是从上、下料到完成装配的整个工艺过程，基本都由设备自行来完成，各工步之间的生产节拍协调一致，而相关人员主要负责设备的监护、调整和维修等辅助工作；后者指的是装配的主要工艺过程，基本由设备自行来完成，而上、下料或其他相关工艺动作，则由人来完成，而人的动作节拍要能够跟上相关设备或生产线的节拍。上述所谓自动装配机或自动组装线主要应用于轻工、电子、电器等轻、小工件，而又批量很大的产品生产中。类似的还有包装、转运或其他相关工艺过程(尽管不是装配)，也可以采用上述原理来实现。

自动装配需要编制详细的工艺规程，其工艺设计要比人工装配工艺设计复杂得多。一方面要遵循与人工装配一致的共性要求，如同样要进行划分装配单元、确定装配基础件、解算装配尺寸链、平衡工序节拍等工作。另一方面从产品设计阶段开始起，即应充分考虑自动装配的工艺要求，合理设计零件结构，拟订自动程度适当的工序规程。拟订自动装配工艺规程时一般要注意如下几个问题：

(1) 自动装配工艺规程与工艺系统图。制定工艺规程和系统图需要确定基准件及其沿装配工位的移动；决定全部装配件的装料、供料、定向装置的选择；规定所有装配环节和装配工序的顺序。编制自动装配工艺规程和系统图时，需要从装配自动化的观点，对产品及其零件进行分析。

(2) 产品及其各级装配单元按本身结构可以分为：

① 用途和结构相同，只是尺寸、材料等对装配工艺过程影响较小的特征部分不同。

② 结构略有差别，但不至于使装配工艺过程产生实质变化。

③ 结构有所不同，但不影响绘制装配工艺规程总图。对特征基本相同的装配单元，有可能制定典型工艺系统图或典型工艺规程。

(3) 自动装配的工序节拍，在自动装配机构及组合设计确定之后，才能用计算机方法确定装配工序中完成运动及动作的时间。在自动装配设备最初设计阶段，可以利用设备中各种装置的消耗时间标定值来估算工序基本时间。

多工位刚性输送系统要保证各工序装配工作节拍同步。

(4) 装配自动化程度，需要根据综合经济效益和典型装配工艺的成熟程度来确定。一般螺纹连接工序多用单轴工作头，检测力矩常用手工操作。零件装入储料装置、组合件卸下装配机、组合件装配质量检测、不合格组合件剔除等动作多取较低的自动化程度。装配件的工位间输送及姿态转换、清洗、连接、平衡、连接检测等作业多取较高的自动化程度。对于形状复杂、或批量小、或工艺不太成熟、或自动装配效益不显著等条件下装配工艺，除可采用半自动化装配外，也可以考虑用手工装配。

(5) 提高装配自动化水平及综合经济效益措施：

① 产品结构通用化、系列化。装配件本身结构工艺性是提高装配自动化水平的基础，产品设计时要充分考虑自动装配要求。

② 采用通用装置、部件。自动装配装置日益趋向标准化、通用化、更换部分装配工作头、装配夹具、输送装置等，即可使系统具有柔性。

③ 由单一的装配作业自动化发展为综合自动化。将连接等基本装配作业工序与加工、检验等工序结合起来，实现更大规模的自动化制造。

④ 装配系统控制化。用计算机及数控装置直接控制作业、传输等装置，设备，从控制方面提高系统柔性。

⑤ 应用非同步自动装配系统，可减少系统局部故障对整体的影响，便于不同自动化程度、不同生产节拍的装配系统结合使用。

使用智能机器人、装备有传感器的机器人能适应装配件一定范围内位置和姿态变化，完成多种装配作业。

项 目 小 结

　　本项目通过两个工作任务，详细介绍了保证机器或部件装配精度的方法、装配尺寸链的计算及机械装配工艺规程的制定原则与方法等相关知识。在此基础上，认真研究和分析在不同的生产批量和生产条件下对机械部件、机器的技术与使用要求，然后根据不同的生产要求，正确选择机械装配方法，合理制定蜗轮与锥齿轮减速器的机械装配工艺规程，正确填写工艺文件，体验岗位需求，积累工作经验。

　　此外，通过学习拟订自动装配工艺规程的一般要求等知识，可以进一步扩大知识面，提高解决实际生产问题的能力。

思 考 练 习

　　1. 装配精度一般包括哪些内容？装配精度与零件的加工精度有何区别？它们之间又有何关系？试举例说明。

　　2. 装配尺寸链如何查找？什么是装配尺寸链的最短路线原则？

　　3. 保证机器或部件装配精度的方法有哪几种？如何正确选用这些方法？

　　4. 如图 7.27 所示为齿轮部件的装配图，轴是固定不动的，齿轮在轴上旋转，要求齿轮与挡圈的轴向间隙为 0.1～0.35mm。已知：A_1=30mm，A_2=5mm，A_3=43mm，$A_4 = 3^{\ 0}_{-0.05}$ mm(标准件)，A_5=5mm。现采用完全互换法装配，试确定各组成环的公差和极限偏差。

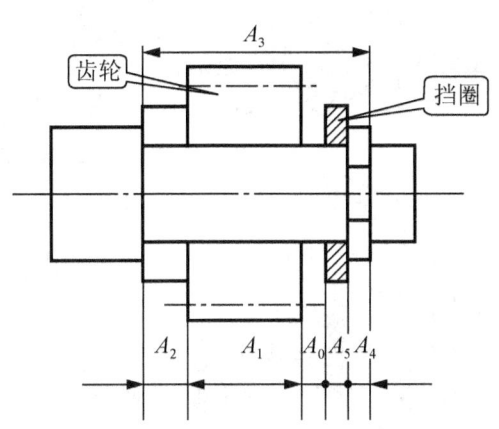

图 7.27　齿轮部件的装配图

　　5. 图 7.28 所示为双联转子泵(摆线齿轮)的轴向关系装配图。要求在冷态下轴向装配间隙 A_0=0.05～0.15mm，已知泵体内腔深度为 A_1 =42mm；左右齿轮宽度为 $A_2 = A_4$ =17mm；中间隔套宽度为 A_5 =8mm，现采用完全互换装配法满足装配精度要求，试用极限法确定各组成环尺寸公差大小和分布位置。

　　6. 试述制定装配工艺规程的意义、内容和步骤。

　　7. 回转式钻模装配示意图如图 7.29 所示，试编制该钻模的装配工艺规程。

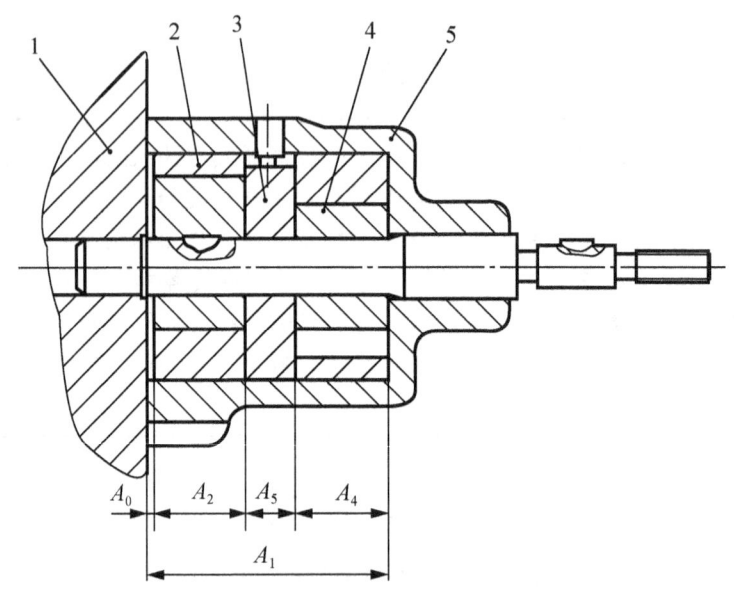

图 7.28　双联转子泵(摆线齿轮)的轴向装配关系简图

1-机体；2-外转子；3-隔套；4-内转子；5-壳体

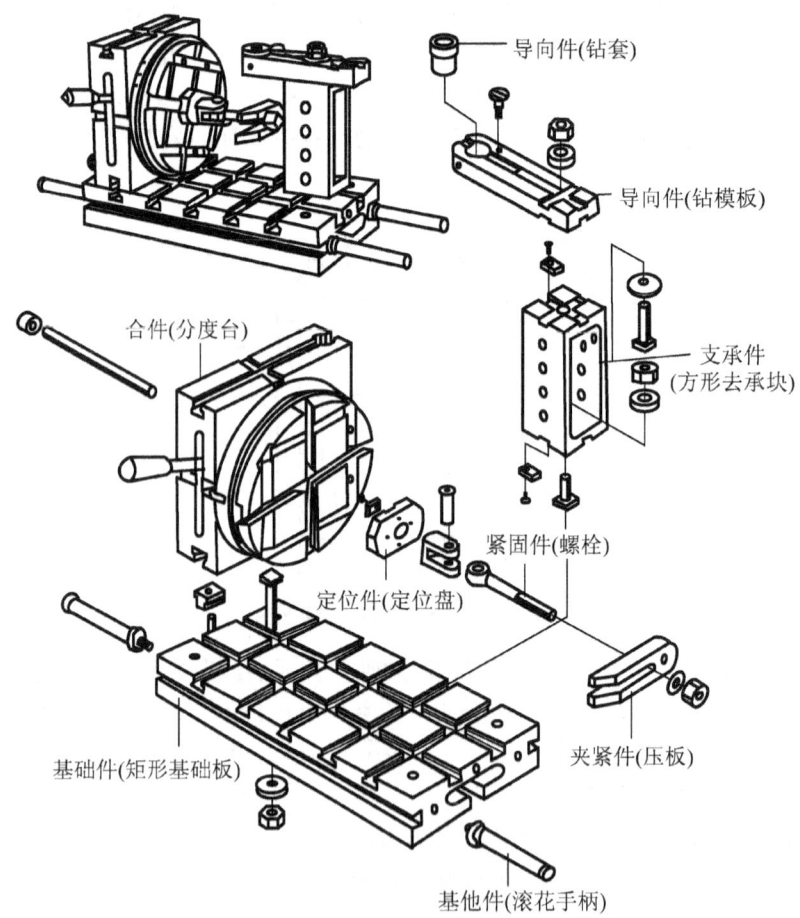

图 7.29　回转式钻模拆装示意图

附　　录

附录 1　机械加工余量

1.1　加工余量表(一)

表 F1-1　厚度 4mm 以上的平面磨削余量(单面)

平面长度	平面宽度 200 以下	平面宽度 200 以上
小于 100	0.3	
100~250	0.45	
251~500	0.5	0.6
500~800	0.6	0.65

注：1. 二次平面磨削余量乘系数 1.5；

　　2. 三次平面磨削余量乘系数 2；

　　3. 厚度 4mm 以上者单面余量不小于 0.5~0.8mm；

　　4. 橡胶模平板单面余量不小于 0.7mm。

1.2　毛坯加工余量表(二)

1. 圆棒类

(1) 工件的最大外径无公差要求，表面粗糙度在 $Ra3.2\mu m$ 以下，例如，不磨外圆的凹模，带台肩的凸模、凹模、凸凹模以及推杆、推销、限制器、托杆、各种螺钉、螺栓、螺塞、螺母外径必须滚花。

表 F1-2　　　　　　　　　　　　　　　　　　　　　　　　　　(mm)

工件直径 D	工件长度 L					车刃的割刀量和车削二端面的余量 (每件)
	<70	71~120	121~200	201~300	301~450	
	直径上加工余量					
≤32	1	2	2	3	4	5~10
33~60	2	3	3	4	5	4~6
61~100	3	4	4	4	5	4~6
101~200	4	5	5	5	6	4~6

注：当 $D<36$ 时并不适应于调头夹加工，在加工单个工件时，应在 L 上加夹头量 10~15mm。

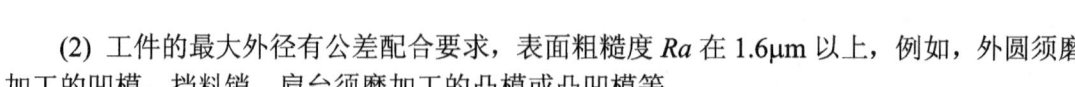

(2) 工件的最大外径有公差配合要求，表面粗糙度 *Ra* 在 1.6μm 以上，例如，外圆须磨加工的凹模，挡料销、肩台须磨加工的凸模或凸凹模等。

表 F1-3   (mm)

工件直径 D	工件长度 L					车刃的割刀量和车削二端面的余量(每件)
	<50	51~80	81~150	151~250	251~420	
	直径上加工余量					
≤15	3	3	4	4	5	5~10
16~32	3	4	4	5	6	5~10
33~60	4	4	5	6	6	5~8
61~100	5	5	5	6	7	5~8
101~200	6	6	6	7	7	5~8

注：当 *D*<36mm 时，不适合调头加工，在加工单个零件时，应加夹头量 10~15mm。

2. 圆形锻件类(不需锻件图)

不淬火钢表面粗糙度 *Ra* 在 $\overset{3.2}{\bigtriangledown}$ 以下无公差配合要求者，例如，固定板、退料板等。

表 F1-4   (mm)

工件直径 D	工件长度 L				
	<10	11~20	21~45	46~100	101~250
	直径上加工余量；长度方向上余量				
150~200	5；5	5；5	5；5	5；6	5；7
201~300	5；6	5；6	5；6	5；7	6；8
301~400	5；7	5；7	5；7	6；8	8；9
401~500	7；8	5；8	6；8	7；9	9；10
501~600	7；8	6；8	6；8	7；10	10；11

注：表中的加工余量为最小余量，其最大余量不得超过厂规定标准。

3. 矩形锻件类

表内的加工余量为最小余量，其最大余量不得超过厂规定标准。

表 F1-5   (mm)

工件直径 D	工件长度 L					
	≤100	101~250	251~320	321~450	451~600	601~800
	长度上加工余量 2e					
	5	6	6	7	8	10
	工件截面上加工余量(2a=2b)					
≤10	4	4	5	5	6	6
11~25	4	4	5	5	6	6
26~50	4	5	5	6	7	7

续表

工件直径 D	工件长度 L					
	≤100	101～250	251～320	321～450	451～600	601～800
	长度上加工余量 2e					
	5	6	6	7	8	10
	工件截面上加工余量(2a=2b)					
51～100	5	5	6	7	7	7
101～200	5	5	7	7	8	8
201～300	6	7	7	8	8	9
301～450	7	7	8	8	9	9
451～600	8	8	9	9	10	10

4. 总加工余量

表 F1-6 总加工余量 (mm)

常见毛坯	手工造型铸件	自由锻件	模锻件	圆棒料
总加工余量	3.5～7	2.5～7	1.5～3	1.5～2.5

5. 工序余量

表 F1-7 工序余量 (mm)

加工方法	粗车	半精车	高速精车	低速精车	磨削	研磨
总加工余量	1～1.5	0.8～1	0.4～0.5	0.1～0.15	0.15～0.25	0.003～0.025

附录 2　其他

表 F2-1　各类机床主轴转速表

序号	机床名称	机床型号	主轴转速/r·min^{-1}
1	卧式车床	CA6140	正转 24 级：10，12，16，20，25，32，40，50，63，80，100，125，160，200，250，320，400，450，500，560，710，900，1120，1400
2	立式钻床	Z525	9 级：97，140，195，272，392，545，680，960，1360
3	立式铣床	X51	15 级：65，80，100，125，160，210，255，300，380，490，590，725，1225，1500，1800

表 F2-2　铣削基本时间 t_b 的计算

加工条件	计算公式	备注
圆柱铣刀、圆盘铣刀、面铣刀铣平面	$t_b=(l+l_1+l_2)\times i/v_f$(min) 式中：$L=l+l_1+l_2$——工作台行程长度(mm) l——加工长度(mm) l_1——切入长度(mm) l_2——切出长度(mm) v_f——工作台每分进给量(mm/min) i——走刀次数	$(l_1+l_2)=d_0/(3\sim4)$(mm) 式中：d_0——铣刀直径(mm)
铣圆周表面	$t_b=D\times\pi\times i/v_f$(min) 式中：$D$——铣削圆周表面直径(mm)	
铣两端为闭口的键槽	$t_b=(l-d_0)\times i/v_f$(min)	
铣半圆键槽	$t_b=(l+l_1)/v_f$(min)	$l=h$——键槽深度(mm) $l_1=0.5\sim1$mm

表 F2-3　钻削或铰削基本时间的计算

加工条件	计算公式	备注
一般情况	$t_b=L/(f\times n)$(min) 式中：$L=l+l_1+l_2$——刀具总行程(mm) f——每转进给量(mm/r) n——刀具或工件每分转数(r/min)	钻削时：$l_1=1+D/[2\times\tan(\phi/2)]$或式中：$l_1\approx0.3D$(mm) ϕ——顶角(°) D——刀具直径(孔径)(mm) $l_2=1\sim4$mm

加 工 条 件	计 算 公 式	备　　注
钻盲孔、铰盲孔	$t_b=(l+l_1)/(f \times n)(\min)$	
钻通孔、铰通孔	$t_b=(l+l_1+l_2)/(f \times n)(\min)$	

表 F2-4　铰孔的切入与切出行程

背吃刀量 $a_p=(D-d)/2$	切入长度 l_1					切出长度 l_2
	主偏角 κ_r					
	3°	5°	12°	15°	45°	
0.05	0.95	0.57	0.24	0.19	0.05	13
0.10	1.9	1.1	0.47	0.37	0.10	15
0.125	2.4	1.4	0.59	0.48	0.125	18
0.15	2.9	1.7	0.71	0.56	0.15	22
0.20	3.8	2.4	0.95	0.75	0.20	28
0.25	4.8	2.9	1.20	0.92	0.25	39
0.30	5.7	3.4	1.40	1.10	0.30	45

注：(1) 为了保证铰刀不受约束地进给接近加工表面，表内的切入长度 l_1 应该增加：对于 $D \leqslant 16mm$ 的铰刀为 0.5mm；对于 $D=17\sim35mm$ 的铰刀为 1mm；对于 $D=36\sim80mm$ 的铰刀为 2mm。

(2) 加工盲孔时 $l_2=0$。

参 考 文 献

[1] 龚雪，陈则钧. 机械制造技术. 北京：高等教育出版社，2008.

[2] 金福昌. 车工（初级）. 北京：机械工业出版社. 2005.

[3] 李玉美，李传义. 金属切削刀具. 济南：山东大学出版社，1996.

[4] 林若森，贾文. 机械制造技术基础. 北京：电子工业出版社，2006.

[5] 魏康民. 机械加工技术. 西安：西安电子科技大学出版社，2006.

[6] 黄鹤汀，等. 机械制造技术. 北京：机械工业出版社，2002.

[7] 杜可可. 机械制造技术基础课程设计指导. 北京：人民邮电出版社，2007.

[8] 张世昌，等. 机械制造技术基础. 北京：高等教育出版社，2006.

[9] 杨叔子. 机械加工工艺师手册. 北京：机械工业出版社，2002.

[10] 顾崇衔，等. 机械制造工艺学. 西安：陕西科学技术出版社，1990.

[11] 祁红志. 机械制造基础. 北京：电子工业出版社，2005.

[12] 机械工程师手册编委会. 机械工程师手册. 2版. 北京：机械工业出版社，2000.

[13] 乔世民. 机械制造基础. 北京：高等教育出版社，2003.

[14] 倪森寿. 机械制造工艺与装备. 北京：化学工业出版社，2002.

[15] 吴国华. 金属切削机床. 北京：机械工业出版社，1999.

[16] 史美堂. 金属材料及热处理. 上海：上海科学技术出版社，1980.

[17] 龚定安. 机床夹具设计. 西安：西安交通大学出版社，1992.

[18] 宋杰. 工程材料及热加工. 大连：大连理工大学出版社，2008.

[19] 胡家富. 铣工(中级). 北京：机械工业出版社. 2006.

北京大学出版社高职高专机电系列规划教材

序号	书号	书名	编著者	定价	印次	出版日期	配套情况
\"十二五\"职业教育国家规划教材							
1	978-7-301-24455-5	电力系统自动装置(第2版)	王 伟	26.00	1	2014.8	ppt/pdf
2	978-7-301-24506-4	电子技术项目教程(第2版)	徐超明	42.00	1	2014.7	ppt/pdf
3	978-7-301-24227-8	汽车电气系统检修(第2版)	宋作军	30.00	1	2014.8	ppt/pdf
4	978-7-301-24507-1	电工技术与技能	王 平	42.00	1	2014.8	ppt/pdf
5	978-7-301-17398-5	数控加工技术项目教程	李东君	48.00	1	2010.8	ppt/pdf
6	978-7-301-25341-0	汽车构造(上册)——发动机构造(第2版)	罗灯明	35.00	1	2015.5	ppt/pdf
7	978-7-301-25529-2	汽车构造(下册)——底盘构造(第2版)	鲍远通	36.00	1	2015.5	ppt/pdf
8	978-7-301-25650-3	光伏发电技术简明教程	静国梁	29.00	1	2015.6	ppt/pdf
9	978-7-301-24589-7	光伏发电系统的运行与维护	付新春	33.00	1	2015.7	ppt/pdf
10	978-7-301-18322-9	电子EDA技术(Multisim)	刘训非	30.00	2	2012.7	ppt/pdf
机械类基础课							
1	978-7-301-13653-9	工程力学	武昭晖	25.00	3	2011.2	ppt/pdf
2	978-7-301-13574-7	机械制造基础	徐从清	32.00	3	2012.7	ppt/pdf
3	978-7-301-13656-0	机械设计基础	时忠明	25.00	3	2012.7	ppt/pdf
4	978-7-301-28308-0	机械设计基础	王雪艳	57.00	1	2017.7	ppt/pdf
5	978-7-301-13662-1	机械制造技术	宁广庆	42.00	2	2010.11	ppt/pdf
6	978-7-301-27082-0	机械制造技术	徐 勇	48.00	1	2016.5	ppt/pdf
7	978-7-301-19848-3	机械制造综合设计及实训	裘俊彦	37.00	1	2013.4	ppt/pdf
8	978-7-301-19297-9	机械制造工艺及夹具设计	徐 勇	28.00	1	2011.8	ppt/pdf
9	978-7-301-25479-0	机械制图——基于工作过程(第2版)	徐连孝	62.00	1	2015.5	ppt/pdf
10	978-7-301-18143-0	机械制图习题集	徐连孝	20.00	2	2013.4	ppt/pdf
11	978-7-301-15692-6	机械制图	吴百中	26.00	2	2012.7	ppt/pdf
12	978-7-301-27234-3	机械制图	陈世芳	42.00	1	2016.8	ppt/pdf/素材
13	978-7-301-27233-6	机械制图习题集	陈世芳	38.00	1	2016.8	pdf
14	978-7-301-22916-3	机械图样的识读与绘制	刘永强	36.00	1	2013.8	ppt/pdf
15	978-7-301-27778-2	机械设计基础课程设计指导书	王雪艳	26.00	1	2017.1	ppt/pdf
16	978-7-301-23354-2	AutoCAD应用项目化实训教程	王利华	42.00	1	2014.1	ppt/pdf
17	978-7-301-27906-9	AutoCAD机械绘图项目教程(第2版)	张海鹏	46.00	1	2017.3	ppt/pdf
18	978-7-301-17573-6	AutoCAD机械绘图基础教程	王长忠	32.00	2	2013.8	ppt/pdf
19	978-7-301-28261-8	AutoCAD机械绘图基础教程与实训(第3版)	欧阳全会	42.00	1	2017.6	ppt/pdf
20	978-7-301-22185-3	AutoCAD 2014机械应用项目教程	陈善岭	32.00	1	2016.1	ppt/pdf
21	978-7-301-26591-8	AutoCAD 2014机械绘图项目教程	朱 昱	40.00	1	2016.2	ppt/pdf
22	978-7-301-24536-1	三维机械设计项目教程(UG版)	龚肖新	45.00	1	2014.9	ppt/pdf
23	978-7-301-27919-9	液压传动与气动技术(第3版)	曹建东	48.00	1	2017.2	ppt/pdf
24	978-7-301-13582-2	液压与气压传动技术	袁 广	24.00	5	2013.8	ppt/pdf
25	978-7-301-24381-7	液压与气动技术项目教程	武 威	30.00	1	2014.8	ppt/pdf
26	978-7-301-19436-2	公差与测量技术	余 键	25.00	1	2011.9	ppt/pdf
27	978-7-5038-4861-2	公差配合与测量技术	南秀蓉	23.00	4	2011.12	ppt/pdf
28	978-7-301-19374-7	公差配合与技术测量	庄佃霞	26.00	2	2013.8	ppt/pdf
29	978-7-301-25614-5	公差配合与测量技术项目教程	王丽丽	26.00	1	2015.4	ppt/pdf
30	978-7-301-25953-5	金工实训(第2版)	柴增田	38.00	1	2015.6	ppt/pdf
31	978-7-301-28647-0	钳工实训教程	吴笑伟	23.00	1	2017.9	ppt/pdf
32	978-7-301-13651-5	金属工艺学	柴增田	27.00	2	2011.6	ppt/pdf
33	978-7-301-23868-4	机械加工工艺编制与实施(上册)	于爱武	42.00	1	2014.3	ppt/pdf/素材
34	978-7-301-24546-0	机械加工工艺编制与实施(下册)	于爱武	42.00	1	2014.7	ppt/pdf/素材
35	978-7-301-21988-1	普通机床的检修与维护	宋亚林	33.00	1	2013.1	ppt/pdf

序号	书号	书名	编著者	定价	印次	出版日期	配套情况
36	978-7-5038-4869-8	设备状态监测与故障诊断技术	林英志	22.00	3	2011.8	ppt/pdf
37	978-7-301-22116-7	机械工程专业英语图解教程(第2版)	朱派龙	48.00	2	2015.5	ppt/pdf
38	978-7-301-23198-2	生产现场管理	金建华	38.00	1	2013.9	ppt/pdf
39	978-7-301-24788-4	机械CAD绘图基础及实训	杜洁	30.00	1	2014.9	ppt/pdf
数控技术类							
1	978-7-301-17148-6	普通机床零件加工	杨雪青	26.00	2	2013.8	ppt/pdf/素材
2	978-7-301-17679-5	机械零件数控加工	李文	38.00	1	2010.8	ppt/pdf
3	978-7-301-13659-1	CAD/CAM实体造型教程与实训(Pro/ENGINEER版)	诸小丽	38.00	4	2014.7	ppt/pdf
4	978-7-301-24647-6	CAD/CAM数控编程项目教程(UG版)(第2版)	慕灿	48.00	1	2014.8	ppt/pdf
5	978-7-301-21873-0	CAD/CAM数控编程项目教程(CAXA版)	刘玉春	42.00	2	2013.3	ppt/pdf
6	978-7-5038-4866-7	数控技术应用基础	宋建武	22.00	1	2010.7	ppt/pdf
7	978-7-301-13262-3	实用数控编程与操作	钱东东	32.00	4	2013.8	ppt/pdf
8	978-7-301-14470-1	数控编程与操作	刘瑞已	29.00	2	2011.2	ppt/pdf
9	978-7-301-20312-5	数控编程与加工项目教程	周晓宏	42.00	1	2012.3	ppt/pdf
10	978-7-301-23898-1	数控加工编程与操作实训教程(数控车分册)	王忠斌	36.00	1	2014.6	ppt/pdf
11	978-7-301-20945-5	数控铣削技术	陈晓罗	42.00	1	2012.7	ppt/pdf
12	978-7-301-21053-6	数控车削技术	王军红	28.00	1	2012.8	ppt/pdf
13	978-7-301-25927-6	数控车削编程与操作项目教程	肖国涛	26.00	1	2015.7	ppt/pdf
14	978-7-301-17398-5	数控加工技术项目教程	李东君	48.00	1	2010.8	ppt/pdf
15	978-7-301-21119-9	数控机床及其维护	黄应勇	38.00	1	2012.8	ppt/pdf
16	978-7-301-20002-5	数控机床故障诊断与维修	陈学军	38.00	1	2012.1	ppt/pdf
模具设计与制造类							
1	978-7-301-23892-9	注射模设计方法与技巧实例精讲	邹继强	54.00	1	2014.2	ppt/pdf
2	978-7-301-24432-6	注射模典型结构设计实例图集	邹继强	54.00	1	2014.6	ppt/pdf
3	978-7-301-18471-4	冲压工艺与模具设计	张芳	39.00	1	2011.3	ppt/pdf
4	978-7-301-19933-6	冷冲压工艺与模具设计	刘洪贤	32.00	1	2012.1	ppt/pdf
5	978-7-301-20414-4	Pro/ENGINEER Wildfire产品设计项目教程	罗武	31.00	1	2012.5	ppt/pdf
6	978-7-301-16448-8	Pro/ENGINEER Wildfire设计实训教程	吴志清	38.00	1	2012.8	ppt/pdf
7	978-7-301-22678-0	模具专业英语图解教程	李东君	22.00	1	2013.7	ppt/pdf
电气自动化类							
1	978-7-301-18519-3	电工技术应用	孙建领	26.00	1	2011.3	ppt/pdf
2	978-7-301-25670-1	电工电子技术项目教程（第2版）	杨德明	49.00	1	2016.2	ppt/pdf
3	978-7-301-22546-2	电工技能实训教程	韩亚军	22.00	1	2013.6	ppt/pdf
4	978-7-301-22923-1	电工技术项目教程	徐超明	38.00	1	2013.8	ppt/pdf
5	978-7-301-12390-4	电力电子技术	梁南丁	29.00	3	2013.5	ppt/pdf
6	978-7-301-17730-3	电力电子技术	崔红	23.00	1	2010.9	ppt/pdf
7	978-7-301-19525-3	电子电子技术	倪涛	38.00	1	2011.9	ppt/pdf
8	978-7-301-24765-5	电子电路分析与调试	毛玉青	35.00	1	2015.3	ppt/pdf
9	978-7-301-16830-1	维修电工技能与实训	陈学平	37.00	1	2010.7	ppt/pdf
10	978-7-301-12180-1	单片机开发应用技术	李国兴	21.00	2	2010.9	ppt/pdf
11	978-7-301-20000-1	单片机应用技术教程	罗国荣	40.00	1	2012.2	ppt/pdf
12	978-7-301-21055-0	单片机应用项目化教程	顾亚文	32.00	1	2012.8	ppt/pdf
13	978-7-301-17489-0	单片机原理及应用	陈高锋	32.00	1	2012.9	ppt/pdf
14	978-7-301-24281-0	单片机技术及应用	黄贻培	30.00	1	2014.7	ppt/pdf
15	978-7-301-22390-1	单片机开发与实践教程	宋玲玲	24.00	1	2013.6	ppt/pdf
16	978-7-301-17958-1	单片机开发入门及应用实例	熊华波	30.00	1	2011.1	ppt/pdf
17	978-7-301-16898-1	单片机设计应用与仿真	陆旭明	26.00	2	2012.4	ppt/pdf

序号	书号	书名	编著者	定价	印次	出版日期	配套情况
18	978-7-301-19302-0	基于汇编语言的单片机仿真教程与实训	张秀国	32.00	1	2011.8	ppt/pdf
19	978-7-301-12181-8	自动控制原理与应用	梁南丁	23.00	3	2012.1	ppt/pdf
20	978-7-301-19638-0	电气控制与PLC应用技术	郭燕	24.00	1	2012.1	ppt/pdf
21	978-7-301-19272-6	电气控制与PLC程序设计(松下系列)	姜秀玲	36.00	1	2011.8	ppt/pdf
22	978-7-301-12383-6	电气控制与PLC(西门子系列)	李伟	26.00	2	2012.3	ppt/pdf
23	978-7-301-18188-1	可编程控制器应用技术项目教程(西门子)	崔维群	38.00	2	2013.6	ppt/pdf
24	978-7-301-23432-7	机电传动控制项目教程	杨德明	40.00	1	2014.1	ppt/pdf
25	978-7-301-12382-9	电气控制及PLC应用(三菱系列)	华满香	24.00	2	2012.5	ppt/pdf
26	978-7-301-22315-4	低压电气控制安装与调试实训教程	张郭	24.00	1	2013.4	ppt/pdf
27	978-7-301-24433-3	低压电器控制技术	肖朋生	34.00	1	2014.7	ppt/pdf
28	978-7-301-22672-8	机电设备控制基础	王本轶	32.00	1	2013.7	ppt/pdf
29	978-7-301-18770-8	电机应用技术	郭宝宁	33.00	1	2011.5	ppt/pdf
30	978-7-301-23822-6	电机与电气控制	郭夕琴	34.00	1	2014.8	ppt/pdf
31	978-7-301-21269-1	电机控制与实践	徐锋	34.00	1	2012.9	ppt/pdf
32	978-7-301-12389-8	电机与拖动	梁南丁	32.00	2	2011.12	ppt/pdf
33	978-7-301-18630-5	电机与电力拖动	孙英伟	33.00	1	2011.3	ppt/pdf
34	978-7-301-16770-0	电机拖动与应用实训教程	任娟平	36.00	1	2012.11	ppt/pdf
35	978-7-301-28710-1	电机与控制	马志敏	31.00	1	2017.9	ppt/pdf
36	978-7-301-22632-2	机床电气控制与维修	崔兴艳	28.00	1	2013.7	ppt/pdf
37	978-7-301-22917-0	机床电气控制与PLC技术	林盛昌	36.00	1	2013.8	ppt/pdf
38	978-7-301-28063-8	机房空调系统的运行与维护	马也骋	37.00	1	2017.4	ppt/pdf
39	978-7-301-26499-7	传感器检测技术及应用(第2版)	王晓敏	45.00	1	2015.11	ppt/pdf
40	978-7-301-20654-6	自动生产线调试与维护	吴有明	28.00	1	2013.1	ppt/pdf
41	978-7-301-21239-4	自动生产线安装与调试实训教程	周洋	30.00	1	2012.9	ppt/pdf
42	978-7-301-18852-1	机电专业英语	戴正阳	28.00	2	2013.8	ppt/pdf
43	978-7-301-24764-8	FPGA应用技术教程(VHDL版)	王真富	38.00	1	2015.2	ppt/pdf
44	978-7-301-26201-6	电气安装与调试技术	卢艳	38.00	1	2015.8	ppt/pdf
45	978-7-301-26215-3	可编程控制器编程及应用(欧姆龙机型)	姜凤武	27.00	1	2015.8	ppt/pdf
46	978-7-301-26481-2	PLC与变频器控制系统设计与高度(第2版)	姜永华	44.00	1	2016.9	ppt/pdf
		汽车类					
1	978-7-301-17694-8	汽车电工电子技术	郑广军	33.00	1	2011.1	ppt/pdf
2	978-7-301-26724-0	汽车机械基础(第2版)	张本升	45.00	1	2016.1	ppt/pdf/素材
3	978-7-301-26500-0	汽车机械基础教程(第3版)	吴笑伟	35.00	1	2015.12	ppt/pdf/素材
4	978-7-301-17821-8	汽车机械基础项目化教学标准教程	傅华娟	40.00	2	2014.8	ppt/pdf
5	978-7-301-19646-5	汽车构造	刘智婷	42.00	1	2012.1	ppt/pdf
6	978-7-301-25341-0	汽车构造(上册)——发动机构造(第2版)	罗灯明	35.00	1	2015.5	ppt/pdf
7	978-7-301-25529-2	汽车构造(下册)——底盘构造(第2版)	鲍远通	36.00	1	2015.5	ppt/pdf
8	978-7-301-13661-4	汽车电控技术	祁翠琴	39.00	6	2015.2	ppt/pdf
9	978-7-301-19147-7	电控发动机原理与维修实务	杨洪庆	27.00	1	2011.7	ppt/pdf
10	978-7-301-13658-4	汽车发动机电控系统原理与维修	张吉国	25.00	2	2012.4	ppt/pdf
11	978-7-301-27796-6	汽车发动机电控技术(第2版)	张俊	53.00	1	2017.1	ppt/pdf/
12	978-7-301-21989-8	汽车发动机构造与维修(第2版)	蔡兴旺	40.00	1	2013.1	ppt/pdf/素材
13	978-7-301-18948-1	汽车底盘电控原理与维修实务	刘映凯	26.00	1	2012.1	ppt/pdf
14	978-7-301-24227-8	汽车电气系统检修(第2版)	宋作军	30.00	1	2014.8	ppt/pdf
15	978-7-301-23512-6	汽车车身电控系统检修	温立全	30.00	1	2014.1	ppt/pdf
16	978-7-301-18850-7	汽车电器设备原理与维修实务	明光星	38.00	2	2013.9	ppt/pdf
17	978-7-301-29483-3	汽车电器设备技术	戚金凤	41.00	1	2018.5	ppt/pdf
18	978-7-301-20011-7	汽车电器实训	高照亮	38.00	1	2012.1	ppt/pdf

序号	书号	书名	编著者	定价	印次	出版日期	配套情况
19	978-7-301-22363-5	汽车车载网络技术与检修	闫炳强	30.00	1	2013.6	ppt/pdf
20	978-7-301-14139-7	汽车空调原理及维修	林 钢	26.00	3	2013.8	ppt/pdf
21	978-7-301-16919-3	汽车检测与诊断技术	娄 云	35.00	2	2011.7	ppt/pdf
22	978-7-301-22988-0	汽车拆装实训	詹远武	44.00	1	2013.8	ppt/pdf
23	978-7-301-18477-6	汽车维修管理实务	毛 峰	23.00	1	2011.3	ppt/pdf
24	978-7-301-19027-2	汽车故障诊断技术	明光星	25.00	1	2011.6	ppt/pdf
25	978-7-301-17894-2	汽车养护技术	隋礼辉	24.00	1	2011.3	ppt/pdf
26	978-7-301-22746-6	汽车装饰与美容	金守玲	34.00	1	2013.7	ppt/pdf
27	978-7-301-25833-0	汽车营销实务(第2版)	夏志华	32.00	1	2015.6	ppt/pdf
28	978-7-301-27595-5	汽车文化（第2版）	刘 锐	31.00	1	2016.12	ppt/pdf
29	978-7-301-20753-6	二手车鉴定与评估	李玉柱	28.00	1	2012.6	ppt/pdf
30	978-7-301-26595-4	汽车专业英语图解教程(第2版)	侯锁军	29.00	1	2016.4	ppt/pdf/素材
31	978-7-301-27089-9	汽车营销服务礼仪(第2版)	夏志华	36.00	1	2016.6	ppt/pdf
电子信息、应用电子类							
1	978-7-301-19639-7	电路分析基础(第2版)	张丽萍	25.00	1	2012.9	ppt/pdf
2	978-7-301-27605-1	电路电工基础	张 琳	29.00	1	2016.11	ppt/fdf
3	978-7-301-19310-5	PCB板的设计与制作	夏淑丽	33.00	1	2011.8	ppt/pdf
4	978-7-301-21147-2	Protel 99 SE 印制电路板设计案例教程	王 静	35.00	1	2012.8	ppt/pdf
5	978-7-301-18520-9	电子线路分析与应用	梁玉国	34.00	1	2011.7	ppt/pdf
6	978-7-301-12387-4	电子线路 CAD	殷庆纵	28.00	4	2012.7	ppt/pdf
7	978-7-301-12390-4	电力电子技术	梁南丁	29.00	2	2010.7	
8	978-7-301-17730-3	电力电子技术	崔 红	23.00	1	2010.9	
9	978-7-301-19525-3	电工电子技术	倪 涛	38.00	1	2011.9	ppt/pdf
10	978-7-301-18519-3	电工技术应用	孙建领	26.00	1	2011.3	ppt/pdf
11	978-7-301-22546-2	电工技能实训教程	韩亚军	22.00	1	2013.6	ppt/pdf
12	978-7-301-22923-1	电工技术项目教程	徐超明	38.00	1	2013.8	ppt/pdf
13	978-7-301-25670-1	电工电子技术项目教程（第2版）	杨德明	49.00	1	2016.2	ppt/pdf
14	978-7-301-26076-0	电子技术应用项目式教程(第2版)	王志伟	40.00	1	2015.9	ppt/pdf/素材
15	978-7-301-22959-0	电子焊接技术实训教程	梅琼珍	24.00	1	2013.8	ppt/pdf
16	978-7-301-17696-2	模拟电子技术	蒋 然	35.00	1	2010.8	ppt/pdf
17	978-7-301-13572-3	模拟电子技术及应用	刁修睦	28.00	3	2012.8	ppt/pdf
18	978-7-301-18144-7	数字电子技术项目教程	冯泽虎	28.00	1	2011.1	ppt/pdf
19	978-7-301-19153-8	数字电子技术与应用	宋雪臣	33.00	1	2011.9	ppt/pdf
20	978-7-301-20009-4	数字逻辑与微机原理	宋振辉	49.00	1	2012.1	ppt/pdf
21	978-7-301-12386-7	高频电子线路	李福勤	20.00	3	2013.8	ppt/pdf
22	978-7-301-20706-2	高频电子技术	朱小祥	32.00	1	2012.6	ppt/pdf
23	978-7-301-18322-9	电子 EDA 技术(Multisim)	刘训非	30.00	2	2012.7	ppt/pdf
24	978-7-301-14453-4	EDA 技术与 VHDL	宋振辉	28.00	1	2013.8	ppt/pdf
25	978-7-301-22362-8	电子产品组装与调试实训教程	何 杰	28.00	1	2013.6	ppt
26	978-7-301-19326-6	综合电子设计与实践	钱卫钧	25.00	2	2013.8	ppt/pdf
27	978-7-301-17877-5	电子信息专业英语	高金玉	26.00	2	2011.11	ppt/pdf
28	978-7-301-23895-0	电子电路工程训练与设计、仿真	孙晓艳	39.00	1	2014.3	ppt/pdf
29	978-7-301-24624-5	可编程逻辑器件应用技术	魏 欣	26.00	1	2014.8	ppt/pdf
30	978-7-301-26156-9	电子产品生产工艺与管理	徐中贵	38.00	1	2015.8	ppt/pdf

如您需要更多教学资源如电子课件、电子样章、习题答案等，请登录北京大学出版社第六事业部官网 www.pup6.cn 搜索下载。

如您需要浏览更多专业教材，请扫下面的二维码，关注北京大学出版社第六事业部官方微信（微信号：pup6book），随时查询专业教材、浏览教材目录、内容简介等信息，并可在线申请纸质样书用于教学。

感谢您使用我们的教材，欢迎您随时与我们联系，我们将及时做好全方位的服务。联系方式：010-62750667，329056787@qq.com，pup_6@163.com，lihu80@163.com，欢迎来电来信。客户服务 QQ 号：1292552107，欢迎随时咨询。